チャート式® 基礎と演習 数学 III

チャート研究所　編著

はじめに

CHART
(チャート)
とは 何？

C.O.D.(*The Concise Oxford Dictionary*)には，CHART —— Navigator's sea map, with coast outlines, rocks, shoals, *etc.* と説明してある。

海図 —— 浪風荒き問題の海に船出する若き船人に捧げられた海図 —— 問題海の全面をことごとく一眸の中に収め，もっとも安らかな航路を示し，あわせて乗り上げやすい暗礁や浅瀬を一目瞭然たらしめるCHART!

—— 昭和初年チャート式代数学巻頭言

本書では，この CHART の意義に則り，下に示したチャート式編集方針で

問題の急所がどこにあるか，その解法をいかにして思いつくか

をわかりやすく示すことを主眼としています。

チャート式編集方針

1
基本となる事項を，定義や公式・定理という形で覚えるだけではなく，問題を解くうえで直接に役に立つ形でとらえるようにする。

▶

2
問題と基本となる事項の間につながりをつけることを考える——問題の条件を分析して既知の基本事項と結びつけて結論を導き出す。

▶

3
問題と基本となる事項を端的にわかりやすく示したものが **CHART** である。
CHART によって基本となる事項を問題に活かす。

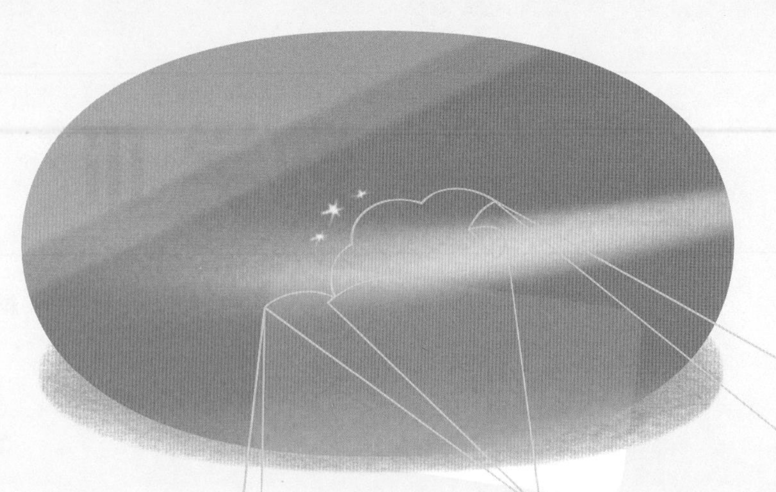

問.

「なりたい自分」から、逆算しよう。

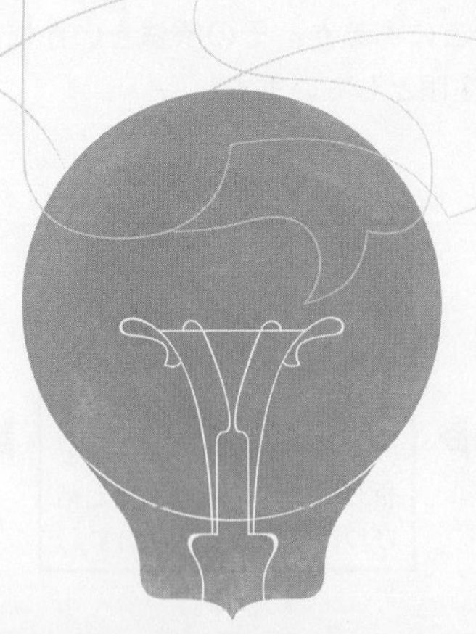

➩ **右側極限，左側極限**

右側極限 $\lim_{x\to a+0} f(x)$ $[x>a$ で $x \longrightarrow a]$

左側極限 $\lim_{x\to a-0} f(x)$ $[x<a$ で $x \longrightarrow a]$

特に，$a=0$ なら $\lim_{x\to+0} f(x)$，$\lim_{x\to-0} f(x)$ と表す。

➩ **指数関数の極限**

$a>1$ のとき

$\lim_{x\to\infty} a^x=\infty$，$\lim_{x\to-\infty} a^x=0$

$0<a<1$ のとき

$\lim_{x\to\infty} a^x=0$，$\lim_{x\to-\infty} a^x=\infty$

➩ **対数関数の極限**

$a>1$ のとき

$\lim_{x\to\infty} \log_a x=\infty$，$\lim_{x\to+0} \log_a x=-\infty$

$0<a<1$ のとき

$\lim_{x\to\infty} \log_a x=-\infty$，$\lim_{x\to+0} \log_a x=\infty$

□ 三角関数と極限

➩ **三角関数に関する極限** （x の単位はラジアン）

$$\lim_{x\to0}\frac{\sin x}{x}=1,\ \lim_{x\to0}\frac{x}{\sin x}=1$$

□ 関数の連続性

・関数 $f(x)$ が $x=a$ で連続とは，極限値 $\lim_{x\to a} f(x)$ が存在して $\lim_{x\to a} f(x)=f(a)$

$x=a$ で不連続とは，次のいずれかの場合。

$\lim_{x\to a} f(x)$ が極限値をもたない。

極限値 $\lim_{x\to a} f(x)$ が存在して $\lim_{x\to a} f(x)\neq f(a)$

・$f(x)$，$g(x)$ が $x=a$ で連続なら，次の関数もそれぞれ $x=a$ で連続である。

$kf(x)+lg(x)$ $[k,\ l$ は定数$]$，$f(x)g(x)$，

$g(a)\neq0$ のとき $\dfrac{f(x)}{g(x)}$

➩ **中間値の定理**

関数 $f(x)$ が閉区間 $[a,\ b]$ で連続で $f(a)\neq f(b)$ ならば，$f(a)$ と $f(b)$ の間の任意の値 k に対して $f(c)=k$ を満たす実数 c が，a と b の間に少なくとも 1 つある。

・$f(a)$ と $f(b)$ が異符号ならば，方程式 $f(x)=0$ は，$a<x<b$ の範囲に少なくとも 1 つの実数解をもつ。

微 分 法

□ 微分係数と導関数

➩ **微分係数** $f'(a)=\lim_{h\to0}\dfrac{f(a+h)-f(a)}{h}$

➩ **微分可能と連続**

関数 $f(x)$ について

・$f'(a)$ が存在するとき，$x=a$ で微分可能。

・$x=a$ で微分可能 $\Longrightarrow$ $x=a$ で連続。

・$x=a$ で連続であっても，$x=a$ で微分可能であるとは限らない。

➩ **導関数の定義** $f'(x)=\lim_{h\to0}\dfrac{f(x+h)-f(x)}{h}$

➩ **導関数の公式** k，l は定数とする。

① $\{kf(x)+lg(x)\}'=kf'(x)+lg'(x)$

② $\{f(x)g(x)\}'=f'(x)g(x)+f(x)g'(x)$

③ $\left\{\dfrac{f(x)}{g(x)}\right\}'=\dfrac{f'(x)g(x)-f(x)g'(x)}{\{g(x)\}^2}$

➩ **合成関数の導関数** $y=f(u)$，$u=g(x)$ とする。

$$\frac{dy}{dx}=\frac{dy}{du}\cdot\frac{du}{dx}$$

➩ **逆関数の微分法**

$$\frac{dy}{dx}=\frac{1}{\dfrac{dx}{dy}}$$

□ いろいろな関数の導関数

➩ $(c)'=0$ （c は定数）

$(x^\alpha)'=\alpha x^{\alpha-1}$ （α は実数）

➩ **三角関数の導関数**

$(\sin x)'=\cos x$

$(\cos x)'=-\sin x$

$(\tan x)'=\dfrac{1}{\cos^2 x}$

➩ **対数関数・指数関数の導関数** （$a>0$，$a\neq1$）

$(\log|x|)'=\dfrac{1}{x}$，　$(\log_a|x|)'=\dfrac{1}{x\log a}$

$(e^x)'=e^x$，　$(a^x)'=a^x\log a$

➩ **e に関する極限**

$$\lim_{h\to0}(1+h)^{\frac{1}{h}}=e,\ \lim_{h\to\infty}\left(1+\frac{1}{h}\right)^h=e$$

□ 高次導関数，曲線の方程式と導関数

$f''(x)=\{f'(x)\}'$，$f'''(x)=\{f''(x)\}'$

➩ **媒介変数で表された関数の導関数**

$x=f(t)$，$y=g(t)$ のとき

$$\frac{dy}{dx}=\frac{\dfrac{dy}{dt}}{\dfrac{dx}{dt}}=\frac{g'(t)}{f'(t)}$$

➩ **方程式 $F(x,\ y)=0$ で定められる関数の導関数**

y を x の関数と考えて，方程式の両辺を x で微分

$$\frac{d}{dx}f(y)=\frac{d}{dy}f(y)\cdot\frac{dy}{dx}$$

数字で表せない成長がある。

チャート式との学びの旅も、いよいよ最終章です。
これまでの旅路を振り返ってみよう。
大きな難題につまづいたり、思い通りの結果が出なかったり、
出口がなかなか見えず焦ることも、たくさんあったはず。
そんな長い学びの旅路の中で、君が得たものは何だろう。
それはきっと、たくさんの公式や正しい解法だけじゃない。
納得いくまで、自分の頭で考え抜く力。
自分の考えを、言葉と数字で表現する力。
難題を恐れず、挑み続ける力。
いまの君には、数学を通して大きな力が身についているはず。

磨いているのは「未来の問題」を解く力。

数年後、君はどんな大人になっていたいのだろう？
そのためには、どんな力が必要だろう？
チャート式との学びの先に待っているのは、君が主役の人生。
この先、知識や公式だけでは解けない問題にも直面するだろう。
だからいま、数学を一生懸命学んでほしい。
チャート式と身につけた君の力。
その力こそ、これから訪れる身の回りの小さな問題も、
社会に訪れる大きな難題も乗り越えて、
君が目指すゴールに向かって進み続ける助けになるから。

その答えが、
君の未来を前進させる解になる。

本書の構成

● Let's Start

その節で学習する内容の概要を示した。単に，基本事項（公式や定理など）だけを示すのではなく，それはどのような意味か，どのように考えるか，などをかみくだいて説明している。また，その節でどのようなことを学ぶのかを冒頭で説明している。

Play Back
(Play Back 中学)　既習内容の復習を必要に応じて設けた。新しく学習する内容の土台となるので，しっかり確認しておこう。

● 例　題

基本例題，**標準例題**，**発展例題** の 3 種類がある。

基本例題　基礎力をつけるための問題。教科書の例，例題として扱われているタイプの問題が中心である。

標準例題　複数の知識を用いる等のやや応用力を必要とする問題。

発展例題
（発展学習）　基本例題，標準例題の発展で重要な問題。教科書の章末に扱われているタイプの問題が中心である。一部，学習指導要領の範囲を超えた内容も扱っている。

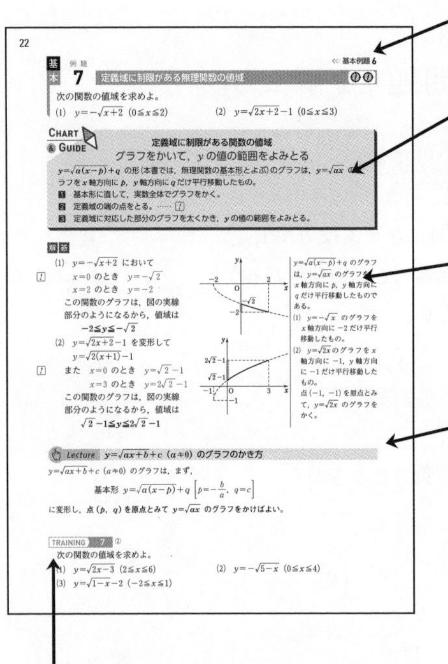
22

基本例題 7　定義域に制限がある無理関数の値域　①①　<< 基本例題 6

次の関数の値域を求めよ。

(1)　$y=-\sqrt{x+2}$ $(0\leqq x\leqq 2)$　　(2)　$y=\sqrt{2x+2}-1$ $(0\leqq x\leqq 3)$

CHART & GUIDE　定義域に制限がある関数の値域
グラフをかいて，y の値の範囲をよみとる

$y=\sqrt{a(x-p)}+q$ の形（本書では，無理関数の基本形とよぶ）のグラフは，$y=\sqrt{ax}$ のグラフを x 軸方向に p，y 軸方向に q だけ平行移動したもの。

1 基本形に直して，実数全体でグラフをかく。
2 定義域の端の点をとる。……!
3 定義域に対応した部分のグラフを太くかき，y の値の範囲をよみとる。

解答

(1)　$y=-\sqrt{x+2}$ において
! 　$x=0$ のとき　$y=-\sqrt{2}$
　$x=2$ のとき　$y=-2$
この関数のグラフは，図の実線部分のようになるから，値域は
$-2\leqq y\leqq -\sqrt{2}$

(2)　$y=\sqrt{2x+2}-1$ を変形して
$y=\sqrt{2(x+1)}-1$
! また　$x=0$ のとき　$y=\sqrt{2}-1$
　$x=3$ のとき　$y=2\sqrt{2}-1$
この関数のグラフは，図の実線部分のようになるから，値域は
$\sqrt{2}-1\leqq y\leqq 2\sqrt{2}-1$

$y=\sqrt{a(x-p)}+q$ のグラフは，$y=\sqrt{ax}$ のグラフを x 軸方向に p，y 軸方向に q だけ平行移動したものである。
(1)　$y=-\sqrt{x}$ のグラフを x 軸方向に -2 だけ平行移動したもの。
(2)　$y=\sqrt{2x}$ のグラフを x 軸方向に -1，y 軸方向に -1 だけ平行移動したもの。
点 $(-1,\ -1)$ を原点とみて，$y=\sqrt{2x}$ のグラフをかく。

Lecture　$y=\sqrt{ax+b}+c$ $(a\neq 0)$ のグラフのかき方

$y=\sqrt{ax+b}+c$ $(a\neq 0)$ のグラフは，まず，

基本形 $y=\sqrt{a(x-p)}+q$ $\left[p=-\frac{b}{a},\ q=c\right]$

に変形し，点 $(p,\ q)$ を原点とみて $y=\sqrt{ax}$ のグラフをかけばよい。

TRAINING 7 ②
次の関数の値域を求めよ。
(1)　$y=\sqrt{2x-3}$ $(2\leqq x\leqq 6)$　　(2)　$y=-\sqrt{5-x}$ $(0\leqq x\leqq 4)$
(3)　$y=\sqrt{1-x}-2$ $(-2\leqq x\leqq 1)$

フィードバック・フォワード
関連する例題の番号を記してある。

CHART & GUIDE
例題の考え方や解法の手順を示した。大きい赤字の部分は解法の最重要ポイントである。

解 答
例題の模範解答を示した。解答の左側の ! の部分は特に重要で，CHART & GUIDE の ! の部分に対応している。

Lecture
例題の考え方について，その補足説明や，それを一般化した基本事項・公式などを示した。

質問コーナー
学習の際に疑問に思うようなことを，質問と回答の形式で説明した。

TRAINING
各ページで学習した内容の反復練習問題を1問取り上げた。

● コ ラ ム

「STEP forward」
基本例題への導入を丁寧に説明している。

「STEP into ここで整理」
問題のタイプに応じて定理や公式などをどのように使い分けるかを，見やすくまとめている。公式の確認・整理に利用できる。

「STEP into ここで解説」
わかりにくい事柄を掘り下げて説明している。

「STEP UP!」
学んだ事柄を発展させた内容などを紹介している。

「ズーム UP」
考える力を多く必要とする例題について，その考え方を詳しく解説している。

「ズーム UP-review-」
フィードバック先が複数ある例題について，フィードバック先に対応する部分の解答を丁寧に振り返っている。

「数学の扉」
日常生活や身近な事柄に関連するような数学的内容を紹介している。

「STEP forward」の紙面例

● EXERCISES

各章の最後に例題の類題を扱った。「EXERCISES A」では標準例題の類題，「EXERCISES B」では発展例題の類題が中心である。

▶ 例題のコンパスマークの個数や，TRAINING，EXERCISES の問題の番号につけた数字は，次のような **難易度** を示している。

- ，① … 教科書の例レベル
- ，② … 教科書の例題レベル
- ，③ … 教科書の応用例題，補充問題レベル
- ，④ … 教科書の章末レベル
- ，⑤ … 教科書を超えるレベル

（数研出版発行の教科書「新編 数学」シリーズを基準としている。）

本書の使用法

本書のメインとなる部分は「基本例題」と「標準例題」です。

また，基本例題，標準例題とそれ以外の構成要素は次のような関係があります。

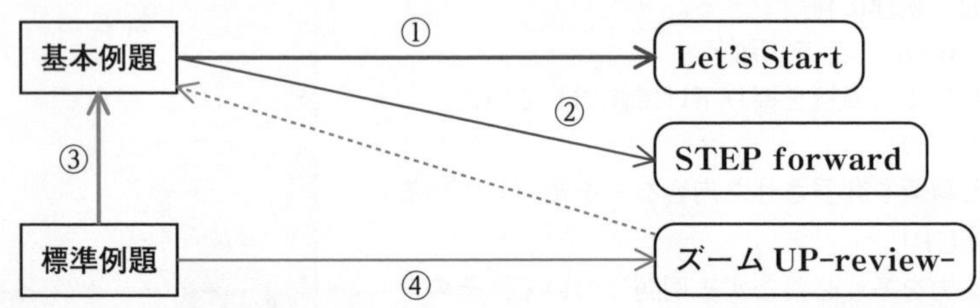

● 基本例題がよくわからないとき ⟶

① 各節は，基本事項をまとめた「Let's Start」のページからはじまります。
基本例題を解いていて，公式や性質などわからないことがあったとき，
「Let's Start」のページを確認しよう。

② 基本例題の中には，その例題につながる基本的な考え方などを説明した
「STEP forward」のページが直前に掲載されていることがあります。
「STEP forward」のページを参照することも有効です。

● 標準例題がよくわからないとき ⟶

③ 標準例題は基本例題の応用問題となっていることもあり，標準例題のもととなっている基本例題をきちんと理解できていないことが原因で標準例題がよくわからないのかもしれません。
フィードバック(例題ページ上部に掲載)で基本例題が参照先として示されている場合，その基本例題を参照してみよう。

④ 標準例題の中には，既習の例題などを振り返る「ズーム UP-review-」のページが右ページに掲載されていることがあり，そこを参照することも有効です。

(補足) 基本例題(標準例題)を解いたら，その反復問題である TRAINING を解いてみよう。例題の内容をきちんと理解できているか確認できます。

(参考) **発展的なことを学習したいとき**

各章の後半には，発展例題と「EXERCISES」のページがあります。
基本例題，標準例題を理解した後，
　　さらに応用的な例題を学習したいときは，発展例題
　　同じようなタイプの問題を演習したいときは，EXERCISES のA問題
に取り組んでみよう。

デジタルコンテンツの活用方法

本書では，QR コード* からアクセスできるデジタルコンテンツを用意しています。これらを活用することで，わかりにくいところの理解を補ったり，学習したことをさらに深めたりすることができます。

● 解説動画

一部の例題について，解説動画を配信しています。
数学講師が丁寧に解説しているので，本書と解説動画をあわせて学習することで，例題のポイントを確実に理解することができます。
例えば，

・例題を解いたあとに，その例題の理解を確認したいとき
・例題が解けなかったときや，解説を読んでも理解できなかったとき

といった場面で活用できます。
数学講師による解説を いつでも，どこでも，何度でも 視聴することができます。
解説動画も活用しながら，チャート式とともに数学力を高めていってください。

● サポートコンテンツ

本書に掲載した問題や解説の理解を深めるための補助的なコンテンツも用意しています。
例えば，関数のグラフや図形の動きを考察する例題において，画面上で実際にグラフや図形を動かしてみることで，視覚的なイメージと数式を結びつけて学習できるなど，より深い理解につなげることができます。

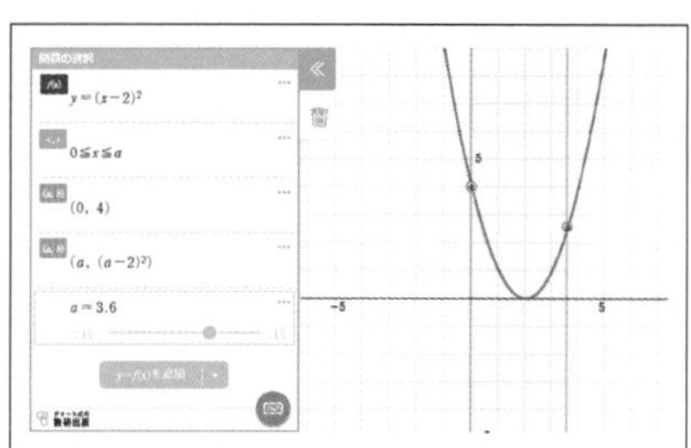

<デジタルコンテンツのご利用について>
デジタルコンテンツはインターネットに接続できるコンピュータやスマートフォン等でご利用いただけます。下記の URL，右の QR コード，もしくは Let's Start や一部の例題のページにある QR コードからアクセスできます。

https://cds.chart.co.jp/books/hj1bbn7ggo

※追加費用なしにご利用いただけますが，通信料はお客様のご負担となります。Wi-Fi 環境でのご利用をおすすめいたします。学校や公共の場では，マナーを守ってスマートフォンなどをご利用ください。

＊ QR コードは，(株)デンソーウェーブの登録商標です。
※ 上記コンテンツは，順次配信予定です。また，画像は制作中のものです。

目次

目　次

	問題数
例　題	158 （基本：81，標準：39，発展：38）
TRAINING	158
EXERCISES	95　（A：41，B：54）

コラム一覧

「STEP forward」

「STEP into」

「STEP UP」

「ズーム UP」

「数学の扉」

数学Ⅲ

関　数

1 

	例題番号	例題のタイトル	レベル

1 分数関数

	例題番号	例題のタイトル	レベル
	基本 1	分数関数のグラフ (1)	1
◉	基本 2	分数関数のグラフ (2)	2
	標準 3	定義域に制限がある分数関数の値域	3
◎	標準 4	分数関数の決定	3
◎	標準 5	分数関数のグラフと方程式・不等式	3

2 無理関数

	例題番号	例題のタイトル	レベル
○	基本 6	無理関数のグラフ	2
	基本 7	定義域に制限がある無理関数の値域	2
◎	標準 8	無理関数のグラフと方程式・不等式	3

3 逆関数と合成関数

	例題番号	例題のタイトル	レベル
	基本 9	逆関数とその定義域	1
◉	基本 10	分数関数の逆関数	2
○	基本 11	逆関数の性質	2
◎	基本 12	合成関数	2

発展学習

	例題番号	例題のタイトル	レベル
○	発展 13	分数方程式・分数不等式の解法	4
○	発展 14	無理方程式・無理不等式の解法	4
	発展 15	無理方程式の実数解の個数	5
◎	発展 16	逆関数の性質を利用した解法	5
◎	発展 17	分数関数の相等	4
○	発展 18	合成関数と関数の決定	5

レベル ………… 各例題の難易度を表す の個数（1～5 の 5 段階）。

◉，◎，○印 … 各項目で重要度の高い例題につけた（◉，◎，○の順に重要度が高い）。
時間の余裕がない場合は，◉，◎，○の例題を中心に勉強すると効果的である。
また，◉の例題には，解説動画がある。

Let's Start

1 分数関数

数学Ⅱで分数式の計算について学びました。ここでは，x の分数式で表される関数について考えていきましょう。

■ 分数関数

$y=\dfrac{x+3}{2x+1}$，$y=\dfrac{1}{x^2}$ のように，x の分数式で表される関数を x の **分数関数** という。ここでは，分母が 1 次式，分子が 1 次式または定数である $y=\dfrac{ax+b}{cx+d}$ の形の分数関数を考える。特に断りがない場合，x の分数関数の定義域は，分母を 0 にする x の値を除く実数 x 全体である。

← $\dfrac{A}{B}$（A，B は多項式）の形で B に文字を含む式を分数式という。$y=\dfrac{x+3}{2}$ や $y=\dfrac{x^2}{a+1}$（a は定数）などは，x の分数関数ではない。

■ 分数関数 $y=\dfrac{k}{x}$ のグラフ

以後，**k は 0 でない定数** とする。

← 中学では反比例のグラフとして学習した。

Play Back 中学

$y=\dfrac{k}{x}$ のグラフは右図のような曲線になる。これは，双曲線とよばれる曲線である。

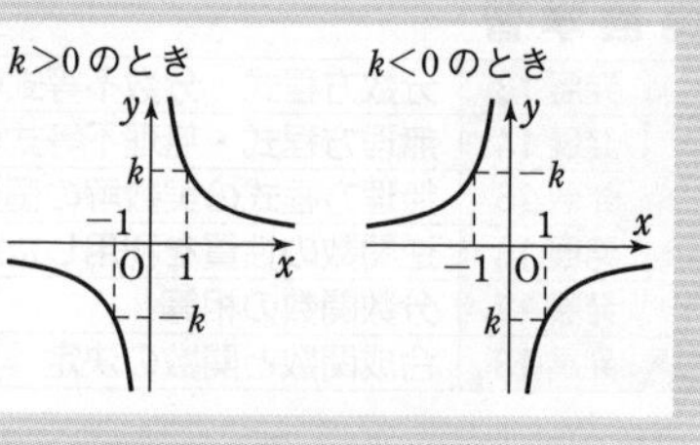

← グラフは，原点から遠ざかるに従って，x 軸，y 軸に限りなく近づく。しかも，x 軸，y 軸と交わることはない。

関数 $y=\dfrac{k}{x}$ のグラフには，次のような特徴がある。

1. 2 直線 $x=0$（y 軸）と $y=0$（x 軸）が漸近線である。
2. 原点に関して対称である。
3. グラフは，
   $k>0$ のとき，第 1 象限，第 3 象限
   $k<0$ のとき，第 2 象限，第 4 象限
   にある。

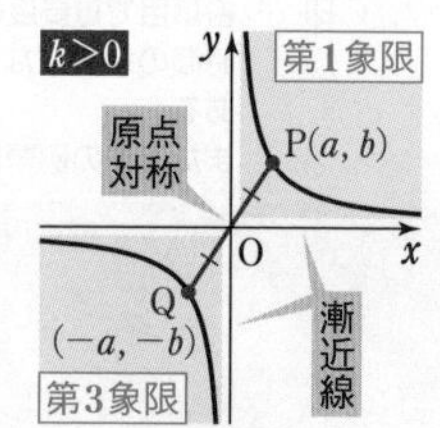

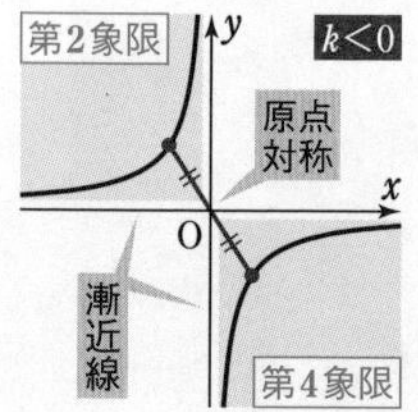

また，2 つの漸近線が直交しているから，この双曲線を **直角双曲線** とよぶこともある。

基本 例題 **1**

分数関数のグラフ (1)

次の関数のグラフをかけ。また，その漸近線，定義域，値域を求めよ。

(1) $y=\dfrac{3}{x+4}-2$　　(2) $y=-\dfrac{1}{x-2}+1$

CHART & GUIDE

分数関数 $y=\dfrac{k}{x-p}+q$ のグラフ

$y=\dfrac{k}{x}$ のグラフを x 軸方向に p，y 軸方向に q だけ平行移動

1. k の符号で形(グラフのある位置)を決める。
2. 漸近線 $x=p$，$y=q$ をかく。
3. 漸近線の交点 $(p,\ q)$ を原点とみて，$y=\dfrac{k}{x}$ のグラフをかく。

解答

(1) **グラフは，**$y=\dfrac{3}{x}$ のグラフを x 軸方向に -4，y 軸方向に -2 だけ平行移動したものである。〔図〕

漸近線は 2 直線 $x=-4$，$y=-2$；

定義域は $x\neq-4$，値域は $y\neq-2$

(2) **グラフは，**$y=-\dfrac{1}{x}$ のグラフを x 軸方向に 2，y 軸方向に 1 だけ平行移動したものである。〔図〕

漸近線は 2 直線 $x=2$，$y=1$；定義域は $x\neq2$，値域は $y\neq1$

(1)

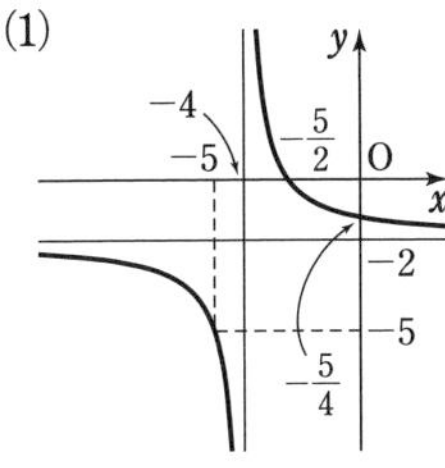

(2)

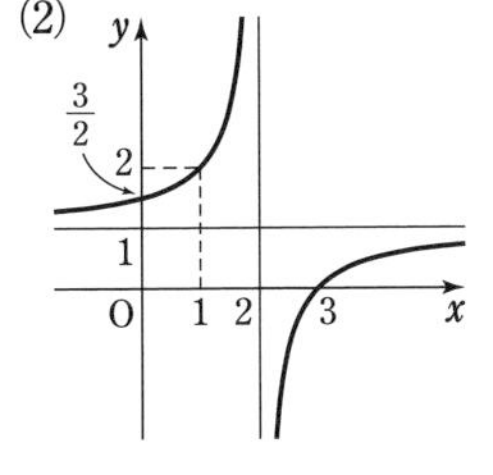

(1) 点 $(-4,\ -2)$ を原点とみて，$y=\dfrac{3}{x}$ のグラフをかく。

(2) 点 $(2,\ 1)$ を原点とみて，$y=-\dfrac{1}{x}$ のグラフをかく。

● 一般に，関数 $y=f(x-p)+q$ のグラフは，$y=f(x)$ のグラフを x 軸方向に p，y 軸方向に q だけ平行移動したものである。

$$y=\frac{k}{x}\ \xrightarrow{\text{平行移動}}\ y=\frac{k}{x-p}+q$$

TRAINING 1 ①

次の関数のグラフをかけ。また，その漸近線，定義域，値域を求めよ。

(1) $y=\dfrac{2}{x-4}$　　(2) $y=\dfrac{1}{x+1}+2$　　(3) $y=\dfrac{2}{3-x}+1$

STEP forward

基本形への変形に慣れよう

分数関数のグラフをかく際には，$y=\dfrac{ax+b}{cx+d}$ を $y=\dfrac{k}{x-p}+q$ の形（本書では分数関数の 基本形 とよぶ）に変形します。
ここでは，その変形の仕方について取り上げます。

Get ready

$y=\dfrac{3x+4}{x-2}$ を $y=\dfrac{k}{x-p}+q$ の形に変形せよ。

空欄□を埋めながら変形の仕方を練習しましょう。

$$\frac{3x+4}{x-2}$$
$$=\frac{3(x-2)+3\cdot{}^{ア}\square+4}{x-2}$$ ←分子に，分母の式「$(x-2)$」を作り出す。
$$=\frac{3(x-2)+{}^{イ}\square}{x-2}$$
$$=\frac{{}^{イ}\square}{x-2}+{}^{ウ}\square$$

〈割り算の等式を利用する方法〉

$\dfrac{13}{3}$ を $4\dfrac{1}{3}$ に変形するとき，

13 を 3 で割った割り算の等式 $13=3\cdot4+1$

を利用したのと同じように考えることができる。

$3x+4$ を $x-2$ で割ると，商は ${}^{エ}\square$，余りは ${}^{オ}\square$ であるから

$$3x+4=(x-2)\cdot{}^{エ}\square+{}^{オ}\square$$

割られる式＝割る式×商＋余り

$$\begin{array}{r} {}^{エ}\square \\ x-2\,\big)\,\overline{3x+4} \\ \underline{3x-6} \\ {}^{オ}\square \end{array}$$

よって　$\dfrac{3x+4}{x-2}=\dfrac{(x-2)\cdot{}^{エ}\square+{}^{オ}\square}{x-2}$

$$=\frac{{}^{オ}\square}{x-2}+{}^{エ}\square$$

分子に，分母の式を作り出すことで，$y=\dfrac{ax+b}{cx+d}$ を $y=\dfrac{k}{x-p}+q$ の形に変形する。

Get ready 答：(ア) **2**　(イ) **10**　(ウ) **3**　(エ) **3**　(オ) **10**

≪基本例題 1

基本 例題 2 分数関数のグラフ (2)

関数 $y=\dfrac{2x+3}{x+2}$ のグラフをかけ。また，その定義域，値域を求めよ。

解説動画へGO!!

CHART & GUIDE

分数関数 $y=\dfrac{ax+b}{cx+d}$ のグラフ

基本形 $y=\dfrac{k}{x-p}+q$ に直して点 $(p,\ q)$ を原点とみる

定義域は $x\neq p$，値域は $y\neq q$

1. $y=\dfrac{ax+b}{cx+d}$ を $y=\dfrac{k}{x-p}+q$ の形に変形。
2. 漸近線 $x=p$，$y=q$ をかく。
3. 漸近線の交点 $(p,\ q)$ を原点とみて，$y=\dfrac{k}{x}$ のグラフをかく。

解答

$$\frac{2x+3}{x+2}=\frac{2(x+2)-2\cdot 2+3}{x+2}=\frac{2(x+2)-1}{x+2}=-\frac{1}{x+2}+2$$

よって，$y=\dfrac{2x+3}{x+2}$ の **グラフは，**

$y=-\dfrac{1}{x}$ のグラフを x 軸方向に -2，y 軸方向に 2 だけ平行移動したものである。〔図〕

漸近線は，2 直線 $x=-2$，$y=2$

また，**定義域は $x\neq -2$，値域は $y\neq 2$**

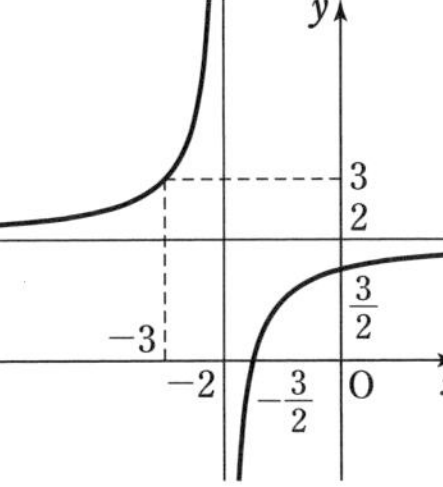

⬅ $2x+3$ を $x+2$ で割ると，商 2，余り -1
割り算の等式から
$2x+3=(x+2)\cdot 2-1$
と変形してもよい。

⬅ 点 $(-2,\ 2)$ を原点とみて，$y=-\dfrac{1}{x}$ のグラフをかく。

Lecture $y=\dfrac{ax+b}{cx+d}$ から $y=\dfrac{k}{x-p}+q$ への変形

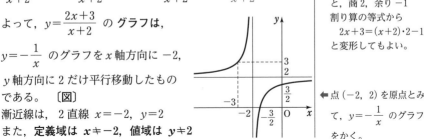

$c\neq 0$，$ad\neq bc$ のとき，次のようにして基本形に変形できる。

$$\frac{ax+b}{cx+d}=\frac{a\left(x+\dfrac{d}{c}\right)-\dfrac{ad}{c}+b}{c\left(x+\dfrac{d}{c}\right)}=\frac{a}{c}+\frac{\dfrac{bc-ad}{c}}{c\left(x+\dfrac{d}{c}\right)}=\frac{\dfrac{bc-ad}{c^2}}{x+\dfrac{d}{c}}+\frac{a}{c}$$

$c\neq 0$，$ad=bc$ のとき，$y=\dfrac{ax+b}{cx+d}$ は $y=\dfrac{a}{c}$（定数関数）の形に変形できる。

TRAINING 2 ②

次の関数のグラフをかけ。また，その定義域，値域を求めよ。

(1) $y=\dfrac{2x-7}{x-3}$　　(2) $y=\dfrac{-2x-5}{x+3}$　　(3) $y=\dfrac{6x+7}{2x+1}$

標準 例題 3 ≪基本例題 2

定義域に制限がある分数関数の値域

次の関数のグラフをかき，その値域を求めよ。

(1) $y=\dfrac{3x-3}{x+1}$ $(1\leqq x\leqq 5)$　　(2) $y=\dfrac{-2x+7}{x-3}$ $(2\leqq x\leqq 4)$

CHART & GUIDE

定義域に制限がある関数の値域

グラフをかいて，y の値の範囲をよみとる

基本方針はこれまでと同じ。手順の 2，3 に注目。

1 基本形に直して，実数全体でグラフをかく。

2 定義域の端の点をとる。…… [!]

3 定義域に対応した部分のグラフを太くかき，y の値の範囲をよみとる。

解答

(1) $y=\dfrac{3x-3}{x+1}$ を変形して

$y=-\dfrac{6}{x+1}+3$

[!] また　$x=1$ のとき　$y=0$

$x=5$ のとき　$y=2$

よって，この関数の **グラフは，図の実線部分** のようになる。

したがって，**値域は**

$\mathbf{0\leqq y\leqq 2}$

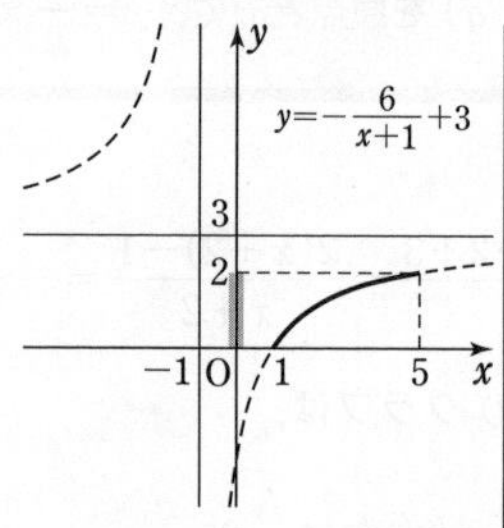

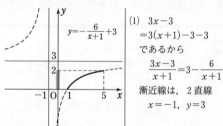

(1) $3x-3$
$=3(x+1)-3-3$
であるから
$\dfrac{3x-3}{x+1}=3-\dfrac{6}{x+1}$
漸近線は，2 直線
$x=-1$，$y=3$

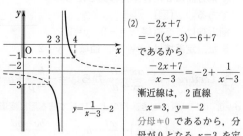

(2) $y=\dfrac{-2x+7}{x-3}$ を変形して

$y=\dfrac{1}{x-3}-2$

[!] また　$x=2$ のとき　$y=-3$

$x=4$ のとき　$y=-1$

よって，この関数の **グラフは，図の実線部分** のようになる。

したがって，**値域は**

$\mathbf{y\leqq -3,\ -1\leqq y}$

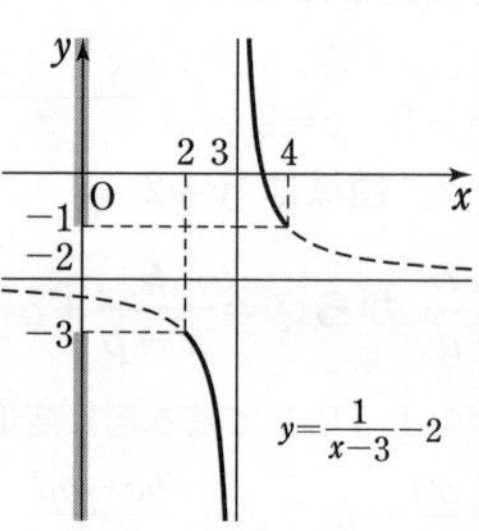

(2) $-2x+7$
$=-2(x-3)-6+7$
であるから
$\dfrac{-2x+7}{x-3}=-2+\dfrac{1}{x-3}$
漸近線は，2 直線
$x=3$，$y=-2$
分母≠0 であるから，分母が 0 となる $x=3$ を定義域から除く。

TRAINING 3 ③

次の関数のグラフをかき，その値域を求めよ。

(1) $y=\dfrac{x}{x-2}$ $(-1\leqq x\leqq 1)$　　(2) $y=\dfrac{3x-2}{x+1}$ $(-2\leqq x\leqq 1)$

標準 例題 **4** 分数関数の決定

<<< 基本例題 2

関数 $y=\dfrac{ax+b}{x+c}$ のグラフが点 (2, 2) を通り，2 直線 $x=3$, $y=1$ を漸近線とするとき，定数 a, b, c の値を求めよ。 〔類 防衛大〕

CHART & GUIDE

通る点，漸近線から分数関数の決定

まず基本形 $y=\dfrac{k}{x-p}+q$ に変形

1. 基本形に変形する ⟶ 漸近線の条件から，定数の値を決める。…… [!]
2. 通る点の座標を代入して，残りの定数の値を決める。

漸近線の条件から，基本形を k を用いて表し，k の値を求める方法もある。

解答

$y=\dfrac{ax+b}{x+c}$ …… ① の右辺を変形すると

[!] $$\frac{ax+b}{x+c}=\frac{a(x+c)-ac+b}{x+c}=\frac{b-ac}{x-(-c)}+a$$

2 直線 $x=3$, $y=1$ を漸近線とするから，$b-ac\neq0$ で

$-c=3$, $a=1$

ゆえに $a=1$, $c=-3$ よって，① は $y=\dfrac{x+b}{x-3}$

また，点 (2, 2) を通るから $2=\dfrac{2+b}{2-3}$ ゆえに $b=-4$

以上から **$a=1$, $b=-4$, $c=-3$** ($b-ac\neq0$ を満たす)

[別解] 2 直線 $x=3$, $y=1$ を漸近線とするから，関数は

[!] $y=\dfrac{k}{x-3}+1$, $k\neq0$ と表される。

このグラフが点 (2, 2) を通るから $2=\dfrac{k}{2-3}+1$

ゆえに $k=-1$ ($k\neq0$ を満たす)

よって $y=\dfrac{-1}{x-3}+1$ すなわち $y=\dfrac{x-4}{x-3}$

これと $y=\dfrac{ax+b}{x+c}$ の係数を比較して

$a=1$, $b=-4$, $c=-3$

⇐ $\dfrac{a(x+c)-ac+b}{x+c}$
$=a+\dfrac{-ac+b}{x+c}$
$=\dfrac{b-ac}{x-(-c)}+a$

⇐ $y=\dfrac{k}{x-p}+q$ のグラフの漸近線は，2 直線 $x=p$, $y=q$

⇐ $\dfrac{-1}{x-3}+1$
$=\dfrac{-1+x-3}{x-3}=\dfrac{x-4}{x-3}$

TRAINING 4 ③

関数 $y=\dfrac{ax+b}{2x+c}$ のグラフが点 (1, 0) を通り，2 直線 $x=-\dfrac{1}{2}$, $y=1$ を漸近線とするとき，定数 a, b, c の値を求めよ。

標準 例題 >>> 発展例題 13

5 分数関数のグラフと方程式・不等式

関数 $f(x)=\dfrac{3}{x-2}$ について，次のものを求めよ。

(1) 関数 $y=f(x)$ のグラフと直線 $y=x$ の共有点の座標

(2) $f(x)>x$ を満たす x の値の範囲

CHART & GUIDE 分数式で表された方程式と不等式（分数方程式・分数不等式）

グラフを利用する　共有点 ⟺ 実数解　上下関係 ⟺ 不等式

(1) **1** $y=f(x)$ と $y=x$ から，y を消去してできる方程式を解く。

2 求めた x の値が適するかどうかグラフから判断する。

(2) $y=f(x)$ のグラフと直線 $y=x$ の上下関係を見て，不等式の解を求める。

解答

(1) $y=\dfrac{3}{x-2}$ …… ①

$y=x$ …… ②

①，② から　$\dfrac{3}{x-2}=x$ …… ③　　⬅ y を消去する。

分母を払うと　　⬅ ③ の両辺に，分母の $x-2$ を掛ける。

$3=x(x-2)$ …… ④

すなわち　$x^2-2x-3=0$

これを解いて　$x=-1,\ 3$　　⬅ $(x+1)(x-3)=0$

グラフから，求める座標は　**$(-1,\ -1)$，$(3,\ 3)$**

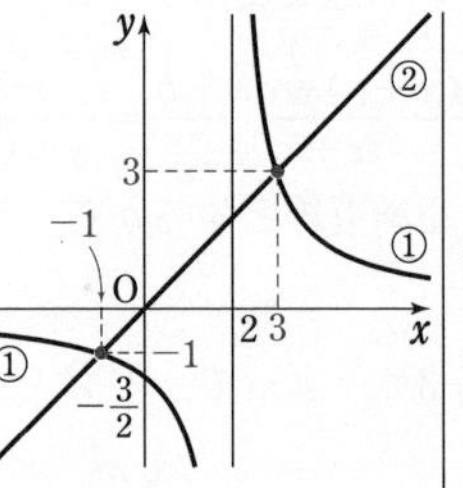

(2) (1) において，関数 ① のグラフが直線 ② より上側にある x の値の範囲を，図から求めて　**$x<-1,\ 2<x<3$**

(2) $x=2$ では ① のグラフがないから $x \neq 2$ に注意！

注意 上の等式 ③ の両辺に $x-2$ を掛けると，④ が得られる。このとき，③ と ④ は同値ではないことに注意しよう。つまり，③ ⟹ ④ は成り立つが，④ ⟹ ③ が成り立つのは，$x-2 \neq 0$ のときに限られる。
$x=-1,\ 3$ は $x-2 \neq 0$ を満たすから ③ の解といえる。このことを示す代わりに，上の解答では，グラフから解の存在を示して，分母を払って得られた $x=-1,\ 3$ を解としている。

TRAINING 5 ③

関数 $f(x)=\dfrac{2}{x}$ について，次のものを求めよ。

(1) 関数 $y=f(x)$ のグラフと直線 $y=x+1$ の共有点の座標

(2) $f(x)<x+1$ を満たす x の値の範囲

Let's Start

2 無理関数

数学Ⅰで，根号を含む式の計算について学習しました。ここでは，根号を含む式で表される関数について考えてみましょう。

■ 無理関数とそのグラフ

$\sqrt{x}$，$\sqrt{2x-1}$ のように，根号の中に文字を含む式を **無理式** といい，x の無理式で表された関数を x の **無理関数** という。ここでは，根号の中が x の1次式（$\boldsymbol{y=\sqrt{ax+b}}$ の形）の無理関数を考える。
なお，x の無理関数の定義域は，根号の中が0以上となる実数 x の値全体であることに注意しておこう。

●**有理式**
…… 多項式または分数式

● $\boldsymbol{y=\sqrt{x}}$ のグラフ

x と y の対応表を作ると，次のようになる。

x	0	1	2	3	4	5	…
y	0	1	$\sqrt{2}$	$\sqrt{3}$	2	$\sqrt{5}$	…

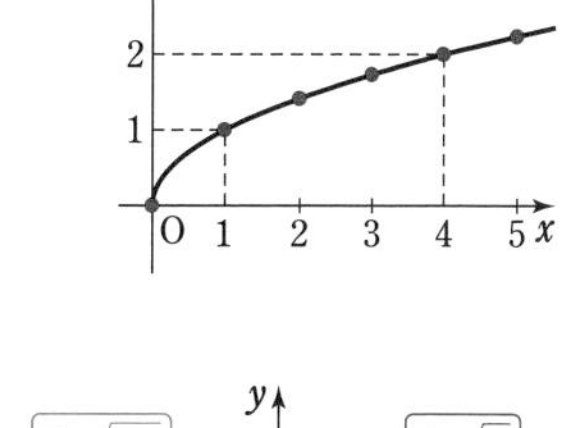

そして，グラフは右の図のようになる。
x，y は実数であるから，定義域は $\boldsymbol{x\geqq 0}$，値域は $\boldsymbol{y\geqq 0}$

● $\boldsymbol{y=-\sqrt{x}}$，$\boldsymbol{y=\sqrt{-x}}$，$\boldsymbol{y=-\sqrt{-x}}$ のグラフ

	$y=-\sqrt{x}$	$y=\sqrt{-x}$	$y=-\sqrt{-x}$
$y=\sqrt{x}$ のグラフとの位置関係	x 軸に関して対称	y 軸に関して対称	原点に関して対称
定義域	$x\leqq 0$	$x\leqq 0$	$x\leqq 0$
値　域	$y\leqq 0$	$y\geqq 0$	$y\leqq 0$

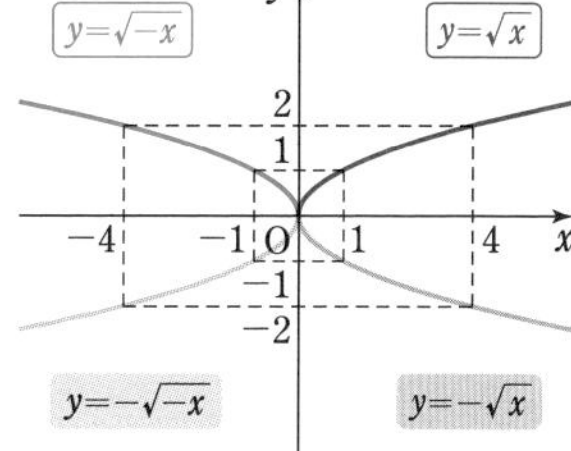

一般に，a が0でない定数のとき，
$y=\sqrt{ax}$ のグラフは，x 軸を軸とする放物線 $x=\dfrac{y^2}{a}$ の $y\geqq 0$ の部分であり，a の正負によって次のような特徴がある。

$a>0$ のとき
　定義域は $\boldsymbol{x\geqq 0}$，値域は $\boldsymbol{y\geqq 0}$　　増加関数である。

$a<0$ のとき
　定義域は $\boldsymbol{x\leqq 0}$，値域は $\boldsymbol{y\geqq 0}$　　減少関数である。

STEP forward

無理関数のグラフについて，式変形に慣れよう

Get ready

関数 $y=\sqrt{3x-6}$ のグラフは $y=\sqrt{3x}$ のグラフをどのように平行移動したものか答えよ。

根号の中が -6 となっているから，答えは「x 軸方向に 6 だけ平行移動したもの」でしょうか。

根号の中の式に着目する考え方は正しいのですが，正解ではありません。数学 I の 2 次関数のグラフを考えるときはどうしましたか。

2 次関数では，平方完成して $y=a(x-p)^2+q$ という形に変形しました。

そうですね。$y=a(x-p)^2+q$ のグラフは，$y=ax^2$ のグラフを x 軸方向に p，y 軸方向に q だけ平行移動したものでしたね。
無理関数でも $(x-p)$ という部分を作ってみましょう。

$3x-6=3(x-2)$ となるから，答えは「x 軸方向に 2 だけ平行移動したもの」でしょうか。

正解です。x の係数でくくるということがポイントです。

memo

解答

$\sqrt{3x-6}=\sqrt{3(x-2)}$

よって，$y=\sqrt{3x-6}$ のグラフは $y=\sqrt{3x}$ のグラフを x 軸方向に 2 だけ平行移動したものである。

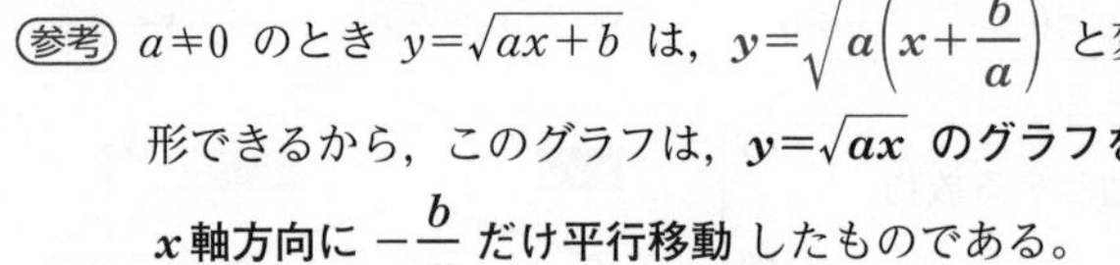

参考 $a \neq 0$ のとき $y=\sqrt{ax+b}$ は，$y=\sqrt{a\left(x+\dfrac{b}{a}\right)}$ と変形できるから，このグラフは，$y=\sqrt{ax}$ のグラフを x 軸方向に $-\dfrac{b}{a}$ だけ平行移動したものである。

関数 $y=\sqrt{3x-6}$ のグラフは右の図のようになる。

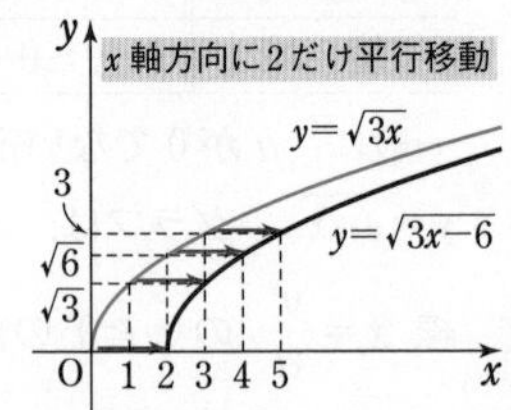

まとめ

無理関数 $y=\sqrt{ax+b}$ のグラフ

根号内を x の係数 a でくくり，$y=\sqrt{a\left(x+\dfrac{b}{a}\right)}$ の形に変形する。

基本 例題 **6** **無理関数のグラフ**

次の関数のグラフをかけ。また，その定義域と値域を求めよ。

(1) $y=\sqrt{-x+2}$　　　(2) $y=-\sqrt{2x+1}$

CHART & GUIDE　**無理関数 $y=\sqrt{ax+b}$ のグラフ**

1. 根号内を x の係数 a でくくり，$y=\sqrt{a\left(x+\dfrac{b}{a}\right)}$ の形に変形する。
2. 点 $\left(-\dfrac{b}{a},\ 0\right)$ を原点とみて，$y=\sqrt{ax}$ のグラフをかく。
3. 定義域は，不等式 $ax+b\geqq 0$ を解くと得られる。$\sqrt{A}$ に対して　$A\geqq 0$

解答

(1) 変形すると　$y=\sqrt{-(x-2)}$

グラフは，$y=\sqrt{-x}$ のグラフを x 軸方向に 2 だけ平行移動したものである。〔図〕

定義域は $x\leqq 2$，値域は $y\geqq 0$

(2) 変形すると　$y=-\sqrt{2\left(x+\dfrac{1}{2}\right)}$

グラフは，$y=-\sqrt{2x}$ のグラフを x 軸方向に $-\dfrac{1}{2}$ だけ平行移動したものである。〔図〕

定義域は $x\geqq -\dfrac{1}{2}$，値域は $y\leqq 0$

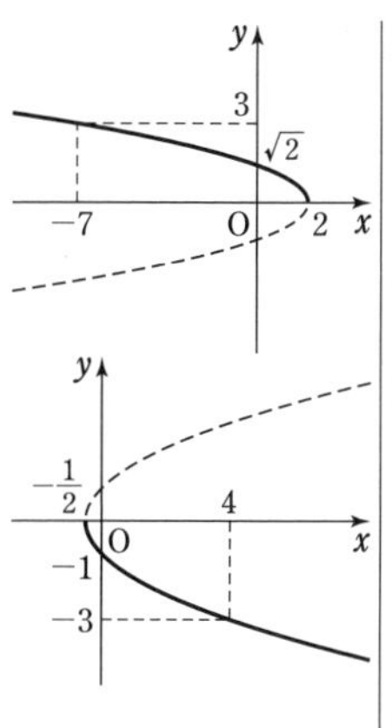

(1) $y=\sqrt{-x}$ のグラフは放物線 $x=-y^2$ の $y\geqq 0$ の部分。

⬅ 定義域は，$-x+2\geqq 0$ を解いて　$x\leqq 2$

(2) $y=-\sqrt{2x}$ のグラフは放物線 $x=\dfrac{y^2}{2}$ の $y\leqq 0$ の部分。

⬅ 定義域は，$2x+1\geqq 0$ を解いて　$x\geqq -\dfrac{1}{2}$

Lecture　無理関数の定義域

一般に，関数は実数の範囲で考える。

根号の中が負の数となる数は実数ではないため，無理関数 $y=\sqrt{ax+b}$ の場合，

　　根号の中が 0 以上となる x の値全体

が定義域となる。

TRAINING 6 ②

次の関数のグラフをかけ。また，その定義域と値域を求めよ。

(1) $y=\sqrt{3x-1}$　　(2) $y=-\sqrt{2x+4}$　　(3) $y=2\sqrt{2-x}$　　(4) $y=-2\sqrt{1-x}$

基本 例題 7

≪≪ 基本例題 6

定義域に制限がある無理関数の値域

次の関数の値域を求めよ。

(1) $y=-\sqrt{x+2}$ $(0\leqq x\leqq 2)$　　(2) $y=\sqrt{2x+2}-1$ $(0\leqq x\leqq 3)$

CHART & GUIDE

定義域に制限がある関数の値域
グラフをかいて，y の値の範囲をよみとる

$y=\sqrt{a(x-p)}+q$ の形（本書では，無理関数の基本形とよぶ）のグラフは，$y=\sqrt{ax}$ のグラフを x 軸方向に p，y 軸方向に q だけ平行移動したもの。

1 基本形に直して，実数全体でグラフをかく。
2 定義域の端の点をとる。…… [!]
3 定義域に対応した部分のグラフを太くかき，y の値の範囲をよみとる。

解答

(1) $y=-\sqrt{x+2}$ において

[!] $x=0$ のとき　$y=-\sqrt{2}$
$x=2$ のとき　$y=-2$

この関数のグラフは，図の実線部分のようになるから，値域は

$$-2\leqq y\leqq -\sqrt{2}$$

(2) $y=\sqrt{2x+2}-1$ を変形して

$y=\sqrt{2(x+1)}-1$

[!] また　$x=0$ のとき　$y=\sqrt{2}-1$
$x=3$ のとき　$y=2\sqrt{2}-1$

この関数のグラフは，図の実線部分のようになるから，値域は

$$\sqrt{2}-1\leqq y\leqq 2\sqrt{2}-1$$

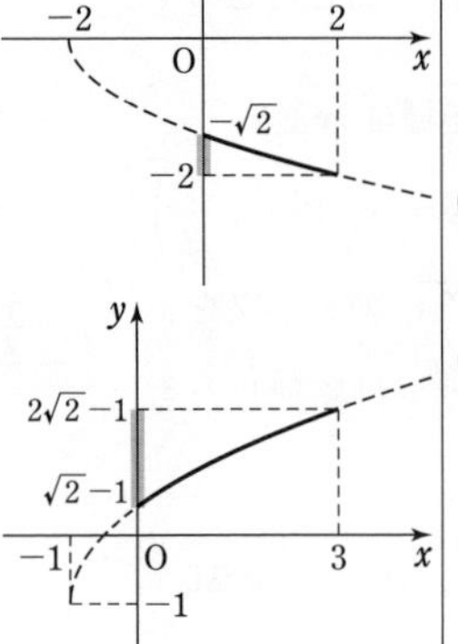

$y=\sqrt{a(x-p)}+q$ のグラフは，$y=\sqrt{ax}$ のグラフを x 軸方向に p，y 軸方向に q だけ平行移動したものである。

(1) $y=-\sqrt{x}$ のグラフを x 軸方向に -2 だけ平行移動したもの。

(2) $y=\sqrt{2x}$ のグラフを x 軸方向に -1，y 軸方向に -1 だけ平行移動したもの。
点 $(-1,\ -1)$ を原点とみて，$y=\sqrt{2x}$ のグラフをかく。

Lecture　$y=\sqrt{ax+b}+c$ $(a\neq 0)$ のグラフのかき方

$y=\sqrt{ax+b}+c$ $(a\neq 0)$ のグラフは，まず，

$$\text{基本形 } y=\sqrt{a(x-p)}+q \quad \left[p=-\frac{b}{a},\ q=c\right]$$

に変形し，点 $(p,\ q)$ を原点とみて $y=\sqrt{ax}$ のグラフをかけばよい。

TRAINING 7 ②

次の関数の値域を求めよ。

(1) $y=\sqrt{2x-3}$ $(2\leqq x\leqq 6)$　　(2) $y=-\sqrt{5-x}$ $(0\leqq x\leqq 4)$

(3) $y=\sqrt{1-x}-2$ $(-2\leqq x\leqq 1)$

標準 例題 **8** 無理関数のグラフと方程式・不等式 ③③③

>>> 発展例題 14〜16

(1) 関数 $y=\sqrt{2x}$ のグラフと直線 $y=x-2$ の共有点の座標を求めよ。
(2) 不等式 $\sqrt{2x} \geqq x-2$ を解け。

CHART & GUIDE 無理式で表された方程式と不等式（無理方程式・無理不等式）

グラフを利用する　共有点 $\Longleftrightarrow$ 実数解
上下関係 $\Longleftrightarrow$ 不等式

(1) y を消去し $(\sqrt{2x}=x-2)$，$\sqrt{}$ をなくすために両辺を 2 乗する。
こうして作った方程式を解き，グラフを見て，適切な解を選ぶ。…… [!]

解答

(1) $y=\sqrt{2x}$ … ①，$y=x-2$ … ②
のグラフは，図のようになる。
①，② から　$\sqrt{2x}=x-2$ …… ③
両辺を 2 乗して整理すると
$x^2-6x+4=0$
これを解いて　$x=3\pm\sqrt{5}$
[!] 図から，$x=3+\sqrt{5}$ が ③ の解であり，このとき $y=1+\sqrt{5}$
したがって，求める共有点の座標は　$(3+\sqrt{5},\ 1+\sqrt{5})$

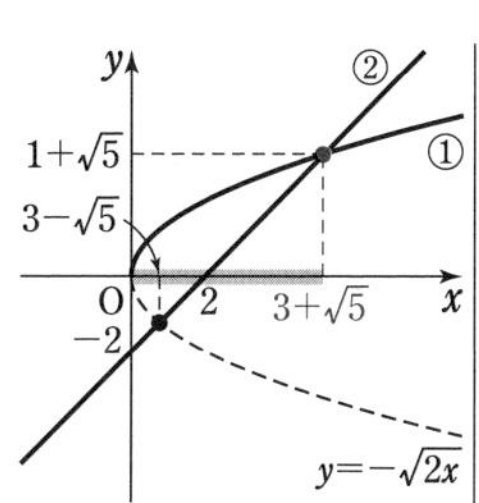

(2) (1) において，関数 ① のグラフが直線 ② より上側にある，または共有点をもつ x の値の範囲を，図から求めて
$0 \leqq x \leqq 3+\sqrt{5}$

← ① の定義域は，$2x \geqq 0$ を解いて　$x \geqq 0$

注意
$A=B \Longrightarrow A^2=B^2$
は成り立つが，
$A^2=B^2 \Longrightarrow A=B$
は成り立たない。
$A^2=B^2$ は
$(A+B)(A-B)=0$ と変形され，$A=B$ 以外に $A=-B$ の解を含む。

Lecture 無理方程式の解について

(1) は，$\sqrt{2x}=x-2$ … Ⓐ，2 乗して $2x=(x-2)^2$ … Ⓑ，これを解いて $x=3\pm\sqrt{5}$ … Ⓒ
となっている。ここで，Ⓐ$\Longrightarrow$Ⓑ は成り立つが，Ⓑ$\Longrightarrow$Ⓐ が成り立つとは限らない。
したがって，Ⓑ から得られる解 Ⓒ が Ⓐ の解であるとは限らない。そこで

1. グラフを見て $x=3+\sqrt{5}$ と決める（上の解答）。
2. $\sqrt{2x} \geqq 0$ から，$x-2 \geqq 0$ すなわち $x \geqq 2$ を満たすものを採用する。

のいずれかの方法で解く（$x=3-\sqrt{5}$，$x=3+\sqrt{5}$ を Ⓐ に代入して判断してもよい）。
なお，$x=3-\sqrt{5}$ は方程式 $-\sqrt{2x}=x-2$ の解である。

TRAINING 8 ③

(1) 関数 $y=\sqrt{4-x}$ のグラフと直線 $y=x-1$ の共有点の座標を求めよ。
(2) 不等式 $\sqrt{4-x}<x-1$ を解け。

Let's Start

3 逆関数と合成関数

今までは，関数 $y=f(x)$ において x の値に対して y の値を定めることを考えてきましたが，ここではその逆，すなわち「y の値に対して x の値を定める」ことを考えてみましょう。
また，2 つの関数 $f(x)$ と $g(x)$ から新たな関数を作ることを学習しましょう。

■ 逆関数

関数 $y=\dfrac{1}{2}x+1$ において，例えば x の値を 4 とすると，それに対応して y の値 3 が決まる。逆に，y の値が 3 となる x の値は，$3=\dfrac{1}{2}x+1$ から $x=4$ がただ 1 つ決まる。

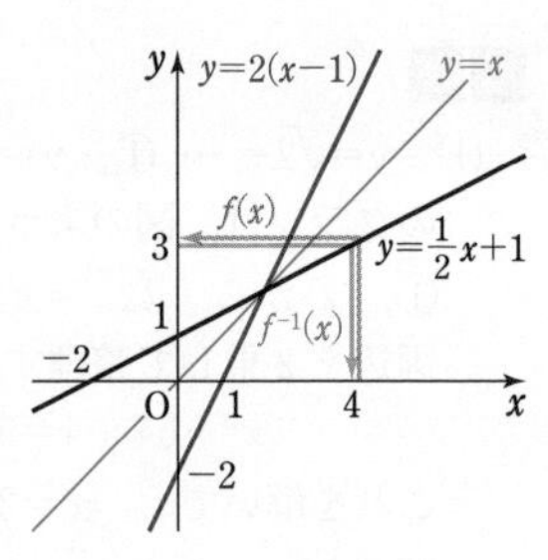

一般に，関数 $y=f(x)$ が，増加関数または減少関数のとき，y の値を決めると，それに対応して x の値がただ 1 つ決まる。すなわち，x は y の関数である。この関数を $x=g(y)$ で表す。このとき，変数 y を x に書き直した関数 $g(x)$ を，もとの関数 $f(x)$ の **逆関数** といい，$f^{-1}(x)$［f インバース x と読む］で表す。

逆関数の性質

・関数 $f(x)$ が逆関数 $f^{-1}(x)$ をもつとき

$$b=f(a) \iff a=f^{-1}(b)$$

・関数 $y=f(x)$ のグラフとその逆関数 $y=f^{-1}(x)$ のグラフは，直線 $y=x$ に関して対称である。

■ 合成関数

2 つの関数 $f(x)=x^2+1$，$g(x)=\sqrt{x}$ について，$g(f(x))$ を $g(f(x))=g(x^2+1)=\sqrt{x^2+1}$ のように考えると，$g(f(x))$ は x に $\sqrt{x^2+1}$ を対応させる関数といえる。

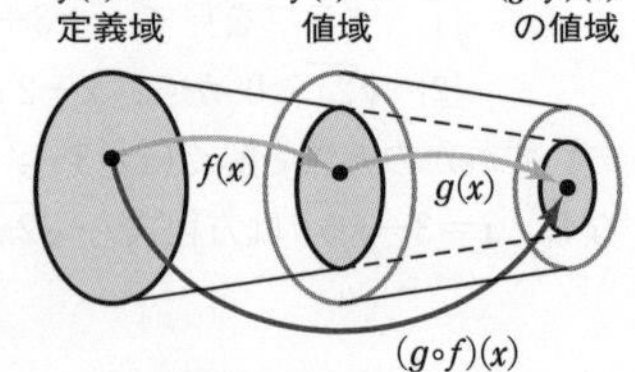

一般に，2 つの関数 $f(x)$，$g(x)$ について，$f(x)$ の値域が $g(x)$ の定義域に含まれているとき，新しい関数 $g(f(x))$ が考えられる。この関数を，$f(x)$ と $g(x)$ の **合成関数** という。
$g(f(x))$ を $(g\circ f)(x)$ とも書く。

$(g\circ f)(x)=g(f(x))$　← これが定義！　f，g の順序が大事

基本 例題 **9** 逆関数とその定義域

次の関数の逆関数を求めよ。また，そのグラフをかけ。

(1)　$y=\log_2 x^3$　　　　(2)　$y=3x^2+2$ $(x\geqq 0)$

CHART & GUIDE

関数とその逆関数では，定義域と値域が入れ替わる

定義域に制限がある場合

1　与えられた関数の値域を求める。

2　**1** で求めた値域を定義域として，逆関数のグラフをかく。

解答

(1)　$y=\log_2 x^3$ …… ① から

$x^3>0$ かつ $x^3=2^y$

$x>0$ であるから　$x=\sqrt[3]{2^y}=2^{\frac{y}{3}}$

x と y を入れ替えて，求める

逆関数は　$\boldsymbol{y=2^{\frac{x}{3}}}$

グラフは 右の **図の ②**

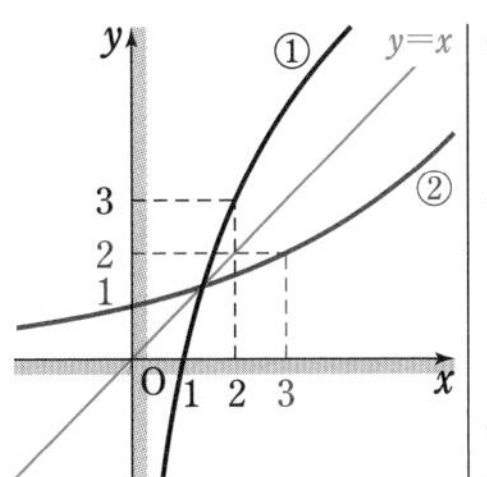

⬅ ① は増加関数。

⬅ $x^3>0$ から　$x>0$

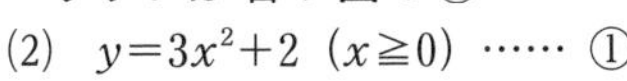

(2)　$y=3x^2+2$ $(x\geqq 0)$ …… ①

① の値域は　$y\geqq 2$

① を x について解くと　$x^2=\dfrac{y-2}{3}$

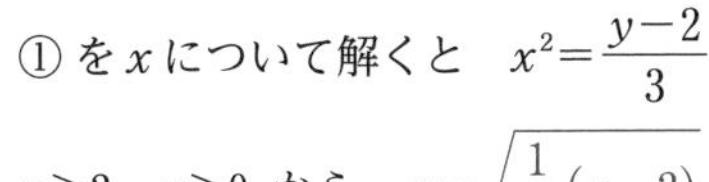

$y\geqq 2$，$x\geqq 0$ から　$x=\sqrt{\dfrac{1}{3}(y-2)}$

x と y を入れ替えて，求める **逆関数は**　$\boldsymbol{y=\sqrt{\dfrac{1}{3}(x-2)}}$ $\boldsymbol{(x\geqq 2)}$

グラフは 右の **図の ②**

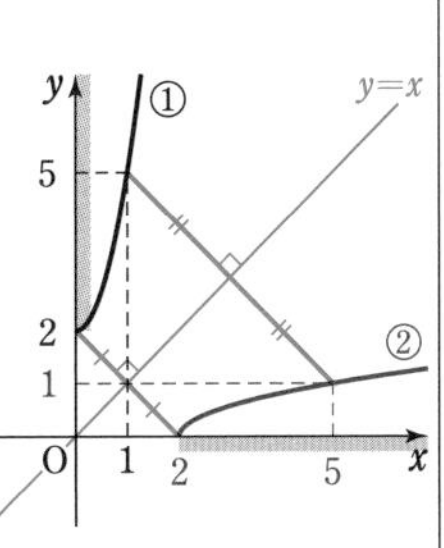

(2)　定義域の制限をはずした関数 $y=3x^2+2$ は，逆関数をもたない。
$y=3x^2+2$ を x について解くと
$x=\pm\sqrt{\dfrac{y-2}{3}}$ であるが，2 以外の y の値を 1 つ決めると x の値は 2 つ決まる。すなわち，x は y の関数ではない。

Lecture　$f(x)$ の逆関数 $g(x)$ の求め方

逆関数を求めるための一般的な手順は，次のようになる。

1　$y=f(x)$ を x について解き，$x=g(y)$ の形にする。

2　x と y を入れ替えて，$y=g(x)$ とする。

逆関数 $g(x)$ の定義域は，もとの関数 $f(x)$ の値域と同じ。

$y=f(x)$ ［**x について解く**］⇒ $x=g(y)$ ［**x と y を交換**］⇒ $y=g(x)$

TRAINING 9 ①

次の関数の逆関数を求めよ。また，そのグラフをかけ。

(1)　$y=\sqrt{3^x}$　　　　(2)　$y=1-x^2$ $(x\leqq -1)$

≪ 基本例題 2　≫ 発展例題 17

基本例題 10 分数関数の逆関数

次の関数の逆関数を求めよ。

(1)　$y=\dfrac{x-1}{2x+3}$　　　(2)　$y=\dfrac{x+1}{x-1}$　$(3\leqq x\leqq 5)$

CHART & GUIDE

逆関数　x と y の交換

1. 与えられた関数の値域を求める。⟵ 逆関数の定義域を求める。
2. x について解く。…… [!]
3. x と y を入れ替えて逆関数を求める。逆関数の定義域に注意する。

解答

(1)　$y=-\dfrac{5}{2(2x+3)}+\dfrac{1}{2}$　ゆえに，値域は　$y\neq\dfrac{1}{2}$

与式から　$(2x+3)y=x-1$　よって　$(2y-1)x=-(3y+1)$

[!]　$y\neq\dfrac{1}{2}$ であるから　$x=-\dfrac{3y+1}{2y-1}$

x と y を入れ替えて，求める逆関数は　$\boldsymbol{y=-\dfrac{3x+1}{2x-1}}$

←
$$\begin{array}{r} \frac{1}{2} \\ 2x+3\,\overline{)\,x-1\phantom{+\frac{3}{2}}} \\ \underline{x+\frac{3}{2}} \\ -\frac{5}{2} \end{array}$$

割り算の等式から

$x-1=\dfrac{1}{2}(2x+3)-\dfrac{5}{2}$

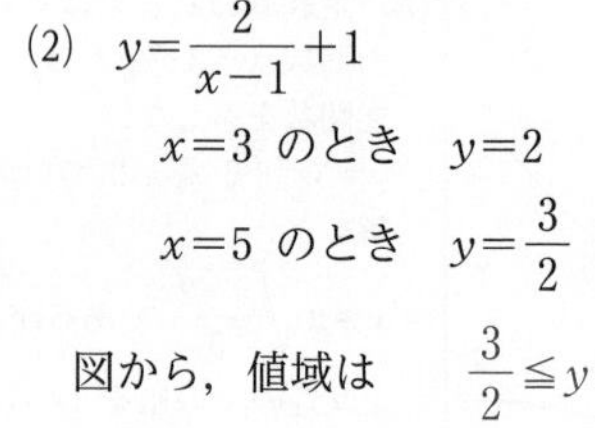

(2)　$y=\dfrac{2}{x-1}+1$

$x=3$ のとき　$y=2$

$x=5$ のとき　$y=\dfrac{3}{2}$

図から，値域は　$\dfrac{3}{2}\leqq y\leqq 2$

与式から　$(x-1)y=x+1$

よって　$(y-1)x=y+1$

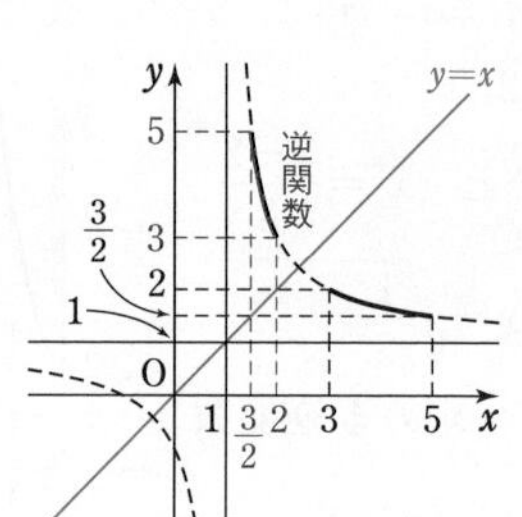

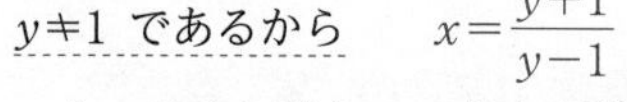

[!]　$y\neq 1$ であるから　$x=\dfrac{y+1}{y-1}$

x と y を入れ替えて，求める逆関数は

$$\boldsymbol{y=\frac{x+1}{x-1}\ \left(\frac{3}{2}\leqq x\leqq 2\right)}$$

(2)　関数のグラフは 2 点 $(3,\ 2)$，$\left(5,\ \dfrac{3}{2}\right)$ を結ぶ弧 ⟶ 逆関数のグラフは，直線 $y=x$ に関して対称な 2 点 $(2,\ 3)$，$\left(\dfrac{3}{2},\ 5\right)$ を結ぶ弧。

← 逆関数の定義域は，もとの関数の値域。

(補足)　関数 $y=f(x)$ のグラフ上の点 $\mathrm{P}(a,\ b)$ に対し，$b=f(a)$ が成り立つ。このとき，$a=f^{-1}(b)$ であるから，点 $\mathrm{Q}(b,\ a)$ は逆関数 $y=f^{-1}(x)$ のグラフ上にある。
そして，点 $\mathrm{P}(a,\ b)$ と点 $\mathrm{Q}(b,\ a)$ は直線 $y=x$ に関して対称であるから，逆関数 $\boldsymbol{y=f^{-1}(x)}$ のグラフは，$\boldsymbol{y=f(x)}$ のグラフと直線 $\boldsymbol{y=x}$ に関して対称 となる。

TRAINING 10 ②

次の関数の逆関数を求めよ。

(1)　$y=\dfrac{3-2x}{x+1}$　　　(2)　$y=\dfrac{x-3}{x+3}$　$(-3<x<0)$

基本 例題 11 逆関数の性質

$a \neq -1$ とする。関数 $f(x)=(a+1)x+a^2$ の逆関数 $f^{-1}(x)$ について，$f^{-1}(3)=1$，$f^{-1}(5)=-1$ であるとき，定数 a の値を求めよ。

CHART & GUIDE 逆関数の性質

$$q=f(p) \iff p=f^{-1}(q)$$

1. f^{-1} の条件を f についての条件に書き直す。
2. a についての 2 つの方程式を解く。
3. 2 つの方程式をともに満たす a の値を答えとする。

解答

$f^{-1}(3)=1$ から $f(1)=3$

$f^{-1}(5)=-1$ から $f(-1)=5$

$f(1)=(a+1)\cdot 1+a^2$，$f(-1)=(a+1)\cdot(-1)+a^2$ であるから

$a^2+a+1=3$，　$a^2-a-1=5$

整理して　$a^2+a-2=0$，　$a^2-a-6=0$

ゆえに　$(a-1)(a+2)=0$，　$(a+2)(a-3)=0$

よって　$a=1,\ -2$；　$a=-2,\ 3$

2 つの方程式をともに満たす a の値は

$$a=-2$$

$a=-2$ は $a \neq -1$ を満たす。

注意　1 つの条件 $f^{-1}(3)=1 \iff f(1)=3$ から，a の値が求められる。しかし，求めた a の値が，もう 1 つの条件 $f^{-1}(5)=-1 \iff f(-1)=5$ を満たすかどうかを確認する必要がある。

Lecture 逆関数の性質

関数 $f(x)$ の逆関数を求めると，$f^{-1}(x)=\dfrac{x-a^2}{a+1}$ となる。これに条件を代入しても a の値を求めることができる。

しかし，上で示したように，逆関数の性質

$$q=f(p) \iff p=f^{-1}(q)$$

を利用した方が，一般に計算は簡単になる。

TRAINING 11 ②

1 次関数 $f(x)=ax+b$ について，$f(1)=3$，$f^{-1}(-1)=3$ であるとき，定数 a，b の値を求めよ。

基本 例題 >>> 発展例題 18

12 合成関数

$f(x)=x^2+1$，$g(x)=x+3$，$h(x)=\sqrt{2x-7}$ のとき，次の関数を求めよ。

(1) $(g\circ f)(x)$　　(2) $(f\circ g)(x)$　　(3) $(h\circ(g\circ f))(x)$

CHART & GUIDE

合成関数 $(g\circ f)(x)$

$(g\circ f)(x)=g(f(x))$　f，g の順序に注意

(1) $g(x)$ の x に $f(x)$ を代入。

(2) $f(x)$ の x に $g(x)$ を代入。

(3) $(h\circ(g\circ f))(x)=h((g\circ f)(x))=h(g(f(x)))$　(1) を利用。

解答

(1) $\boldsymbol{(g\circ f)(x)}=g(f(x))=g(x^2+1)=(x^2+1)+3$

$\boldsymbol{=x^2+4}$

(2) $\boldsymbol{(f\circ g)(x)}=f(g(x))=f(x+3)=(x+3)^2+1$

$\boldsymbol{=x^2+6x+10}$

(3) $(h\circ(g\circ f))(x)=h((g\circ f)(x))=h(g(f(x)))$

(1) より，$g(f(x))=x^2+4$ であるから

$\boldsymbol{(h\circ(g\circ f))(x)}=h(x^2+4)=\sqrt{2(x^2+4)-7}$

$\boldsymbol{=\sqrt{2x^2+1}}$

注意　(1)，(2) のように，一般に $(g\circ f)(x)\neq(f\circ g)(x)$ であるから，合成の順序には注意が必要。

なお，**結合法則** $((h\circ g)\circ f)(x)=(h\circ(g\circ f))(x)$ は常に成り立つ。

Lecture 合成関数

$f(x)$ の値域が $g(x)$ の定義域に含まれるとき，合成関数 $(g\circ f)(x)$ が考えられる。

上の例題 (1) の場合，

$f(x)$ の値域　：1 以上

$g(x)$ の定義域：実数全体

となっているから，$(g\circ f)(x)$ が考えられる。

g(x)の定義域
f(x)の値域

参考　$g(x)$ の定義域が実数全体の集合であるときは，任意の関数 $f(x)$ に対して，合成関数 $(g\circ f)(x)$ が考えられる。

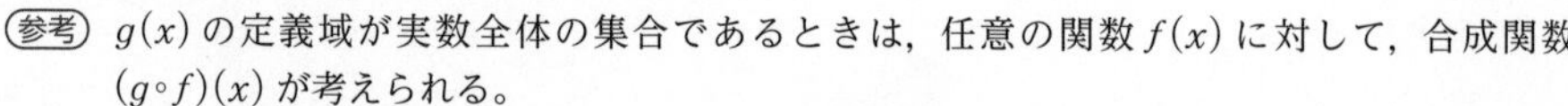

TRAINING 12 ②

$f(x)=\log_2 x$，$g(x)=x^2$，$h(x)=\sqrt{x+1}$ のとき，次の関数を求めよ。

(1) $(g\circ f)(x)$　　(2) $(g\circ h)(x)$　　(3) $(h\circ g)(x)$　　(4) $((h\circ g)\circ f)(x)$

発展学習

発展 例題 **13** 分数方程式・分数不等式の解法 ◎◎◎◎

≪ 標準例題 5

次の方程式・不等式を解け。

(1) $\dfrac{x-3}{x-1}=-x+1$　　　(2) $\dfrac{x-3}{x-1}>-x+1$

CHART & GUIDE

グラフを用いない分数方程式・分数不等式の解法

(1) **1** 分母を払って，多項式の方程式を導く。

2 **1** の方程式の解の中で分母を 0 としないものを解とする。

(2) $\dfrac{A}{B}>0$ の形に整理して，A，B の因数の符号から決定。

解答

(1) 分母を払うと　$x-3=(-x+1)(x-1)$

整理すると　$x^2-x-2=0$　　これを解いて　$x=-1,\ 2$

この値は，もとの方程式の分母を 0 としない。

よって，求める解は　$\boldsymbol{x=-1,\ 2}$　　↑この確認が重要

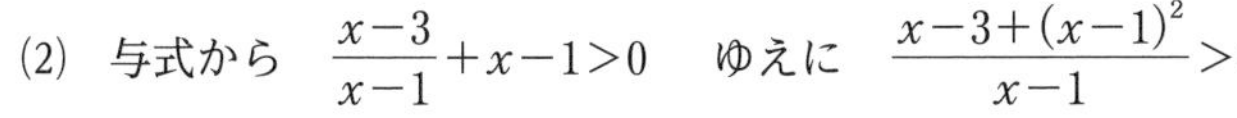

(2) 与式から　$\dfrac{x-3}{x-1}+x-1>0$　ゆえに　$\dfrac{x-3+(x-1)^2}{x-1}>0$

よって

$\dfrac{(x+1)(x-2)}{x-1}>0$

この式の左辺を P とおき，各因数の符号を調べると，右の表のようになる。

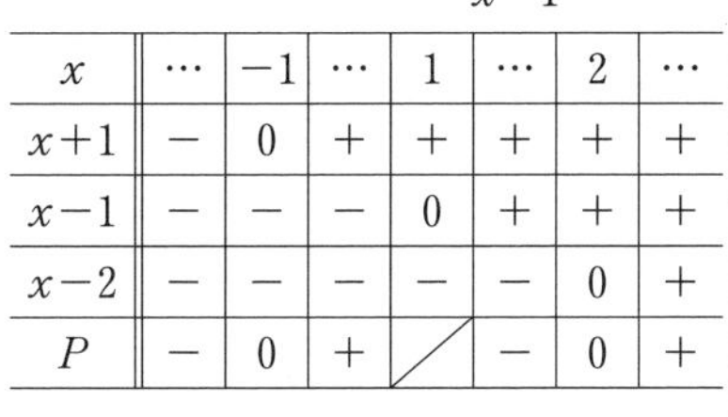

x	$\cdots$	-1	$\cdots$	1	$\cdots$	2	$\cdots$
$x+1$	$-$	0	$+$	$+$	$+$	$+$	$+$
$x-1$	$-$	$-$	$-$	0	$+$	$+$	$+$
$x-2$	$-$	$-$	$-$	$-$	$-$	0	$+$
P	$-$	0	$+$	／	$-$	0	$+$

したがって，求める解は，表から　$\boldsymbol{-1<x<1,\ 2<x}$

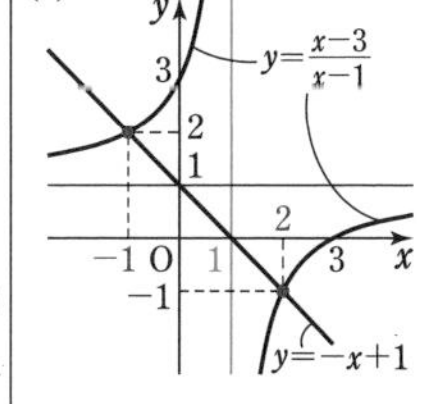

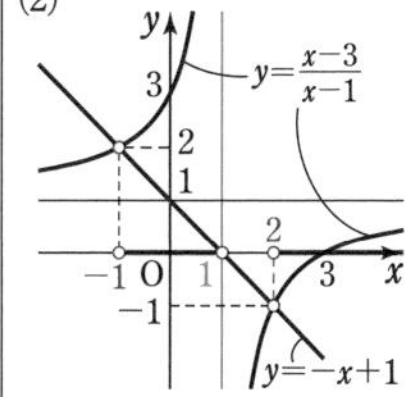

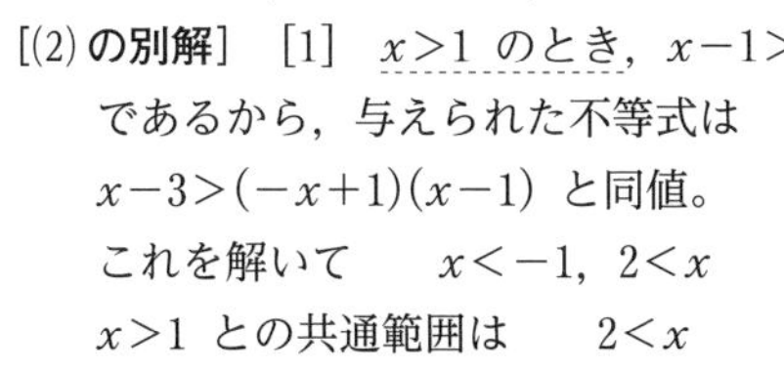

[(2) **の別解**] [1] $x>1$ のとき，$x-1>0$

であるから，与えられた不等式は

$x-3>(-x+1)(x-1)$ と同値。

これを解いて　$x<-1,\ 2<x$

$x>1$ との共通範囲は　$2<x$

[2] $x<1$ のとき，$x-1<0$

であるから，与えられた不等式は

$x-3<(-x+1)(x-1)$ と同値。

これを解いて　$-1<x<2$

$x<1$ との共通範囲は　$-1<x<1$

以上から，求める解は，[1]，[2] を合わせて　$\boldsymbol{-1<x<1,\ 2<x}$

TRAINING 13 ④

次の方程式・不等式を解け。

(1) $x-3=\dfrac{4x}{x-3}$　　(2) $x-3\geqq\dfrac{4x}{x-3}$　　(3) $\dfrac{6}{x+4}+x\leqq 1$

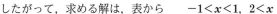

≪ 標準例題 8

発展 例題 14 無理方程式・無理不等式の解法

次の方程式・不等式を解け。

(1) $\sqrt{4-x^2}=x-2$　　(2) $\sqrt{2x+6} \geqq x+1$

CHART & GUIDE

グラフを用いない無理方程式・無理不等式の解法

2乗して多項式にする　$\sqrt{A} \geqq 0$, $A \geqq 0$ に注意

次の同値関係を利用する。

[1] $\sqrt{A}=B \iff B \geqq 0,\ A=B^2$

[2] $\sqrt{A} \geqq B \iff (B \geqq 0,\ A \geqq B^2)$ または $(B<0,\ A \geqq 0)$

$\sqrt{A} \leqq B \iff A \geqq 0,\ B \geqq 0,\ A \leqq B^2$

(1) $\sqrt{4-x^2}=x-2 \iff x-2 \geqq 0,\ 4-x^2=(x-2)^2$

(2) $x+1 \geqq 0$, $x+1<0$ で場合分けをする。…… [!]

解答

(1) 方程式 $\sqrt{4-x^2}=x-2$ の解は

$x-2 \geqq 0$ …… ①, $4-x^2=(x-2)^2$ …… ②

を同時に満たす x の値である。

② から　$x(x-2)=0$　これを解くと　$x=0,\ 2$

① より, $x \geqq 2$ であるから　$\boldsymbol{x=2}$

[!] (2) [1] $x+1 \geqq 0$ のとき

不等式 $\sqrt{2x+6} \geqq x+1$ の解は, $2x+6 \geqq (x+1)^2$ …… ①

を満たす x の値の範囲である。

① から　$x^2 \leqq 5$　これを解いて　$-\sqrt{5} \leqq x \leqq \sqrt{5}$

これと $x+1 \geqq 0$ から　$-1 \leqq x \leqq \sqrt{5}$ …… ②

[!] [2] $x+1<0$ のとき

不等式 $\sqrt{2x+6} \geqq x+1$ の解は, $2x+6 \geqq 0$ を満たす x の値の範囲である。

$2x+6 \geqq 0$, $x+1<0$ から　$-3 \leqq x < -1$ …… ③

[1], [2] より, 求める解は ② と ③ を合わせた範囲であるから

$\boldsymbol{-3 \leqq x \leqq \sqrt{5}}$

← ② が成り立てば, $4-x^2 \geqq 0$ は成り立つ。

← $4-x^2=x^2-4x+4$ から　$2x(x-2)=0$

← ① が成り立てば, $2x+6 \geqq 0$ は成り立つ。

← $x+1<0$ だけではダメ。$2x+6 \geqq 0$ を忘れないように。

TRAINING 14 ④

次の方程式・不等式を解け。

(1) $2-x=\sqrt{16-x^2}$　　(2) $\sqrt{x}+x \leqq 6$　　(3) $\sqrt{10-x^2}>x+2$

発展 例題 **15** 無理方程式の実数解の個数 ⑤

≪ 標準例題 8

k は定数とする。方程式 $\sqrt{2x+1}=x+k$ の異なる実数解の個数を求めよ。

〔類 九州共立大〕

CHART & GUIDE

方程式 $f(x)=g(x)$ の異なる実数解の個数 $\Longleftrightarrow$ $y=f(x)$ と $y=g(x)$ のグラフの共有点の個数

1. 関数 $y=\sqrt{2x+1}$ のグラフをかく。
2. 直線 $y=x+k$ の傾きは 1 で一定 ⟶ y 切片 k の値に応じて平行移動し，$y=\sqrt{2x+1}$ のグラフとの共有点の個数を調べる。
3. 接するときは，$(\sqrt{2x+1})^2=(x+k)^2$ の判別式を利用する。…… [!]

解答

$y=\sqrt{2x+1}$ …… ①

$y=x+k$ …… ②

とすると，① と ② のグラフの共有点の個数が，与えられた方程式の異なる実数解の個数に一致する。

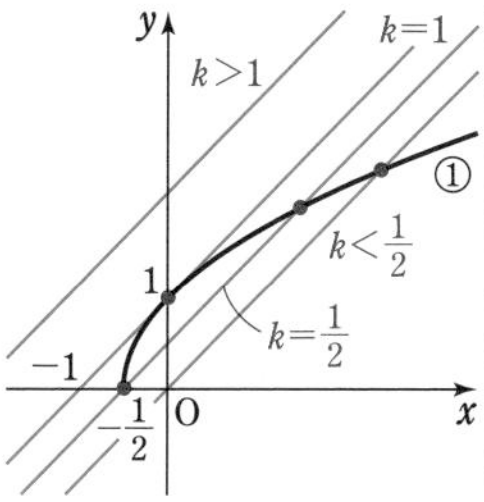

$\sqrt{2x+1}=x+k$

の両辺を 2 乗すると

$2x+1=(x+k)^2$

整理すると　$x^2+2(k-1)x+k^2-1=0$ …… ③

判別式について　$\dfrac{D}{4}=(k-1)^2-(k^2-1)=-2k+2$

[!] $D=0$ とすると　$-2k+2=0$　ゆえに　$k=1$

このとき，① と ② のグラフは接する。

また，直線 ② が点 $\left(-\dfrac{1}{2},\ 0\right)$ を通るとき　$0=-\dfrac{1}{2}+k$

すなわち　$k=\dfrac{1}{2}$　よって，求める実数解の個数は

$\dfrac{1}{2}\leqq k<1$ のとき　2 個；

$k<\dfrac{1}{2}$，$k=1$ のとき　1 個；

$k>1$ のとき　0 個

⬅ $\sqrt{2x+1}=\sqrt{2\left(x+\dfrac{1}{2}\right)}$ であるから，$y=\sqrt{2x+1}$ のグラフは，$y=\sqrt{2x}$ のグラフを x 軸方向に $-\dfrac{1}{2}$ だけ平行移動したものである。

⬅ 接する $\Longleftrightarrow$ $D=0$
接することを，図で確認しておこう。

注意 方程式 ③ の判別式から直ちに解の個数を判断してはいけない。グラフをかいて，k の値の変化にともなう直線の移動のようすを正確につかむこと。

TRAINING 15 ⑤

k は定数とする。方程式 $2\sqrt{x-1}=\dfrac{1}{2}x+k$ の異なる実数解の個数を求めよ。

発展 例題 **16** 逆関数の性質を利用した解法

≪ 標準例題 8

$f(x)=\sqrt{4x+5}$ とするとき

(1) 関数 $y=f(x)$ のグラフと，その逆関数 $y=f^{-1}(x)$ のグラフをかけ。

(2) 不等式 $f^{-1}(x) \geqq f(x)$ を満たす x の値の範囲を求めよ。

CHART & GUIDE

逆関数の性質利用の不等式の解法

(2) $y=f(x)$ のグラフと $y=f^{-1}(x)$ のグラフは，

直線 $y=x$ に関して対称

であるから，2 つのグラフの共有点の座標は，$y=f(x)$ のグラフと直線 $y=x$ の共有点の座標に等しい。このことを用いる。

解答

(1) $y=\sqrt{4x+5}\ \left(x \geqq -\dfrac{5}{4}\right)$ …… ①

① の値域は　$y \geqq 0$

① を x について解くと，

$y^2=4x+5$ から　$x=\dfrac{1}{4}(y^2-5)$

x と y を入れ替えて，逆関数は

$y=\dfrac{1}{4}(x^2-5)\ (x \geqq 0)$ …… ②

①，② のグラフは［図］

(2) ① と ② のグラフは，直線 $y=x$ に関して対称であるから，① と ② のグラフの共有点の x 座標は，① のグラフと直線 $y=x$ の共有点の x 座標に等しい。

$\sqrt{4x+5}=x$ …… ③ の両辺を 2 乗すると　$4x+5=x^2$

ゆえに　$(x+1)(x-5)=0$　よって　$x=-1,\ 5$

このうち，③ を満たすのは　$x=5$

したがって，② のグラフが ① のグラフより上側にある，または共有点をもつ x の値の範囲を求めると　$\boldsymbol{x \geqq 5}$

(1) 

1 **x について解く**
$\longrightarrow x=g(y)$

2 **x と y を交換**
$\longrightarrow y=g(x)$

逆関数の定義域は，もとの関数の値域と同じ。

(2) まず，共有点の x 座標を求める。

$f^{-1}(x)=f(x)$ の解
$\Longrightarrow f(x)=x$ の解

⬅ ③ で $\sqrt{4x+5} \geqq 0$ であるから $x \geqq 0$
よって，$x=5$ が適する。

Lecture　$f^{-1}(x)=f(x)$ の解法

$f^{-1}(x)=f(x)$ をそのまま解こうとすると，$x^2-5=4\sqrt{4x+5}$ を解かなければならない。この両辺を 2 乗すると　$x^4-10x^2+25=16(4x+5)$ となり，大変な困難が予想される。グラフの特徴(直線 $y=x$ に関して対称)を利用する［←$f(x)=x$ を解く］と，**計算がらく** になる。

TRAINING 16 ⑤

関数 $f(x)=x^2-2x\ (x \geqq 1)$ と，その逆関数 $f^{-1}(x)$ のグラフの交点の座標を求めよ。
また，$f^{-1}(x)>f(x)$ を満たす x の値の範囲を求めよ。

≪ 基本例題 10

発展 例題 17 分数関数の相等

関数 $y=\dfrac{2x+1}{x+p}$ の逆関数が，もとの関数と一致するという。このとき，定数 p の値を求めよ。

CHART & GUIDE

関数の相等

2つの関数 $f(x)$，$g(x)$ が一致するとは

[1] 定義域が一致する

[2] 定義域のすべての x の値に対して $f(x)=g(x)$

が成り立つことである。

1. $f(x)$ の逆関数 $f^{-1}(x)$ を求める。
2. $f(x)$ と $f^{-1}(x)$ の定義域が一致することから p の値を求める。
3. 求めた p の値に対して，$f(x)$ と $f^{-1}(x)$ が一致することを確認する。

解答

$y=\dfrac{2x+1}{x+p}$ …… ① とする。

① の右辺を変形すると $\dfrac{2x+1}{x+p}=\dfrac{1-2p}{x+p}+2$

← $2x+1=2(x+p)-2p+1$

関数 ① は逆関数をもつから $1-2p\neq 0$

すなわち $p\neq\dfrac{1}{2}$

← $1-2p=0$ のとき，① は $y=2\ (x\neq -p)$ となり，逆関数をもたない。

このとき，① の値域は $y\neq 2$

① から $(x+p)y=2x+1$ ゆえに $(y-2)x=1-py$

$y\neq 2$ であるから $x=\dfrac{1-py}{y-2}$

← x について解く。

よって，① の逆関数は $y=\dfrac{1-px}{x-2}$ …… ②

← x と y を入れ替える。

① と ② が一致するとき，① の定義域 $x\neq -p$ と ② の定義域 $x\neq 2$ が一致するから $-p=2$

ゆえに $p=-2$ これは $p\neq\dfrac{1}{2}$ を満たす。

← 必要条件

逆に，$p=-2$ のとき，① と ② はともに $y=\dfrac{2x+1}{x-2}$ となる。

← 十分条件でもあることを確認する。

以上から，求める p の値は $\boldsymbol{p=-2}$

TRAINING 17 ④

関数 $y=\dfrac{ax+b}{x+2}$ のグラフは点 $(1,\ 1)$ を通る。また，この関数の逆関数はもとの関数と一致する。このとき，定数 a，b の値を求めよ。 〔文化女子大〕

≪ 基本例題 12

発展 例題 18 合成関数と関数の決定

$f(x)=x-1$, $g(x)=x^2$, $h(x)=ax^2+bx+c$ とする。

(1) $f(g(x))=g(f(x))$ を満たすような x の値を求めよ。

(2) $h(f(x))=g(x)$ となるように，定数 a, b, c の値を定めよ。

(3) $f(k(x))=g(x)$ となる関数 $k(x)$ を求めよ。

CHART & GUIDE

合成関数 $f(g(x))$ の扱い

$f(x)$ の定義の式の x を $g(x)$ とおく

(1) 方程式 $f(g(x))=g(f(x))$ を解く。

(2) x の恒等式 $h(f(x))=g(x)$ の両辺の係数を比較する。

(3) $k(x)$ を含む恒等式が得られる。

解答

(1) $f(g(x))=x^2-1$, $g(f(x))=(x-1)^2=x^2-2x+1$

であるから　$x^2-1=x^2-2x+1$

ゆえに　$2x=2$　よって　$\boldsymbol{x=1}$

(2) $h(f(x))=a(x-1)^2+b(x-1)+c$

$=ax^2+(-2a+b)x+a-b+c$

であるから　$ax^2+(-2a+b)x+a-b+c=x^2$

これが x についての恒等式であるから，係数を比較して

$\boldsymbol{a=1}$ … ①, $-2a+b=0$ … ②, $a-b+c=0$ … ③

① を ② に代入して　$\boldsymbol{b=2}$ …… ④

① と ④ を ③ に代入して　$\boldsymbol{c=1}$

(3) $f(k(x))=k(x)-1$ であるから，$f(k(x))=g(x)$ より

$k(x)-1=x^2$　よって　$\boldsymbol{k(x)=x^2+1}$

← $f(g(x))=g(x)-1=x^2-1$
$g(f(x))=\{f(x)\}^2=(x-1)^2$

注意 $f(x)$, $g(x)$ の定義域は，ともに実数全体であるから $f(g(x))$, $g(f(x))$ が考えられる。

← すべての x について，等式が成り立つ。

← $f(x)=x-1$ の x に $k(x)$ を代入する。

(参考) 一般に，関数 $f(x)$ の逆関数 $f^{-1}(x)$ が存在するとき

$$\boldsymbol{f(f^{-1}(x))=f^{-1}(f(x))=x} \quad \cdots\cdots \text{Ⓐ}$$

が成り立つことが知られている。

上の例題 (3) において $f^{-1}(x)$ が存在し，この x に $f(k(x))$ と $g(x)$ を代入すると

$$f^{-1}(f(k(x)))=f^{-1}(g(x))$$

左辺は Ⓐ により，x に $k(x)$ を代入すると $k(x)$ であるから　$k(x)=f^{-1}(g(x))$

$f^{-1}(x)=x+1$ であるから $k(x)=g(x)+1=x^2+1$ となる。

TRAINING 18 ⑤

$f(x)=x+2$, $g(x)=x^2+1$, $h(x)=ax^2+bx+c$ とする。

(1) $f(g(x))=g(f(x))$ を満たすような x の値を求めよ。

(2) $h(f(x))=g(x)$ となるように，定数 a, b, c の値を定めよ。

(3) $f(k(x))=g(x)$ となる関数 $k(x)$ を求めよ。

EXERCISES

A

1③ 座標平面上の点 (x, y) は，次の方程式を満たす。

$$\frac{1}{2}\log_2(6-x)-\log_2\sqrt{3-y}=\frac{1}{2}\log_2(10-2x)-\log_2\sqrt{4-y} \quad \cdots\cdots (*)$$

方程式 $(*)$ の表す図形上の点 (x, y) は，関数 $y=\dfrac{2}{x}$ のグラフを x 軸方向に p，y 軸方向に q だけ平行移動したグラフ上の点である。このとき，p，q を求めると，$(p, q)=$ ☐ である。 〔類 芝浦工大〕 ⋘ 基本例題 2

2③ 次の不等式を解け。

(1) $\sqrt{x+3}<|2x|$ (2) $\sqrt{\dfrac{x+1}{x-4}}\geqq\sqrt{3}$ ⋘ 標準例題 5，8

3③ 次の条件に適するように，定数 a の値を定めよ。

(1) 関数 $y=\sqrt{x-3}$ $(4\leqq x\leqq a)$ の値域が $1\leqq y\leqq 2$

(2) 関数 $y=-\sqrt{2x-3}$ のグラフが直線 $y=ax$ と接する

⋘ 基本例題 7，標準例題 8

4③ a は正の数とする。不等式 $\sqrt{ax+b}>x-2$ を満たす x の範囲が，$3<x<6$ となるとき，$|a+b|$ の値を求めよ。 〔類 自治医大〕 ⋘ 標準例題 8

5③ α，β を実数とする。関数 $f(x)=\dfrac{(\cos\alpha)x-\sin\alpha}{(\sin\alpha)x+\cos\alpha}$，$g(x)=\dfrac{(\cos\beta)x-\sin\beta}{(\sin\beta)x+\cos\beta}$ に対して，$h(x)=f(g(x))$ とおくとき，次の問いに答えよ。

(1) $\alpha=\dfrac{\pi}{6}$，$\beta=\dfrac{\pi}{3}$ のとき，$f(x)$ および $h(x)$ を求めよ。

(2) $\alpha=\dfrac{\pi}{24}$，$\beta=\dfrac{5}{24}\pi$ のとき，$h(x)$ を求めよ。 〔大阪工大〕 ⋘ 基本例題 12

B

6④ a を正の実数とする。$x\geqq 0$ のとき，$y=\dfrac{ax-1}{a-x}$ がとりうる値の範囲を求めよ。 〔岡山大〕 ⋘ 標準例題 3

HINT

2 (2) $B\geqq 0$ のとき，$\sqrt{A}\geqq B \iff A\geqq B^2$ を利用。

3 (2) $-\sqrt{2x-3}=ax$ として両辺を 2 乗。2 次方程式の判別式を D とすると
接する $\iff$ $D=0$ を利用。グラフを考えて適する a の値を決める。

4 関数 $y=\sqrt{ax+b}$ のグラフと直線 $y=x-2$ の共有点を考える。

6 $y=\dfrac{p}{x-a}+q$（p，q は a の式）に変形し，a の値によって場合分けする。

EXERCISES

B

7④ xy 座標平面上において，直線 $y=x$ に関して，曲線 $y=\dfrac{2}{x+1}$ と対称な曲線を C_1 とし，直線 $y=-1$ に関して，曲線 $y=\dfrac{2}{x+1}$ と対称な曲線を C_2 とする。曲線 C_2 の漸近線と曲線 C_1 との交点の座標をすべて求めると，$\boxed{}$ である。　〔関西大〕　≪≪ 基本例題 10

8④ (1) 不等式 $\sqrt{9x-18} \leqq \sqrt{-x^2+6x}$ を満たす x の値の範囲を求めよ。

(2) 不等式 $\sqrt{a^2-x^2} > 3x-a$ $(a \neq 0)$ の解は，$a>0$ のとき
ア$\boxed{} \leqq x <$ イ$\boxed{}$，$a<0$ のとき ウ$\boxed{} \leqq x <$ エ$\boxed{}$ である。〔芝浦工大〕
≪≪ 発展例題 14

9④ $f(x)=a+\dfrac{b}{2x-1}$ の逆関数が $g(x)=c+\dfrac{2}{x-1}$ であるとき，定数 a，b，c の値を求めよ。　〔広島文教女子大〕　≪≪ 発展例題 17

10⑤ a，b を実数とし，$f(x)=\dfrac{x+1}{ax+b}$ とするとき，$(f \circ f)(x)=x$ を満たす a，b を求めよ。　〔山口大〕　≪≪ 発展例題 18

11⑤ n は自然数とする。関数 $g(x)=\dfrac{x}{x+1}$ を n 回合成して得られる合成関数 $(g \circ g \circ g \circ \cdots\cdots \circ g)(x)$ を求めよ。　〔京都産大〕　≪≪ 発展例題 18

12⑤ 右のように定義された関数 $f(x)$ について

(1) 不等式 $0 \leqq f(x) < \dfrac{1}{2}$ を解け。

(2) 関数 $y=f(f(x))$ のグラフをかけ。

$$f(x)=\begin{cases} 2x & \left(0 \leqq x < \dfrac{1}{2}\right) \\ 2-2x & \left(\dfrac{1}{2} \leqq x \leqq 1\right) \end{cases}$$

HINT

7 $y=\dfrac{2}{x+1}$ の逆関数のグラフが C_1 である。

9 $f(x)$ と $g(x)$ では，定義域と値域が入れ替わる。

11 $(g \circ g)(x)=g(g(x))$，$(g \circ g \circ g)(x)=g(g(g(x)))$ を実際に求めて結果を推測し，数学的帰納法(数学B)で証明する。

12 (2) 定義域の分け方に注意する。

数学Ⅲ

数列の極限

レベル ………… 各例題の難易度を表す の個数(1～5 の 5 段階)。

◉，◎，○印 … 各項目で重要度の高い例題につけた(◉，◎，○の順に重要度が高い)。
時間の余裕がない場合は，◉，◎，○の例題を中心に勉強すると効果的である。
また，◉の例題には，解説動画がある。

4 数列の極限

項が限りなく続く数列 a_1, a_2, a_3, ……, a_n, …… を無限数列といい，記号 $\{a_n\}$ で表します。
数列の極限とは，無限数列 $\{a_n\}$ において，n の値を限りなく大きくしたとき，第 n 項 a_n がどのようになるか，ということです。このことを具体例を通して考えてみましょう。

今後，特に断らない限り，数列といえば無限数列を意味する。

■ 収束する（一定の値に限りなく近づく）数列

［例1］ 数列 1, $\dfrac{1}{2}$, $\dfrac{1}{3}$, ……, $\dfrac{1}{n}$, ……

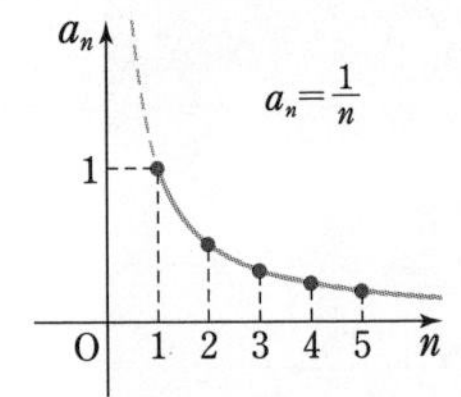

$n=100$, 1000, 10000 とすると，$\dfrac{1}{n}$ の値はそれぞれ 0.01, 0.001, 0.0001 となり，n を大きくするに従って，限りなく 0 に近づく（右図も参照）。

このように，無限数列 $\{a_n\}$ において，項の番号 n を限りなく大きくするとき，a_n が一定の値 α に限りなく近づくならば，$\{a_n\}$ は α に **収束** する，または $\{a_n\}$ の **極限** は α であるといい，記号で

$$\lim_{n\to\infty} a_n=\alpha \qquad \text{または} \quad n \longrightarrow \infty \text{ のとき } \quad a_n \longrightarrow \alpha$$

と書き表す。また，値 α を数列 $\{a_n\}$ の **極限値** ともいう。

← 記号∞は，「無限大」と読む。値すなわち数を表すものではない。

上の例では，$\displaystyle\lim_{n\to\infty}\frac{1}{n}=0$ 　　または　$n \longrightarrow \infty$ のとき　$\dfrac{1}{n} \longrightarrow 0$

注意 すべての項が一定の数 c である数列 c, c, c, ……, c, …… も c に収束すると考える。そして，$\displaystyle\lim_{n\to\infty} c=c$ と書き表す。

← n がいくら大きくなっても c という値しかとらないが，この場合も数列は限りなく c に近づくと考える。

数列 $\{a_n\}$ が収束しないとき，$\{a_n\}$ は **発散** するという。
次に，数列が発散する場合について，調べてみよう。

■ 収束しない数列

● a_n が無限に大きくなる数列

［例2］ 数列 1, 3, 5, ……, $2n-1$, ……

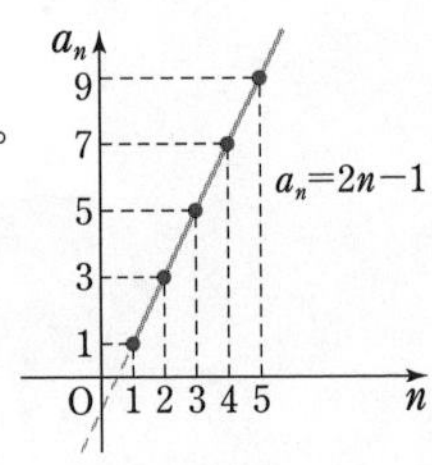

n を限りなく大きくすると，$2n-1$ の値は限りなく大きくなる。
このような場合，数列 $\{a_n\}$ は **正の無限大に発散** する，または $\{a_n\}$ の **極限は正の無限大** であるといい，記号で

$$\lim_{n\to\infty} a_n=\infty \qquad \text{または} \quad n \longrightarrow \infty \text{ のとき } \quad a_n \longrightarrow \infty$$

と書き表す。
他に，数列 $\{n^2\}$, $\{2^n\}$, $\{\sqrt{n}\}$ なども正の無限大に発散する。

● a_n が負で，$|a_n|$ が無限に大きくなる数列

［例 3］　数列 $-1,\ -4,\ -9,\ \cdots\cdots,\ -n^2,\ \cdots\cdots$

n を限りなく大きくするとき，第 n 項 $-n^2$ は負で，その絶対値 $|-n^2|$ が限りなく大きくなる。

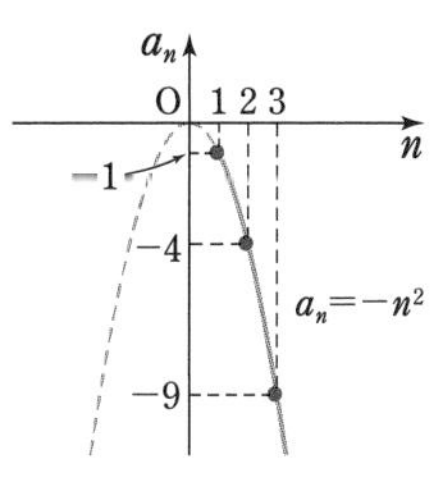

このような場合，数列 $\{a_n\}$ は **負の無限大に発散** する，または $\{a_n\}$ の **極限は負の無限大** であるといい，記号で

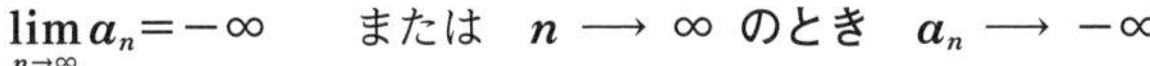

$\lim_{n\to\infty} a_n=-\infty$　　または　$n \longrightarrow \infty$ のとき　$a_n \longrightarrow -\infty$

と書き表す。

● 収束しない，正の無限大にも負の無限大にも発散しない数列

［例 4］　数列 $-1,\ 1,\ -1,\ 1,\ \cdots\cdots,\ (-1)^n,\ \cdots\cdots$

-1 と 1 の値を交互にとるから，n を限りなく大きくするとき，第 n 項が -1 と 1 のどちらの値をとるかわからない。

よって，一定の値に近づくことはない。

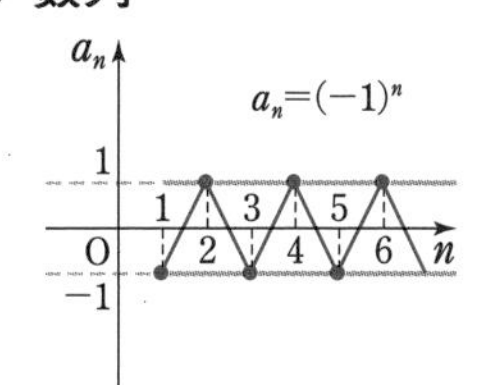

［例 5］　数列 $-2,\ 4,\ -8,\ 16,\ \cdots\cdots,\ (-2)^n,\ \cdots\cdots$

n を限りなく大きくするとき，第 n 項の絶対値は限りなく大きくなるが，項の符号は交互に正負となって一定しない。

すなわち，正の無限大にも負の無限大にも発散しない。

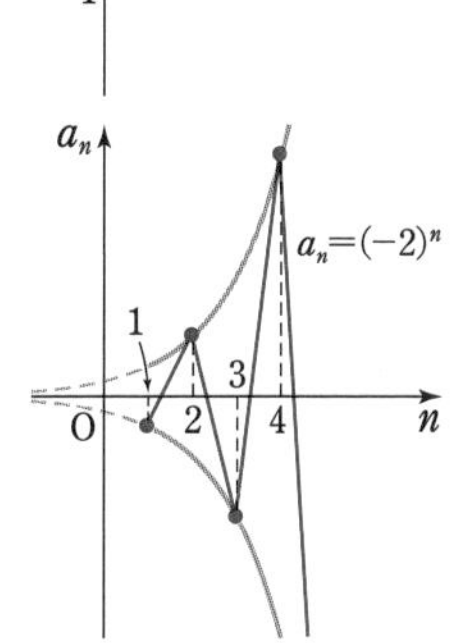

一般に，発散する数列が，正の無限大にも負の無限大にも発散しない場合，数列の **極限はない**，または，その数列は **振動** するという。

数列の極限について分類すると，次のようになる。

数列 $\{a_n\}$ の極限	**収束**	**値 α に収束**	$\lim_{n\to\infty} a_n=\alpha$
	発散	**正の無限大に発散**	$\lim_{n\to\infty} a_n=\infty$
		負の無限大に発散	$\lim_{n\to\infty} a_n=-\infty$
		振動	**極限はない**

← α は極限値である。しかし，∞，$-\infty$ は極限値とはいわない。

注意　∞，$-\infty$ は数ではないが，本書では解説などで

形式的に　$\infty+\infty$，　$\infty-\infty$，　$\infty\times\infty$，　$\dfrac{\infty}{\infty}$

の表現を使う場合がある。

直接，極限を求める際，式の形に応じて変形することが必要になります。次ページ以降で具体的に見ていきましょう。

>>> 発展例題 33

基本 例題 19 数列の極限の性質

次の極限を求めよ。

(1) $\displaystyle\lim_{n\to\infty}\left(\frac{2}{n}+\frac{3}{n^2}\right)$　(2) $\displaystyle\lim_{n\to\infty}\left(1+\frac{4}{n}\right)\left(2-\frac{5}{n^2}\right)$　(3) $\displaystyle\lim_{n\to\infty}\frac{3-\frac{1}{n^2}}{5+\frac{3}{n}}$

CHART & GUIDE

収束する数列の和・差・積・商の極限値は，極限値の和・差・積・商に等しい

数列 $\{a_n\}$，$\{b_n\}$ がともに収束し，$\displaystyle\lim_{n\to\infty}a_n=\alpha$，$\displaystyle\lim_{n\to\infty}b_n=\beta$ であるとき

1 $\displaystyle\lim_{n\to\infty}ka_n=k\alpha$　ただし，k は定数

2 $\displaystyle\lim_{n\to\infty}(a_n+b_n)=\alpha+\beta$，$\displaystyle\lim_{n\to\infty}(a_n-b_n)=\alpha-\beta$

3 $\displaystyle\lim_{n\to\infty}a_nb_n=\alpha\beta$　4 $\displaystyle\lim_{n\to\infty}\frac{a_n}{b_n}=\frac{\alpha}{\beta}$　ただし，$\beta\neq0$

解答

(1) $\displaystyle\lim_{n\to\infty}\left(\frac{2}{n}+\frac{3}{n^2}\right)=\lim_{n\to\infty}\frac{2}{n}+\lim_{n\to\infty}\frac{3}{n^2}=0+0=\mathbf{0}$

(2) $\displaystyle\lim_{n\to\infty}\left(1+\frac{4}{n}\right)\left(2-\frac{5}{n^2}\right)=\lim_{n\to\infty}\left(1+\frac{4}{n}\right)\times\lim_{n\to\infty}\left(2-\frac{5}{n^2}\right)=1\times2=\mathbf{2}$

(3) $\displaystyle\lim_{n\to\infty}\frac{3-\frac{1}{n^2}}{5+\frac{3}{n}}=\frac{\lim_{n\to\infty}\left(3-\frac{1}{n^2}\right)}{\lim_{n\to\infty}\left(5+\frac{3}{n}\right)}=\mathbf{\frac{3}{5}}$

⇐ $\displaystyle\lim_{n\to\infty}\frac{1}{n^k}=0$ $(k>0)$ であるから，a が定数のとき $\displaystyle\lim_{n\to\infty}\frac{a}{n^k}=0$

注意 答案では，------部分を省いてもよい。

Lecture 数列の極限の性質

上の CHART&GUIDE で示した数列の極限の性質は，

数列 $\{a_n\}$，$\{b_n\}$ が ともに収束する ときに成り立つ，

ということに注意しよう。

また，商の場合は，分母が 0 に収束しないことも必ず確かめるようにしたい。なお，上の例題(3)では，$\displaystyle\lim_{n\to\infty}\left(5+\frac{3}{n}\right)=5$ であるから，分母は 0 に収束しない。

TRAINING 19 ①

次の極限を求めよ。

(1) $\displaystyle\lim_{n\to\infty}\left(1-\frac{2}{n}-\frac{3}{n^2}\right)$　(2) $\displaystyle\lim_{n\to\infty}\left(2-\frac{5}{n^2}\right)\left(1+\frac{1}{n}\right)$　(3) $\displaystyle\lim_{n\to\infty}\frac{3-\frac{4}{n}+\frac{1}{n^2}}{2+\frac{1}{n}-\frac{3}{n^2}}$

基本 例題 20 数列の極限(多項式, 分数式など)

解説動画へGO!!

第 n 項が次の式で表される数列の極限を調べよ。

(1) n^2-8n　(2) $\dfrac{2n^2-3}{n+1}$　(3) $\dfrac{n^2-2n}{2n^2+5n}$　(4) $n(-1)^n$

CHART & GUIDE　不定形 $\infty-\infty$, $\dfrac{\infty}{\infty}$ の極限　極限が求められる形に変形

多項式　最高次の項(次数が最も高い項)でくくり出す。

分数式　分母の最高次の項で, 分母・分子を割る … 分母が収束するように変形。

(4)　n が偶数のとき, 奇数のときに分けて考える。

解答

(1) $\displaystyle\lim_{n\to\infty}(n^2-8n)=\lim_{n\to\infty}n^2\left(1-\frac{8}{n}\right)=\infty$

(2) $\displaystyle\lim_{n\to\infty}\frac{2n^2-3}{n+1}=\lim_{n\to\infty}\frac{n\left(2n-\frac{3}{n}\right)}{n\left(1+\frac{1}{n}\right)}=\lim_{n\to\infty}\frac{2n-\frac{3}{n}}{1+\frac{1}{n}}=\infty$

(3) $\displaystyle\lim_{n\to\infty}\frac{n^2-2n}{2n^2+5n}=\lim_{n\to\infty}\frac{n^2\left(1-\frac{2}{n}\right)}{n^2\left(2+\frac{5}{n}\right)}=\lim_{n\to\infty}\frac{1-\frac{2}{n}}{2+\frac{5}{n}}=\boldsymbol{\frac{1}{2}}$

(4) n が偶数のとき　$\displaystyle\lim_{n\to\infty}n(-1)^n=\lim_{n\to\infty}n=\infty$

n が奇数のとき　$\displaystyle\lim_{n\to\infty}n(-1)^n=\lim_{n\to\infty}(-n)=-\infty$

よって, **極限はない(振動する)**。

(1)　$\infty\times(1-0)$ の形

(2)　分母・分子を, 分母の最高次の項 n で割る。
$\longrightarrow \dfrac{\infty-0}{1+0}$ の形

(3)　分母・分子を n^2 で割る。$\longrightarrow \dfrac{1-0}{2+0}$ の形

⬅ $(-1)^n=1$

⬅ $(-1)^n=-1$

Lecture　極限と式の変形

(1)~(3) のように $\infty-\infty$ や $\dfrac{\infty}{\infty}$ の形(**不定形** という)の極限には, いろいろな場合がある。例えば,

$\displaystyle\lim_{n\to\infty}n^2=\infty$, $\displaystyle\lim_{n\to\infty}n^3=\infty$ であるが

$$\lim_{n\to\infty}\frac{n^2}{n^3}=\lim_{n\to\infty}\frac{1}{n}=0\ (\text{収束}),\qquad \lim_{n\to\infty}\frac{n^3}{n^2}=\lim_{n\to\infty}n=\infty\ (\text{発散})$$

よって, $\infty-\infty$ や $\dfrac{\infty}{\infty}$ の場合は, 解答のように式の形に応じて変形することが必要である。

TRAINING 20 ②

第 n 項が次の式で表される数列の極限を調べよ。

(1) $3n-n^3$　(2) $\dfrac{n^2+1}{3-2n}$　(3) $\dfrac{2n^3+n^2}{n^3-3}$　(4) $(-1)^n\cdot\dfrac{n+1}{n}$

基本 例題 21 数列の極限(無理式)

第 n 項が次の式で表される数列の極限を求めよ。

(1) $\sqrt{n+2}-\sqrt{n}$　(2) $n(\sqrt{n^2+1}-n)$　(3) $\dfrac{1}{n-\sqrt{n^2+n}}$

CHART & GUIDE

無理式の極限　∞−∞ には有理化

1 $(\sqrt{a}+\sqrt{b})(\sqrt{a}-\sqrt{b})=a-b$ を利用する。

2 分数式になったら，分母の最高次の項に注目して変形する。

解答

(1) $$\sqrt{n+2}-\sqrt{n}=\frac{(\sqrt{n+2}-\sqrt{n})(\sqrt{n+2}+\sqrt{n})}{\sqrt{n+2}+\sqrt{n}}$$

$$=\frac{(n+2)-n}{\sqrt{n+2}+\sqrt{n}}=\frac{2}{\sqrt{n+2}+\sqrt{n}}$$

よって $$\lim_{n\to\infty}(\sqrt{n+2}-\sqrt{n})=\lim_{n\to\infty}\frac{2}{\sqrt{n+2}+\sqrt{n}}=\mathbf{0}$$

(2) $$n(\sqrt{n^2+1}-n)=\frac{n(\sqrt{n^2+1}-n)(\sqrt{n^2+1}+n)}{\sqrt{n^2+1}+n}$$

$$=\frac{n\{(n^2+1)-n^2\}}{\sqrt{n^2+1}+n}=\frac{n}{\sqrt{n^2+1}+n}$$

よって $$\lim_{n\to\infty}n(\sqrt{n^2+1}-n)=\lim_{n\to\infty}\frac{n}{\sqrt{n^2+1}+n}$$

$$=\lim_{n\to\infty}\frac{n}{n\left(\sqrt{1+\frac{1}{n^2}}+1\right)}=\lim_{n\to\infty}\frac{1}{\sqrt{1+\frac{1}{n^2}}+1}=\frac{1}{\sqrt{1}+1}=\mathbf{\frac{1}{2}}$$

(3) $$\frac{1}{n-\sqrt{n^2+n}}=\frac{n+\sqrt{n^2+n}}{(n-\sqrt{n^2+n})(n+\sqrt{n^2+n})}$$

$$=-\frac{n+\sqrt{n^2+n}}{n}$$

よって $$\lim_{n\to\infty}\frac{1}{n-\sqrt{n^2+n}}=-\lim_{n\to\infty}\frac{n+\sqrt{n^2+n}}{n}$$

$$=-\lim_{n\to\infty}\frac{n\left(1+\sqrt{1+\frac{1}{n}}\right)}{n}=-\lim_{n\to\infty}\left(1+\sqrt{1+\frac{1}{n}}\right)$$

$$=-(1+1)=\mathbf{-2}$$

← $\sqrt{n+2}-\sqrt{n}=\dfrac{\sqrt{n+2}-\sqrt{n}}{1}$ と考える。

← $\dfrac{2}{\infty+\infty}=\dfrac{2}{\infty}$ の形

← $\dfrac{n(\sqrt{n^2+1}-n)}{1}$ と考える。

← 分母・分子を(分母の **最高次の項** ともいうべき) n で割る。

← 定数倍 (-1) は lim の前に出す。

← 分母・分子を(分母の **最高次の項** ともいうべき) n で割る。

TRAINING 21 ②

第 n 項が次の式で表される数列の極限を求めよ。　[(2) 名古屋市大]

(1) $\sqrt{n^2+1}-n$　(2) $n\left(\sqrt{4+\dfrac{1}{n}}-2\right)$　(3) $\dfrac{1}{\sqrt{n+2}-\sqrt{n+1}}$

STEP into ここで整理

数列の極限の求め方

ここで，$\infty-\infty$，$\dfrac{\infty}{\infty}$ の形の極限の求め方を整理しておきましょう。

[1]　多項式－多項式（$\infty-\infty$ の形）の場合　最高次の項をくくり出す。

例　$a_n=n^2$，$b_n=8n$ のとき　$a_n-b_n=n^2-8n=n^2\left(1-\dfrac{8}{n}\right)\longrightarrow\infty$
[基本例題 20 (1)]

例　$a_n=8n$，$b_n=n^2$ のとき　$a_n-b_n=8n-n^2=n^2\left(\dfrac{8}{n}-1\right)\longrightarrow-\infty$

[2]　$\dfrac{\text{多項式}}{\text{多項式}}$ $\left(\dfrac{\infty}{\infty}\text{ の形}\right)$ の場合　分母の最高次の項で分母・分子を割る。

例　$a_n=n^2$，$b_n=n^3$ のとき　$\dfrac{a_n}{b_n}=\dfrac{n^2}{n^3}=\dfrac{\frac{1}{n}}{1}=\dfrac{1}{n}\longrightarrow 0$

例　$a_n=2n^2-3$，$b_n=n+1$ のとき　$\dfrac{a_n}{b_n}=\dfrac{2n^2-3}{n+1}=\dfrac{2n-\frac{3}{n}}{1+\frac{1}{n}}\longrightarrow\infty$
[基本例題 20 (2)]

例　$a_n=n^2-2n$，$b_n=2n^2+5n$ のとき　$\dfrac{a_n}{b_n}=\dfrac{n^2-2n}{2n^2+5n}=\dfrac{1-\frac{2}{n}}{2+\frac{5}{n}}\longrightarrow\dfrac{1}{2}$
[基本例題 20 (3)]

[3]　無理式の場合

[1]，[2] と同様の手順でうまくいかない場合は，
$\sqrt{\infty}-\sqrt{\infty}$ などの形が分母・分子のどちらにある場合でも有理化してみる。

例　$a_n=\sqrt{n+2}$，$b_n=\sqrt{n}$ のとき　[基本例題 21 (1)]

$$a_n-b_n=\sqrt{n+2}-\sqrt{n}=\frac{(\sqrt{n+2}-\sqrt{n})(\sqrt{n+2}+\sqrt{n})}{\sqrt{n+2}+\sqrt{n}}=\frac{2}{\sqrt{n+2}+\sqrt{n}}\longrightarrow 0$$

例　$a_n=n$，$b_n=\sqrt{n^2+n}$ のとき　[基本例題 21 (3)]

$$\frac{1}{a_n-b_n}=\frac{1}{n-\sqrt{n^2+n}}=\frac{n+\sqrt{n^2+n}}{(n-\sqrt{n^2+n})(n+\sqrt{n^2+n})}=\frac{n+\sqrt{n^2+n}}{-n}$$

$$=-\left(1+\sqrt{1+\frac{1}{n}}\right)\longrightarrow-2$$

標準 例題 >>> 発展例題 34, 37

22 不等式を利用した数列の極限 (1)

次の極限を求めよ。

(1) $\lim_{n\to\infty}\frac{1}{n}\cos\frac{n\pi}{3}$　　(2) $\lim_{n\to\infty}(1.01)^n$

CHART & GUIDE

求めにくい極限

・$a_n \leqq c_n \leqq b_n$ で

$a_n \longrightarrow \alpha,\ b_n \longrightarrow \alpha$ ならば $c_n \longrightarrow \alpha$

・$a_n \leqq b_n$ で $a_n \longrightarrow \infty$ ならば $b_n \longrightarrow \infty$

(1) 不等式 $-\frac{1}{n} \leqq \frac{1}{n}\cos\frac{n\pi}{3} \leqq \frac{1}{n}$ が成り立つことを利用。

(2) $0.01=h$ とおくとき，$(1+h)^n \geqq 1+nh$ が成り立つことを利用。

解答

(1) $-1 \leqq \cos\frac{n\pi}{3} \leqq 1$ であるから　$-\frac{1}{n} \leqq \frac{1}{n}\cos\frac{n\pi}{3} \leqq \frac{1}{n}$

$\lim_{n\to\infty}\left(-\frac{1}{n}\right)=0$，$\lim_{n\to\infty}\frac{1}{n}=0$ であるから　$\lim_{n\to\infty}\frac{1}{n}\cos\frac{n\pi}{3}=\mathbf{0}$

(2) $0.01=h$ とおくと $1.01=1+h$ から　$(1.01)^n=(1+h)^n$

二項定理により

$$(1+h)^n=1+nh+\frac{n(n-1)}{2}h^2+\cdots\cdots+h^n$$

$h>0$ であるから　$(1+h)^n \geqq 1+nh$

$\lim_{n\to\infty}(1+nh)=\infty$ であるから　$\lim_{n\to\infty}(1.01)^n=\infty$

⬅ $y=\cos x$ の値域は $-1 \leqq y \leqq 1$

(2) **二項定理**

$(a+b)^n = \sum_{r=0}^{n} {}_n\mathrm{C}_r a^{n-r} b^r$

⬅ $n \geqq 2$ ならば $(1+h)^n > 1+nh$

Lecture 数列の極限と不等式

$p.40$ で示した極限の性質 1 ～ 4 のほかに，次のことが成り立つ。なお，「すべての n」の代わりに，「ある自然数より大きいすべての n」としてもよい。

5　すべての n について $a_n \leqq b_n$ のとき　$\lim_{n\to\infty} a_n=\alpha$，$\lim_{n\to\infty} b_n=\beta$ ならば $\alpha \leqq \beta$

6　すべての n について $a_n \leqq b_n$ のとき　$\lim_{n\to\infty} a_n=\infty$ ならば $\lim_{n\to\infty} b_n=\infty$

7　すべての n について $a_n \leqq c_n \leqq b_n$ のとき　$\lim_{n\to\infty} a_n=\lim_{n\to\infty} b_n=\alpha$ ならば $\lim_{n\to\infty} c_n=\alpha$

なお，性質 7 を「**はさみうちの原理**」ということがある。また，性質 6，7 は，条件の不等式の不等号が $\leqq$ でなく $<$ でも成り立つ。

TRAINING 22 ③

次の極限を求めよ。

(1) θ は定数，$\lim_{n\to\infty}\frac{\sin n\theta}{-n}$　　(2) h は正の定数，$\lim_{n\to\infty}\frac{(1+h)^n}{n}$

Let's Start

5 無限等比数列

項が無限に続く等比数列を無限等比数列といいます。ここでは，初項 r，公比 r の無限等比数列 $\{r^n\}$ の極限について調べてみましょう。

■ 数列 $\{r^n\}$ の極限

[1] $r>1$ のとき　$r=1+h$ とおくと $h>0$，$r^n=(1+h)^n$

例題 **22** (2) と同様に　$(1+h)^n \geqq 1+nh$

$\lim\limits_{n\to\infty}(1+nh)=\infty$ であるから　$\lim\limits_{n\to\infty} r^n=\infty$

[2] $r=1$ のとき　$\lim\limits_{n\to\infty} r^n=\lim\limits_{n\to\infty} 1^n=1$

[3] $0<r<1$ のとき　$r=\dfrac{1}{s}$ とおくと　$s>1$，$r^n=\dfrac{1}{s^n}$

[1] により，$\lim\limits_{n\to\infty} s^n=\infty$ であるから　$\lim\limits_{n\to\infty} r^n=\lim\limits_{n\to\infty}\dfrac{1}{s^n}=0$

[4] $r=0$ のとき　$\lim\limits_{n\to\infty} r^n=\lim\limits_{n\to\infty} 0^n=0$

[5] $-1<r<0$ のとき　$r=-s$ とおくと　$0<s<1$，$r^n=(-s)^n$

$(-s)^n=(-1)^n s^n$ であり，[3] から　$\lim\limits_{n\to\infty} s^n=0$

よって　$\lim\limits_{n\to\infty} r^n=\lim\limits_{n\to\infty}(-s)^n=\lim\limits_{n\to\infty}(-1)^n s^n=0$

[6] $r=-1$ のとき　$r^n=(-1)^n$

このとき，数列 $\{r^n\}$ は振動する。すなわち，極限はない。

[7] $r<-1$ のとき　$r=-s$ とおくと $s>1$，$r^n=(-s)^n=(-1)^n s^n$

r^n の符号は交互に変わり，[1] により，$\lim\limits_{n\to\infty} s^n=\infty$ であるから，

数列 $\{r^n\}$ は振動する。すなわち，極限はない。

以上をまとめると，次のようになる。

数列 $\{r^n\}$ の極限

$r>1$　のとき　$\lim\limits_{n\to\infty} r^n=\infty$

$r=1$　のとき　$\lim\limits_{n\to\infty} r^n=1$

$|r|<1$　のとき　$\lim\limits_{n\to\infty} r^n=0$

$r\leqq -1$　のとき　振動する (極限はない)

⬅ 二項定理により
$(1+h)^n$
$={}_nC_0+{}_nC_1h+{}_nC_2h^2+\cdots\cdots+{}_nC_nh^n$
$=1+nh+\dfrac{n(n-1)}{2}h^2+\cdots\cdots+h^n$

⬅ $|r^n|=s^n$ として
$s^n \longrightarrow 0$ から
$|r^n| \longrightarrow 0$
よって　$r^n \longrightarrow 0$
としてもよい。

左記の場合分けの手法を再確認しておこう。
[1] $r>1$ のときは，$r=1+h$ とおくと
$r^n \longrightarrow \infty$
[3]，[5]　$0<|r|<1$ のときは，$|r|=\dfrac{1}{s}$ とおくと　$s>1$
[7] $r<-1$ のときは，$r=-s$ とおくと　$s>1$
ともに，[1] の $r>1$ の場合にもちこめる。

基本 例題 **23** 数列の極限（指数）

<<< 基本例題 20

第 n 項が次の式で表される数列の極限を調べよ。

(1) 4^n　　(2) $\left(\dfrac{1}{3}\right)^n$　　(3) $\left(-\dfrac{3}{4}\right)^n$

(4) $\left(-\dfrac{3}{2}\right)^n$　　(5) 2^n-3^n　　(6) $\dfrac{3^{n+1}}{2^n+3^n}$

CHART & GUIDE

r^n を含む式の極限
$r=\pm1$ で区切って考える

(5) $\infty-\infty$ の形，(6) $\dfrac{\infty}{\infty}$ の形 ⟶ 極限が求められる形に変形。

1 指数法則を利用して，指数を n にそろえる。

2 多項式の形 …… 底の絶対値が最も大きい項でくくり出す。

分数式の形 …… 分母の底の絶対値が最も大きい項で分母・分子を割る。

解答

(1) $4>1$ であるから　$\displaystyle\lim_{n\to\infty}4^n=\infty$

⬅ $r>1$ の場合

(2) $\left|\dfrac{1}{3}\right|<1$ であるから　$\displaystyle\lim_{n\to\infty}\left(\frac{1}{3}\right)^n=\mathbf{0}$

⬅ $|r|<1$ の場合

(3) $\left|-\dfrac{3}{4}\right|<1$ であるから　$\displaystyle\lim_{n\to\infty}\left(-\frac{3}{4}\right)^n=\mathbf{0}$

⬅ $|r|<1$ の場合

(4) $-\dfrac{3}{2}<-1$ であるから，**極限はない（振動する）**。

⬅ $r<-1$ の場合

(5) $\displaystyle\lim_{n\to\infty}(2^n-3^n)=\lim_{n\to\infty}3^n\left\{\left(\frac{2}{3}\right)^n-1\right\}=-\infty$　　← $\infty\times(0-1)$

⬅ 3^n でくくり出す。

(6) $\displaystyle\lim_{n\to\infty}\frac{3^{n+1}}{2^n+3^n}=\lim_{n\to\infty}\frac{3}{\left(\frac{2}{3}\right)^n+1}=\mathbf{3}$　　← $\dfrac{3}{0+1}$

⬅ $3^{n+1}=3\cdot3^n$
3^n で分母・分子を割る。

（参考） (5)，(6) で 2^n を n^2，3^n を n^3 と考えると，(5) は n^2-n^3，(6) は $\dfrac{3n^3}{n^2+n^3}$ の極限を求めるときの変形とほとんど同じである。このように，似た問題では，方法をまねる ということで解決することが多い。

TRAINING 23 ②

第 n 項が次の式で表される数列の極限を調べよ。

(1) $\left(\dfrac{3}{2}\right)^n$　　(2) $(-5)^n+3^n$　　(3) $\dfrac{(0.25)^n+2}{(-0.5)^n-1}$

(4) $\left(-\dfrac{4}{3}\right)^n-\left(\dfrac{3}{4}\right)^n$　　(5) $\dfrac{2\cdot3^n+4^n}{3^n-(-2)^n}$　　(6) $\dfrac{3^{n+1}-2^{n+1}}{3^n}$

基本 例題 **24** 無限等比数列の収束条件 ②②

数列 $\{(x^2-2x)^n\}$ が収束するような x の値の範囲を求めよ。また，そのときの極限値を求めよ。

CHART & GUIDE

数列 $\{r^n\}$ が収束 $\Longleftrightarrow$ $-1<r\leqq 1$ ↑等号あり！

1 与えられた数列の公比を求める。

2 $-1<$(公比)$\leqq 1$ の不等式を解く。

…… $A<B\leqq C$ の解は，連立不等式 $\begin{cases} A<B \\ B\leqq C \end{cases}$ の解と同じ。

それぞれの不等式の解の共通部分を求める。

3 (公比)$=1$，$-1<$(公比)<1 の場合の極限値を求める。

解答

与えられた数列が収束するための条件は

$-1<x^2-2x\leqq 1$ …… Ⓐ

← 右の不等号 $\leqq$ に注意。

$-1<x^2-2x$ から $x^2-2x+1>0$

ゆえに $(x-1)^2>0$

よって $x\neq 1$ …… ①

$x^2-2x\leqq 1$ から $x^2-2x-1\leqq 0$

$x^2-2x-1=0$ の解は $x=1\pm\sqrt{2}$

ゆえに，不等式の解は

$1-\sqrt{2}\leqq x\leqq 1+\sqrt{2}$ …… ②

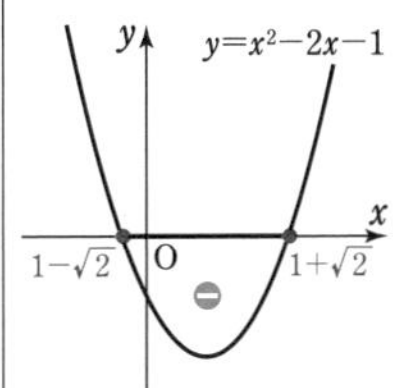

よって，求める x **の値の範囲は**，① と ② の共通範囲をとって

$\mathbf{1-\sqrt{2}\leqq x<1,\ 1<x\leqq 1+\sqrt{2}}$

← ② の範囲のうち，① により $x=1$ が除かれる。

また，Ⓐ で $x^2-2x=1$ となるのは $x=1\pm\sqrt{2}$ のとき。

したがって，数列の **極限値は**

$x^2-2x=1$ すなわち $\mathbf{x=1\pm\sqrt{2}}$ **のとき 1**

$-1<x^2-2x<1$ すなわち

$\mathbf{1-\sqrt{2}<x<1,\ 1<x<1+\sqrt{2}}$ **のとき 0**

← 数列 $\{r^n\}$ の極限値は
$r=1$ のとき 1
$-1<r<1$ のとき 0

Lecture 無限等比数列の収束条件

$p.45$ の「数列 $\{r^n\}$ の極限」から次が成り立つ。

数列 $\{r^n\}$ が収束する $\Longleftrightarrow$ $-1<r\leqq 1$

TRAINING 24 ②

次の数列が収束するような x の値の範囲を求めよ。また，そのときの極限値を求めよ。

(1) $\{(1-2x)^n\}$　　(2) $\{(x^2-2x-1)^n\}$

基本 例題 25 漸化式と極限

≪≪ 基本例題 19，23

$a_1=1$，$a_{n+1}=\frac{2}{3}a_n+1$ によって定義される数列 $\{a_n\}$ の極限を求めよ。

CHART & GUIDE

$a_{n+1}=pa_n+q$ 型の漸化式

$a_{n+1}-\alpha=p(a_n-\alpha)$ と変形　α は $\alpha=p\alpha+q$ の解

1. $\alpha=p\alpha+q$ を満たす α を求め，漸化式を $a_{n+1}-\alpha=p(a_n-\alpha)$ の形に変形。
2. 数列 $\{a_n-\alpha\}$ の初項と公比を求める。…… 初項 $a_1-\alpha$，公比 p
3. 数列 $\{a_n\}$ の一般項を求め，$n \longrightarrow \infty$ とする。

解答

漸化式を変形すると　$a_{n+1}-3=\frac{2}{3}(a_n-3)$　また　$a_1-3=-2$

ゆえに，数列 $\{a_n-3\}$ は初項 -2，公比 $\frac{2}{3}$ の等比数列である。

よって　$a_n-3=-2\left(\frac{2}{3}\right)^{n-1}$　　すなわち　$a_n=-2\left(\frac{2}{3}\right)^{n-1}+3$

$\lim_{n\to\infty}\left(\frac{2}{3}\right)^{n-1}=0$ であるから　　$\lim_{n\to\infty}a_n=3$

参考　漸化式 $a_{n+1}=pa_n+q$ …… ① を満たす数列 $\{a_n\}$ の 極限値 α が存在するならば，$a_n \longrightarrow \alpha$ であるとき $a_{n+1} \longrightarrow \alpha$ であるから，① より $\boldsymbol{\alpha=p\alpha+q}$ …… ② が成り立つ。つまり，等式 ② を満たす α が極限値となる。
しかし，α の方程式 ② を解いて得られる α が極限値であるとは限らない。例えば，TRAINING **25** (2) では，$\alpha=3\alpha-2$ を解いて $\alpha=1$ が得られるが，数列 $\{a_n\}$ は収束しない。

Lecture 極限の図示

上の例題において，点 $(a_n,\ a_{n+1})$ は，直線 $y=\frac{2}{3}x+1$ …… ③ 上にある。さらに直線 $y=x$ …… ④ を考えると，点 $(a_1,\ a_1)$ から図の矢印に従って

$(a_1,\ a_2) \longrightarrow (a_2,\ a_2) \longrightarrow (a_2,\ a_3) \longrightarrow (a_3,\ a_3)$
$\longrightarrow (a_3,\ a_4) \longrightarrow$ ……

のように進み，2 直線 ③，④ の交点 (3，3) に限りなく近づく。これは，数列 $\{a_n\}$ の極限値が 3 であることを示している。

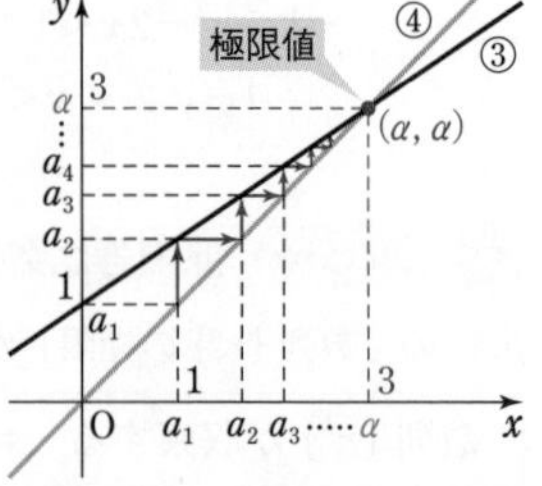

TRAINING 25 ②

次の条件によって定義される数列 $\{a_n\}$ の極限を求めよ。

(1) $a_1=1$，$a_{n+1}=\frac{1}{3}a_n+\frac{4}{3}$　　(2) $a_1=3$，$a_{n+1}=3a_n-2$

漸化式，無限等比数列の極限を振り返ろう！

● 漸化式の特性方程式（数学B）を振り返ろう！

$a_{n+1}=pa_n+q$ 型の漸化式は等比数列型に帰着させましょう。

$a_{n+1}=\frac{2}{3}a_n+1$ …… ① を変形し，等比数列型，すなわち

$$a_{n+1}-\alpha=\frac{2}{3}(a_n-\alpha) \quad \cdots\cdots ②$$

の形に変形できないかを考える。

← $a_n-\alpha=b_n$ とおくと $b_{n+1}=\frac{2}{3}b_n$［等比数列型］となる。

② から　$a_{n+1}=\frac{2}{3}a_n-\frac{2}{3}\alpha+\alpha$

これを ① と比較すると　$1=-\frac{2}{3}\alpha+\alpha$

すなわち　$\alpha=\frac{2}{3}\alpha+1$

← 漸化式 $a_{n+1}=\frac{2}{3}a_n+1$ で a_{n+1}，a_n を α とおいた式

よって　$\alpha=3$

したがって　$a_{n+1}-3=\frac{2}{3}(a_n-3)$

● 例題 23，19 を振り返ろう！

r^n を含む式の極限では，$r=\pm1$ で区切って考えましょう。
また，収束する数列の和・差・積・商の極限値は，極限値の和・差・積・商に等しいです。

$\left|\frac{2}{3}\right|<1$ であるから　$\lim_{n\to\infty}\left(\frac{2}{3}\right)^{n-1}=0$　← 例題 23 参照。

「数列 $\{a_n\}$，$\{b_n\}$ がともに収束し，$\lim_{n\to\infty}a_n=\alpha$，$\lim_{n\to\infty}b_n=\beta$ であるとき

$\lim_{n\to\infty}ka_n=k\alpha$ ［k は定数］，$\lim_{n\to\infty}(a_n+b_n)=\alpha+\beta$」　← 例題 19 参照。

であるから　$\lim_{n\to\infty}\left\{-2\left(\frac{2}{3}\right)^{n-1}+3\right\}=(-2)\times0+3=3$　← $\lim_{n\to\infty}3=3$

⋘ 基本例題 23

例題 26 累乗を含む式で表される数列の極限

(1) $a_n=\dfrac{r^n+2}{r^n+1}$ である数列 $\{a_n\}$ の極限を，次の各場合について調べよ。

[1] $r>1$　　[2] $r=1$　　[3] $-1<r<1$　　[4] $r<-1$

(2) $a_n=\sin^n\theta\ (0\leqq\theta<2\pi)$ である数列 $\{a_n\}$ の極限を調べよ。

CHART & GUIDE

p^n を含む式の極限

$p=\pm1$ で区切って考える

(1) [1], [4] 極限が求められる形に変形 ⟶ 分母・分子を r^n で割る。

(2) $\sin\theta=\pm1$ になる θ に着目する。

解答

(1) [1] $r>1$ のとき　$\left|\dfrac{1}{r}\right|<1$ から　$\displaystyle\lim_{n\to\infty}\frac{1}{r^n}=\lim_{n\to\infty}\left(\frac{1}{r}\right)^n=0$

よって　$\displaystyle\lim_{n\to\infty}a_n=\lim_{n\to\infty}\frac{r^n+2}{r^n+1}=\lim_{n\to\infty}\frac{1+\frac{2}{r^n}}{1+\frac{1}{r^n}}=\frac{1+0}{1+0}=\mathbf{1}$

[2] $r=1$ のとき　$\displaystyle\lim_{n\to\infty}r^n=1$

よって　$\displaystyle\lim_{n\to\infty}a_n=\lim_{n\to\infty}\frac{r^n+2}{r^n+1}=\frac{1+2}{1+1}=\mathbf{\frac{3}{2}}$

[3] $-1<r<1$ のとき　$\displaystyle\lim_{n\to\infty}r^n=0$ であるから　$\displaystyle\lim_{n\to\infty}a_n=\lim_{n\to\infty}\frac{r^n+2}{r^n+1}=\frac{0+2}{0+1}=\mathbf{2}$

[4] $r<-1$ のとき　$\left|\dfrac{1}{r}\right|<1$ から [1] と同様にして　$\displaystyle\lim_{n\to\infty}a_n=\frac{1+0}{1+0}=\mathbf{1}$

(2) $\theta=\dfrac{\pi}{2}$ のとき　$\sin\theta=1$,　$\theta=\dfrac{3}{2}\pi$ のとき　$\sin\theta=-1$,

$\theta\neq\dfrac{\pi}{2}$, $\theta\neq\dfrac{3}{2}\pi$ のとき　$|\sin\theta|<1$

よって，数列 $\{a_n\}$ の極限は

$0\leqq\theta<\dfrac{\pi}{2}$, $\dfrac{\pi}{2}<\theta<\dfrac{3}{2}\pi$, $\dfrac{3}{2}\pi<\theta<2\pi$ のとき 0；

$\theta=\dfrac{\pi}{2}$ のとき 1；$\theta=\dfrac{3}{2}\pi$ のとき 極限はない（振動する）

TRAINING 26 ③

(1) $a_n=\dfrac{r^{2n}}{1+r^{2n}}$ である数列 $\{a_n\}$ の極限を調べよ。

(2) $a_n=\sin^n\theta+\cos^n\theta\ (0\leqq\theta<2\pi)$ である数列 $\{a_n\}$ の極限を調べよ。

Let's Start

6 無限級数

ここでは，無限数列の項を加えることについて考えてみましょう。

■ 無限級数，無限等比級数とは…

無限数列 $\{a_n\}$ の初項 a_1 から順に各項を＋で結んだ式

$$a_1+a_2+a_3+\cdots\cdots+a_n+\cdots\cdots$$

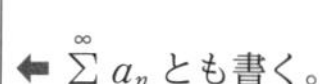

← $\sum_{n=1}^{\infty} a_n$ とも書く。

を **無限級数** といい，a_1 をその **初項**，a_n を **第 n 項** という。

特に，初項が a，公比が r の無限等比数列から作られる無限級数

$$a+ar+ar^2+\cdots\cdots+ar^{n-1}+\cdots\cdots$$

← $\sum_{n=1}^{\infty} ar^{n-1}$ とも書く。

を初項 a，公比 r の **無限等比級数** という。

さて，数を無限に加えるとはどういうことなのだろうか。これを

無限等比数列　$\frac{1}{2},\ \frac{1}{2^2},\ \frac{1}{2^3},\ \cdots\cdots,\ \frac{1}{2^n},\ \cdots\cdots$　①

← 初項 $\frac{1}{2}$，公比 $\frac{1}{2}$

の各項の無限の和　$\frac{1}{2}+\frac{1}{2^2}+\frac{1}{2^3}+\cdots\cdots+\frac{1}{2^n}+\cdots\cdots$　②

← 初項 $\frac{1}{2}$，第 n 項 $\frac{1}{2^n}$ の無限等比級数。

を例にとって調べてみよう。

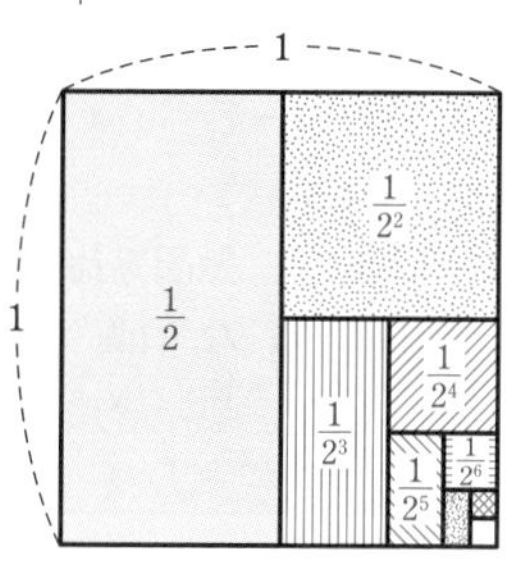

右図のように，1 辺の長さ 1 の正方形の紙を 2 等分ずつすると，順に，面積が ① で表される紙片の列が作られる。そして，これを無限に続けると，紙片の面積は 0 に近づく。

$\left(\text{このことを意味するのが，} \lim_{n\to\infty}\frac{1}{2^n}=0 \text{ である。}\right)$

ここで，無限等比数列 ① で表される紙片の面積の総和は，もとの正方形の面積 1 に等しいから，② で表される和は 1 と予想される。そこで，② を次のように考える。

[1]　② を有限の範囲で考えて，初項から第 n 項までの和を S_n とする。

$$S_n=\frac{1}{2}+\frac{1}{2^2}+\frac{1}{2^3}+\cdots\cdots+\frac{1}{2^n}=1-\frac{1}{2^n}$$

← 初項 a，公比 r の等比数列の和 $\frac{a(1-r^n)}{1-r}$

[2]　S_n の作る無限数列 $S_1,\ S_2,\ S_3,\ \cdots\cdots,\ S_n,\ \cdots\cdots$ の極限を ② の和 S とする。

すなわち　$S=\lim_{n\to\infty}S_n=\lim_{n\to\infty}\left(1-\frac{1}{2^n}\right)=1$　← 収束する。

このように考えると，② で表される和は，予想したように 1 となる。つまり，② のような数列の各項の無限の和を，[1]，[2] のように考えることによって明確に定めたことになる。

ここで，無限級数の和について記しておこう。

> 無限級数 $a_1+a_2+a_3+\cdots\cdots+a_n+\cdots\cdots$ の初項 a_1 から第 n 項 a_n までの和 $S_n=a_1+a_2+a_3+\cdots\cdots+a_n$ を，第 n 項までの **部分和** といい，部分和 S_n から作られる無限数列 $\{S_n\}$ が S に収束するとき，この無限級数の **和** は S であるという。

無限数列 $\{S_n\}$ が発散するとき，無限級数 $a_1+a_2+a_3+\cdots+a_n+\cdots$ は **発散** するという。

■ 無限等比級数の収束・発散

初項 a，公比 r の無限等比級数

$$a+ar+ar^2+\cdots\cdots+ar^{n-1}+\cdots\cdots \quad \text{Ⓐ}$$

の収束，発散について調べてみよう。

Ⓐ の第 n 項までの部分和を S_n とする。

$a=0$ の場合

$S_n=0$ であるから，無限等比級数 Ⓐ は収束し，和は 0 である。

$a\neq0$ の場合

$r\neq1$ のとき　$S_n=\dfrac{a(1-r^n)}{1-r}=\dfrac{a}{1-r}-\dfrac{a}{1-r}r^n$　…… ①

$r=1$ のとき　$S_n=na$　…… ②

[1]　$|r|<1$ ならば，$\lim_{n\to\infty}r^n=0$ であるから　$\lim_{n\to\infty}S_n=\dfrac{a}{1-r}$

よって，無限等比級数 Ⓐ は収束し，和は　$\dfrac{a}{1-r}$

[2]　$r\leqq-1$，$1<r$ ならば，数列 $\{r^n\}$ は発散するから，① において，数列 $\{S_n\}$ も発散する。

よって，無限等比級数 Ⓐ は発散する。

[3]　$r=1$ ならば，② から，数列 $\{S_n\}$ は発散する。

よって，無限等比級数 Ⓐ は発散する。

> **無限等比級数の収束・発散**
>
> 無限等比級数 $a+ar+ar^2+\cdots\cdots+ar^{n-1}+\cdots\cdots$ の収束，発散は，次のようになる。
>
> $a\neq0$ のとき
>
> $|r|<1$ ならば収束し，その和は $\dfrac{\boldsymbol{a}}{\boldsymbol{1-r}}$ である。
>
> $|r|\geqq1$ ならば発散する。
>
> $a=0$ のとき　収束し，その和は **0** である。

無限級数という概念は，最初のうちはわかりにくいと思いますが，前のページで取り上げた正方形の紙の例を思い出しながら，具体的な問題に取り組んでいきましょう。

基本 例題 **27** 無限級数の収束，発散

次の無限級数の収束，発散を調べ，収束するときはその和を求めよ。

(1) $\dfrac{2}{1\cdot3}+\dfrac{2}{3\cdot5}+\dfrac{2}{5\cdot7}+\dfrac{2}{7\cdot9}+\cdots\cdots$

(2) $\dfrac{1}{\sqrt{1}+\sqrt{2}}+\dfrac{1}{\sqrt{2}+\sqrt{3}}+\dfrac{1}{\sqrt{3}+\sqrt{4}}+\cdots\cdots$

CHART & GUIDE

無限級数 $a_1+a_2+a_3+\cdots\cdots+a_n+\cdots\cdots$ の収束，発散
部分和 $S_n=a_1+a_2+a_3+\cdots\cdots+a_n$ の極限を調べる

1. 第 n 項を求める。
2. 初項から第 n 項までの部分和 S_n を求める。
3. 数列 $\{S_n\}$ の収束，発散を調べる。収束するとき，和 S は　$S=\lim\limits_{n\to\infty}S_n$

$\sum\limits_{n=1}^{\infty}a_n$ が収束 $\iff$ $\{S_n\}$ が収束　　$\sum\limits_{n=1}^{\infty}a_n$ が発散 $\iff$ $\{S_n\}$ が発散

解答

初項から第 n 項 a_n までの部分和を S_n とする。

(1) $a_n=\dfrac{2}{(2n-1)(2n+1)}=\dfrac{1}{2n-1}-\dfrac{1}{2n+1}$ から

$$S_n=\left(\frac{1}{1}-\frac{1}{3}\right)+\left(\frac{1}{3}-\frac{1}{5}\right)+\left(\frac{1}{5}-\frac{1}{7}\right)+\cdots\cdots+\left(\frac{1}{2n-1}-\frac{1}{2n+1}\right)$$

$$=1-\frac{1}{2n+1}$$

ゆえに　$\lim\limits_{n\to\infty}S_n=\lim\limits_{n\to\infty}\left(1-\dfrac{1}{2n+1}\right)=1$

よって，この無限級数は **収束** し，その **和は 1**

(2) $a_n=\dfrac{1}{\sqrt{n}+\sqrt{n+1}}=\dfrac{\sqrt{n+1}-\sqrt{n}}{n+1-n}=\sqrt{n+1}-\sqrt{n}$ から

$$S_n=(\sqrt{2}-\sqrt{1})+(\sqrt{3}-\sqrt{2})+\cdots\cdots+(\sqrt{n+1}-\sqrt{n})$$

$$=\sqrt{n+1}-1$$

ゆえに　$\lim\limits_{n\to\infty}S_n=\lim\limits_{n\to\infty}(\sqrt{n+1}-1)=\infty$

よって，この無限級数は **発散** する。

⬅ 部分分数に分解(数学Ⅱ，数学Bで学習)。
Σ(分数式)のときは，この手法が有効。

⬅ $1-\dfrac{1}{2n+1}$ は整理しないで，このままの形で極限を求める。

⬅ 無理式には　有理化
分母・分子に $\sqrt{n+1}-\sqrt{n}$ を掛ける。

TRAINING 27 ②

次の無限級数の収束，発散を調べ，収束するときはその和を求めよ。

(1) $1+1.1+1.2+1.3+\cdots\cdots$

(2) $\dfrac{1}{1\cdot4}+\dfrac{1}{4\cdot7}+\dfrac{1}{7\cdot10}+\dfrac{1}{10\cdot13}+\cdots\cdots$

(3) $\dfrac{1}{\sqrt{1}+\sqrt{3}}+\dfrac{1}{\sqrt{3}+\sqrt{5}}+\dfrac{1}{\sqrt{5}+\sqrt{7}}+\cdots\cdots$

基本 例題

28 無限等比級数の和

次の無限等比級数の収束，発散を調べ，収束するときはその和を求めよ。

(1) $\dfrac{9}{10}+\dfrac{9}{100}+\dfrac{9}{1000}+\cdots\cdots$　　(2) $3+2\sqrt{3}+4+\cdots\cdots$

CHART & GUIDE

無限等比級数 $a+ar+ar^2+\cdots\cdots+ar^{n-1}+\cdots\cdots$ の収束，発散

まず，初項 a と公比 r　$r=\pm1$ で区切って考える

$a\neq0$ のとき $\begin{cases} |r|<1 \text{ ならば　収束して　和は } \dfrac{a}{1-r} \\ |r|\geqq1 \text{ ならば　発散する} \end{cases}$

$a=0$ のとき　収束して　和は 0

解答

(1) 初項は $\dfrac{9}{10}$，公比は $r=\dfrac{9}{100}\div\dfrac{9}{10}=\dfrac{1}{10}$ で　$|r|<1$

よって，**収束** し，その **和は**　$\dfrac{9}{10}\cdot\dfrac{1}{1-\dfrac{1}{10}}=\mathbf{1}$

⬅ 第 n 項は $\dfrac{9}{10}\left(\dfrac{1}{10}\right)^{n-1}$

(2) 初項は 3，公比は $r=2\sqrt{3}\div3=\dfrac{2}{\sqrt{3}}$ で　$|r|>1$

よって，**発散** する。

⬅ $1<\sqrt{3}<2$ であるから $\dfrac{2}{\sqrt{3}}>1$

Lecture 無限等比級数の収束条件

$p.52$ の「無限等比級数の収束・発散」から次が成り立つ。

無限等比級数 $a+ar+ar^2+\cdots\cdots+ar^{n-1}+\cdots\cdots$ が収束する

$\iff$　$a=0$ または $|r|<1$

TRAINING 28 ②

次の無限等比級数の収束，発散を調べ，収束するときはその和を求めよ。

(1) $9+6+4+\cdots\cdots$　　(2) $-2+2-2+\cdots\cdots$

(3) $1-\sqrt{2}+2-\cdots\cdots$　　(4) $\sqrt{3}+(3-\sqrt{3})+(4\sqrt{3}-6)+\cdots\cdots$

≪ 基本例題 28

基本 例題 29 循環小数と無限等比級数

無限等比級数の和を利用して，次の循環小数を分数で表せ。

(1)　$0.\dot{3}$　　　　(2)　$0.7\dot{5}$

CHART & GUIDE　循環小数と無限等比級数

和の形で表す

1 循環小数を，循環している部分を基準として和の形で表す。…… [!]

2 無限等比級数となる部分について，その初項と公比を求め，和について考える。

解答

(1)　$0.\dot{3}=0.3+0.03+0.003+\cdots\cdots$

[!]　$=\dfrac{3}{10}+\dfrac{3}{10^2}+\dfrac{3}{10^3}+\cdots\cdots$

これは初項 $\dfrac{3}{10}$，公比 $\dfrac{1}{10}$ の無限等比級数で，$\left|\dfrac{1}{10}\right|<1$ であるから，収束する。

その和を考えて　　$0.\dot{3}=\dfrac{3}{10}\cdot\dfrac{1}{1-\dfrac{1}{10}}=\dfrac{3}{10}\cdot\dfrac{10}{9}=\boldsymbol{\dfrac{1}{3}}$

(2)　$0.7\dot{5}=0.7+0.05+0.005+0.0005+\cdots\cdots$

[!]　$=\dfrac{7}{10}+\dfrac{5}{10^2}+\dfrac{5}{10^3}+\dfrac{5}{10^4}+\cdots\cdots$

第 2 項以降は，初項 $\dfrac{5}{10^2}$，公比 $\dfrac{1}{10}$ の無限等比級数で，

$\left|\dfrac{1}{10}\right|<1$ であるから，収束する。

その和を考えて

$$0.7\dot{5}=\frac{7}{10}+\frac{5}{10^2}\cdot\frac{1}{1-\dfrac{1}{10}}=\frac{7}{10}+\frac{5}{100}\cdot\frac{10}{9}$$

$$=\frac{7}{10}+\frac{5}{90}=\boldsymbol{\frac{34}{45}}$$

⬅ 和は $\dfrac{(\text{初項})}{1-(\text{公比})}$

[別解]

(1)　$x=0.\dot{3}$ とする。

$$\begin{array}{rl} 10x= & 3.\dot{3} \\ -)\quad x= & 0.\dot{3} \\ \hline 9x= & 3 \end{array}$$

よって　　$x=\boldsymbol{\dfrac{1}{3}}$

(2)　$x=0.7\dot{5}$ とする。

$$\begin{array}{rl} 100x= & 75.\dot{5} \\ -)\quad 10x= & 7.\dot{5} \\ \hline 90x= & 68 \end{array}$$

よって　　$x=\boldsymbol{\dfrac{34}{45}}$

TRAINING 29 ②

無限等比級数の和を利用して，次の循環小数を分数で表せ。

(1)　$0.\dot{5}\dot{0}$　　　　(2)　$1.\dot{2}34\dot{5}$

≪ 基本例題 28

基本例題 30 無限等比級数の収束条件

無限等比級数 $x+x^2(x+2)+x^3(x+2)^2+x^4(x+2)^3+\cdots\cdots$ が収束するような実数 x の値の範囲を求めよ。また，そのときの和を求めよ。

解説動画へGO!!

CHART & GUIDE

無限等比級数の収束条件

初項＝0 または －1＜公比＜1

1. 初項と公比を確認する。
2. 公比についての不等式を作り，解く。

解答

初項が x，公比が $x(x+2)$ すなわち x^2+2x であるから，この無限等比級数が収束するための条件は

$$x=0 \text{ または } -1<x^2+2x<1$$

$-1<x^2+2x$ のとき　$(x+1)^2>0$　　← $x^2+2x+1>0$ から $(x+1)^2>0$

ゆえに　$x \neq -1$　…… ①

$x^2+2x<1$ のとき　$x^2+2x-1<0$

これを解いて　$-1-\sqrt{2}<x<-1+\sqrt{2}$　…… ②

$x=0$ は ② に含まれる。　　← ① にも含まれる。

よって，求める x の値の範囲は，① と ② の共通範囲を求めて

$$\boldsymbol{-1-\sqrt{2}<x<-1,\ -1<x<-1+\sqrt{2}}$$

また，このとき，求める **和は**

$$\frac{x}{1-x(x+2)}=\boldsymbol{\frac{x}{1-2x-x^2}}$$

← $x=0$ のとき，和は 0

(補足) 無限等比数列と無限等比級数の収束条件は，

初項 $a(\neq 0)$，公比 r の無限等比数列の収束条件：$-1<r\leqq 1$　←例題 24 参照

初項 a，公比 r の無限等比級数の収束条件：$a=0$ または $|r|<1$　←例題 28 参照

であり，公比の条件で $r=1$ を含むか含まないかという点が異なるので，混同しないように注意しよう。ここで，$r=1$ の場合の違いについて確認しておこう。

・無限等比数列 $\{ar^{n-1}\}$ の第 n 項 a_n は，$r=1$ なら　$a_n=a$

　よって　$\displaystyle\lim_{n\to\infty}a_n=a$（収束）

・無限等比級数 $\displaystyle\sum_{n=1}^{\infty}ar^{n-1}$ の初項から第 n 項までの和 S_n は，$r=1$ なら　$S_n=na$

　よって，$a\neq 0$ のとき数列 $\{S_n\}$ は発散し，無限等比級数は発散する。

なぜ，無限等比数列と無限等比級数の収束条件は異なるのですか？

まず，無限等比数列と無限等比級数の違いについて，$p.51$ で取り上げた，

初項 $\dfrac{1}{2}$，公比 $\dfrac{1}{2}$ の無限等比数列：$\dfrac{1}{2}$，$\dfrac{1}{2^2}$，$\dfrac{1}{2^3}$，……，$\dfrac{1}{2^n}$，……　①

初項 $\dfrac{1}{2}$，公比 $\dfrac{1}{2}$ の無限等比級数：$\dfrac{1}{2}+\dfrac{1}{2^2}+\dfrac{1}{2^3}+\cdots\cdots+\dfrac{1}{2^n}+\cdots\cdots$　②

を具体例として確認する。

・1辺の長さ1の正方形の紙を2等分ずつすると，順に，面積が ① で表される紙片の列が作られ，無限に続けると，紙片の面積は0に近づく。

⟶ 無限等比数列 ① の極限が0となることを意味している。

・右図の紙片の面積の総和は1に近づいていく。

⟶ 無限等比級数 ② の和が1となることを意味している。

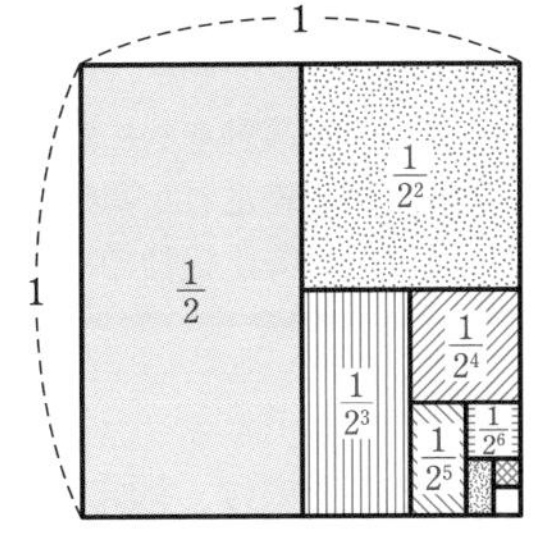

無限等比数列と無限等比級数の違いを確認したうえで，収束条件については，次のようになる。

一般に，無限等比数列 $\{a_n\}$ に対し，$S_n=a_1+a_2+a_3+\cdots\cdots+a_n$ とすると，

無限等比数列 $\{a_n\}$ の収束条件は，**数列 $\{a_n\}$ の収束条件**，

無限等比級数 $\displaystyle\sum_{n=1}^{\infty} a_n$ の収束条件は，**数列 $\{S_n\}$ の収束条件**

である。

「数列 $\{a_n\}$ の収束条件」，「数列 $\{S_n\}$ の収束条件」という違いがあるため，無限等比数列と無限等比級数の収束条件は異なるのである。

(補足) 上の例でいうと，a_n，S_n は次のようになる。

a_n は $\dfrac{1}{2^n}$，

S_n は $\dfrac{1}{2}+\dfrac{1}{2^2}+\dfrac{1}{2^3}+\cdots\cdots+\dfrac{1}{2^n}$ すなわち $1-\dfrac{1}{2^n}$　⟵ $\dfrac{1}{2^n}$ ではない。

TRAINING 30 ②

次の無限等比級数が収束するような x の値の範囲を求めよ。また，そのときの和を求めよ。

(1) $1+(1-x^2)+(1-x^2)^2+\cdots\cdots$　　(2) $x+x(x-1)+x(x-1)^2+\cdots\cdots$

標準 例題 **31** **無限等比級数の応用問題(1)** ③

≪ 基本例題 28　≫ 発展例題 35

x 軸上で，点Pが原点Oから出発して正の方向に1だけ進み，次に正の方向に $\frac{1}{3}$ だけ進み，次に正の方向に $\frac{1}{3^2}$ だけ進む。以下，このような運動を限りなく続けるとき，点Pが近づいていく点の座標を求めよ。

CHART & GUIDE

図形に現れる無限等比級数
図にかいて，数式で表す

1 点の運動を図にかいてみる。
2 図で表された運動を式で表す。 ⟶ 無限等比級数となる。
3 無限等比級数の初項と公比を求め，和を求める。

解答

点Pの座標は，順に次のようになる。

$$1,\ 1+\frac{1}{3},\ 1+\frac{1}{3}+\frac{1}{3^2},\ 1+\frac{1}{3}+\frac{1}{3^2}+\frac{1}{3^3},\ \cdots\cdots$$

よって，点Pの極限の位置の座標は，初項1，公比 $\frac{1}{3}$ の無限等比級数で表される。

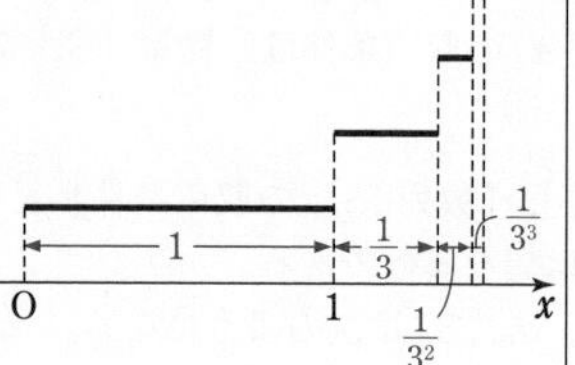

公比について，$\left|\frac{1}{3}\right|<1$ であるから，この無限等比級数は収束する。

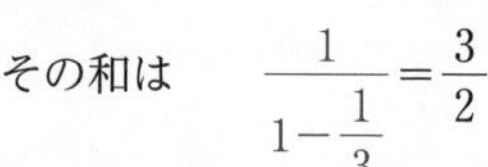

その和は　$\dfrac{1}{1-\frac{1}{3}}=\dfrac{3}{2}$

したがって，点Pが近づいていく点の座標は　$\boldsymbol{\frac{3}{2}}$

⇐ n 回目に進む距離を a_n とすると
$a_1=1,\ a_2=\frac{1}{3},$
$a_3=\frac{1}{3^2},\ \cdots\cdots$
すなわち
$a_{n+1}=\frac{1}{3}a_n$
これから，初項1，公比 $\frac{1}{3}$ を見抜く。

TRAINING 31 ③

k を $0<k<1$ である定数とする。x 軸上で動点Pは原点Oを出発して正の向きに1だけ進み，次に負の向きに k だけ進み，次に正の向きに k^2 だけ進む。以下このように方向を変え，方向を変えるたびに進む距離が k 倍される運動を限りなく続けるとき，点Pが近づいていく点の座標を求めよ。

《《 基本例題 28

基本 例題 32 無限級数の和の性質

無限級数 $\displaystyle\sum_{n=1}^{\infty}\frac{2^n-3^n}{4^n}$ の和を求めよ。

CHART & GUIDE 無限級数 $\displaystyle\sum_{n=1}^{\infty}a_n$ と $\displaystyle\sum_{n=1}^{\infty}b_n$ がともに収束するとき，次のことが成り立つ。

① $\displaystyle\sum_{n=1}^{\infty}ka_n=k\sum_{n=1}^{\infty}a_n$ （k は定数）　② $\displaystyle\sum_{n=1}^{\infty}(a_n+b_n)=\sum_{n=1}^{\infty}a_n+\sum_{n=1}^{\infty}b_n$

解答

$$\frac{2^n-3^n}{4^n}=\frac{2^n}{4^n}-\frac{3^n}{4^n}=\left(\frac{1}{2}\right)^n-\left(\frac{3}{4}\right)^n$$

⬅ ② を利用できるように変形する。

無限等比級数 $\displaystyle\sum_{n=1}^{\infty}\left(\frac{1}{2}\right)^n$，$\displaystyle\sum_{n=1}^{\infty}\left(\frac{3}{4}\right)^n$ の公比は，それぞれ $\dfrac{1}{2}$，$\dfrac{3}{4}$ であり，公比の絶対値が 1 より小さいから，これらはともに収束する。

⬅ (初項)$\neq0$ のとき，$|$(公比)$|<1$ ならば収束する。

よって

$$\sum_{n=1}^{\infty}\frac{2^n-3^n}{4^n}=\sum_{n=1}^{\infty}\left(\frac{1}{2}\right)^n-\sum_{n=1}^{\infty}\left(\frac{3}{4}\right)^n$$
$$=\frac{1}{2}\cdot\frac{1}{1-\frac{1}{2}}-\frac{3}{4}\cdot\frac{1}{1-\frac{3}{4}}$$
$$=1-3=\mathbf{-2}$$

⬅ (初項)$\cdot\dfrac{1}{1-(\text{公比})}$

（補足） 部分和を求めて考えると次のようになる。

初項から第 n 項までの部分和 S_n は

$$S_n=\frac{2-3}{4}+\frac{2^2-3^2}{4^2}+\frac{2^3-3^3}{4^3}+\cdots\cdots+\frac{2^n-3^n}{4^n}$$
$$=\left(\frac{1}{2}+\frac{1}{2^2}+\frac{1}{2^3}+\cdots+\frac{1}{2^n}\right)-\left\{\frac{3}{4}+\left(\frac{3}{4}\right)^2+\left(\frac{3}{4}\right)^3+\cdots+\left(\frac{3}{4}\right)^n\right\}$$
$$=\frac{\frac{1}{2}\left\{1-\left(\frac{1}{2}\right)^n\right\}}{1-\frac{1}{2}}-\frac{\frac{3}{4}\left\{1-\left(\frac{3}{4}\right)^n\right\}}{1-\frac{3}{4}}$$
$$=1-\left(\frac{1}{2}\right)^n-3\left\{1-\left(\frac{3}{4}\right)^n\right\}$$

⬅ 初項 a，公比 r の等比数列の初項から第 n 項までの和は $\dfrac{a(1-r^n)}{1-r}$

よって，求める和 S は　$S=\displaystyle\lim_{n\to\infty}S_n=1-3=\mathbf{-2}$

TRAINING 32 ②

次の無限級数の和を求めよ。

(1) $\displaystyle\sum_{n=1}^{\infty}\left(\frac{1}{3^{n-1}}+\frac{2^n}{3^n}\right)$　　(2) $\displaystyle\sum_{n=1}^{\infty}\frac{4^n-2^n}{7^n}$　　〔(2) 岡山理科大〕

2章 6 無限級数

数学の扉　フィボナッチ数列に関する極限

フィボナッチ数列

漸化式 $a_1=1$, $a_2=1$, $a_{n+2}=a_{n+1}+a_n$ $(n=1, 2, 3, \cdots\cdots)$ によって定まる数列で　1, 1, 2, 3, 5, 8, 13, 21, 34, 55, 89, 144, 233, ……

一般項は　$a_n=\dfrac{1}{\sqrt{5}}\left\{\left(\dfrac{1+\sqrt{5}}{2}\right)^n-\left(\dfrac{1-\sqrt{5}}{2}\right)^n\right\}$

「チャート式基礎と演習数学Ⅱ＋B」の数列の章において，フィボナッチ数列を紹介しました。
ここでは，フィボナッチ数列の隣り合う2項の比について調べてみましょう。

$\dfrac{a_2}{a_1}$, $\dfrac{a_3}{a_2}$, …… を求めると，$\dfrac{1}{1}=1$, $\dfrac{2}{1}=2$, $\dfrac{3}{2}=1.5$, $\dfrac{5}{3}=1.66\cdots$, ……となり，ある値に収束することが予想できます。n を限りなく大きくするとき，$\dfrac{a_{n+1}}{a_n}$ の値がどうなるか考えてみましょう。

$$\frac{a_{n+1}}{a_n}=\frac{\dfrac{1}{\sqrt{5}}\left\{\left(\dfrac{1+\sqrt{5}}{2}\right)^{n+1}-\left(\dfrac{1-\sqrt{5}}{2}\right)^{n+1}\right\}}{\dfrac{1}{\sqrt{5}}\left\{\left(\dfrac{1+\sqrt{5}}{2}\right)^{n}-\left(\dfrac{1-\sqrt{5}}{2}\right)^{n}\right\}}=\frac{\dfrac{1+\sqrt{5}}{2}-\dfrac{1-\sqrt{5}}{2}\cdot\left(\dfrac{1-\sqrt{5}}{1+\sqrt{5}}\right)^n}{1-\left(\dfrac{1-\sqrt{5}}{1+\sqrt{5}}\right)^n}$$

分母・分子を $\dfrac{1}{\sqrt{5}}\left(\dfrac{1+\sqrt{5}}{2}\right)^n$ で割る。

$\left|\dfrac{1-\sqrt{5}}{1+\sqrt{5}}\right|<1$ より $\displaystyle\lim_{n\to\infty}\left(\dfrac{1-\sqrt{5}}{1+\sqrt{5}}\right)^n=0$ であるから　$\displaystyle\lim_{n\to\infty}\dfrac{a_{n+1}}{a_n}=\dfrac{1+\sqrt{5}}{2}$　$(=1.6180\cdots)$

よって，隣り合う2項の比 $a_n : a_{n+1}$ は，n の値が大きくなると，黄金比 $1:\dfrac{1+\sqrt{5}}{2}$ に近づくことがわかります。

黄金比は，古代ギリシャの時代から最も美しい比であると考えられてきており，パルテノン神殿などの建造物に見いだされるとされています。この比の長方形による定義は次のようになります。

「長方形から，短い方の辺を1辺とする正方形を切り取ったとき，残った長方形がもとの長方形と相似になる場合の，もとの長方形の短い方の辺と長い方の辺の長さの比」

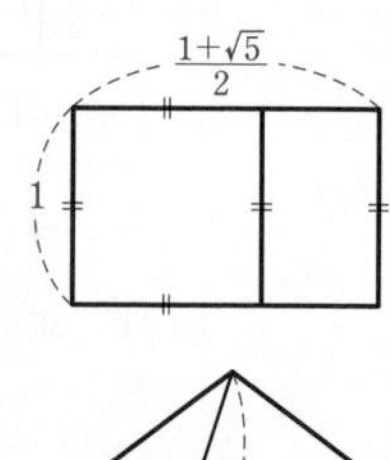

また，身近な例として，正五角形の1辺と対角線の長さの比が $1:\dfrac{1+\sqrt{5}}{2}$ となっています。

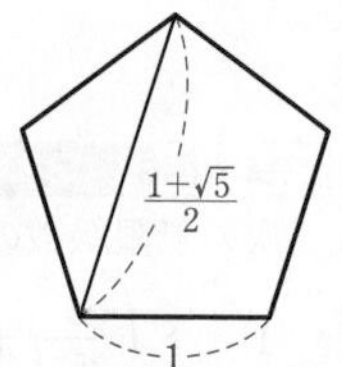

発展学習

≪基本例題 19

発展 例題 33 極限の性質の利用

(1) 数列 $\{a_n\}$ $(n=1,\ 2,\ 3,\ \cdots\cdots)$ が $\lim_{n\to\infty}(3n-1)a_n=-6$ を満たすとき，

$\lim_{n\to\infty}a_n=$ ア□，$\lim_{n\to\infty}na_n=$ イ□ である。 〔千葉工大〕

(2) 命題「数列 $\{a_n{}^2\}$ が収束するならば，数列 $\{a_n\}$ も収束する」の真偽を調べよ。

CHART & GUIDE

$x_n \longrightarrow \alpha,\ y_n \longrightarrow \beta$ なら $x_ny_n \longrightarrow \alpha\beta$

(1) この性質を直ちに使用してはいけない。a_n を，$(3n-1)a_n$ や収束する数列で表すことを考える。

解答

(1) $\lim_{n\to\infty}a_n=\lim_{n\to\infty}\left\{(3n-1)a_n\times\frac{1}{3n-1}\right\}$ において

$\lim_{n\to\infty}(3n-1)a_n=-6,\ \lim_{n\to\infty}\frac{1}{3n-1}=0$

であるから　$\lim_{n\to\infty}a_n=(-6)\times0=$ ア**0**

また，$\lim_{n\to\infty}na_n=\lim_{n\to\infty}\left\{(3n-1)a_n\times\frac{n}{3n-1}\right\}$ において

$\lim_{n\to\infty}(3n-1)a_n=-6,\ \lim_{n\to\infty}\frac{n}{3n-1}=\lim_{n\to\infty}\frac{1}{3-\frac{1}{n}}=\frac{1}{3}$

であるから　$\lim_{n\to\infty}na_n=(-6)\times\frac{1}{3}=$ イ**−2**

(2) $a_n=(-1)^n$ のとき，$\lim_{n\to\infty}a_n{}^2=\lim_{n\to\infty}(-1)^{2n}=1$ であるが，数列 $\{a_n\}$ は発散する。よって，**偽**。

⬅ 数列 $\{(3n-1)a_n\}$，$\left\{\frac{1}{3n-1}\right\}$ はともに収束する。

⬅ $na_n=\frac{1}{3}(3n-1)a_n+\frac{1}{3}a_n$ と変形して，(ア)の結果を利用してもよい。

注意 上の(1)で，「条件 $\lim_{n\to\infty}(3n-1)a_n=-6$ から $\lim_{n\to\infty}(3n-1)\times\lim_{n\to\infty}a_n=-6$ とし，$\lim_{n\to\infty}a_n=\frac{-6}{\lim_{n\to\infty}(3n-1)}$」とするのは誤りである。$\lim_{n\to\infty}x_ny_n=\lim_{n\to\infty}x_n\times\lim_{n\to\infty}y_n$ などの極限の性質（$p.40$ 参照）が使えるのは，数列 $\{x_n\}$，$\{y_n\}$ がともに収束するときに限られる。

TRAINING 33 ③

(1) 数列 $\{a_n\}$ に対して，$\lim_{n\to\infty}\frac{2a_n-1}{a_n+2}=3$ であるとき，$\lim_{n\to\infty}a_n$ を求めよ。

(2) 数列 $\{a_n\}$，$\{b_n\}$ において，次の命題の真偽を調べよ。

(ア) 数列 $\{a_n+b_n\}$，$\{a_n\}$ が収束するならば，数列 $\{b_n\}$ も収束する。

(イ) 常に $a_n>b_n$ ならば，$\lim_{n\to\infty}a_n>\lim_{n\to\infty}b_n$

発展例題 34 不等式を利用した数列の極限 (2)

≪≪ 標準例題 22

$h>0$ のとき，不等式 $(1+h)^n \geqq 1+nh+\dfrac{n(n-1)}{2}h^2$ が成り立つ。このことを利用して，数列 $\left\{\dfrac{n}{3^n}\right\}$ の極限を求めよ。

CHART & GUIDE

求めにくい数列の極限
はさみうちの原理を利用

1. h に適当な数値を代入して，$3^n>$(n の式) の形の不等式を作る。
2. 1 で作った不等式から，不等式 $a_n<\dfrac{n}{3^n}<b_n$ を導く。…… [!]
3. はさみうちの原理（等号のない不等号でも成り立つ）により極限を求める。
   …… $a_n \longrightarrow \alpha$，$b_n \longrightarrow \alpha$ のような a_n，b_n が見つかれば，$\dfrac{n}{3^n} \longrightarrow \alpha$ が示される。

解答

不等式 $(1+h)^n \geqq 1+nh+\dfrac{n(n-1)}{2}h^2$ に $h=2$ を代入すると

⬅ 3^n の 3 を 1+2 とみる。

$$(1+2)^n \geqq 1+n\cdot 2+\frac{n(n-1)}{2}\cdot 2^2$$

すなわち　$3^n \geqq 1+2n^2$　　よって　$3^n>2n^2$

[!] ゆえに　$\dfrac{3^n}{n}>2n$　　よって　$0<\dfrac{n}{3^n}<\dfrac{1}{2n}$

⬅ A，B が正で，$A>B$ ならば　$0<\dfrac{1}{A}<\dfrac{1}{B}$

$\displaystyle\lim_{n\to\infty}\frac{1}{2n}=0$ であるから　$\displaystyle\lim_{n\to\infty}\frac{n}{3^n}=\mathbf{0}$

Lecture $\dfrac{r^n}{n}$，$\dfrac{n}{r^n}$ の極限

上の解答は，$r=1+h$ $(h>0)$ として，不等式 $(1+h)^n \geqq 1+nh$ を用いることにより $r>1$ のとき $r^n \longrightarrow \infty$ を導いた手法とよく似ている。例題のようなタイプ，すなわち数列 $\left\{\dfrac{r^n}{n}\right\}$，$\left\{\dfrac{n}{r^n}\right\}$ の極限を求めるときには，$(1+h)^n=1+nh+\dfrac{n(n-1)}{2}h^2+\cdots\cdots+h^n$ から，必要な項を取り出して不等式を作ることが多い。なお，一般に，次のことが成り立つ。

$$k>0,\ r>1 \text{ のとき}\quad \lim_{n\to\infty}\frac{r^n}{n^k}=\infty,\quad \lim_{n\to\infty}\frac{n^k}{r^n}=0$$

TRAINING 34 ④

次の数列の極限を求めよ。

(1) $\left\{\dfrac{2^n}{n}\right\}$　　(2) $\left\{\dfrac{n^2}{4^n}\right\}$

≪ 標準例題 31

発展 例題 **35** 無限等比級数の応用問題 (2)

$A=60^\circ$, $B=30^\circ$, AC$=1$ である直角三角形 ABC 内に，右の図のように正方形 S_1, S_2, S_3, …… が限りなく並んでいるとき，これらの正方形の面積の総和を求めよ。

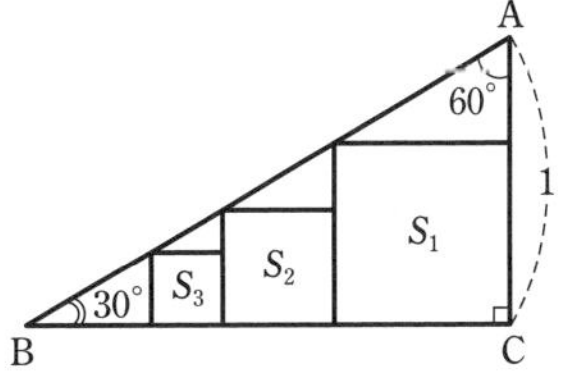

CHART & GUIDE

繰り返しの操作
n 番目と $n+1$ 番目の関係を見つける

1. 正方形 S_n の 1 辺の長さを a_n, 面積を T_n とする。
2. 正方形 S_n, S_{n+1} をかき，1 辺の長さ (a_n と a_{n+1}) の関係を見抜く。…… [!]
3. 数列 $\{a_n\}$ の第 n 項を求め，T_n を n の式で表す。
4. 無限等比級数 $T_1+T_2+\cdots\cdots+T_n+\cdots\cdots$ の和を求める。

解答

正方形 S_n の 1 辺の長さを a_n,
面積を T_n とする。
図の直角三角形 DEF において

$$\mathrm{EF}=\sqrt{3}\,\mathrm{DF}$$

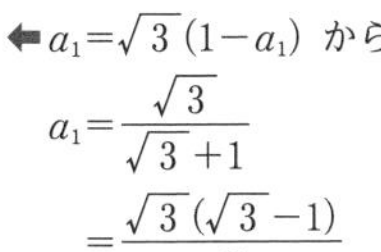

[!] ゆえに $a_{n+1}=\sqrt{3}(a_n-a_{n+1})$

よって $a_{n+1}=\dfrac{3-\sqrt{3}}{2}a_n$ 　また $a_1=\dfrac{3-\sqrt{3}}{2}$

← $a_1=\sqrt{3}(1-a_1)$ から $a_1=\dfrac{\sqrt{3}}{\sqrt{3}+1}=\dfrac{\sqrt{3}(\sqrt{3}-1)}{2}$

ゆえに $a_n=\left(\dfrac{3-\sqrt{3}}{2}\right)^n$ 　よって $T_n=a_n{}^2=\left\{\dfrac{3(2-\sqrt{3})}{2}\right\}^n$

したがって，正方形の面積の総和は，初項，公比 r がともに $\dfrac{3(2-\sqrt{3})}{2}$ の無限等比級数で表され，公比について $|r|<1$ であるから，この無限等比級数は収束し，その和は

$$\frac{3(2-\sqrt{3})}{2}\cdot\frac{1}{1-\dfrac{3(2-\sqrt{3})}{2}}=\frac{3(2-\sqrt{3})}{3\sqrt{3}-4}$$

$$=\boldsymbol{\frac{3(2\sqrt{3}-1)}{11}}$$

$=\dfrac{3(2-\sqrt{3})(3\sqrt{3}+4)}{(3\sqrt{3}-4)(3\sqrt{3}+4)}$
$=\dfrac{3(2\sqrt{3}-1)}{(3\sqrt{3})^2-4^2}$

TRAINING 35 ④

$\angle$XOY[$=60^\circ$] の 2 辺 OX, OY に接する半径 1 の円の中心を O_1 とする。線分 OO_1 と円 O_1 との交点を中心とし，2 辺 OX, OY に接する円を O_2 とする。以下，同じようにして，順に円 O_3, ……, O_n, …… を作る。このとき，円 O_1, O_2, …… の面積の総和を求めよ。

例題

36 無限級数が発散することの証明 (1)

「無限級数 $\sum_{n=1}^{\infty} a_n$ が収束する $\Longrightarrow$ $\lim_{n\to\infty} a_n=0$」が成り立つ。この命題の対偶を用いて，次の無限級数が発散することを示せ。

(1) $1+\dfrac{2}{3}+\dfrac{3}{5}+\dfrac{4}{7}+\cdots\cdots$　　(2) $1-2+3-4+\cdots\cdots$

CHART & GUIDE

部分和が求めにくい無限級数
第 n 項の極限に注目

1　無限級数 $\sum_{n=1}^{\infty} a_n$ が収束する $\Longrightarrow$ $\lim_{n\to\infty} a_n=0$

2　数列 $\{a_n\}$ が 0 に収束しない $\Longrightarrow$ 無限級数 $\sum_{n=1}^{\infty} a_n$ は発散する

解答

(1) 第 n 項 a_n は　$a_n=\dfrac{n}{2n-1}$

ゆえに　$\lim_{n\to\infty} a_n=\lim_{n\to\infty}\dfrac{n}{2n-1}=\lim_{n\to\infty}\dfrac{1}{2-\dfrac{1}{n}}=\dfrac{1}{2}$

よって，この無限級数は発散する。

(2) 第 n 項 a_n は　$a_n=(-1)^{n-1}n$

ゆえに，数列 $\{a_n\}$ は振動し，収束しない。

よって，この無限級数は発散する。

⬅ 分母・分子を n で割る。

⬅ 数列 $\{a_n\}$ は収束するが，その極限値は 0 ではない。

注意 CHART&GUIDE の 1 の逆は成り立たない。つまり，$\lim_{n\to\infty} a_n=0$ であっても無限級数 $\sum_{n=1}^{\infty} a_n$ が収束するとは限らない。例えば，例題 **27** (2) の $a_n=\dfrac{1}{\sqrt{n}+\sqrt{n+1}}$，例題 **37** (2) の $a_n=\dfrac{1}{n}$ は，ともに $\lim_{n\to\infty} a_n=0$ であるが，$\sum_{n=1}^{\infty} a_n$ は発散する。

Lecture 無限級数 $\sum_{n=1}^{\infty} a_n$ が収束する $\Longrightarrow$ $\lim_{n\to\infty} a_n=0$

無限級数 $\sum_{n=1}^{\infty} a_n$ が収束するとき，その和を S，第 n 項までの部分和を S_n とする。

$n\geqq 2$ のとき $a_n=S_n-S_{n-1}$ であるから　←数学B参照

$\lim_{n\to\infty} a_n=\lim_{n\to\infty}(S_n-S_{n-1})=\lim_{n\to\infty} S_n-\lim_{n\to\infty} S_{n-1}=S-S=0$

[$n \longrightarrow \infty$ のときを考えるから，$S_n \longrightarrow S$ なら $S_{n-1} \longrightarrow S$ である。]

よって，CHART&GUIDE の 1 が成り立つ。また，1 の対偶として 2 が導かれる。

TRAINING 36 ④

上の例題のようにして，次の無限級数が発散することを示せ。

(1) $100+96+92+\cdots\cdots$　　(2) $\dfrac{2}{3}+\dfrac{3}{4}+\dfrac{4}{5}+\dfrac{5}{6}+\cdots\cdots$

発展 例題 37 ⋘ 標準例題 22

無限級数が発散することの証明 (2)

(1) n は自然数とする。$\displaystyle\sum_{k=1}^{2^n}\frac{1}{k} \geqq \frac{n}{2}+1$ を数学的帰納法によって証明せよ。

(2) 無限級数 $1+\dfrac{1}{2}+\dfrac{1}{3}+\cdots\cdots+\dfrac{1}{n}+\cdots\cdots$ は発散することを証明せよ。

CHART & GUIDE

無限級数が発散することの証明

(部分和)>(∞に発散する数列) の利用

(2) (1)の不等式を利用する。$n \geqq 2^m$ とすると　$\displaystyle\sum_{k=1}^{n}\frac{1}{k} \geqq \sum_{k=1}^{2^m}\frac{1}{k}$

ここで，$m \longrightarrow \infty$ のとき $n \longrightarrow \infty$ となる。

解答

(1) $\displaystyle\sum_{k=1}^{2^n}\frac{1}{k} \geqq \frac{n}{2}+1$ …… (A) とする。

[1] $n=1$ のとき　$\displaystyle\sum_{k=1}^{2}\frac{1}{k}=1+\frac{1}{2}=\frac{1}{2}+1$　　ゆえに，$n=1$ のとき (A) は成り立つ。

[2] $n=m$ (mは自然数) のとき，(A) が成り立つ，すなわち $\displaystyle\sum_{k=1}^{2^m}\frac{1}{k} \geqq \frac{m}{2}+1$ が成り立つと仮定すると $n=m+1$ のとき

$$\sum_{k=1}^{2^{m+1}}\frac{1}{k}=\sum_{k=1}^{2^m}\frac{1}{k}+\sum_{k=2^m+1}^{2^{m+1}}\frac{1}{k} \geqq \left(\frac{m}{2}+1\right)+\frac{1}{2^m+1}+\frac{1}{2^m+2}+\cdots\cdots+\frac{1}{2^{m+1}}$$

$$=\frac{m}{2}+1+\frac{1}{2^m+1}+\frac{1}{2^m+2}+\cdots\cdots+\frac{1}{2^m+2^m}$$

$$>\frac{m}{2}+1+\frac{1}{2^{m+1}}\cdot 2^m=\frac{m+1}{2}+1$$

よって，$n=m+1$ のときにも (A) は成り立つ。

[1]，[2] から，すべての自然数 n について (A) は成り立つ。

(2) $S_n=\displaystyle\sum_{k=1}^{n}\frac{1}{k}$ とおく。$n \geqq 2^m$ とすると，(1) から　$S_n \geqq \displaystyle\sum_{k=1}^{2^m}\frac{1}{k} \geqq \frac{m}{2}+1$

ここで，$m \longrightarrow \infty$ のとき　$n \longrightarrow \infty$　　ゆえに　$\displaystyle\lim_{n\to\infty}S_n \geqq \lim_{m\to\infty}\left(\frac{m}{2}+1\right)=\infty$

よって，$\displaystyle\sum_{n=1}^{\infty}\frac{1}{n}$ は発散する。

TRAINING 37 ⑤

$\displaystyle\sum_{n=1}^{\infty}\frac{1}{n}$ が発散することを利用して，無限級数 $\displaystyle\sum_{n=1}^{\infty}\frac{1}{\sqrt{n}}$ は発散することを示せ。

EXERCISES

A

13③ 数列 $\{a_n\}$, $\{b_n\}$ について，次の事柄は正しいか。正しければ証明し，正しくなければ反例をあげよ。

(1) $\lim_{n\to\infty} a_n=\infty$, $\lim_{n\to\infty} b_n=0$ ならば $\lim_{n\to\infty} a_nb_n=0$

(2) $\lim_{n\to\infty}(a_n-b_n)=0$, $\lim_{n\to\infty} a_n=\alpha$ （α は定数） ならば $\lim_{n\to\infty} b_n=\alpha$

⋘ 基本例題 19

14③ 極限値 $\displaystyle\lim_{n\to\infty}\frac{(1+2+3+\cdots\cdots+n)^2}{n(1^2+2^2+3^2+\cdots\cdots+n^2)}$ を求めよ。 〔東京電機大〕

⋘ 基本例題 20

15② $\lim_{n\to\infty}(\sqrt{n^2+an+2}-\sqrt{n^2+2n+3})=3$ が成り立つとき，定数 a の値は □ である。 〔摂南大〕

⋘ 基本例題 21

B

16④ 数列 $\{a_n\}$ は

$$a_1=2,\quad a_{n+1}=\sqrt{4a_n-3}\ (n=1,\ 2,\ 3,\ \cdots\cdots)$$

で定義されている。

(1) すべての自然数 n について，不等式 $2\leqq a_n\leqq 3$ が成り立つことを証明せよ。

(2) すべての自然数 n について，不等式 $|a_{n+1}-3|\leqq\dfrac{4}{5}|a_n-3|$ が成り立つことを証明せよ。

(3) 極限 $\lim_{n\to\infty} a_n$ を求めよ。 〔信州大〕

⋘ 標準例題 22，基本例題 23

17④ $a_1=\dfrac{1}{2}$，$a_{n+1}=\dfrac{2a_n}{1-a_n}$ $(n=1,\ 2,\ 3,\ \cdots\cdots)$ で定義される数列 $\{a_n\}$ について，次の問いに答えよ。

(1) 一般項 a_n を求めよ。 (2) $\lim_{n\to\infty} a_n$ を求めよ。

⋘ 基本例題 25

HINT

14 (　)の中を整理する。それには，次の数列の和の公式を利用する。

$$\sum_{k=1}^{n}k=\frac{1}{2}n(n+1),\quad \sum_{k=1}^{n}k^2=\frac{1}{6}n(n+1)(2n+1)$$

16 (1) 数学的帰納法を利用する。

(3) (2)の不等式を繰り返し用いて，はさみうちの原理を使う。

17 (1) 漸化式が分数式で表されているから，逆数の数列を考えてみる。

EXERCISES

B

18④ Aの袋には赤球1個と黒球3個が，Bの袋には黒球だけが5個入っている。それぞれの袋から同時に1個ずつ球を取り出して入れかえる操作を繰り返す。この操作をn回繰り返した後にAの袋に赤球が入っている確率をa_nとする。

(1) a_1，a_2の値を求めよ。 (2) a_{n+1}をa_nを用いて表せ。

(3) a_nをnの式で表し，$\lim_{n\to\infty} a_n$を求めよ。 〔名城大〕

≪ 基本例題 25

19④ 一般項が $a_n=cr^n$ $(c>0,\ r>0)$ である数列$\{a_n\}$について，極限

$\lim_{n\to\infty}\dfrac{a_2+a_4+\cdots\cdots+a_{2n}}{a_1+a_2+\cdots\cdots+a_n}$ を調べよ。 〔信州大〕

≪ 標準例題 26

20④ $\lim_{n\to\infty}\dfrac{\tan^n\theta+2}{2\tan^n\theta+2}=\dfrac{1}{2}$ となるθの値の範囲を求めよ。ただし，$0\leqq\theta<\dfrac{\pi}{2}$ とする。 〔工学院大〕

≪ 標準例題 26

21④ 数列$\{a_n\}$を $a_n=\begin{cases}\dfrac{1}{(n+3)(n+5)} & (n\text{が奇数のとき})\\ \dfrac{-1}{(n+4)(n+6)} & (n\text{が偶数のとき})\end{cases}$ と定める。このとき，

無限級数 $\sum_{n=1}^{\infty}a_n$ の和を求めよ。 〔類 島根大〕

≪ 基本例題 27

HINT

18 (2) n回目と$(n+1)$回目に注目して漸化式を作る。

20 $\tan\theta=1$ で区切って考えることがポイント。

21 部分和S_nは，nの式で表しにくいから，奇数番目の項までの部分和，偶数番目の項までの部分和に分けて，極限を調べる。

EXERCISES

B

22④ 無限等比数列 $\{a_n\}$ が $\sum_{n=1}^{\infty} a_n=\sum_{n=1}^{\infty} a_n{}^3=2$ を満たすとき，$\{a_n\}$ の初項と公比を求めよ。〔学習院大〕

≪ 基本例題 28

23④ 次の無限級数の和を求めよ。

(1) $\sum_{n=1}^{\infty}\left(\frac{1}{3}\right)^n\cos n\pi$　　(2) $\sum_{n=1}^{\infty}\left(-\frac{1}{3}\right)^n\sin\frac{n\pi}{2}$

≪ 基本例題 28

24⑤ 数列 $\{a_n\}$ は，$a_1=6$，$a_{n+1}=1+a_1a_2\cdots\cdots a_n$ ($n=1, 2, 3, \cdots\cdots$) を満たすとする。ここで，$a_1a_2\cdots\cdots a_n$ は a_1 から a_n までの積を表す。

(1) 2 以上の自然数 n に対して，$a_{n+1}-1=a_n(a_n-1)$ が成り立つことを証明せよ。

(2) 無限級数 $\sum_{n=1}^{\infty}\frac{1}{a_n}$ の和を求めよ。〔弘前大〕

≪ 基本例題 27，発展例題 34

25④ 1 辺の長さが 1 の正方形 A_1 とその内接円 S_1 がある。円 S_1 に内接する正方形 A_2 とその内接円 S_2 がある。このようにして，内接円 S_{n-1} に内接する正方形 A_n とその内接円 S_n がある。A_1 から A_n までの面積の総和を T_n とするとき，$\lim_{n\to\infty} T_n$ を求めよ。〔奈良県立医大〕

≪ 発展例題 35

HINT

22 数列 $\{a_n\}$ の初項を a，公比を r として，条件から a と r の方程式を導く。

24 (1) 漸化式から，$n\geqq 2$ のとき $a_1a_2\cdots\cdots a_{n-1}=a_n-1$ が成り立つ。

(2) $a_{n+1}-1=a_n(a_n-1)$ の両辺の逆数を考える。

25 A_{n+1} と A_n の相似比を考える。面積比は 2 乗の比を利用する。

数学Ⅲ

関数の極限

レベル ………… 各例題の難易度を表す の個数(1～5 の 5 段階)。

◉, ◎, ○印 … 各項目で重要度の高い例題につけた(◉, ◎, ○の順に重要度が高い)。
時間の余裕がない場合は, ◉, ◎, ○の例題を中心に勉強すると効果的である。
また, ◉の例題には, 解説動画がある。

Let's Start

7 関数の極限

数学Ⅱでは，微分係数や導関数の定義において，$h \longrightarrow 0$ のときの極限値を考えましたが，数学Ⅲではもっと一般的に，x が限りなく一定の値に近づくときや，限りなく大きくなるときの関数の極限について考えてみましょう。

■ $x \longrightarrow a$ のときの極限

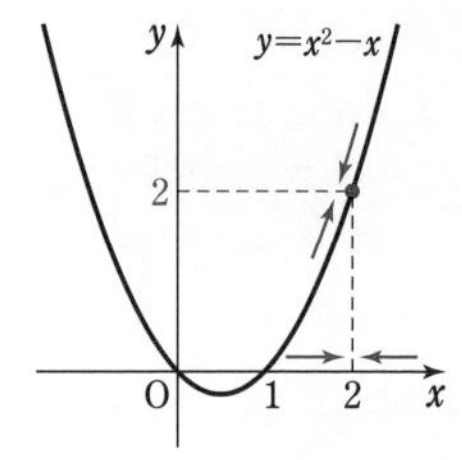

関数 $f(x)$ において，x が **a と異なる値** をとりながら a に限りなく近づくとき，関数 $f(x)$ の状態を調べてみよう。

1 ある一定の値 α に限りなく近づく（右図）

この値 α を関数 $f(x)$ の **極限値** または **極限** といい，

$\lim_{x \to a} f(x)=\alpha$ または $x \longrightarrow a$ のとき $f(x) \longrightarrow \alpha$

と書き表す。

2 $f(x)$ の値が限りなく大きくなる

この場合，$f(x)$ は **正の無限大に発散** する，または **極限は ∞** であるといい，

$\lim_{x \to a} f(x)=\infty$ または $x \longrightarrow a$ のとき $f(x) \longrightarrow \infty$ と書き表す。

3 $f(x)$ の値が負で，その絶対値 $|f(x)|$ が限りなく大きくなる

この場合，$f(x)$ は **負の無限大に発散** する，または **極限は $-\infty$** であるといい，

$\lim_{x \to a} f(x)=-\infty$ または $x \longrightarrow a$ のとき $f(x) \longrightarrow -\infty$ と書き表す。

例 $\lim_{x \to 0} \frac{1}{x^2}=\infty$

$\lim_{x \to 0}\left(-\frac{1}{x^2}\right)=-\infty$

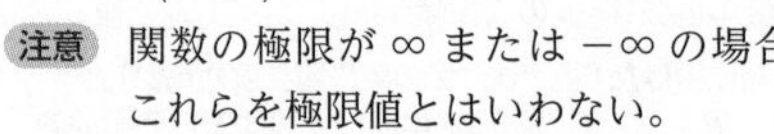

注意 関数の極限が ∞ または $-\infty$ の場合，これらを極限値とはいわない。

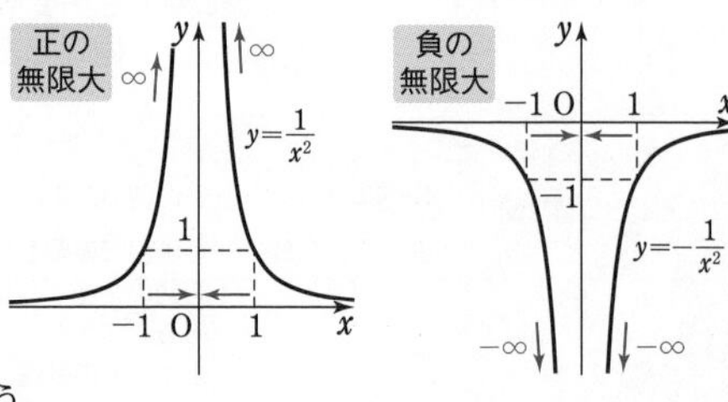

4 1～3 のいずれでもない

$x \longrightarrow a$ のときの $f(x)$ の **極限はない** という。

■ $x \longrightarrow \infty$，$x \longrightarrow -\infty$ のときの極限

変数 x が限りなく大きくなることを $x \longrightarrow \infty$ で表す。また，x が負で，その絶対値 $|x|$ が限りなく大きくなることを $x \longrightarrow -\infty$ で表す。

上の 1～4 において，$x \longrightarrow a$ の代わりに $x \longrightarrow \infty$，$x \longrightarrow -\infty$ でおき換えた極限も考えられる。 例 $\lim_{x \to \infty} \frac{1}{x^2}=0$，$\lim_{x \to -\infty} \frac{1}{x^2}=0$

基本 例題 **38** 関数の極限の性質

次の極限を求めよ。

(1) $\lim_{x\to 2}(3x^2+x-10)$ (2) $\lim_{x\to 1}(x+2)(2x^2-x+3)$

(3) $\lim_{x\to 1}\dfrac{2x^2-x+3}{x+2}$

CHART & GUIDE

関数の極限の性質

$\lim_{x\to a}f(x)=\alpha$, $\lim_{x\to a}g(x)=\beta$ とする。

1 $\lim_{x\to a}kf(x)=k\alpha$ ただし，k は定数

2 $\lim_{x\to a}\{f(x)+g(x)\}=\alpha+\beta$, $\lim_{x\to a}\{f(x)-g(x)\}=\alpha-\beta$

3 $\lim_{x\to a}f(x)g(x)=\alpha\beta$ 4 $\lim_{x\to a}\dfrac{f(x)}{g(x)}=\dfrac{\alpha}{\beta}$ ただし，$\beta\neq 0$

解答

(1) $\lim_{x\to 2}(3x^2+x-10)=3\cdot 2^2+2-10=\mathbf{4}$

(2) $\lim_{x\to 1}(x+2)(2x^2-x+3)=(1+2)(2\cdot 1^2-1+3)=3\cdot 4$
$=\mathbf{12}$

(3) $\lim_{x\to 1}\dfrac{2x^2-x+3}{x+2}=\dfrac{2\cdot 1^2-1+3}{1+2}=\mathbf{\dfrac{4}{3}}$

⬅ $\lim_{x\to 1}(x+2)=3\neq 0$

Lecture 関数の極限の性質 (1)

数列の場合と同様に，関数の極限についても上の CHART&GUIDE で示したような性質が成り立つ。このとき，α，β は有限の値であることと，商の場合は，分母が 0 に収束しないことに注意しておこう。また，$x\longrightarrow a$ を $x\longrightarrow\infty$ または $x\longrightarrow-\infty$ におき換えても，この性質は成り立つ。

さらに，x の多項式で表される関数，分数関数，無理関数，三角関数，指数関数，対数関数 $f(x)$ について，a がその定義域に属しているときは，次の関係が成り立つ。

$$\lim_{x\to a}f(x)=f(a)$$

TRAINING 38 ①

次の極限を求めよ。

(1) $\lim_{x\to 2}(x^3-3x+2)$ (2) $\lim_{x\to -1}\dfrac{x^3+4}{x(x+2)}$ (3) $\lim_{x\to 4}\sqrt{2x+1}$

(4) $\lim_{x\to\frac{\pi}{3}}\sin x$ (5) $\lim_{x\to -2}3^x$ (6) $\lim_{x\to 8}\log_2 x$

基本 例題 **39** 変数 x が a に限りなく近づくときの極限

次の極限を求めよ。

(1) $\displaystyle\lim_{x\to1}\frac{x^2-x}{x^2-1}$　　(2) $\displaystyle\lim_{x\to0}\frac{2}{x}\left(1+\frac{1}{x-1}\right)$

(3) $\displaystyle\lim_{x\to-3}\frac{\sqrt{x+7}-2}{x+3}$　　(4) $\displaystyle\lim_{x\to3}\frac{1}{(x-3)^2}$

CHART & GUIDE　$\frac{0}{0}$ の形の極限　極限が求められる形に変形

1 約分を考える。
…… 分母・分子を因数分解し，共通因数で分母・分子を割る。

2 無理式がある場合は，有理化を考える。
…… 有理化した後，分母・分子に共通因数が現れたら，約分する。

解答

(1) $\displaystyle\lim_{x\to1}\frac{x^2-x}{x^2-1}=\lim_{x\to1}\frac{x(x-1)}{(x+1)(x-1)}$

$\displaystyle=\lim_{x\to1}\frac{x}{x+1}=\frac{1}{1+1}=\mathbf{\frac{1}{2}}$

(2) $\displaystyle\lim_{x\to0}\frac{2}{x}\left(1+\frac{1}{x-1}\right)=\lim_{x\to0}\left(\frac{2}{x}\cdot\frac{x-1+1}{x-1}\right)=\lim_{x\to0}\left(\frac{2}{x}\cdot\frac{x}{x-1}\right)$

$\displaystyle=\lim_{x\to0}\frac{2}{x-1}=\frac{2}{0-1}=\mathbf{-2}$

(3) $\displaystyle\lim_{x\to-3}\frac{\sqrt{x+7}-2}{x+3}=\lim_{x\to-3}\frac{(\sqrt{x+7}-2)(\sqrt{x+7}+2)}{(x+3)(\sqrt{x+7}+2)}$

$\displaystyle=\lim_{x\to-3}\frac{(x+7)-4}{(x+3)(\sqrt{x+7}+2)}$

$\displaystyle=\lim_{x\to-3}\frac{1}{\sqrt{x+7}+2}=\frac{1}{2+2}=\mathbf{\frac{1}{4}}$

(4) $x\neq3$ のとき，$(x-3)^2>0$ で

$\displaystyle\lim_{x\to3}\frac{1}{(x-3)^2}=\infty$

(1) 共通因数 $x-1$ で分母・分子を割る。

(2) ( )内を通分すると，分母・分子に共通因数 x が現れる。

⬅ 分子を有理化

⬅ 分子を整理すると，$x+3$ となり，分母・分子に共通因数 $x+3$ が現れる。

(4) $x\longrightarrow3$ であるから $x\neq3$ として考える。
このとき $(x-3)^2>0$ で $(x-3)^2\longrightarrow+0$

TRAINING 39 ②

次の極限を求めよ。

(1) $\displaystyle\lim_{x\to3}\frac{x^2-9}{x^2-2x-3}$　　(2) $\displaystyle\lim_{x\to1}\frac{1}{x-1}\left(1-\frac{1}{x^2}\right)$　　(3) $\displaystyle\lim_{x\to1}\frac{2\sqrt{x+8}-6}{x-1}$

(4) $\displaystyle\lim_{x\to0}\frac{x}{\sqrt{x+9}-3}$　　(5) $\displaystyle\lim_{x\to0}\frac{\sqrt{1+x}-\sqrt{1-x}}{x}$　　(6) $\displaystyle\lim_{x\to-1}\frac{x}{(x+1)^2}$

ズーム UP

不定形の極限における考え方

左の例題は $x \longrightarrow a$ のときの極限ですが，基本的な考え方は，数列の極限すなわち $n \longrightarrow \infty$ のときの極限と同じで，

極限が求められる形に変形

ということがポイントとなります。
詳しく見てみましょう。

● 約分を考える

$\displaystyle\lim_{x \to a}\frac{f(x)}{g(x)}$ において，$\dfrac{f(x)}{g(x)}$ に $x=a$ をそのまま代入すると $\dfrac{0}{0}$ の形(不定形とよぶ)になるタイプでは，$x-a$ で約分して極限が求めやすい形に変形することが多い。

説明　例題(1)のように，$f(x)$，$g(x)$ が多項式の場合，$f(a)=0$，$g(a)=0$ ならば因数定理(数学Ⅱ)により，$f(x)$，$g(x)$ はともに $x-a$ を因数にもつ。
よって，分母，分子を $x-a$ $(\neq 0)$ で割ることができる。

補足　「約分を考える」という手法は，数列の極限における

$\dfrac{\text{多項式}}{\text{多項式}}\left(\dfrac{\infty}{\infty}\text{ の場合}\right)$：分母の最高次の項で分母・分子を割る

という手法と意味合いは同じである。$p.43$[2] 参照。

● 無理式がある場合，有理化を考える

無理式がある場合については，数列の極限で，

多項式－多項式($\infty-\infty$の場合)：最高次の項をくくり出す

$\dfrac{\text{多項式}}{\text{多項式}}\left(\dfrac{\infty}{\infty}\text{ の場合}\right)$　：分母の最高次の項で分母・分子を割る

でうまくいかないときに有理化してみた($p.43$[3] 参照)のと同じように，$x \longrightarrow a$ のときの極限でも無理式がある場合は，有理化を考える。
有理化することで，分母，分子に共通因数が現れ，約分できる場合がある。

例題(1)では，分母，分子を $x-1$ で割っているため，0 で割っているのではないか，と思うかもしれませんが，問題ないです。「$x \longrightarrow 1$」は，x が 1 と異なる値をとりながら 1 に近づく，ということなので，$x \neq 1$ として変形してよいです。
例題(2)，(3)も同様です。

標準 例題 ≪基本例題 39

40 極限値から係数決定 ③③③

等式 $\lim_{x \to 2} \frac{a\sqrt{x+7}+b}{x-2}=1$ が成り立つように，定数 a，b の値を定めよ。

CHART & GUIDE

極限値から係数決定

分母 ⟶ 0 なら　分子 ⟶ 0 （必要条件）

1. 分母 ⟶ 0 であることを確認して，分子 ⟶ 0 から a と b の関係式を求める。…… [!]
2. b を消去して，左辺の式を極限が求められる形に変形する。…… 有理化が有効
3. 左辺の極限値を求め，それが 1 に等しいことから，a，b の値を導く。

解答

$\lim_{x \to 2} \frac{a\sqrt{x+7}+b}{x-2}=1$ …… ① が成り立つとする。

[!] $\lim_{x \to 2}(x-2)=0$ であるから　$\lim_{x \to 2}(a\sqrt{x+7}+b)=0$

ゆえに　$3a+b=0$　よって　$b=-3a$ …… ②

← ② は必要条件

このとき

$$\lim_{x \to 2} \frac{a\sqrt{x+7}+b}{x-2}=\lim_{x \to 2} \frac{a(\sqrt{x+7}-3)}{x-2}$$
$$=\lim_{x \to 2} \frac{a(\sqrt{x+7}-3)(\sqrt{x+7}+3)}{(x-2)(\sqrt{x+7}+3)}$$
$$=\lim_{x \to 2} \frac{a\{(x+7)-9\}}{(x-2)(\sqrt{x+7}+3)}=\lim_{x \to 2} \frac{a(x-2)}{(x-2)(\sqrt{x+7}+3)}$$
$$=\lim_{x \to 2} \frac{a}{\sqrt{x+7}+3}=\frac{a}{6}$$

$\frac{a}{6}=1$ のとき ① が成り立つから $\boldsymbol{a=6}$　② から $\boldsymbol{b=-18}$

② を ① の等式の左辺に代入して変形すると，左のように極限値 $\frac{a}{6}$ をもつことがわかる。よって，$a=6$，$b=-18$ は，① が成り立つための必要十分条件であることがいえる。

Lecture 分母 ⟶ 0 なら 分子 ⟶ 0 の理由

上の例題で $x \longrightarrow 2$ のとき，分母 $x-2 \longrightarrow 0$ であるから，分子 ⟶ 0 でないと極限は ∞ または $-\infty$ になり，1 とはならない。そこで，分母 ⟶ 0 なら分子 ⟶ 0 が必要条件となる。

一般に，$\lim_{x \to a} \frac{f(x)}{g(x)}=\alpha$ かつ $\lim_{x \to a} g(x)=0$ なら $\lim_{x \to a} f(x)=0$ が成り立つ(下の 証明 参照)。

証明　$\lim_{x \to a} \frac{f(x)}{g(x)}=\alpha$ かつ $\lim_{x \to a} g(x)=0$ から

$$\lim_{x \to a} f(x)=\lim_{x \to a}\left\{\frac{f(x)}{g(x)} \cdot g(x)\right\}=\lim_{x \to a} \frac{f(x)}{g(x)} \times \lim_{x \to a} g(x)=\alpha \times 0=0$$

TRAINING 40 ③

次の等式が成り立つように，定数 a，b の値を定めよ。

(1) $\lim_{x \to 1} \frac{a\sqrt{x+1}-b}{x-1}=\sqrt{2}$　　(2) $\lim_{x \to 2} \frac{x^2-x-2}{x^2+ax+b}=\frac{1}{2}$

基本 例題 41 右側極限と左側極限

次の極限を調べよ。

(1) $\displaystyle\lim_{x\to 2+0}\frac{-1}{x-2}$　　(2) $\displaystyle\lim_{x\to 2-0}\frac{-1}{x-2}$　　(3) $\displaystyle\lim_{x\to 0}\frac{x}{|x|}$

CHART & GUIDE　**右側極限と左側極限　グラフで確認**

(3) $x\longrightarrow +0$, $x\longrightarrow -0$ に分けて考える。

解答

(1) $\displaystyle\lim_{x\to 2+0}\frac{-1}{x-2}=-\infty$

(2) $\displaystyle\lim_{x\to 2-0}\frac{-1}{x-2}=\infty$

(3) $x>0$ のとき　$|x|=x$

$$\lim_{x\to +0}\frac{x}{|x|}=\lim_{x\to +0}\frac{x}{x}=\lim_{x\to +0}1=1$$

$x<0$ のとき　$|x|=-x$

$$\lim_{x\to -0}\frac{x}{|x|}=\lim_{x\to -0}\frac{x}{-x}=\lim_{x\to -0}(-1)=-1$$

よって，**極限はない**。

(1),(2)
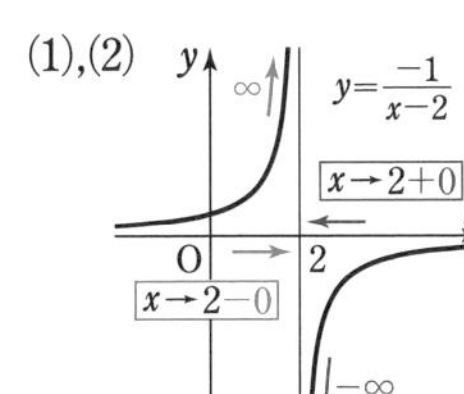

(3)
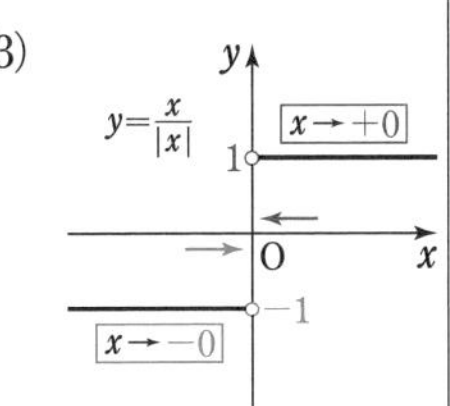

(1), (2) $x\longrightarrow 2+0$ は，右側から 2 に近づき，$x\longrightarrow 2-0$ は，左側から 2 に近づく。

(3) $x\longrightarrow +0$ のときは $x>0$ として，$x\longrightarrow -0$ のときは $x<0$ として考える。

Lecture 右側極限と左側極限

変数 x が

$x>a$ の範囲で a に限りなく近づくとき　$\boldsymbol{x\longrightarrow a+0}$
$x<a$ の範囲で a に限りなく近づくとき　$\boldsymbol{x\longrightarrow a-0}$

$a=0$ の場合　$\boldsymbol{x\longrightarrow +0}$, $\boldsymbol{x\longrightarrow -0}$

と書く。今まで学習してきた $\displaystyle\lim_{x\to a}f(x)=A$（$A$ は極限値でも，∞，$-\infty$ でもよい）は，厳密にいうと，$\displaystyle\lim_{x\to a+0}f(x)$ [右側極限] と $\displaystyle\lim_{x\to a-0}f(x)$ [左側極限] がともに存在して，**その 2 つが A に一致する**ということである。よって，$\displaystyle\lim_{x\to a+0}f(x)\neq\lim_{x\to a-0}f(x)$ の場合，$x\longrightarrow a$ のときの $f(x)$ の **極限はない** ということになる。

TRAINING 41 ①

次の極限を調べよ。

(1) $\displaystyle\lim_{x\to 2+0}\frac{|x-2|}{x-2}$　　(2) $\displaystyle\lim_{x\to 2-0}\frac{|x-2|}{x-2}$　　(3) $\displaystyle\lim_{x\to 0}\frac{x-2}{x^2-x}$

基本 例題 42 ≪基本例題 20，21　≫発展例題 50

xの絶対値が限りなく大きくなるときの極限

次の極限を求めよ。

(1) $\displaystyle\lim_{x\to\infty}(x^3-3x^2)$　(2) $\displaystyle\lim_{x\to-\infty}\frac{3x^2-x}{x+1}$

(3) $\displaystyle\lim_{x\to\infty}(\sqrt{x^2+2x}-\sqrt{x^2+x})$　〔(3) 防衛大〕

CHART & GUIDE

不定形 $\dfrac{\infty}{\infty}$，$\infty-\infty$ の極限

極限が求められる形に変形

(1) $\infty-\infty$ の形
…… 最高次の項 x^3 をくくり出す。

(2) 分母 ⟶ $-\infty$，分子 ⟶ ∞ で $\dfrac{\infty}{\infty}$ の形
…… 分母の最高次の項 x で分母・分子を割る。

(3) $(\sqrt{a}+\sqrt{b})(\sqrt{a}-\sqrt{b})=a-b$ を利用して有理化すると，$\dfrac{\infty}{\infty}$ の形
…… 分母の最高次の項に注目して変形する。

解答

(1) $\displaystyle\lim_{x\to\infty}(x^3-3x^2)=\lim_{x\to\infty}x^3\left(1-\frac{3}{x}\right)=\infty$

(2) $\displaystyle\lim_{x\to-\infty}\frac{3x^2-x}{x+1}=\lim_{x\to-\infty}\frac{x(3x-1)}{x\left(1+\dfrac{1}{x}\right)}=\lim_{x\to-\infty}\frac{3x-1}{1+\dfrac{1}{x}}$

$=-\infty$

(3) $\displaystyle\lim_{x\to\infty}(\sqrt{x^2+2x}-\sqrt{x^2+x})$

$\displaystyle=\lim_{x\to\infty}\frac{(x^2+2x)-(x^2+x)}{\sqrt{x^2+2x}+\sqrt{x^2+x}}$

$\displaystyle=\lim_{x\to\infty}\frac{x}{\sqrt{x^2+2x}+\sqrt{x^2+x}}$

$\displaystyle=\lim_{x\to\infty}\frac{x}{x\sqrt{1+\dfrac{2}{x}}+x\sqrt{1+\dfrac{1}{x}}}$

$\displaystyle=\lim_{x\to\infty}\frac{1}{\sqrt{1+\dfrac{2}{x}}+\sqrt{1+\dfrac{1}{x}}}=\frac{1}{2}$

(1) $\infty\times(1-0)$ の形

(2) 分母の最高次の項 x で分母・分子を割ると，$\dfrac{-\infty-1}{1+0}$ の形

⬅ $\sqrt{x^2+2x}-\sqrt{x^2+x}$
$=\dfrac{\sqrt{x^2+2x}-\sqrt{x^2+x}}{1}$
ととらえる。

⬅ 分母・分子を（分母の最高次の項ともいうべき）x で割る。

(補足) 数列の極限の場合と同じように，関数の極限についても，次のように分類される。

$$\text{極限がある}\begin{cases}\text{1つの有限な値}\\ \text{極限が } \infty \\ \text{極限が } -\infty\end{cases}$$

極限がない

（極限が ∞，極限が −∞，極限がない → 極限値がない）

ここで，$x \longrightarrow \infty$ のときの極限がない例として，関数 $f(x)=\sin x$ について見てみよう。

$x \longrightarrow \infty$ のとき，$f(x)=\sin x$ は -1 から1までの値を繰り返しとり，一定の値に近づくことも，∞ や $-\infty$ になることもない。よって，$x \longrightarrow \infty$ のとき，$f(x)=\sin x$ の極限はない。

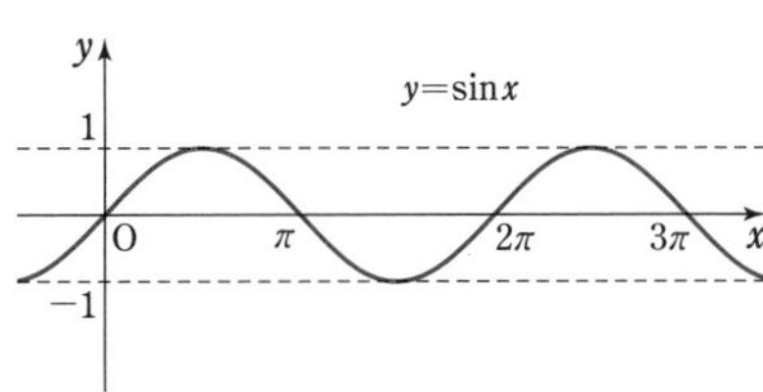

Lecture 不定形の極限

数列の極限の場合と同様，$\frac{\infty}{\infty}$ や $\infty-\infty$ の形の極限には，いろいろな場合があり，式の形に応じた変形の工夫が必要となる。不定形の極限について，式変形の要領をまとめておこう。

1 $\frac{0}{0}$ の形　　分数式では約分，無理式では有理化 を考える。

例 $\lim_{x\to1}\frac{x^2-x}{x^2-1}=\lim_{x\to1}\frac{x(x-1)}{(x+1)(x-1)}=\lim_{x\to1}\frac{x}{x+1}=\frac{1}{2}$ ［例題 39 (1)］

$\lim_{x\to-3}\frac{\sqrt{x+7}-2}{x+3}=\lim_{x\to-3}\frac{(\sqrt{x+7}-2)(\sqrt{x+7}+2)}{(x+3)(\sqrt{x+7}+2)}=\lim_{x\to-3}\frac{1}{\sqrt{x+7}+2}=\frac{1}{4}$

［例題 39 (3)］

2 $\frac{\infty}{\infty}$ の形　　分母の最高次の項で分母・分子を割る。 ［例題 42 (2) 参照］

3 $\infty-\infty$ の形　　多項式ではくくり出し，無理式では有理化 を考える。 ［例題 42 (1)(3) 参照］

TRAINING 42 ②

次の極限を求めよ。

(1) $\lim_{x\to\infty}(-x^2+10x)$　　(2) $\lim_{x\to-\infty}(x^4+2x)$　　(3) $\lim_{x\to\infty}\frac{x^3+2x}{x^2-1}$

(4) $\lim_{x\to-\infty}\frac{3x^2+2x}{2x-3}$　　(5) $\lim_{x\to\infty}\sqrt{x}(\sqrt{x+1}-\sqrt{x-1})$　　［(5) 京都産大］

標準 例題 **43** $x \longrightarrow -\infty$ のときの注意すべき極限 ③③③

⋘ 基本例題 42

次の極限を求めよ。

(1) $\displaystyle\lim_{x\to-\infty}\frac{x+1}{|x|}$　　(2) $\displaystyle\lim_{x\to-\infty}(\sqrt{x^2+3x}+x)$

CHART & GUIDE

負の文字式の取り扱い

$a<0$ のとき $|a|=-a$, $\sqrt{a^2}=-a$ に注意する

$x\longrightarrow-\infty$ であるから (1) では $x<0$, (2) では $x<-3$ で考えてよい。
(2) では $x=-t$ とおき換えて $x\longrightarrow-\infty$ を $t\longrightarrow\infty$ で考えた方がわかりやすい。

解答

(1) $\displaystyle\lim_{x\to-\infty}\frac{x+1}{|x|}=\lim_{x\to-\infty}\frac{x+1}{-x}$

$\displaystyle=\lim_{x\to-\infty}\left(-1-\frac{1}{x}\right)=\mathbf{-1}$

⬅ $x<0$ で考えるから $\dfrac{x+1}{|x|}=\dfrac{x+1}{x}$ としないように！

(2) $x=-t$ とおくと, $x\longrightarrow-\infty$ のとき　$t\longrightarrow\infty$

$\displaystyle\lim_{x\to-\infty}(\sqrt{x^2+3x}+x)=\lim_{t\to\infty}(\sqrt{t^2-3t}-t)$

$\displaystyle=\lim_{t\to\infty}\frac{(\sqrt{t^2-3t}-t)(\sqrt{t^2-3t}+t)}{\sqrt{t^2-3t}+t}$

$\displaystyle=\lim_{t\to\infty}\frac{-3t}{\sqrt{t^2-3t}+t}=\lim_{t\to\infty}\frac{-3}{\sqrt{1-\frac{3}{t}}+1}$

⬅ 分母・分子を t で割る。

$\displaystyle=\mathbf{-\frac{3}{2}}$

[別解] $\displaystyle\lim_{x\to-\infty}(\sqrt{x^2+3x}+x)$

$\displaystyle=\lim_{x\to-\infty}\frac{(\sqrt{x^2+3x}+x)(\sqrt{x^2+3x}-x)}{\sqrt{x^2+3x}-x}$

$\displaystyle=\lim_{x\to-\infty}\frac{3x}{\sqrt{x^2+3x}-x}=\lim_{x\to-\infty}\frac{3}{-\sqrt{1+\frac{3}{x}}-1}$

⬅ $a<0$ のとき $\sqrt{a^2}=-a$ には要注意。

$\displaystyle=\mathbf{-\frac{3}{2}}$

TRAINING 43 ③

次の極限を求めよ。

(1) $\displaystyle\lim_{x\to-\infty}\frac{x^2-x^3}{|2x^3|}$　　(2) $\displaystyle\lim_{x\to-\infty}(\sqrt{x^2+x+1}-\sqrt{x^2-x+1})$

基本 例題 **44** 指数関数・対数関数のいろいろな極限

≪≪ 基本例題 23

次の極限を求めよ。

(1) $\displaystyle\lim_{x\to-\infty}3^x$　(2) $\displaystyle\lim_{x\to+0}\log_3 x$　(3) $\displaystyle\lim_{x\to\infty}\frac{3^x-1}{3^x+1}$　(4) $\displaystyle\lim_{x\to\infty}\log_{\frac{1}{3}}\frac{3x^2-5}{x^2+1}$

CHART & GUIDE

指数関数・対数関数の極限

基本はグラフ　底と1の大小関係に注意

(3) $\displaystyle\lim_{x\to\infty}3^x=\infty$ であるから，$\dfrac{\infty}{\infty}$ の形。…… 分母・分子を 3^x で割る。

(4) まず，$x\longrightarrow\infty$ のときの真数部分の極限を考える。

解答

(1) $\displaystyle\lim_{x\to-\infty}3^x=\mathbf{0}$　(2) $\displaystyle\lim_{x\to+0}\log_3 x=-\infty$

(3) $\displaystyle\lim_{x\to\infty}\frac{3^x-1}{3^x+1}=\lim_{x\to\infty}\frac{1-\frac{1}{3^x}}{1+\frac{1}{3^x}}=\frac{1-0}{1+0}=\mathbf{1}$

(4) $\displaystyle\lim_{x\to\infty}\log_{\frac{1}{3}}\frac{3x^2-5}{x^2+1}=\lim_{x\to\infty}\log_{\frac{1}{3}}\frac{3-\frac{5}{x^2}}{1+\frac{1}{x^2}}=\log_{\frac{1}{3}}3=\mathbf{-1}$

⇐ 底について，(1)，(2) とも $3>1$

⇐ $\displaystyle\lim_{n\to\infty}\frac{3^n-1}{3^n+1}$ を求める要領と同じ(例題 23 参照)。

⇐ 真数部分の分母・分子を x^2 で割る。

(参考) グラフから，次のことがわかる。

▶指数関数 $y=a^x$ について

$a>1$ のとき

$\displaystyle\lim_{x\to\infty}a^x=\infty,\ \lim_{x\to-\infty}a^x=0$

$0<a<1$ のとき

$\displaystyle\lim_{x\to\infty}a^x=0,\ \lim_{x\to-\infty}a^x=\infty$

▶対数関数 $y=\log_a x$ について

$a>1$ のとき

$\displaystyle\lim_{x\to\infty}\log_a x=\infty,\ \lim_{x\to+0}\log_a x=-\infty$

$0<a<1$ のとき

$\displaystyle\lim_{x\to\infty}\log_a x=-\infty,\ \lim_{x\to+0}\log_a x=\infty$

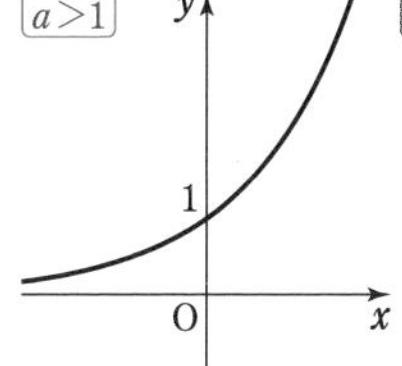

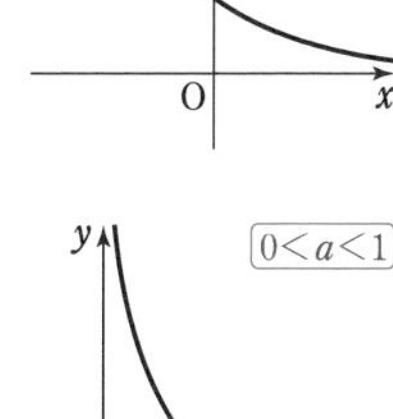

TRAINING 44 ②

次の極限を求めよ。

(1) $\displaystyle\lim_{x\to-\infty}\left(\frac{1}{2}\right)^x$　(2) $\displaystyle\lim_{x\to\infty}\log_{\frac{1}{3}}x$　(3) $\displaystyle\lim_{x\to\infty}\frac{1-2^x}{1+2^x}$　(4) $\displaystyle\lim_{x\to-\infty}\log_5\frac{x}{x+1}$

Let's Start

8 三角関数と極限

ここまで，xの多項式で表される関数，分数関数，無理関数，指数関数，対数関数の極限について学習してきました。ここでは，三角関数の極限について考えていきましょう。

■ 三角関数の極限における重要な公式

注意　三角関数の角の単位は **弧度法** による。

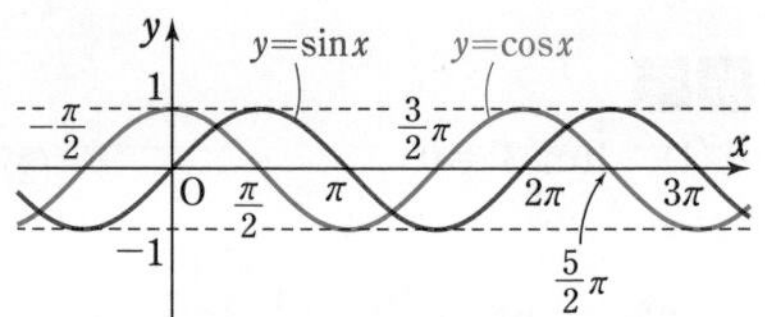

三角関数のグラフから $\lim\limits_{x\to\infty}\sin x$，$\lim\limits_{x\to\infty}\cos x$，$\lim\limits_{x\to\frac{\pi}{2}}\tan x$ はいずれも存在しない($p.77$ 参照)。

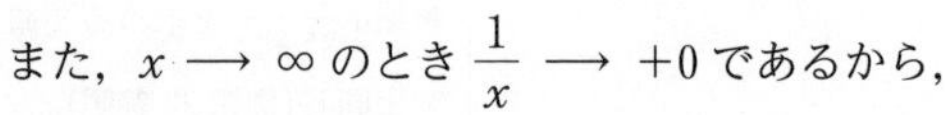

また，$x \longrightarrow \infty$ のとき $\dfrac{1}{x} \longrightarrow +0$ であるから，

$\lim\limits_{x\to\infty}\sin\dfrac{1}{x}=0$，$\lim\limits_{x\to\infty}\cos\dfrac{1}{x}=1$ が成り立つ。

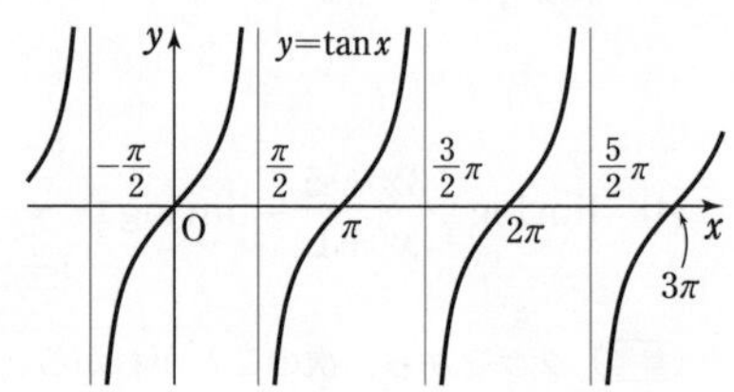

そして，次の公式 Ⓐ は，重要な公式である。

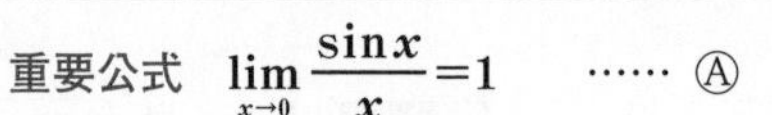

重要公式　$\displaystyle\lim_{x\to0}\frac{\sin x}{x}=1$　…… Ⓐ

証明には，次のページの Lecture にある性質 6 を利用する。

証明　$0<x<\dfrac{\pi}{2}$ のとき，右の図において，面積の大小関係

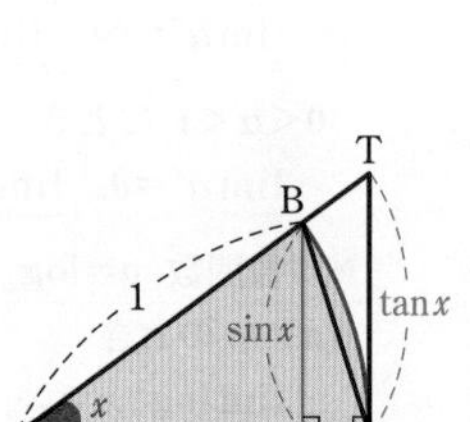

△OAB＜扇形 OAB＜△OAT から

$$\frac{1}{2}\cdot1^2\cdot\sin x<\frac{1}{2}\cdot1^2\cdot x<\frac{1}{2}\cdot1\cdot\tan x$$

よって　　$\sin x<x<\tan x$

各辺を正の数 $\sin x$ で割って逆数をとると　$\cos x<\dfrac{\sin x}{x}<1$

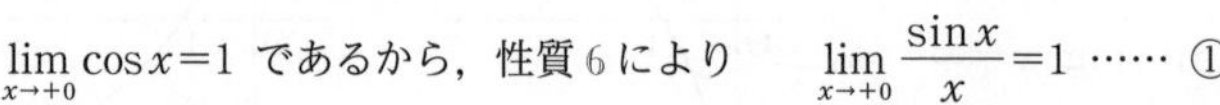

$\lim\limits_{x\to+0}\cos x=1$ であるから，性質 6 により　　$\lim\limits_{x\to+0}\dfrac{\sin x}{x}=1$ …… ①

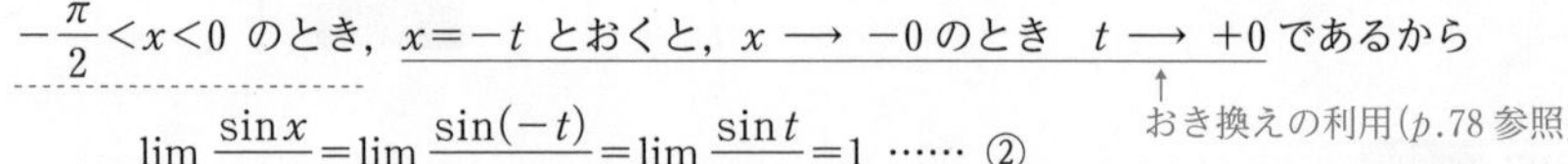

$-\dfrac{\pi}{2}<x<0$ のとき，$x=-t$ とおくと，$x \longrightarrow -0$ のとき　$t \longrightarrow +0$ であるから

↑ おき換えの利用($p.78$ 参照)

$$\lim_{x\to-0}\frac{\sin x}{x}=\lim_{t\to+0}\frac{\sin(-t)}{-t}=\lim_{t\to+0}\frac{\sin t}{t}=1 \quad\cdots\cdots ②$$

①，② により　　$\displaystyle\lim_{x\to0}\frac{\sin x}{x}=1$

≪ 標準例題 22

標準 例題 45 三角関数を含む関数の極限と不等式

極限 $\lim_{x\to 0}x^2\sin\frac{1}{x}$ を求めよ。

CHART & GUIDE

求めにくい極限
はさみうちの原理を利用

1. 関数 $\sin\frac{1}{x}$ の値域を求める。 ⟶ $-1\leqq\sin\frac{1}{x}\leqq 1$
2. 1 の不等式の各辺に $x^2\ (>0)$ を掛ける。
3. はさみうちの原理(下の Lecture 参照)を適用して，極限を求める。

解答

$x\neq 0$ のとき，$0\leqq\left|x^2\sin\frac{1}{x}\right|=x^2\left|\sin\frac{1}{x}\right|\leqq x^2$ が成り立つ。

ここで，$\lim_{x\to 0}x^2=0$ であるから　$\lim_{x\to 0}\left|x^2\sin\frac{1}{x}\right|=0$

よって　$\lim_{x\to 0}x^2\sin\frac{1}{x}=\mathbf{0}$

[別解]　$x\neq 0$ のとき　$-1\leqq\sin\frac{1}{x}\leqq 1$

また，$x^2>0$ であるから　$-x^2\leqq x^2\sin\frac{1}{x}\leqq x^2$

$\lim_{x\to 0}(-x^2)=0$，$\lim_{x\to 0}x^2=0$ であるから　$\lim_{x\to 0}x^2\sin\frac{1}{x}=\mathbf{0}$

$|A|=0 \Longleftrightarrow A=0$ と同じように $\lim_{x\to a}|f(x)|=0 \Longleftrightarrow \lim_{x\to a}f(x)=0$

$x\longrightarrow 0$ であるから，$x\neq 0$ として考える。

$-x^2\longrightarrow 0$，$x^2\longrightarrow 0$ であるから，その間にある $x^2\sin\frac{1}{x}$ も $\longrightarrow 0$

Lecture 関数の極限の性質 (2)

p.71 で示した関数の極限の性質 1 ～ 4 のほかに，次のことが成り立つ。

$\lim_{x\to a}f(x)=\alpha$，$\lim_{x\to a}g(x)=\beta$ とする。性質 6 を はさみうちの原理 ということがある。

5　$x=a$ の近くで常に $f(x)\leqq g(x)$ ならば　$\alpha\leqq\beta$

6　$x=a$ の近くで常に $f(x)\leqq h(x)\leqq g(x)$ かつ $\alpha=\beta$ ならば　$\lim_{x\to a}h(x)=\alpha$

5，6 は，**等号がつかない不等号でも成り立ち**，$x\longrightarrow a+0$ または $x\longrightarrow a-0$ のときにも成り立つ。なお，「$x=a$ の近くで」を「x の絶対値が十分大きいとき」と読み替えると，$x\longrightarrow\infty$，$x\longrightarrow -\infty$ の場合にも成り立つ。

また，$\lim_{x\to\infty}f(x)=\infty$ のとき，「十分大きい x で常に $f(x)\leqq g(x)$ ならば $\lim_{x\to\infty}g(x)=\infty$」が成り立つ。

TRAINING 45 ③

次の極限を求めよ。

(1) $\lim_{x\to\infty}\frac{\sin x}{x}$　　(2) $\lim_{x\to 0}x\cos\frac{1}{x}$

>>> 発展例題 51

例題 46 三角関数の極限(公式の利用)

解説動画へGO!!

次の極限を求めよ。

(1) $\displaystyle\lim_{x\to 0}\frac{\sin 3x}{x}$　　(2) $\displaystyle\lim_{x\to 0}\frac{1-\cos x}{x\sin x}$

CHART & GUIDE

三角関数の極限

$\displaystyle\lim_{■\to 0}\frac{\sin ■}{■}=1$ (■ は同じもの)が使える形に

(1) 公式の分母と分子の■が同じになるように変形する。…… [!]

(2) $1-\cos x$ は，$1+\cos x$ とペアで扱うことが多い。すなわち

$(1-\cos x)(1+\cos x)=1-\cos^2 x=\sin^2 x$

解答

[!] (1) $\displaystyle\lim_{x\to 0}\frac{\sin 3x}{x}=\lim_{x\to 0}\left(3\cdot\frac{\sin 3x}{3x}\right)$

$=3\cdot 1=\mathbf{3}$

(2) $\displaystyle\frac{1-\cos x}{x\sin x}=\frac{(1-\cos x)(1+\cos x)}{x\sin x(1+\cos x)}$

$\displaystyle=\frac{1-\cos^2 x}{x\sin x(1+\cos x)}=\frac{\sin^2 x}{x\sin x(1+\cos x)}$

$\displaystyle=\frac{\sin x}{x(1+\cos x)}$

よって　$\displaystyle\lim_{x\to 0}\frac{1-\cos x}{x\sin x}=\lim_{x\to 0}\left(\frac{\sin x}{x}\cdot\frac{1}{1+\cos x}\right)$

$\displaystyle=1\cdot\frac{1}{1+1}=\mathbf{\frac{1}{2}}$

(1) $3x=\theta$ とおくと

$\displaystyle\frac{\sin 3x}{x}=\frac{\sin\theta}{\frac{\theta}{3}}$

$\displaystyle=3\cdot\frac{\sin\theta}{\theta}\longrightarrow 3\cdot 1$

⬅ $\displaystyle\lim_{x\to 0}\cos x=1$

Lecture 公式 $\displaystyle\lim_{x\to 0}\frac{\sin x}{x}=1$ の使い方

公式 $\displaystyle\lim_{x\to 0}\frac{\sin x}{x}=1$ は sin の x と分母が一致しているときに成り立つことに注意しよう。

また，$\displaystyle\lim_{x\to 0}\frac{x}{\sin x}=\lim_{x\to 0}\frac{1}{\frac{\sin x}{x}}=\frac{1}{1}=1$ であるから，$\displaystyle\lim_{x\to 0}\frac{x}{\sin x}=1$ も成り立つ。

? 質問コーナー $\lim_{x\to 0}\frac{\sin 3x}{x}=1$ となるのでは？

$x \longrightarrow 0$ のとき $3x \longrightarrow 0$ であるからといって，$\lim_{x\to 0}\frac{\sin 3x}{x}=1$ **とするのは誤り。**

具体的な x の値に対する $\frac{\sin 3x}{x}$ の値は次のようになる。

$x=\frac{\pi}{4}$ のとき $\frac{\sin 3x}{x}=\frac{4}{\pi}\sin\frac{3\pi}{4}=\frac{2\sqrt{2}}{\pi}$　← $2\sqrt{2}$ はおよそ 2.8(=2×1.4)

$x=\frac{\pi}{6}$ のとき $\frac{\sin 3x}{x}=\frac{6}{\pi}\sin\frac{\pi}{2}=\frac{6}{\pi}$

$x=\frac{\pi}{9}$ のとき $\frac{\sin 3x}{x}=\frac{9}{\pi}\sin\frac{\pi}{3}=\frac{9\sqrt{3}}{2\pi}$　← $\frac{9\sqrt{3}}{2}$ はおよそ 7.65(=4.5×1.7)

$x=\frac{\pi}{12}$ のとき $\frac{\sin 3x}{x}=\frac{12}{\pi}\sin\frac{\pi}{4}=\frac{6\sqrt{2}}{\pi}$　← $6\sqrt{2}$ はおよそ 8.4(=6×1.4)

x が 0 に近づくにつれて $\frac{\sin 3x}{x}$ の値は大きくなり，$\frac{6\sqrt{2}}{\pi}>2$ であるから，$\lim_{x\to 0}\frac{\sin 3x}{x}=1$ ではないことがわかる。

「$\lim_{x\to 0}\frac{\sin 3x}{x}=1$ となるのでは？」などのように疑問に感じたときは，具体的な x の値に対して関数の値がどうなっているかを調べてみる，というのも有効な手段である。

（補足） 上と同様にして，$\lim_{x\to 0}\frac{\sin x}{x}=1$ について調べると次のようになる。

$x=\frac{\pi}{4}$ のとき $\frac{\sin x}{x}=\frac{4}{\pi}\sin\frac{\pi}{4}=\frac{2\sqrt{2}}{\pi}$

$x=\frac{\pi}{6}$ のとき $\frac{\sin x}{x}=\frac{6}{\pi}\sin\frac{\pi}{6}=\frac{3}{\pi}\fallingdotseq 0.96$

公式 $\lim_{x\to 0}\frac{\sin x}{x}=1$ を忘れてしまった場合，$x=\frac{\pi}{4}$，$\frac{\pi}{6}$ を代入することで思い出す，ということが 1 つの方法として考えられる。

TRAINING 46 ③

次の極限を求めよ。

(1) $\lim_{x\to 0}\frac{x}{\sin 2x}$　(2) $\lim_{x\to 0}\frac{\sin 4x}{\sin 5x}$　(3) $\lim_{x\to 0}\frac{\sin 3x}{\tan x}$

(4) $\lim_{x\to 0}\frac{x^2}{1-\cos x}$　(5) $\lim_{x\to 0}\frac{x\tan x}{1-\cos x}$　(6) $\lim_{x\to 0}\frac{x}{\sin 3x-\sin x}$

例題

≪≪ 標準例題 46

47 三角関数の極限の応用

半径 r の円Oの周上に定点Aと動点Pがある。Aにおける円Oの接線にPから下ろした垂線をPHとする。PがAに限りなく近づくとき，$\dfrac{\text{PH}}{\overset{\frown}{\text{AP}}^2}$ の極限値を求めよ。

〔類 湘南工科大〕

CHART & GUIDE

式で表しやすいように変数を選ぶ

1. $\angle\text{POA}=\theta$ とおく。
2. $\overset{\frown}{\text{AP}}$，PH をそれぞれ θ で表す。
3. $\theta \longrightarrow 0$ のときの極限を求める。

…… PがAに近づく $\Longrightarrow$ $\angle\text{POA} \longrightarrow 0$ で表される。

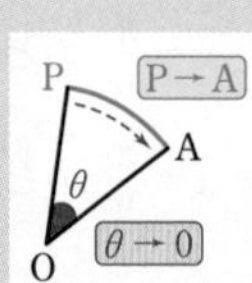

解答

$\angle\text{POA}=\theta$ とする。PがAに近づくことは $\theta \longrightarrow 0$ で表され，θ が鋭角のときを考えると

$$\overset{\frown}{\text{AP}}=r\theta$$

$$\text{PH}=\text{OA}-r\cos\theta=r(1-\cos\theta)$$

← θ が0に近いときを考えるから，鋭角としてよい。

ゆえに $$\frac{\text{PH}}{\overset{\frown}{\text{AP}}^2}=\frac{r(1-\cos\theta)}{r^2\theta^2}$$

$$=\frac{1-\cos^2\theta}{r\theta^2(1+\cos\theta)}=\frac{\sin^2\theta}{r\theta^2(1+\cos\theta)}$$

← $1-\cos\theta$ は $1+\cos\theta$ とペアで扱う $(1-\cos\theta)(1+\cos\theta)=1-\cos^2\theta=\sin^2\theta$

よって，求める極限は

$$\lim_{\theta\to 0}\frac{\text{PH}}{\overset{\frown}{\text{AP}}^2}=\lim_{\theta\to 0}\left\{\left(\frac{\sin\theta}{\theta}\right)^2\cdot\frac{1}{r(1+\cos\theta)}\right\}=1^2\cdot\frac{1}{r(1+1)}=\boldsymbol{\frac{1}{2r}}$$

Lecture 図形に関係する極限

本問では，他にも図形に関係する極限が考えられる。例えば，

弧 $\overset{\frown}{\text{AP}}$ と弦 AP の比は，$\text{AP}=2r\sin\dfrac{\theta}{2}$ により

$$\lim_{\theta\to 0}\frac{\overset{\frown}{\text{AP}}}{\text{AP}}=\lim_{\theta\to 0}\frac{r\theta}{2r\sin\dfrac{\theta}{2}}=\lim_{\theta\to 0}\frac{\dfrac{\theta}{2}}{\sin\dfrac{\theta}{2}}=1$$

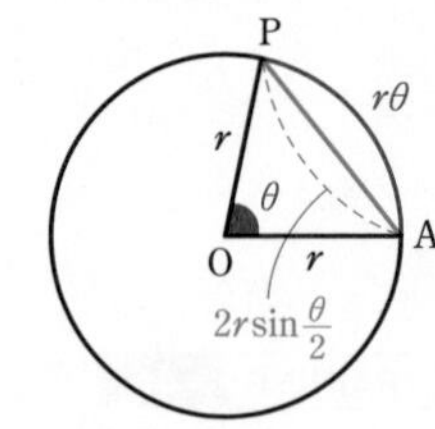

TRAINING 47 ③

定円Oの弦AB，弧ABの中点を，それぞれM，Nとする。BがAに限りなく近づくとき，$\dfrac{\text{MN}}{\text{AB}}$ の極限値を求めよ。

Let's Start

9 関数の連続性

これまで学習した関数では，そのグラフが定義域内で切れ目がない，すなわち，つながっている曲線が多かったですが，「切れ目がない」，「つながっている」ということについて，極限を用いて考えていきましょう。

■ $x=a$ における関数の連続性

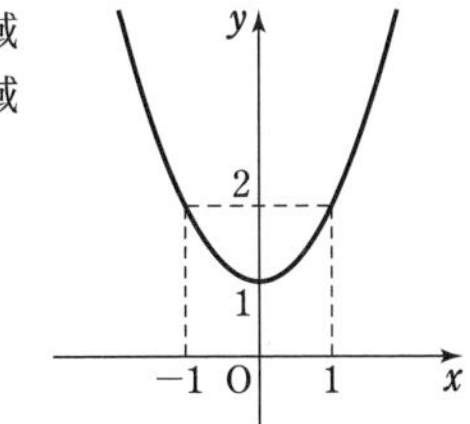

例1　図のように，関数 $f(x)=x^2+1$ のグラフ $y=f(x)$ は，定義域内のどの点をとってもグラフがつながっている。そして，定義域内の x の値 a に対して，$\lim_{x \to a} f(x)=f(a)$ が成り立つ。

一般に，関数 $f(x)$ において，その定義域内の x の値 a に対して，

極限値 $\lim_{x \to a} f(x)$ が存在し，かつ $\lim_{x \to a} f(x)=f(a)$ …… Ⓐ

が成り立つとき，$f(x)$ は $x=a$ で **連続** であるという。

これに対して，次の例を考えてみよう。

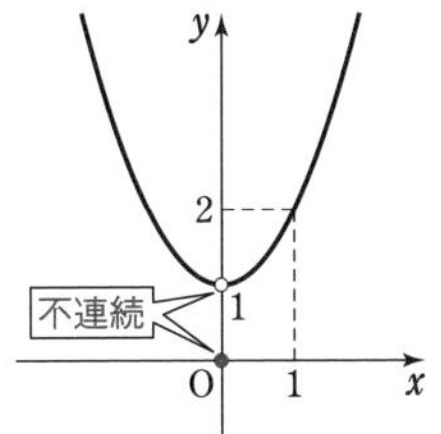

例2　関数 $f(x)=\begin{cases} x^2+1 & (x \neq 0) \\ 0 & (x=0) \end{cases}$ のグラフ $y=f(x)$ は，右の図のようになり，$x=0$ でグラフは切れている。また

$\lim_{x \to 0} f(x)=1$，$f(0)=0$ であるから　$\lim_{x \to 0} f(x) \neq f(0)$

であって，定義域内の値 0 に対して Ⓐ が成り立たない。

よって，関数 $f(x)$ は $x=0$ で連続でない。

このように，関数 $f(x)$ がその定義域内の値 a について連続でないとき，$f(x)$ は $x=a$ で **不連続** であるという。

$x=a$ で不連続のとき，そのグラフは $x=a$ で切れている。

連続の定義と関数の極限の性質（$p.71$）から，関数の連続性について次のことが成り立つ。

関数 $f(x)$，$g(x)$ が $x=a$ で連続ならば，次の各関数も $x=a$ で連続である。

1　$\boldsymbol{kf(x)}$　　**ただし，k は定数**　　2　$\boldsymbol{f(x)+g(x)}$，$\boldsymbol{f(x)-g(x)}$

3　$\boldsymbol{f(x)g(x)}$　　4　$\boldsymbol{\dfrac{f(x)}{g(x)}}$　　**ただし，$g(a) \neq 0$**

説明　$f(x)$，$g(x)$ が $x=a$ で連続ならば，$\lim_{x \to a} f(x)=\alpha$，$\lim_{x \to a} g(x)=\beta$ である有限の値 α，β が存在し，かつ $f(a)=\alpha$，$g(a)=\beta$ である。したがって，例えば

1　$\lim_{x \to a} kf(x)=k\alpha=kf(a)$　　2　$\lim_{x \to a}\{f(x)+g(x)\}=\alpha+\beta=f(a)+g(a)$

で，関数 $kf(x)$，$f(x)+g(x)$ は $x=a$ で連続である。他も同様にして示される。

■ 区間における関数の連続性

不等式 $a<x<b$, $a\leqq x\leqq b$, $a\leqq x$, $x<b$ などを満たす実数 x 全体の集合を **区間** といい，それぞれ $(a,\ b)$, $[a,\ b]$, $[a,\ \infty)$, $(-\infty,\ b)$ のように書き表す。実数全体の集合は，$(-\infty,\ \infty)$ で表す。また，区間 $(a,\ b)$ を **開区間**，区間 $[a,\ b]$ を **閉区間** という。
関数 $f(x)$ がある区間のすべての x の値で連続であるとき，$f(x)$ はその **区間で連続** であるという。

不等式 $a<x$, $x\leqq b$ を満たす実数 x 全体の集合は，それぞれ $(a,\ \infty)$, $(-\infty,\ b]$ で書き表す。

一般に，定義域内のすべての x の値で連続な関数を **連続関数** という。多項式で表された関数，無理関数，三角関数，指数関数，対数関数などは，その定義域内で連続な関数である。

注意　関数は，その定義域内で考えるから，連続・不連続を問題にする場合も定義域内で考え，定義域外では考えない。
例えば，関数 $f(x)=\log_{10}x$ の定義域は $x>0$ であるから，$x\leqq 0$ で関数 $f(x)=\log_{10}x$ の連続・不連続を考えても意味がない。

例えば，$f(x)=\dfrac{1}{x}$ の定義域は $x\neq 0$ であるから，連続・不連続について，$x=0$ を除いて考える。

一般に，関数 $f(x)$ と $g(x)$ が区間 I でともに連続ならば，次の関数はいずれも区間 I で連続である。ただし，k は定数とする。

$$kf(x),\ f(x)+g(x),\ f(x)-g(x),\ f(x)g(x)$$

また，関数 $\dfrac{f(x)}{g(x)}$ は区間 I から $g(x)=0$ となる x の値を除いたそれぞれの区間で定義され，それらの各区間で連続である。

■ 最大値・最小値の定理

閉区間で連続な関数は，その区間で最大値および最小値をもつ。

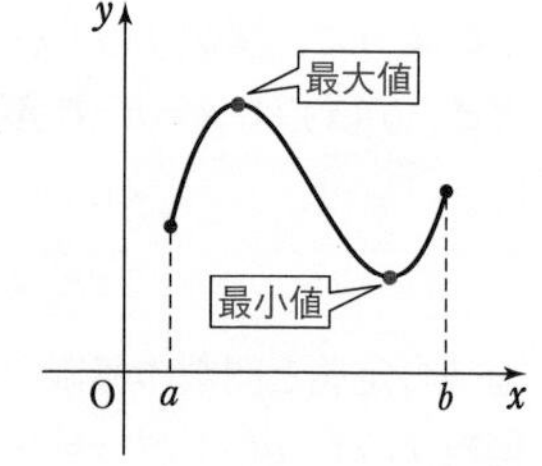

説明　閉区間の場合，区間の両端を含む x のすべての値に対して y の値が存在する。したがって，y の値が最大のものが最大値，最小のものが最小値となる。
しかし，開区間や区間 $[a,\ b)$ などの区間では，最大値や最小値をもつことも，もたないこともある。

次ページからは，具体的な問題を通して関数の連続性について学んでいきましょう。

基本例題 48

《基本例題 41　》発展例題 52

関数の連続・不連続

次の関数の〔　〕内の点における連続，不連続について調べよ。

(1) $f(x)=\dfrac{3}{x-1}$ 〔$x=0$〕　(2) $f(x)=\begin{cases} x & (x\neq 0) \\ 1 & (x=0) \end{cases}$ 〔$x=0$〕

(3) $f(x)=[x]$ 〔$x=1$〕　ただし，[　] はガウス記号

CHART & GUIDE

$f(x)$ が $x=a$ で連続

$\iff$ 極限値 $\displaystyle\lim_{x\to a}f(x)$ が存在し，かつ $\displaystyle\lim_{x\to a}f(x)=f(a)$

$\displaystyle\lim_{x\to a}f(x)$，$f(a)$ を別々に計算して一致するかどうかを調べる。…… [!]

(3) $[x]$ は $n\leqq x<n+1$ を満たす整数 n を表す。

解答

[!] (1) $\displaystyle\lim_{x\to 0}\frac{3}{x-1}=-3$，$f(0)=-3$

ゆえに　$\displaystyle\lim_{x\to 0}f(x)=f(0)$

よって，$f(x)$ は $x=0$ で **連続** である。

[!] (2) $\displaystyle\lim_{x\to 0}x=0$，$f(0)=1$　ゆえに　$\displaystyle\lim_{x\to 0}f(x)\neq f(0)$

よって，$f(x)$ は $x=0$ で **不連続** である。

[!] (3) $\displaystyle\lim_{x\to 1+0}[x]=1$，$\displaystyle\lim_{x\to 1-0}[x]=0$

$x\longrightarrow 1$ のときの極限はないから，$f(x)$ は $x=1$ で **不連続** である。

次の ① または ② の場合，$f(x)$ は $x=a$ で不連続である。
①極限値 $\displaystyle\lim_{x\to a}f(x)$ が存在しない。
②極限値 $\displaystyle\lim_{x\to a}f(x)$ は存在するが $\displaystyle\lim_{x\to a}f(x)\neq f(a)$

注意 $x<0$ の場合，例えば $[-1.5]$ は -2 である（-1 と間違えないように）。

(参考) $y=f(x)$ のグラフは，図のようになる。

(1)
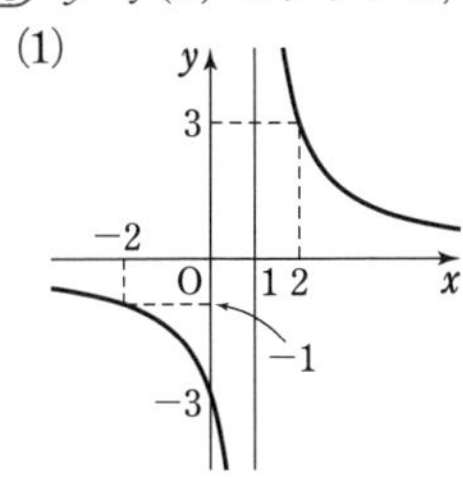

(2)
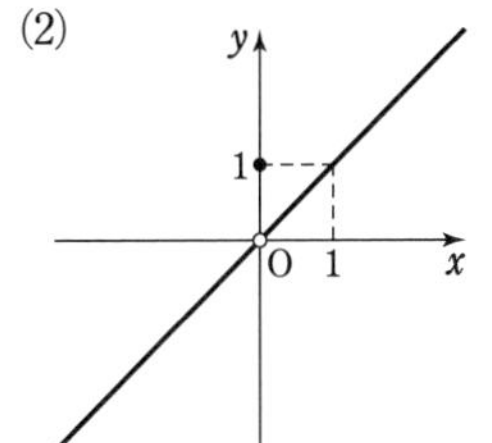

(3)
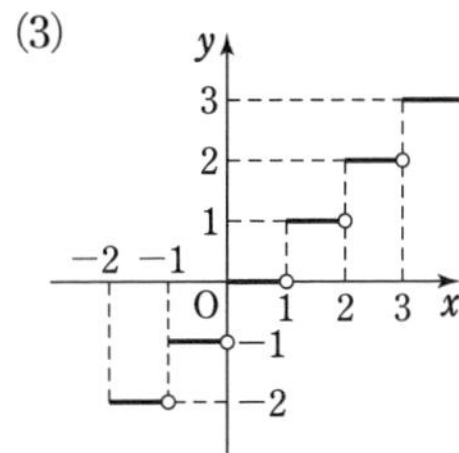

TRAINING 48 ①

次の関数の〔　〕内の点における連続，不連続について調べよ。ただし，(3)の [　] はガウス記号である。

(1) $f(x)=\dfrac{2}{x-3}$ 〔$x=2$〕　(2) $f(x)=\log_{10}|x-1|$ 〔$x=2$〕

(3) $f(x)=[\sin x]$ $\left[x=\dfrac{\pi}{2}\right]$

基本 例題 49 中間値の定理の利用

方程式 $3^x-4x=0$ は $0<x<1$，$1<x<2$ のそれぞれの範囲に少なくとも1つの実数解をもつことを示せ。

CHART & GUIDE

連続関数 $f(x)$ の値が $x=a$ と $x=b$ で異符号なら，その間で $f(x)$ の値が0となる x がある。
⟶ $f(0)$，$f(1)$，$f(2)$ の符号を調べる。
3^x，$4x$ は連続関数 ⟶ 3^x-4x は連続関数

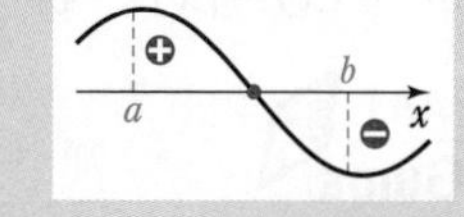

解答

$f(x)=3^x-4x$ とおくと，関数 $f(x)$ は実数全体で連続である。
また　$f(0)=1-0=1>0$，　$f(1)=3-4=-1<0$，
$f(2)=9-8=1>0$
よって，方程式 $f(x)=0$ すなわち $3^x-4x=0$ は $0<x<1$，$1<x<2$ のそれぞれの範囲に，少なくとも1つの実数解をもつ。

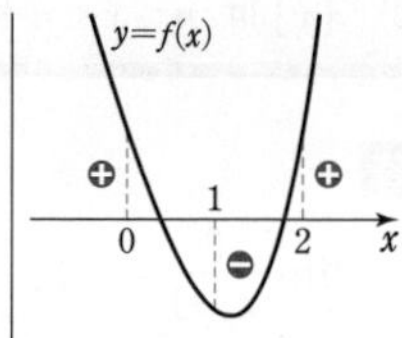

Lecture 中間値の定理と方程式の実数解

関数 $f(x)$ が閉区間 $[a,\ b]$ で連続ならば，そのグラフには切れ目がないから，$f(x)$ は $f(a)$ と $f(b)$ の間のすべての値をとる。
このことから，次の定理が成り立つ。この定理により，実数解があることはわかるが，実数解の値までわかるとは限らない。

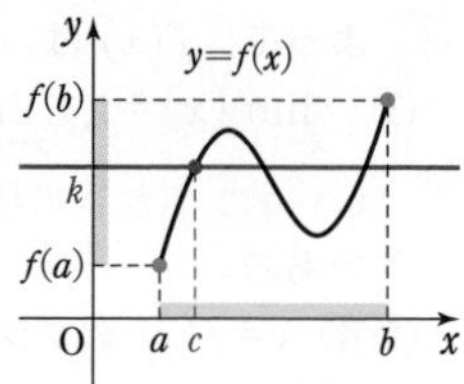

中間値の定理

関数 $f(x)$ が **閉区間 $[a,\ b]$ で連続** で
① $f(a)\neq f(b)$ ならば，$f(a)$ と $f(b)$ の間の任意の値 k に対して　$\boldsymbol{f(c)=k,\ a<c<b}$
を満たす実数 c が少なくとも1つある。
② 特に，**$f(a)$ と $f(b)$ の符号が異なれば，方程式 $f(x)=0$ は $a<x<b$ の範囲に少なくとも1つの実数解をもつ。**

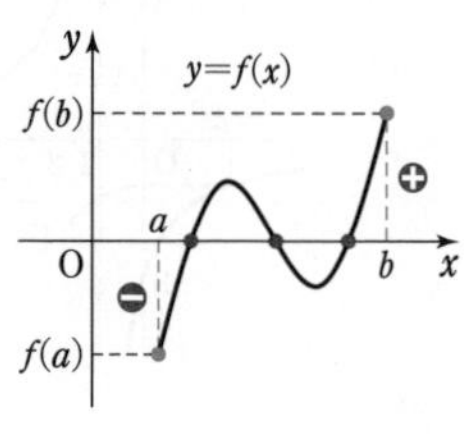

TRAINING 49 ②

次の方程式は，(　)内の範囲[ただし，(1)については区分けされたそれぞれの範囲]に少なくとも1つの実数解をもつことを示せ。

(1) $x^3-6x^2+9x-1=0$ $(0<x<1,\ 2<x<3,\ 3<x<4)$
(2) $x-1=\cos x$ $(0<x<\pi)$　　(3) $6\log_2 x=3x-2$ $(1<x<2)$

数学の扉　中間値の定理の利用

ここでは，中間値の定理を利用する問題を紹介しましょう。

[例 1]　長距離持久走でAさんは，12 km のコースを 60 分で走ります。このとき，A さんが 1 km を 5 分で走る区間が存在します。ただし，A さんは途中で止まることなく走り続けるものとします。

証明　出発地点から x km の地点より $(x+1)$ km の地点までを走るのにかかる時間を $f(x)$ 分とします。ただし，$0 \leqq x \leqq 11$ とします。

$f(0)=5$ のとき，区間 $[0,\ 1]$ が題意の区間です。

$f(0) \neq 5$ のとき，$f(0)<5$ または $f(0)>5$ です。

$f(0)>5$ の場合，すべての x で $f(x) \geqq 5$ とすると 12 km を走る時間が 60 分を超えます。よって，$f(x_0)<5$ となる x_0 が存在し，$f(x_0)<5<f(0)$ となります。

$f(x)$ は，区間 $[0,\ 11]$ で連続であるから，中間値の定理により，$f(c)=5$，$0<c<x_0$ となる c が存在し，出発地点から c km の地点より $(c+1)$ km の地点までの 1 km をちょうど 5 分で走ったことになります。

$f(0)<5$ の場合も同様に示すことができます。

[例 2]　凸四角形の周の長さと面積を同時に 2 等分する直線を引くことができます。

証明　凸四角形 ABCD の周の長さを $2a$ とし，頂点Aから周上を x だけ進んだ点を P，P から a だけ進んだ点をQとします。

また，右の図のように，Q からPを見たとき，左側の部分の面積を $f(x)$，右側の部分の面積を $g(x)$ とします。

A　x　P　D　$f(x)$　$g(x)$　B　Q　C

$f(0)=g(0)$ のとき，$x=0$ のときの直線 PQ が題意の直線です。

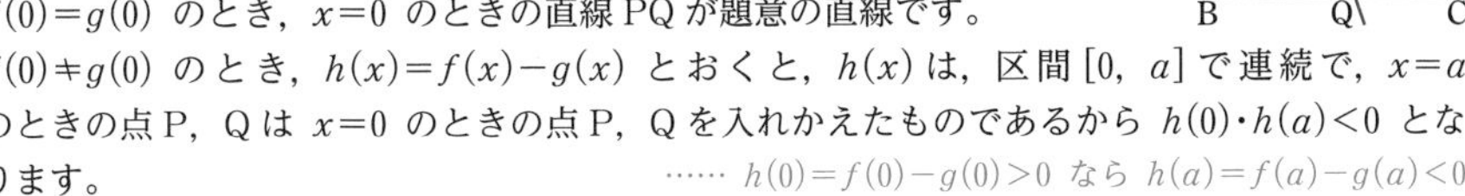

$f(0) \neq g(0)$ のとき，$h(x)=f(x)-g(x)$ とおくと，$h(x)$ は，区間 $[0,\ a]$ で連続で，$x=a$ のときの点 P，Q は $x=0$ のときの点 P，Q を入れかえたものであるから $h(0) \cdot h(a)<0$ となります。

…… $h(0)=f(0)-g(0)>0$ なら $h(a)=f(a)-g(a)<0$
$h(0)=f(0)-g(0)<0$ なら $h(a)=f(a)-g(a)>0$

よって，中間値の定理により，$h(c)=0$ すなわち $f(c)=g(c)$，$0<c<a$ を満たす c が存在します。$x=c$ のときの直線 PQ が題意の直線です。

同様に考えると，四角形以外の凸多角形の周の長さと面積を同時に 2 等分する直線を引くことができます。

また，次の定理が成り立つことも知られています。

「2 つの図形 A，B に対して，各図形の面積を同時に 2 等分するような直線が存在します。」

この定理は，図形 A，B をパンケーキにたとえて，「パンケーキの定理」と呼ばれることがあります。

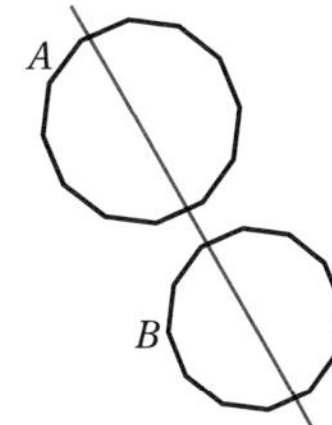

発展学習

発展例題 50　関数が有限な値に収束するための条件　◎◎◎◎

⋘ 基本例題 42

$f(x)=\sqrt{4x^2-3x+9}$ とする。実数 p，q に対して $\lim_{x\to\infty}\{f(x)-px\}=q$ が成り立つとき，p，q の値を求めよ。さらに，このとき，極限値 $\lim_{x\to\infty}x\{f(x)-px-q\}$ を求めよ。〔類　近畿大〕

CHART & GUIDE

$\infty-\infty$ の極限　極限が求められる形に変形

まず，無理式は有理化する。そして，分母の最高次の項で分母・分子を割る。

解答

$x>0$ のとき　$f(x)-px=\sqrt{4x^2-3x+9}-px$

$$=\frac{(4-p^2)x^2-3x+9}{\sqrt{4x^2-3x+9}+px}=\frac{(4-p^2)x-3+\dfrac{9}{x}}{\sqrt{4-\dfrac{3}{x}+\dfrac{9}{x^2}}+p}\quad\cdots\cdots ①$$

⬅ 有理化する。

⬅ 分母・分子を x で割る。

よって，$\lim_{x\to\infty}\{f(x)-px\}$ が有限な値 q となるとき，$4-p^2=0$ が必要条件である。

ゆえに　　$p=\pm2$

[1]　$p=-2$ のとき，$\lim_{x\to\infty}\{f(x)-px\}=\lim_{x\to\infty}\{f(x)+2x\}=\infty$ となり不適。

[2]　$p=2$ のとき，① から　　$\lim_{x\to\infty}\{f(x)-px\}=\dfrac{-3}{\sqrt{4}+2}=-\dfrac{3}{4}$

[1]，[2] から　　$\boldsymbol{p=2,\ q=-\dfrac{3}{4}}$

また，$x>0$ のとき　　$\lim_{x\to\infty}x\{f(x)-px-q\}=\lim_{x\to\infty}x\left\{\sqrt{4x^2-3x+9}-\left(2x-\dfrac{3}{4}\right)\right\}$

$$=\lim_{x\to\infty}\frac{x\left\{4x^2-3x+9-\left(2x-\dfrac{3}{4}\right)^2\right\}}{\sqrt{4x^2-3x+9}+\left(2x-\dfrac{3}{4}\right)}=\lim_{x\to\infty}\frac{\dfrac{135}{16}x}{\sqrt{4x^2-3x+9}+2x-\dfrac{3}{4}}$$

$$=\lim_{x\to\infty}\frac{\dfrac{135}{16}}{\sqrt{4-\dfrac{3}{x}+\dfrac{9}{x^2}}+2-\dfrac{3}{4x}}=\boldsymbol{\frac{135}{64}}$$

TRAINING 50 ④

実数 a，b に対して $\lim_{x\to\infty}(\sqrt{9x^2-6x+4}-ax)=b$ が成り立つとき，a，b の値を求めよ。また，このとき，極限値 $\lim_{x\to\infty}(\sqrt{9x^2-6x+4}-ax+b)$ を求めよ。

発展 例題 51　<<< 標準例題 46

三角関数の極限（おき換えの利用）

次の極限を求めよ。

(1) $\lim_{x\to\frac{\pi}{2}}\left(x-\frac{\pi}{2}\right)\tan x$　　　(2) $\lim_{x\to-\infty} x\sin\frac{1}{x}$

CHART & GUIDE

三角関数の極限

おき換えを利用して $\frac{\sin\theta}{\theta}$, $\frac{\theta}{\sin\theta}$ の形を作る

(1) **1** $x-\frac{\pi}{2}=\theta$ とおく。…… $x\longrightarrow\frac{\pi}{2}$ のとき　$\theta\longrightarrow 0$

2 tan は sin，cos で表し，極限が求められる形に変形する。

(2) $\frac{1}{x}=\theta$ とおくと，$x\longrightarrow-\infty$ のとき　$\theta\longrightarrow -0$

解答

(1) $x-\frac{\pi}{2}=\theta$ とおくと，$x\longrightarrow\frac{\pi}{2}$ のとき　$\theta\longrightarrow 0$

よって　$\lim_{x\to\frac{\pi}{2}}\left(x-\frac{\pi}{2}\right)\tan x=\lim_{\theta\to 0}\theta\tan\left(\theta+\frac{\pi}{2}\right)$

$=\lim_{\theta\to 0}\theta\left(-\frac{1}{\tan\theta}\right)=\lim_{\theta\to 0}\left(-\frac{\theta}{\sin\theta}\cdot\cos\theta\right)=-1\cdot 1$

$=\mathbf{-1}$

(2) $\frac{1}{x}=\theta$ とおくと，$x\longrightarrow-\infty$ のとき　$\theta\longrightarrow -0$

よって　$\lim_{x\to-\infty} x\sin\frac{1}{x}=\lim_{\theta\to -0}\frac{\sin\theta}{\theta}=\mathbf{1}$

(1) $\sin\left(\theta+\frac{\pi}{2}\right)=\cos\theta$

$\cos\left(\theta+\frac{\pi}{2}\right)=-\sin\theta$

であるから

$\tan\left(\theta+\frac{\pi}{2}\right)=\frac{\cos\theta}{-\sin\theta}$

$=-\frac{1}{\tan\theta}$

$\lim_{\theta\to 0}\frac{\theta}{\sin\theta}=1$

（p.82 Lecture 参照）

⬅ $\theta<0$ のとき p.80 参照。

Lecture おき換えの要領

例題で $x\longrightarrow\frac{\pi}{2}$ や $x\longrightarrow-\infty$ のままでは，公式 $\lim_{\theta\to 0}\frac{\sin\theta}{\theta}=1$ を使うことができない。そこで，$\longrightarrow 0$ とするために おき換えを利用している。基本的に

$$x\longrightarrow a \text{ なら } x-a=\theta,\ x\longrightarrow\pm\infty \text{ なら } \frac{1}{x}=\theta$$

とおくと，ともに $\theta\longrightarrow 0$ となる。後は公式が使える形に変形する。

TRAINING 51 ④

次の極限を求めよ。

(1) $\lim_{x\to\pi}\frac{\tan x}{x-\pi}$　　(2) $\lim_{x\to\frac{\pi}{2}}\frac{2x-\pi}{\cos x}$　　(3) $\lim_{x\to\infty}x\tan\frac{2}{x}$

発展 例題 ≪ 基本例題 48

52 極限で表された関数と連続

a は 0 でない定数とする。このとき，関数 $f(x)=\lim_{n\to\infty}\dfrac{x^{2n+1}+(a-1)x^n-1}{x^{2n}-ax^n-1}$ が $x\geqq 0$ において連続になるように，a の値を定めよ。〔東北工大〕

CHART & GUIDE

1. $f(x)$ を定める。⟶ $x\geqq 0$ において，$\{x^{2n}\}$ などの極限を調べるから $x=1$ で区切って考える
2. 不連続になる可能性のある x の値 c を求める。
3. $\lim_{x\to c+0}f(x)=\lim_{x\to c-0}f(x)=f(c)$ が成り立つように，a の値を定める。

解答

$x>1$ のとき　$\lim_{n\to\infty}\dfrac{1}{x^n}=0$，$\lim_{n\to\infty}\dfrac{1}{x^{2n}}=0$ であるから

$$f(x)=\lim_{n\to\infty}\frac{x+\dfrac{a-1}{x^n}-\dfrac{1}{x^{2n}}}{1-\dfrac{a}{x^n}-\dfrac{1}{x^{2n}}}=\frac{x+0-0}{1-0-0}=x$$

⇐ 分母の最高次の項 x^{2n} で分母・分子を割る。

$x=1$ のとき　$f(1)=\lim_{n\to\infty}\dfrac{1^{2n+1}+(a-1)\cdot 1^n-1}{1^{2n}-a\cdot 1^n-1}$

$$=\frac{1-a}{a}$$

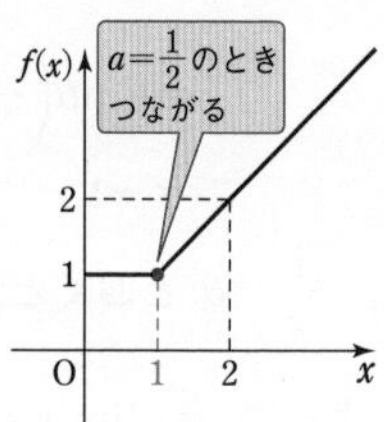

$0\leqq x<1$ のとき　$\lim_{n\to\infty}x^{2n+1}=0$，$\lim_{n\to\infty}x^{2n}=0$，$\lim_{n\to\infty}x^n=0$

ゆえに　$f(x)=\dfrac{0+0-1}{0-0-1}=1$

よって，$f(x)$ は $0\leqq x<1$，$1<x$ において，それぞれ連続である。

ここで　$\lim_{x\to 1-0}f(x)=\lim_{x\to 1-0}1=1$，$\lim_{x\to 1+0}f(x)=\lim_{x\to 1+0}x=1$

⇐ $0\leqq x<1$ のとき $f(x)=1$　$x>1$ のとき $f(x)=x$

ゆえに，$f(x)$ が $x=1$ においても連続であるための条件は

$$\lim_{x\to 1-0}f(x)=\lim_{x\to 1+0}f(x)=f(1)$$

よって　$1=\dfrac{1-a}{a}$　これを解いて　$\boldsymbol{a=\dfrac{1}{2}}$

TRAINING 52 ⑤

$f(x)=\lim_{n\to\infty}\dfrac{x^{2n-1}+x^2+ax+b}{x^{2n}+1}$ が連続関数であるとき，定数 a，b の値を求めよ。

EXERCISES

A

26② $\lim_{x\to\infty}(\sqrt{9x^2+ax}-3x)=9$ のとき，定数 a の値は □ である。〔神奈川大〕

<<< 基本例題 42

27③ 次の極限を求めよ。

(1) $\lim_{x\to\infty}\{\log_3(9x-1)-\log_3(x+1)\}$　(2) $\lim_{x\to-\infty}\dfrac{2^{-x}-1}{2^{-x}+1}$

(3) $\lim_{x\to-\infty}\log_2(\sqrt{x^2-4x+1}+x)$

<<< 基本例題 44

28③ a を正の定数とする。極限値 $\lim_{x\to-\infty}\dfrac{4a^{-x}}{2a^x+3a^{-x}}$ を求めよ。

〔類 国士舘大〕 <<< 基本例題 44

29③ 次の極限を求めよ。

(1) $\lim_{x\to0}\dfrac{x}{\tan x}$　(2) $\lim_{x\to0}\dfrac{\sin 3x+\sin x}{\sin 2x}$

(3) $\lim_{x\to0}\dfrac{\tan x-\sin x}{x^3}$　(4) $\lim_{x\to0}\dfrac{\sin(2\sin 3x)}{x}$

(5) $\lim_{x\to0}\dfrac{x^3}{(1-\cos x)\tan x}$

<<< 標準例題 46

30③ a，b を正の実数とする。$\lim_{x\to0}\dfrac{\sqrt{a^2+x}-a}{x}=3$ のとき，a の値は $a=$ア □ である。また，この a の値に対して $\lim_{x\to0}\dfrac{\sqrt{a^2+\sin bx}-a}{\sin 3x}=1$ のとき，b の値は $b=$イ □ である。

<<< 基本例題 39，標準例題 46

B

31④ $\lim_{x\to\infty}\dfrac{f(x)-2x^3+3}{x^2}=4$，$\lim_{x\to0}\dfrac{f(x)-5}{x}=3$ を満たす 3 次関数 $f(x)$ を求めよ。

〔愛知工大〕 <<< 標準例題 40

32④ 2 つの円 C_1：$x^2+y^2=9$ と C_2：$(x-4)^2+y^2=1$ の両方と外接し，x 軸の上側にある，半径 r $(r>0)$ の円の中心を $P_r(x_r,\ y_r)$ とする。

(1) x_r と y_r をそれぞれ r を用いて表せ。

(2) 極限 $\lim_{r\to\infty}\dfrac{y_r}{x_r}$ を求めよ。

〔東京電機大〕 <<< 基本例題 42

HINT

27 (1) 対数の性質を用いて，真数部分をまとめる。
(2), (3) $x=-t$ とおくと，$x\longrightarrow-\infty$ のとき $t\longrightarrow\infty$

28 $a>1$，$a=1$，$0<a<1$ の場合に分ける。

30 (ア), (イ) とも，分子の $\sqrt{\quad}$ をはずす。

31 前者の条件から，$f(x)$ の 3 次の項の係数がすぐにわかる。

32 (1) A(4, 0) とし，OP_r，AP_r の長さをそれぞれ r で表す。

EXERCISES

B **33**④ 次の極限を求めよ。ただし，(1)の[ ]はガウス記号である。

(1) $\displaystyle\lim_{x\to\infty}\frac{x+[x]}{x+1}$ (2) $\displaystyle\lim_{x\to 0}\frac{\tan x^\circ}{x}$ <<< 標準例題 **45**, **46**

34⑤ 原点をOとする座標平面上に2点A(1, 0)，B(0, 1)をとり，Oを中心とする半径1の円の第1象限にある部分をCとする。3点P$(x_1,\ y_1)$，Q$(x_2,\ y_2)$，RはCの周上にあり，$2y_1=y_2$ および $\angle\mathrm{AOP}=4\angle\mathrm{AOR}$ を満たすものとする。直線OQと直線 $y=1$ の交点をQ′，直線ORと直線 $y=1$ の交点をR′とする。$\angle\mathrm{AOP}=\theta$ とする。

(1) 点Q，Q′，R′の座標をそれぞれθを用いて表せ。

(2) 点Pが点Aに限りなく近づくとき，$\dfrac{\mathrm{BR'}}{\mathrm{BQ'}}$ の極限を求めよ。

〔類 秋田大〕 <<< 標準例題 **47**

35④ 無限級数 $x+\dfrac{x}{1+x}+\dfrac{x}{(1+x)^2}+\cdots\cdots$ の和を$f(x)$とおく。関数 $y=f(x)$ のグラフをかき，その連続性について調べよ。 <<< 基本例題 **30**, **48**

36⑤ (1) 方程式 $x^5-2x^4+3x^3-4x+5=0$ は実数解をもつことを示せ。

(2) 3次方程式 $(x-1)^2(x+3)-x^2=0$ は，2つの正の解と1つの負の解をもつことを証明せよ。 <<< 基本例題 **49**

37⑤ 関数$f(x)$，$g(x)$は閉区間$[a,\ b]$で連続で，$f(x)$の最大値は$g(x)$の最大値より大きく，$f(x)$の最小値は$g(x)$の最小値より小さいとする。このとき，方程式 $f(x)=g(x)$ は，$a\leqq x\leqq b$ の範囲に解をもつことを示せ。

<<< 基本例題 **49**

38④ $\displaystyle\lim_{x\to\frac{\pi}{2}}\frac{ax+b}{\cos x}=\frac{1}{2}$ が成り立つとき，定数a，bの値を求めよ。

〔芝浦工大〕 <<< 標準例題 **40**，発展例題 **51**

HINT

33 (2) $\tan x^\circ$ の x° はラジアンに直す。

36 (1) $f(x)=x^5-2x^4+3x^3-4x+5$ とおいて，$f(a)f(b)<0$ となる適当な閉区間$[a,\ b]$を見つける。

37 $F(x)=f(x)-g(x)$ とおいて，$F(x)$が異符号になる2つのxの値を見つける。

38 まず，bをaで表す。また，$x\longrightarrow\dfrac{\pi}{2}$ のとき $x-\dfrac{\pi}{2}\longrightarrow 0$

数学Ⅲ

微分法

4章

例題番号	例題のタイトル	レベル

10 微分係数と導関数

例題番号	例題のタイトル	レベル
基本 53	微分係数と導関数	1
○ 基本 54	微分可能性	2
○ 基本 55	積と商の導関数，x^n の導関数	2
◉ 基本 56	合成関数の導関数	2
○ 基本 57	逆関数の微分法	2
標準 58	x^p（p は有理数）の導関数	3

11 いろいろな関数の導関数

例題番号	例題のタイトル	レベル
○ 基本 59	三角関数の導関数	2
◉ 基本 60	対数関数の導関数	2
○ 基本 61	絶対値を含む対数関数の導関数	2
◎ 標準 62	対数を利用する微分	3
○ 基本 63	指数関数の導関数	2

12 第 n 次導関数，曲線と導関数

例題番号	例題のタイトル	レベル
基本 64	第 2 次，第 3 次導関数	2
◎ 基本 65	x と y の方程式で表された関数の導関数	2
○ 基本 66	媒介変数で表された関数の導関数	2

発展学習

例題番号	例題のタイトル	レベル
○ 発展 67	微分係数と極限	4
◎ 発展 68	微分係数の定義式を利用した，関数の極限	4
発展 69	e に関する極限	4

レベル ………… 各例題の難易度を表す の個数（1～5 の 5 段階）。

◉，◎，○印 … 各項目で重要度の高い例題につけた（◉，◎，○の順に重要度が高い）。
時間の余裕がない場合は，◉，◎，○の例題を中心に勉強すると効果的である。
また，◉の例題には，解説動画がある。

Let's Start

10 微分係数と導関数

数学Ⅱでは，多項式で表された関数の導関数について学びました。ここでは，積，商の導関数などについて考えていきましょう。

■ 微分可能と導関数

関数 $f(x)$ について，極限値 $\lim_{h \to 0} \frac{f(a+h)-f(a)}{h}$ が存在するとき，$f(x)$ は $x=a$ で **微分可能** であるという。また，この極限値を関数 $f(x)$ の $x=a$ における **微分係数** または **変化率** といい，$\boldsymbol{f'(a)}$ で表す。

微分係数

$$f'(a)=\lim_{h \to 0} \frac{f(a+h)-f(a)}{h}=\lim_{x \to a} \frac{f(x)-f(a)}{x-a}$$

注意 $a+h=x$ とおくと $h=x-a$ であり，$h \longrightarrow 0$ のとき $x \longrightarrow a$ となる。

関数 $f(x)$ について，次のことが成り立つ。

微分可能と連続

関数 $f(x)$ が $x=a$ で微分可能ならば，$x=a$ で連続である。

■ 導関数

関数 $f(x)$ が，ある区間のすべての x の値で微分可能であるとき，$f(x)$ はその **区間で微分可能** であるという。関数 $f(x)$ がある区間で微分可能であるとき，その区間の各値 a に対して微分係数 $f'(a)$ を対応させると，1つの新しい関数が得られる。この関数を $f(x)$ の **導関数** といい，記号 $\boldsymbol{f'(x)}$ で表す。

関数 $y=f(x)$ の導関数を $\boldsymbol{y'}$，$\boldsymbol{\frac{dy}{dx}}$，$\boldsymbol{\frac{d}{dx}f(x)}$ などの記号で表す。

関数 $f(x)$ の導関数 $f'(x)$ を求めることを $f(x)$ を **微分する** といい，導関数 $f'(x)$ は次の式で定義される。

← $\frac{dy}{dx}$ や $\frac{d}{dx}$ は，$dy \div dx$，$d \div dx$ という意味ではない。

$f(x)$ の導関数

$$f'(x)=\lim_{h \to 0} \frac{f(x+h)-f(x)}{h}$$

$f'(a)=\lim_{h \to 0} \frac{f(a+h)-f(a)}{h}$ で a を x に書き改めた式である。

また，導関数の式で，h は x の変化量を表している。h を **$\boldsymbol{x}$ の増分** といい，関数 $y=f(x)$ の変化量 $f(x+h)-f(x)$ を **$\boldsymbol{y}$ の増分** という。

x，y の増分をそれぞれ記号 Δx，Δy で表し，増分を用いると，前ページの導関数の定義の式は，次のように表される。

$$f'(x)=\lim_{\Delta x\to 0}\frac{f(x+\Delta x)-f(x)}{\Delta x}=\lim_{\Delta x\to 0}\frac{\Delta y}{\Delta x}$$

補足 Δ はギリシャ文字で「デルタ」と読む。

■ 導関数の公式

関数 $f(x)$，$g(x)$ がともに微分可能であるとき

0　n が自然数のとき　$(x^n)'=nx^{n-1}$

1　$\{kf(x)\}'=kf'(x)$　k は定数

2　$\{f(x)+g(x)\}'=f'(x)+g'(x)$

3　$\{f(x)-g(x)\}'=f'(x)-g'(x)$

一般に　$\{kf(x)+lg(x)\}'=kf'(x)+lg'(x)$　k，l は定数

4　積の導関数　$\{f(x)g(x)\}'=f'(x)g(x)+f(x)g'(x)$

5　商の導関数　$\left\{\dfrac{1}{g(x)}\right\}'=-\dfrac{g'(x)}{\{g(x)\}^2}$

6　商の導関数　$\left\{\dfrac{f(x)}{g(x)}\right\}'=\dfrac{f'(x)g(x)-f(x)g'(x)}{\{g(x)\}^2}$

c を定数とするとき
$(c)'=0$

公式 0 および 1 ～ 3 は，数学Ⅱで学習済みである。なお，公式 0 は二項定理や数学的帰納法で証明できる。

⬅ 分子のマイナスに注意。

［公式 4 の証明］　$\{f(x)g(x)\}'=\lim_{h\to 0}\dfrac{f(x+h)g(x+h)-f(x)g(x)}{h}$

ここで　$(\text{分子})=f(x+h)g(x+h)-f(x)g(x+h)+f(x)g(x+h)-f(x)g(x)$

$=\{f(x+h)-f(x)\}g(x+h)+f(x)\{g(x+h)-g(x)\}$

ゆえに　$\{f(x)g(x)\}'=\lim_{h\to 0}\left\{\dfrac{f(x+h)-f(x)}{h}\cdot g(x+h)\right\}+\lim_{h\to 0}\left\{f(x)\cdot\dfrac{g(x+h)-g(x)}{h}\right\}$

$f(x)$，$g(x)$ はともに微分可能であるから

$$\lim_{h\to 0}\frac{f(x+h)-f(x)}{h}=f'(x),\quad \lim_{h\to 0}\frac{g(x+h)-g(x)}{h}=g'(x)$$

また，微分可能ならば連続であるから　$\lim_{h\to 0}g(x+h)=g(x)$

よって　$\{f(x)g(x)\}'=f'(x)g(x)+f(x)g'(x)$

［公式 5 の証明］　$g(x)\cdot\dfrac{1}{g(x)}=1$ の両辺を x で微分すると，公式 4 により

$g'(x)\cdot\dfrac{1}{g(x)}+g(x)\left\{\dfrac{1}{g(x)}\right\}'=0$　よって　$\left\{\dfrac{1}{g(x)}\right\}'=-\dfrac{g'(x)}{\{g(x)\}^2}$

［公式 6 の証明］　$\dfrac{f(x)}{g(x)}=f(x)\cdot\dfrac{1}{g(x)}$ の両辺を x で微分すると，公式 4 により

$\left\{\dfrac{f(x)}{g(x)}\right\}'=\dfrac{f'(x)}{g(x)}+f(x)\left\{\dfrac{1}{g(x)}\right\}'$　これに $\left\{\dfrac{1}{g(x)}\right\}'=-\dfrac{g'(x)}{\{g(x)\}^2}$ を代入すると

$\left\{\dfrac{f(x)}{g(x)}\right\}'=\dfrac{f'(x)}{g(x)}+f(x)\left[-\dfrac{g'(x)}{\{g(x)\}^2}\right]$　すなわち　$\left\{\dfrac{f(x)}{g(x)}\right\}'=\dfrac{f'(x)g(x)-f(x)g'(x)}{\{g(x)\}^2}$

次ページからは，これらの公式を利用して導関数を求めていきましょう。

基本 例題 ≫発展例題 67, 68

53 微分係数と導関数

定義に従って，次のものを求めよ。

(1) $f(x)=\dfrac{1}{\sqrt{x}}$ の微分係数 $f'(3)$ (2) $f(x)=\dfrac{x}{x-1}$ の導関数 $f'(x)$

CHART & GUIDE

$x=a$ における微分係数 $f'(a)=\lim\limits_{h\to 0}\dfrac{f(a+h)-f(a)}{h}$

関数 $f(x)$ の 導関数 $f'(x)=\lim\limits_{h\to 0}\dfrac{f(x+h)-f(x)}{h}$

解答

(1) $f'(3)=\lim\limits_{h\to 0}\dfrac{1}{h}\left(\dfrac{1}{\sqrt{3+h}}-\dfrac{1}{\sqrt{3}}\right)=\lim\limits_{h\to 0}\dfrac{-(\sqrt{3+h}-\sqrt{3})}{h\sqrt{3+h}\sqrt{3}}$

$=\dfrac{1}{\sqrt{3}}\lim\limits_{h\to 0}\dfrac{-(\sqrt{3+h}-\sqrt{3})(\sqrt{3+h}+\sqrt{3})}{h\sqrt{3+h}(\sqrt{3+h}+\sqrt{3})}$

$=\dfrac{1}{\sqrt{3}}\lim\limits_{h\to 0}\dfrac{-1}{\sqrt{3+h}(\sqrt{3+h}+\sqrt{3})}=-\dfrac{\mathbf{1}}{\mathbf{6\sqrt{3}}}$

(2) $\boldsymbol{f'(x)}=\lim\limits_{h\to 0}\dfrac{1}{h}\left(\dfrac{x+h}{x+h-1}-\dfrac{x}{x-1}\right)$

$=\lim\limits_{h\to 0}\dfrac{(x+h)(x-1)-x(x+h-1)}{h(x+h-1)(x-1)}$

$=\lim\limits_{h\to 0}\dfrac{-1}{(x+h-1)(x-1)}=-\dfrac{\mathbf{1}}{\mathbf{(x-1)^2}}$

⬅まず，通分する。

無理式の極限 有理化
$\sqrt{3+h}-\sqrt{3}$ に対し
$\sqrt{3+h}+\sqrt{3}$ を掛ける。

分数式の極限
まず，通分して整理……
結局 h が 約分 される。

Lecture 微分係数と導関数

導関数 $f'(x)$ は，関数 $f(x)$ がある区間で微分可能であるとき，その区間の各値 a に微分係数 $f'(a)$ を対応させる関数であるから，$f'(x)$ に $x=a$ を代入すると，$f'(a)$ の値が得られる。

例 例題(2)の関数について，微分係数 $f'(0)$，$f'(3)$

$f'(x)=-\dfrac{1}{(x-1)^2}$ であるから $f'(0)=-\dfrac{1}{(0-1)^2}=-1$，$f'(3)=-\dfrac{1}{(3-1)^2}=-\dfrac{1}{4}$

このように，$f(x)$ の $x=a$ における微分係数を求めるには，定義に従って求めるより，まず導関数 $f'(x)$ を求めてから $f'(x)$ に $x=a$ を代入する方が早い場合が多い。

ここでは，定義に従って微分係数や導関数を求めたが，今後は，いろいろな公式を用いて導関数を求め，微分係数についても，求めた導関数に特定の値を代入して求めることになる。

TRAINING 53 ①

定義に従って，次のものを求めよ。

(1) $f(x)=\dfrac{1}{x^2}$ の微分係数 $f'(-1)$ (2) $f(x)=\sqrt{2x+1}$ の導関数 $f'(x)$

基本 例題 54 微分可能性

次の関数の〔　〕内の点における微分可能性を調べよ。

(1) $f(x)=2|x|$　〔$x=0$〕　　(2) $f(x)=\begin{cases} x^2 & (x \geqq 1) \\ 2x-1 & (x<1) \end{cases}$　〔$x=1$〕

CHART & GUIDE　$f(x)$ が $x=a$ で微分可能 $\Longleftrightarrow$ 極限値 $\displaystyle\lim_{h \to 0}\frac{f(a+h)-f(a)}{h}$ が存在

(2) $x \longrightarrow 1+0$ と $x \longrightarrow 1-0$ の場合で，関数を表す式が異なることに注意。

解答

(1) $$\lim_{h \to +0}\frac{f(0+h)-f(0)}{h}=\lim_{h \to +0}\frac{2h}{h}=2$$

$$\lim_{h \to -0}\frac{f(0+h)-f(0)}{h}=\lim_{h \to -0}\frac{-2h}{h}=-2$$

よって，$f(x)$ は $x=0$ で **微分可能ではない。**

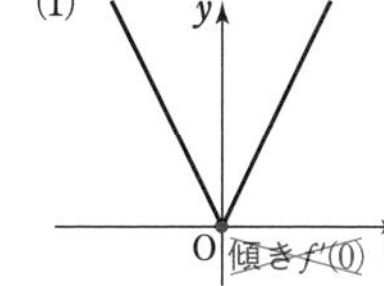

(2) $$\lim_{h \to +0}\frac{f(1+h)-f(1)}{h}=\lim_{h \to +0}\frac{(1+h)^2-1^2}{h}=\lim_{h \to +0}(h+2)=2$$

$$\lim_{h \to -0}\frac{f(1+h)-f(1)}{h}=\lim_{h \to -0}\frac{\{2(1+h)-1\}-1^2}{h}=\lim_{h \to -0}\frac{2h}{h}=2$$

したがって　$$\lim_{h \to 0}\frac{f(1+h)-f(1)}{h}=2$$

よって，$f(x)$ は $x=1$ で **微分可能である。**

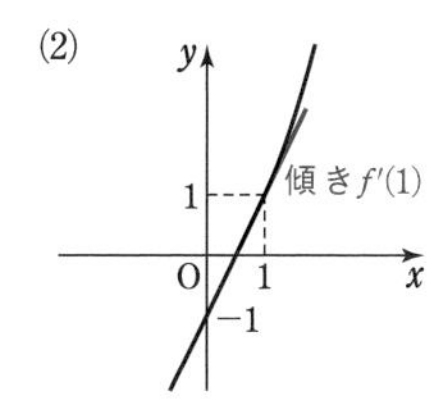

Lecture　微分可能と連続

関数 $f(x)$ が $x=a$ で微分可能ならば $x=a$ で連続である。

証明　関数 $f(x)$ が $x=a$ で微分可能ならば，$\displaystyle\lim_{x \to a}\frac{f(x)-f(a)}{x-a}=f'(a)$ であるから

$$\lim_{x \to a}\{f(x)-f(a)\}=\lim_{x \to a}\left\{\frac{f(x)-f(a)}{x-a}\cdot(x-a)\right\}=f'(a)\cdot 0=0$$

よって　$\displaystyle\lim_{x \to a}f(x)=f(a)$　したがって，関数 $f(x)$ は $x=a$ で連続である。

注意　この命題の逆は成り立たない。すなわち，関数 $f(x)$ が $x=a$ で連続であっても，$x=a$ で微分可能であるとは限らない。

例えば，例題 (1) の $f(x)=2|x|$ は，$x=0$ で連続であるが $x=0$ で微分可能ではない。

TRAINING 54 ②

次の関数の〔　〕内の点における微分可能性を調べよ。

(1) $f(x)=|x^2-4|$　〔$x=2$〕　　(2) $f(x)=\begin{cases} -2x+3 & (x \geqq 1) \\ 2-x^2 & (x<1) \end{cases}$　〔$x=1$〕

基本 例題 55 積と商の導関数，x^n の導関数

次の関数を微分せよ。

(1) $y=(x^2+3x-1)(x^2+x+2)$　(2) $y=\dfrac{x-1}{x^2+1}$　(3) $y=\dfrac{2x^3+3x^2-1}{x^2}$

CHART & GUIDE

積と商の導関数の公式は，それぞれ次のような形で記憶しておいてもよい。

$$積：(uv)'=u'v+uv' \qquad 商：\left(\frac{u}{v}\right)'=\frac{u'v-uv'}{v^2}$$

(3) 商の導関数の公式を利用してもよいが，計算が面倒。右辺の式を項別に分解し，n が整数のとき $(x^n)'=nx^{n-1}$ を利用する。

解答

(1) $\boldsymbol{y'}=(x^2+3x-1)'(x^2+x+2)+(x^2+3x-1)(x^2+x+2)'$
$=(2x+3)(x^2+x+2)+(x^2+3x-1)(2x+1)$
$=(2x^3+5x^2+7x+6)+(2x^3+7x^2+x-1)$
$\boldsymbol{=4x^3+12x^2+8x+5}$

⬅ $(uv)'=u'v+uv'$ で $u=x^2+3x-1$，$v=x^2+x+2$

(2) $\boldsymbol{y'}=\dfrac{(x-1)'(x^2+1)-(x-1)(x^2+1)'}{(x^2+1)^2}$
$=\dfrac{1\cdot(x^2+1)-(x-1)\cdot 2x}{(x^2+1)^2}$
$=\dfrac{x^2+1-2x^2+2x}{(x^2+1)^2}=\boldsymbol{\dfrac{-x^2+2x+1}{(x^2+1)^2}}$

⬅ $\left(\dfrac{u}{v}\right)'=\dfrac{u'v-uv'}{v^2}$ で $u=x-1$，$v=x^2+1$

(3) $y=\dfrac{2x^3}{x^2}+\dfrac{3x^2}{x^2}-\dfrac{1}{x^2}=2x+3-x^{-2}$ であるから
$\boldsymbol{y'}=2+0-(-2)x^{-2-1}=2+2x^{-3}\boldsymbol{=2+\dfrac{2}{x^3}}$

⬅ $\dfrac{1}{x^p}=x^{-p}$，$\dfrac{x^q}{x^p}=x^{q-p}$

● x^n（n は整数）の導関数

$(x^n)'=nx^{n-1}$ は，n が自然数（正の整数）のときだけでなく，n が 0 や負の整数のときも成り立つ。

$n=0$ のとき　$(x^0)'=(1)'=0$　$0\cdot x^{0-1}=0$

n が負の整数のとき　$n=-m$ とおくと，m は正の整数で $(x^m)'=mx^{m-1}$ が成り立つ。

よって $(x^n)'=(x^{-m})'=\left(\dfrac{1}{x^m}\right)'=-\dfrac{(x^m)'}{(x^m)^2}=-\dfrac{mx^{m-1}}{x^{2m}}=-mx^{(m-1)-2m}=-mx^{-m-1}=\boldsymbol{nx^{n-1}}$

（指数の定義，商の公式，n に戻す）

TRAINING 55 ②

次の関数を微分せよ。

(1) $y=(x+1)(2x-1)$　(2) $y=(x^2-x+1)(2x^3-3)$　(3) $y=\dfrac{x-1}{x+2}$

(4) $y=\dfrac{1}{x^2+1}$　(5) $y=-\dfrac{1}{x^3}$　(6) $y=\dfrac{x^4-x^2+1}{x^3}$

基本 例題 56 合成関数の導関数

次の関数を微分せよ。

(1) $y=(2x-1)^3$　　(2) $y=\dfrac{1}{(x^2+1)^2}$

解説動画へGO!!

CHART & GUIDE

合成関数の導関数

微分可能な2つの関数 $y=f(u)$，$u=g(x)$ について

$$\frac{dy}{dx}=\frac{dy}{du}\cdot\frac{du}{dx}\qquad\{f(g(x))\}'=f'(g(x))g'(x)$$

1 まとまった式を u とおいて，y を u の式で表す。
2 y を u で微分する。
3 u を x で微分して，2 の式に掛ける。

解答

(1) $u=2x-1$ とすると $y=u^3$ である。
合成関数の微分法により

$$\frac{dy}{dx}=\frac{dy}{du}\cdot\frac{du}{dx}=3u^2\cdot2=\mathbf{6(2x-1)^2}$$

(2) $u=x^2+1$ とすると $y=\dfrac{1}{u^2}$ すなわち $y=u^{-2}$ である。
合成関数の微分法により

$$\frac{dy}{dx}=\frac{dy}{du}\cdot\frac{du}{dx}=-2u^{-3}\cdot2x=-\frac{4x}{(x^2+1)^3}$$

(補足) まとまった式を □ で表すとイメージしやすい。
(1) $y=\square^3$ について　$y'=3\square^2\cdot(\square)'$
(2) $y=\square^{-2}$ について　$y'=-2\square^{-3}\cdot(\square)'$

(1) $\dfrac{dy}{du}=(u^3)'=3u^{3-1}$，$\dfrac{du}{dx}=(2x-1)'=2$

(2) $\dfrac{dy}{du}=(u^{-2})'=-2u^{-2-1}$，$\dfrac{du}{dx}=(x^2+1)'=2x^{2-1}$

慣れてきたら，おき換えをせずに次のように答えてもよい。

(1) y'
$=3(2x-1)^2\cdot(2x-1)'$
$=3(2x-1)^2\cdot2$
$=6(2x-1)^2$

●合成関数の導関数の公式の証明

x の増分 Δx に対する $u=g(x)$ の増分を Δu とし，u の増分 Δu に対する $y=f(u)$ の増分を Δy とすると，$u=g(x)$ は連続であるから，$\Delta x\longrightarrow0$ のとき $\Delta u\longrightarrow0$ となる。

よって　$$\frac{dy}{dx}=\lim_{\Delta x\to0}\frac{\Delta y}{\Delta x}=\lim_{\Delta x\to0}\left(\frac{\Delta y}{\Delta u}\cdot\frac{\Delta u}{\Delta x}\right)=\lim_{\Delta u\to0}\frac{\Delta y}{\Delta u}\cdot\lim_{\Delta x\to0}\frac{\Delta u}{\Delta x}=\frac{dy}{du}\cdot\frac{du}{dx}$$

$\dfrac{dy}{du}=f'(u)$，$\dfrac{du}{dx}=g'(x)$ であるから　$\{f(g(x))\}'=f'(u)g'(x)=f'(g(x))g'(x)$

TRAINING 56 ②

次の関数を微分せよ。

(1) $y=(2-x)^5$　　(2) $y=(-x^3+2x^2-1)^3$　　(3) $y=\dfrac{1}{(x^2+2x)^4}$

基本 例題 57 逆関数の微分法

$f(x)=\dfrac{1+\sqrt{4x-3}}{2}$ について

(1) $y=f(x)$ とおいて x を y の式で表せ。

(2) 逆関数の微分法の公式を用いて，$f'(x)$ を求めよ。

CHART & GUIDE

逆関数の微分法の公式 $\quad \dfrac{dy}{dx}=\dfrac{1}{\dfrac{dx}{dy}}$

1 (1) で求めた $x=g(y)$ から $\dfrac{dx}{dy}$ を求める。

2 $f'(x)$ すなわち $\dfrac{dy}{dx}$ を y の式で表し，$y=f(x)$ を代入する。

解答

(1) $y=\dfrac{1+\sqrt{4x-3}}{2}$ から $\qquad \sqrt{4x-3}=2y-1$

よって $\qquad x=\dfrac{(2y-1)^2+3}{4}=\boldsymbol{y^2-y+1}\ \left(\boldsymbol{y\geqq\dfrac{1}{2}}\right)$

(2) $x=y^2-y+1$ から $\qquad \dfrac{dx}{dy}=2y-1$

よって $\qquad f'(x)=\dfrac{1}{\dfrac{dx}{dy}}=\dfrac{1}{2y-1}=\boldsymbol{\dfrac{1}{\sqrt{4x-3}}}$

⬅ $4x-3=(2y-1)^2$, $2y-1\geqq0$

⬅ $y=x^2-x+1\ \left(x\geqq\dfrac{1}{2}\right)$ は $y=f(x)$ の逆関数。

⬅ 解答 (1) の 1 行目から。

Lecture 逆関数の微分法

関数 $y=f(x)$ を x について解き，$x=g(y)$ とする [$y=g(x)$ は $y=f(x)$ の逆関数]。

$x=g(y)$ の両辺を x で微分すると $\qquad 1=\dfrac{d}{dx}g(y)$

合成関数の導関数の公式により $\qquad 1=\dfrac{d}{dy}g(y)\cdot\dfrac{dy}{dx}$

$g(y)=x$ であるから $\qquad 1=\dfrac{dx}{dy}\cdot\dfrac{dy}{dx}$ $\qquad$ したがって $\qquad \boldsymbol{\dfrac{dy}{dx}=\dfrac{1}{\dfrac{dx}{dy}}}$

TRAINING 57 ②

逆関数の微分法の公式を用いて，次の関数を微分せよ。

(1) $y=\sqrt[5]{x}$ $\qquad$ (2) $y=2-\sqrt{x+4}$

標準 例題 **58** x^p（p は有理数）の導関数

≪≪ 基本例題 56

次の関数を微分せよ。

(1) $y=\sqrt[3]{x^2}$　　(2) $y=\dfrac{1}{\sqrt{x^2-1}}$

CHART & GUIDE

x^p（p は有理数）の導関数　$(x^p)'=px^{p-1}$

1 $\sqrt[n]{x^m}=x^{\frac{m}{n}}$（$m$，$n$ は正の整数）により，指数を用いて表す。…… [!]

2 $(x^p)'=px^{p-1}$ を用いて微分する。答えは，問題で与えられた形で書き表すことが多い。

解答

[!] (1) $y'=\left(x^{\frac{2}{3}}\right)'$

$$=\frac{2}{3}x^{\frac{2}{3}-1}=\frac{2}{3}x^{-\frac{1}{3}}=\boldsymbol{\frac{2}{3\sqrt[3]{x}}}$$

[!] (2) $y'=\left\{(x^2-1)^{-\frac{1}{2}}\right\}'$

$$=-\frac{1}{2}(x^2-1)^{-\frac{1}{2}-1}(x^2-1)'$$

$$=-\frac{1}{2}(x^2-1)^{-\frac{3}{2}}\cdot 2x=\boldsymbol{-\frac{x}{(x^2-1)\sqrt{x^2-1}}}$$

(2) $u=x^2-1$ とすると

$y=\dfrac{1}{\sqrt{u}}=u^{-\frac{1}{2}}$

$y'=-\dfrac{1}{2}u^{-\frac{3}{2}}\cdot u'$

Lecture　$(x^p)'=px^{p-1}$（p は有理数）の証明

p が有理数であるとき，n を正の整数，m を整数として，$p=\dfrac{m}{n}$ と表されるから

$x^p=x^{\frac{m}{n}}=\left(x^{\frac{1}{n}}\right)^m$　　$y=x^{\frac{1}{n}}$ とおくと　$x=y^n$　　ゆえに　$\dfrac{dx}{dy}=ny^{n-1}$

よって
$$\frac{d}{dx}x^p=\frac{d}{dx}y^m=\frac{d}{dy}y^m\cdot\frac{dy}{dx}=my^{m-1}\cdot\frac{dy}{dx}=my^{m-1}\cdot\frac{1}{\frac{dx}{dy}}=my^{m-1}\cdot\frac{1}{ny^{n-1}}$$

$$=\frac{m}{n}y^{m-n}=\frac{m}{n}\left(x^{\frac{1}{n}}\right)^{m-n}=\frac{m}{n}x^{\frac{m}{n}-1}=\boldsymbol{px^{p-1}}$$

(参考) **$y=\sqrt[n]{x^m}$ の定義域**（m，n は正の整数）

n が奇数または m が偶数［常に $x^m\geqq 0$］のときは，実数全体で，n が偶数かつ m が奇数のときは，$x\geqq 0$ である。なお，$y=x^{\frac{m}{n}}$ と指数の形に書いたときは $x>0$ であると考える。

TRAINING 58 ③

次の関数を微分せよ。

(1) $y=x\cdot\sqrt[3]{x}$　　(2) $y=-\dfrac{1}{\sqrt{x}}$

(3) $y=\sqrt{2x^2+1}$　　(4) $y=\sqrt{1-x^2}$

Let's Start

11 いろいろな関数の導関数

これまで，導関数の定義，積と商の導関数，合成関数の導関数などを学んできました。それらを利用することで，三角関数や対数関数の導関数を考えていきましょう。

■ 三角関数の導関数

$$(\sin x)'=\cos x \qquad (\cos x)'=-\sin x \qquad (\tan x)'=\frac{1}{\cos^2 x}$$

まず，$\sin x$ の導関数を定義に従って求めると

$$(\sin x)'=\lim_{h\to 0}\frac{\sin(x+h)-\sin x}{h}=\lim_{h\to 0}\frac{2\cos\left(x+\frac{h}{2}\right)\sin\frac{h}{2}}{h}$$

$$=\lim_{h\to 0}\cos\left(x+\frac{h}{2}\right)\cdot\frac{\sin\frac{h}{2}}{\frac{h}{2}}=(\cos x)\cdot 1=\cos x$$

次に　$(\cos x)'=\left\{\sin\left(x+\frac{\pi}{2}\right)\right\}'=\cos\left(x+\frac{\pi}{2}\right)\cdot\left(x+\frac{\pi}{2}\right)'$

$$=-\sin x$$

$$(\tan x)'=\left(\frac{\sin x}{\cos x}\right)'=\frac{(\sin x)'\cos x-\sin x\cdot(\cos x)'}{\cos^2 x}$$

$$=\frac{\cos^2 x+\sin^2 x}{\cos^2 x}=\frac{1}{\cos^2 x}$$

← $\cos x$，$\tan x$ は結果を用いる

← $\sin A-\sin B=2\cos\frac{A+B}{2}\sin\frac{A-B}{2}$

← $\lim_{\theta\to 0}\frac{\sin\theta}{\theta}=1$

← 合成関数の導関数

← 商の導関数の公式

← $\sin^2 x+\cos^2 x=1$

■ 対数関数の導関数

$\log_a x$ の導関数は，定義によると

$$(\log_a x)'=\lim_{h\to 0}\frac{\log_a(x+h)-\log_a x}{h}=\lim_{h\to 0}\frac{1}{h}\log_a\left(1+\frac{h}{x}\right)$$

ここで，$\frac{h}{x}=k$ とおくと，$h\longrightarrow 0$ のとき $k\longrightarrow 0$ であるから

$$(\log_a x)'=\lim_{k\to 0}\frac{1}{xk}\log_a(1+k)=\frac{1}{x}\lim_{k\to 0}\log_a(1+k)^{\frac{1}{k}}$$

さらに，$k\longrightarrow 0$ のとき，$(1+k)^{\frac{1}{k}}$ は **2.718281828459045**…… という値に限りなく近づくことが知られている。

← $\log_a(x+h)-\log_a x=\log_a\frac{x+h}{x}$

この値を e で表す。すなわち　$e=\lim_{k\to 0}(1+k)^{\frac{1}{k}}$

そして，この定数 e を用いると，$\log_a x$ の導関数は

$$(\log_a x)'=\frac{1}{x}\log_a e=\frac{1}{x\log_e a}$$ ←底を e に変換

特に，底 a が e に等しいとき $\log_e e=1$ から　$(\log_e x)'=\frac{1}{x}$

10 を底とする対数を常用対数というのに対して，e を底とする対数を **自然対数** という。微分法や積分法では，$\log_e x$ の底 e を省略して，単に $\log x$ と書くことが多い。

以上をまとめると，次のようになる。

対数関数の導関数

$$(\log x)'=\frac{1}{x} \qquad (\log_a x)'=\frac{1}{x\log a}$$

← e は無理数である。数列の極限として，$e=\lim_{n\to\infty}\left(1+\frac{1}{n}\right)^n$ と表されることもある。

← e は **自然対数の底** ともよばれる。

$(\log_a x)'=\frac{1}{x\log a}$ において，x の変域は $x>0$ である。

$x\neq 0$ として，関数 $\log_a|x|$ を考える。この関数の導関数について調べると，次のようになる。

$x>0$ のとき　$(\log_a|x|)'=(\log_a x)'=\frac{1}{x\log a}$

$x<0$ のとき　$(\log_a|x|)'=\{\log_a(-x)\}'=\frac{(-x)'}{(-x)\log a}$

$$=\frac{-1}{-x\log a}=\frac{1}{x\log a}$$

← 合成関数の導関数

よって　$(\log_a|x|)'=\frac{1}{x\log a}$

特に $a=e$ のとき　$(\log|x|)'=\frac{1}{x}$

以上をまとめると，次のようになる。

絶対値を含む対数関数の導関数

$$(\log|x|)'=\frac{1}{x} \qquad (\log_a|x|)'=\frac{1}{x\log a}$$

次ページからは，これらの導関数の公式を利用して，いろいろな関数の導関数を求めていきましょう。

基本 例題 59 三角関数の導関数

≪≪ 基本例題 55, 56

次の関数を微分せよ。

(1) $y=\sin(3x-2)$　(2) $y=\tan^4 x$

(3) $y=x\sin^2 x$　(4) $y=\dfrac{\sin x}{1-\cos x}$

CHART & GUIDE

三角関数の導関数

$$(\sin x)'=\cos x \qquad (\cos x)'=-\sin x \qquad (\tan x)'=\frac{1}{\cos^2 x}$$

(1) まず，$y=\sin(\ \ )$ を微分。次に　$(3x-2)'$

(2) まず，$y=(\ \ )^4$ を微分。次に　$(\tan x)'$

(3) 積の導関数の公式を利用。

(4) 商の導関数の公式を利用。

解答

(1) $y'=\cos(3x-2)\cdot(3x-2)'=\boldsymbol{3\cos(3x-2)}$

(2) $y'=4\tan^3 x\cdot(\tan x)'=\boldsymbol{\dfrac{4\tan^3 x}{\cos^2 x}}$

(3) $y'=(x)'\sin^2 x+x(\sin^2 x)'$
$=1\cdot\sin^2 x+x\cdot 2\sin x\cdot(\sin x)'$
$=\sin^2 x+x\cdot 2\sin x\cos x=\boldsymbol{\sin^2 x+x\sin 2x}$

(4) $y'=\dfrac{(\sin x)'(1-\cos x)-\sin x\cdot(1-\cos x)'}{(1-\cos x)^2}$
$=\dfrac{\cos x(1-\cos x)-\sin x\cdot\sin x}{(1-\cos x)^2}$
$=\dfrac{\cos x-(\cos^2 x+\sin^2 x)}{(1-\cos x)^2}=\dfrac{\cos x-1}{(\cos x-1)^2}$
$=\boldsymbol{\dfrac{1}{\cos x-1}}$

(1) $y=\sin\square$ について
$y'=\cos\square\cdot(\square)'$

(2) $y=\square^4$ について
$y'=4\square^3\cdot(\square)'$

⇐ $\sin^2 x+\cos^2 x=1$

TRAINING 59 ②

次の関数を微分せよ。

(1) $y=\cos(2x-1)$　(2) $y=\tan 3x$　(3) $y=\sin^2 2x$

(4) $y=\sin x\cos^2 x$　(5) $y=\dfrac{\cos x}{1-\sin x}$　(6) $y=\dfrac{1-\sin x}{1+\cos x}$

ズームUP review

合成関数の導関数, 積と商の導関数を振り返ろう！

● 例題 56 を振り返ろう！

合成関数の導関数では，まとまった式をuとおいて考えましょう。

合成関数の導関数

1. まとまった式をuとおいて，yをuの式で表す。
2. yをuで微分する。
3. uをxで微分して，2 の式に掛ける。

$$\frac{dy}{dx}=\frac{dy}{du}\cdot\frac{du}{dx}$$

$u=3x-2$ とすると $y=\sin u$ である。
合成関数の微分法により

$$\frac{dy}{dx}=\frac{dy}{du}\cdot\frac{du}{dx}=\cos u\cdot 3=3\cos(3x-2)$$

$u=\tan x$ とすると $y=u^4$ である。
合成関数の微分法により

$$\frac{dy}{dx}=\frac{dy}{du}\cdot\frac{du}{dx}=4u^3\cdot\frac{1}{\cos^2 x}=\frac{4\tan^3 x}{\cos^2 x}$$

● 例題 55 を振り返ろう！

式のどこが u，v となるのかを見極めて，
公式 $(uv)'=u'v+uv'$，$\left(\dfrac{u}{v}\right)'=\dfrac{u'v-uv'}{v^2}$ を利用しましょう。

$u=x$，$v=\sin^2 x$ ととらえると

$$y'=(uv)'=u'v+uv'$$
$$=(x)'\cdot\sin^2 x+x\cdot(\sin^2 x)'$$

(補足) $(\sin^2 x)'$ は合成関数の導関数の公式を利用する。

$$(\sin^2 x)'=2\sin x\cdot(\sin x)'$$ ←$y=\square^2$ について $y'=2\square\cdot(\square)'$

$u=\sin x$，$v=1-\cos x$ ととらえると

$$y'=\left(\frac{u}{v}\right)'=\frac{u'v-uv'}{v^2}$$
$$=\frac{(\sin x)'\cdot(1-\cos x)-\sin x\cdot(1-\cos x)'}{(1-\cos x)^2}$$

(参考) 三角関数の導関数では，式の変形などにより答えの形が異なるものが多い。
例題(2)であれば，$\dfrac{4\sin^3 x}{\cos^5 x}$ という形でもよいし，$\dfrac{1}{\cos^2 x}=\tan^2 x+1$ であることを用いて，$4\tan^3 x(\tan^2 x+1)$ としてもよい。

≪ 基本例題 55，56

基本 例題 60 対数関数の導関数

次の関数を微分せよ。

(1) $y=\log(1-x)$ (2) $y=\log_{10}(x^2-2)$

(3) $y=(\log 3x)^2$ (4) $y=x\log 2x$

解説動画へGO!!

CHART & GUIDE

対数関数の導関数

$$(\log x)'=\frac{1}{x} \qquad (\log_a x)'=\frac{1}{x\log a}$$

← 底が a なら $\log a$ がつく

この公式を基本にして，合成関数や積の導関数の公式を利用する。

解答

(1) $y'=\dfrac{(1-x)'}{1-x}=\dfrac{-1}{1-x}=\dfrac{1}{x-1}$

← $(\log u)'=\dfrac{1}{u}\cdot u'=\dfrac{u'}{u}$，$u=1-x$

(2) $y'=\dfrac{(x^2-2)'}{(x^2-2)\log 10}=\dfrac{2x}{(x^2-2)\log 10}$

← $\log_{10}(x^2-2)=\dfrac{\log(x^2-2)}{\log 10}$ と考えてもよい。

(3) $y'=2(\log 3x)\cdot(\log 3x)'$

$=2(\log 3x)\cdot\dfrac{(3x)'}{3x}=2\log 3x\cdot\dfrac{3}{3x}$

$=\dfrac{2\log 3x}{x}$

(4) $y'=(x)'\log 2x+x(\log 2x)'$

$=1\cdot\log 2x+x\cdot\dfrac{(2x)'}{2x}$

$=\log 2x+x\cdot\dfrac{2}{2x}=\log 2x+1$

← $(uv)'=u'v+uv'$，$u=x$，$v=\log 2x$

Lecture 対数関数の導関数の公式

$\log_a x$ は底の変換公式により $\log_a x=\dfrac{\log_e x}{\log_e a}=\dfrac{\log x}{\log a}$ と変形でき，

$$(\log_a x)'=\frac{1}{\log a}(\log x)'=\frac{1}{x\log a}$$

← $\dfrac{1}{\log a}$ は定数。$\left(\dfrac{\log x}{\log a}\right)'=\dfrac{1}{\log a}(\log x)'$

が得られるから，記憶する公式は $(\log x)'=\dfrac{1}{x}$ のみでもよい。

TRAINING 60 ②

次の関数を微分せよ。

(1) $y=\log 2x$ (2) $y=\log_2(-3x)$

(3) $y=x^2\log x$ (4) $y=(\log_3 x)^2$

≪ 基本例題 56，59

基本 例題 61 絶対値を含む対数関数の導関数

次の関数を微分せよ。

(1) $y=\log_2|x-2|$　　(2) $y=\log|\tan x|$　　(3) $y=\log\left|\dfrac{x+1}{x-1}\right|$

CHART & GUIDE

対数関数の導関数

$$(\log|x|)'=\frac{1}{x}\qquad \{\log|f(x)|\}'=\frac{f'(x)}{f(x)}$$

真数部分に絶対値記号がついても，右辺は同じ。

解答

(1) $y'=\dfrac{(x-2)'}{(x-2)\log 2}=\boldsymbol{\dfrac{1}{(x-2)\log 2}}$

(2) $y'=\dfrac{(\tan x)'}{\tan x}=\dfrac{1}{\tan x\cos^2 x}=\boldsymbol{\dfrac{1}{\sin x\cos x}}$

(3) $y=\log|x+1|-\log|x-1|$

よって　$y'=\dfrac{1}{x+1}-\dfrac{1}{x-1}=\dfrac{(x-1)-(x+1)}{(x+1)(x-1)}$

$=\boldsymbol{-\dfrac{2}{x^2-1}}$

$(\log_a|u|)'=\dfrac{u'}{u\log a}$

$\log\left|\dfrac{A}{B}\right|=\log\dfrac{|A|}{|B|}$

$=\log|A|-\log|B|$

なお　$\log|AB|$

$=\log|A||B|$

$=\log|A|+\log|B|$

(補足) 前ページの Lecture と同様に，$\boldsymbol{(\log|x|)'=\dfrac{1}{x}}$ を記憶しておけば，次のようにして，

$(\log_a|x|)'=\dfrac{1}{x\log a}$ を導くことができる。

$\log_a|x|=\dfrac{\log|x|}{\log a}$ であるから　$\boldsymbol{(\log_a|x|)'}=\dfrac{1}{\log a}(\log|x|)'=\boldsymbol{\dfrac{1}{x\log a}}$

Lecture　$\{\log|f(x)|\}'$ の公式について

$u=f(x)$ とおくと，合成関数の導関数の公式により

$$\boldsymbol{\{\log|f(x)|\}'}=\frac{d}{du}\log|u|\cdot\frac{du}{dx}=\frac{1}{u}\cdot u'=\boldsymbol{\frac{f'(x)}{f(x)}}$$

が得られる。この式は，後で学ぶ積分法でも重要な役割を果たす。

TRAINING 61 ②

次の関数を微分せよ。

(1) $y=\log_3|1-x|$　　(2) $y=\log(\cos^2 x)$　　(3) $y=\log\left|\dfrac{x^2+1}{x+1}\right|$

例題 **62** 対数を利用する微分

≪基本例題 61

関数 $y=\sqrt[3]{\dfrac{x^4}{x+1}}$ を微分せよ。

累乗の積と商で表された関数の微分
両辺の対数をとって微分する

1 両辺の絶対値の自然対数をとる。
2 対数の性質を用いて，積を和，商を差の形に，指数は前に出す。…… [!]
3 両辺を x で微分する。　4 y' を求める。

解答

$\log\left|\sqrt[3]{\dfrac{x^4}{x+1}}\right|=\log\left|\dfrac{x^4}{x+1}\right|^{\frac{1}{3}}=\dfrac{1}{3}\log\dfrac{|x|^4}{|x+1|}$ から，関数の両辺の絶対値の自然対数をとると

⬅ $\log M^k=k\log M$

$$\log|y|=\frac{1}{3}(4\log|x|-\log|x+1|)$$

⬅ $\log\dfrac{M}{N}=\log M-\log N$

この式の両辺を x で微分すると

$$\frac{y'}{y}=\frac{1}{3}\left(\frac{4}{x}-\frac{1}{x+1}\right)=\frac{1}{3}\cdot\frac{4(x+1)-x}{x(x+1)}=\frac{3x+4}{3x(x+1)}$$

⬅ $(\log|y|)'=\dfrac{y'}{y}$
前ページ Lecture 参照。

よって　$y'=\sqrt[3]{\dfrac{x^4}{x+1}}\cdot\dfrac{3x+4}{3x(x+1)}=\boldsymbol{\dfrac{\sqrt[3]{x}\,(3x+4)}{3(x+1)\sqrt[3]{x+1}}}$

⬅ 分母を $3\sqrt[3]{(x+1)^4}$ としてもよい。

Lecture 対数微分法

対数には，$\boldsymbol{\log MN=\log M+\log N}$，　$\boldsymbol{\log\dfrac{M}{N}=\log M-\log N}$，　$\boldsymbol{\log M^k=k\log M}$

の性質があるから，複雑な積，商，累乗の形の関数の微分では，両辺(の絶対値)の自然対数をとってから微分する(対数微分法という)と，計算がらくになることがある。
また，例題の関数の定義域には，$x<0$ を含むから，両辺の自然対数を考えるときは，絶対値をとってから自然対数をとっていることに注意しよう。
なお，**$\boldsymbol{\alpha}$ を実数とするとき　$\boldsymbol{(x^{\alpha})'=\alpha x^{\alpha-1}\ (x>0)}$** が成り立つ。このことは，対数微分法を用いて，次のように証明される。

証明　$y=x^{\alpha}$ の両辺の自然対数をとると　$\log y=\alpha\log x$　← $x>0$ であるから　$y>0$

両辺を x で微分すると　$\dfrac{y'}{y}=\alpha\cdot\dfrac{1}{x}$　　よって　$(x^{\alpha})'=y'=\alpha\cdot\dfrac{y}{x}=\alpha\cdot\dfrac{x^{\alpha}}{x}=\alpha x^{\alpha-1}$

TRAINING 62 ③

次の関数を微分せよ。

(1)　$y=x^x\quad(x>0)$　　(2)　$y=\dfrac{(x+2)^4}{x^2(x+1)^3}$　　(3)　$y=\sqrt[3]{x^2(x+1)}$

基本 例題 63 指数関数の導関数

≪基本例題 55, 56

次の関数を微分せよ。

(1) $y=e^{7x}$　(2) $y=5^x$　(3) $y=3^{x^2}$

(4) $y=xe^{-2x}$　(5) $y=e^x\cos x$

CHART & GUIDE

指数関数の導関数

$(e^x)'=e^x$　　$(a^x)'=a^x\log a$ ←底が a なら $\log a$ がつく

この公式を基本にして，合成関数や積の導関数の公式を利用する。

解答

(1) $y'=e^{7x}\cdot(7x)'=e^{7x}\cdot 7=\boldsymbol{7e^{7x}}$

← $y=e^u$, $u=7x$
$y'=e^u\cdot u'$

(2) $\boldsymbol{y'=5^x\log 5}$

(3) $y'=(3^{x^2}\log 3)\cdot(x^2)'=(3^{x^2}\log 3)\cdot 2x$

$=\boldsymbol{2x\cdot 3^{x^2}\log 3}$

← $y=3^u$, $u=x^2$
$y'=3^u\log 3\cdot u'$

(4) $y'=(x)'e^{-2x}+x(e^{-2x})'=1\cdot e^{-2x}+x\{e^{-2x}\cdot(-2x)'\}$

$=e^{-2x}+x\{e^{-2x}\cdot(-2)\}$

$=\boldsymbol{(-2x+1)e^{-2x}}$

← $(uv)'=u'v+uv'$
$u=x$, $v=e^{-2x}$

(5) $y'=(e^x)'\cos x+e^x(\cos x)'=e^x\cos x-e^x\sin x$

$=\boldsymbol{e^x(\cos x-\sin x)}$

← $(uv)'=u'v+uv'$
$u=e^x$, $v=\cos x$

Lecture 指数関数の導関数

指数関数 $y=a^x$ $(a>0,\ a\neq 1)$ の導関数は，前ページで学習した対数微分法を利用すると，次のようにして求めることができる。

$y=a^x$ の両辺は正であるから，両辺の自然対数をとると

$\log y=x\log a$

この式の両辺を x で微分すると　$\dfrac{y'}{y}=\log a$

よって　$y'=y\log a=a^x\log a$　すなわち　$(a^x)'=a^x\log a$

特に，$a=e$ のとき，$\log e=1$ であるから　$(e^x)'=e^x$

以上の結果をまとめると，次のようになる。

$$(a^x)'=a^x\log a \qquad (e^x)'=e^x$$

TRAINING 63 ②

次の関数を微分せよ。

(1) $y=e^{-x}$　(2) $y=2^x$　(3) $y=3^{2x}$

(4) $y=(x-1)e^x$　(5) $y=e^x\sin^2 x$

Let's Start

12 第 n 次導関数，曲線と導関数

今までは，$y=f(x)$ の形で表された関数の導関数を扱ってきました。ここでは，その導関数をさらに微分して得られる関数や，$y=f(x)$ 以外の形で表された関数の導関数について学んでいきましょう。

■ 高次導関数

関数 $y=f(x)$ の導関数 $f'(x)$ も x の関数であるからこの $f'(x)$ をさらに微分して得られる関数が考えられる。これを関数 $y=f(x)$ の **第 2 次導関数** といい，記号 y''，$f''(x)$，$\dfrac{d^2y}{dx^2}$，$\dfrac{d^2}{dx^2}f(x)$ などで表す。

← y'，$f'(x)$ を第 1 次導関数ということがある。

また，第 2 次導関数 $f''(x)$ の導関数を **第 3 次導関数** といい，記号 y'''，$f'''(x)$，$\dfrac{d^3y}{dx^3}$，$\dfrac{d^3}{dx^3}f(x)$ などで表す。

一般に，関数 $y=f(x)$ を n 回微分して得られる関数を，$f(x)$ の **第 n 次導関数** といい，記号 $y^{(n)}$，$f^{(n)}(x)$，$\dfrac{d^ny}{dx^n}$，$\dfrac{d^n}{dx^n}f(x)$ などで表す。

例
$y=x^4-3x^2+x-2$
$y'=4x^3-6x+1$
$y''=12x^2-6$
$y'''=24x$
$y^{(4)}=24$

■ 媒介変数で表された関数の導関数

平面上の曲線の方程式が，1つの変数，例えば t によって

$x=f(t)$，$y=g(t)$ …… Ⓐ　の形に表されるとき，

これをその曲線の **媒介変数表示** といい，t を **媒介変数** または **パラメータ** という。

← 数学C参照。

このとき，Ⓐ で次の操作により，y を x の関数と考える。

$$x=f(t) \longrightarrow t=h(x) \longrightarrow y=g(h(x))$$

← $x=f(t)$ を t について解いて $t=h(x)$ を導き，$t=h(x)$ を $y=g(t)$ に代入する。

y を x で微分すると，合成関数および逆関数の微分法によって，媒介変数で表された関数の導関数は，次のように求められる。

$$\frac{dy}{dx}=\frac{dy}{dt}\cdot\frac{dt}{dx},\quad \frac{dt}{dx}=\frac{1}{\dfrac{dx}{dt}} \text{ から } \quad \frac{dy}{dx}=\frac{\dfrac{dy}{dt}}{\dfrac{dx}{dt}}=\frac{g'(t)}{f'(t)}$$

基本 例題 64 第 2 次，第 3 次導関数 ②②

次の関数の第 2 次導関数と第 3 次導関数を求めよ。

(1) $y=x^5+x^2$　　(2) $y=\dfrac{\sqrt{x}+1}{x}$　　(3) $y=x^2e^{2x}$

CHART & GUIDE

第 n 次導関数　順に微分 y'，y''，y'''，……

1 y を微分して第 1 次導関数 y' を求める。
2 y' を微分して，第 2 次導関数 y'' を求める。
3 さらに y'' を微分して，第 3 次導関数 y''' を求める。

解答

(1) $y'=5x^4+2x$　　$\boldsymbol{y''=20x^3+2}$　　$\boldsymbol{y'''=60x^2}$

(2) $y=x^{-\frac{1}{2}}+x^{-1}$ と表されるから　$y'=-\dfrac{1}{2}x^{-\frac{3}{2}}-x^{-2}$

$y''=-\dfrac{1}{2}\left(-\dfrac{3}{2}\right)x^{-\frac{5}{2}}-(-2)x^{-3}=\dfrac{3}{4}x^{-\frac{5}{2}}+2x^{-3}$

$=\boldsymbol{\dfrac{3\sqrt{x}+8}{4x^3}}$

⇐ $x^{-\frac{5}{2}}=\dfrac{1}{\sqrt{x^5}}=\dfrac{1}{x^2\sqrt{x}}=\dfrac{\sqrt{x}}{x^3}$

$y'''=-\dfrac{15}{8}x^{-\frac{7}{2}}-6x^{-4}=\boldsymbol{-\dfrac{3(5\sqrt{x}+16)}{8x^4}}$

⇐ $x^{-\frac{7}{2}}=\dfrac{1}{\sqrt{x^7}}=\dfrac{1}{x^3\sqrt{x}}=\dfrac{\sqrt{x}}{x^4}$

(3) $y'=2xe^{2x}+x^2e^{2x}\cdot 2=(2x^2+2x)e^{2x}$

$y''=(4x+2)e^{2x}+(2x^2+2x)e^{2x}\cdot 2=\boldsymbol{2(2x^2+4x+1)e^{2x}}$

$y'''=2\{(4x+4)e^{2x}+(2x^2+4x+1)e^{2x}\cdot 2\}$

$=\boldsymbol{4(2x^2+6x+3)e^{2x}}$

⇐ 積の導関数の公式を繰り返し使う。

Lecture　x^p，$\sin x$，e^x などの第 n 次導関数

第 1 次，第 2 次，第 3 次，…… の導関数を順次求めると，次のようになる。

x^p　px^{p-1}，$p(p-1)x^{p-2}$，$p(p-1)(p-2)x^{p-3}$，……
例題 (1) の x^5 ($p=5$)，x^2 ($p=2$) の例からもわかるように，p が自然数 n なら
第 n 次導関数が $\boldsymbol{n!}$，第 $(n+1)$ 次導関数は **0**

$\sin x$　$\cos x$，$-\sin x$，$-\cos x$，$\sin x$，……
第 4 次導関数がもとの関数 $\sin x$ になり，あとは同じ関数が繰り返し出てくる。

e^x　e^x，e^x，e^x，……　第 n 次導関数はすべて $\boldsymbol{e^x}$ となる。

TRAINING 64 ②

次の関数の第 2 次導関数と第 3 次導関数を求めよ。

(1) $y=x^6+x^3$　(2) $y=\sqrt{x}$　(3) $y=\tan x$　(4) $y=2^x$
(5) $y=\log_3 x$　(6) $y=x\sin x$　(7) $y=x^2e^x$　(8) $y=\cos\pi x$

基本 例題 65 x と y の方程式で表された関数の導関数

次の方程式で定められる x の関数 y について，$\dfrac{dy}{dx}$ を求めよ。

(1)　$xy=2$　　　(2)　$x^2+y^2=9$

CHART & GUIDE

x と y の方程式と導関数
y を x の関数と考えて，両辺を x で微分する

1　$\dfrac{d}{dx}f(y)=\dfrac{d}{dy}f(y)\cdot\dfrac{dy}{dx}$［合成関数の導関数］を利用して両辺を x で微分する。

2　$\dfrac{dy}{dx}$ について解く。結果は，x，y の両方を含むことが多い。

解答

(1)　$xy=2$ の両辺を x で微分すると　$1\cdot y+x\dfrac{dy}{dx}=0$

ゆえに　$x\dfrac{dy}{dx}=-y$　よって　$\boldsymbol{\dfrac{dy}{dx}=-\dfrac{y}{x}}$

なお，$y=\dfrac{2}{x}$ を代入すると　$\dfrac{dy}{dx}=-\dfrac{2}{x^2}$

(2)　$x^2+y^2=9$ の両辺を x で微分すると

$2x+2y\dfrac{dy}{dx}=0$　ゆえに　$y\dfrac{dy}{dx}=-x$

よって，$y\neq0$ のとき　$\boldsymbol{\dfrac{dy}{dx}=-\dfrac{x}{y}}$

なお，$y=\pm\sqrt{9-x^2}$ を代入すると　$\dfrac{dy}{dx}=\mp\dfrac{x}{\sqrt{9-x^2}}$

⬅ y は定数ではないから，$(xy)'\neq y$

⬅ $xy=2$ より $x\neq0$ であるから，$\dfrac{dy}{dx}$ は常に存在する。

⬅ $\dfrac{d}{dx}y^2=\dfrac{d}{dy}y^2\cdot\dfrac{dy}{dx}=2y\dfrac{dy}{dx}$

$\dfrac{d}{dx}y^2\neq2y$ に注意。

Lecture　関数 $F(x,\ y)=0$ と導関数

$F(x,\ y)=0$ の形で表された関数(**陰関数** という)を $y=G(x)$ の形の関数(**陽関数** という)に表しにくい場合や $G'(x)$ が求めにくい場合は，上のように $F(x,\ y)=0$ の形のままで微分するとよい。

なお，$x^2+y^2=9$ は原点を中心とする半径 3 の円を表す。これは関数 $y=\sqrt{9-x^2}$ ……① と $y=-\sqrt{9-x^2}$ ……② のグラフを合わせたものと考えられる。

このように，$x^2+y^2-9=0$ は，2 つの **x の関数 y** を表している。

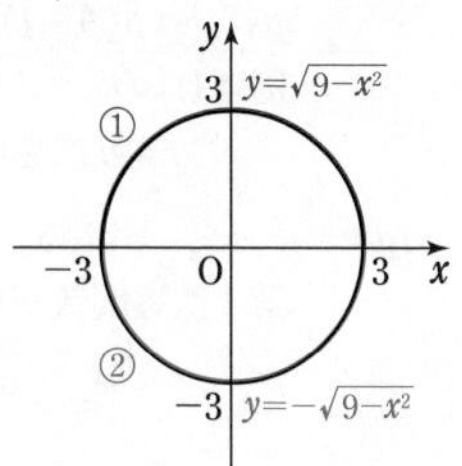

TRAINING 65 ②

次の方程式で定められる x の関数 y について，$\dfrac{dy}{dx}$ を求めよ。

(1)　$x^2y=1$　　　(2)　$9x^2+4y^2=36$　　　(3)　$\sqrt{x}+\sqrt{y}=1$

基本 例題 66 媒介変数で表された関数の導関数 ①①

媒介変数 t で表された次の関数について，$\dfrac{dy}{dx}$ を t の関数として表せ。

(1) $x=2t-1,\ y=2t^2-3t+1$　　(2) $x=4\cos t,\ y=4\sin t$

(3) $x=4\cos t,\ y=3\sin t$

CHART & GUIDE 媒介変数で表された関数の導関数

$x=f(t),\ y=g(t)$ のとき　$$\frac{dy}{dx}=\frac{\frac{dy}{dt}}{\frac{dx}{dt}}=\frac{g'(t)}{f'(t)}$$

解答

(1) $\dfrac{dx}{dt}=2,\ \dfrac{dy}{dt}=4t-3$ であるから　$\boldsymbol{\dfrac{dy}{dx}=\dfrac{4t-3}{2}}$

(2) $\dfrac{dx}{dt}=-4\sin t,\ \dfrac{dy}{dt}=4\cos t$ であるから

$$\frac{dy}{dx}=\frac{4\cos t}{-4\sin t}=-\frac{\cos t}{\sin t}$$

(3) $\dfrac{dx}{dt}=-4\sin t,\ \dfrac{dy}{dt}=3\cos t$ であるから

$$\frac{dy}{dx}=\frac{3\cos t}{-4\sin t}=-\frac{3\cos t}{4\sin t}$$

$x=f(t),\ y=g(t)$ をそれぞれ t で微分して

分子に y'

$\dfrac{dy}{dx}=\dfrac{g'(t)}{f'(t)}$

分母に x'

Lecture 媒介変数表示の曲線

上の (2), (3) の表す曲線は右の図のようになる。

(3) は円 (2) の y 座標を $\dfrac{3}{4}$ 倍にしたもので楕円（数学C参照）である。なお，(1) は放物線 $y=\dfrac{1}{2}(x^2-x)$ を表す。

(2)

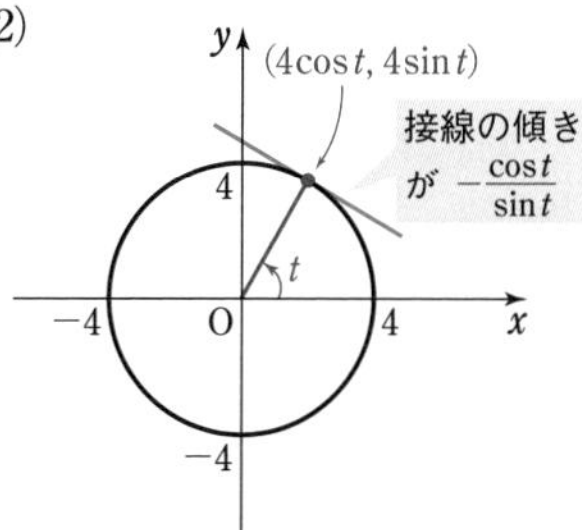

(3)

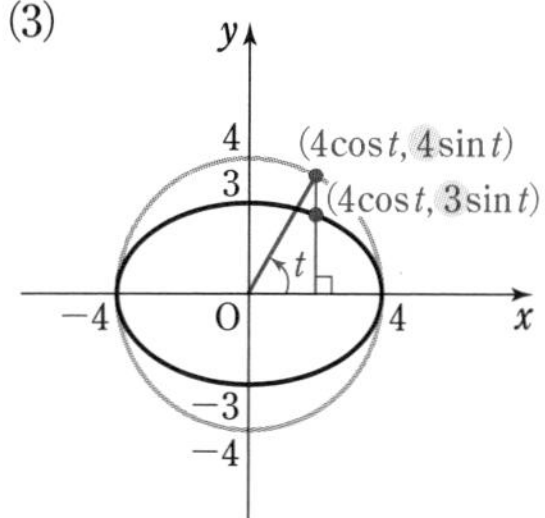

TRAINING 66 ②

媒介変数 t で表された次の関数について，$\dfrac{dy}{dx}$ を t の関数として表せ。

(1) $x=2t+1,\ y=t^2$　　(2) $x=2\cos t,\ y=3\sin t$

(3) $x=1+\cos t,\ y=2-\sin t$

発展学習

発展 例題 **67** 微分係数と極限

≪基本例題 53

関数 $f(x)$ が $x=a$ で微分可能であるとき，次の極限値を a，$f(a)$，$f'(a)$ を用いて表せ。

(1) $\displaystyle\lim_{h\to 0}\frac{f(a-2h)-f(a)}{h}$　　(2) $\displaystyle\lim_{x\to a}\frac{af(x)-xf(a)}{x-a}$

CHART & GUIDE

微分係数の定義

$$f'(a)=\lim_{h\to 0}\frac{f(a+h)-f(a)}{h}=\lim_{x\to a}\frac{f(x)-f(a)}{x-a}$$

(1) 定義の式が使える形に，つまり，$\dfrac{f(a+\square)-f(a)}{\square}$ の□が同じになるように変形する。…… [!]

(2) 与式を $\displaystyle\lim_{x\to a}\frac{f(x)-f(a)}{x-a}$ を含む形に変形する。

解答

[!] (1) $\displaystyle\lim_{h\to 0}\frac{f(a-2h)-f(a)}{h}=\lim_{h\to 0}\left\{(-2)\cdot\frac{f(a-2h)-f(a)}{-2h}\right\}$

$\displaystyle=-2\lim_{h\to 0}\frac{f(a-2h)-f(a)}{-2h}=\boldsymbol{-2f'(a)}$

[別解] $t=-2h$ とすると $h\longrightarrow 0$ のとき $t\longrightarrow 0$ であるから

[!] $\displaystyle(\text{与式})=\lim_{t\to 0}\frac{f(a+t)-f(a)}{-\frac{t}{2}}=-2\lim_{t\to 0}\frac{f(a+t)-f(a)}{t}$

$=\boldsymbol{-2f'(a)}$

(2) $af(x)-xf(a)=af(x)-af(a)+af(a)-xf(a)$

$=a\{f(x)-f(a)\}-(x-a)f(a)$

であるから

$\displaystyle\lim_{x\to a}\frac{af(x)-xf(a)}{x-a}=\lim_{x\to a}\frac{a\{f(x)-f(a)\}-(x-a)f(a)}{x-a}$

$\displaystyle=\lim_{x\to a}\left\{a\cdot\frac{f(x)-f(a)}{x-a}-f(a)\right\}$

$\displaystyle=a\lim_{x\to a}\frac{f(x)-f(a)}{x-a}-\lim_{x\to a}f(a)=\boldsymbol{af'(a)-f(a)}$

⬅ $h\longrightarrow 0$ のとき $-2h\longrightarrow 0$

⬅ おき換えによる解法。

⬅ $af(a)$ を引いて加える。

⬅ 前の 2 項は a で，後の 2 項は $f(a)$ でくくることができる。

TRAINING 67 ④

関数 $f(x)$ が $x=a$ で微分可能であるとき，次の極限値を a，$f(a)$，$f'(a)$ を用いて表せ。

(1) $\displaystyle\lim_{h\to 0}\frac{f(a+h)-f(a-h)}{h}$　　(2) $\displaystyle\lim_{x\to a}\frac{a^2f(x)-x^2f(a)}{x-a}$

≪ 基本例題 53, 発展例題 67

発展 例題 68 微分係数の定義式を利用した，関数の極限 ⏱⏱⏱⏱

次の極限を求めよ。

(1) $\displaystyle\lim_{x\to 0}\frac{e^{2x}-1}{x}$　　(2) $\displaystyle\lim_{x\to 0}\frac{e^{x}-e^{-x}}{x}$

CHART & GUIDE

求めにくい極限

微分係数の定義式　$\displaystyle f'(a)=\lim_{x\to a}\frac{f(x)-f(a)}{x-a}$ も利用

ともに $\dfrac{0}{0}$ の形であるが，約分して処理ができない。そこで，次の手順で進める。

1. $f(x)$ を定める。…… $x\longrightarrow 0$ のときの極限を考えるから，$f(0)$ の値がうまく与式に当てはまるように，$f(x)$ を定めるのがカギ。
2. 微分係数の定義式に当てはめて，与式を微分係数で表す。
3. $f'(x)$ と $x=0$ における微分係数を求め，極限を求める。

解答

(1) $f(x)=e^{2x}$ とすると

$$\lim_{x\to 0}\frac{e^{2x}-1}{x}=\lim_{x\to 0}\frac{e^{2x}-e^{0}}{x-0}=\lim_{x\to 0}\frac{f(x)-f(0)}{x-0}=f'(0)$$

⬅ $f(0)=e^0=1$

$f'(x)=2e^{2x}$ であるから　　$f'(0)=2e^0=2$

よって　　$\displaystyle\lim_{x\to 0}\frac{e^{2x}-1}{x}=\mathbf{2}$

(2) $f(x)=e^x-e^{-x}$ とすると

$$\lim_{x\to 0}\frac{e^{x}-e^{-x}}{x}=\lim_{x\to 0}\frac{(e^x-e^{-x})-(e^0-e^{-0})}{x-0}=\lim_{x\to 0}\frac{f(x)-f(0)}{x-0}$$
$$=f'(0)$$

$f'(x)=e^x+e^{-x}$ であるから　　$f'(0)=e^0+e^{-0}=2$

よって　　$\displaystyle\lim_{x\to 0}\frac{e^{x}-e^{-x}}{x}=\mathbf{2}$

［別解］ $\displaystyle\lim_{x\to 0}\frac{e^{x}-e^{-x}}{x}=\lim_{x\to 0}\frac{(e^{2x}-1)e^{-x}}{x}=\lim_{x\to 0}\left(\frac{e^{2x}-1}{x}\cdot\frac{1}{e^x}\right)$

$=2\cdot 1=2$

↑(1)の結果を利用

(2) e^x-e^{-x}
$=e^x-e^0+e^0-e^{-x}$
と考えて，$f(x)=e^x$，
$g(x)=e^{-x}$ とすると
(与式)$=$
$\displaystyle\lim_{x\to 0}\frac{e^x-e^0-(e^{-x}-e^{-0})}{x}$
$\displaystyle=\lim_{x\to 0}\frac{e^x-e^0}{x-0}$
$\displaystyle\quad-\lim_{x\to 0}\frac{e^{-x}-e^{-0}}{x-0}$
$=f'(0)-g'(0)$

TRAINING 68 ④

次の極限を求めよ。

(1) $\displaystyle\lim_{x\to 0}\frac{2^x-1}{x}$　　(2) $\displaystyle\lim_{x\to 0}\frac{\log(\cos x)}{x}$

発展 例題 69 ## e に関する極限 ④④④④

$\lim_{h\to 0}(1+h)^{\frac{1}{h}}=e$ であることを用いて，次の極限を求めよ。

(1) $\lim_{x\to\infty}\left(1+\frac{1}{x}\right)^x$　　(2) $\lim_{x\to\infty}\log\left(\frac{x}{x+1}\right)^x$

CHART & GUIDE

e に関する極限

おき換えを利用して，$\lim_{h\to 0}(1+h)^{\frac{1}{h}}$ の形を作る

1 $x \longrightarrow \infty$ と $h \longrightarrow 0$ を結びつけるために，0 に収束する部分を h とおく。
2 1 のおき換えに応じて，x の式を h の式で表す。
3 極限値を求める。

解答

(1) $h=\frac{1}{x}$ とおくと，$x \longrightarrow \infty$ のとき $h \longrightarrow +0$

よって　$\lim_{x\to\infty}\left(1+\frac{1}{x}\right)^x=\lim_{h\to +0}(1+h)^{\frac{1}{h}}=\boldsymbol{e}$

⬅ $\lim_{h\to 0}(1+h)^{\frac{1}{h}}=e$ は $\lim_{h\to +0}(1+h)^{\frac{1}{h}}$ $=\lim_{h\to -0}(1+h)^{\frac{1}{h}}$ $=e$ の意味。

(2) $\lim_{x\to\infty}\log\left(\frac{x}{x+1}\right)^x=\lim_{x\to\infty}\log\left(\frac{1}{1+\frac{1}{x}}\right)^x=\lim_{x\to\infty}\log\frac{1}{\left(1+\frac{1}{x}\right)^x}$

(1) の結果より，$\lim_{x\to\infty}\left(1+\frac{1}{x}\right)^x=e$ であるから

$\lim_{x\to\infty}\log\left(\frac{x}{x+1}\right)^x=\log\frac{1}{e}=\boldsymbol{-1}$

⬅ $\log\frac{1}{e}=\log e^{-1}$

e の定義　$\boldsymbol{\lim_{h\to 0}(1+h)^{\frac{1}{h}}=\lim_{x\to\infty}\left(1+\frac{1}{x}\right)^x=\lim_{x\to-\infty}\left(1+\frac{1}{x}\right)^x=e}$

また，e を数列の極限として，$\boldsymbol{\lim_{n\to\infty}\left(1+\frac{1}{n}\right)^n=e}$ で定義することもできる。

TRAINING 69 ④

$\lim_{h\to 0}(1+h)^{\frac{1}{h}}=e$ であることを用いて，次の極限を求めよ。

(1) $\lim_{x\to-\infty}\left(1+\frac{1}{x}\right)^x$　　(2) $\lim_{x\to\infty}\left(1+\frac{2}{x}\right)^x$　　(3) $\lim_{x\to\infty}\left(1-\frac{1}{x}\right)^x$

(4) $\lim_{x\to\infty}x\{\log(2x+1)-\log 2x\}$　　(5) $\lim_{x\to 0}\frac{\sin x}{\log(1+x)}$

EXERCISES

A

39③ x の関数 u, v, w について，公式 $(uvw)'=u'vw+uv'w+uvw'$ を導け。また，$f(x)=(x-a)(x-b)(x-c)$, $a<b<c$ とする。方程式 $f'(x)=0$ は $a<x<b$, $b<x<c$ の範囲に，それぞれ実数解をもつことを示せ。

≪ 基本例題 **49**, **55**

40② 関数 $y=\left(\dfrac{x}{x^2-1}\right)^3$ を微分せよ。 ≪ 基本例題 **56**

41③ 関数 $f(x)=(x+1)\sqrt{2x+3}$ の導関数は，$f'(x)=\dfrac{\square}{\sqrt{2x+3}}$ である。 〔宮崎大〕

≪ 標準例題 **58**

42③ 次の関数を微分せよ。

(1) $y=\sqrt{\dfrac{1}{\tan x}}$ (2) $y=\dfrac{\sin x-\cos x}{\sin x+\cos x}$ (3) $y=\sin 3x\cos 5x$

(4) $y=\sin(\cos x)$ (5) $y=\log(x+\sqrt{x^2+1})$ (6) $y=\log\sqrt{\dfrac{1-x}{1+x}}$

≪ 基本例題 **59**, **60**

43③ 関数 $f(x)=\dfrac{e^x-e^{-x}}{e^x+e^{-x}}$ の導関数は，$f'(x)=\square$ である。 〔宮崎大〕

≪ 基本例題 **63**

44② 次の方程式で定められる x の関数 y について，$\dfrac{dy}{dx}$ を求めよ。

(1) $y^2=16x$ (2) $x^2-xy-y^2=1$ (3) $\sin x-\cos y=1$

≪ 基本例題 **65**

45② 媒介変数 t で表された次の関数について，$\dfrac{dy}{dx}$ を t の関数として表せ。

(1) $x=t-\sin t$, $y=1-\cos t$ (2) $x=\cos^3 t$, $y=\sin^3 t$ ≪ 基本例題 **66**

HINT

39 (前半) 積の導関数の公式を繰り返し使う。
(後半) 中間値の定理($p.88$)を利用。

EXERCISES

B

46④ (1) すべての実数 x で定義された関数 $f(x)=|x|(e^{2x}+a)$ は $x=0$ で微分可能であるとする。定数 a および $f'(0)$ の値を求めよ。

(2) (1)の $f(x)$ の導関数 $f'(x)$ は $x=0$ で連続であることを示せ。

〔類 京都工繊大〕 ≪≪ 基本例題 54

47④ (1) $f(x)=(x-1)^2Q(x)$ （$Q(x)$ は多項式）のとき，$f'(x)$ が $x-1$ で割り切れることを示せ。

(2) $g(x)=ax^{n+1}+bx^n+1$ （n は 2 以上の自然数）が $(x-1)^2$ で割り切れるとき，a，b を n で表せ。 〔岡山理科大〕 ≪≪ 基本例題 55

48④ 次の等式が成り立つことを，数学的帰納法により証明せよ。

$$\frac{d^n}{dx^n}\log x=(-1)^{n-1}\frac{(n-1)!}{x^n} \quad \cdots\cdots \text{(A)} \quad (n\text{ は自然数})$$

≪≪ 基本例題 64

49④ (1) $x^2-y^2=a^2$ のとき，$\dfrac{d^2y}{dx^2}$ を x と y を用いて表せ。

(2) $x=3t^3$，$y=9t+1$ のとき，$\dfrac{d^2y}{dx^2}$ を t の式で表せ。 ≪≪ 基本例題 65，66

50④ 関数 $f(x)$ が $x=a$ で微分可能で $f'(a)=2$ のとき，極限

$\displaystyle\lim_{h\to 0}\frac{f(a+h^2+2h)-f(a-h)}{h}$ を求めよ。 〔愛媛大〕

≪≪ 発展例題 67

51④ a は定数とする。極限値 $\displaystyle\lim_{x\to a}\frac{\sin x-\sin a}{\sin(x-a)}$ を求めよ。 〔福島大〕

≪≪ 発展例題 68

HINT

48 $n=k$ のとき(A)が成り立つと仮定する。$n=k+1$ のときの(A)の左辺は，$n=k$ のときの関数(第 k 次導関数)を微分する，と考える。

49 (2) $\dfrac{d^2y}{dx^2}=\dfrac{d}{dt}\left(\dfrac{dy}{dx}\right)\Big/\dfrac{dx}{dt}$ である。$\dfrac{d^2y}{dx^2}=\dfrac{d^2y}{dt^2}\Big/\dfrac{d^2x}{dt^2}$ ではない。

数学Ⅲ

微分法の応用

13 接線の方程式

数学Ⅱでは，多項式で表された関数 $\boldsymbol{y=f(x)}$ のグラフについて，接線を学びました。ここでは，いろいろな曲線の接線や接線に垂直な直線について学んでいきましょう。

■ 接線と接点，法線

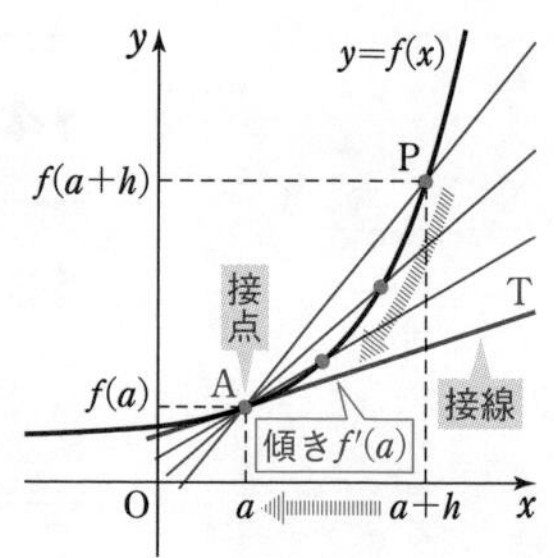

関数 $y=f(x)$ の $x=a$ における微分係数 $f'(a)$ とは，平均変化率 $\dfrac{f(a+h)-f(a)}{h}$ の $h \longrightarrow 0$ のときの極限値であり，平均変化率は，関数 $y=f(x)$ のグラフ上の2点 A$(a,\ f(a))$，P$(a+h,\ f(a+h))$ を結ぶ線分 AP の傾きを表している。

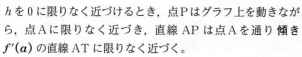

h を0に限りなく近づけるとき，点Pはグラフ上を動きながら，点Aに限りなく近づき，直線 AP は点Aを通り **傾き $\boldsymbol{f'(a)}$** の直線 AT に限りなく近づく。

この直線 AT を，曲線 $y=f(x)$ 上の点Aにおける **接線** といい，点Aをこの接線の **接点** という。

また，曲線上の点Aを通り，Aにおけるこの曲線の接線と垂直な直線を，点Aにおけるこの曲線の **法線** という。

曲線 $y=f(x)$ 上の点 $(a,\ f(a))$ における接線と法線の方程式は，次のようになる。

① **接線の方程式**　$\boldsymbol{y-f(a)=f'(a)(x-a)}$

② **法線の方程式**　$f'(a) \neq 0$ のとき　$\boldsymbol{y-f(a)=-\dfrac{1}{f'(a)}(x-a)}$

　　　　　　　　$f'(a)=0$ のとき　$\boldsymbol{x=a}$

解説　曲線 $y=f(x)$ 上の点 $(a,\ f(a))$ における接線の傾きは
$f'(a)$

法線は，接線に垂直な直線であるから，その傾きを m とすると　$m \cdot f'(a)=-1$　← 垂直 ⟺ 傾きの積が -1

よって，$f'(a) \neq 0$ のとき　$m=-\dfrac{1}{f'(a)}$

$f'(a)=0$ のときは，接線が x 軸に平行な場合であるから，法線は x 軸に垂直な直線となる。

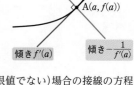

注意　楕円や円などの接線では，微分係数 $f'(a)$ が存在しない（有限値でない）場合の接線の方程式も考えることがある。例えば，円 $x^2+y^2=1$ の $x=\pm 1$ における接線など。

>>> 発展例題 94

基本 例題 70 曲線上の点における接線・法線

曲線 $y=e^{2x}+3$ 上の点 A(0, 4) における接線の方程式を求めよ。また，点Aにおける法線の方程式を求めよ。

CHART & GUIDE

曲線 $y=f(x)$ 上の点 $(a,\ f(a))$ における接線

傾き $f'(a)$，方程式 $y-f(a)=f'(a)(x-a)$

1. $y=f(x)$ とし，導関数 $f'(x)$ を求める。
2. 1 で求めた $f'(x)$ に接点の x 座標の値を代入して，接線の傾きを求める。
3. 2 で求めた傾き，接点の座標を代入して，接線の方程式を求める。
4. 法線の傾きを求める。
   接線⊥法線 ⟶ (接線の傾き)×(法線の傾き)$=-1$ …… [!]
5. 4 で求めた傾き，通る点の座標を代入して，法線の方程式を求める。

解答

$f(x)=e^{2x}+3$ とすると

$f'(x)=2e^{2x}$

ゆえに　$f'(0)=2$

← $f'(0)=2e^0=2\cdot1=2$

よって，点Aにおける **接線の方程式は**

$y-4=2(x-0)$

すなわち　$\boldsymbol{y=2x+4}$

← 点 $(x_1,\ y_1)$ を通る，傾き m の直線の方程式は $y-y_1=m(x-x_1)$

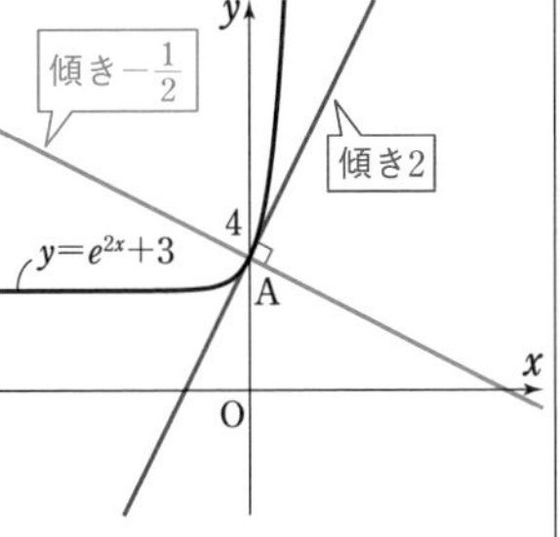

また，法線の傾きを n とすると，法線は接線に垂直であるから

[!]　$2\cdot n=-1$　すなわち　$n=-\dfrac{1}{2}$

← 垂直 ⟺ 傾きの積が -1

したがって，点Aにおける **法線の方程式は**

$y-4=-\dfrac{1}{2}(x-0)$

← 点Aの座標を代入。

すなわち　$\boldsymbol{y=-\dfrac{1}{2}x+4}$

TRAINING 70 ②

次の曲線上の点Aにおける接線と法線の方程式を求めよ。

(1) $y=\dfrac{2}{x+1}$, A(1, 1)　(2) $y=\sqrt{7-2x}$, A(−1, 3)

(3) $y=\log x$, A(e, 1)　(4) $y=2\sin x$, A$\left(\dfrac{\pi}{4},\ \sqrt{2}\right)$

>>> 発展例題 95

標準 例題 71 接点の座標が不明の接線の方程式

曲線 $y=\frac{1}{x}$ について，次のような接線の方程式を求めよ。

(1) 傾きが $-\frac{1}{2}$ である　　　(2) 点 $(3,\ 0)$ を通る

CHART & GUIDE

接点の座標が与えられていない接線

傾き，通る点から接点の座標を求める

1. $y=f(x)$ とし，導関数 $f'(x)$ を求める。
2. 接点の x 座標を a とし，点 $(a,\ f(a))$ における接線の方程式を求める。
3. 傾きや通る点の条件から，a の値を求め，方程式を決定する。

解答

$f(x)=\frac{1}{x}$ とすると　$f'(x)=-\frac{1}{x^2}$

曲線 $y=f(x)$ 上の点 $(a,\ f(a))$ における接線の方程式は

$y-\frac{1}{a}=-\frac{1}{a^2}(x-a)$　すなわち　$y=-\frac{1}{a^2}x+\frac{2}{a}$ …… Ⓐ

⬅ $y-f(a)=f'(a)(x-a)$

(1) 傾きが $-\frac{1}{2}$ であるから

$-\frac{1}{a^2}=-\frac{1}{2}$

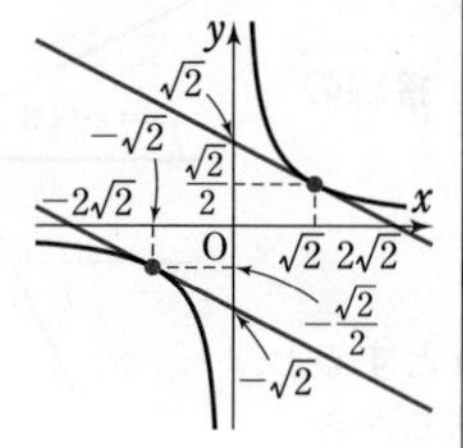

ゆえに $a=\pm\sqrt{2}$ であり，求める接線の方程式は　$\boldsymbol{y=-\frac{1}{2}x\pm\sqrt{2}}$

⬅ $\frac{2}{a}=\pm\sqrt{2}$

(2) 接線 Ⓐ が点 $(3,\ 0)$ を通るとき

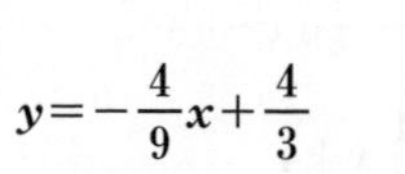

$0=-\frac{3}{a^2}+\frac{2}{a}$　ゆえに　$\frac{1}{a}\left(2-\frac{3}{a}\right)=0$

よって　$\frac{3}{a}=2$　すなわち　$a=\frac{3}{2}$

したがって，求める接線の方程式は　$\boldsymbol{y=-\frac{4}{9}x+\frac{4}{3}}$

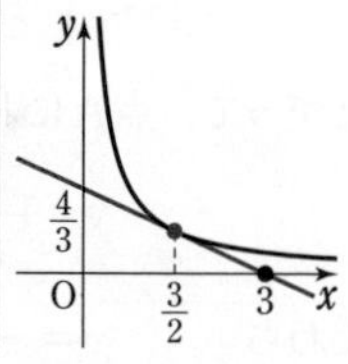

Lecture 点Pを通る接線，点Pから引いた接線

「点Pを通る接線」や「点Pから引いた接線」というとき，**Pが曲線上にある場合(Pが接点)と，Pが曲線上にない場合がある** ことに注意する。

TRAINING 71 ③

次のような接線の方程式を求めよ。

(1) 曲線 $y=\cos 2x$ $(0\leqq x\leqq\pi)$ の接線で，傾きが -1 のもの

(2) 曲線 $y=e^{2x+1}$ に，原点 $(0,\ 0)$ から引いた接線

基本 例題 72

≪≪ 基本例題 65, 70

楕円の接線の方程式

楕円 $\dfrac{x^2}{9}+\dfrac{y^2}{4}=1$ 上の点 $\left(\sqrt{6},\ \dfrac{2}{\sqrt{3}}\right)$ における接線の方程式を求めよ。

CHART & GUIDE

x, y の方程式で表される曲線の接線

1. 方程式の両辺を x で微分する。…… 例題 65 参照。
2. y' を求め，接点の座標を代入する。⟶ 接線の傾きが求められる。
3. 接線の方程式を求める。

解答

$\dfrac{x^2}{9}+\dfrac{y^2}{4}=1$ の両辺を x で微分すると $\dfrac{2x}{9}+\dfrac{2yy'}{4}=0$

ゆえに，$y\neq 0$ のとき $y'=-\dfrac{4x}{9y}$

よって，点 $\left(\sqrt{6},\ \dfrac{2}{\sqrt{3}}\right)$ における接線の傾きは $-\dfrac{2\sqrt{2}}{3}$ で，

求める接線の方程式は $y-\dfrac{2}{\sqrt{3}}=-\dfrac{2\sqrt{2}}{3}(x-\sqrt{6})$

すなわち $\boldsymbol{y=-\dfrac{2\sqrt{2}}{3}x+2\sqrt{3}}$

⇐ $(x^2)'=2x$, $(y^2)'=2yy'$

⇐ $-\dfrac{4x}{9y}=-\dfrac{4\sqrt{6}}{9\cdot\dfrac{2}{\sqrt{3}}}=-\dfrac{2\sqrt{6}}{3\sqrt{3}}=-\dfrac{2\sqrt{2}}{3}$

Lecture 楕円の接線の方程式の公式

楕円 $\dfrac{x^2}{a^2}+\dfrac{y^2}{b^2}=1$ … ① 上の点 $(x_1,\ y_1)$ における接線の方程式は，$\boldsymbol{\dfrac{x_1x}{a^2}+\dfrac{y_1y}{b^2}=1}$ で表される。

略証 上の例題の解答のように，① を x で微分して，点 $(x_1,\ y_1)$ における接線の方程式を求めると，$y_1\neq 0$ のとき $y-y_1=-\dfrac{b^2x_1}{a^2y_1}(x-x_1)$

分母を払って整理すると $b^2x_1x+a^2y_1y=b^2x_1{}^2+a^2y_1{}^2$

a^2b^2 で割って，$\dfrac{x_1{}^2}{a^2}+\dfrac{y_1{}^2}{b^2}=1$ から $\dfrac{x_1x}{a^2}+\dfrac{y_1y}{b^2}=1$ $y_1=0$ のときも満たす。

TRAINING 72 ②

次の方程式で表される曲線上の点Aにおける接線の方程式を求めよ。

(1) $x^2+y^2=1$, A$\left(-\dfrac{\sqrt{3}}{2},\ \dfrac{1}{2}\right)$ (2) $\dfrac{x^2}{4}+y^2=1$, A$\left(\dfrac{6}{5},\ \dfrac{4}{5}\right)$

(3) $y^2=4x$, A$(1,\ 2)$

基本 例題 ≪≪ 基本例題 66

73 媒介変数で表された曲線の接線

媒介変数 θ で表された曲線 $x=2\cos\theta,\ y=4\sin\theta$ について，$\theta=\dfrac{\pi}{6}$ に対応する点における接線の方程式を求めよ。

CHART & GUIDE

媒介変数で表された曲線の接線

1 接点の座標を求める。

2 $\dfrac{dy}{dx}=\dfrac{dy}{d\theta}\Big/\dfrac{dx}{d\theta}$ により，$\dfrac{dy}{dx}$ を求め，接線の傾きを求める。

3 接線の方程式を求める。

解答

接点の座標は，$\left(2\cos\dfrac{\pi}{6},\ 4\sin\dfrac{\pi}{6}\right)$ から $(\sqrt{3},\ 2)$

接線の傾きは，$\dfrac{dx}{d\theta}=-2\sin\theta,\ \dfrac{dy}{d\theta}=4\cos\theta$ から

$$\frac{dy}{dx}=\frac{dy}{d\theta}\Big/\frac{dx}{d\theta}=\frac{4\cos\theta}{-2\sin\theta}=-\frac{2\cos\theta}{\sin\theta}$$

ゆえに，$\theta=\dfrac{\pi}{6}$ のとき $-\dfrac{2\cos\frac{\pi}{6}}{\sin\frac{\pi}{6}}=-\dfrac{2\cdot\frac{\sqrt{3}}{2}}{\frac{1}{2}}=-2\sqrt{3}$

よって，接線の方程式は $y-2=-2\sqrt{3}(x-\sqrt{3})$

すなわち $\boldsymbol{y=-2\sqrt{3}x+8}$

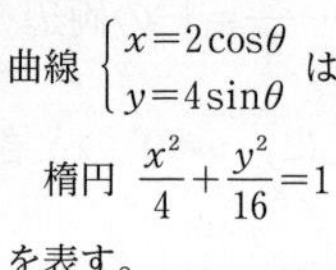

曲線 $\begin{cases}x=2\cos\theta\\ y=4\sin\theta\end{cases}$ は

楕円 $\dfrac{x^2}{4}+\dfrac{y^2}{16}=1$

を表す。

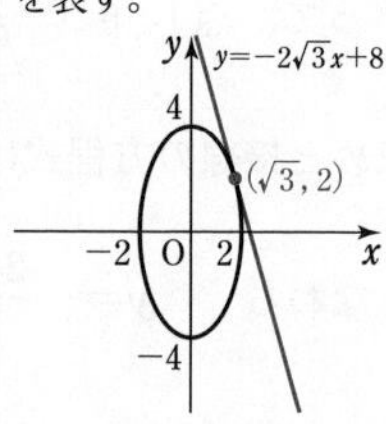

Lecture 媒介変数 θ の消去

上の例題で，$x=2\cos\theta,\ y=4\sin\theta$ から $\sin^2\theta+\cos^2\theta=\left(\dfrac{y}{4}\right)^2+\left(\dfrac{x}{2}\right)^2$

よって $\sin^2\theta+\cos^2\theta=1$ から $\dfrac{x^2}{4}+\dfrac{y^2}{16}=1$

$\theta=\dfrac{\pi}{6}$ のとき，接点の座標は $\left(2\cos\dfrac{\pi}{6},\ 4\sin\dfrac{\pi}{6}\right)=(\sqrt{3},\ 2)$

楕円の接線の方程式の公式(数学C参照)を利用すると，点 $(\sqrt{3},\ 2)$ における接線の方程式は

$$\frac{\sqrt{3}x}{4}+\frac{2y}{16}=1 \quad すなわち \quad \boldsymbol{y=-2\sqrt{3}x+8}$$

TRAINING 73 ②

次の曲線について，(　)内に指定された媒介変数の値に対応する点における接線の方程式を求めよ。

(1) $\begin{cases}x=2-t\\ y=3+t-t^2\end{cases}$ $(t=0)$

(2) $\begin{cases}x=1+\cos\theta\\ y=2-\sin\theta\end{cases}$ $\left(\theta=\dfrac{\pi}{4}\right)$

Let's Start

14 平均値の定理

ここでは，関数の値の変化と導関数の関係を示す，基本的でかつ重要な定理について学習しましょう。

■ 平均値の定理

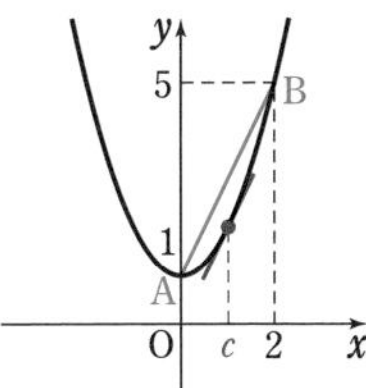

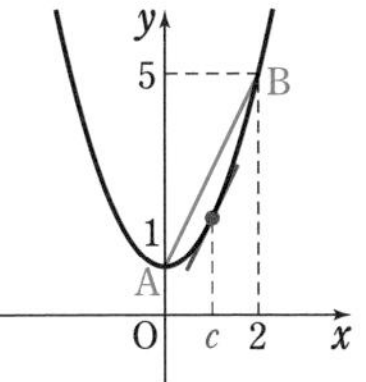

例えば，2 次関数 $f(x)=x^2+1$ について，x の値が 0 から 2 まで変化するときの平均変化率は　$\dfrac{f(2)-f(0)}{2-0}=\dfrac{5-1}{2}=2$

これは $y=f(x)$ のグラフ上の 2 点 A$(0,\ f(0))$，B$(2,\ f(2))$ を結ぶ線分 AB の傾きを表している。

ここで，0 と 2 の間の値 c を適当にとると，$x=c$ における微分係数 $f'(c)$ が線分 AB の傾き 2 と等しくなる，すなわち

$$\frac{f(2)-f(0)}{2-0}=f'(c),\quad 0<c<2$$

を満たす実数 c が存在する。

$f'(c)=2c$ であるから，$2=2c$ より　　$c=1$（$0<c<2$ を満たす）

一般に，次の定理が成り立つ。

平均値の定理

関数 $f(x)$ が区間 $[a,\ b]$ で連続，
区間 $(a,\ b)$ で微分可能ならば

$$\frac{f(b)-f(a)}{b-a}=f'(c),\quad a<c<b$$

を満たす実数 c が存在する。

解説　① 図形的には，次のことを表している。
曲線 $y=f(x)$ 上の 2 点 A$(a,\ f(a))$，B$(b,\ f(b))$ を結ぶ線分 AB と平行な接線（［図 1］の ℓ，ℓ'）が引けるような点 C が，曲線上で A と B の間にある。

② c が存在することは保証されているが，必ずしも 1 つとは限らない（［図 1］の c'）。

③ **区間 $[a,\ b]$ で連続，区間 $(a,\ b)$ で微分可能** という条件は，関数 $f(x)=\sqrt{1-x^2}$ などにも適用したいためである。この関数は，区間 $[-1,\ 1]$ で連続，区間 $(-1,\ 1)$ で微分可能であるが，$x=\pm1$ では微分可能でない（［図 2］参照）。

〔図1〕

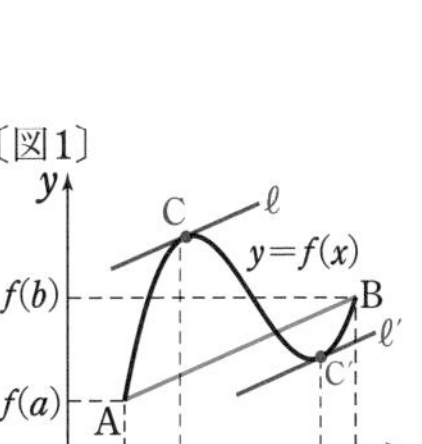

〔図2〕

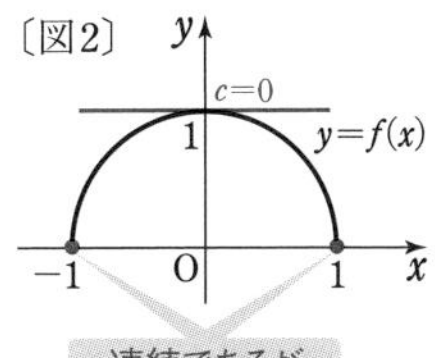

基本 例題 74 平均値の定理

次の関数と示された区間について，平均値の定理の実数 c の値を求めよ。

(1) $f(x)=x^3-3x^2$ $[1,\ 2]$　　(2) $f(x)=\sqrt{x}$ $[1,\ 4]$

CHART & GUIDE

平均値の定理

$$\frac{f(b)-f(a)}{b-a}=f'(c),\ a<c<b \text{ である実数 } c \text{ が存在する}$$

1. 区間 $[a,\ b]$ で連続，区間 $(a,\ b)$ で微分可能であることを確認する。
2. $\dfrac{f(b)-f(a)}{b-a}$，$f'(c)$ をそれぞれ求めて等しいとおく。…… [!]
3. c についての方程式を解く。解が 2 個以上のときは $a<c<b$ を確認。

解答

(1) $f(x)$ は区間 $[1,\ 2]$ で連続，区間 $(1,\ 2)$ で微分可能である。

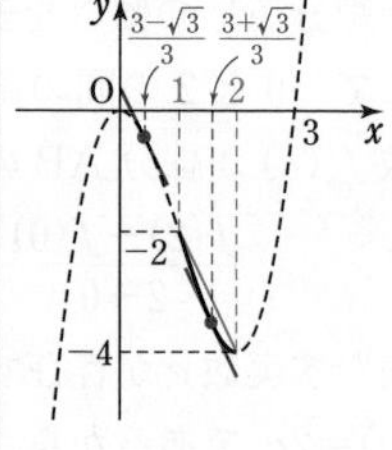

$$\frac{f(2)-f(1)}{2-1}=(2^3-3\cdot2^2)-(1^3-3\cdot1^2)=-4-(-2)=-2$$

$f'(x)=3x^2-6x$ であるから　$f'(c)=3c^2-6c$

[!] ゆえに　$-2=3c^2-6c$

すなわち　$3c^2-6c+2=0$　よって　$c=\dfrac{3\pm\sqrt{3}}{3}$

$1<c<2$ であるから　$\boldsymbol{c=\dfrac{3+\sqrt{3}}{3}}$

(2) $f(x)$ は区間 $[1,\ 4]$ で連続，区間 $(1,\ 4)$ で微分可能である。

$$\frac{f(4)-f(1)}{4-1}=\frac{\sqrt{4}-\sqrt{1}}{3}=\frac{2-1}{3}=\frac{1}{3}$$

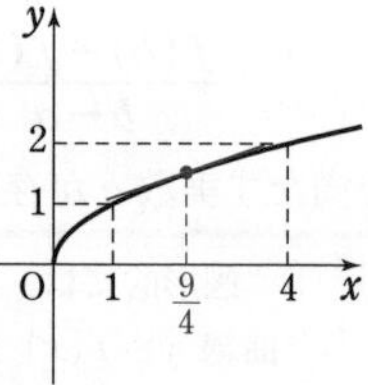

$f'(x)=\dfrac{1}{2\sqrt{x}}$ であるから　$f'(c)=\dfrac{1}{2\sqrt{c}}$

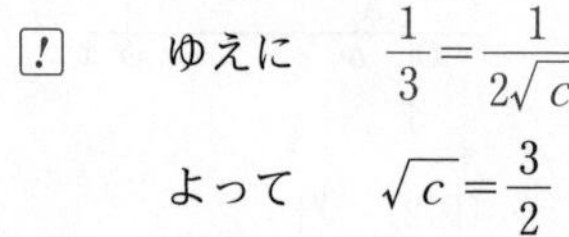

[!] ゆえに　$\dfrac{1}{3}=\dfrac{1}{2\sqrt{c}}$

よって　$\sqrt{c}=\dfrac{3}{2}$

したがって　$\boldsymbol{c=\dfrac{9}{4}}$

⬅ $1<c<4$ を満たす。

TRAINING 74 ①

次の関数と示された区間について，平均値の定理の実数 c の値を求めよ。

(1) $f(x)=2x^2-3$ $[a,\ b]$　　(2) $f(x)=x^3-3x$ $[-2,\ 2]$

(3) $f(x)=e^{-x}$ $[0,\ 1]$　　(4) $f(x)=\sin x$ $[0,\ \pi]$

標準 例題 **75** 不等式の証明（平均値の定理の利用）

≪ 基本例題 74

平均値の定理を用いて，次のことを証明せよ。

$a<b$ のとき　$e^a(b-a)<e^b-e^a<e^b(b-a)$

CHART & GUIDE　平均値の定理を利用した不等式の証明

不等式と平均値の定理の $a<c<b$ を結びつける

1. 平均値の定理を適用する関数 $f(x)$ を決めて，微分可能でかつ連続な区間を考える。
2. $f'(x)$ を求め，平均値の定理を適用する。
3. $a<c<b$，$f'(c)$ を用いて結論の不等式を示す。

解答

関数 $f(x)=e^x$ は実数全体で微分可能で　$f'(x)=e^x$

区間 $[a,\ b]$ において，平均値の定理を用いると

$$\frac{e^b-e^a}{b-a}=e^c \cdots\cdots ①,\qquad a<c<b \cdots\cdots ②$$

を満たす実数 c が存在する。

関数 $f'(x)=e^x$ は常に増加するから，② より　$e^a<e^c<e^b$

これに ① を代入すると　$e^a<\dfrac{e^b-e^a}{b-a}<e^b$

各辺に正の数 $b-a$ を掛けて

$$e^a(b-a)<e^b-e^a<e^b(b-a)$$

$f(x)=e^x$ はすべての実数で微分可能であるから，連続でもある。

$y=e^x$ は増加関数

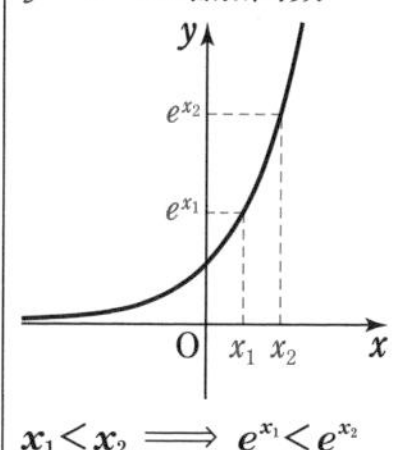

$x_1<x_2 \Longrightarrow e^{x_1}<e^{x_2}$

Lecture　平均値の定理を利用した不等式の証明

上の例題で，結論の不等式の各辺を $b-a$ (>0) で割った式は　$e^a<\dfrac{e^b-e^a}{b-a}<e^b$

平均値の定理は $\dfrac{f(b)-f(a)}{b-a}=f'(c)$，$a<c<b$ であり，これらを見比べると，$f(x)=e^x$ として，$e^a<f'(c)<e^b$ を示せばよいことがわかる。そして，解答でも触れたように，$f'(x)=e^x$ は増加関数であるから，$a<c<b$ と $e^a<f'(c)<e^b$ が結びつく。

このように，差 $f(b)-f(a)$ を含む不等式の証明には，平均値の定理を活用する とよい。

TRAINING 75 ③

平均値の定理を用いて，次のことを証明せよ。

(1)　$a>0$ のとき　$\dfrac{1}{a+1}<\log(a+1)-\log a<\dfrac{1}{a}$

(2)　$0<a<b$ のとき　$1-\dfrac{a}{b}<\log\dfrac{b}{a}<\dfrac{b}{a}-1$

5章 14 平均値の定理

STEP UP!

平均値の定理の証明

ここでは，平均値の定理の証明を取り上げます。

●平均値の定理は，下のロルの定理を用いて証明される。

ロルの定理

関数 $f(x)$ が区間 $[a,\ b]$ で連続，区間 $(a,\ b)$ で微分可能で

$\boldsymbol{f(a)=f(b)}$ **ならば，** $\boldsymbol{f'(c)=0,\ a<c<b}$

を満たす実数 c が存在する。

この定理の図形的意味は，$y=f(x)$ の接線が，2 点 $\mathrm{A}(a,\ f(a))$，$\mathrm{B}(b,\ f(b))$ $[f(a)=f(b)]$ を結ぶ直線 AB に平行になるような接点Cが存在する，ということである。

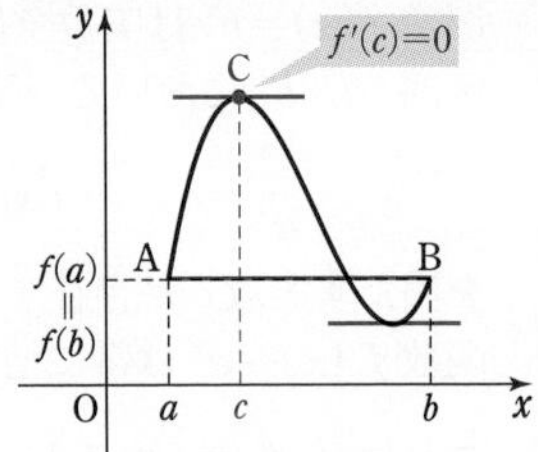

平均値の定理は，この直線 AB が x 軸に平行でない場合を考えたもので，その証明は，次のようになる。

[平均値の定理の証明]

$\dfrac{f(b)-f(a)}{b-a}=m$ とし $g(x)=f(x)-f(a)-m(x-a)$

とする。

$g(x)$ は区間 $[a,\ b]$ で連続，区間 $(a,\ b)$ で微分可能で

あり　　$g'(x)=f'(x)-m$

また　　$g(a)=f(a)-f(a)-m(a-a)=0$

$g(b)=f(b)-f(a)-m(b-a)$

$=f(b)-f(a)-\{f(b)-f(a)\}=0$

よって　　$g(a)=g(b)$

ゆえに，ロルの定理により $g'(c)=0,\ a<c<b$ を満たす実数 c が存在する。

$g'(c)=0$ から　　$f'(c)=m$

すなわち，平均値の定理が成り立つ。

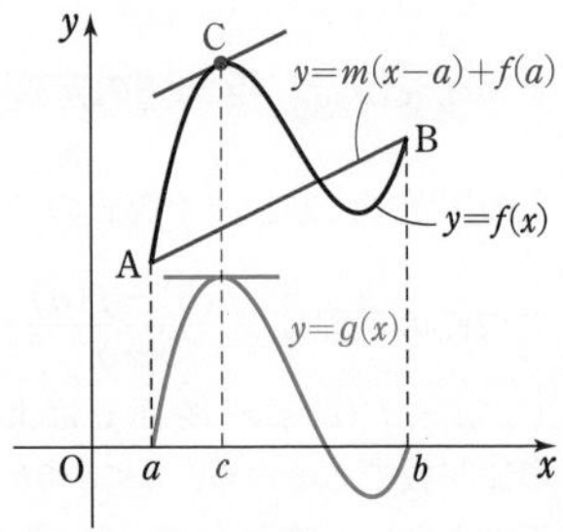

Let's Start

15 関数の値の変化

平均値の定理を利用することで，関数の増減について調べてみましょう。

■ 関数の増加・減少と導関数の符号

関数 $f(x)$ が区間 $[a,\ b]$ で連続で，区間 $(a,\ b)$ で微分可能であるとき，次のことが成り立つ。

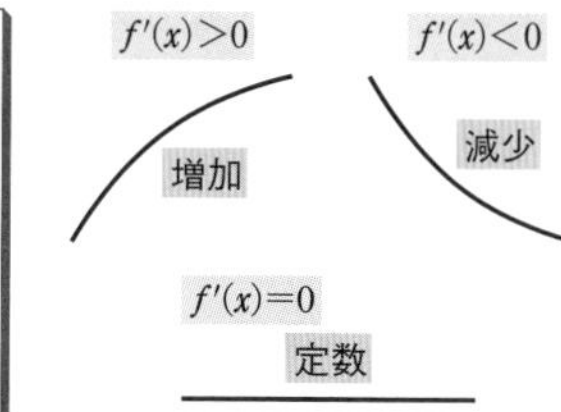

1　区間 $(a,\ b)$ で常に $\boldsymbol{f'(x)>0}$ ならば
　　$f(x)$ は区間 $[a,\ b]$ で **増加** する。

2　区間 $(a,\ b)$ で常に $\boldsymbol{f'(x)<0}$ ならば
　　$f(x)$ は区間 $[a,\ b]$ で **減少** する。

3　区間 $(a,\ b)$ で常に $\boldsymbol{f'(x)=0}$ ならば
　　$f(x)$ は区間 $[a,\ b]$ で **定数** である。

[1 **の証明**]

区間 $[a,\ b]$ において，$a \leqq x_1 < x_2 \leqq b$ である任意の 2 数 x_1，x_2 をとると，平均値の定理により

$$\frac{f(x_2)-f(x_1)}{x_2-x_1}=f'(c),\quad x_1<c<x_2$$

を満たす実数 c が存在する。

区間 $(a,\ b)$ で常に $f'(x)>0$ ならば　$f'(c)>0$

また，$x_1<x_2$ より，$x_2-x_1>0$ であるから

$$f(x_2)-f(x_1)>0 \quad \text{すなわち} \quad f(x_1)<f(x_2)$$

よって，$f(x)$ は区間 $[a,\ b]$ で増加する。

2　$f'(x)<0$，3　$f'(x)=0$ の場合についても同様に示される。

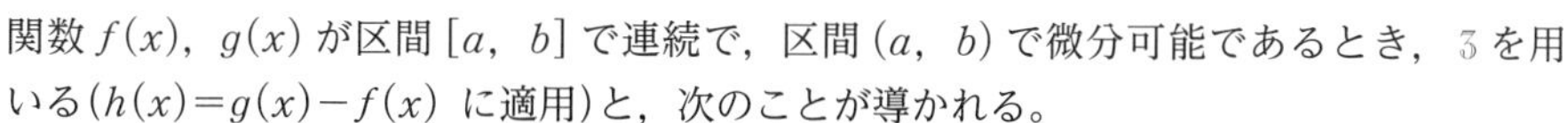

関数 $f(x)$，$g(x)$ が区間 $[a,\ b]$ で連続で，区間 $(a,\ b)$ で微分可能であるとき，3 を用いる（$h(x)=g(x)-f(x)$ に適用）と，次のことが導かれる。

区間 $(a,\ b)$ で常に $\boldsymbol{g'(x)=f'(x)}$ ならば，区間 $[a,\ b]$ で
　　$\boldsymbol{g(x)=f(x)+C}$　　ただし，C は定数

■ 関数の極大・極小

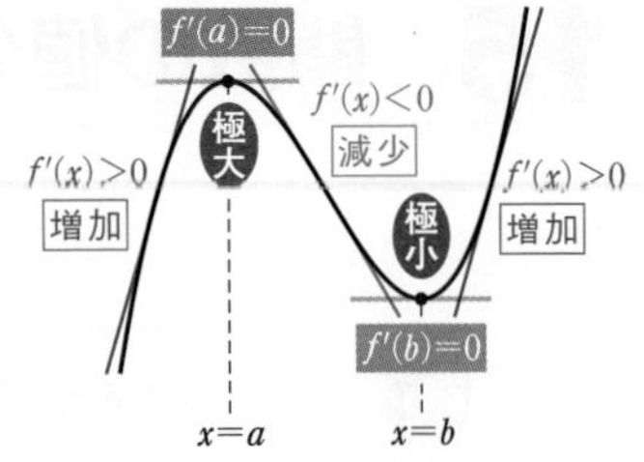

連続な関数 $f(x)$ が
$x=a$ を境目として増加から減少に移るとき，
$f(x)$ は $x=a$ で **極大** であるといい，$f(a)$ を **極大値**，
$x=b$ を境目として減少から増加に移るとき，
$f(x)$ は $x=b$ で **極小** であるといい，$f(b)$ を **極小値**
という。また，極大値と極小値をまとめて **極値** という。

関数 $f(x)$ が $x=a$ で微分可能であるとき，極値について，次のことが成り立つ。

$f(x)$ が $x=a$ で極値をとるならば $f'(a)=0$ （逆は成り立たない！）

■ 関数の最大・最小

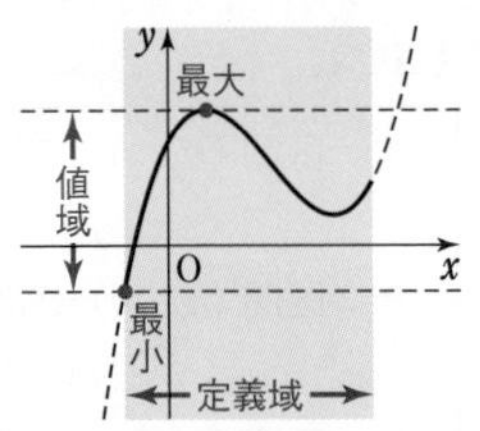

与えられた x の変域(定義域)において，関数 $y=f(x)$ の y のとりうる値(値域)の中で，

最も大きな値が　最大値，**最も小さな値が　最小値**

である。

数学Ⅱでは，x の多項式で表された関数の最大値・最小値を調べたが，一般の関数の場合についても，調べ方の方針は基本的に同じである。その手順を再確認しておこう。

例　**関数 $y=f(x)$ $(a \leqq x \leqq b)$ の最大・最小**

1　導関数 $f'(x)$ を求め，方程式 $f'(x)=0$ の実数解を求める。

2　$f'(x)$ の符号を調べ，定義域 $a \leqq x \leqq b$ の範囲で **増減表** を作る。

3　増減表(またはグラフ)から，最大値・最小値を決める。

↓

極値と定義域の端の値を比較して決める。
右上の増減表でいえば，
　最大値　r と q を比較
　最小値　p と s を比較

x	a	$\cdots$	α	$\cdots$	β	$\cdots$	b
$f'(x)$	／	$+$	0	$-$	0	$+$	／
$f(x)$	p	↗	極大 r	↘	極小 s	↗	q

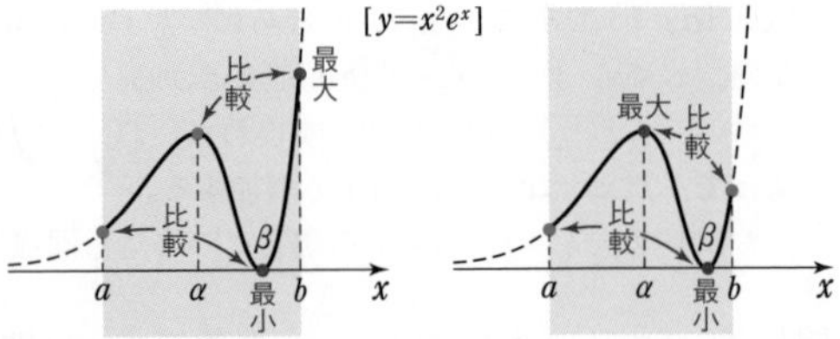

以上は，閉区間 $[a,\ b]$ における最大・最小の例である。また，$p.86$ で学んだように，**閉区間で連続な関数は，その区間で最大値および最小値をもつ。**
しかし，閉区間で連続な関数以外では，最大値または最小値が存在しないこともある。

数学Ⅱでは，x の多項式で表された関数の極値，最大値・最小値を考えましたが，一般の関数では，微分可能でない点で極値をとるなど異なる点もあります。具体的な問題で学習していきましょう。

基本 例題 76 **関数の増減（導関数の利用）** ①①

次の関数の増減を調べよ。

(1) $f(x)=\dfrac{1}{x-1}$　　　(2) $f(x)=\log(x+1)-x$

CHART & GUIDE　**関数 $f(x)$ の増減**　$f'(x)>0$ である区間で　増加
$f'(x)<0$ である区間で　減少

1. 関数の定義域を確認する。…… 分母 $\neq 0$，真数 >0 など。
2. 導関数 $f'(x)$ を求め，方程式 $f'(x)=0$ の実数解を求める。
3. 増減表を作り，$f'(x)$ の符号を調べる。

解答

(1) 関数の定義域は　$x \neq 1$

また　$f'(x)=-\dfrac{1}{(x-1)^2}$

$x \neq 1$ のとき，$(x-1)^2>0$ であるから　$f'(x)<0$

よって，$f(x)$ は　**$x<1$，$1<x$ で減少する。**

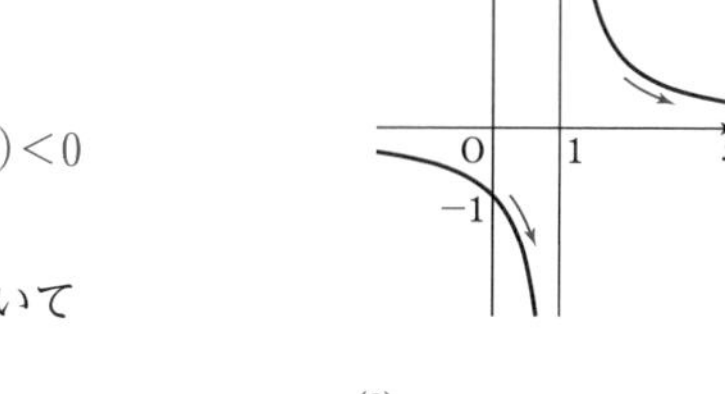

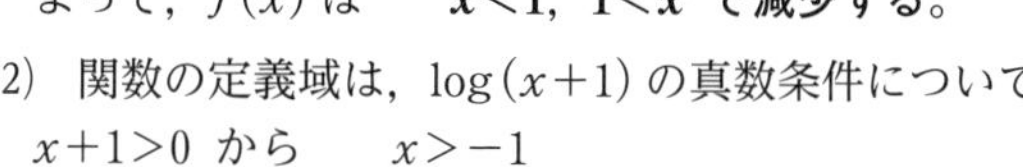

(2) 関数の定義域は，$\log(x+1)$ の真数条件について

$x+1>0$ から　$x>-1$

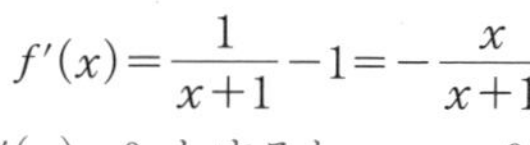

$f'(x)=\dfrac{1}{x+1}-1=-\dfrac{x}{x+1}$

$f'(x)=0$ とすると　$x=0$

$f(x)$ の増減表は右のようになる。

よって，$f(x)$ は

$-1<x\leqq 0$ で増加，$0\leqq x$ で減少する。

x	-1	$\cdots$	0	$\cdots$
$f'(x)$	／	$+$	0	$-$
$f(x)$	／	↗	0	↘

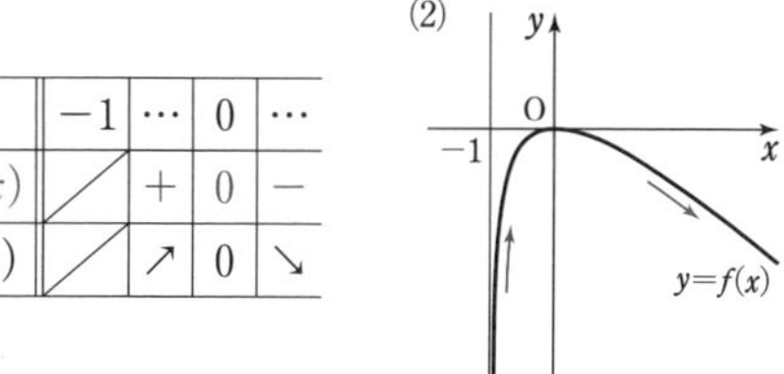

注意 (2) $x=0$ では $f'(x)=0$ であるが，$x=0$ も含めて $-1<x\leqq 0$ で

$$x_1<x_2 \Longrightarrow f(x_1)<f(x_2)$$

が成り立つ。

さらに，$x\geqq 0$ で

$$x_1<x_2 \Longrightarrow f(x_1)>f(x_2)$$

が成り立つから，増加・減少の区間に $x=0$ を含める。

このことは，一般に成り立つから，本書では，今後，増加・減少の区間に $f'(x)=0$ となる x の値を含めることにする。

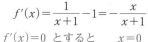

TRAINING 76 ②

次の関数の増減を調べよ。

(1) $f(x)=\log_{\frac{1}{3}}x$　　　(2) $f(x)=x^4-2x^3+2x$

(3) $f(x)=x+\dfrac{1}{x+1}$　　　(4) $f(x)=\tan x-x$

<<< 基本例題 76

基本 例題 77 関数の極値 (1)

関数 $y=\cos x+x\sin x\ \left(-\dfrac{\pi}{2}\leqq x\leqq\pi\right)$ の極値を求めよ。

CHART & GUIDE

関数の極値　増減表を作る

0 定義域，微分可能性を確認する。
…… 明らかな場合は省略してよい。

1 導関数 y'，方程式 $y'=0$ の実数解を求める。
…… $y'=0$ の実数解が極値をとる x の値の候補

2 1 で求めた x の値の前後で，y' の符号の変化を調べ，増減表を作る。

3 増減表から，極値を求める。

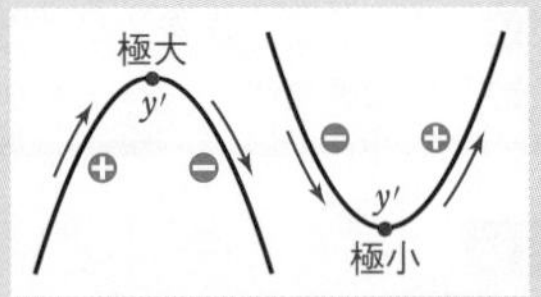

解答

$$y'=-\sin x+(\sin x+x\cos x)=x\cos x$$

$-\dfrac{\pi}{2}<x<\pi$ において，$y'=0$ となる x の値は　$x=0,\ \dfrac{\pi}{2}$

y の増減表は次のようになる。

x	$-\dfrac{\pi}{2}$	…	0	…	$\dfrac{\pi}{2}$	…	π
y'		$-$	0	$+$	0	$-$	
y	$\dfrac{\pi}{2}$	↘	極小 1	↗	極大 $\dfrac{\pi}{2}$	↘	-1

よって　**$x=0$ で極小値 1，$x=\dfrac{\pi}{2}$ で極大値 $\dfrac{\pi}{2}$**

y は $-\dfrac{\pi}{2}<x<\pi$ で微分可能な関数である。

関数のグラフ

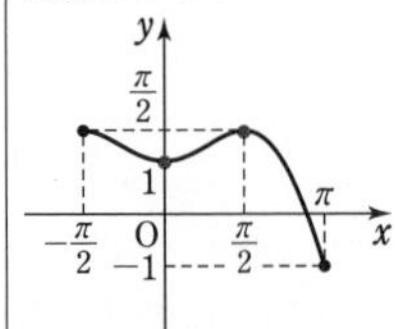

定義域の端では極値を考えない(Lecture 参照)。

Lecture 関数の極大・極小

$f(x)$ は連続な関数とする。$x=a$ を含む十分小さい開区間において，

$x\neq a$ ならば $f(x)<f(a)$ であるとき，$f(x)$ は $x=a$ で極大，$f(a)$ を極大値

$x\neq a$ ならば $f(x)>f(a)$ であるとき，$f(x)$ は $x=a$ で極小，$f(a)$ を極小値 という。

これが関数の極値の厳密な定義である。したがって，$x=a$ を含む開区間が考えられない定義域の端の点では，$f(x)<f(a)$，$f(x)>f(a)$ が成り立っていても極値を考えない。

TRAINING 77 ②

次の関数の極値を求めよ。

(1) $y=\dfrac{2x}{1+x^2}$　　(2) $y=2\sin x+x\ (0\leqq x\leqq 2\pi)$

(3) $y=-xe^x$　　(4) $y=\dfrac{x}{\log x}$

≪ 基本例題 77

標準 例題 **78** 関数の極値(2) ③③③

関数 $y=2x+3\sqrt[3]{x^2}$ の極値を求めよ。

CHART & GUIDE

関数の極値　増減表を作る

0 定義域，微分可能性を確認する。
1 導関数 y' を求め，方程式 $y'=0$ の実数解を求める。
2 $y'=0$ となる x の値や y' が存在しない x の値の前後で，y' の符号の変化を調べ，増減表を作る。
3 増減表から，極値を求める。

解答

関数の定義域は実数全体で，$y=2x+3x^{\frac{2}{3}}$ であるから

$x \neq 0$ のとき　$y'=2+3\cdot\dfrac{2}{3}x^{-\frac{1}{3}}=2+\dfrac{2}{\sqrt[3]{x}}=\dfrac{2(\sqrt[3]{x}+1)}{\sqrt[3]{x}}$

$y'=0$ とすると　$\sqrt[3]{x}=-1$　すなわち　$x=(-1)^3$

よって　$x=-1$

関数 y は $x=0$ のとき微分可能でない。

y の増減表は次のようになる。

x	$\cdots$	-1	$\cdots$	0	$\cdots$
y'	$+$	0	$-$	／	$+$
y	↗	極大 1	↘	極小 0	↗

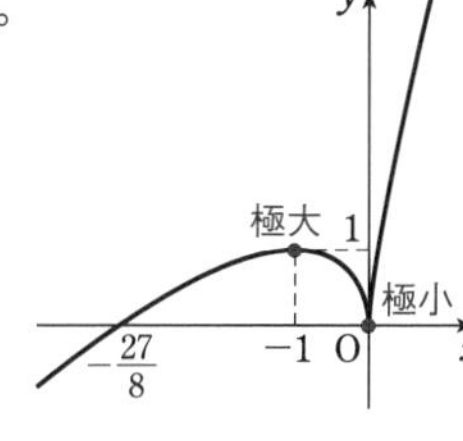

したがって　**$x=-1$ で極大値 1，$x=0$ で極小値 0**

y' が存在しないが，極値が存在する関数の例は，絶対値を含む関数でよく見られる。

例　$y=-|x|$

$x=0$ で微分可能でないが，$x=0$ で極大値 0 をとる。

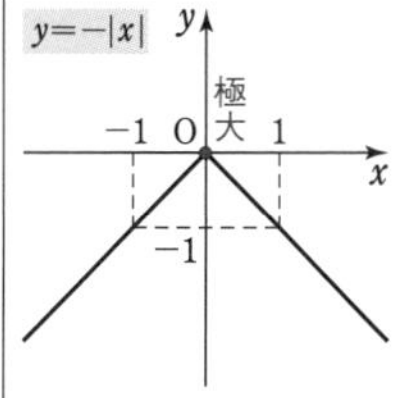

Lecture　微分可能でない x の値の見つけ方

上の例題で y が $x=0$ で微分可能でないことは，次のように示される。

$$\lim_{x\to+0}\frac{2x+3\sqrt[3]{x^2}}{x}=\lim_{x\to+0}\left(2+\frac{3}{\sqrt[3]{x}}\right)=\infty,\quad \lim_{x\to-0}\frac{2x+3\sqrt[3]{x^2}}{x}=\lim_{x\to-0}\left(2+\frac{3}{\sqrt[3]{x}}\right)=-\infty$$

しかし，関数の極値を求めるときに，微分可能性の定義に基づいて調べるのも手間である。そこで，絶対値記号の中の式が 0 となる x の値や，導関数 y' の分母を 0 にする x の値を，微分可能でない点の目安にするとよい。

TRAINING 78 ③

次の関数の極値を求めよ。

(1) $y=|x^2-1|$　(2) $y=3\sqrt[3]{x^2}$　(3) $y=|x|\sqrt{x+1}$

(4) $y=x+\dfrac{2}{x}$　(5) $y=\dfrac{x}{x^2-1}$

標準 例題 >>> 発展例題 96

79 極値から係数を決定

関数 $f(x)=\dfrac{x^2+ax+b}{x-1}$ が $x=2$ で極小値 -1 をとるように，定数 a，b の値を定めよ。また，このとき，$f(x)$ の他の極値を求めよ。

CHART & GUIDE

関数 $f(x)$ が $x=\alpha$ で微分可能であるとき

$f(x)$ が $x=\alpha$ で極値をとるならば $f'(\alpha)=0$

（ただし，逆は成り立たない！）

1. $f'(x)$ を計算する。
2. $f'(2)=0$，$f(2)=-1$ から導かれる a と b の連立方程式を解く。
3. 2 で求めた a，b が条件を満たすことを増減表を作って確認する。

解答

$$f'(x)=\frac{(2x+a)(x-1)-(x^2+ax+b)\cdot 1}{(x-1)^2}=\frac{x^2-2x-a-b}{(x-1)^2}$$

$f(x)$ の定義域は　$x\neq 1$

$f(x)$ が $x=2$ で極小値 -1 をとるとすると

$f'(2)=0$，$f(2)=-1$　← 必要条件

ゆえに　$a+b=0$，$2a+b=-5$　これを解いて　$a=-5$，$b=5$

← $f'(2)=0$ から $-a-b=0$，$f(2)=-1$ から $4+2a+b=-1$

このとき　$f(x)=\dfrac{x^2-5x+5}{x-1}$，$f'(x)=\dfrac{x(x-2)}{(x-1)^2}$

よって，右の増減表が得られ，条件を満たす。

ゆえに　$a=-5$，$b=5$

$x=0$ で極大値 -5

x	$\cdots$	0	$\cdots$	1	$\cdots$	2	$\cdots$
$f'(x)$	$+$	0	$-$	／	$-$	0	$+$
$f(x)$	↗	極大 -5	↘	／	↘	極小 -1	↗

← $x=2$ で極小値 -1 をとることを確認する。

← $f(0)=-5$

Lecture　$f(x)$ が $x=\alpha$ で極値をとる条件

上の解答で，$f'(2)=0$ から $a+b=0$ を導いたが，これは $x=2$ で極値をとるための必要条件であって十分条件ではない。よって，求めた a，b に対しては，増減表を作って $f'(x)$ の符号が $x=2$ の前後で－から＋に変わることを確認しなければならない(十分条件)。

一般に，$f'(\alpha)$ が存在するとき，

「$f(x)$ が $x=\alpha$ で極値をとるならば $f'(\alpha)=0$」の逆は成り立たない。

［反例］　$f(x)=x^3$ において　　$f'(x)=3x^2\geqq 0$

$f'(0)=0$ であるが，$f(x)$ は $x=0$ で極値をとらない。

［$x=0$ の前後で $f'(x)$ の符号が変わらない］

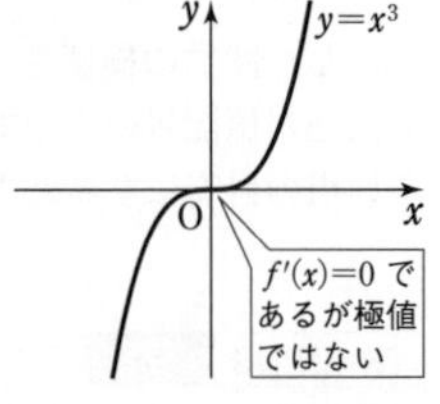

TRAINING 79 ③

関数 $f(x)=\dfrac{ax^2+bx+1}{x^2+1}$ が $x=-1$ で極大値 $\dfrac{3}{2}$ をとるように，定数 a，b の値を定めよ。また，このとき，$f(x)$ の他の極値を求めよ。

基本 例題 **80** 関数の最大・最小 (1)

関数 $y=x+2\cos x$ $(0\leqq x\leqq 2\pi)$ の最大値，最小値を求めよ。

解説動画へGO!!

CHART & GUIDE

関数の最大・最小　極値と定義域の端の値に注目

1. 導関数 y' を求め，方程式 $y'=0$ の実数解を求める。
2. 定義域の範囲で，増減表を作る。
3. 増減表またはグラフから，最大値，最小値を求める。

解答

$y'=1-2\sin x$

$0<x<2\pi$ において，$y'=0$ となる x の値は

$\sin x=\dfrac{1}{2}$ より　$x=\dfrac{\pi}{6},\ \dfrac{5}{6}\pi$

y の増減表は次のようになる。

x	0	…	$\dfrac{\pi}{6}$	…	$\dfrac{5}{6}\pi$	…	2π
y'		$+$	0	$-$	0	$+$	
y	2	↗	極大 $\dfrac{\pi}{6}+\sqrt{3}$	↘	極小 $\dfrac{5}{6}\pi-\sqrt{3}$	↗	$2\pi+2$

$2\pi+2-\left(\dfrac{\pi}{6}+\sqrt{3}\right)>0,\ 2-\left(\dfrac{5}{6}\pi-\sqrt{3}\right)=2+\sqrt{3}-\dfrac{5}{6}\pi>0$

よって

$x=2\pi$ で最大値 $2\pi+2$，$x=\dfrac{5}{6}\pi$ で最小値 $\dfrac{5}{6}\pi-\sqrt{3}$

最大値の候補は $2\pi+2$ と $\dfrac{\pi}{6}+\sqrt{3}$
最小値の候補は $\dfrac{5}{6}\pi-\sqrt{3}$ と 2
これら2つの大小を比較して決定する。
$\pi\fallingdotseq 3.1,\ \sqrt{3}\fallingdotseq 1.7$ として見当をつけてもよい。

Lecture　最大・最小と極大・極小の違い

上の例題からもわかるように，最大・最小と極大・極小は異なる概念である。**最大・最小** は **定義域全体** で考えるのに対し，極大・極小 は，それぞれ その点を含む十分小さい区間での最大・最小である。

極大値 $f(a)$ は **$x=a$ の近く** での $f(x)$ の最大値
極小値 $f(a)$ は **$x=a$ の近く** での $f(x)$ の最小値

($p.134$ Lecture も参照)

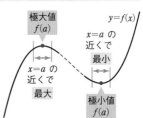

TRAINING 80 ②

次の関数の最大値，最小値を求めよ。

(1) $y=2\sin x-\sin 2x$ $(-\pi\leqq x\leqq\pi)$　　(2) $y=e^{-x}\sin x$ $\left(0\leqq x\leqq\dfrac{\pi}{2}\right)$

標準 例題 **81** 関数の最大・最小 (2)

≪≪ 基本例題 80

次の関数の最大値，最小値を求めよ。

(1) $y=\dfrac{6x}{x^2+9}$　　(2) $y=(x+1)\sqrt{1-x^2}$

CHART & GUIDE

関数の最大・最小　極値と定義域の端の値に注目

1 関数の定義域を確認する。
2 導関数 y' を求め，方程式 $y'=0$ の実数解を求める。
3 増減表を作り，最大値，最小値を求める。

解答

(1) $y'=\dfrac{6\{(x^2+9)-x\cdot 2x\}}{(x^2+9)^2}=-\dfrac{6(x^2-9)}{(x^2+9)^2}=-\dfrac{6(x+3)(x-3)}{(x^2+9)^2}$

$y'=0$ とすると　　$x=-3,\ 3$

y の増減表は右のようになる。

x	$\cdots$	-3	$\cdots$	3	$\cdots$
y'	$-$	0	$+$	0	$-$
y	↘	極小 -1	↗	極大 1	↘

また　$\lim\limits_{x\to-\infty}y=0,\ \lim\limits_{x\to\infty}y=0$

よって

$x=3$ で最大値 1

$x=-3$ で最小値 -1

(2) 関数の定義域は，$1-x^2\geqq 0$ から　　$-1\leqq x\leqq 1$

$-1<x<1$ のとき

$$y'=1\cdot\sqrt{1-x^2}+(x+1)\cdot\frac{-2x}{2\sqrt{1-x^2}}=-\frac{2x^2+x-1}{\sqrt{1-x^2}}$$

$$=-\frac{(x+1)(2x-1)}{\sqrt{1-x^2}}$$

$y'=0$ とすると，$-1<x<1$ では　　$x=\dfrac{1}{2}$

また，$x=\pm1$ のとき $y=0$

y の増減表は右のようになる。

x	-1	$\cdots$	$\frac{1}{2}$	$\cdots$	1
y'	／	$+$	0	$-$	／
y	0	↗	極大 $\frac{3\sqrt{3}}{4}$	↘	0

よって

$x=\dfrac{1}{2}$ で最大値 $\dfrac{3\sqrt{3}}{4}$，

$x=\pm1$ で最小値 0

(1) 定義域は実数全体 $(-\infty,\ \infty)$。
よって，定義域の端の値として $\lim\limits_{x\to\pm\infty}y$ にも注目。

⇐ $y=\dfrac{6x}{x^2+9}=\dfrac{\frac{6}{x}}{1+\frac{9}{x^2}}$

(1)

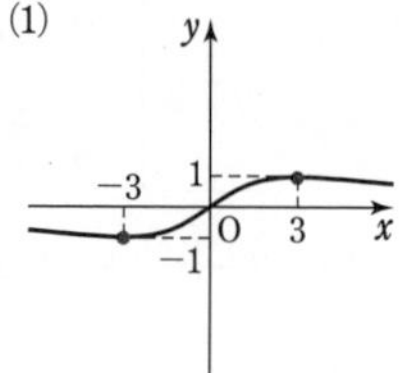

(2)

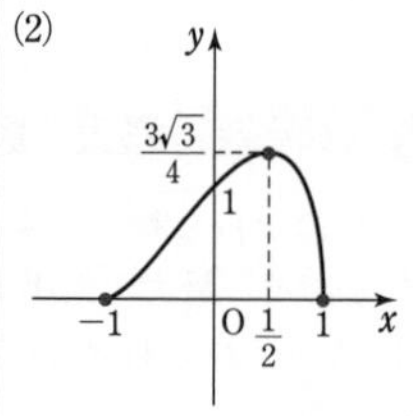

TRAINING 81 ③

次の関数の最大値，最小値を求めよ。

(1) $y=\dfrac{2(x-1)}{x^2-2x+2}$　　(2) $y=x\log x$

標準 例題 ≪ 基本例題 80

82 最大・最小の応用問題

体積が $16\pi\ \text{cm}^3$ の直円柱の表面積 S を最小にするには，底面の半径と円柱の高さをそれぞれ何 cm にすればよいか。また，S の最小値を求めよ。

CHART & GUIDE

応用問題（最大・最小）を解く手順

1. 変数を決める。
   …… 直円柱の底面の半径を r とし，高さ h を変数 r で表す。
2. 1 で決めた変数の変域を調べる。…… 3 の関数の定義域となる。
3. 最大・最小を考える量を変数の式で表す。…… 表面積 S を r で表す。
4. 3 の関数の最大値・最小値を求める。…… 関数 S の増減表を作る。

解答

直円柱の底面の半径を r cm，高さを h cm とすると

$$S=2\pi r^2+2\pi rh \quad \cdots\cdots ①$$

また，体積について　$\pi r^2h=16\pi$ ……②

$r>0$ であるから，② より　$h=\dfrac{16}{r^2}$ ……③

これを ① に代入すると

$$S=2\pi r^2+2\pi r\cdot\frac{16}{r^2}=2\pi\left(r^2+\frac{16}{r}\right) \quad \cdots\cdots ④$$

ゆえに　$S'=\dfrac{dS}{dr}=2\pi\left(2r-\dfrac{16}{r^2}\right)=\dfrac{4\pi(r^3-8)}{r^2}$

$$=\frac{4\pi(r-2)(r^2+2r+4)}{r^2}$$

$S'=0$ とすると　$r=2$

$r>0$ における S の増減表は右のようになり，$r=2$ のとき，S は極小かつ最小となる。

r	0	…	2	…
S'	/	$-$	0	$+$
S	/	↘	極小	↗

$r=2$ のとき，③ から　$h=4$

よって，表面積 S を最小にするには

底面の半径を 2 cm，高さを 4 cm にすればよい。

このときの S の値は，④ に $r=2$ を代入して

$$S=2\pi(4+8)=\mathbf{24\pi\ (cm^2)}$$

← (表面積)＝2×(底面積)＋(側面積)

← ② は条件式。
条件式　文字を減らす方針で h を消去すると，S は r の関数となる。

← $r^2+2r+4=(r+1)^2+3>0$

$\lim_{r\to+0}S=\infty$，$\lim_{r\to\infty}S=\infty$ であるが，省略してよい。

← (参考) 体積が一定の直円柱で表面積が最小のものは，**底面の直径と高さが等しい。**

5章 15 関数の値の変化

TRAINING 82 ③

半径が 1 の球に内接する直円柱を考え，この直円柱の底面の半径を x とし，体積を V とする。V の最大値とそのときの x の値を求めよ。　〔類 金沢工大〕

Let's Start

16 関数のグラフ

ここでは，関数 $f(x)$ の増減と $f(x)$ の第 2 次導関数 $f''(x)$ の符号を調べて，$y=f(x)$ のグラフの概形をかく方法について学んでいきましょう。

■ 第 2 次導関数と曲線の凹凸

曲線 $y=f(x)$ の接線の傾きは $f'(x)$ で表され，$f'(x)$ の値の増減は，$f''(x)$ の符号によってわかるから，次のことがいえる。

[1] $f''(x)>0$ である区間では，$f'(x)$ の値は増加 ⟶ 接線の傾きが増加

[2] $f''(x)<0$ である区間では，$f'(x)$ の値は減少 ⟶ 接線の傾きが減少

ある区間で，x の値が増加すると

接線の傾きが増加するとき，

曲線 $y=f(x)$ はこの区間で **下に凸**，

接線の傾きが減少するとき，

曲線 $y=f(x)$ はこの区間で **上に凸**

であるという。

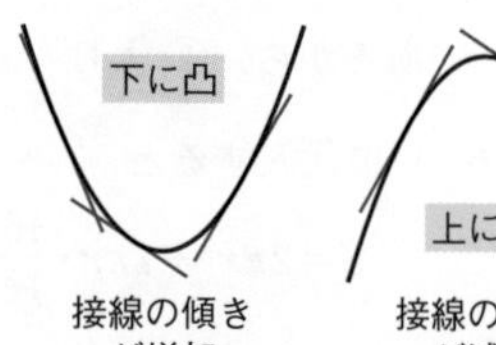

$f''(x)$ の符号と曲線 $y=f(x)$ の凹凸

$f(x)$ が第 2 次導関数 $f''(x)$ をもつとき

1 $\boldsymbol{f''(x)>0}$ である区間では，曲線 $y=f(x)$ は **下に凸** である

2 $\boldsymbol{f''(x)<0}$ である区間では，曲線 $y=f(x)$ は **上に凸** である

例 $f(x)=x^2$ について

$f'(x)=2x$，$f''(x)=2>0$

⟶ 下に凸の放物線。

$f(x)=-x^2$ について

$f'(x)=-2x$，$f''(x)=-2<0$

⟶ 上に凸の放物線。

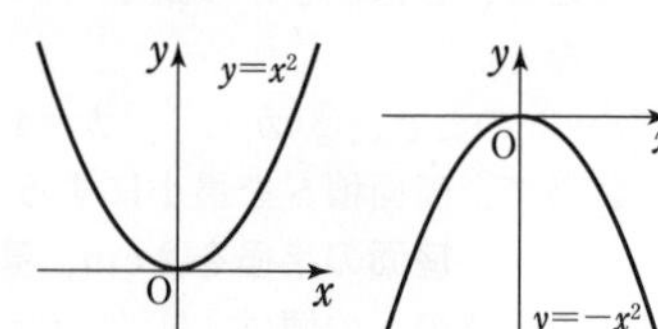

■ 変曲点

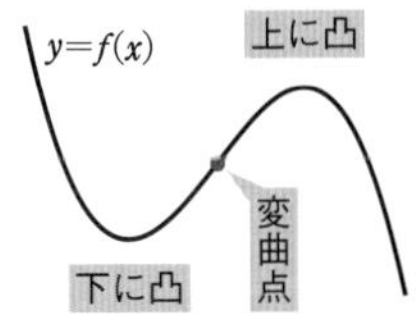

曲線 $y=f(x)$ 上の点 $P(a,\ f(a))$ を境目として，曲線の凹凸が入れ替わるとき，点Pを曲線 $y=f(x)$ の **変曲点** という。

このとき

$f''(x)>0$ ならば下に凸，$f''(x)<0$ ならば上に凸

であるから，点 $(a,\ f(a))$ が曲線 $y=f(x)$ の変曲点ならば，

$$\boldsymbol{f''(a)=0}$$

が成り立つ。

しかし，$f''(a)=0$ であるからといって，点 $(a,\ f(a))$ が曲線 $y=f(x)$ の変曲点であるとは限らない(次のページの Lecture 参照)。

■ 第2次導関数を用いて極値を判定する

一般に，第2次導関数と極値について，次のことが成り立つ。

> 関数 $f(x)$ の第2次導関数 $f''(x)$ が連続であるとき
> 1 $\boldsymbol{f'(a)=0}$ かつ $\boldsymbol{f''(a)>0}$ ならば，$f(a)$ は **極小値**
> 2 $\boldsymbol{f'(a)=0}$ かつ $\boldsymbol{f''(a)<0}$ ならば，$f(a)$ は **極大値**

説明 $f''(x)$ が連続関数であるとき，1，2 の各場合について，$x=a$ の十分近くで増減表を作ると次のようになり，$x=a$ の前後で $f'(x)$ の符号が変わることがわかる。

1 $f'(a)=0$，$f''(a)>0$

x	…	a	…
$f''(x)$	+	+	+
$f'(x)$	−	0	+
$f(x)$	↘	極小	↗

2 $f'(a)=0$，$f''(a)<0$

x	…	a	…
$f''(x)$	−	−	−
$f'(x)$	+	0	−
$f(x)$	↗	極大	↘

数学Ⅱでは，主に3次関数のグラフの概形について学びました。
次ページからは，一般の関数について，グラフの概形を学んでいきましょう。

基本 例題 **83** 曲線の凹凸と変曲点

曲線 $y=x^4-2x^3+2x-1$ の凹凸を調べよ。また，変曲点があればその座標を求めよ。

CHART & GUIDE

曲線の凹凸と変曲点
第 2 次導関数 y'' の符号を利用する

1 第 2 次導関数 y'' を求め，方程式 $y''=0$ の実数解を求める。
2 増減表を作り，曲線の凹凸を調べる。
　$y''>0$ である区間では下に凸，$y''<0$ である区間では上に凸
3 変曲点を調べる。その候補は $y''=0$ の点

解答

$y'=4x^3-6x^2+2$
$y''=12x^2-12x=12x(x-1)$
$y''=0$ とすると　　$x=0,\ 1$
y'' の符号を調べると，この曲線の凹凸は次の表のようになる。

x	$\cdots$	0	$\cdots$	1	$\cdots$
y''	+	0	−	0	+
y	∪	変曲点	∩	変曲点	∪

また　　$x=0$ のとき $y=-1$，$x=1$ のとき $y=0$
よって　**$x<0$，$1<x$ で下に凸；$0<x<1$ で上に凸；**
変曲点の座標は　　$(0,\ -1)$，$(1,\ 0)$

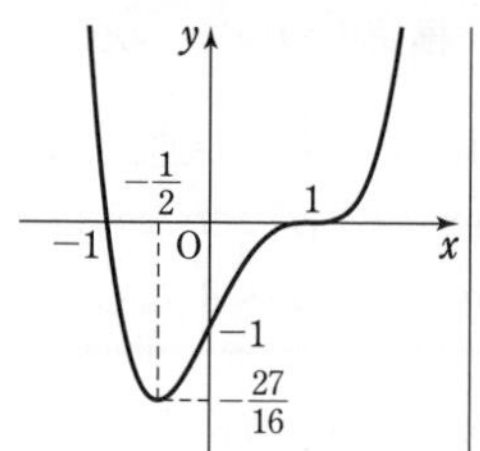

$y'=2(2x+1)(x-1)^2$
$x=-\dfrac{1}{2}$ で極小値をとるが，$x=1$ で極値をとらない。

表の ∪ は 下に凸，
∩ は 上に凸
を表す。

注意 本書では，凹凸の範囲に区間の端の点を含めないで，答えることにする。

Lecture　$f''(a)=0$ でも点 $(a,\ f(a))$ は変曲点とは限らない

例えば，$f(x)=x^4$ において
$$f'(x)=4x^3,\ f''(x)=12x^2$$
$f''(x)=0$ とすると　　$x=0$
しかし，$x=0$ の前後で $f''(x)$ の符号が変わらないから，点 $(0,\ 0)$ は曲線 $y=x^4$ の変曲点ではない。

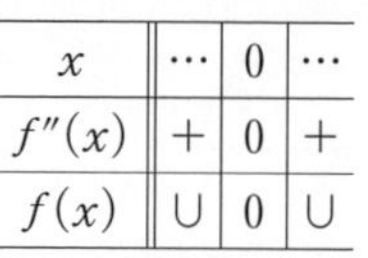

x	$\cdots$	0	$\cdots$
$f''(x)$	+	0	+
$f(x)$	∪	0	∪

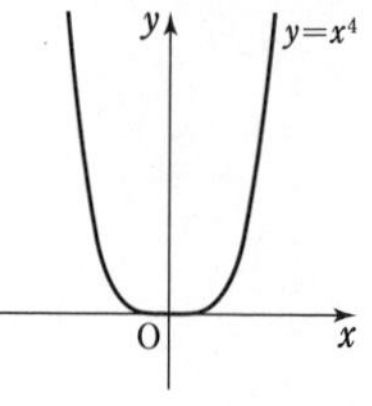

つまり
　点 $(a,\ f(a))$ が曲線 $y=f(x)$ の変曲点ならば $f''(a)=0$
は成り立つが，その 逆は成り立たない。

TRAINING 83 ①
次の曲線の凹凸を調べよ。また，変曲点があればその座標を求めよ。
(1) $y=-x^3+3x^2$　　(2) $y=-x^4$　　(3) $y=xe^{-x}$　　(4) $y=\log(1+x^2)$

STEP into ここで解説

漸近線の求め方

数学Ⅲで扱う関数のグラフは，漸近線をもつものも多いです。ここで，漸近線の求め方について説明しておきましょう。

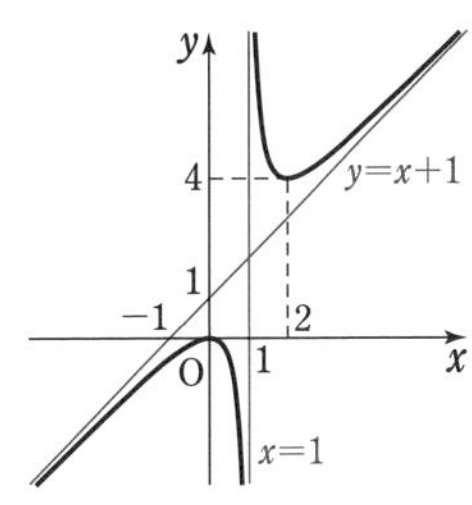

例　曲線 $y=x+1+\dfrac{1}{x-1}$ について

$x\longrightarrow\pm\infty$ のとき $\dfrac{1}{x-1}\longrightarrow 0$ であるから，曲線は，

直線 $y=x+1$

に近づいていく。これが漸近線の1つである。

また，$x\longrightarrow 1\pm 0$ のとき　$y\longrightarrow\pm\infty$（複号同順）

したがって，直線 $x=1$ も漸近線である。

一般に，関数 $y=f(x)$ のグラフの漸近線については，次のようになる。

① **x 軸に平行な漸近線**

$\displaystyle\lim_{x\to\infty}f(x)=a$ または $\displaystyle\lim_{x\to-\infty}f(x)=a$ ならば，**直線 $y=a$** は漸近線である。

② **x 軸に垂直な漸近線**

$\displaystyle\lim_{x\to c+0}f(x)=\infty$ または $\displaystyle\lim_{x\to c+0}f(x)=-\infty$ または $\displaystyle\lim_{x\to c-0}f(x)=\infty$ または $\displaystyle\lim_{x\to c-0}f(x)=-\infty$ ならば，**直線 $x=c$** は漸近線である。

③ **x 軸に平行でも垂直でもない漸近線**

$\displaystyle\lim_{x\to\infty}\{f(x)-(ax+b)\}=0$ または $\displaystyle\lim_{x\to-\infty}\{f(x)-(ax+b)\}=0$ ならば，

直線 $y=ax+b$ は漸近線である。

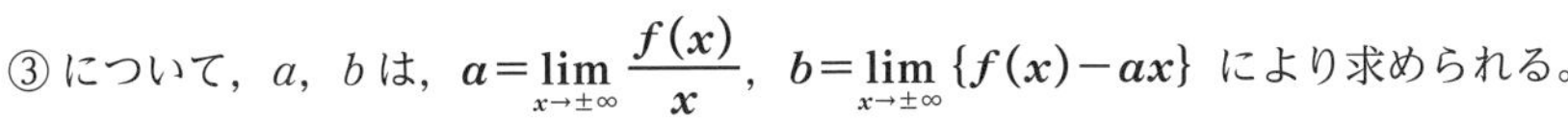

③について，a，b は，$\boldsymbol{a=\displaystyle\lim_{x\to\pm\infty}\frac{f(x)}{x}}$，$\boldsymbol{b=\displaystyle\lim_{x\to\pm\infty}\{f(x)-ax\}}$ により求められる。

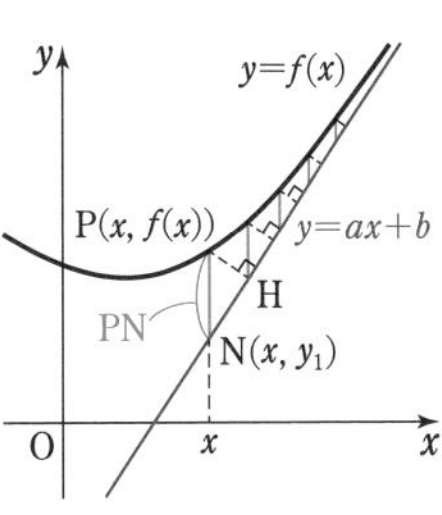

説明　漸近線は，曲線上の点 $\mathrm{P}(x,\ f(x))$ が原点から無限に遠ざかるとき，P からその直線に至る距離 PH が限りなく小さくなる直線である。

直線 $y=ax+b$ が曲線 $y=f(x)$ の漸近線で，P から x 軸に下ろした垂線と，この直線との交点を $\mathrm{N}(x,\ y_1)$ とする。

PH：PN は一定であるから PH $\longrightarrow 0$ のとき，PN $\longrightarrow 0$ である。

よって

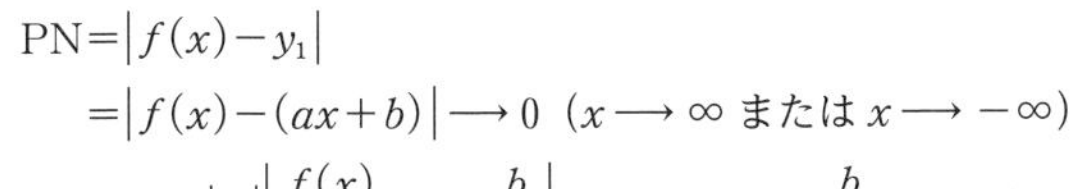

$$\begin{aligned}\mathrm{PN}&=|f(x)-y_1|\\&=|f(x)-(ax+b)|\longrightarrow 0\ (x\longrightarrow\infty \text{ または } x\longrightarrow-\infty)\end{aligned}$$

ここで，$\mathrm{PN}=|x|\left|\dfrac{f(x)}{x}-a-\dfrac{b}{x}\right|$ であり，$\displaystyle\lim_{x\to\pm\infty}\frac{b}{x}=0$ であるから

$$\lim_{x\to\pm\infty}\left\{\frac{f(x)}{x}-a\right\}=0\qquad\text{すなわち}\qquad\lim_{x\to\pm\infty}\frac{f(x)}{x}=a$$

また，$\displaystyle\lim_{x\to\pm\infty}\{f(x)-(ax+b)\}=0$ であるから　$\displaystyle\lim_{x\to\pm\infty}\{f(x)-ax\}=b$

5章
16
関数のグラフ

基本 例題 84 >>> 発展例題 97

関数のグラフの概形 (1)

関数 $y=(\log x)^2$ の増減，極値，グラフの凹凸，変曲点，漸近線を調べて，グラフの概形をかけ。

解説動画へGO!!

CHART & GUIDE 関数のグラフの概形　次の ①〜⑥ に注意してかく。

① 定義域　x，y の変域に注意して，グラフの存在範囲を調べる。
② 対称性　x 軸対称，y 軸対称，原点対称などの対称性を調べる。
③ 増減と極値　y' の符号の変化を調べる。
④ 凹凸と変曲点　y'' の符号の変化を調べる。
⑤ 座標軸との共有点　$x=0$ のときの y の値，$y=0$ のときの x の値を求める。
⑥ 漸近線　$x \longrightarrow \pm\infty$ のときの y や，$y \longrightarrow \pm\infty$ となる x を調べる。

解答

関数の定義域は，$\log x$ の真数条件から　$x>0$

$$y'=2(\log x)\cdot(\log x)'=\frac{2\log x}{x}$$

$$y''=\frac{(2\log x)'\cdot x-(2\log x)(x)'}{x^2}=\frac{2(1-\log x)}{x^2}$$

$y'=0$ とすると　$x=1$，　$y''=0$ とすると　$x=e$

y の増減やグラフの凹凸は，次の表のようになる。

x	0	…	1	…	e	…
y'	／	$-$	0	$+$	$+$	$+$
y''	／	$+$	$+$	$+$	0	$-$
y	／	↘（下に凸で減少）	極小 0	↗（下に凸で増加）	変曲点 1	↗（上に凸で増加）

$x=1$ で極小値 0 をとる。

変曲点は，点 $(e,\ 1)$ である。

また，$\displaystyle\lim_{x\to+0}\log x=-\infty$ であるから

$$\lim_{x\to+0}y=\lim_{x\to+0}(\log x)^2=\infty$$

よって，y 軸が漸近線である。

以上から，グラフは　〔図〕

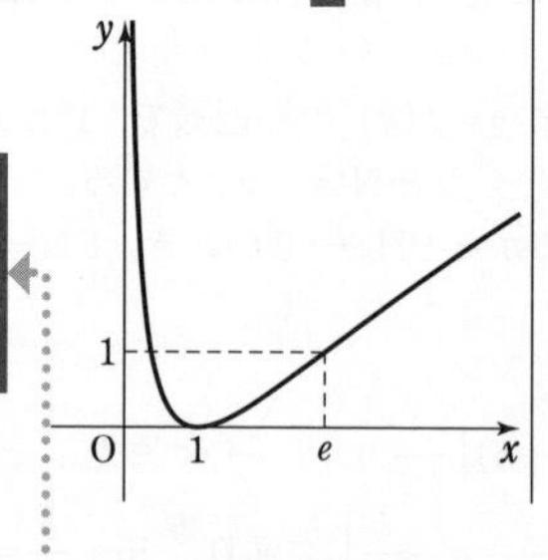

$(\log x)^2 \geqq 0$ であるから，グラフは $y \geqq 0$ の範囲に存在する。

⬅ $\log x=1$ から　$x=e$

注意　増減表でよく用いられる記法
↗は下に凸で増加，
↘は下に凸で減少，
↗は上に凸で増加，
↘は上に凸で減少
を表す。

TRAINING 84 ②

次の関数の増減，極値，グラフの凹凸，変曲点，漸近線を調べて，グラフの概形をかけ。

(1)　$y=\dfrac{x-1}{x^2}$　　　(2)　$y=e^{-x^2}$

ズーム UP

関数のグラフの調べ方

数学Ⅱでは，3次関数のグラフをかく際のポイントが増減表の作成であることを説明しました。ここでは，数学Ⅲにおけるグラフの概形をかく際の各工程について，詳しくみていきましょう。

● まず定義域を調べる（①）

関数の定義域は，次の[1]～[3]に注目するとよい。

[1]　(分母)$\neq 0$　　[2]　($\sqrt{\ \ }$の中)$\geqq 0$　　[3]　(対数の真数)>0

左の例題では，[3]から定義域を求めている。

● 増減，凹凸，極値などを調べ，表にまとめる（③，④）

次の 1～3 の手順で進める。

1　導関数 y' や第2次導関数 y'' を求め，$y'=0$，$y''=0$ を解く。

2　1 で求めた値の前後で y'，y'' の符号を調べる。　⬅ y' の符号から増減，y'' の符号から凹凸がわかる。

3　その結果をもとに，増減と凹凸をまとめた表を作る。

…… y の行には，増減と凹凸がわかりやすいように，「↘」，「↗」，「↗」，「↘」を用いている。

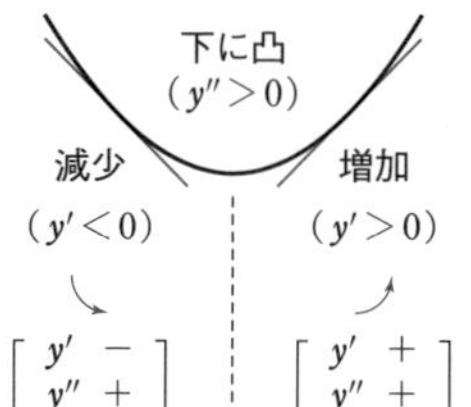

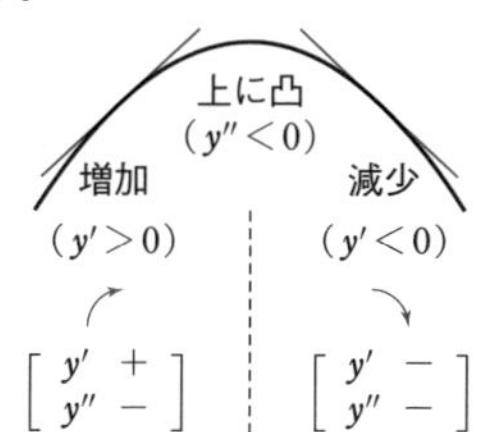

● 漸近線を求める（⑥）

漸近線の求め方($p.$ 143)に従って調べる。例えば，左の例題では次のようになる。

(i)　$\displaystyle\lim_{x\to+0} y=\infty$　　…… **y 軸が漸近線。**

(ii)　$y=ax+b+g(x)$ [ただし，$\displaystyle\lim_{x\to\pm\infty} g(x)=0$] の形に変形できない。

…… **他に漸近線はない**

[補1]　対称性を調べる（②）

左の例題では現れないが，$f(x)=f(-x)$ など対称性がある場合は，それを利用してグラフをかくとよい。

[補2]　座標軸との共有点（⑤）

$y=0$ や $x=0$ とした方程式が比較的容易に解ける場合は，座標軸との共有点の座標を求めておく（左の例題の場合，x 軸との共有点の x 座標1について，増減表からすぐにわかる）。

これによって，グラフがかきやすくなったり，表のミスに気付いたりすることがある。問題で問われていなくても，座標軸との共有点を調べる習慣をつけておこう。

⋘ 基本例題 84

基本 例題 85 関数のグラフの概形 (2)

関数 $y=\dfrac{x^2+2x-1}{2(x+1)}$ のグラフの漸近線を求め，グラフの概形をかけ。

CHART & GUIDE

漸近線の方程式

分母 ⟶ 0, x ⟶ ±∞ の極限を考える

計算を少しでも簡単にする。漸近線の方程式を求めやすくする意味で，右辺を (分母の次数)＞(分子の次数) の形に変形しておくとよい。

解答

関数の定義域は　$x \neq -1$

$y=\dfrac{x^2+2x-1}{2(x+1)}$ から　$y=\dfrac{1}{2}(x+1)-\dfrac{1}{x+1}$

ゆえに　$y'=\dfrac{1}{2}+\dfrac{1}{(x+1)^2}=\dfrac{(x+1)^2+2}{2(x+1)^2}$, $y''=-\dfrac{2}{(x+1)^3}$

y の増減と曲線の凹凸は，右の表のようになる。

x	…	-1	…
y'	$+$		$+$
y''	$+$		$-$
y	⤴		⤻

また，$\lim_{x \to -1+0} y=-\infty$, $\lim_{x \to -1-0} y=\infty$ であるから，**直線 $x=-1$** は漸近線である。(＊)

さらに

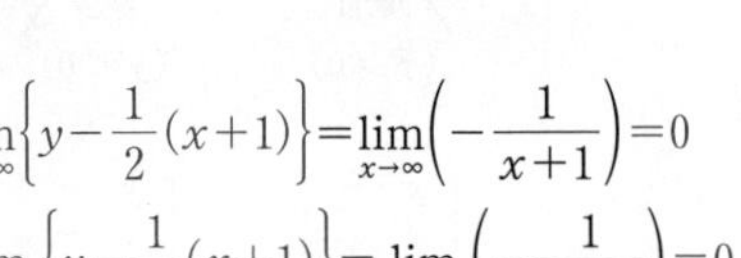

$$\lim_{x \to \infty}\left\{y-\frac{1}{2}(x+1)\right\}=\lim_{x \to \infty}\left(-\frac{1}{x+1}\right)=0$$

$$\lim_{x \to -\infty}\left\{y-\frac{1}{2}(x+1)\right\}=\lim_{x \to -\infty}\left(-\frac{1}{x+1}\right)=0$$

よって，**直線 $y=\dfrac{1}{2}(x+1)$** も漸近線である。

したがって，グラフは 〔図〕

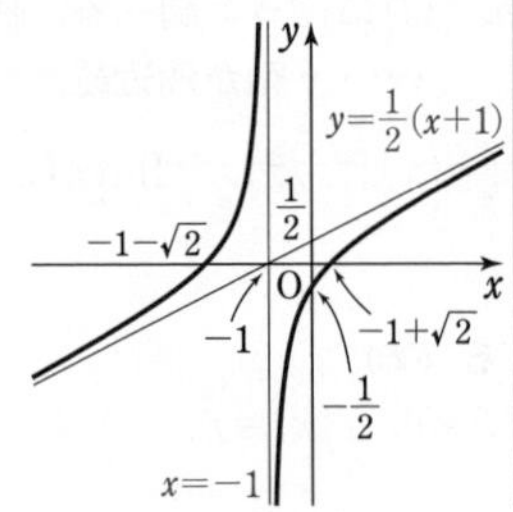

(＊) 与えられた関数は，$x \neq -1$ で連続であるから，直線 $x=-1$ 以外に x 軸に垂直な漸近線はない。

・$y=ax+b+\dfrac{k}{cx+d}$ (ただし $c \neq 0$) の形に表されるなら，$y=ax+b$ と $x=-\dfrac{d}{c}$ が漸近線の方程式。

⬅ $\lim_{x \to \pm\infty}\dfrac{y}{x}=\dfrac{1}{2}$, $\lim_{x \to \pm\infty}\left(y-\dfrac{1}{2}x\right)=\dfrac{1}{2}$

TRAINING 85 ②

次の関数のグラフの漸近線を求め，グラフの概形をかけ。

(1) $y=\dfrac{x^2}{x+1}$　　(2) $y=\dfrac{(x-2)^2}{x-3}$

基本 例題 **86** 第 2 次導関数による極値の判定 ◎◎

関数 $f(x)=2\sin x+\sqrt{3}x$ $(0\leqq x\leqq 2\pi)$ の極値を，第 2 次導関数を利用して求めよ。

CHART & GUIDE

第 2 次導関数と極値

$f''(x)$ が連続であるとき

1 $f'(a)=0$ かつ $f''(a)>0 \Longrightarrow f(a)$ は極小値

2 $f'(a)=0$ かつ $f''(a)<0 \Longrightarrow f(a)$ は極大値

1 $f'(x)$，$f''(x)$ を求める。

2 $f'(x)=0$ の実数解 $x=a$ を求める。

3 2 で求めた $x=a$ を $f''(x)$ に代入して $f''(a)$ の符号を調べる。

解答

$f'(x)=2\cos x+\sqrt{3}$，　$f''(x)=-2\sin x$

$0<x<2\pi$ において，$f'(x)=0$ となる x の値は $\cos x=-\dfrac{\sqrt{3}}{2}$ から $x=\dfrac{5}{6}\pi$，$\dfrac{7}{6}\pi$

$f''\left(\dfrac{5}{6}\pi\right)=-1<0$，$f''\left(\dfrac{7}{6}\pi\right)=1>0$ であるから

$x=\dfrac{5}{6}\pi$ で極大値 $\dfrac{5\sqrt{3}}{6}\pi+1$，$x=\dfrac{7}{6}\pi$ で極小値 $\dfrac{7\sqrt{3}}{6}\pi-1$

補足 ・$f''(x)=-2\sin x$ は連続関数である。
明らかな場合，答案では記述を省略してもよいが，このチェックは忘れずに。
・$f''(a)$ の符号と極大値，極小値の関係を忘れたときは，例えば $f(x)=x^2$ などで確認するとよい。

$f'(0)=0$，$f''(0)=2>0$，$x=0$ で極小値 0

Lecture 第 2 次導関数と極値

$f'(a)=0$ かつ $f''(a)=0$ の場合は，

$f(a)$ が極値であるとき

[例：$f(x)=x^4$，$f(0)$ は極小値]

もあれば，

$f(a)$ が極値でないとき [例：$f(x)=x^3$]

もある。したがって，この場合は，関数 $y=f(x)$ のグラフをさらに調べる必要がある。

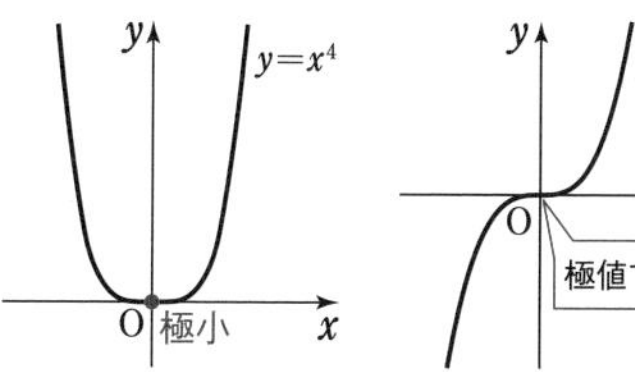

TRAINING 86 ②

次の関数の極値を，第 2 次導関数を利用して求めよ。

(1) $y=3x^4-16x^3+18x^2+5$　(2) $y=-x^4+4x^3-14$　(3) $y=(x+1)e^x$

Let's Start

17 方程式・不等式への応用

不等式の証明や，方程式の実数解の個数を調べる方法は数学Ⅱでも学習しました。数学Ⅱの題材は，主に3次関数でしたが，数学Ⅲではいろいろな関数を扱うことになります。しかし，考え方の基本方針には変わりはないです。その基本方針について再確認しておきましょう。

■ 不等式の証明

不等式 $f(x)>g(x)$ が成り立つことを証明するには

大小比較は　差を作る

に従って，不等式 $f(x)-g(x)>0$ を証明する。

$F(x)=f(x)-g(x)$ とおくと　　$F(x)>0$

すなわち，$y=F(x)$ のグラフが x 軸の上側にあることをいう。

それには，$F(x)$ の最小値を求めて，**最小値>0** を示すのが基本である。また，**$F(x)$ が常に増加なら，出発点で $F(x)>0$** を示す方法もある。

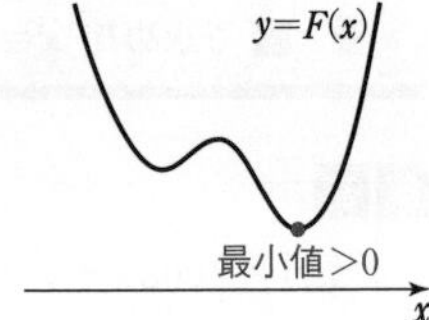

例　$x>0$ のとき，$e^x>1+x$ が成り立つことの証明

$f(x)=e^x-(1+x)$ とすると　　$f'(x)=e^x-1$

$x>0$ のとき，$f'(x)>0$ であるから，$f(x)$ は増加する。

このことと，$f(0)=0$ から，$x>0$ のとき

$f(x)>f(0)=0$　すなわち　$e^x>1+x$

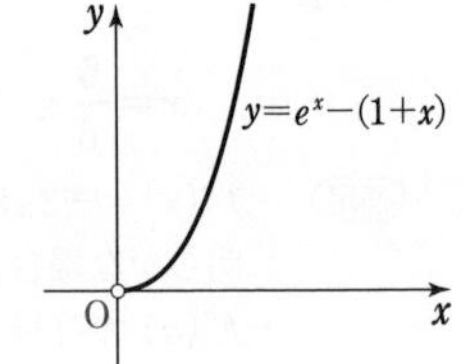

■ 方程式の実数解の個数

方程式 $f(x)=g(x)$ の実数解 $x=\alpha,\ \beta,\ \gamma,\ \cdots\cdots$ は，2つの関数 $y=f(x)$，$y=g(x)$ のグラフの共有点の x 座標 α，β，γ，…… に等しい。

したがって，次のことがいえる。

方程式 $f(x)=g(x)$ の実数解の個数

$\iff \begin{cases} y=f(x) \\ y=g(x) \end{cases}$ **の2つのグラフの共有点の個数**

実際には，方程式 $f(x)=g(x)$ が $h(x)=a$（a は定数）の形に変形できるならば，$y=h(x)$ のグラフを固定し，$y=a$ のグラフ（x 軸に平行な直線）を上下に平行移動させて，共有点の個数を調べる。

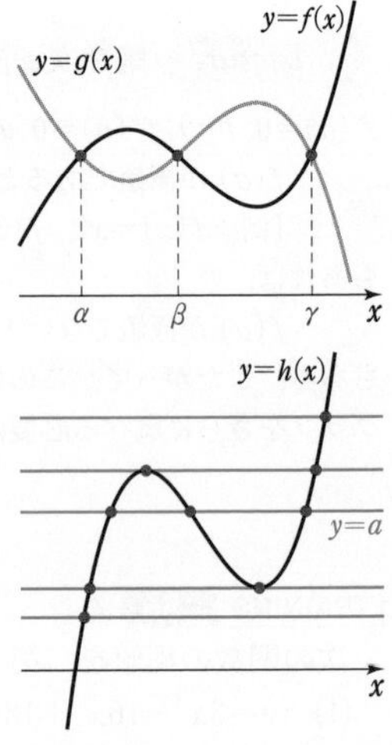

標準 例題 87 >>> 発展例題 98

不等式の証明（導関数の利用）

$x>0$ のとき，次の不等式が成り立つことを証明せよ。

(1) $x-1 \geqq \log x$　　(2) $e^{2x}>2x+1$

CHART & GUIDE

不等式 $f(x)>g(x)$ の証明
$[f(x)-g(x)$の最小値$]>0$ を示す

1 $F(x)=$(左辺)$-$(右辺) とする。…… $A>B \Longleftrightarrow A-B>0$
2 $F(x)$ の値の変化を調べる。 …… 増減表の利用。
3 $x>0$ における $F(x)$ の最小値を求め，(最小値)>0（または $\geqq 0$）を示す。

(2) は，3 の方針ではうまくいかない。そこで，$F(x)$ が常に増加なら，出発点 ($x=0$) で $F(x)>0$ を示す方針でいく。

解答

(1) $F(x)=(x-1)-\log x$ とする。

$F'(x)=1-\dfrac{1}{x}=\dfrac{x-1}{x}$

$F'(x)=0$ とすると　$x=1$

増減表から，$x>0$ において，

$F(x)$ は $x=1$ で最小値 0 をとる。

よって　$F(x) \geqq 0$

すなわち　$x-1 \geqq \log x$

x	0	$\cdots$	1	$\cdots$
$F'(x)$	/	$-$	0	$+$
$F(x)$	/	↘	極小 0	↗

(1) $y=F(x)$ $(x>0)$ のグラフ

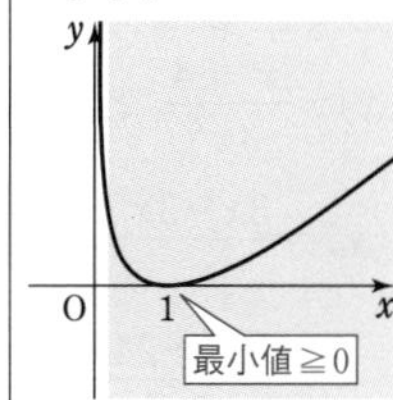

(2) $F(x)=e^{2x}-(2x+1)$ とする。

$F'(x)=2e^{2x}-2=2(e^{2x}-1)$

$x>0$ のとき $e^{2x}>1$ から

$F'(x)>0$

また　$F(0)=1-1=0$

よって，$x>0$ のとき　$F(x)>F(0)=0$

すなわち　$e^{2x}>2x+1$

x	0	$\cdots$
$F'(x)$		$+$
$F(x)$	0	↗

(2) $\left.\begin{matrix}F'(x)>0\\F(0)=0\end{matrix}\right\}$ から，

$x>0$ では　$F(x)>0$

注意 $x>0$ で考えているが，$F(x)$ は $x=0$ でも定義されるから $F(0)=0$ を用いてよい。

Lecture 不等式 $F(x)>0$ $(x>a)$ の証明

上の例題からもわかるように，次の 2 つのタイプがある。$x>a$ のとき

[1] $F(x)$ の最小値 m を求めて，$m>0$ を確かめる。$\longrightarrow$ $F(x) \geqq m>0$

[2] $F'(x)>0$ ならば，$F(a) \geqq 0$ を確かめる。　$\longrightarrow$ $F(x)>F(a) \geqq 0$

TRAINING 87 ③

$x>0$ のとき，次の不等式が成り立つことを証明せよ。

(1) $\sqrt{x}>\log x$　　(2) $2x-x^2<\log(1+x)^2<2x$

5章 17 方程式・不等式への応用

標準 例題

88 方程式の実数解の個数 ⏱⏱⏱

3 次方程式 $x^3-3ax^2+4=0$ の異なる実数解の個数は，定数 a の値によってどのように変化するかを調べよ。

CHART & GUIDE

方程式 $f(x)=g(x)$ の異なる実数解の個数 $\Longleftrightarrow$ $y=f(x)$ と $y=g(x)$ のグラフの共有点の個数

1 与えられた方程式を $f(x)=a$ （a は定数）の形に変形する。
2 $y=f(x)$ のグラフをかく。
3 直線 $y=a$ （x 軸に平行な直線）を上下に動かして，2 でかいたグラフとの共有点の個数を調べる。 …… [!]

解答

$x=0$ は解でないから，与えられた方程式は $\dfrac{x^3+4}{3x^2}=a$ と同値である。Ⓐ

← 点線部分 Ⓐ の断り書きは重要。

$f(x)=\dfrac{x^3+4}{3x^2}$ とすると

$$f'(x)=\frac{3x^2\cdot 3x^2-(x^3+4)\cdot 6x}{(3x^2)^2}$$

$$=\frac{3x^4-24x}{9x^4}=\frac{x^3-8}{3x^3}$$

x	$\cdots$	0	$\cdots$	2	$\cdots$
$f'(x)$	$+$	／	$-$	0	$+$
$f(x)$	↗	／	↘	極小 1	↗

$x^3-8=(x-2)(x^2+2x+4)$,
$x^2+2x+4=(x+1)^2+3>0$,
$f(2)=\dfrac{12}{12}=1$

$f'(x)=0$ とすると　$x=2$

よって，$f(x)$ の増減表は右上のようになる。また

$\displaystyle\lim_{x\to\infty}f(x)=\infty$, $\displaystyle\lim_{x\to-\infty}f(x)=-\infty$,

$\displaystyle\lim_{x\to-0}f(x)=\infty$, $\displaystyle\lim_{x\to+0}f(x)=\infty$

などから，$y=f(x)$ のグラフは右の図のようになる。

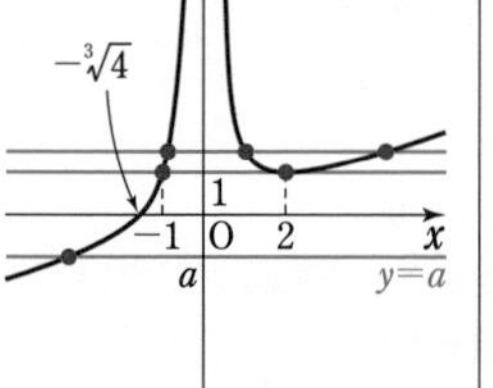

$y=f(x)$ のグラフは固定されている。直線 $y=a$ を上下に動かしながら，$y=f(x)$ のグラフとの共有点の個数を調べる。
$f(x)$ が極大，極小となる点を，直線 $y=a$ が通るときの a の値が実数解の個数の境目となる。

[!] 求める実数解の個数は，$y=f(x)$ のグラフと直線 $y=a$ の共有点の個数を調べて

$$\begin{cases} a<1 \text{ のとき　1 個,} \\ a=1 \text{ のとき　2 個,} \\ a>1 \text{ のとき　3 個} \end{cases}$$

TRAINING 88 ③

x の方程式 $2\sqrt{x}-x+a=0$ の異なる実数解の個数は，定数 a の値によってどのように変化するかを調べよ。

Let's Start

18 速度と加速度

ここでは，直線上や平面上を運動する点の速度，加速度と微分との関係について学んでいきましょう。

■ 直線上の点の運動

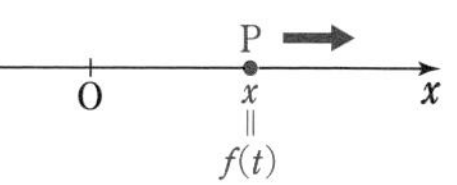

数直線上を運動する点Pの，時刻 t における座標 x は t の関数である。これを $x=f(t)$ とすると，t の増分 Δt に対する $f(t)$ の平均変化率(時刻が t から $t+\Delta t$ に変わる間のPの **平均速度** を表す)は，$\dfrac{f(t+\Delta t)-f(t)}{\Delta t}$ で表される。この平均速度において，$\Delta t \longrightarrow 0$ のときの極限値を，時刻 t における点Pの **速度** といい，速度を v で表すと，$v=\dfrac{dx}{dt}=f'(t)$ である。また，速度 v の絶対値 $|v|$ を **速さ** という。

速度 v には符号があり，その符号は，点Pの運動の向きを表している。

$v=f'(t)>0$ ならば，$x=f(t)$ は増加 $\longrightarrow$ Pは正の向きに速さ v で動く。

$v=f'(t)<0$ ならば，$x=f(t)$ は減少 $\longrightarrow$ Pは負の向きに速さ $|v|$ で動く。

さらに，速度 $v=f'(t)$ の t に対する変化率 $\alpha=\dfrac{dv}{dt}=\dfrac{d^2x}{dt^2}=f''(t)$ を，時刻 t における点Pの **加速度** という。

以上のことをまとめると，次のようになる。

速度と加速度

数直線上を運動する点Pの時刻 t における座標 x が $x=f(t)$ で表されるとき，時刻 t におけるPの速度 v，加速度 α は

$$v=\frac{dx}{dt}=f'(t), \qquad \alpha=\frac{dv}{dt}=\frac{d^2x}{dt^2}=f''(t)$$

■ 平面上の点の運動

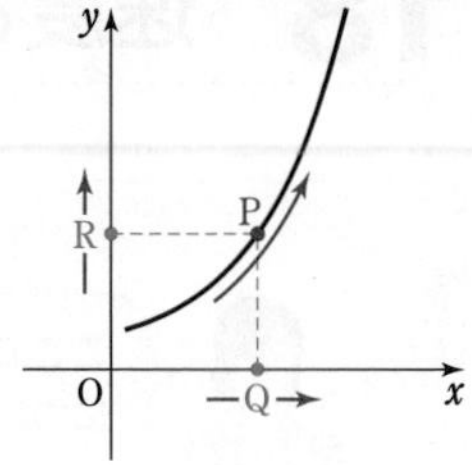

座標平面上を運動する点Pの，時刻 t における座標 $(x,\ y)$ が t の関数 $x=f(t)$，$y=g(t)$ で与えられているとする。

このとき，点Pから x 軸，y 軸に下ろした垂線を，それぞれ PQ，PR とすると，Pが動くにつれて，Qは x 軸上を，Rは y 軸上を動く。したがって，時刻 t における

Qの速度は $\dfrac{dx}{dt}=f'(t)$，Rの速度は $\dfrac{dy}{dt}=g'(t)$

である。これらを，それぞれ点Pの

x 軸方向の速度，y 軸方向の速度

といい，これらを成分とするベクトル $\vec{v}=\left(\dfrac{dx}{dt},\ \dfrac{dy}{dt}\right)$ を，時刻 t における点Pの **速度** という。

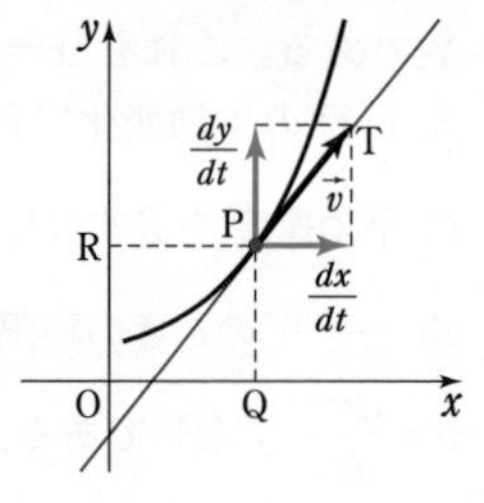

座標平面上を運動する点 $\mathrm{P}(x,\ y)$ の時刻 t における x 座標，y 座標が t の関数であるとき，Pの速度 $\vec{v}=\left(\dfrac{dx}{dt},\ \dfrac{dy}{dt}\right)$ を，右の図のように $\vec{v}=\overrightarrow{\mathrm{PT}}$ とすると，直線 PT の傾きは

$$\frac{\dfrac{dy}{dt}}{\dfrac{dx}{dt}}=\frac{dy}{dx}$$

よって，直線 PT は，Pの描く曲線のPにおける接線である。
速度 $\vec{v}$ の大きさ $|\vec{v}|$ を，点Pの **速さ** という。

さらに，x 軸方向の加速度 $\dfrac{d^2x}{dt^2}$，y 軸方向の加速度 $\dfrac{d^2y}{dt^2}$ を成分とするベクトル $\vec{\alpha}=\left(\dfrac{d^2x}{dt^2},\ \dfrac{d^2y}{dt^2}\right)$ を，時刻 t における点Pの **加速度** という。

また，加速度 $\vec{\alpha}$ の大きさ $|\vec{\alpha}|$ を，点Pの **加速度の大きさ** という。

速度と加速度

座標平面上を運動する点 $\mathrm{P}(x,\ y)$ の時刻 t における x 座標，y 座標が t の関数であるとき，時刻 t におけるPの速度 $\vec{v}$，速さ $|\vec{v}|$，加速度 $\vec{\alpha}$，加速度の大きさ $|\vec{\alpha}|$ は

$$\vec{v}=\left(\frac{dx}{dt},\ \frac{dy}{dt}\right),\quad |\vec{v}|=\sqrt{\left(\frac{dx}{dt}\right)^2+\left(\frac{dy}{dt}\right)^2}$$

$$\vec{\alpha}=\left(\frac{d^2x}{dt^2},\ \frac{d^2y}{dt^2}\right),\quad |\vec{\alpha}|=\sqrt{\left(\frac{d^2x}{dt^2}\right)^2+\left(\frac{d^2y}{dt^2}\right)^2}$$

これらのことを踏まえて，次ページからの問題を解いていきましょう。

基本 例題 **89** 直線上の点の運動

数直線上を運動する点Pの時刻 t における座標 x が $x=t^3-6t^2-15t$ $(t\geqq 0)$ で表されるとき，次のものを求めよ。

(1) $t=3$ におけるPの速度，速さ，加速度，加速度の大きさ

(2) Pが運動の向きを変える t の値

CHART & GUIDE

直線上を動く点の速度・加速度

$$x=f(t) \xrightarrow[t\text{で微分}]{} v=\frac{dx}{dt}=f'(t) \xrightarrow[t\text{で微分}]{} \alpha=\frac{d^2x}{dt^2}=f''(t)$$

位置　　　速度　　　加速度

(2) 運動の向きが変わる ⟶ 速度 v の符号が変わる。…… [!]

解答

(1) 時刻 t におけるPの速度を v，加速度を α とすると

$$v=\frac{dx}{dt}=3t^2-12t-15=3(t+1)(t-5),$$

$$\alpha=\frac{dv}{dt}=\frac{d^2x}{dt^2}=6t-12=6(t-2)$$

よって，$t=3$ のとき

速度 は $v=-24$，**速さ** は $|v|=24$，

加速度 は $\alpha=6$，**加速度の大きさ** は $|\alpha|=6$

⬅ (速さ)$=|v|$
速さ を 速度の大きさ と いうこともある。

(2) Pが運動の向きを変えるのは，v の符号が変わるときであるから，$v=0$ とすると　$(t+1)(t-5)=0$

ゆえに　$t=-1,\ 5$　$t\geqq 0$ であるから　$t=5$

[!] $0\leqq t<5$ のとき $v<0$，　$t>5$ のとき $v>0$

よって，Pが運動の向きを変える t の値は　$\boldsymbol{t=5}$

Lecture 例題の点Pの運動のようす

上の例題の点Pは，時刻 t の経過にともない次のようになる。

$0<t<5$ のとき …… $v<0$ ⟶ x が減少する方向
すなわち，負の方向に動く。

$t>5$ のとき …… $v>0$ ⟶ x が増加する方向
すなわち，正の方向に動く。

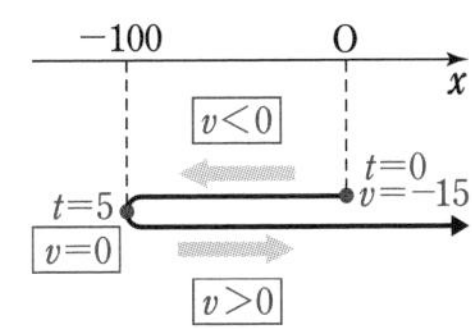

TRAINING 89 ②

数直線上を運動する点Pの座標 x が，時刻 t の関数として $x=6\sin\dfrac{\pi}{6}t$ で表されるとき，$t=4$ における点Pの速度，加速度とそれらの大きさを求めよ。
また，$0\leqq t\leqq 6$ のとき，Pが運動の向きを変える t の値を求めよ。

基本 例題 <<< 基本例題 89

90 平面上の点の運動

座標平面上を運動する点Pの，時刻 t における座標 $(x,\ y)$ が次の式で表されるとき，$t=5$ におけるPの速度，加速度とそれらの大きさを求めよ。また，加速度の大きさが最小となるとき，Pの位置を求めよ。

$$x=\frac{1}{2}t^2-t,\quad y=-\frac{1}{3}t^3+t^2+4$$

CHART & GUIDE

平面上を動く点の速度・加速度

座標平面上を運動する点Pの速度・加速度は，x 成分，y 成分の組で表される。

時刻 t の関数 x，y の関係式 ⟶ そのまま t で微分

位置 $(x,\ y)$ $\xrightarrow{微分}$ 速度 $(x',\ y')$ $\xrightarrow{微分}$ 加速度 $(x'',\ y'')$

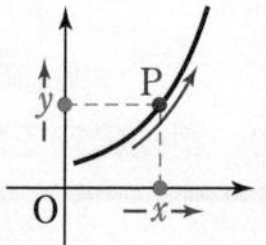

解答

$$\frac{dx}{dt}=t-1,\quad \frac{dy}{dt}=-t^2+2t$$

ゆえに，速度は　$\vec{v}=(t-1,\ -t^2+2t)$

$$\frac{d^2x}{dt^2}=1,\quad \frac{d^2y}{dt^2}=-2t+2$$

よって，加速度は　$\vec{\alpha}=(1,\ -2t+2)$

$t=5$ を代入すると

速度　$\vec{v}=(5-1,\ -5^2+2\cdot5)=\boldsymbol{(4,\ -15)}$

速度の大きさ　$|\vec{v}|=\sqrt{4^2+(-15)^2}=\boldsymbol{\sqrt{241}}$

加速度　$\vec{\alpha}=(1,\ -2\cdot5+2)=\boldsymbol{(1,\ -8)}$

加速度の大きさ　$|\vec{\alpha}|=\sqrt{1^2+(-8)^2}=\boldsymbol{\sqrt{65}}$

また　$|\vec{\alpha}|=\sqrt{1^2+(-2t+2)^2}=\sqrt{4(t-1)^2+1}$

したがって，$t=1$ のとき，$|\vec{\alpha}|$ は最小となる。

そのときのPの位置 は　$\mathbf{P}\left(-\dfrac{1}{2},\ \dfrac{14}{3}\right)$

⬅ $\vec{v}=\left(\dfrac{dx}{dt},\ \dfrac{dy}{dt}\right)$

⬅ $\vec{\alpha}=\left(\dfrac{d^2x}{dt^2},\ \dfrac{d^2y}{dt^2}\right)$

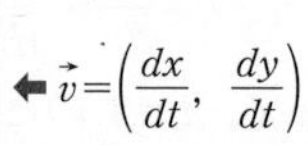

点Pの運動のようす $(t\geqq0)$

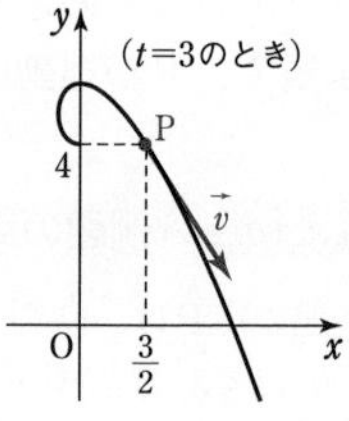

TRAINING 90 ②

座標平面上を運動する点Pの，時刻 t における座標 $(x,\ y)$ が，$x=t^2$，$y=(t-2)^2$ で表されるとき，$t=2$ における速度，加速度とそれらの大きさを求めよ。また，Pの速さが最小になるとき，Pの位置を求めよ。

基本 例題 91 等速円運動

点Pは，原点Oを中心とする半径 r の円周上を等速円運動している。点Pが点A$(r,\ 0)$ を出発して t 秒後の位置の座標を $(x,\ y)$，そのときの動径 OP と x 軸とのなす角を πt とする。

(1) $x,\ y$ を t で表せ。　(2) Pの速度，加速度とそれらの大きさを求めよ。

(3) Pの速度は $\overrightarrow{OP}$ と垂直，加速度は $\overrightarrow{OP}$ と平行であることを示せ。

CHART & GUIDE

等速円運動

…… 円周上を運動する点Pの速さが一定である円運動。

右の図において，動径 OP が毎秒 ω (ラジアン)だけ回転するとき，時刻 t におけるPの位置の座標を $(x,\ y)$，動径 OP が x 軸の正の向きとのなす角を θ とすると　$x=r\cos\theta,\ y=r\sin\theta,\ \theta=\omega t$

本問は，$\omega=\pi$ の場合である。

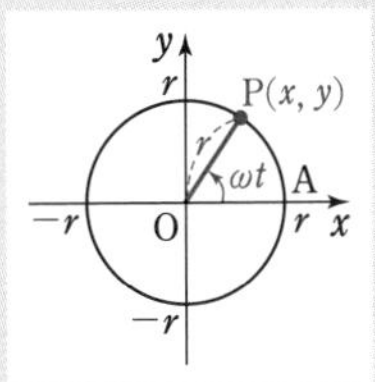

解答

(1) $\boldsymbol{x=r\cos\pi t,\quad y=r\sin\pi t}$

(2) (1) から　$\dfrac{dx}{dt}=-\pi r\sin\pi t,\ \dfrac{dy}{dt}=\pi r\cos\pi t$

また　$\dfrac{d^2x}{dt^2}=-\pi^2 r\cos\pi t,\ \dfrac{d^2y}{dt^2}=-\pi^2 r\sin\pi t$

よって　**速度**　$\vec{v}=\boldsymbol{(-\pi r\sin\pi t,\ \pi r\cos\pi t)}$

加速度　$\vec{\alpha}=\boldsymbol{(-\pi^2 r\cos\pi t,\ -\pi^2 r\sin\pi t)}$

速度の大きさ　$|\vec{v}|=\sqrt{(-\pi r\sin\pi t)^2+(\pi r\cos\pi t)^2}=\boldsymbol{\pi r}$

加速度の大きさ

$|\vec{\alpha}|=\sqrt{(-\pi^2 r\cos\pi t)^2+(-\pi^2 r\sin\pi t)^2}=\boldsymbol{\pi^2 r}$

(3) $\overrightarrow{OP}=(r\cos\pi t,\ r\sin\pi t)$ で，

$\vec{v}\cdot\overrightarrow{OP}=0$ から　$\vec{v}\perp\overrightarrow{OP}$

したがって，速度 $\vec{v}$ は $\overrightarrow{OP}$ と垂直である。また，

$\vec{\alpha}=-\pi^2(r\cos\pi t,\ r\sin\pi t)$

$=-\pi^2\overrightarrow{OP}$

から，加速度 $\vec{\alpha}$ は $\overrightarrow{OP}$ と平行である。

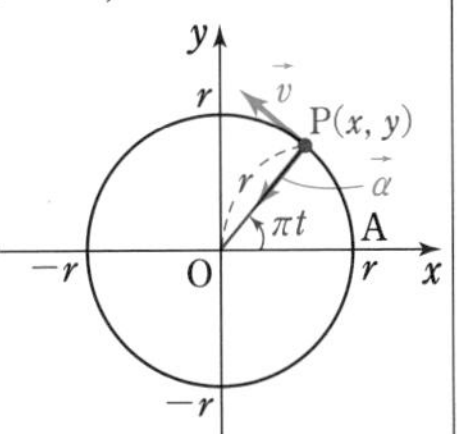

(2) 位置　$(x,\ y)$

速度　$\left(\dfrac{dx}{dt},\ \dfrac{dy}{dt}\right)$

加速度　$\left(\dfrac{d^2x}{dt^2},\ \dfrac{d^2y}{dt^2}\right)$

(3) $\vec{a}=(a_1,\ a_2)$，$\vec{b}=(b_1,\ b_2)$ のとき

$\vec{a}\cdot\vec{b}=a_1b_1+a_2b_2$

$\vec{a}\perp\vec{b}\iff\vec{a}\cdot\vec{b}=0$

$\vec{a}\,/\!/\,\vec{b}\iff\vec{a}=k\vec{b}$

(k は実数)

を利用する。

加速度 $\vec{\alpha}$ は原点Oに向かうベクトルであり，大きさは線分 OP の長さに比例する。

TRAINING 91 ②

平面上を運動する点P$(x,\ y)$ の時刻 t における位置が $x=1+\cos\pi t,\ y=2+\sin\pi t$ で表されるとき，点Pの速度 $\vec{v}$，加速度 $\vec{\alpha}$ とそれらの大きさを求めよ。また，Q$(1,\ 2)$ とするとき，Pの速度は $\overrightarrow{QP}$ と垂直，加速度は $\overrightarrow{QP}$ と平行であることを示せ。

Let's Start

19 近似式

この節では，関数 $f(x)$ が $x=a$ で微分可能であるとき，$x=a$ のごく近くにおける $f(x)$ の値を近似することを考えましょう。

■ 近似式の作り方と近似値の計算

関数 $f(x)$ の $x=a$ における微分係数を求める式

$$\lim_{h\to 0}\frac{f(a+h)-f(a)}{h}=f'(a)$$

は，h が 0 に十分近い値のとき，$\dfrac{f(a+h)-f(a)}{h}$ の値が $f'(a)$ にほとんど等しいことを意味している。

したがって，h が 0 に十分近い値のとき

$$\frac{f(a+h)-f(a)}{h}\fallingdotseq f'(a)\ \cdots\cdots\ ①$$

が成り立ち，① を **近似式** という(等式ではない)。

なお，**記号≒** は，左辺と右辺の値がほとんど等しいことを表す。

そして，① から，次の式が得られる。

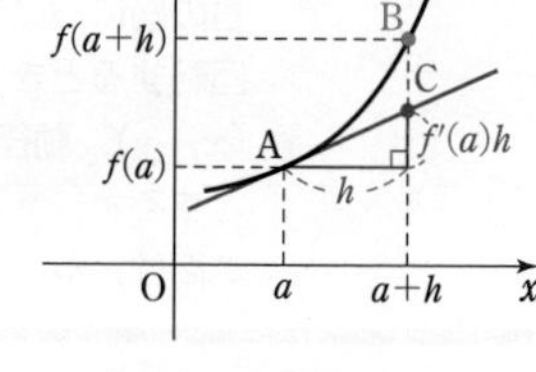

●を●とみる
曲線を接線とみる。

1次の近似式

$h\fallingdotseq 0$ のとき　$f(a+h)\fallingdotseq f(a)+f'(a)h\ \cdots\cdots\ ②$

← 近似式 ② の図形的意味は，上の図からもわかるように，曲線上の点Bの y 座標を，点Aにおける接線上の点Cの y 座標で近似することに他ならない。

また，② の式で $a=0$，$h=x$ とおくと，$x=0$ の十分近くでの，次の近似式が得られる。

$x\fallingdotseq 0$ のときの1次の近似式

$x\fallingdotseq 0$ のとき　$f(x)\fallingdotseq f(0)+f'(0)x\ \cdots\cdots\ ③$

● 近似式 ②，③ を **1次の近似式** という。

②，③ を用いて近似値を求めると，次のようになる。なお，三角関数の値を計算するときは，角は **弧度法** に直さなければならない。

例　(1)　$\sqrt{101}=\sqrt{100\left(1+\dfrac{1}{100}\right)}=10\sqrt{1+\dfrac{1}{100}}\fallingdotseq 10\left(1+\dfrac{1}{2}\cdot\dfrac{1}{100}\right)$

$=10.05$

← $f(x)=\sqrt{1+x}$
③ を用いて
$f(x)\fallingdotseq 1+\dfrac{1}{2}x$
$x=\dfrac{1}{100}$ とする。

(2)　$\sin 61^\circ=\sin\left(\dfrac{\pi}{3}+\dfrac{\pi}{180}\right)\fallingdotseq\sin\dfrac{\pi}{3}+\dfrac{\pi}{180}\cos\dfrac{\pi}{3}$　←② を利用。

$\fallingdotseq\dfrac{1.732}{2}+\dfrac{3.14}{180}\times 0.5\fallingdotseq 0.875$

基本 例題 92 近似式と近似値の計算 ②②

(1) $h \fallingdotseq 0$ のとき，$\log(a+h)$ の 1 次の近似式を作れ。

(2) 近似式を用いて，$\sqrt[3]{8.03}$ の近似値を小数第 3 位まで求めよ。

CHART & GUIDE

(1) $h \fallingdotseq 0$ のとき　$f(a+h) \fallingdotseq f(a)+f'(a)h$

(2) 上の式において，$f(a)$ が簡単になる a の値と，a に比べて十分小さい h を考える。$\sqrt[3]{8}=2$ であることに着目して，次に

[1] $8.03=8+0.03$　[2] $8.03=8(1+0.00375)$ のどちらかによる。

解答

(1) $f(x)=\log x$ とおくと

$$f'(x)=\frac{1}{x}$$

よって，$h \fallingdotseq 0$ のとき

$$\log(a+h) \fallingdotseq \log a+\frac{h}{a}$$

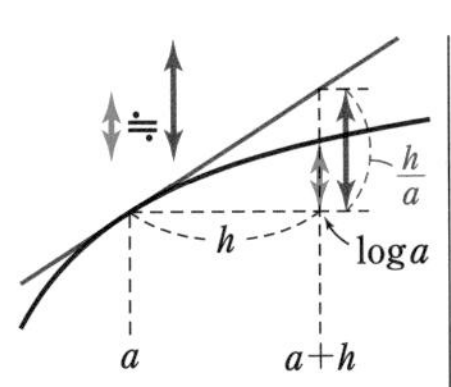

(2) $f(x)=\sqrt[3]{x}$ とおくと

$$f'(x)=\frac{1}{3\sqrt[3]{x^2}}$$

$h \fallingdotseq 0$ のとき　$\sqrt[3]{a+h} \fallingdotseq \sqrt[3]{a}+\dfrac{1}{3\sqrt[3]{a^2}}h=\sqrt[3]{a}\left(1+\dfrac{h}{3a}\right)$

よって　$\sqrt[3]{8.03} \fallingdotseq \sqrt[3]{8}\left(1+\dfrac{0.03}{3\cdot 8}\right)=2+\dfrac{0.01}{4} \fallingdotseq \mathbf{2.003}$

[別解]　$f(x)=\sqrt[3]{1+x}$ とおくと　$f'(x)=\dfrac{1}{3\sqrt[3]{(1+x)^2}}$

$x \fallingdotseq 0$ のとき，$f(x) \fallingdotseq f(0)+f'(0)x$ であるから

$$\sqrt[3]{1+x} \fallingdotseq 1+\frac{1}{3}x$$

よって　$\sqrt[3]{8.03}=\sqrt[3]{8(1+0.00375)}=2\sqrt[3]{1+0.00375}$

$$\fallingdotseq 2\left(1+\frac{1}{3}\cdot 0.00375\right)=2.0025 \fallingdotseq \mathbf{2.003}$$

(2) $a=8$，$h=0.03$ とする。[別解]では $x=0.00375$ とする。

⬅ $f(a+h) \fallingdotseq f(a)+f'(a)h$

$x \fallingdotseq 0$ のとき
$(1+x)^p \fallingdotseq 1+px$
（p は有理数）
$f(x)=(1+x)^p$ とすると
$f'(x)=p(1+x)^{p-1}$
よって $f(0)=1$，$f'(0)=p$
これらを
$f(x) \fallingdotseq f(0)+f'(0)x$
に代入すると得られる。

TRAINING 92 ②

(1) $h \fallingdotseq 0$ のとき，次の関数の値について，1 次の近似式を作れ。

(ア) $\dfrac{1}{(1+h)^2}$　　(イ) $\cos(a+h)$　　(ウ) e^h

(2) 次の数の近似値を小数第 3 位まで求めよ。ただし，$\pi=3.14$，$\sqrt{3}=1.732$ とする。

(ア) 0.998^3　　(イ) $\sqrt{100.5}$　　(ウ) $\cos 59^\circ$

標準 例題

>>> 発展例題 99

93 微小変化に対応する変化

1辺が 10 cm の立方体の各辺の長さを，すべて 0.02 cm ずつ大きくすると，この立方体の表面積は約何 cm^2，体積は約何 cm^3 増加するか。答えは小数第 2 位まで求めよ。

CHART & GUIDE

1辺が x cm の立方体の表面積を S cm^2，体積を V cm^3 とする。
ここで，x の微小な変化 Δx に対する S の変化を ΔS，Δx に対する V の変化を ΔV とすると，次の近似式が成り立つ（下の Lecture 参照）。

$$\Delta S \fallingdotseq S'\cdot\Delta x, \qquad \Delta V \fallingdotseq V'\cdot\Delta x$$

解答

1辺が x cm の立方体の表面積を S cm^2 とし，体積を V cm^3 とすると　$S=6x^2$，$V=x^3$

ゆえに　$S'=12x$，$V'=3x^2$

よって，Δx が十分小さいとき

$$\Delta S \fallingdotseq 12x\cdot\Delta x,\ \ \Delta V \fallingdotseq 3x^2\cdot\Delta x$$

したがって，$x=10$，$\Delta x=0.02$ とすると

表面積の増加は　$\Delta S \fallingdotseq 12\times10\times0.02=$ **2.40(cm^2)**

体積の増加は　$\Delta V \fallingdotseq 3\times10^2\times0.02=$ **6.00(cm^3)**

← 10 cm に対して，0.02 cm は十分小さいと考えてよい。

Lecture　Δx に対する Δy の近似値

近似式 $f(a+h)\fallingdotseq f(a)+f'(a)h$ を，次のように表現することもできる。

上の式を変形すると　$f(a+h)-f(a)\fallingdotseq f'(a)h$

つまり，関数 $y=f(x)$ において

x が a から微小な量 h だけ変化すると，y の変化量 $f(a+h)-f(a)$ は，ほぼ $f'(a)h$ に等しい

ということになる。

よって，$h=\Delta x$，$f(a+\Delta x)-f(a)=\Delta y$ とおくと

$$\boldsymbol{\Delta x \fallingdotseq 0} \text{ のとき } \boldsymbol{\Delta y \fallingdotseq f'(a)\Delta x}$$

（y の変化）≒（微分係数）×（x の微小変化）

$$\lim_{\Delta x\to 0}\frac{\Delta y}{\Delta x}=f'(a)$$

⇩

$$\frac{\Delta y}{\Delta x}\fallingdotseq f'(a)$$

⇩

$$\Delta y \fallingdotseq f'(a)\Delta x$$

TRAINING 93 ③

半径が 10 cm である金属球を熱して，半径が 0.03 cm 大きくなると，この球の表面積は約何 cm^2，体積は約何 cm^3 増加するか。ただし，$\pi=3.14$ とし，答えは小数第 2 位まで求めよ。

発展学習

発展 例題 94 接する2曲線

≪基本例題70

2つの曲線 $y=e^{\frac{x}{3}}$ と $y=a\sqrt{2x-2}+b$ が $x=3$ の点で接するとき，定数 a，b の値を求めよ。

CHART & GUIDE

2曲線 $y=f(x)$，$y=g(x)$ が $x=t$ の点で接する

$\iff \begin{cases} f(t)=g(t) & \cdots\cdots \text{接点を共有する} \\ f'(t)=g'(t) & \cdots\cdots \text{接線の傾きが一致する} \end{cases}$

解答

$f(x)=e^{\frac{x}{3}}$，$g(x)=a\sqrt{2x-2}+b$ とすると

$$f'(x)=\frac{1}{3}e^{\frac{x}{3}},\quad g'(x)=\frac{a}{\sqrt{2x-2}}$$

2曲線は $x=3$ の点で接するから

$f(3)=g(3)$ より　$e=2a+b$ …… ①

$f'(3)=g'(3)$ より　$\frac{1}{3}e=\frac{a}{2}$ …… ②

①，② を解いて　$\boldsymbol{a=\frac{2}{3}e}$，$\boldsymbol{b=-\frac{e}{3}}$

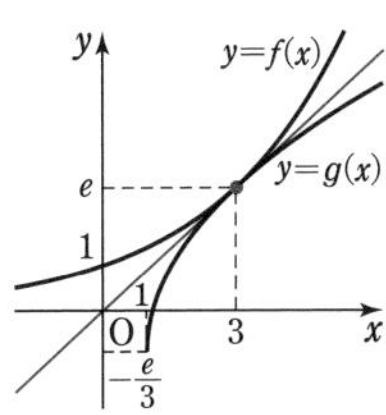

Lecture 2曲線が接する条件

2曲線 $y=f(x)$，$y=g(x)$ が $x=t$ の点Tで **接する** というのは，

2曲線の **共有点Tで共通の接線をもつ**

ということであるから，

曲線 $y=f(x)$ のTにおける接線 $y=f'(t)(x-t)+f(t)$ …… ①

曲線 $y=g(x)$ のTにおける接線 $y=g'(t)(x-t)+g(t)$ …… ②

において，① と ② が一致する。

すなわち，傾きと y 切片がそれぞれ等しいことから，次の同値関係が成り立つ。

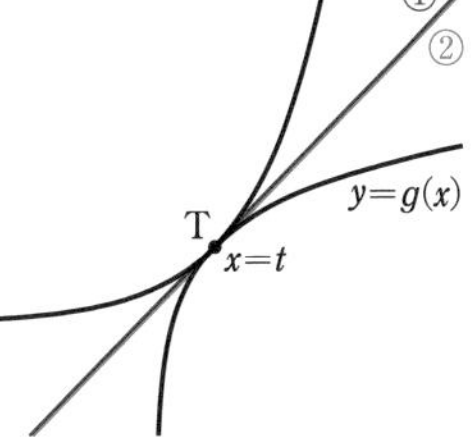

$y=f(x)$，$y=g(x)$ が $x=t$ の点で接する	$\iff$	$f'(t)=g'(t)$〔傾き〕 $-tf'(t)+f(t)$ $=-tg'(t)+g(t)$〔y 切片〕	$\iff$	$f'(t)=g'(t)$ $f(t)=g(t)$

TRAINING 94 ④

2曲線 $y=ax^3+b$ と $y=3\log x+1$ が $x=\sqrt[3]{e}$ の点で接するとき，定数 a，b の値を求めよ。

発展 例題 ⟪ 標準例題 71

95 ある点から接線が引ける条件 ⓘⓘⓘⓘ

点 $\mathrm{A}(a,\ 0)$ から曲線 $y=xe^x$ に 2 本の接線が引けるような定数 a の値の範囲を求めよ。

CHART & GUIDE

接線の本数

接線は 接点が決まれば 決まる

1. 接点の座標を $(t,\ te^t)$ とする。
2. 点 $(t,\ te^t)$ における曲線の接線が点Aを通るための条件を求める。
3. 2 で得られた t についての方程式の実数解の個数を考える。
   …… 本問の場合，t の 2 次方程式の実数解の個数が，接線の本数に対応する。

解答

接点の座標を $(t,\ te^t)$ とする。

$y=xe^x$ から　　$y'=(x+1)e^x$

よって，点 $(t,\ te^t)$ における接線の方程式は

$$y-te^t=(t+1)e^t(x-t)$$

この直線が点 $\mathrm{A}(a,\ 0)$ を通るから

$$-te^t=(t+1)e^t(a-t)$$

$e^t>0$ であるから

$$-t=(t+1)(a-t)$$

整理すると　　$t^2-at-a=0$ …… ①

点Aから 2 本の接線が引けるための条件は，2 次方程式 ① が異なる 2 つの実数解をもつことであるから，判別式を D とすると　　$D>0$

ここで　　$D=(-a)^2-4\cdot1\cdot(-a)=a^2+4a=a(a+4)$

$D>0$ から　　$\boldsymbol{a<-4,\ 0<a}$

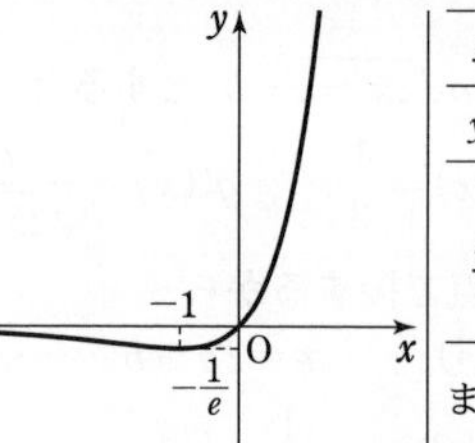

x	…	-1	…
y'	$-$	0	$+$
y	↘	極小 $-\frac{1}{e}$	↗

また　$\lim_{x\to\infty} xe^x=\infty$

$x\longrightarrow-\infty$ のとき $-x=t$ とおくと，$t\longrightarrow\infty$ であるから

$$\lim_{x\to-\infty} xe^x=\lim_{t\to\infty}\frac{-t}{e^t}=0$$

[例題 98 参照]

曲線 $y=xe^x$ の概形から，接点が異なれば接線も異なることがわかる。

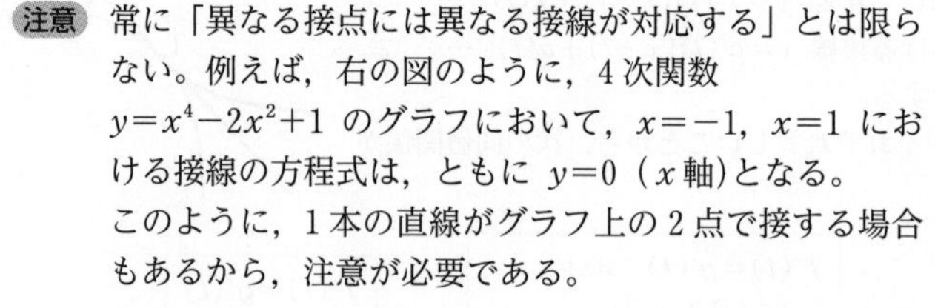
注意 常に「異なる接点には異なる接線が対応する」とは限らない。例えば，右の図のように，4 次関数 $y=x^4-2x^2+1$ のグラフにおいて，$x=-1$，$x=1$ における接線の方程式は，ともに $y=0$（x 軸）となる。
このように，1 本の直線がグラフ上の 2 点で接する場合もあるから，注意が必要である。

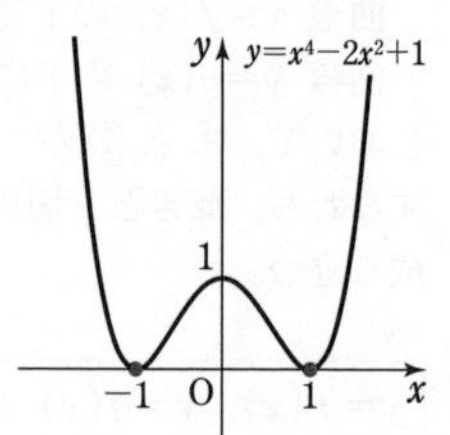

TRAINING 95 ④

点 $\mathrm{A}(a,\ 0)$ から曲線 $y=e^{-x^2}$ に 2 本の接線が引けるような定数 a の値の範囲を求めよ。

発展 例題 **96** 極値をもつ条件から係数の値の範囲 ④④④④

≪ 標準例題 79

a を正の定数とし，$f(x)=x-a\log(x^3+1)$ とする。

(1) 関数 $f(x)$ の定義域を求めよ。 (2) 導関数 $f'(x)$ を求めよ。

(3) $f(x)$ がただ1つの極値をもつとき，a の値の範囲を求めよ。 〔大阪工大〕

CHART & GUIDE 極値をもつ条件と係数の関係

$f(x)$ が極値をもつ $\Longleftrightarrow$ $f'(x)$ の符号が変わる点がある

(3) $f'(x)$ は分数関数 ⟶ 本問の場合，定義域において $f'(x)$ とその分子の符号が一致するから，分子を $g(x)$ とおいて，$g(x)$ の符号を考える。

$f(x)$：極小 $\Longleftrightarrow$ $g(x)$ の符号が $-$ から $+$ に変わる

$f(x)$：極大 $\Longleftrightarrow$ $g(x)$ の符号が $+$ から $-$ に変わる

解答

(1) $\log(x^3+1)$ の真数条件から $x^3+1>0$

ゆえに $(x+1)(x^2-x+1)>0$

よって $x+1>0$ したがって $\boldsymbol{x>-1}$

⬅ $x^2-x+1=\left(x-\frac{1}{2}\right)^2+\frac{3}{4}>0$

(2) $\boldsymbol{f'(x)}=1-a\cdot\dfrac{3x^2}{x^3+1}=\boldsymbol{\dfrac{x^3-3ax^2+1}{x^3+1}}$

(3) $x^3+1>0$ であるから，$f'(x)$ の符号は x^3-3ax^2+1 の符号と一致する。

$g(x)=x^3-3ax^2+1$ とすると

$g'(x)=3x^2-6ax=3x(x-2a)$

$g'(x)=0$ とすると $x=0,\ 2a$

x	-1	$\cdots$	0	$\cdots$	$2a$	$\cdots$
$g'(x)$	／	$+$	0	$-$	0	$+$
$g(x)$	／	↗	極大 1	↘	極小 $1-4a^3$	↗

$a>0$ であるから，$x>-1$ における $g(x)$ の増減表は上のようになる。

$\displaystyle\lim_{x\to-1+0}g(x)=-3a<0$，$g(0)=1>0$ であるから，$-1<x<0$ において，$g(x)$ の符号が $-$ から $+$ に1回だけ変わる。

ゆえに，$f(x)$ がただ1つの極値をもつための条件は $1-4a^3\geqq0$

すなわち $(1-\sqrt[3]{4}\,a)(1+\sqrt[3]{4}\,a+\sqrt[3]{4^2}a^2)\geqq0$

よって $1-\sqrt[3]{4}\,a\geqq0$ $a>0$ であるから $\boldsymbol{0<a\leqq\dfrac{1}{\sqrt[3]{4}}}$

TRAINING 96 ④

(1) 関数 $y=\dfrac{1}{\sqrt{x^2+1}}$ のグラフの漸近線を調べ，そのグラフの概形をかけ。

(2) 関数 $y=\log(x+\sqrt{x^2+1})-ax$ が極値をもつように，定数 a の値の範囲を定めよ。

〔類 島根大〕

発展 例題 97 関数のグラフの概形 (3)

≪≪ 基本例題 84

曲線 $C: y^2=x^2(x+1)$ の概形をかけ(凹凸は調べなくてよい)。

CHART & GUIDE

対称性に注目してグラフをかく

1. x の変域を調べる。
2. 対称性を調べる。…… x を $-x$, y を $-y$ におき換えて調べる。
3. y について解く。…… $y=\pm\sqrt{x^2(x+1)}$
4. $y=x\sqrt{x+1}$ のグラフをかき，2 で調べた対称性を利用して，求める曲線の概形をかく。

解答

$y^2 \geqq 0$ より，$x^2(x+1)\geqq 0$ であるから，x の変域は　$x\geqq -1$

← $x^2\geqq 0$, $x+1\geqq 0$

また，y を $-y$ におき換えても $y^2=x^2(x+1)$ は成り立つから，曲線 C は x 軸に関して対称である。

$y=\pm\sqrt{x^2(x+1)}$ であるから，曲線 C は，$y=x\sqrt{x+1}$ と $y=-x\sqrt{x+1}$ のグラフを合わせたものである。

まず，$y=x\sqrt{x+1}$ …… ① のグラフを考える。

参考 $y''=\dfrac{3x+4}{4(x+1)\sqrt{x+1}}$
$x>-1$ のとき　$y''>0$
ゆえに，$y=x\sqrt{x+1}$ のグラフは下に凸である。

$x>-1$ のとき　$y'=1\cdot(x+1)^{\frac{1}{2}}+x\cdot\dfrac{1}{2}(x+1)^{-\frac{1}{2}}$

$$=\sqrt{x+1}+\frac{x}{2\sqrt{x+1}}=\frac{3x+2}{2\sqrt{x+1}}$$

$y'=0$ とすると　$x=-\dfrac{2}{3}$

ゆえに，関数 ① の増減表は次のようになる。

x	-1	……	$-\dfrac{2}{3}$	……
y'		$-$	0	$+$
y	0	↘	$-\dfrac{2\sqrt{3}}{9}$	↗

さらに，$\displaystyle\lim_{x\to\infty}y=\infty$, $\displaystyle\lim_{x\to -1+0}y'=-\infty$ であるから，

$y=x\sqrt{x+1}$ のグラフの概形は〔図 1〕のようになる。

よって，曲線 C の概形は〔図 2〕のようになる。

〔図1〕

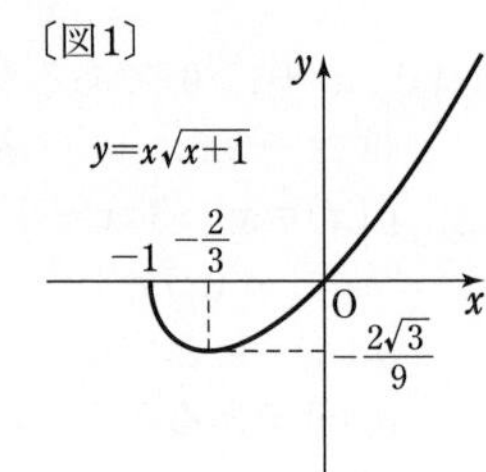

〔図2〕

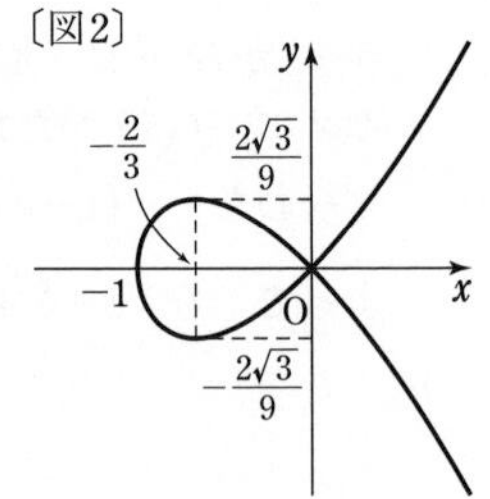

TRAINING 97 ⑤

曲線 $4x^2-y^2=x^4$ の凹凸を調べ，概形をかけ。

発展 例題 **98** 不等式の証明と極限 ≪ 標準例題 87

(1) 不等式 $e^x>1+x+\dfrac{x^2}{2}$ $(x>0)$ を示せ。　(2) $\displaystyle\lim_{x\to\infty}\frac{x}{e^x}$ を求めよ。

CHART & GUIDE

不等式 $f(x)>g(x)$ の証明

$f(x)-g(x)$ が増加関数なら，出発点で >0

(1) $F(x)=$(左辺)$-$(右辺) として，次のことを示す。

$F(x)$ が増加関数，$F(0)\geqq 0$ なら　$x>0$ で $F(x)>0$

⟶ $x>0$ のとき $F'(x)>0$ を示す必要があるが，これがすぐにはわからないから，$F''(x)$ を利用する。

(2) (1) は (2) のヒント　(1) で示した不等式を利用する。

解答

(1) $F(x)=e^x-\left(1+x+\dfrac{x^2}{2}\right)$ とすると

$$F'(x)=e^x-1-x,\quad F''(x)=e^x-1$$

$x>0$ のとき，$e^x>1$ であるから　$F''(x)>0$

ゆえに，区間 $x\geqq 0$ で $F'(x)$ は増加する。

よって，$x>0$ のとき　$F'(x)>F'(0)=0$

ゆえに，区間 $x\geqq 0$ で $F(x)$ は増加する。

よって，$x>0$ のとき　$F(x)>F(0)=0$

すなわち　$e^x>1+x+\dfrac{x^2}{2}$

(2) $x>0$ から，(1) より　$e^x>1+x+\dfrac{x^2}{2}>\dfrac{x^2}{2}$

ゆえに　$\dfrac{e^x}{x}>\dfrac{x}{2}>0$　　よって　$0<\dfrac{x}{e^x}<\dfrac{2}{x}$

$\displaystyle\lim_{x\to\infty}\frac{2}{x}=0$ であるから　$\displaystyle\lim_{x\to\infty}\frac{x}{e^x}=\mathbf{0}$

(参考) 一般に，任意の自然数 n に対して，$\displaystyle\lim_{x\to\infty}\frac{x^n}{e^x}=0$，$\displaystyle\lim_{x\to\infty}\frac{e^x}{x^n}=\infty$ となることが知られている。

$F'(x)$ の値の変化は，$F'(x)$ の導関数 $F''(x)$ の符号を調べる。

$x>a$ のとき $F'(x)>0$ ならば，$F(x)$ は常に増加するから，$F(x)>F(a)$ が成り立つ。

(2) $y=x$ と $y=e^x$ のグラフから予想の手掛かりが得られる。

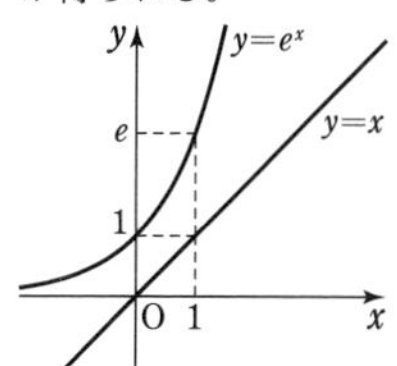

$\dfrac{x}{e^x}\longrightarrow 0$ を予想して

$0<\dfrac{x}{e^x}<\square$ と

はさみうち

$\square$ は (1) の不等式を利用。

TRAINING 98 ④

(1) $x>0$ のとき，$\log x<\sqrt{x}$ を示せ。　(2) $\displaystyle\lim_{x\to\infty}\frac{\log x}{x}$ を求めよ。

⋘ 標準例題 93

発展 例題 99 一般の量の時間的変化率 ④

直円柱形の物体の底面の半径が毎秒 1 cm の割合で増加し，高さが毎秒 3 cm の割合で増加しているとき，この物体の半径が 1 m，高さが 2 m になった瞬間における体積の変化率を求めよ。

CHART & GUIDE

物体の体積の時間的変化率

体積を時刻 t の関数として表し　それを t で微分

1. t 秒後の底面の半径 r，高さ h，体積 V の間の関係式を作る。
2. 1 で作った関係式の両辺を t で微分する。
3. 条件 $r=100$，$h=200$，$\dfrac{dr}{dt}=1$，$\dfrac{dh}{dt}=3$ を代入して，$\dfrac{dV}{dt}$ を計算する。

解答

t 秒後における直円柱の底面の半径を r cm，高さを h cm，体積を $V\,\mathrm{cm}^3$ とすると

$$V=\pi r^2h$$

この等式の両辺を t で微分すると

$$\frac{dV}{dt}=\pi\left(2r\cdot\frac{dr}{dt}\cdot h+r^2\cdot\frac{dh}{dt}\right)$$

$r=100$，$h=200$，$\dfrac{dr}{dt}=1$，$\dfrac{dh}{dt}=3$ を代入すると

$$\frac{dV}{dt}=\pi(2\cdot100\cdot1\cdot200+100^2\cdot3)$$

$$=\mathbf{70000\pi\,(cm^3/s)}$$

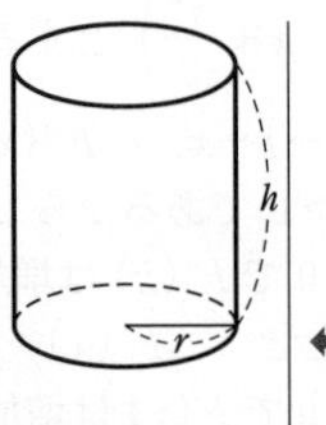

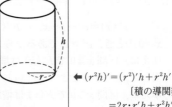

⬅ $(r^2h)'=(r^2)'h+r^2h'$
［積の導関数］
$=2r\cdot r'h+r^2h'$
［合成関数の導関数］
ただし，$'$ は t での微分を表す。

Lecture 変化率の問題は関係式を作り微分する

具体的に，$r=r_0+t$，$h=h_0+3t$ （r_0，t_0 は $t=0$ のときのそれぞれの値）として

$$V=\pi r^2h=\pi(r_0+t)^2(h_0+3t),\qquad \frac{dV}{dt}=\pi\{2(r_0+t)(h_0+3t)+(r_0+t)^2\cdot3\}$$

に，$r_0+t=100$，$h_0+3t=200$ を代入すると，$\dfrac{dV}{dt}=\mathbf{70000\pi\,(cm^3/s)}$ が得られる。しかし，V，r，h はすべて時刻 t の関数であるから，上の解答のようにそのまま t で微分する方が簡明である。

TRAINING 99 ④

上面の半径が 10 cm，深さが 20 cm の直円錐形の容器に毎秒 3 cm³ の割合で静かに水を注ぐとき，水の深さが 6 cm の瞬間に水面の高くなる速さと水面の広がる速さを求めよ。

EXERCISES

A

52③ 次の曲線上の点 $(x_1,\ y_1)$ における接線の方程式は，次のように表されることを証明せよ。

(1) 双曲線 $\dfrac{x^2}{a^2}-\dfrac{y^2}{b^2}=1$，接線の方程式 $\dfrac{x_1x}{a^2}-\dfrac{y_1y}{b^2}=1$

(2) 放物線 $y^2=4px$，接線の方程式 $y_1y=2p(x+x_1)$ ≪ 基本例題 **72**

53③ 媒介変数表示 $x=\dfrac{3}{\cos\theta}$，$y=2\tan\theta$ で表された曲線上の点 $(6,\ 2\sqrt{3})$ における接線の方程式は $y=$ア $\square$ $x-$イ $\square$ である。〔関西大〕 ≪ 基本例題 **73**

54③ 平均値の定理を用いて，次のことを証明せよ。

(1) $0<\alpha<\beta<\dfrac{\pi}{2}$ のとき　$\sin\beta-\sin\alpha<\beta-\alpha$

(2) $e^{-2}<a<b<1$ のとき　$a-b<b\log b-a\log a<b-a$ ≪ 標準例題 **75**

55③ 関数 $f(x)=\dfrac{ax^2+bx+c}{x^2+2}$ (a，b，c は定数) が $x=-2$ で極小値 $\dfrac{1}{2}$，$x=1$ で極大値 2 をもつ。このとき a，b，c の値を求めよ。〔横浜市大〕

≪ 標準例題 **79**

56③ 4 次関数 $f(x)=x^4+ax^3+bx^2+cx$ は $x=-3$ で極値をとり，そのグラフは点 $(-1,\ -11)$ を変曲点とする。このとき，定数 a，b，c の値を求めよ。

〔青山学院大〕 ≪ 基本例題 **83**

57③ a，b は定数とする。曲線 $C：y=x^3-3ax+b$ について，次の問いに答えよ。

(1) C の変曲点Pの座標を求めよ。

(2) C は点Pに関して対称であることを示せ。

〔類 大阪女子大〕 ≪ 基本例題 **83**

58③ $f(x)=x\cos x$ とする。このとき，$f'(x)$ は $0<x<\dfrac{\pi}{2}$ において減少し，$f(x)$ は $0<x<\dfrac{\pi}{2}$ において極大値をとることを示せ。 ≪ 基本例題 **86**

HINT

55 $f'(-2)$，$f'(1)$，$f(-2)$，$f(1)$ の値から a，b，c の値を定める。逆の確認を忘れずに。

57 (2) 変曲点Pが原点に移るように曲線 C を平行移動した曲線を C' とするとき，曲線 C' が原点に関して対称であることを示すとよい。

58 (後半) $f'(x)=0$ となる x が $0<x<\dfrac{\pi}{2}$ の範囲にただ 1 つ存在することを示す。そして，その x の値について $f''(x)$ の符号を調べる。

EXERCISES

B

59④ 曲線 $y=2\sqrt{x}$ の接線 ℓ と直線 $y=-x+7$ のなす鋭角が 75° のとき，ℓ の方程式を求めよ。
〔類 青山学院大〕 ≪≪ 標準例題 71

60④ 2 つの曲線 $y=x^2$，$xy=1$ の両方に接する直線の方程式を求めよ。
≪≪ 標準例題 71

61④ (1) $0<x<1$ のとき $\dfrac{\sin x-\sin x^2}{x-x^2}=\cos\theta$ となる実数 θ で $0<\theta<1$ を満たすものが存在することを示せ。

(2) 極限 $\displaystyle\lim_{x\to+0}\frac{\sin x-\sin x^2}{x-x^2}$ を求めよ。 ≪≪ 標準例題 75

62④ 関数 $f(x)=\dfrac{a\sin x}{\cos x+2}$ $(0\leqq x\leqq\pi)$ の最大値が $\sqrt{3}$ となるように，定数 a の値を定めよ。
〔信州大〕 ≪≪ 基本例題 80

63④ 関数 $f(t)=\dfrac{-\sin^2 t+3}{2\cos t+3}$ の最大値，最小値を求めよ。 〔島根大〕
≪≪ 基本例題 80，標準例題 81

64④ a，b を正の実数とし $f(x)=(ax^2+b)e^{-\frac{x}{2}}$ とする。関数 $y=f(x)$ が単調に減少し，かつ $y=f(x)$ のグラフが変曲点をもつための a，b の条件を求めよ。
〔愛媛大〕 ≪≪ 基本例題 83

65④ 関数 $f(x)=\dfrac{2x+1}{x^2+2}$ について，次の問いに答えよ。

(1) $f(x)$ を微分せよ。

(2) $f(x)$ の増減を調べ，極値を求めよ。

(3) t の方程式 $a\sin^2 t-2\sin t+2a-1=0$ が実数解をもつような実数 a の値の範囲を求めよ。
〔大阪工大〕 ≪≪ 標準例題 88

66④ $0<x<\dfrac{\pi}{2}$ のとき，曲線 C_1：$y=2\cos x$ と曲線 C_2：$y=\cos 2x+k$ が共有点 P で共通の接線 ℓ をもつ。定数 k の値と接線 ℓ の方程式を求めよ。
≪≪ 発展例題 94

HINT

59 ℓ と x 軸の正の向きのなす角が θ のとき，ℓ の傾きは $\tan\theta$ ℓ は 2 本ある。

60 一方の曲線の接線が他方の曲線に接する，と考える。例えば，曲線 $xy=1$ 上の点 $\left(t,\ \dfrac{1}{t}\right)$ における接線の方程式を求め，これが曲線 $y=x^2$ に接する条件を求める。
⟶ 接する ⟺ 重解（判別式 $D=0$）の活用

65 (3) $\sin t=x$ とおくと $\dfrac{2x+1}{x^2+2}=a$ $y=f(x)$ のグラフを利用する。

数学III

積 分 法

6章

例題番号	例題のタイトル	レベル
20 不定積分とその基本性質		
◯ 基本 100	x^{α} の不定積分	1
◯ 基本 101	三角関数，指数関数の不定積分の基本	1
21 置換積分法と部分積分法		
基本 102	$f(ax+b)$ の不定積分	1
◉ 基本 103	置換積分法 (1)	2
基本 104	置換積分法 (2)	2
◎ 基本 105	置換積分法 (3)	2
◉ 標準 106	部分積分法	3
22 いろいろな関数の不定積分		
◉ 基本 107	無理関数の積分	2
◉ 基本 108	分数関数の積分	2
◎ 基本 109	三角関数の積分 (1)	2
標準 110	三角関数の積分 (2)	3
◯ 標準 111	指数を含む関数の積分	3
標準 112	部分積分法(同形出現)	3
23 定積分とその基本性質		
基本 113	定積分の計算 (1)	1
◯ 基本 114	定積分の計算 (2)	2
基本 115	絶対値のついた関数の定積分の計算	2
24 定積分の置換積分法と部分積分法		
◉ 基本 116	定積分の置換積分法	2
◯ 基本 117	$\sqrt{a^2-x^2}$ の定積分	2
◯ 標準 118	$1/(x^2+a^2)$ の定積分	3
◯ 基本 119	偶関数・奇関数の定積分	1
◯ 基本 120	定積分の部分積分法 (1)	2
標準 121	定積分の部分積分法 (2)	3
25 定積分のいろいろな問題		
標準 122	定積分と導関数	3
◯ 標準 123	定積分の等式を満たす関数の決定 (1)	3
◯ 標準 124	定積分と和の極限	3
基本 125	定積分と不等式の証明 (1)	2
◯ 標準 126	定積分と不等式の証明 (2)	3
発展学習		
発展 127	文字定数を含む三角関数の積分	4
◯ 発展 128	等式を利用した定積分の計算	4
◯ 発展 129	文字係数を含む関数の定積分の最小値	4
発展 130	定積分と漸化式	5
◎ 発展 131	定積分で表された関数の最大・最小	4
◯ 発展 132	定積分の等式を満たす関数の決定 (2)	4
◯ 発展 133	定積分と極限	5

Let's Start

20 不定積分とその基本性質

数学Ⅱでは，多項式で表された関数の不定積分について学びました。ここでは，いろいろな関数の不定積分について考えていきましょう。

■ 不定積分

数学Ⅱで学んだように，x で微分すると $f(x)$ になる関数，すなわち $F'(x)=f(x)$ となる関数 $F(x)$ を $f(x)$ の **原始関数** という。
一般に，関数 $f(x)$ の原始関数の1つを $F(x)$ とすると，$f(x)$ の原始関数全体は，

$$F(x)+C\quad (C\text{ は任意の定数})$$

と表される。この表示を $f(x)$ の **不定積分** といい，$\boldsymbol{\int f(x)dx}$ と書き表す。

← $f(x)$ の原始関数は無数に存在するが，その違いは定数部分だけである。

関数 $f(x)$ の不定積分を求めることを，$f(x)$ を **積分する** といい，上の定数 C を **積分定数** という。また，$f(x)$ を **被積分関数** といい，x を **積分変数** という。

$f(x)$ の不定積分

$F'(x)=f(x)$ のとき

$$\int f(x)dx=F(x)+C \qquad \text{ただし，} C \text{ は積分定数}$$

積分は微分の逆の演算 である。

■ 不定積分の基本性質

関数 $f(x)$，$g(x)$ と定数 k，l に対して，次の公式が成り立つ。

1 $\int kf(x)dx=k\int f(x)dx$

2 $\int\{f(x)+g(x)\}dx=\int f(x)dx+\int g(x)dx$

3 $\int\{f(x)-g(x)\}dx=\int f(x)dx-\int g(x)dx$

不定積分についての等式では，両辺の積分定数の違いは無視することにする。

1 ～ 3 から，次が成り立つ。

$$\int\{kf(x)+lg(x)\}dx=k\int f(x)\,dx+l\int g(x)\,dx$$

例 $\int(5x^4+6x^2-1)dx=5\int x^4dx+6\int x^2dx-\int dx$ ← $\int 1dx$ は 1 を省略して $\int dx$ と書く。

$=5\cdot\frac{x^5}{5}+6\cdot\frac{x^3}{3}-x+C$ ← 積分定数は，まとめて 1 つだけ C と最後に書く。

$=x^5+2x^3-x+C$ （C は積分定数）

■ 基本的な関数の不定積分

関数の不定積分を求めるには，導関数の公式が逆に利用される。

実数 α について $(x^{\alpha+1})'=(\alpha+1)x^{\alpha}$ が成り立つ。また，$(\log|x|)'=\frac{1}{x}$ が成り立つ。これらのことから，次の公式が得られる。

x^{α} の不定積分

C は積分定数とする。

$$\int x^{\alpha}dx=\frac{1}{\alpha+1}x^{\alpha+1}+C \qquad \text{ただし，}\alpha\neq-1$$

$$\int\frac{1}{x}dx=\log|x|+C$$

第 4 章で次の公式を学んだ。ただし，a は 1 でない正の定数とする。

$(\sin x)'=\cos x$，　$(\cos x)'=-\sin x$，　$(\tan x)'=\frac{1}{\cos^2 x}$

$(e^x)'=e^x$，　$(a^x)'=a^x\log a$

これらから，次の公式が得られる。

三角関数，指数関数の不定積分

C は積分定数とする。

$$\int\sin x\,dx=-\cos x+C, \qquad \int\cos x\,dx=\sin x+C$$

$$\int\frac{dx}{\cos^2 x}=\tan x+C$$

$$\int e^x dx=e^x+C, \qquad \int a^x dx=\frac{a^x}{\log a}+C$$

積分は微分の逆の演算であることを意識して，次ページからの問題を解いていきましょう。

6章 20 不定積分とその基本性質

基本 例題 100 x^{α} の不定積分

次の不定積分を求めよ。

(1) $\displaystyle\int\frac{dx}{\sqrt[3]{x^2}}$ (2) $\displaystyle\int\frac{x^4-2x+1}{x^2}dx$

CHART & GUIDE

x^{α} の不定積分

$\alpha\neq-1$ のとき $\displaystyle\int x^{\alpha}dx=\frac{1}{\alpha+1}x^{\alpha+1}+C$ [次数は $+1$ 係数は その逆数]

$\alpha=-1$ は特別扱い $\displaystyle\int\frac{dx}{x}=\log|x|+C$

解答

(1) $\displaystyle\int\frac{dx}{\sqrt[3]{x^2}}=\int x^{-\frac{2}{3}}dx=\frac{1}{-\frac{2}{3}+1}x^{-\frac{2}{3}+1}+C=3x^{\frac{1}{3}}+C$

$\boldsymbol{=3\sqrt[3]{x}+C}$ **(C は積分定数)**

← $\sqrt[n]{x^m}=x^{\frac{m}{n}}$, $\dfrac{1}{x^p}=x^{-p}$

(2) $\displaystyle\int\frac{x^4-2x+1}{x^2}dx=\int\left(x^2-\frac{2}{x}+\frac{1}{x^2}\right)dx$

← 和の形に直す。

$\displaystyle=\int x^2dx-2\int\frac{1}{x}dx+\int\frac{1}{x^2}dx$

$\boldsymbol{\displaystyle=\frac{x^3}{3}-2\log|x|-\frac{1}{x}+C}$ **(C は積分定数)**

Lecture 不定積分の検算

不定積分の結果が正しいかどうかは，得られた式を微分してみればわかる。上の例題(1)，(2)については

(1) $(3\sqrt[3]{x}+C)'=(3x^{\frac{1}{3}}+C)'=3\cdot\dfrac{1}{3}x^{-\frac{2}{3}}=\dfrac{1}{\sqrt[3]{x^2}}$

(2) $\left(\dfrac{x^3}{3}-2\log|x|-\dfrac{1}{x}+C\right)'=\dfrac{1}{3}\cdot3x^2-\dfrac{2}{x}+\dfrac{1}{x^2}=\dfrac{x^4-2x+1}{x^2}$

となり被積分関数が得られるから，計算が正しいことがわかる。

積分

$\displaystyle\int \boxed{f(x)}\,dx=\boxed{F(x)+C}$

微分
(検算)

TRAINING 100 ①

次の不定積分を求めよ。

(1) $\displaystyle\int x^2\cdot\sqrt[3]{x}\,dx$ (2) $\displaystyle\int\left(2x^3+\frac{4}{x^3}\right)dx$

(3) $\displaystyle\int\left(\sqrt[3]{x^4}-\frac{1}{\sqrt{x}}\right)dx$ (4) $\displaystyle\int\frac{(t+1)^2}{t}dt$

基本 例題 101 三角関数，指数関数の不定積分の基本

次の不定積分を求めよ。

(1) $\displaystyle\int(3\sin x-4\cos x)dx$　(2) $\displaystyle\int\frac{2\cos^2 x-1}{\cos^2 x}dx$　(3) $\displaystyle\int(3^x-e^x)dx$

CHART & GUIDE

不定積分の計算 （k，l は定数）

$$\int\{kf(x)+lg(x)\}dx=k\int f(x)dx+l\int g(x)dx$$

1. (2) のように，商の形で表されているものは，和・差の形に変形する。
2. 定数倍は $\int$ の前に出し，公式を用いて各項を積分する。
3. 積分定数 C を書き添える。

解答

C は積分定数とする。

(1) $\displaystyle\int(3\sin x-4\cos x)dx=3\int\sin x\,dx-4\int\cos x\,dx$

$\qquad=\boldsymbol{-3\cos x-4\sin x+C}$

(2) $\displaystyle\int\frac{2\cos^2 x-1}{\cos^2 x}dx=\int\left(2-\frac{1}{\cos^2 x}\right)dx$

$\displaystyle\qquad=2\int dx-\int\frac{dx}{\cos^2 x}$

$\qquad=\boldsymbol{2x-\tan x+C}$

(3) $\displaystyle\int(3^x-e^x)dx=\int 3^x dx-\int e^x dx$

$\displaystyle\qquad=\boldsymbol{\frac{3^x}{\log 3}-e^x+C}$

$\displaystyle\int\sin x\,dx=-\cos x+C$

$\displaystyle\int\cos x\,dx=\sin x+C$

$\displaystyle\int\frac{dx}{\cos^2 x}=\tan x+C$

$\displaystyle\int a^x dx=\frac{a^x}{\log a}+C$

$\displaystyle\int e^x dx=e^x+C$

Lecture 三角関数，指数関数の不定積分の公式

上の解答の副文で示した公式は，導関数の公式とペアで記憶しておくとよい（p.169 参照）。

また，$\displaystyle\int\frac{dx}{\sin^2 x}=-\frac{1}{\tan x}+C$ を公式として扱うこともある。

証明 $\displaystyle\left(\frac{1}{\tan x}\right)'=\left(\frac{\cos x}{\sin x}\right)'=\frac{-\sin x\cdot\sin x-\cos x\cdot\cos x}{\sin^2 x}=-\frac{\sin^2 x+\cos^2 x}{\sin^2 x}=-\frac{1}{\sin^2 x}$ から。

TRAINING 101 ①

次の不定積分を求めよ。

(1) $\displaystyle\int\cos x(2+\tan x)dx$　(2) $\displaystyle\int\frac{dx}{\tan^2 x}$　(3) $\displaystyle\int(e^x+5^{x+1})dx$

Let's Start

21 置換積分法と部分積分法

ここでは，合成関数の微分法，積の導関数の公式を利用して，不定積分について考えていきましょう。

■ $f(ax+b)$ の不定積分

$F'(x)=f(x)$，$a\neq 0$ とするとき

$$\int f(ax+b)dx=\frac{1}{a}F(ax+b)+C$$

← $\frac{1}{a}$ に注意。

証明 $\left\{\frac{1}{a}F(ax+b)\right\}'=\frac{1}{a}\cdot F'(ax+b)\cdot(ax+b)'=\frac{1}{a}\cdot af(ax+b)$

$=f(ax+b)$ から。

← 合成関数の微分法

■ 置換積分法

$y=\int f(x)dx$ …… ① において，x が微分可能な t の関数 $g(t)$ を用いて $x=g(t)$ と表されるとき，y は t の関数で，合成関数の微分法より

$$\frac{dy}{dt}=\frac{dy}{dx}\cdot\frac{dx}{dt}=f(x)\cdot g'(t)=f(g(t))\cdot g'(t)$$

← ① の両辺を x で微分すると $\frac{dy}{dx}=f(x)$

よって　$y=\int f(g(t))g'(t)dt$ …… ②

したがって，①，② から，次の **置換積分法** の公式が成り立つ。

公式Ⅰ　$\int f(x)dx=\int f(g(t))g'(t)dt$　ただし $x=g(t)$

公式Ⅱ　$\int f(g(x))g'(x)dx=\int f(u)du$　ただし $g(x)=u$

← 公式Ⅰの左辺と右辺を入れ替えて，積分変数 t を x に，x を u に変えると，公式Ⅱが得られる。

■ 部分積分法

積の導関数の公式　$\{f(x)g(x)\}'=f'(x)g(x)+f(x)g'(x)$ において，$f(x)g(x)$ は，右辺の関数の原始関数と考えられるから

$$f(x)g(x)=\int f'(x)g(x)dx+\int f(x)g'(x)dx$$

← $f(x)g(x)=\int\{f(x)g(x)\}'dx$

よって，次の **部分積分法** の公式が導かれる。

$$\int f(x)g'(x)dx=f(x)g(x)-\int f'(x)g(x)dx$$

基本 例題 102 $f(ax+b)$ の不定積分

次の不定積分を求めよ。

(1) $\int\sqrt{3x-1}\,dx$　　(2) $\int\frac{dx}{2x-3}$　　(3) $\int\cos\pi x\,dx$　　(4) $\int e^{-x+2}dx$

CHART & GUIDE

$f(ax+b)$ の不定積分　$F'(x)=f(x)$, $a\neq0$ のとき

$$\int f(ax+b)\,dx=\frac{1}{a}F(ax+b)+C$$

1 $ax+b$ を1つのもの x とみて，関数 $f(x)$ を考える。
2 $f(x)$ の不定積分を求め，x を $ax+b$ に戻す。
3 2 で求めた不定積分に x の係数 a の逆数 $\frac{1}{a}$ を掛ける。

解答

C は積分定数とする。

(1) $\int\sqrt{3x-1}\,dx=\int(3x-1)^{\frac{1}{2}}dx=\frac{1}{3}\cdot\frac{2}{3}(3x-1)^{\frac{3}{2}}+C$

$$=\boldsymbol{\frac{2}{9}(3x-1)\sqrt{3x-1}+C}$$

← 上の CHART&GUIDE の公式で $f(x)=\sqrt{x}$，$a=3$

(2) $\int\frac{dx}{2x-3}=\boldsymbol{\frac{1}{2}\log|2x-3|+C}$

← $f(x)=\frac{1}{x}$，$a=2$

(3) $\int\cos\pi x\,dx=\boldsymbol{\frac{1}{\pi}\sin\pi x+C}$

← $f(x)=\cos x$，$a=\pi$

(4) $\int e^{-x+2}dx=\frac{1}{-1}e^{-x+2}+C=\boldsymbol{-e^{-x+2}+C}$

← $f(x)=e^x$，$a=-1$

Lecture $f(ax+b)$ の不定積分

上の CHART&GUIDE で示した $f(ax+b)$ の不定積分の公式は，次ページで学ぶ置換積分法の特別な場合である。

$F'(x)=f(x)$，$a\neq0$ のとき，$ax+b=t$ とおくと　$x=\frac{t-b}{a}$，$\frac{dx}{dt}=\frac{1}{a}$

よって　$\int f(ax+b)\,dx=\int f(t)\cdot\frac{1}{a}dt=\frac{1}{a}\int f(t)\,dt=\frac{1}{a}F(t)+C=\frac{1}{a}F(ax+b)+C$

TRAINING 102 ①

次の不定積分を求めよ。

(1) $\int(3x-2)^4dx$　　(2) $\int\frac{dx}{(3-x)^2}$　　(3) $\int\sqrt[3]{(2t-1)^2}\,dt$

(4) $\int(\sin2x-\cos3x)\,dx$　　(5) $\int(e^x-e^{-x})^2dx$　　(6) $\int2^{3x-2}dx$

基本 例題 103 置換積分法 (1)

次の不定積分を求めよ。

(1) $\int(3x+2)\sqrt{x+1}\,dx$ (2) $\int\frac{x+1}{\sqrt{1-x}}dx$

解説動画へGO!!

CHART & GUIDE

置換積分法の公式 I

$$\int f(x)\,dx=\int f(g(t))g'(t)\,dt \qquad \text{ただし，} x=g(t)$$

1. (1) $\sqrt{x+1}=t$ (2) $\sqrt{1-x}=t$ とおき，x について解く。
2. $\frac{dx}{dt}$ を求め，$f(x)dx$ を (t の式) dt の形で表す。
3. t で積分する。最後に t を x の式に戻す。

解答

C は積分定数とする。

(1) $\sqrt{x+1}=t$ とおくと $x+1=t^2$

ゆえに $x=t^2-1$，$dx=2t\,dt$ ⬅ $\frac{dx}{dt}=2t$

また $3x+2=3(t^2-1)+2=3t^2-1$

よって

$$\int(3x+2)\sqrt{x+1}\,dx=\int(3t^2-1)t\cdot 2t\,dt=2\int(3t^4-t^2)\,dt$$

⬅ t での積分となる。

$$=2\left(\frac{3}{5}t^5-\frac{t^3}{3}\right)+C=\frac{2}{15}t^3(9t^2-5)+C$$

⬅ x の式に戻しやすいように整理する。

$$=\frac{2}{15}(x+1)\sqrt{x+1}\{9(x+1)-5\}+C$$

$$=\boldsymbol{\frac{2}{15}(9x+4)(x+1)\sqrt{x+1}+C}$$

(2) $\sqrt{1-x}=t$ とおくと $1-x=t^2$

ゆえに $x=1-t^2$，$dx=(-2t)\,dt$ ⬅ $\frac{dx}{dt}=-2t$

また $x+1=(1-t^2)+1=2-t^2$

よって $\int\frac{x+1}{\sqrt{1-x}}dx=\int\frac{2-t^2}{t}\cdot(-2t)\,dt$

$$=2\int(t^2-2)\,dt$$

⬅ t での積分となる。

$$=2\left(\frac{t^3}{3}-2t\right)+C=\frac{2}{3}t(t^2-6)+C$$

⬅ x の式に戻しやすいように整理する。

$$=\boldsymbol{-\frac{2}{3}(x+5)\sqrt{1-x}+C}$$

(補足) (2) について，$1-x=t$ とおいて求めると，次のようになる。

$1-x=t$ とおくと　$x=1-t$

よって　$dx=(-1)dt$

ゆえに　$\displaystyle\int\frac{x+1}{\sqrt{1-x}}dx=\int\frac{2-t}{\sqrt{t}}(-1)dt=\int\left(\sqrt{t}-\frac{2}{\sqrt{t}}\right)dt$

$\displaystyle=\int\left(t^{\frac{1}{2}}-2t^{-\frac{1}{2}}\right)dt$

$\displaystyle=\frac{2}{3}t^{\frac{3}{2}}-2\cdot2t^{\frac{1}{2}}+C=\frac{2}{3}t^{\frac{1}{2}}(t-6)+C$

$\displaystyle=-\frac{2}{3}(x+5)\sqrt{1-x}+C$

計算の過程で無理関数の積分をするため，左ページの解答と比べるとやや面倒になっている。

$\sqrt{ax+b}$ ($a\neq0$) を含む積分 では，左ページのように **$\sqrt{ax+b}=t$ とおく** と，$x=\dfrac{t^2-b}{a}$，$dx=\dfrac{2t}{a}dt$ となって，被積分関数が $\sqrt{}$ を含まない形で表される。

Lecture　置換積分法の公式 I

$x=g(t)$ のとき $\dfrac{dx}{dt}=g'(t)$ である。

$\dfrac{dx}{dt}=g'(t)$ を形式的に $dx=g'(t)dt$ と書くことがある。この表現を用いると，公式 I における式の変形を覚えやすい。

$$\int f(x)dx=\int f(g(t))g'(t)dt$$ ← x を $g(t)$ に，dx を $g'(t)dt$ におき換える。

TRAINING 103 ②

次の不定積分を求めよ。

(1) $\displaystyle\int\frac{x}{(x-3)^2}dx$　(2) $\displaystyle\int x\sqrt{x-2}\,dx$　(3) $\displaystyle\int(x-2)\sqrt{3-2x}\,dx$

(4) $\displaystyle\int\frac{x-2}{\sqrt{x+1}}dx$　(5) $\displaystyle\int x\cdot\sqrt[3]{x+2}\,dx$

基本 例題 104 置換積分法 (2)

次の不定積分を求めよ。

(1) $\int x\sqrt{x^2+2}\,dx$　　(2) $\int \cos^3 x \sin x\,dx$

CHART & GUIDE

置換積分法の公式 II

$$\int f(g(x))g'(x)\,dx=\int f(u)\,du \quad \text{ただし，} g(x)=u$$

1. $g(x)$ と $g'(x)$ を見つけて，$g(x)=u$ とおく。
2. $g'(x)dx=du$ として，$\int f(u)du$ を求める。
3. u を x の式に戻す。

$f(■)■'$ なら ■$=u$ とおく

解答

C は積分定数とする。

(1) $x^2+2=u$ とおくと　$2x\,dx=du$

よって　$\int x\sqrt{x^2+2}\,dx=\int \frac{1}{2}\sqrt{x^2+2}\cdot 2x\,dx$

$=\frac{1}{2}\int \sqrt{u}\,du=\frac{1}{2}\cdot\frac{2}{3}u^{\frac{3}{2}}+C$

$=\boldsymbol{\frac{1}{3}(x^2+2)\sqrt{x^2+2}+C}$

⬅ $2x=\frac{du}{dx}$

(2) $\cos x=u$ とおくと　$(-\sin x)\,dx=du$

よって　$\int \cos^3 x\sin x\,dx=-\int \cos^3 x(-\sin x)\,dx$

$=-\int u^3\,du=-\frac{u^4}{4}+C$

$=\boldsymbol{-\frac{1}{4}\cos^4 x+C}$

⬅ $-\sin x=\frac{du}{dx}$

(補足) 被積分関数が $f(g(x))g'(x)$ の形であることを発見すれば，$g(x)=u$ とおいて，

公式 $\int f(g(x))g'(x)dx=\int f(u)du$ が利用できる。

(1) $x\sqrt{x^2+2}=\frac{1}{2}(x^2+2)^{\frac{1}{2}}(x^2+2)'$ であるから　　$g(x)=x^2+2$

(2) $\cos^3 x\sin x=-(\cos x)^3(\cos x)'$ であるから　　$g(x)=\cos x$

(参考) 例題(1)を例題 103 と同じように，$\sqrt{\quad}$ の部分をおき換えて求めると，次のようになる。

$\sqrt{x^2+2}=t$ とおくと　　$x^2+2=t^2$

よって　　$2xdx=2tdt$　すなわち　$xdx=tdt$

ゆえに　　$\int x\sqrt{x^2+2}dx=\int t\cdot tdt$

$$=\int t^2dt=\frac{t^3}{3}+C$$

$$=\boldsymbol{\frac{1}{3}(x^2+2)\sqrt{x^2+2}+C}$$

Lecture　置換積分法の公式 II

$g(x)=u$ のとき $g'(x)=\frac{du}{dx}$ である。

$g'(x)=\frac{du}{dx}$ を形式的に $g'(x)dx=du$ と書くことがある。この表現を用いると，公式IIにおける式の変形を覚えやすい。

$\int f(g(x))g'(x)dx=\int f(u)du$　　← $g(x)$ を u に，$g'(x)dx$ を du におき換える。

TRAINING 104 ②

次の不定積分を求めよ。

(1) $\int \sin^2 x\cos x dx$　　(2) $\int (e^x-2)e^x dx$　　(3) $\int \frac{\log 2x}{x}dx$

<<< 基本例題 104

基本例題 105 置換積分法 (3)

次の不定積分を求めよ。

(1) $\displaystyle\int\frac{x}{x^2+1}dx$　　(2) $\displaystyle\int\frac{e^x}{e^x+1}dx$

CHART & GUIDE

置換積分法

$$\int\frac{g'(x)}{g(x)}dx=\log|g(x)|+C \text{ の利用}$$

被積分関数が (1) $\dfrac{(x^2+1)'}{x^2+1}\cdot\dfrac{1}{2}$ (2) $\dfrac{(e^x+1)'}{e^x+1}$ の形であるから,

$\displaystyle\int\frac{g'(x)}{g(x)}dx=\log|g(x)|+C$ を利用する。

解答

C は積分定数とする。

(1) $\displaystyle\int\frac{x}{x^2+1}dx=\int\frac{2x}{x^2+1}\cdot\frac{1}{2}dx=\int\frac{(x^2+1)'}{x^2+1}\cdot\frac{1}{2}dx$

$\displaystyle=\frac{1}{2}\log(x^2+1)+C$　　⬅ $x^2+1>0$

(2) $\displaystyle\int\frac{e^x}{e^x+1}dx=\int\frac{(e^x+1)'}{e^x+1}dx$

$=\log(e^x+1)+C$　　⬅ $e^x+1>0$

Lecture 置換積分法の公式Ⅱ

置換積分法の公式Ⅱ $\displaystyle\int f(g(x))g'(x)dx=\int f(u)du$ において, $f(u)=\dfrac{1}{u}$ のときは

$$\int\frac{g'(x)}{g(x)}dx=\int\frac{1}{u}du=\log|u|+C$$

したがって, $\displaystyle\int\frac{g'(x)}{g(x)}dx=\log|g(x)|+C$ が得られる。

TRAINING 105 ②

次の不定積分を求めよ。

(1) $\displaystyle\int\frac{4x^3-6x+9}{x^4-3x^2+9x-10}dx$　　(2) $\displaystyle\int\frac{\sin x}{\cos x}dx$

STEP into ここで整理

置換積分法のまとめ

例題 103〜105 では，置換積分法について 3 つのタイプを学習しました。
ここで，各タイプにおける公式とその具体例について整理しておきましょう。

タイプ 1

置換積分法の公式 I　$\int f(x)dx=\int f(g(t))g'(t)dt$　の利用。

$\sqrt{ax+b}$ $(a \neq 0)$ を含む積分では，$\sqrt{ax+b}=t$ とおく。

例　$\int \frac{x+1}{\sqrt{1-x}}dx$　[例題 103 (2)]

$\sqrt{1-x}=t$ とおくと　　$x=1-t^2$，$dx=(-2t)dt$

よって　　$\int \frac{x+1}{\sqrt{1-x}}dx=\int \frac{2-t^2}{t}\cdot(-2t)dt=2\int(t^2-2)dt$

タイプ 2

置換積分法の公式 II　$\int f(g(x))g'(x)dx=\int f(u)du$　の利用。

$g(x)$ と $g'(x)$ を見つけて，$g(x)=u$ とおく。

例　$\int x\sqrt{x^2+2}\,dx$　[例題 104 (1)]

$x\sqrt{x^2+2}=\frac{1}{2}(x^2+2)^{\frac{1}{2}}(x^2+2)'$ であるから　　$g(x)=x^2+2$

$x^2+2=u$ とおくと　　$2xdx=du$

よって　　$\int x\sqrt{x^2+2}dx=\int \frac{1}{2}\sqrt{x^2+2}\cdot 2xdx=\frac{1}{2}\int\sqrt{u}\,du$

タイプ 3

被積分関数が $\frac{g'(x)}{g(x)}$ の形になっている場合は $\int \frac{g'(x)}{g(x)}dx=\log|g(x)|+C$ を利用。

例　$\int \frac{x}{x^2+1}dx$　[例題 105 (1)]

被積分関数が $\frac{(x^2+1)'}{x^2+1}\cdot\frac{1}{2}$ の形であるから

$$\int \frac{x}{x^2+1}dx=\int \frac{2x}{x^2+1}\cdot\frac{1}{2}dx=\int \frac{(x^2+1)'}{x^2+1}\cdot\frac{1}{2}dx=\frac{1}{2}\log(x^2+1)+C$$

標準 例題

106 部分積分法

次の不定積分を求めよ。ただし，(2) の a は 1 でない正の定数とする。

(1) $\int (x+2)e^x dx$　　(2) $\int \log_a x\,dx$

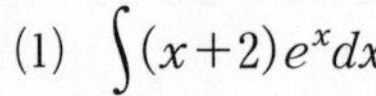

CHART & GUIDE

2 種類の関数の積の積分

部分積分法 $\int f(x)g'(x)dx = f(x)g(x) - \int f'(x)g(x)dx$

1 被積分関数を $f(x)$，$g'(x)$ の 2 種類の関数の積と考える。
⟶ 微分して簡単になるものを $f(x)$，積分しやすいものを $g'(x)$ とする。

2 1 で定めた $f(x)$，$g'(x)$ について，$f'(x)$ と $g(x)$ を求める。

3 部分積分法の公式に従って，不定積分を求める。

(2) 特殊形　$\log x = (\log x)\times 1 = (\log x)\times (x)'$ とみる。

解答

C，C_1 は積分定数とする。

(1) $\int (x+2)e^x dx = \int (x+2)(e^x)'dx$

$= (x+2)e^x - \int (x+2)'\cdot e^x dx$

$= (x+2)e^x - \int e^x dx = (x+2)e^x - e^x + C$

$= \boldsymbol{(x+1)e^x + C}$

⬅ $f(x) = x+2$，$g'(x) = e^x\ [g(x) = e^x]$ とする。

(2) $\int \log_a x\,dx = \int \frac{\log x}{\log a}dx = \frac{1}{\log a}\int (\log x)\cdot 1\,dx$

$= \frac{1}{\log a}\int (\log x)\cdot (x)'dx$

$= \frac{1}{\log a}\left\{(\log x)x - \int (\log x)'\cdot x\,dx\right\}$

$= \frac{1}{\log a}\left(x\log x - \int dx\right)$

$= \frac{1}{\log a}\{x\log x - (x + C_1)\}$

$= \boldsymbol{\frac{1}{\log a}(x\log x - x) + C}$

⬅ $f(x) = \log x$，$g'(x) = 1\ [g(x) = x]$ とする。

⬅ $(\log x)' = \frac{1}{x}$

⬅ $-\frac{C_1}{\log a}$ を C としている。

TRAINING 106 ③

次の不定積分を求めよ。

(1) $\int x\cos x\,dx$　　(2) $\int x^2\log x\,dx$　　(3) $\int te^{2t}dt$

ズーム UP

部分積分法における $f(x)$，$g(x)$ の定め方

部分積分法では，$f(x)$，$g(x)$ の定め方がポイントとなります。詳しく見てみましょう。

● まず，公式について確認しましょう

$$\int f(x)g'(x)dx = f(x)g(x) - \int f'(x)g(x)dx$$

（$f(x)$ → そのまま → $f(x)$，$g'(x)$ → 積分 → $g(x)$，$f(x)$ → 微分 → $f'(x)$，$g(x)$ → そのまま → $g(x)$）

次のようにとらえてもよい。

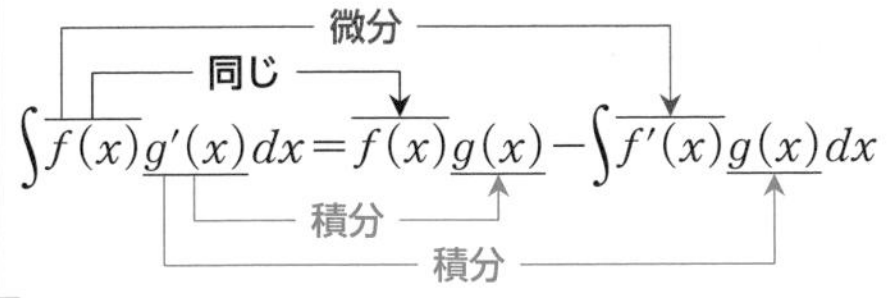

右辺について，前から「同じ」，「積分」，「微分」，「積分」の順になっているから，頭文字をとって，

同積微積

ととらえると覚えやすい。

● 部分積分法の公式の右辺にある $\int f'(x)g(x)dx$ に注目する

部分積分法の公式を利用しても，$\int f'(x)g(x)dx$ という部分があるため，再度，積分をしなければいけません。そのため，$\int f'(x)g(x)dx$ がそのまま積分できるように，$f(x)$，$g(x)$ を定めるとよいです。

被積分関数が（多項式）×（三角，指数関数）の場合 ← 例題 (1)

・三角関数，指数関数を積分すると，

$$\int \sin x dx = -\cos x + C,\ \int \cos x dx = \sin x + C,\ \int e^x dx = e^x + C$$

などとなり，三角関数，指数関数の形が残るため，公式における $\int f'(x)g(x)dx$ の部分が $\int$(三角，指数関数)dx となるように定めたい。

・多項式は，n が自然数のとき $(x^n)' = nx^{n-1}$ であるから，微分すると次数が下がる。

⟶ 多項式を $f(x)$ とするとよい。

被積分関数が（多項式）×（対数関数）の場合 ← 例題 (2)

対数関数を微分すると $(\log x)' = \dfrac{1}{x}$ であり，多項式を積分すると多項式となるから，公式における $\int f'(x)g(x)dx$ の部分が $\int$(多項式)dx となるように定めたい。

⟶ 対数関数を $f(x)$ とするとよい。

Let's Start

22 いろいろな関数の不定積分

これまでに，不定積分を求める手法として，公式の利用・置換積分・部分積分などを学習しました。ここでは，さらに，関数の種類別に積分できる形に変形する要領を考えましょう。

■ いろいろな関数の不定積分

無理関数

・おき換え　$\sqrt{ax+b}=t$ など。

・分母の有理化　$\dfrac{1}{\sqrt{x+2}-\sqrt{x}}=\dfrac{\sqrt{x+2}+\sqrt{x}}{2}$

分数関数

・分子の次数を下げる　$\dfrac{x^2}{x-1}=x+1+\dfrac{1}{x-1}$

・部分分数分解　$\dfrac{1}{(x+1)(x+3)}=\dfrac{1}{2}\left(\dfrac{1}{x+1}-\dfrac{1}{x+3}\right)$

三角関数

・次数を下げる（2 倍角の公式の利用）

$$\sin^2 x=\frac{1-\cos 2x}{2},\qquad \cos^2 x=\frac{1+\cos 2x}{2}$$

・積 ⟶ 和の公式の利用

$$\sin\alpha\cos\beta=\frac{1}{2}\{\sin(\alpha+\beta)+\sin(\alpha-\beta)\}$$

$$\cos\alpha\cos\beta=\frac{1}{2}\{\cos(\alpha+\beta)+\cos(\alpha-\beta)\}$$

$$\sin\alpha\sin\beta=-\frac{1}{2}\{\cos(\alpha+\beta)-\cos(\alpha-\beta)\}$$

・f(■)■$'$ の形に変形　$\cos^3 x=(1-\sin^2 x)\cos x$

指数関数・対数関数

e^x は微分しても，積分しても常に　$\boldsymbol{e^x}$

$\log x$ は微分すると，$\boldsymbol{\dfrac{1}{x}}$ ［分数関数］になる

に着目する。

⬅ 置換積分法
（例題 103 参照）

⬅ 分母・分子に $\sqrt{x+2}+\sqrt{x}$ を掛ける。

⬅ $x^2=(x^2-1)+1$
$=(x+1)(x-1)+1$
と変形する。

⬅ $\cos 2x=1-2\sin^2 x$
$=2\cos^2 x-1$

例　$\sin 5x\cos x$
$=\dfrac{1}{2}(\sin 6x+\sin 4x)$

⬅ 置換積分法
$(1-\sin^2 x)(\sin x)'$
とみる。
（例題 104 参照）

基本 例題 107 無理関数の積分 ⊘⊘

不定積分 $\displaystyle\int\frac{1}{\sqrt{x+2}-\sqrt{x}}dx$ を求めよ。

解説動画へGO!!

CHART & GUIDE

無理関数の積分
おき換え　有理化

無理式は有理化の方針に従い，分母・分子に $\sqrt{x+2}+\sqrt{x}$ を掛ける。

解答

$$\frac{1}{\sqrt{x+2}-\sqrt{x}}=\frac{\sqrt{x+2}+\sqrt{x}}{(\sqrt{x+2}-\sqrt{x})(\sqrt{x+2}+\sqrt{x})}$$
$$=\frac{\sqrt{x+2}+\sqrt{x}}{(x+2)-x}=\frac{\sqrt{x+2}+\sqrt{x}}{2}$$

← $(\sqrt{a}+\sqrt{b})(\sqrt{a}-\sqrt{b})$
$=(\sqrt{a})^2-(\sqrt{b})^2$
$=a-b$

よって　$\displaystyle\int\frac{1}{\sqrt{x+2}-\sqrt{x}}dx=\frac{1}{2}\int(\sqrt{x+2}+\sqrt{x})dx$

$$=\frac{1}{2}\left\{\frac{2}{3}(x+2)^{\frac{3}{2}}+\frac{2}{3}x^{\frac{3}{2}}\right\}+C$$
$$=\boldsymbol{\frac{1}{3}\{(x+2)\sqrt{x+2}+x\sqrt{x}\}+C}$$

(C は積分定数)

Lecture　無理関数の積分

例題 103，104 (1) で学んだように，無理関数では **おき換え** も有効な手段である。
特に，例題 103 のように $\sqrt{ax+b}$ $(a\neq0)$ を含む積分では，$\sqrt{ax+b}=t$ とおくとよい。

TRAINING 107 ②

次の不定積分を求めよ。

(1) $\displaystyle\int\frac{1}{\sqrt{x}-\sqrt{x-1}}dx$　　(2) $\displaystyle\int\frac{x}{\sqrt{x+1}+1}dx$

6章 22 いろいろな関数の不定積分

基本 例題 **108** 分数関数の積分

≪≪ 基本例題 100，102

次の不定積分を求めよ。

(1) $\displaystyle\int\frac{x^2}{x+1}dx$　(2) $\displaystyle\int\frac{x+4}{(x+1)(x-2)}dx$　(3) $\displaystyle\int\frac{2x+1}{(x+2)^2}dx$

解説動画へGO!!

CHART & GUIDE

分数関数の積分　**分子の次数を下げる** ⟶ (1)
部分分数分解 ⟶ (2)，(3)

(1)　(分子の次数)≧(分母の次数) のときは，分子を分母で割って，
(多項式)＋(分数式)　[⟵ (分子の次数)＜(分母の次数)] の形に変形。

解答

C は積分定数とする。

(1) $\displaystyle\frac{x^2}{x+1}=\frac{(x+1)(x-1)+1}{x+1}=x-1+\frac{1}{x+1}$ であるから

$\displaystyle\int\frac{x^2}{x+1}dx=\int\left(x-1+\frac{1}{x+1}\right)dx=\boldsymbol{\frac{x^2}{2}-x+\log|x+1|+C}$

(2) $\displaystyle\frac{x+4}{(x+1)(x-2)}=\frac{a}{x+1}+\frac{b}{x-2}$ とおく。

分母を払って整理すると　$x+4=(a+b)x-2a+b$

ゆえに $a+b=1$，$-2a+b=4$ から　$a=-1$，$b=2$

よって $\displaystyle\int\frac{x+4}{(x+1)(x-2)}dx=\int\left(\frac{2}{x-2}-\frac{1}{x+1}\right)dx$

$=2\log|x-2|-\log|x+1|+C$

$\displaystyle=\boldsymbol{\log\frac{(x-2)^2}{|x+1|}+C}$

(3) $\displaystyle\frac{2x+1}{(x+2)^2}=\frac{2(x+2)-3}{(x+2)^2}=\frac{2}{x+2}-\frac{3}{(x+2)^2}$ であるから

$\displaystyle\int\frac{2x+1}{(x+2)^2}dx=\int\left\{\frac{2}{x+2}-\frac{3}{(x+2)^2}\right\}dx$

$=2\log|x+2|-3\cdot\{-(x+2)^{-1}\}+C$

$\displaystyle=\boldsymbol{2\log|x+2|+\frac{3}{x+2}+C}$

(1) A を B で割った商を Q，余りを R とすると，$A=BQ+R$ が成り立つから

$\displaystyle\frac{A}{B}=\frac{BQ+R}{B}$

$\displaystyle=Q+\frac{R}{B}$

⬅ $x+4=a(x-2)+b(x+1)$
これが x についての恒等式。

⬅ $\displaystyle\int(x+2)^{-2}dx=-(x+2)^{-1}+C$

TRAINING 108 ②

次の不定積分を求めよ。

(1) $\displaystyle\int\frac{4x^2+4x-1}{2x+1}dx$　(2) $\displaystyle\int\frac{x+5}{x^2-2x-3}dx$　(3) $\displaystyle\int\frac{x+1}{(x-3)^2}dx$

分数関数の積分における変形

分数関数，三角関数，無理関数の積分では，
積分できる形に変形する
ということがポイントとなります。
分数関数について詳しく見てみましょう。

● これまでに学習したことを思い出しましょう

例題 100 では，次のことを学びました。

$\alpha \neq -1$ のとき　$\displaystyle\int x^{\alpha}dx=\frac{1}{\alpha+1}x^{\alpha+1}+C$ …… ①

$\alpha=-1$ は特別扱い　$\displaystyle\int\frac{1}{x}dx=\log|x|+C$ …… ②

また，例題 102 では，次のことを学びました。

$F'(x)=f(x)$，$a\neq 0$ のとき　$\displaystyle\int f(ax+b)dx=\frac{1}{a}F(ax+b)+C$ …… ③

● ①～③ を利用して，どんな関数の積分ができるかを考えましょう

例　②，③ を利用して

$$\int\frac{1}{x+1}dx=\log|x+1|+C$$

②，③ を利用して

$$\int\frac{1}{2x+3}dx=\frac{1}{2}\log|2x+3|+C$$

↑ 微分して確かめると　$\left(\frac{1}{2}\log|2x+3|\right)'=\frac{1}{2}\cdot\frac{(2x+3)'}{2x+3}=\frac{1}{2x+3}$

①，③ を利用して

$$\int\frac{1}{(x+2)^2}dx=\int(x+2)^{-2}dx=\frac{1}{-1}(x+2)^{-1}+C=-\frac{1}{x+2}+C$$

これらのことから，$\displaystyle\int\frac{1}{ax+b}dx$，$\displaystyle\int\frac{1}{(ax+b)^2}dx$ といった形を作り出せば積分できることがわかる。そのための有効な手段が

分子の次数を下げる　　**部分分数分解**

である。

基本 例題 ≪ 基本例題 101，102 ≫ 発展例題 127

109 三角関数の積分 (1)

次の不定積分を求めよ。

(1) $\int \cos^2 x\,dx$ (2) $\int \sin 2x \cos 4x\,dx$

CHART & GUIDE

三角関数の積分

三角関数の公式を用いて，1 次の形に変形

(1) 2 倍角の公式 (2) 積 ⟶ 和の公式 を用いて，

積分できる形 $\int \sin x\,dx$，$\int \cos x\,dx$，$\int \frac{1}{\cos^2 x}dx$ ($p.169$)

に変形する。

解答

C は積分定数とする。

(1) $\int \cos^2 x\,dx = \int \frac{1+\cos 2x}{2}dx$

$= \frac{1}{2}\int (1+\cos 2x)\,dx$

$= \frac{1}{2}\left(x+\frac{1}{2}\sin 2x\right)+C$

$= \boldsymbol{\frac{1}{2}x+\frac{1}{4}\sin 2x+C}$

← 2 倍角の公式 $\cos 2x = 2\cos^2 x - 1$ から $\cos^2 x = \frac{1+\cos 2x}{2}$

(2) $\int \sin 2x \cos 4x\,dx = \frac{1}{2}\int (\sin 6x - \sin 2x)\,dx$

$= \frac{1}{2}\left(-\frac{1}{6}\cos 6x + \frac{1}{2}\cos 2x\right)+C$

$= \boldsymbol{-\frac{1}{12}\cos 6x + \frac{1}{4}\cos 2x + C}$

← $\sin\alpha\cos\beta = \frac{1}{2}\{\sin(\alpha+\beta)+\sin(\alpha-\beta)\}$

TRAINING 109 ②

次の不定積分を求めよ。

(1) $\int \sin^2 x\,dx$ (2) $\int \sin x \sin 3x\,dx$ (3) $\int \cos 4x \cos 2x\,dx$

三角関数の積分における変形

三角関数の積分も分数関数の積分と同様に，積分できる形に変形することがポイントとなります。詳しく見てみましょう。

● これまでに学習したことを思い出しましょう

例題 101 では，次のことを学びました。

$$\int \sin x\,dx = -\cos x + C,\quad \int \cos x\,dx = \sin x + C \quad \cdots\cdots ①$$

また，例題 102 では，次のことを学びました。

$F'(x)=f(x)$，$a \neq 0$ のとき $\displaystyle\int f(ax+b)\,dx = \frac{1}{a}F(ax+b)+C \quad \cdots\cdots ②$

● ①，② を利用して，どんな関数の積分ができるかを考えましょう

例 $\displaystyle\int \cos 2x\,dx = \frac{1}{2}\sin 2x + C$，$\displaystyle\int \sin 3x\,dx = \frac{1}{3}\cdot(-\cos 3x)+C = -\frac{1}{3}\cos 3x + C$

これらのことから，$\int \sin ax\,dx$，$\int \cos ax\,dx$ といった形(1 次の形)を作り出せば積分できることがわかる。

ここで，数学Ⅱで学習した三角関数の公式を思い出しましょう。

Play Back

2 倍角の公式(数学Ⅱ)

$\cos 2x = 1 - 2\sin^2 x$，$\cos 2x = 2\cos^2 x - 1$

また，三角関数の加法定理から，次の公式を導くことができる。

積 ⟶ 和の公式

$$\sin\alpha\cos\beta = \frac{1}{2}\{\sin(\alpha+\beta)+\sin(\alpha-\beta)\}$$

$$\cos\alpha\cos\beta = \frac{1}{2}\{\cos(\alpha+\beta)+\cos(\alpha-\beta)\}$$

$$\sin\alpha\sin\beta = -\frac{1}{2}\{\cos(\alpha+\beta)-\cos(\alpha-\beta)\}$$

⬅ 加法定理を用いて右辺を計算すると，左辺の式になる。

被積分関数が
- 2 次であれば，2 倍角の公式
- 積の形であれば，積 ⟶ 和の公式

を利用すると，$\int \sin ax\,dx$，$\int \cos ax\,dx$ といった形(1 次の形)を作り出すことができ，積分できる。

標準 例題 <<< 基本例題 104，108

110 三角関数の積分 (2)

次の不定積分を求めよ。

(1) $\displaystyle\int\cos^3 x\,dx$　　(2) $\displaystyle\int\frac{1}{\sin x}dx$

CHART & GUIDE

三角関数の積分

$f(■)■'$ の形に直して　置換積分　　$■=u$ とおく

例題 104 (2) と異なり，与えられた式のままでは積分できないため，$f(■)■'$ の形に直す。

(1) $\cos^3 x=\cos^2 x\cdot\cos x=(1-\sin^2 x)(\sin x)'$ であるから

$f(\sin x)\cdot(\sin x)'$ の形 ⟶ $\sin x=u$ とおく。

(2) $\dfrac{1}{\sin x}=\dfrac{\sin x}{\sin^2 x}=\dfrac{-1}{1-\cos^2 x}\cdot(\cos x)'$ であるから

$f(\cos x)\cdot(\cos x)'$ の形 ⟶ $\cos x=u$ とおく。

解答

C は積分定数とする。

(1) $\sin x=u$ とおくと，$\cos x\,dx=du$ であるから

$$\int\cos^3 x\,dx=\int\cos^2 x\cdot\cos x\,dx=\int(1-\sin^2 x)\cos x\,dx$$
$$=\int(1-u^2)du=u-\frac{u^3}{3}+C$$
$$=\boldsymbol{\sin x-\frac{1}{3}\sin^3 x+C}$$

(2) $\cos x=u$ とおくと，$-\sin x\,dx=du$ であるから

$$\int\frac{1}{\sin x}dx=\int\frac{\sin x}{\sin^2 x}dx=\int\frac{\sin x}{1-\cos^2 x}dx=\int\frac{-1}{1-u^2}du$$
$$=\int\frac{1}{u^2-1}du=\frac{1}{2}\int\left(\frac{1}{u-1}-\frac{1}{u+1}\right)du$$
$$=\frac{1}{2}(\log|u-1|-\log|u+1|)+C$$
$$=\frac{1}{2}\log\left|\frac{u-1}{u+1}\right|+C=\frac{1}{2}\log\left|\frac{\cos x-1}{\cos x+1}\right|+C$$
$$=\boldsymbol{\frac{1}{2}\log\frac{1-\cos x}{1+\cos x}+C}$$

[別解] 3倍角の公式 $\cos 3x=4\cos^3 x-3\cos x$ を利用して求めると

$$\int\cos^3 x\,dx=\frac{1}{4}\int(\cos 3x+3\cos x)dx=\boldsymbol{\frac{1}{12}\sin 3x+\frac{3}{4}\sin x+C}$$

⬅ $\sin^2 x+\cos^2 x=1$

⬅ 部分分数分解

⬅ $-1\leqq\cos x\leqq 1$, $\cos x-1\neq 0$, $\cos x+1\neq 0$ であるから $1+\cos x>0$　$1-\cos x>0$

TRAINING 110 ③

次の不定積分を求めよ。

(1) $\displaystyle\int\sin 2x\sin^4 x\,dx$　　(2) $\displaystyle\int\frac{1}{\tan x}dx$　　(3) $\displaystyle\int\frac{\tan x}{1-\cos x}dx$

標準 例題 **111** 指数を含む関数の積分

≪ 基本例題 103, 108

不定積分 $\int \frac{dx}{e^x+1}$ を求めよ。

CHART & GUIDE

指数を含む関数の積分

おき換え

e^x だけの関数。このようなときは，$e^x=t$ とおく。

解答

$e^x=t$ とおくと　$x=\log t$，$dx=\frac{1}{t}dt$

よって　$\int \frac{dx}{e^x+1}=\int \frac{dt}{t(t+1)}=\int\left(\frac{1}{t}-\frac{1}{t+1}\right)dt$

$=\log|t|-\log|t+1|+C$

$=\log e^x-\log(e^x+1)+C$

$=\boldsymbol{x-\log(e^x+1)+C}$　**（C は積分定数）**

← $\frac{1}{t(t+1)}$ を部分分数に分解する。

← $e^x>0$，$e^x+1>0$

（参考）$e^x+1=t$ とおいて求めると，次のようになる。

$e^x+1=t$ とおくと

$x=\log(t-1)$，$dx=\frac{1}{t-1}dt$

よって　$\int \frac{dx}{e^x+1}=\int \frac{dt}{t(t-1)}=\int\left(\frac{1}{t-1}-\frac{1}{t}\right)dt$

$=\log|t-1|-\log|t|+C$

$=\log e^x-\log(e^x+1)+C$

$=\boldsymbol{x-\log(e^x+1)+C}$

← $e^x+1=t$ から $t-1>0$

TRAINING 111 ③

不定積分 $\int \frac{1}{e^x-e^{-x}}dx$ を求めよ。　〔信州大〕

標準 例題 ≪ 標準例題 106

112 部分積分法(同形出現)

$I=\int e^x\sin x\,dx$, $J=\int e^x\cos x\,dx$ であるとき

(1) $I=e^x\sin x-J$, $J=e^x\cos x+I$ が成り立つことを証明せよ。

(2) I, J を求めよ。

CHART & GUIDE

2種類の関数の積の積分

部分積分法 $\int f(x)g'(x)dx=f(x)g(x)-\int f'(x)g(x)dx$

(2) (1)で証明した等式を I, J の連立方程式と考える。

解答

(1) $I=\int\sin x\cdot(e^x)'dx=\sin x\cdot e^x-\int(\sin x)'e^xdx$

$=e^x\sin x-\int e^x\cos xdx$

← $f(x)=\sin x$, $g'(x)=e^x\,[g(x)=e^x]$ とする。

ゆえに　$I=e^x\sin x-J$ …… ①

$J=\int\cos x\cdot(e^x)'dx=\cos x\cdot e^x-\int(\cos x)'e^xdx$

$=e^x\cos x+\int e^x\sin xdx$

← $f(x)=\cos x$, $g'(x)=e^x\,[g(x)=e^x]$ とする。

よって　$J=e^x\cos x+I$ …… ②

(2) ①, ② から J を消去すると　$I=e^x\sin x-e^x\cos x-I$

積分定数を考えると　$\boldsymbol{I=\frac{1}{2}e^x(\sin x-\cos x)+C}$　**(C は積分定数)**

①, ② から I を消去すると　$J=e^x\cos x+e^x\sin x-J$

積分定数を考えると　$\boldsymbol{J=\frac{1}{2}e^x(\sin x+\cos x)+C}$　**(C は積分定数)**

Lecture sin と cos はペアで

$(\sin x)'=\cos x$, $(\cos x)'=-\sin x$ であり，また，$\sin\left(\frac{\pi}{2}-x\right)=\cos x$ などの関係がある。このように，sin と cos は互いに助け合って計算をらくにしてくれる。

sin と cos の積分　ペアで計算をらくに

TRAINING 112 ③

不定積分 $I=\int e^{-x}\cos 3x\,dx$ および，$J=\int e^{-x}\sin 3x\,dx$ を求めよ。　〔広島市大〕

Let's Start

23 定積分とその基本性質

前の節まで学習してきた不定積分を利用して，定積分について考えていきましょう。

■ 定積分

ある区間で連続な関数 $f(x)$ の原始関数の1つを $F(x)$ とするとき，この区間に属する2つの実数 a，b に対して，$F(b)-F(a)$ を $f(x)$ の a から b までの **定積分** といい，次のように表す。

$$\int_a^b f(x)\,dx=\Big[F(x)\Big]_a^b=F(b)-F(a)$$

また，次の点も重要である。

1. 定積分の値は，不定積分の積分定数 C とは無関係である。
2. 定積分は，関数の形と上端，下端の値で決まり，変数にとった文字には無関係である。

すなわち　$\displaystyle\int_a^b f(x)\,dx=\int_a^b f(t)\,dt$

なお，区間 $[a,\ b]$ で常に $f(x)\geqq 0$ であるとき，この定積分は，曲線 $y=f(x)$ と x 軸および2直線 $x=a$，$x=b$ で囲まれた部分の面積 S を表す(右図参照)。

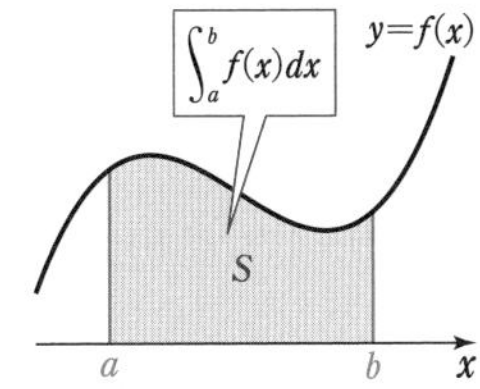

●a を **下端**，b を **上端** という。
a と b の大小関係は，$a<b$，$a=b$，$a>b$ のいずれでもよい。また，$a\leqq b$ のとき区間 $a\leqq x\leqq b$ を **積分区間** という。

⬅面積については，次章で詳しく学習する。

数学Ⅱでも学習したように，定積分について，次のことが成り立つ。

定積分の性質

❶ $\displaystyle\int_a^b kf(x)\,dx=k\int_a^b f(x)\,dx$　(k は定数)

❷ $\displaystyle\int_a^b \{f(x)+g(x)\}\,dx=\int_a^b f(x)\,dx+\int_a^b g(x)\,dx$

❸ $\displaystyle\int_a^b \{f(x)-g(x)\}\,dx=\int_a^b f(x)\,dx-\int_a^b g(x)\,dx$

❹ $\displaystyle\int_a^a f(x)\,dx=0$　←上端と下端が同じ値なら0

❺ $\displaystyle\int_b^a f(x)\,dx=-\int_a^b f(x)\,dx$　←上端と下端を入れ替えると符号が変わる。

❻ $\displaystyle\int_a^b f(x)\,dx=\int_a^c f(x)\,dx+\int_c^b f(x)\,dx$　← c で積分区間を連結，または c で積分区間を分割する。

❶～❸ は，**項別に積分したり**(左辺 ⟶ 右辺)，**被積分関数を1つにまとめたり**(右辺 ⟶ 左辺)するときに使われる。
また，❹～❻ の性質を用いることによって，定積分の計算を省力化することができる。

≪ 基本例題 100，101

基本例題 113 定積分の計算 (1)

次の定積分を求めよ。

(1) $\displaystyle\int_1^3 \sqrt{x}\,dx$　　(2) $\displaystyle\int_0^{\pi} \sin x\,dx$

CHART & GUIDE

定積分の計算

$$\int_a^b f(x)\,dx=\Big[F(x)\Big]_a^b=F(b)-F(a)$$

1. 原始関数 $F(x)$ を求める。…… $F(x)$ の積分定数は 0 とする。
2. $F(b)-F(a)$ を計算する。…… $F(\text{上端})-F(\text{下端})$

解答

(1) $\displaystyle\int_1^3 \sqrt{x}\,dx=\int_1^3 x^{\frac{1}{2}}dx=\left[\frac{2}{3}x^{\frac{3}{2}}\right]_1^3$

$\displaystyle=\frac{2}{3}(3^{\frac{3}{2}}-1)$

$\displaystyle=\mathbf{2\sqrt{3}-\frac{2}{3}}$

(2) $\displaystyle\int_0^{\pi} \sin x\,dx=\Big[-\cos x\Big]_0^{\pi}$

$=(-\cos\pi)-(-\cos 0)$

$=1-(-1)$

$=\mathbf{2}$

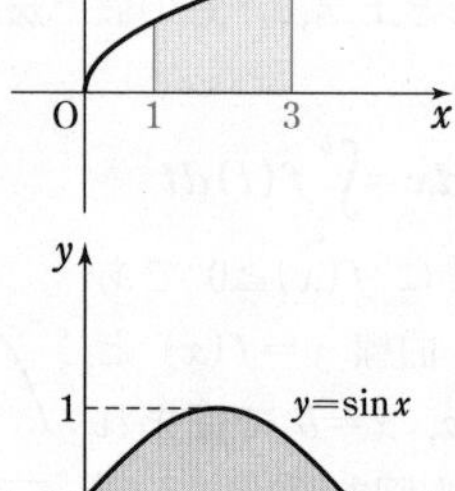

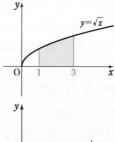

関数		原始関数
$x^{\frac{1}{2}}$	…	$\frac{2}{3}x^{\frac{3}{2}}$
$\sin x$	…	$-\cos x$

積分定数 C は 0 としてよい。
$\{F(b)+C\}$
$-\{F(a)+C\}$
$=F(b)-F(a)$
であるから，最初から 0 にしておいてよい。

Lecture 定積分

区間 $[a,\ b]$ で常に $f(x)\geqq 0$ のとき，**定積分** $\displaystyle\int_a^b f(x)\,dx$ **は**，曲線 $y=f(x)$ と x 軸および 2 直線 $x=a$，$x=b$ で囲まれた部分の **面積を表す**。例えば，上の例題 (1) の $\displaystyle\int_1^3 \sqrt{x}\,dx$ は，曲線 $y=\sqrt{x}$ と x 軸および 2 直線 $x=1$，$x=3$ で囲まれた部分の面積を表す。

TRAINING 113 ①

次の定積分を求めよ。

(1) $\displaystyle\int_1^2 \frac{dt}{\sqrt{t}}$　　(2) $\displaystyle\int_0^{\pi} \cos x\,dx$　　(3) $\displaystyle\int_0^2 e^x dx$　　(4) $\displaystyle\int_1^{e^2} \frac{dx}{x}$

(5) $\displaystyle\int_4^1 \frac{dy}{y^2}$　　(6) $\displaystyle\int_0^{\frac{\pi}{3}} \frac{dx}{\cos^2 x}$　　(7) $\displaystyle\int_1^2 2^x dx$

基本例題 114 定積分の計算 (2) ⊘⊘

≪≪ 基本例題 108，109

次の定積分を求めよ。

(1) $\displaystyle\int_1^3 \frac{1}{x^2-4x}dx$　　(2) $\displaystyle\int_0^{\pi} \sin x\cos 2x\,dx$

CHART & GUIDE

定積分の計算

1. 原始関数を求める。
   (1) 部分分数分解　(2) 積 ⟶ 和の公式　を用いて，和の形に表す。
2. 定積分を計算する。項別に計算してもよい。

解答

(1) $\displaystyle\int_1^3 \frac{1}{x^2-4x}dx=\int_1^3 \frac{1}{x(x-4)}dx=\frac{1}{4}\int_1^3\left(\frac{1}{x-4}-\frac{1}{x}\right)dx$

$\displaystyle=\frac{1}{4}\left(\int_1^3 \frac{1}{x-4}dx-\int_1^3\frac{1}{x}dx\right)$

$\displaystyle=\frac{1}{4}\left(\Big[\log|x-4|\Big]_1^3-\Big[\log|x|\Big]_1^3\right)$

$\displaystyle=\frac{1}{4}\{(0-\log 3)-(\log 3-0)\}=-\frac{\mathbf{1}}{\mathbf{2}}\mathbf{\log 3}$

⇐ $\displaystyle\frac{1}{x(x-4)}=\frac{a}{x}+\frac{b}{x-4}$ とおいて，定数 a，b の値を定めると
$\displaystyle a=-\frac{1}{4},\ b=\frac{1}{4}$

(2) $\displaystyle\int_0^{\pi}\sin x\cos 2x\,dx=\frac{1}{2}\int_0^{\pi}(\sin 3x-\sin x)dx$

$\displaystyle=\frac{1}{2}\left[-\frac{\cos 3x}{3}+\cos x\right]_0^{\pi}$

$\displaystyle=\frac{1}{2}\left\{-\frac{-1}{3}-1-\left(-\frac{1}{3}+1\right)\right\}$

$\displaystyle=\frac{1}{2}\cdot\left(-\frac{4}{3}\right)=-\frac{\mathbf{2}}{\mathbf{3}}$

⇐ $\cos 2x\sin x$
$\displaystyle=\frac{1}{2}\{\sin(2x+x)-\sin(2x-x)\}$
負の角が出てこないように積の順序を入れ替える。

●**定積分の性質**　$\displaystyle\int_a^b\{kf(x)+lg(x)\}dx=k\int_a^b f(x)dx+l\int_a^b g(x)dx$　(k，l は定数)

$p.191$ で示した定積分の性質 ❶～❸ から，上の等式が成り立つ。この等式を用いると，$F'(x)=f(x)$，$G'(x)=g(x)$ とするとき，$k\Big[F(x)\Big]_a^b+l\Big[G(x)\Big]_a^b$ のように計算することができる。なお，上の解答 (1) でこの方法を用いている。

TRAINING 114 ②

次の定積分を求めよ。

(1) $\displaystyle\int_1^e\left(\frac{x+1}{x}\right)^2dx$　(2) $\displaystyle\int_2^3\frac{dx}{x(x-1)}$　(3) $\displaystyle\int_0^{\frac{\pi}{4}}\tan^2 x\,dx$

(4) $\displaystyle\int_0^1(e^{\frac{t}{2}}+e^{-\frac{t}{2}})dt$　(5) $\displaystyle\int_0^{2\pi}\sin 4x\sin 6x\,dx$　(6) $\displaystyle\int_0^1\frac{e^x}{e^x+1}dx$

基本 例題 115 絶対値のついた関数の定積分の計算

定積分 $I=\int_0^{\pi}\left|\sin\left(x-\dfrac{\pi}{3}\right)\right|dx$ を求めよ。

CHART & GUIDE　**絶対値　場合に分ける**　$|A|=\begin{cases}A\,(A\geqq 0)\\-A\,(A\leqq 0)\end{cases}$

1 絶対値記号の中の式の符号に応じて，場合分けを行う。

2 定積分の性質❻ $\int_a^b f(x)dx=\int_a^c f(x)dx+\int_c^b f(x)dx$ を利用して，与えられた定積分を分割する。

…… 積分区間（$0\leqq x\leqq\pi$）内での，正・負の境目 $x=\dfrac{\pi}{3}$ で分割する。

解答

$0\leqq x\leqq\dfrac{\pi}{3}$ のとき　$\left|\sin\left(x-\dfrac{\pi}{3}\right)\right|=-\sin\left(x-\dfrac{\pi}{3}\right)$

$\dfrac{\pi}{3}\leqq x\leqq\pi$ のとき　$\left|\sin\left(x-\dfrac{\pi}{3}\right)\right|=\sin\left(x-\dfrac{\pi}{3}\right)$

よって　$I=-\int_0^{\frac{\pi}{3}}\sin\left(x-\dfrac{\pi}{3}\right)dx+\int_{\frac{\pi}{3}}^{\pi}\sin\left(x-\dfrac{\pi}{3}\right)dx$

$=\left[\cos\left(x-\dfrac{\pi}{3}\right)\right]_0^{\frac{\pi}{3}}-\left[\cos\left(x-\dfrac{\pi}{3}\right)\right]_{\frac{\pi}{3}}^{\pi}$

$=\left\{\cos 0-\cos\left(-\dfrac{\pi}{3}\right)\right\}-\left(\cos\dfrac{2}{3}\pi-\cos 0\right)$

$=2\cdot 1-\dfrac{1}{2}-\left(-\dfrac{1}{2}\right)$

$=\mathbf{2}$

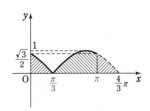

$y=\left|\sin\left(x-\dfrac{\pi}{3}\right)\right|$ は $y=|\sin x|$ のグラフを，x 軸方向に $\dfrac{\pi}{3}$ だけ平行移動したもの。

（参考）**周期性** を利用して面積を考えると

$$\int_0^{\pi}|\sin(x+\alpha)|dx=\int_0^{\pi}|\sin x|dx=\int_0^{\pi}\sin x\,dx=2$$

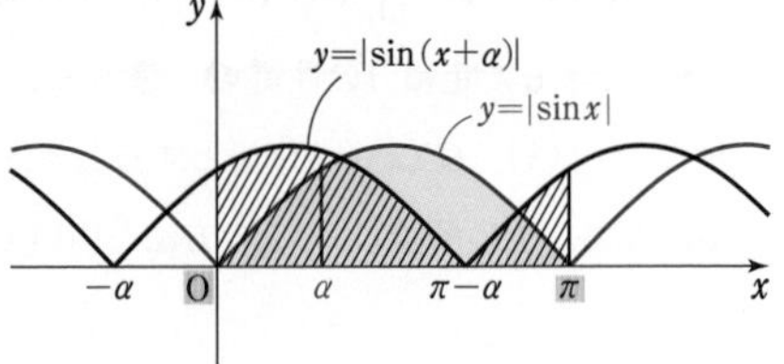

TRAINING 115 ②

次の定積分を求めよ。

(1) $\int_0^{\frac{3}{2}\pi}|\cos x|dx$　(2) $\int_0^{9}|\sqrt{x}-2|dx$　(3) $\int_0^{4}\sqrt{|x-1|}dx$

Let's Start

24 定積分の置換積分法と部分積分法

この節では，第 21 節で学習した不定積分の置換積分法の公式を利用して，積分変数の変換および，新しい積分区間を定めて，定積分の計算をする方法について学んでいきましょう。

■ 定積分の置換積分法

不定積分 $\int(x+1)^3dx$ は，置換積分法の公式を利用すると，次のようにして求められる。

$x+1=t$ とおくと，$dx=dt$ であるから

$$\int(x+1)^3dx=\int t^3dt=\frac{t^4}{4}+C=\frac{(x+1)^4}{4}+C \quad (C\text{ は積分定数})$$

よって，定積分 $\int_0^1(x+1)^3dx$ は，次のように計算される。

$$\int_0^1(x+1)^3dx=\underline{\left[\frac{(x+1)^4}{4}\right]_0^1=\frac{(1+1)^4}{4}-\frac{(0+1)^4}{4}}_{①}=\frac{15}{4}$$

また，$x=0$ のとき $t=0+1=1$，$x=1$ のとき $t=1+1=2$ であるから，次のように計算することもできる。

⬅ x と t の対応関係を，次のように表す。

x	$0 \longrightarrow 1$
t	$1 \longrightarrow 2$

$$\int_0^1(x+1)^3dx=\int_1^2 t^3dt=\underline{\left[\frac{t^4}{4}\right]_1^2=\frac{2^4}{4}-\frac{1^4}{4}}_{②}=\frac{15}{4}$$

すなわち，上の 2 つの下線部分 ①，② は同じ計算になっている。

一般に，関数 $f(x)$ が区間 $[a,\ b]$ で連続であり，x が微分可能な関数 $g(t)$ を用いて，$x=g(t)$ と表されているとするとき，$a=g(\alpha)$，$b=g(\beta)$ ならば

$$\int_a^b \boldsymbol{f(x)dx}=\int_\alpha^\beta \boldsymbol{f(g(t))g'(t)dt}$$

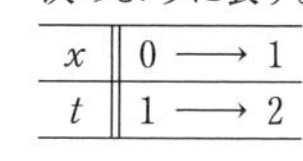

x	$a \longrightarrow b$
t	$\alpha \longrightarrow \beta$

が成り立つ。

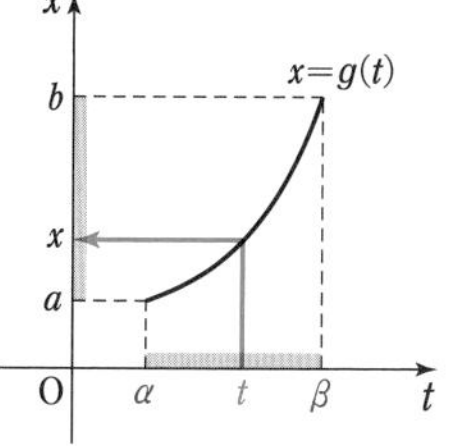

証明 $f(x)$ の原始関数を $F(x)$ とすると，不定積分の置換積分法により　$F(g(t))=\int f(g(t))g'(t)dt$

よって　$\int_\alpha^\beta f(g(t))g'(t)dt=\Big[F(g(t))\Big]_\alpha^\beta=F(g(\beta))-F(g(\alpha))$

$$=F(b)-F(a)=\Big[F(x)\Big]_a^b=\int_a^b f(x)dx$$

なお，不定積分の置換積分法では，関数の式を求めるのであるから t でおき換えたとき，置換積分を行った後で，変数 t をもとの積分変数 x に戻さなければならないが［上の例では t^4 を $(x+1)^4$ とする］，定積分の置換積分法では，値を求めるから t の式に t の積分区間の両端の値を代入して計算するだけでよい。つまり，もとの変数に戻して計算する必要はない。

≪ 基本例題 103〜105　≫ 発展例題 128

基本例題 **116** 定積分の置換積分法

次の定積分を求めよ。

(1) $\displaystyle\int_2^7 \frac{x}{\sqrt{x+2}}dx$　　(2) $\displaystyle\int_0^{\pi} \frac{\sin x}{2+\cos x}dx$

CHART & GUIDE

定積分の置換積分法

おき換えたまま計算　積分区間の対応に注意

1. x の式を t とおき，$\dfrac{dx}{dt}$ を求める（$dx=\triangle dt$ の形に書いてもよい）。
   …… (1) $\sqrt{x+2}=t$　(2) $2+\cos x=t$ とおく。
2. x の積分区間に対応した t の積分区間を求める。
3. 被積分関数を t で表し，t の定積分として計算する。

解答

(1) $\sqrt{x+2}=t$ とおくと　$x+2=t^2$

ゆえに　$x=t^2-2$，$dx=2tdt$

x と t の対応は右のようになる。

x	$2 \longrightarrow 7$
t	$2 \longrightarrow 3$

← $x=2$ のとき　$t=2$，$x=7$ のとき　$t=3$　よって，区間 $2\leqq x\leqq 7$ に，区間 $2\leqq t\leqq 3$ が対応。これを左のような表にする。

よって　$\displaystyle\int_2^7 \frac{x}{\sqrt{x+2}}dx=\int_2^3 \frac{t^2-2}{t}\cdot 2tdt=2\int_2^3 (t^2-2)dt$

$\displaystyle =2\left[\frac{t^3}{3}-2t\right]_2^3=2\left\{(9-6)-\left(\frac{8}{3}-4\right)\right\}$

$\displaystyle =\boldsymbol{\frac{26}{3}}$

(2) $2+\cos x=t$ とおくと　$-\sin x\,dx=dt$

ゆえに　$\sin x\,dx=(-1)dt$

x と t の対応は右のようになる。

x	$0 \longrightarrow \pi$
t	$3 \longrightarrow 1$

← $x=0$ のとき　$t=2+\cos 0=2+1=3$　$x=\pi$ のとき　$t=2+\cos\pi=2-1=1$

よって　$\displaystyle\int_0^{\pi} \frac{\sin x}{2+\cos x}dx=\int_3^1 \frac{1}{t}\cdot(-1)dt=\int_1^3 \frac{1}{t}dt$

← 上端と下端が入れ替わると符号が変わる。

$\displaystyle =\Big[\log|t|\Big]_1^3=\log 3-\log 1=\boldsymbol{\log 3}$

［別解］　$\displaystyle\int_0^{\pi} \frac{\sin x}{2+\cos x}dx=\Big[-\log(2+\cos x)\Big]_0^{\pi}=\boldsymbol{\log 3}$

← $\displaystyle\int_0^{\pi} \frac{-(2+\cos x)'}{2+\cos x}dx$

TRAINING 116 ②

次の定積分を求めよ。

(1) $\displaystyle\int_0^1 (2x+1)^3dx$　(2) $\displaystyle\int_0^1 x\sqrt{1+x^2}\,dx$　(3) $\displaystyle\int_0^{\frac{\pi}{2}} \sin^2 x\cos x\,dx$

(4) $\displaystyle\int_0^1 x(1-x)^4dx$　(5) $\displaystyle\int_0^3 (5x+2)\sqrt{x+1}\,dx$　(6) $\displaystyle\int_0^{\frac{\pi}{2}} \frac{\sin^3\theta}{1+\cos\theta}d\theta$

≪ 基本例題 116

基本例題 117 $\sqrt{a^2-x^2}$ の定積分

定積分 $\int_0^1 \sqrt{4-x^2}\,dx$ を求めよ。

CHART & GUIDE

定積分の置換積分法

$\sqrt{a^2-x^2}$ の定積分　$x=a\sin\theta$ とおく

1. $x=2\sin\theta$ とおき，$\dfrac{dx}{d\theta}$ を求める。$dx=\triangle d\theta$ の形に書き表してもよい。
2. x の積分区間に対応した θ の積分区間を定める。
3. 被積分関数を θ で表し，θ の定積分として計算する。

解答

$x=2\sin\theta$ とおくと　$dx=2\cos\theta\,d\theta$

x と θ の対応は右のようにとれる。

x	$0 \longrightarrow 1$
θ	$0 \longrightarrow \dfrac{\pi}{6}$

この範囲において $\cos\theta \geqq 0$ であるから

$\sqrt{4-x^2}=\sqrt{4-4\sin^2\theta}=\sqrt{4\cos^2\theta}=2\cos\theta$

よって　$\displaystyle\int_0^1 \sqrt{4-x^2}\,dx=\int_0^{\frac{\pi}{6}}(2\cos\theta)\cdot 2\cos\theta\,d\theta$

$$=4\int_0^{\frac{\pi}{6}}\cos^2\theta\,d\theta=4\int_0^{\frac{\pi}{6}}\frac{1+\cos 2\theta}{2}d\theta$$

$$=2\left[\theta+\frac{1}{2}\sin 2\theta\right]_0^{\frac{\pi}{6}}=\boldsymbol{\frac{\pi}{3}+\frac{\sqrt{3}}{2}}$$

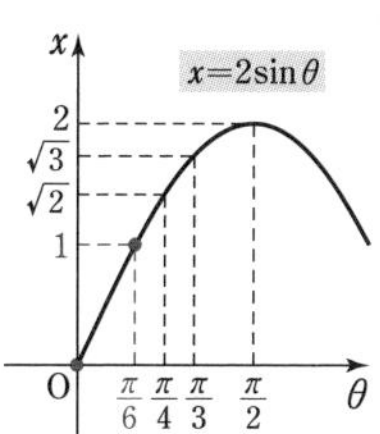

$0 \leqq x \leqq 1$ に対応する θ の区間は1通りとは限らないが，最も簡単な区間をとるとよい。

Lecture $\sqrt{a^2-x^2}$ の定積分を図形的に求める

上の例題において，被積分関数 $y=\sqrt{4-x^2}$ のグラフは，半円を表す。このことを利用すると，定積分の値は，右の図の斜線部分の面積で表される。その面積を求めると

(扇形 OAB)＋(直角三角形 OBC)

$$=\frac{1}{2}\cdot 2^2\cdot\frac{\pi}{6}+\frac{1}{2}\cdot 1\cdot\sqrt{3}=\boldsymbol{\frac{\pi}{3}+\frac{\sqrt{3}}{2}}$$

このように，積分区間によっては，実際に積分することなく，図示することにより，定積分の値を求めることも可能である。

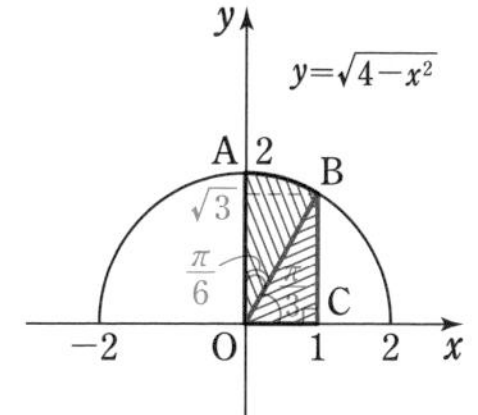

TRAINING 117 ②

次の定積分を求めよ。

(1) $\displaystyle\int_0^3 \sqrt{9-x^2}\,dx$　　(2) $\displaystyle\int_{-1}^{\frac{\sqrt{3}}{2}} \sqrt{1-x^2}\,dx$　　(3) $\displaystyle\int_0^2 \frac{dx}{\sqrt{16-x^2}}$

標準 例題 ≪基本例題 116

118 $1/(x^2+a^2)$ の定積分 ①①①

定積分 $\displaystyle\int_0^{\sqrt{3}} \frac{1}{x^2+1}dx$ を求めよ。

定積分の置換積分法

$\dfrac{1}{x^2+a^2}$ の定積分　　$x=a\tan\theta$ とおく

1. $x=\tan\theta$ とおき，$dx=\triangle d\theta$ の形に書き表す。
2. x の積分区間に対応した θ の積分区間を定める。
3. 被積分関数を θ で表し，θ で積分する。

解答

$x=\tan\theta$ とおくと　　$dx=\dfrac{1}{\cos^2\theta}d\theta$

x と θ の対応は右のようにとれる。

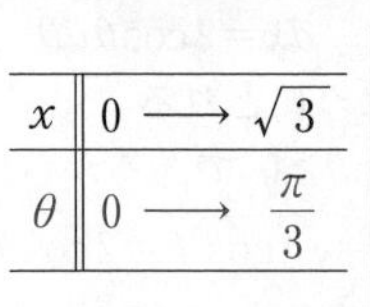

x	$0 \longrightarrow \sqrt{3}$
θ	$0 \longrightarrow \dfrac{\pi}{3}$

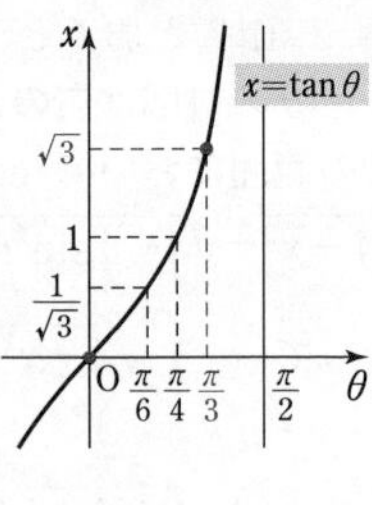

よって

$$\int_0^{\sqrt{3}} \frac{1}{x^2+1}dx=\int_0^{\frac{\pi}{3}} \frac{1}{\tan^2\theta+1}\cdot\frac{1}{\cos^2\theta}d\theta$$

$$=\int_0^{\frac{\pi}{3}} \frac{\cos^2\theta}{\cos^2\theta}d\theta=\int_0^{\frac{\pi}{3}} d\theta$$

$$=\Big[\theta\Big]_0^{\frac{\pi}{3}}=\boldsymbol{\frac{\pi}{3}}$$

Lecture $\dfrac{1}{x^2+a^2}$ $(a>0)$ の定積分

$\boldsymbol{x=a\tan\theta}\left(-\dfrac{\pi}{2}<\theta<\dfrac{\pi}{2}\right)$ **とおくと**　　$\dfrac{1}{x^2+a^2}=\dfrac{1}{a^2\tan^2\theta+a^2}=\dfrac{1}{a^2(\tan^2\theta+1)}$

ここで，$\tan^2\theta+1=\dfrac{1}{\cos^2\theta}$ であるから　　$\dfrac{1}{x^2+a^2}=\dfrac{1}{\dfrac{a^2}{\cos^2\theta}}=\dfrac{\cos^2\theta}{a^2}$

また，$(\tan\theta)'=\dfrac{1}{\cos^2\theta}$ であるから　　$dx=\dfrac{a}{\cos^2\theta}d\theta$

よって，$\displaystyle\int_p^q \frac{1}{x^2+a^2}dx=\int_\alpha^\beta \frac{\cos^2\theta}{a^2}\cdot\frac{a}{\cos^2\theta}d\theta=\int_\alpha^\beta \frac{1}{a}d\theta$ となり，**$\cos^2\theta$ を消すことができる。**

TRAINING 118 ③

次の定積分を求めよ。

(1) $\displaystyle\int_0^2 \frac{dx}{x^2+4}$　　(2) $\displaystyle\int_0^{\sqrt{3}} \frac{dx}{x^2+3}$

基本例題 119 偶関数・奇関数の定積分

次の定積分を求めよ。

(1) $\displaystyle\int_{-1}^{1}(x^3-3x^2-2x+2)dx$　　(2) $\displaystyle\int_{-\frac{\pi}{3}}^{\frac{\pi}{3}}(\sin x+\cos x)dx$

CHART & GUIDE

偶関数
$f(-x)=f(x)$
ならば，グラフは
y 軸に関して対称
$\displaystyle\int_{-a}^{a}f(x)dx=2\int_{0}^{a}f(x)$

奇関数
$f(-x)=-f(x)$
ならば，グラフは
原点に関して対称
$\displaystyle\int_{-a}^{a}f(x)dx=0$

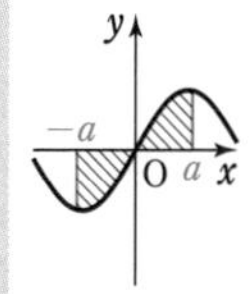

$\displaystyle\int_{-a}^{a}$　偶関数なら $\displaystyle 2\int_{0}^{a}$，　奇関数なら 0

解答

(1) x^3，$2x$ は奇関数，$-3x^2$，2 は偶関数であるから

$$\int_{-1}^{1}(x^3-3x^2-2x+2)dx=2\int_{0}^{1}(-3x^2+2)dx=2\Big[-x^3+2x\Big]_0^1$$
$$=2$$

⬅ $(-x)^3=-x^3$，$(-x)^2=x^2$

(2) $\sin x$ は奇関数，$\cos x$ は偶関数であるから

$$\int_{-\frac{\pi}{3}}^{\frac{\pi}{3}}(\sin x+\cos x)dx=2\int_{0}^{\frac{\pi}{3}}\cos x\,dx=2\Big[\sin x\Big]_0^{\frac{\pi}{3}}=\sqrt{3}$$

⬅ $\sin(-x)=-\sin x$，$\cos(-x)=\cos x$

Lecture 偶関数・奇関数と定積分

CHART&GUIDE で示した公式を利用すると，定積分の計算が簡単になることが多い。また，次の関数は，偶関数・奇関数の中でも代表的なものである。

偶関数

$y=x^n$（n は偶数）

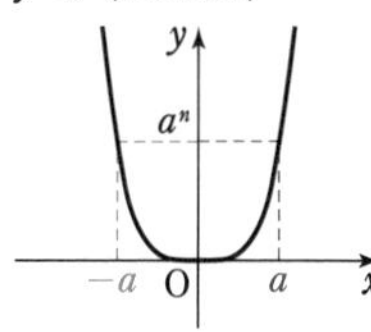

$y=\cos x$

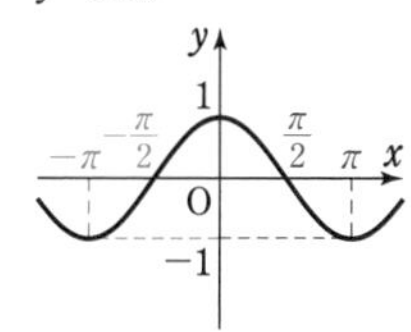

奇関数

$y=x^n$（n は奇数）

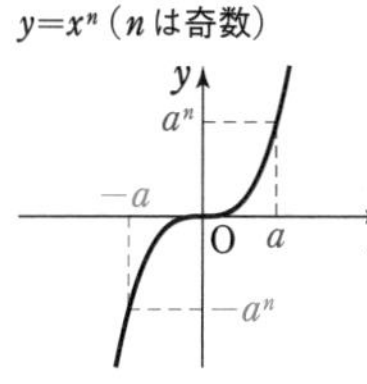

$y=\sin x$

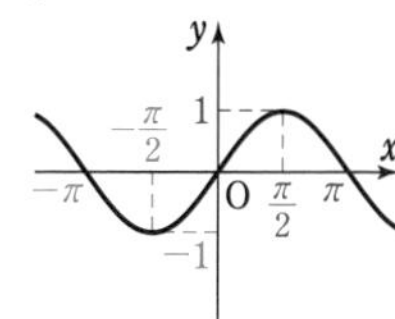

TRAINING 119 ①

次の定積分を求めよ。

(1) $\displaystyle\int_{-3}^{3}(x^3+x^2-3x)dx$　　(2) $\displaystyle\int_{-2}^{2}x(x^2+1)^2dx$

(3) $\displaystyle\int_{-\pi}^{\pi}(x^2\sin x+\cos x)dx$　　(4) $\displaystyle\int_{-1}^{1}(e^{-x}-e^{x}+1)dx$

基本 例題 <<< 標準例題 106 >>> 発展例題 129，130

120 定積分の部分積分法 (1)

次の定積分を求めよ。

(1) $\displaystyle\int_0^{\frac{\pi}{2}} x\sin 2x\,dx$　　(2) $\displaystyle\int_0^{e-1} \log(x+1)\,dx$

CHART & GUIDE

2 種類の関数の積の積分

部分積分法 $\displaystyle\int_a^b f(x)g'(x)\,dx=\Big[f(x)g(x)\Big]_a^b-\int_a^b f'(x)g(x)\,dx$

1 被積分関数を $f(x)$，$g'(x)$ の 2 種類の関数の積と考える。
⟶ 微分して簡単になるものを $f(x)$，積分しやすいものを $g'(x)$ とする。
(1) $f(x)=x$，$g'(x)=\sin 2x$　(2) $f(x)=\log(x+1)$，$g'(x)=1$　とする。

2 公式に従って，定積分を計算する。
……計算の途中で上端，下端の値を代入して簡単にしていくとよい。

解答

(1) $\displaystyle\int_0^{\frac{\pi}{2}} x\sin 2x\,dx=\int_0^{\frac{\pi}{2}} x\left(-\frac{1}{2}\cos 2x\right)'dx=\left[-\frac{1}{2}x\cos 2x\right]_0^{\frac{\pi}{2}}-\int_0^{\frac{\pi}{2}}(x)'\left(-\frac{1}{2}\cos 2x\right)dx$

$\displaystyle=-\frac{1}{2}\Big[x\cos 2x\Big]_0^{\frac{\pi}{2}}+\frac{1}{2}\int_0^{\frac{\pi}{2}}\cos 2x\,dx$

$\displaystyle=-\frac{1}{2}\left(-\frac{\pi}{2}\right)+\frac{1}{2}\left[\frac{1}{2}\sin 2x\right]_0^{\frac{\pi}{2}}=\frac{\pi}{4}+0=\boldsymbol{\frac{\pi}{4}}$

(2) $\displaystyle\int_0^{e-1}\log(x+1)\,dx=\int_0^{e-1}\log(x+1)\cdot(x+1)'\,dx$

$\displaystyle=\Big[(x+1)\log(x+1)\Big]_0^{e-1}-\int_0^{e-1}\{\log(x+1)\}'\cdot(x+1)\,dx$

$\displaystyle=e\log e-\int_0^{e-1}dx=e-\Big[x\Big]_0^{e-1}=e-(e-1)=\mathbf{1}$

⬅ $g(x)=x$ ではなく $g(x)=x+1$ とすると，計算がらくになる。

Lecture 定積分の部分積分法

定積分の部分積分法の公式は，不定積分の部分積分法の公式に積分区間の下端 a，上端 b を付ければよい。なお，この公式は，次のようにして証明される。

証明 $\{f(x)g(x)\}'=f'(x)g(x)+f(x)g'(x)$ から

$\displaystyle\Big[f(x)g(x)\Big]_a^b=\int_a^b\{f'(x)g(x)+f(x)g'(x)\}dx=\int_a^b f'(x)g(x)\,dx+\int_a^b f(x)g'(x)\,dx$

よって　$\displaystyle\int_a^b f(x)g'(x)\,dx=\Big[f(x)g(x)\Big]_a^b-\int_a^b f'(x)g(x)\,dx$

TRAINING 120 ②

次の定積分を求めよ。

(1) $\displaystyle\int_0^{\pi} x\cos x\,dx$　　(2) $\displaystyle\int_0^1 xe^{-x}dx$　　(3) $\displaystyle\int_1^2 x^3\log x\,dx$

標準 例題 121 <<< 基本例題 120

定積分の部分積分法 (2)

定積分 $\int_0^1 x^2e^{-2x}dx$ を求めよ。 〔日本女子大〕

CHART & GUIDE 2 種類の関数の積の積分

部分積分法 $\int_a^b f(x)g'(x)dx=\Big[f(x)g(x)\Big]_a^b-\int_a^b f'(x)g(x)dx$

$e^{-2x}=\left(-\frac{1}{2}e^{-2x}\right)'$ とみて部分積分法を 1 回利用した段階では，まだ積の積分が残るため，部分積分法をもう 1 回利用する。

解答

$$\int_0^1 x^2e^{-2x}dx=\int_0^1 x^2\left(-\frac{1}{2}e^{-2x}\right)'dx$$
$$=\left[-\frac{1}{2}x^2e^{-2x}\right]_0^1-\int_0^1 (x^2)'\left(-\frac{1}{2}e^{-2x}\right)dx$$

← 部分積分法を利用(1 回目)。

$$=-\frac{1}{2e^2}+\int_0^1 xe^{-2x}dx$$
$$=-\frac{1}{2e^2}+\int_0^1 x\left(-\frac{1}{2}e^{-2x}\right)'dx$$
$$=-\frac{1}{2e^2}+\left[-\frac{1}{2}xe^{-2x}\right]_0^1-\int_0^1 (x)'\left(-\frac{1}{2}e^{-2x}\right)dx$$

← $\int_0^1 x\left(-\frac{1}{2}e^{-2x}\right)'dx$ に部分積分法を利用(2 回目)。

$$=-\frac{1}{2e^2}-\frac{1}{2e^2}+\frac{1}{2}\int_0^1 e^{-2x}dx$$
$$=-\frac{1}{e^2}+\frac{1}{2}\left[-\frac{1}{2}e^{-2x}\right]_0^1$$
$$=-\frac{1}{e^2}+\frac{1}{2}\left(-\frac{1}{2e^2}+\frac{1}{2}\right)$$
$$=\boldsymbol{\frac{1}{4}-\frac{5}{4e^2}}$$

TRAINING 121 ③

定積分 $\int_0^{\frac{\pi}{4}} (x^2+1)\cos 2x dx$ を求めよ。 〔学習院大〕

Let's Start

25 定積分のいろいろな問題

ここでは，定積分に関するいろいろな問題について考えていきましょう。

■ 定積分と導関数

数学Ⅱで学習したように，次のことが成り立つ。

a が定数のとき　$\dfrac{d}{dx}\displaystyle\int_a^x f(t)\,dt=f(x)$

← $\dfrac{d}{dx}$ は「変数 x で微分する」ということを表す記号である。

■ 定積分と和の極限（区分求積法）

曲線 $y=x^2$ と x 軸および直線 $x=1$ で囲まれた部分の面積 S は，定積分を用いて，

$S=\displaystyle\int_0^1 x^2dx=\frac{1}{3}$ と求められる。ここでは，この面積を，下の図のような長方形の面積の和の極限として考えてみることにしよう。

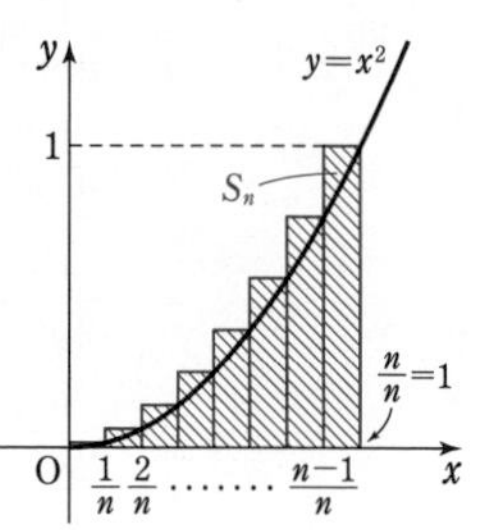

1 区間 $[0,\ 1]$ を n 等分して，n 個の長方形を作る。

2 図の赤い斜線部分の面積の和を S_n とする。

$$S_n=\frac{1}{n}\left\{\left(\frac{1}{n}\right)^2+\left(\frac{2}{n}\right)^2+\left(\frac{3}{n}\right)^2+\cdots\cdots+\left(\frac{n}{n}\right)^2\right\}$$
$$=\frac{1}{n}\sum_{k=1}^{n}\left(\frac{k}{n}\right)^2=\frac{1}{n^3}\sum_{k=1}^{n}k^2=\frac{1}{n^3}\cdot\frac{1}{6}n(n+1)(2n+1)$$

… 各長方形の横の長さは $\dfrac{1}{n}$，左から k 番目の長方形の縦の長さは $\left(\dfrac{k}{n}\right)^2$

3 1 の分割の幅を細かくする，つまり，n を限りなく大きくする。

このとき，2 の面積 S_n は S に限りなく近づくと予想される。

実際に　$\displaystyle\lim_{n\to\infty}S_n=\lim_{n\to\infty}\frac{1}{6}\left(1+\frac{1}{n}\right)\left(2+\frac{1}{n}\right)=\frac{1}{6}\cdot1\cdot2=\frac{1}{3}$

このようにして，図形の面積を求める方法を，**区分求積法** という。

(補足) 2 の代わりに，次の 2′ でも極限値は同じになる。

2′ 図の青い部分の面積の和を T_n とする。

$$T_n=\frac{1}{n}\left\{0+\left(\frac{1}{n}\right)^2+\left(\frac{2}{n}\right)^2+\cdots\cdots+\left(\frac{n-1}{n}\right)^2\right\}$$
$$=\frac{1}{n}\sum_{k=0}^{n-1}\left(\frac{k}{n}\right)^2=\frac{1}{n^3}\sum_{k=1}^{n-1}k^2=\frac{1}{n^3}\cdot\frac{1}{6}(n-1)n(2n-1)$$

$$\lim_{n\to\infty}T_n=\lim_{n\to\infty}\frac{1}{6}\left(1-\frac{1}{n}\right)\left(2-\frac{1}{n}\right)=\frac{1}{6}\cdot1\cdot2=\frac{1}{3}$$

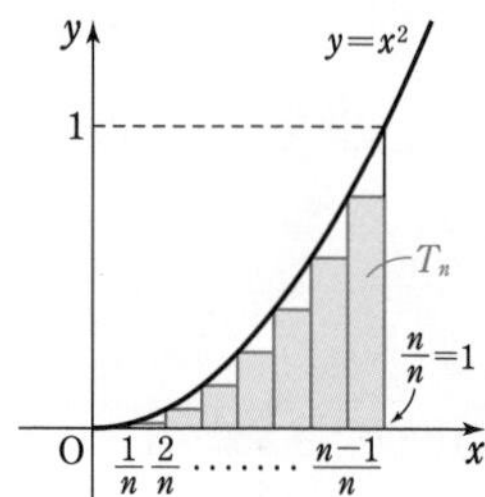

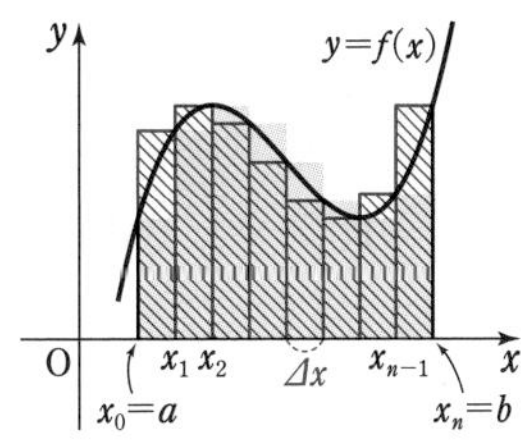

一般に，関数 $f(x)$ が区間 $[a,\ b]$ で連続ならば，
区間 $[a,\ b]$ を n 等分したとき，その両端と分点を順に

$a=x_0,\ x_1,\ \cdots\cdots,\ x_k,\ \cdots\cdots,\ x_{n-1},\ x_n=b$

とすると，定積分について次の等式が成り立つ。

$$\int_a^b f(x)dx=\lim_{n\to\infty}\sum_{k=1}^{n} f(x_k)\Delta x=\lim_{n\to\infty}\sum_{k=0}^{n-1} f(x_k)\Delta x$$

ただし　$\Delta x=\dfrac{b-a}{n}$，$x_k=a+k\Delta x$

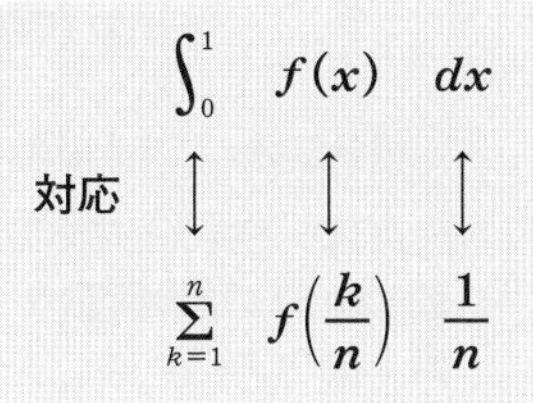

特に，$a=0$，$b=1$ とすると，$\Delta x=\dfrac{1}{n}$，$x_k=\dfrac{k}{n}$ となるから，次の等式が成り立つ。

$$\int_0^1 f(x)dx=\lim_{n\to\infty}\frac{1}{n}\sum_{k=1}^{n} f\left(\frac{k}{n}\right)=\lim_{n\to\infty}\frac{1}{n}\sum_{k=0}^{n-1} f\left(\frac{k}{n}\right)$$

■ 定積分と不等式

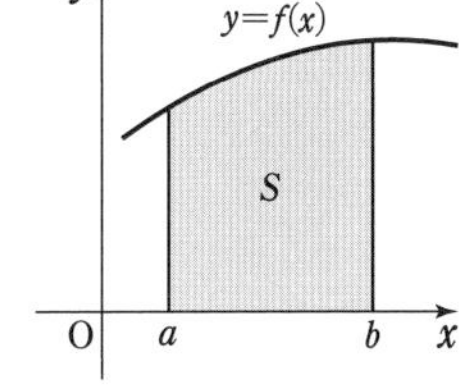

関数 $f(x)$ が区間 $[a,\ b]$ で連続であり，かつ常に $f(x)\geqq 0$ であるとき，$\int_a^b f(x)dx$ は，$y=f(x)$ のグラフと x 軸および 2 直線 $x=a$，$x=b$ で囲まれた部分の面積 S に等しい。
区間 $[a,\ b]$ で常に $f(x)=0$ ならば $S=0$ であり，区間 $[a,\ b]$ で $f(x)>0$ となる x があるならば $S>0$ である。
よって，次のことが成り立つ。

区間 $[a,\ b]$ で　**$f(x)\geqq 0$　ならば　$\int_a^b f(x)dx\geqq 0$**

等号が成り立つのは，常に $f(x)=0$ のときである。

さらに次のことが成り立つ。

区間 $[a,\ b]$ で連続な関数 $f(x)$，$g(x)$ について

$f(x)\geqq g(x)$　ならば　$\int_a^b f(x)dx\geqq\int_a^b g(x)dx$

等号が成り立つのは，常に $f(x)=g(x)$ のときである。

次ページから，実際に問題を解いていきましょう。

標準 例題 >>> 発展例題 131〜133

122 定積分と導関数

次の関数を x で微分せよ。

(1) $y=\int_0^x (x+t)e^t dt$　　(2) $y=\int_x^{2x}\cos^2 t\,dt$

CHART & GUIDE

定積分と導関数 $\dfrac{d}{dx}\displaystyle\int_a^x f(t)dt=f(x)$　a は定数

(1) 積分変数 t に無関係な x を $\int$ の前に出してから，両辺を x で微分する。

(2) 上端，下端ともに x の関数であるから，直ちに上の公式を適用してはいけない。

1 $\cos^2 t$ の原始関数を $F(t)$ とする。 …… $F'(t)=\cos^2 t$

2 右辺の定積分を，$F(t)$ を用いた形で表す。…… $y=F(2x)-F(x)$

3 両辺を x で微分する。$F(2x)$ の微分に注意。

解答

(1) $\int_0^x (x+t)e^t dt=x\int_0^x e^t dt+\int_0^x te^t dt$ であるから

$$y'=(x)'\int_0^x e^t dt+x\left(\frac{d}{dx}\int_0^x e^t dt\right)+\frac{d}{dx}\int_0^x te^t dt$$

$$=\int_0^x e^t dt+x\cdot e^x+xe^x=\Big[e^t\Big]_0^x+2xe^x$$

$$=\boldsymbol{(2x+1)e^x-1}$$

← x は定数とみて，$\int$ の前に出す。

← $x\int_0^x e^t dt$ の微分は，積の導関数の公式を利用。$(uv)'=u'v+uv'$ で $u=x$，$v=\int_0^x e^t dt$

(2) $\cos^2 t$ の原始関数を $F(t)$ とすると

$$\int_x^{2x}\cos^2 t\,dt=F(2x)-F(x),\ F'(t)=\cos^2 t$$

← 定積分の定義

よって　$y'=\dfrac{d}{dx}\displaystyle\int_x^{2x}\cos^2 t\,dt=2F'(2x)-F'(x)$

$$=\boldsymbol{2\cos^2 2x-\cos^2 x}$$

← 合成関数の導関数 $\{F(2x)\}'=F'(2x)\cdot(2x)'$

参考 $\dfrac{d}{dx}\displaystyle\int_{h(x)}^{g(x)} f(t)dt=f(g(x))g'(x)-f(h(x))h'(x)$

← この式で $g(x)=x$，$h(x)=a$（定数）の場合が，上の CHART&GUIDE の公式である。

証明　$f(t)$ の原始関数を $F(t)$ とすると　$F'(t)=f(t)$

よって　$\dfrac{d}{dx}\displaystyle\int_{h(x)}^{g(x)} f(t)dt=\frac{d}{dx}\Big[F(t)\Big]_{h(x)}^{g(x)}=\frac{d}{dx}\{F(g(x))-F(h(x))\}$

$$=F'(g(x))g'(x)-F'(h(x))h'(x)$$

$$=f(g(x))g'(x)-f(h(x))h'(x)$$

← 合成関数の導関数

TRAINING 122 ③

次の関数を x で微分せよ。

(1) $y=\int_0^x \sin 2t\,dt$　　(2) $y=\int_0^x \dfrac{\cos t}{1+e^t}dt$　　(3) $y=\int_0^x (x-t)\sin t\,dt$

(4) $y=\int_1^{2x+1}\dfrac{1}{t+1}dt$　　(5) $y=\int_x^{x^2} e^t\sin t\,dt$

標準 例題 123 定積分の等式を満たす関数の決定(1)

次の等式を満たす関数 $f(x)$ を求めよ。

$$f(x)=\cos x+3\int_0^{\frac{\pi}{2}} f(t)\sin t\,dt$$ 〔中部大〕

CHART & GUIDE

定積分の扱い

a, b が定数のとき $\int_a^b f(t)\,dt$ は定数 $=k$ とおく ……!

1. $\int_0^{\frac{\pi}{2}} f(t)\sin t\,dt=k$（定数）……① とおく。
 ⟶ $f(x)=\cos x+3k$ と表される。
2. x を t に変えて ① の左辺に代入し，定積分を計算する。
3. k の方程式が得られるから，それを解く。

解答

! $\int_0^{\frac{\pi}{2}} f(t)\sin t\,dt$ は定数であるから，$\int_0^{\frac{\pi}{2}} f(t)\sin t\,dt=k$ とおくと　$f(x)=\cos x+3k$

ゆえに　$\int_0^{\frac{\pi}{2}} f(t)\sin t\,dt=\int_0^{\frac{\pi}{2}} (\cos t+3k)\sin t\,dt$

$=\int_0^{\frac{\pi}{2}} (\cos t\sin t+3k\sin t)\,dt$

$=\int_0^{\frac{\pi}{2}} \left(\frac{1}{2}\sin 2t+3k\sin t\right)dt$

$=\left[-\frac{1}{4}\cos 2t-3k\cos t\right]_0^{\frac{\pi}{2}}$

$=3k+\frac{1}{2}$

すなわち　$k=3k+\frac{1}{2}$

これを解いて　$k=-\frac{1}{4}$

よって　$\boldsymbol{f(x)=\cos x-\frac{3}{4}}$

⇐ $\int_0^{\frac{\pi}{2}} f(t)\sin t\,dt$ に $f(t)=\cos t+3k$ を代入して，定積分を計算する。

⇐ 2 倍角の公式 $\sin 2t=2\sin t\cos t$ を用いている。

⇐ $-\frac{1}{4}\cdot(-1)-3k\cdot 0-\left(-\frac{1}{4}\cdot 1-3k\cdot 1\right)$

TRAINING 123 ③

次の等式を満たす関数 $f(x)$ を求めよ。

$$f(x)=2\cos x+\int_0^{\frac{\pi}{2}} (1-\sin t)f(t)\,dt$$ 〔創価大〕

標準 例題

124 定積分と和の極限 ⓘⓘⓘ

(1) 極限値 $A=\lim_{n\to\infty}\left(\frac{1}{n}\sin\frac{\pi}{n}+\frac{1}{n}\sin\frac{2\pi}{n}+\cdots\cdots+\frac{1}{n}\sin\frac{n\pi}{n}\right)$ を求めよ。

(2) 極限値 $B=\lim_{n\to\infty}\frac{1}{n\sqrt{n}}(\sqrt{1}+\sqrt{2}+\cdots\cdots+\sqrt{n})$ を求めよ。

CHART & GUIDE **区分求積法と定積分** $\lim_{n\to\infty}\frac{1}{n}\sum_{k=1}^{n}f\left(\frac{k}{n}\right)=\int_0^1 f(x)\,dx$ …… [!]

1 極限を求める和 S_n において，$\frac{1}{n}$ をくくり出し，$S_n=\frac{1}{n}T_n$ の形に変形する。

2 T_n の第 k 項について，$f\left(\frac{k}{n}\right)$ の形になるような $f(x)$ を見つける。

3 定積分の形に表す。$\sum_{k=1}^{n}\longrightarrow\int_0^1$，$\frac{k}{n}\longrightarrow x$，$\frac{1}{n}\longrightarrow dx$ と対応させる。

解答

(1) $A=\lim_{n\to\infty}\frac{1}{n}\left\{\sin\left(\pi\cdot\frac{1}{n}\right)+\sin\left(\pi\cdot\frac{2}{n}\right)+\cdots\cdots+\sin\left(\pi\cdot\frac{n}{n}\right)\right\}$

[!] $=\lim_{n\to\infty}\frac{1}{n}\sum_{k=1}^{n}\sin\left(\pi\cdot\frac{k}{n}\right)=\int_0^1\sin\pi x\,dx$ ← $f(x)=\sin\pi x$ とする。

$=\left[-\frac{1}{\pi}\cos\pi x\right]_0^1=\boldsymbol{\frac{2}{\pi}}$

(2) $B=\lim_{n\to\infty}\frac{1}{n}\left(\sqrt{\frac{1}{n}}+\sqrt{\frac{2}{n}}+\cdots\cdots+\sqrt{\frac{n}{n}}\right)$ ← $\frac{1}{n}$ でくくる。

[!] $=\lim_{n\to\infty}\frac{1}{n}\sum_{k=1}^{n}\sqrt{\frac{k}{n}}=\int_0^1\sqrt{x}\,dx=\left[\frac{2}{3}\sqrt{x^3}\right]_0^1=\boldsymbol{\frac{2}{3}}$ ← $f(x)=\sqrt{x}$ とする。

(1)
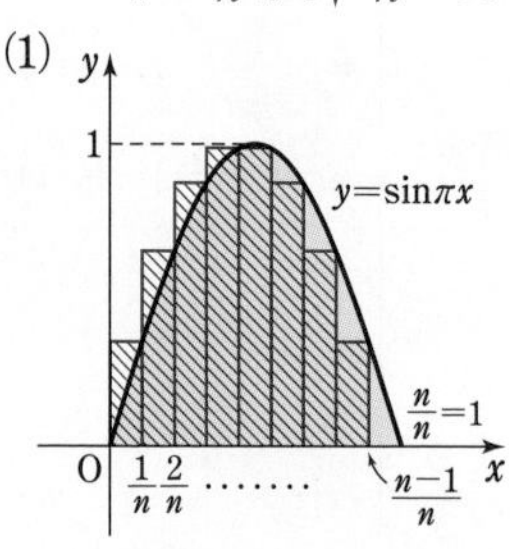

(2)
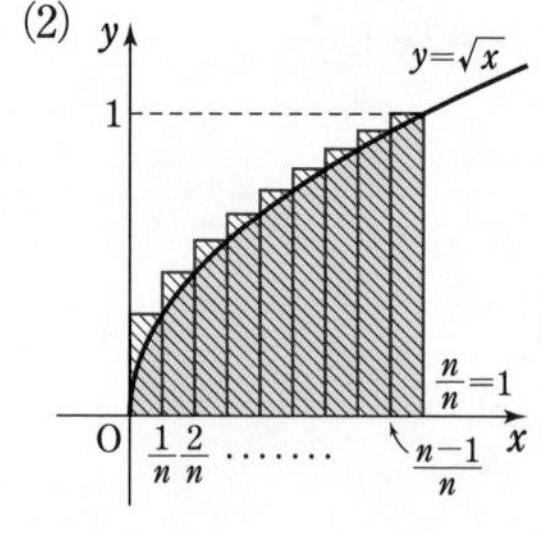

参考 積分区間は，$\lim_{n\to\infty}\sum_{k=1}^{n}$○ の形なら，すべて $0\leqq x\leqq 1$ で考えられる。

TRAINING 124 ③

次の極限値を求めよ。

(1) $\lim_{n\to\infty}\frac{1}{n}\sum_{k=1}^{n}\frac{k}{n}\left(1-\frac{k}{n}\right)\left(2-\frac{k}{n}\right)$　(2) $\lim_{n\to\infty}\sum_{k=1}^{n}\frac{\pi}{n}\sin\frac{k\pi}{n}$

基本 例題 125 定積分と不等式の証明(1)

$0 \leqq x \leqq 1$ のとき，$1 \leqq 1+x^2 \leqq 1+x$ であることを用いて，不等式
$\log 2 < \int_0^1 \frac{dx}{1+x^2} < 1$ を証明せよ。

CHART & GUIDE

定積分と不等式

区間 $[a,\ b]$ で連続な関数 $f(x)$，$g(x)$ について

$f(x) \geqq g(x)$ ならば

$$\int_a^b f(x)\,dx \geqq \int_a^b g(x)\,dx \quad \cdots\cdots \boxed{!}$$

等号が成り立つのは，常に $f(x)=g(x)$ のときである。

このことは，関数 $y=f(x)$，$y=g(x)$ のそれぞれのグラフと，x 軸および 2 直線 $x=a$，$x=b$ で囲まれた部分の面積を考えるとわかる。

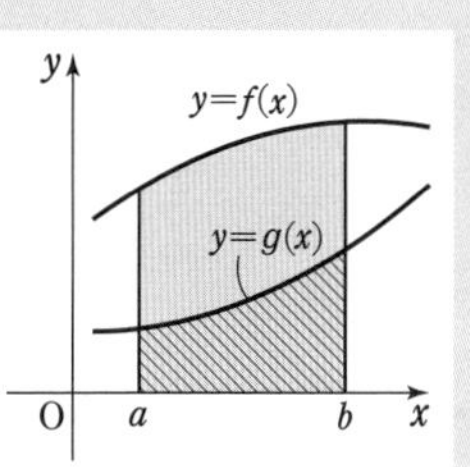

解答

$0 \leqq x \leqq 1$ のとき，$1 \leqq 1+x^2 \leqq 1+x$ であるから

$$\frac{1}{1+x} \leqq \frac{1}{1+x^2} \leqq 1$$

← 各辺の逆数をとる。大小関係が逆転する。

また，等号は常には成り立たない。

$\boxed{!}$ よって　$\int_0^1 \frac{dx}{1+x} < \int_0^1 \frac{dx}{1+x^2} < \int_0^1 dx$

ここで　$\int_0^1 \frac{dx}{1+x} = \Big[\log|1+x|\Big]_0^1 = \log 2$,

$\int_0^1 dx = \Big[x\Big]_0^1 = 1$

したがって　$\log 2 < \int_0^1 \frac{dx}{1+x^2} < 1$

← $\int_0^1 \frac{dx}{1+x^2} = \frac{\pi}{4}$ である。

TRAINING 125 ②

対数は自然対数とする。

$t>1$ のとき，不等式 $-\log t < \int_1^t \frac{\cos(tx)}{x}\,dx < \log t$ を証明せよ。　〔類 茨城大〕

標準 例題

⋘基本例題 125

126 定積分と不等式の証明(2)

次の不等式を証明せよ。ただし，n は自然数とする。

(1) $\displaystyle\int_n^{n+1}\frac{dx}{x}<\frac{1}{n}$　　(2) $\displaystyle\log(n+1)<1+\frac{1}{2}+\frac{1}{3}+\cdots\cdots+\frac{1}{n}$

CHART & GUIDE

(2) 数列の和 $1+\dfrac{1}{2}+\dfrac{1}{3}+\cdots\cdots+\dfrac{1}{n}$ は，図の階段状の図形の面積を表す。この面積と，曲線 $y=\dfrac{1}{x}$ と x 軸および 2 直線 $x=1$，$x=n+1$ で囲まれた部分の面積を比較する。

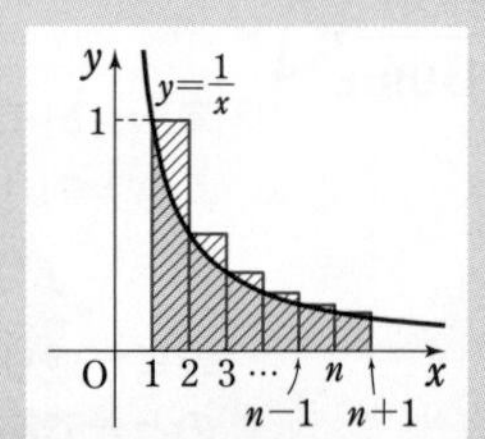

解答

(1) 自然数 n に対して，$n\leqq x\leqq n+1$ のとき　$\dfrac{1}{x}\leqq\dfrac{1}{n}$

また，等号は常には成り立たない。

ゆえに　$\displaystyle\int_n^{n+1}\frac{dx}{x}<\frac{1}{n}$

⬅ $\displaystyle\int_n^{n+1}\frac{1}{n}dx=\frac{1}{n}\int_n^{n+1}dx$

(2) (1)の不等式で $n=1,\ 2,\ \cdots,\ n$ として辺々加えると

$$\int_1^2\frac{dx}{x}+\int_2^3\frac{dx}{x}+\cdots+\int_n^{n+1}\frac{dx}{x}<\frac{1}{1}+\frac{1}{2}+\cdots+\frac{1}{n}$$

⬅ $\displaystyle\int_1^2\frac{dx}{x}<\frac{1}{1}$，$\displaystyle\int_2^3\frac{dx}{x}<\frac{1}{2}$，⋮，$\displaystyle\int_n^{n+1}\frac{dx}{x}<\frac{1}{n}$

ここで　(左辺)$\displaystyle=\int_1^{n+1}\frac{dx}{x}=\Big[\log|x|\Big]_1^{n+1}=\log(n+1)$

よって　$\displaystyle\log(n+1)<1+\frac{1}{2}+\frac{1}{3}+\cdots\cdots+\frac{1}{n}$

Lecture 定積分と不等式

区間 $[a,\ b]$ で，常には $f(x)=g(x)$ でないとき

$$f(x)\geqq g(x) \text{ ならば } \int_a^b f(x)dx>\int_a^b g(x)dx$$

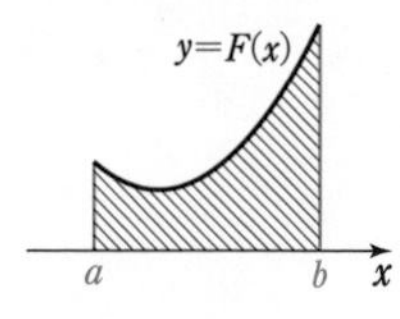

[略証]　条件より $F(x)=f(x)-g(x)\geqq0$ で，常には $F(x)=0$ でないから　$\displaystyle\int_a^b F(x)dx>0$　すなわち　$\displaystyle\int_a^b\{f(x)-g(x)\}dx>0$

TRAINING 126 ③

次の不等式を証明せよ。ただし，n は自然数とする。

(1) $\displaystyle\frac{1}{(n+1)^2}<\int_n^{n+1}\frac{dx}{x^2}$　　(2) $\displaystyle\frac{1}{1^2}+\frac{1}{2^2}+\cdots\cdots+\frac{1}{n^2}<2-\frac{1}{n}$　$(n\geqq2)$

発展学習

発展例題 127 文字定数を含む三角関数の積分

≪基本例題 109

m, n は自然数とする。次の定積分を求めよ。

(1) $\int_0^\pi \cos mx \cos nx\,dx$　　(2) $\int_0^\pi \sin mx \sin nx\,dx$

CHART & GUIDE

三角関数の積分

三角関数の公式を用いて，1次の形に変形

1 積 ⟶ 和の公式を利用して，被積分関数を和の形に表す。

2 定積分を計算する。このとき，$m-n$ が分母にくるから $m \neq n$，$m=n$ の場合に分ける。

解答

(1) $I=\int_0^\pi \cos mx \cos nx\,dx$ とおくと

$$I=\frac{1}{2}\int_0^\pi \{\cos(m+n)x+\cos(m-n)x\}dx$$

$m \neq n$ のとき

$$I=\frac{1}{2}\left[\frac{\sin(m+n)x}{m+n}+\frac{\sin(m-n)x}{m-n}\right]_0^\pi=\mathbf{0}$$

$m=n$ のとき

$$I=\frac{1}{2}\int_0^\pi (\cos 2mx+1)dx=\frac{1}{2}\left[\frac{\sin 2mx}{2m}+x\right]_0^\pi=\boldsymbol{\frac{\pi}{2}}$$

(2) $J=\int_0^\pi \sin mx \sin nx\,dx$ とおくと

$$J=-\frac{1}{2}\int_0^\pi \{\cos(m+n)x-\cos(m-n)x\}dx$$

$m \neq n$ のとき

$$J=-\frac{1}{2}\left[\frac{\sin(m+n)x}{m+n}-\frac{\sin(m-n)x}{m-n}\right]_0^\pi=\mathbf{0}$$

$m=n$ のとき

$$J=-\frac{1}{2}\int_0^\pi (\cos 2mx-1)dx=-\frac{1}{2}\left[\frac{\sin 2mx}{2m}-x\right]_0^\pi=\boldsymbol{\frac{\pi}{2}}$$

(1) $\cos\alpha\cos\beta$
$=\frac{1}{2}\{\cos(\alpha+\beta)+\cos(\alpha-\beta)\}$

⇐ m, n は自然数であるから
$\sin(m+n)\pi=0$
$\sin(m-n)\pi=0$

(2) $\sin\alpha\sin\beta$
$=-\frac{1}{2}\{\cos(\alpha+\beta)-\cos(\alpha-\beta)\}$

TRAINING 127 ④

m, n は自然数とする。定積分 $\int_0^{2\pi} \sin mx \cos nx\,dx$ を求めよ。

≪ 基本例題 116

発展 例題 128 等式を利用した定積分の計算

x の関数 $f(x)$ が区間 $[0,\ 1]$ で連続である。

(1) $x=\pi-t$ とおくことによって，次の等式が成立することを示せ。

$$\int_{\frac{\pi}{2}}^{\pi} xf(\sin x)dx=\int_0^{\frac{\pi}{2}}(\pi-x)f(\sin x)dx$$

(2) 等式 $\displaystyle\int_0^{\pi} xf(\sin x)dx=\pi\int_0^{\frac{\pi}{2}} f(\sin x)dx$ が成立することを示せ。

(3) $\displaystyle\int_0^{\pi} x\sin^2 x\,dx$ の値を求めよ。 〔神戸商船大〕

CHART & GUIDE

(1) おき換えにより，t についての積分となる。最後に t を x におき換える。

(2) 定積分の性質❻ ($p.191$) により，$x=\dfrac{\pi}{2}$ で積分区間を分割する。

(3) (2) の等式を利用する。$\sin^2 x$ は次数を下げる。…… [!]

解答

(1) $x=\pi-t$ とおくと $dx=(-1)dt$

x と t の対応は右のようになるから

x	$\frac{\pi}{2} \longrightarrow \pi$
t	$\frac{\pi}{2} \longrightarrow 0$

$$\int_{\frac{\pi}{2}}^{\pi} xf(\sin x)dx$$

$$=\int_{\frac{\pi}{2}}^{0}(\pi-t)f(\sin(\pi-t))\cdot(-1)dt$$

⬅ $\sin(\pi-t)=\sin t$

$$=\int_0^{\frac{\pi}{2}}(\pi-t)f(\sin t)dt=\int_0^{\frac{\pi}{2}}(\pi-x)f(\sin x)dx$$

⬅ 定積分の値は，積分変数の文字に無関係であるから，最後に t を x におき換えても構わない。

(2) $$\int_0^{\pi} xf(\sin x)dx=\int_0^{\frac{\pi}{2}} xf(\sin x)dx+\int_{\frac{\pi}{2}}^{\pi} xf(\sin x)dx$$

$$=\int_0^{\frac{\pi}{2}} xf(\sin x)dx+\int_0^{\frac{\pi}{2}}(\pi-x)f(\sin x)dx$$

⬅ (1) を利用。

$$=\int_0^{\frac{\pi}{2}} xf(\sin x)dx+\int_0^{\frac{\pi}{2}}\pi f(\sin x)dx-\int_0^{\frac{\pi}{2}} xf(\sin x)dx$$

$$=\pi\int_0^{\frac{\pi}{2}} f(\sin x)dx$$

[!] (3) $$\int_0^{\pi} x\sin^2 x\,dx=\pi\int_0^{\frac{\pi}{2}}\sin^2 x\,dx=\frac{\pi}{2}\int_0^{\frac{\pi}{2}}(1-\cos 2x)dx=\frac{\pi}{2}\left[x-\frac{1}{2}\sin 2x\right]_0^{\frac{\pi}{2}}=\boldsymbol{\frac{\pi^2}{4}}$$

TRAINING 128 ④

$x=\dfrac{\pi}{2}-y$ とおいて $\displaystyle\int_0^{\frac{\pi}{2}}\frac{\sin x}{\sin x+\cos x}dx=\int_0^{\frac{\pi}{2}}\frac{\cos y}{\sin y+\cos y}dy$ が成り立つことを示せ。

また，定積分 $\displaystyle\int_0^{\frac{\pi}{2}}\frac{\sin x}{\sin x+\cos x}dx$ を求めよ。 〔愛媛大〕

発展 例題 **129** 文字係数を含む関数の定積分の最小値 ④

<<< 基本例題 120

関数 $f(p)=\int_0^1(e^x-x-p)^2dx$ は，p の 2 次式で表されることを式で示し，$f(p)$ の最小値と，そのときの p の値を求めよ。〔類 東京商船大〕

CHART & GUIDE $\int_a^b(x$ と p の式$)dx$ は　p の式　（a，b，p は定数）

$(e^x-x-p)^2$ を p の式と考えて，$\{(e^x-x)-p\}^2$ として展開する。
$f(p)$ は p の 2 次関数になる。⟶ 最小値は基本形に変形して求める。

解答

$$f(p)=\int_0^1\{(e^x-x)^2-2(e^x-x)p+p^2\}dx$$

$$=p^2\int_0^1dx-2p\int_0^1(e^x-x)dx+\int_0^1(e^{2x}-2xe^x+x^2)dx$$

← p は積分変数の x に関係しないから，$\int$ の前に出す。

ここで $\int_0^1dx=1$，$\int_0^1(e^x-x)dx=\left[e^x-\frac{x^2}{2}\right]_0^1=e-\frac{3}{2}$，

$$\int_0^1(e^{2x}-2xe^x+x^2)dx=\int_0^1(e^{2x}+x^2)dx-2\int_0^1xe^xdx$$

$$=\left[\frac{1}{2}e^{2x}+\frac{x^3}{3}\right]_0^1-2\int_0^1x(e^x)'dx$$

$$=\frac{e^2}{2}+\frac{1}{3}-\frac{1}{2}-2\left\{\left[xe^x\right]_0^1-\int_0^1(x)'e^xdx\right\}$$

← 部分積分法を利用。

$$=\frac{e^2}{2}-\frac{1}{6}-2e+2\left[e^x\right]_0^1=\frac{e^2}{2}-\frac{13}{6}$$

ゆえに　$\boldsymbol{f(p)=p^2-2\left(e-\frac{3}{2}\right)p+\frac{e^2}{2}-\frac{13}{6}}$

← p の 2 次式。

$$=\left\{p-\left(e-\frac{3}{2}\right)\right\}^2-\frac{e^2}{2}+3e-\frac{53}{12}$$

← $-\left(e-\frac{3}{2}\right)^2+\frac{e^2}{2}-\frac{13}{6}=-\frac{e^2}{2}+3e-\frac{53}{12}$

よって，$f(p)$ は $\boldsymbol{p=e-\frac{3}{2}}$ **で最小値** $\boldsymbol{-\frac{e^2}{2}+3e-\frac{53}{12}}$ をとる。

Lecture a，b，p は定数，$\int_a^b(x$ と p の式$)dx$ …… Ⓐ の扱い

定積分 Ⓐ では dx とあるから，**x についての積分** である。したがって，まず，原始関数 $F(x)$ が得られ，次に，$F(b)-F(a)$ を計算すると，x は消えて p が残る。
つまり，定積分 Ⓐ は p の式で表され，p を変数とみると **p の関数** になる。

TRAINING 129 ④

関数 $f(a)=\int_0^{\frac{\pi}{2}}(ax-\sin x)^2dx$ は，a の 2 次式で表されることを式で示し，$f(a)$ の最小値と，そのときの a の値を求めよ。〔類 学習院大〕

発展 例題 <<< 基本例題 120

130 定積分と漸化式

n を自然数とし，$I_n=\int_0^{\frac{\pi}{2}}\sin^n x\,dx$ とする。

(1) $n\geqq 3$ のとき，等式 $I_n=\frac{n-1}{n}I_{n-2}$ が成り立つことを証明せよ。

(2) (1)で示した等式を用いて，定積分 $\int_0^{\frac{\pi}{2}}\sin^4 x\,dx$ を求めよ。

CHART & GUIDE

(1) 「三角関数の公式を用いて次数を下げる」，「$f(■)■'$ の形にする」の方針で変形するのは難しい。そこで，$\sin^n x=\sin^{n-1}x\sin x$ とみて，部分積分法の公式を適用する。

高次の形の関数の積分　部分積分法により次数を下げる

(2) (1)の等式を用いると，次数を下げることができる。

解答

(1) $I_n=\int_0^{\frac{\pi}{2}}\sin^n x\,dx=\int_0^{\frac{\pi}{2}}\sin^{n-1}x\sin x\,dx=\int_0^{\frac{\pi}{2}}\sin^{n-1}x(-\cos x)'dx$

$=\left[-\sin^{n-1}x\cos x\right]_0^{\frac{\pi}{2}}-\int_0^{\frac{\pi}{2}}(\sin^{n-1}x)'(-\cos x)\,dx$

$=0-\int_0^{\frac{\pi}{2}}(n-1)\sin^{n-2}x\cdot\cos x\cdot(-\cos x)\,dx$　　⬅ $(\sin^{n-1}x)'=(n-1)\sin^{n-2}x\cdot(\sin x)'$

$=0+(n-1)\int_0^{\frac{\pi}{2}}\sin^{n-2}x\cos^2 x\,dx$

$=(n-1)\int_0^{\frac{\pi}{2}}\sin^{n-2}x(1-\sin^2 x)\,dx$　　⬅ $\sin^2 x+\cos^2 x=1$

$=(n-1)\left(\int_0^{\frac{\pi}{2}}\sin^{n-2}x\,dx-\int_0^{\frac{\pi}{2}}\sin^n x\,dx\right)$

ゆえに　$I_n=(n-1)(I_{n-2}-I_n)$　　よって　$I_n=\frac{n-1}{n}I_{n-2}$

(2) (1)から　　$\int_0^{\frac{\pi}{2}}\sin^4 x\,dx=I_4=\frac{3}{4}I_2$

ここで　　$I_2=\int_0^{\frac{\pi}{2}}\sin^2 x\,dx=\frac{1}{2}\int_0^{\frac{\pi}{2}}(1-\cos 2x)\,dx=\frac{1}{2}\left[x-\frac{1}{2}\sin 2x\right]_0^{\frac{\pi}{2}}=\frac{\pi}{4}$　　⬅ $\sin^2 x$ は次数を下げる。

よって　　$\int_0^{\frac{\pi}{2}}\sin^4 x\,dx=\frac{3}{4}\cdot\frac{\pi}{4}=\boldsymbol{\frac{3}{16}\pi}$

TRAINING 130 ⑤

自然数 n に対して $I_n=\int_0^{\frac{\pi}{2}}\cos^n x\,dx$ とおく。

(1) $n\geqq 3$ のとき，I_n と I_{n-2} の関係式を求めよ。　(2) I_5 を求めよ。

発展 例題 **131** 定積分で表された関数の最大・最小 ④

<<< 標準例題 122

関数 $f(x)=\int_0^x(1+2\cos t)\sin t\,dt\ (0\leqq x\leqq \pi)$ の最大値，最小値を求めよ。

〔類 東京電機大〕

CHART & GUIDE

関数の最大・最小

極値と定義域の端における値に注目

1 両辺を x で微分して，導関数 $f'(x)$ を求める。

……a を定数とするとき　$\dfrac{d}{dx}\int_a^x g(t)dt=g(x)$ の利用。

2 $f'(x)$ の符号の変化を調べ，極値や定義域の端における値を求める。

3 増減表から，最大値，最小値を求める。

解答

$$f'(x)=\frac{d}{dx}\int_0^x(1+2\cos t)\sin t\,dt=(1+2\cos x)\sin x$$

$f'(x)=0$ とすると　$\cos x=-\dfrac{1}{2}$，$\sin x=0$

$0<x<\pi$ のとき　$x=\dfrac{2}{3}\pi$

ここで　$f(x)=\int_0^x(1+2\cos t)\sin t\,dt=\int_0^x(\sin t+\sin 2t)dt$

$$=\left[-\cos t-\frac{1}{2}\cos 2t\right]_0^x$$

$$=-\cos x-\frac{1}{2}\cos 2x+\frac{3}{2}$$

← $2\cos t\sin t=\sin 2t$

ゆえに，$0\leqq x\leqq\pi$ における $f(x)$ の増減表は次のようになる。

x	0	…	$\frac{2}{3}\pi$	…	π
$f'(x)$		$+$	0	$-$	
$f(x)$	0	↗	極大 $\frac{9}{4}$	↘	2

よって　**$x=\dfrac{2}{3}\pi$ で最大値 $\dfrac{9}{4}$，$x=0$ で最小値 0**

参考 $y=f(x)\ (0\leqq x\leqq\pi)$ のグラフは，図の実線部分のようになる。

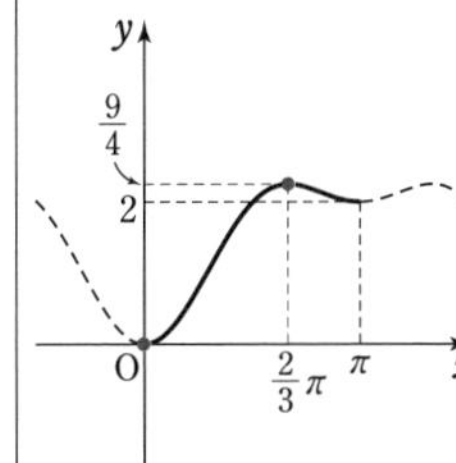

TRAINING 131 ④

関数 $f(x)=\int_0^x(\sin t+\cos 2t)dt\ (0\leqq x\leqq 2\pi)$ の最大値，最小値を求めよ。〔東北学院大〕

発展 例題 ⋘ 標準例題 122

132 定積分の等式を満たす関数の決定 (2)

次の等式を満たす関数 $f(x)$ と定数 a の値を求めよ。

(1) $\displaystyle\int_0^{2x} f(t)dt = xe^{-x} + a$　　(2) $\displaystyle\int_a^{3x+2} f(t)dt = x^2 + 3x$　　〔(2) 類 南山大〕

CHART & GUIDE

定積分と導関数

$$\frac{d}{dx}\int_a^{g(x)} f(t)dt = f(g(x))g'(x) \quad a \text{ は定数} \quad \cdots\cdots \boxed{!}$$

$F(t)$ を $f(t)$ の原始関数とすると

$$\frac{d}{dx}\int_a^{g(x)} f(t)dt = \frac{d}{dx}\{F(g(x)) - F(a)\} = f(g(x))\cdot g'(x)$$

解答

(1) 等式の両辺を x で微分すると

[!] $\quad$(左辺) $= f(2x)\cdot 2$, $\quad$(右辺) $= e^{-x} - xe^{-x}$

ゆえに, $f(2x) = \dfrac{1}{2}(1-x)e^{-x}$ となり, この式において x を $\dfrac{x}{2}$ におき換えて $\quad f(x) = \dfrac{1}{2}\left(1 - \dfrac{x}{2}\right)e^{-\frac{x}{2}}$

よって $\quad \boldsymbol{f(x) = -\dfrac{1}{4}(x-2)e^{-\frac{x}{2}}}$

また, 等式で $x=0$ とすると $0 = 0 + a$ から $\quad \boldsymbol{a = 0}$

(2) 等式の両辺を x で微分すると

[!] $\quad$(左辺) $= f(3x+2)\cdot 3$, $\quad$(右辺) $= 2x + 3$

ゆえに $\quad f(3x+2) = \dfrac{2}{3}x + 1$

$3x+2 = u$ とおくと $\quad f(u) = \dfrac{2}{3}\cdot\dfrac{u-2}{3} + 1$

すなわち $\quad f(u) = \dfrac{2}{9}u + \dfrac{5}{9}$

u を x におき換えて $\quad \boldsymbol{f(x) = \dfrac{2}{9}x + \dfrac{5}{9}}$

また, 等式で $3x+2 = a$ とすると $\quad 0 = \left(\dfrac{a-2}{3}\right)^2 + a - 2$

整理すると $\quad (a+7)(a-2) = 0 \quad$ よって $\quad \boldsymbol{a = -7, 2}$

← 上の公式で $a=0$, $g(x)=2x$ の場合

← $\displaystyle\int_0^0 f(t)dt = 0$

← 上の公式で $g(x)=3x+2$ の場合

← $x = \dfrac{u-2}{3}$

← $\displaystyle\int_a^a f(t)dt = 0$, $x = \dfrac{a-2}{3}$

TRAINING 132 ④

次の等式を満たす関数 $f(x)$ と定数 a の値を求めよ。

(1) $\displaystyle\int_0^{3x} f(t)dt = e^{2x} + a$　　(2) $\displaystyle\int_a^{2x+1} f(t)dt = 2x^2 + 4x$

発展 例題 **133** 定積分と極限

≪ 標準例題 122

$f(x)=\int_{\frac{\pi}{4}}^{x}(\sin t-\cos t)^4 dt$ とするとき，$\displaystyle\lim_{x\to\frac{\pi}{4}}\frac{f(x)}{x-\frac{\pi}{4}}$ を求めよ。

〔類 名古屋工大〕

CHART & GUIDE

定積分と極限

定積分と微分係数の定義を利用する

1. $(\sin t-\cos t)^4$ の原始関数を $F(t)$ とする。
2. $f(x)$ を $F(x)$，$F\left(\frac{\pi}{4}\right)$ で表す。
3. 微分係数の定義 $\displaystyle\lim_{x\to a}\frac{F(x)-F(a)}{x-a}=F'(a)$ を用いて，極限値を求める。…… [!]

解答

$(\sin t-\cos t)^4$ の原始関数を $F(t)$ とすると

$$f(x)=F(x)-F\left(\frac{\pi}{4}\right)$$

[!] よって $$\lim_{x\to\frac{\pi}{4}}\frac{f(x)}{x-\frac{\pi}{4}}=\lim_{x\to\frac{\pi}{4}}\frac{F(x)-F\left(\frac{\pi}{4}\right)}{x-\frac{\pi}{4}}=F'\left(\frac{\pi}{4}\right)$$

$F'(t)=(\sin t-\cos t)^4$ であるから

$$F'\left(\frac{\pi}{4}\right)=\left(\sin\frac{\pi}{4}-\cos\frac{\pi}{4}\right)^4=\mathbf{0}$$

［別解］ $f\left(\frac{\pi}{4}\right)=0$ から

$$\lim_{x\to\frac{\pi}{4}}\frac{f(x)}{x-\frac{\pi}{4}}=\lim_{x\to\frac{\pi}{4}}\frac{f(x)-f\left(\frac{\pi}{4}\right)}{x-\frac{\pi}{4}}=f'\left(\frac{\pi}{4}\right)$$

としてもよい。

注意 x を定数と思ってまず積分すると，$f(x)$ が求められる。実際に

$$(\sin t-\cos t)^4=(\sin^2 t-2\sin t\cos t+\cos^2 t)^2=(1-\sin 2t)^2$$
$$=1-2\sin 2t+\sin^2 2t=1-2\sin 2t+\frac{1-\cos 4t}{2}$$

よって $$f(x)=\int_{\frac{\pi}{4}}^{x}\left(\frac{3}{2}-2\sin 2t-\frac{\cos 4t}{2}\right)dt=\left[\frac{3}{2}t+\cos 2t-\frac{1}{8}\sin 4t\right]_{\frac{\pi}{4}}^{x}$$
$$=\frac{3}{2}\left(x-\frac{\pi}{4}\right)+\cos 2x-\frac{1}{8}\sin 4x$$

しかし，lim の計算が面倒である。

TRAINING 133 ⑤

次の極限値を求めよ。

(1) $\displaystyle\lim_{x\to 0}\frac{1}{x}\int_0^x 2te^{t^2}dt$ 〔類 香川大〕 (2) $\displaystyle\lim_{x\to 1}\frac{1}{x-1}\int_1^x\frac{1}{\sqrt{t^2+1}}dt$ 〔東京電機大〕

EXERCISES

A

67③ 関数 $f(x)=Ae^x\cos x+Be^x\sin x$ (ただし A, B は定数)について，次の問いに答えよ。

(1) $f'(x)$ を求めよ。

(2) $f''(x)$ を $f(x)$ および $f'(x)$ を用いて表せ。

(3) $\int f(x)dx$ を求めよ。　〔東北学院大〕　⋘ 基本例題 **101**

68③ 関数 $F(x)$ が $F'(x)=xe^{x^2}$, $F(0)=0$ を満たすとき，$F(x)$ を求めよ。

〔関西大〕　⋘ 基本例題 **103**

69③ 不定積分 $\int(\sin x+x\cos x)dx$ を求めよ。また，この結果を用いて，不定積分 $\int(\sin x+x\cos x)\log x\,dx$ を求めよ。　〔立教大〕　⋘ 標準例題 **106**

70③ 次の不定積分を求めよ。

(1) $\int\sqrt{1+\sqrt{x}}\,dx$　(2) $\int x^3e^{x^2}dx$　(3) $\int\frac{\log x}{x^2}dx$

(4) $\int\frac{x}{\sqrt{x^2+1}+x}dx$　(5) $\int\log(x^2-1)dx$　(6) $\int\cos^4 x\,dx$

(7) $\int\frac{1}{1-\sin x}dx$　(8) $\int\frac{e^x}{e^x-e^{-x}}dx$

⋘ 基本例題 **103**，標準例題 **106**，基本例題 **107〜109**，標準例題 **110**，**111**

71② 次の定積分を求めよ。

(1) $\int_{-\frac{\pi}{2}}^{\frac{\pi}{2}}\sin^2 x\,dx$　(2) $\int_{-a}^{a}(e^{\frac{x}{a}}+e^{-\frac{x}{a}})dx$　(3) $\int_{-e}^{e}xe^{-x^2}dx$

⋘ 基本例題 **119**

HINT

71 偶関数であるか奇関数であるかは，被積分関数を $f(x)$ として，$f(-x)$ と $f(x)$ の関係を調べてみるとよい。

EXERCISES

A

72③ 定積分 $\int_0^{\frac{\pi}{2}} x\cos^2 x\,dx$ を求めよ。 <<< 基本例題 **120**

73③ 等式 $\int_{-\frac{\pi}{a}}^{\frac{\pi}{a}} x\sin ax\,dx=1\ (a>0)$ が成り立つとき，定数 a の値を求めよ。

〔東京電機大〕 <<< 基本例題 **119**，**120**

B

74④ 次の定積分を求めよ。

(1) $\int_0^{\frac{\pi}{2}} \frac{\sqrt{2}}{\sin x+\cos x}dx$　　(2) $\int_0^{\frac{\pi}{2}} \frac{dx}{3\sin x+4\cos x}$

〔(1) 横浜市大，(2) 横浜国大〕 <<< 基本例題 **116**

75④ 次の定積分を求めよ。

(1) $\int_0^1 \sqrt{2x-x^2}\,dx$　　(2) $\int_1^2 \frac{1}{x^2-2x+2}dx$

<<< 基本例題 **117**，標準例題 **118**

76④ $f(x)=\cos x+\frac{1}{\pi}\int_0^{\pi}\sin(x-t)f(t)\,dt$ を満たす関数 $f(x)$ を求めよ。

〔類 福島県立医大〕 <<< 標準例題 **123**

77⑤ a，b は定数で，$a<b$ とする。t を任意の実数とするとき，定積分 $\int_a^b \{tf(x)+g(x)\}^2dx$ は t の関数であり，その値が常に正または 0 であることを用いて，次の不等式(**シュワルツの不等式** という)を証明せよ。

$$\left\{\int_a^b f(x)g(x)\,dx\right\}^2 \leqq \left(\int_a^b \{f(x)\}^2dx\right)\left(\int_a^b \{g(x)\}^2dx\right)$$

<<< 基本例題 **125**

HINT

76 $\frac{1}{\pi}\int_0^{\pi}f(t)\cos t\,dt=a$，$\frac{1}{\pi}\int_0^{\pi}f(t)\sin t\,dt=b$ とおくと，$f(x)$ は a，b を含む式になる。よって，a，b の定積分を計算して，a，b の関係式を導く。

77 $\int_a^b \{tf(x)+g(x)\}^2dx \geqq 0$ を t に関する不等式ととらえる。

EXERCISES

B **78**④ (1) 関数 $y=\dfrac{1}{x(\log x)^2}$ は $x>1$ において単調に減少することを示せ。

(2) 不定積分 $\displaystyle\int\frac{1}{x(\log x)^2}dx$ を求めよ。

(3) n を 3 以上の整数とするとき，不等式 $\displaystyle\sum_{k=3}^{n}\frac{1}{k(\log k)^2}<\frac{1}{\log 2}$ が成り立つことを示せ。 〔九州大〕

≪ 標準例題 **126**

79⑤ 自然数 n に対して，$I_n=\displaystyle\int_1^{e^2}(\log x)^n dx$ と定める。

(1) I_1 を求めよ。

(2) $n\geqq 2$ のとき，I_n を n と I_{n-1} を用いて表せ。

(3) I_4 を求めよ。 〔茨城大〕

≪ 発展例題 **130**

80④ 連続な関数 $f(x)$ が関係式 $\displaystyle\int_a^x(x-t)f(t)dt=2\sin x-x+b$ を満たす。ただし，a，b は定数であり，$0\leqq a\leqq\dfrac{\pi}{2}$ である。

(1) $\displaystyle\int_a^x f(t)dt$ を求めよ。

(2) $f(x)$ を求めよ。

(3) 定数 a，b の値を求めよ。 〔類 岩手大〕

≪ 発展例題 **132**

HINT

78 (3) $\displaystyle\sum_{k=3}^{n}\frac{1}{k(\log k)^2}$ は階段状の図形の面積を表す。

79 (2) I_n を $\displaystyle\int_1^{e^2}(\log x)^n\cdot(x)'dx$ ととらえて部分積分法を利用する。

数学Ⅲ

積分法の応用

7章

例題番号	例題のタイトル	レベル

26 面　積

	例題番号	例題のタイトル	レベル
	基本 134	曲線と x 軸の間の面積	2
◎	基本 135	2 曲線の間の面積 (1)	2
○	標準 136	2 曲線の間の面積 (2)	3
○	基本 137	曲線 $x=g(y)$ と面積	1
	基本 138	2 曲線 $x=f(y)$，$x=g(y)$ の間の面積	2
◎	標準 139	楕円の面積	3
	標準 140	媒介変数表示の曲線と面積	3

27 体　積

	例題番号	例題のタイトル	レベル
○	標準 141	断面積と立体の体積	3
◉	基本 142	x 軸の周りの回転体の体積	2
◎	標準 143	2 曲線間の回転体の体積 (1)	3
	基本 144	y 軸の周りの回転体の体積 (1)	2
	標準 145	媒介変数表示の曲線と体積	3

28 道のり，曲線の長さ

	例題番号	例題のタイトル	レベル
○	基本 146	速度と位置	2
	基本 147	直線上の運動における道のり	2
	基本 148	座標平面上の運動における道のり	2
○	基本 149	媒介変数で表された曲線の長さ	2
○	基本 150	曲線 $y=f(x)$ の長さ	2

発展学習

	例題番号	例題のタイトル	レベル
○	発展 151	曲線の接線と面積	4
◎	発展 152	面積の最小値	5
◎	発展 153	面積の 2 等分	5
○	発展 154	曲線の接線と体積	4
	発展 155	2 曲線間の回転体の体積 (2)	5
○	発展 156	y 軸の周りの回転体の体積 (2)	5
	発展 157	微分方程式	5
	発展 158	微分方程式の応用（条件を満たす曲線群）	5

レベル …………　各例題の難易度を表す（コンパス印）の個数（1〜5 の 5 段階）。

◉，◎，○印 …　各項目で重要度の高い例題につけた（◉，◎，○の順に重要度が高い）。
時間の余裕がない場合は，◉，◎，○の例題を中心に勉強すると効果的である。
また，◉の例題には，解説動画がある。

Let's Start

26 面 積

数学Ⅱでは，放物線や3次関数のグラフに関する面積について学びました。ここでは，いろいろな曲線や直線で囲まれた部分の面積について考えていきましょう。

■ 曲線 $y=f(x)$ と面積

数学Ⅱで学習したように，曲線 $y=f(x)$ と面積について，次のことが成り立つ。

曲線 $y=f(x)$ と面積

区間 $[a,\ b]$ で常に $f(x) \geqq 0$ のとき，曲線 $y=f(x)$ と x 軸および2直線 $x=a$，$x=b$ で囲まれた部分の面積 S は

$$S=\int_a^b f(x)\,dx$$

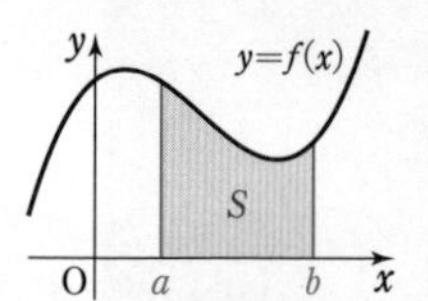

上の公式において，区間 $[a,\ b]$ で常に $f(x) \leqq 0$ のとき，S は次の式で表される。

$$S=\int_a^b \{-f(x)\}\,dx$$

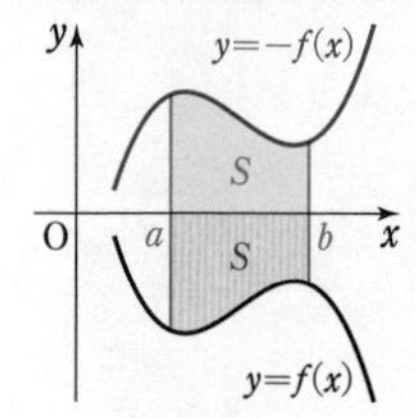

また，数学Ⅱで学んだように，次のことが成り立つ。

2つの曲線の間の面積

区間 $[a,\ b]$ で常に $f(x) \geqq g(x)$ のとき，2つの曲線 $y=f(x)$，$y=g(x)$ と2直線 $x=a$，$x=b$ で囲まれた部分の面積 S は

$$S=\int_a^b \{f(x)-g(x)\}\,dx$$

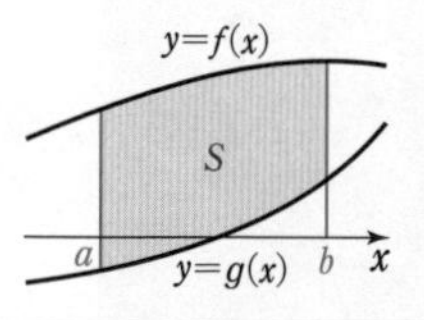

■ 曲線 $x=g(y)$ と面積

y の関数 $x=g(y)$ で表される曲線については，次のことが成り立つ。

区間 $c \leqq y \leqq d$ で常に $g(y) \geqq 0$ のとき，曲線 $x=g(y)$ と y 軸および2直線 $y=c$，$y=d$ で囲まれた部分の面積 S は

$$S=\int_c^d g(y)\,dy$$

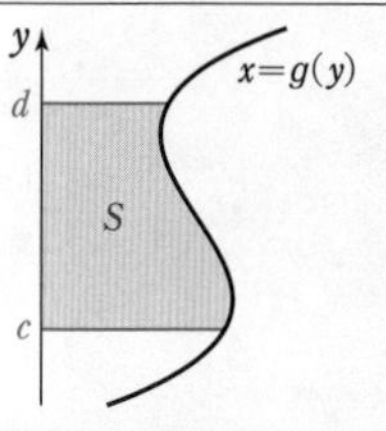

基本 例題 134 曲線と x 軸の間の面積

>>> 発展例題 151, 152

曲線 $y=\dfrac{1-x}{2+x}$ と 2 直線 $x=-1$, $x=2$ および x 軸で囲まれた 2 つの部分の面積の和 S を求めよ。

CHART & GUIDE 曲線と x 軸の間の面積

1. まず，グラフをかく。
2. 積分区間（どこからどこまで積分するか）を決める。
3. 2 で決めた区間における x 軸との上下関係を調べる。…… [!]
4. 定積分を計算して面積を求める。

解答

$\dfrac{1-x}{2+x}=\dfrac{-(x+2)+3}{x+2}=\dfrac{3}{x+2}-1$ であるから，曲線

[!] $y=\dfrac{1-x}{2+x}$ は，区間 $-1\leqq x\leqq 1$ では常に $y\geqq 0$，区間 $1\leqq x\leqq 2$ では常に $y\leqq 0$ である。

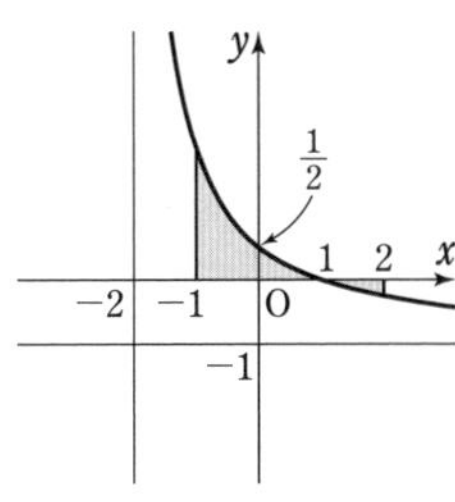

よって，求める面積 S は

$$S=\int_{-1}^{1}\left(\frac{3}{x+2}-1\right)dx+\int_{1}^{2}\left\{-\left(\frac{3}{x+2}-1\right)\right\}dx$$

$$=\Big[3\log|x+2|-x\Big]_{-1}^{1}-\Big[3\log|x+2|-x\Big]_{1}^{2}\ (*)$$

$$=2(3\log 3-1)-(3\log 1+1)-(3\log 4-2)$$

$$=6\log 3-2-1-6\log 2+2=\mathbf{6\log\frac{3}{2}-1}$$

(＊) $F(x)=3\log|x+2|-x$ とすると，定積分の計算は
$F(1)-F(-1)$
$-\{F(2)-F(1)\}$
$=2F(1)-F(-1)-F(2)$

Lecture 曲線と x 軸の間の面積

上の解答の図は正確にかいてあるが，一般に面積を求める場合のグラフは，必ずしも正確にかく必要はない。x 軸との共有点の x 座標や，x 軸との上下関係がわかる程度で十分である（上の図でも，2 直線との交点の y 座標は示していない）。

なお，例題では「2 つの部分の面積の和」と明示してあるが，問題文に書かれていなくても，条件としてあてはまる部分の面積はすべて求めて，それらの和を答えることが原則である。

TRAINING 134 ②

次の曲線と 2 直線，および x 軸で囲まれた 2 つの部分の面積の和 S を求めよ。

(1) $y=\dfrac{x-1}{x-2}$, $x=-1$, $x=\dfrac{3}{2}$　　(2) $y=e^{2x}-1$, $x=-1$, $x=1$

(3) $y=\sin x\left(\dfrac{\pi}{4}\leqq x\leqq\dfrac{4}{3}\pi\right)$, $x=\dfrac{\pi}{4}$, $x=\dfrac{4}{3}\pi$　　(4) $y=\log(x-1)$, $x=\dfrac{3}{2}$, $x=4$

基本 例題 ≪基本例題 134

135 2 曲線の間の面積 (1)

曲線 $y=\sqrt{x}$ と直線 $y=x$ で囲まれた部分の面積 S を求めよ。

CHART & GUIDE

2 曲線の間の面積

$$\int_{●}^{■}\{(\text{上の曲線の式})-(\text{下の曲線の式})\}dx$$

1 まず，グラフをかく。
2 2 曲線の共有点の x 座標を求め，積分区間を決める。
3 2 で決めた区間において，2 曲線の上下関係を調べる。…… !
4 $\int_{●}^{■}\{(\text{上の曲線の式})-(\text{下の曲線の式})\}dx$ を計算して面積を求める。

解答

曲線と直線の共有点の x 座標は，方程式 $\sqrt{x}=x$ の解である。

$\sqrt{x}=x$ から　　$x=x^2$

ゆえに　　$x(x-1)=0$

よって　　$x=0,\ 1$

! $0\leqq x\leqq 1$ では $\sqrt{x}\geqq x$ であるから，求める面積 S は

$$S=\int_0^1(\sqrt{x}-x)dx$$

$$=\left[\frac{2}{3}x^{\frac{3}{2}}-\frac{x^2}{2}\right]_0^1=\frac{2}{3}-\frac{1}{2}=\boldsymbol{\frac{1}{6}}$$

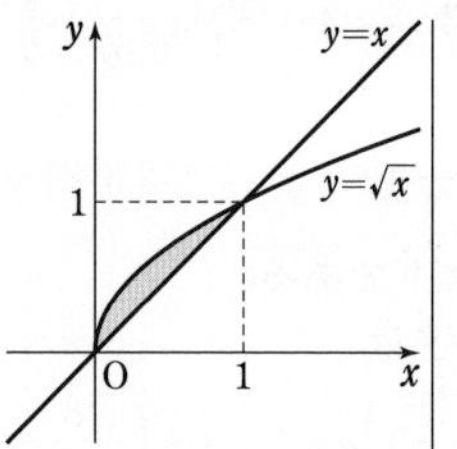

← 区間 $0\leqq x\leqq 1$ では曲線 $y=\sqrt{x}$ が上，直線 $y=x$ が下。

Lecture　2 曲線の上下関係の調べ方

数学Ⅱでは 2 次関数や 3 次関数のグラフに関する面積であったため，上下関係が把握しやすいケースが多かった。
数学Ⅲでは，無理関数や三角関数などのグラフに関する面積を扱うが，区間内の適当な x の値を代入して上下関係を判断する，ということも有効な手段である。

上の例題の場合，例えば，区間内の適当な x の値として $x=\frac{1}{4}$ をとって考えると，

$\frac{1}{4}<\sqrt{\frac{1}{4}}\left(=\frac{1}{2}\right)$ であるから，「区間 $0\leqq x\leqq 1$ では曲線 $y=\sqrt{x}$ が上，直線 $y=x$ が下」ということがわかる。

TRAINING 135 ②

2 つの曲線 $y=e^x$，$y=e^{2-x}$ と y 軸で囲まれた部分の面積 S を求めよ。

標準 例題 ≪≪ 基本例題 135

136 2曲線の間の面積 (2) …… 上下関係が入れ替わる

$0 \leqq x \leqq \pi$ の範囲で，2つの曲線 $y=\sin x$，$y=\sin 2x$ で囲まれた2つの部分の面積の和を求めよ。

CHART & GUIDE

1. まず，グラフをかく。
2. 2曲線の共有点の x 座標を求め，積分区間を決める。
3. 2 で決めた区間において，2曲線の上下関係を調べる。
4. $\int_{●}^{■}\{(\text{上の曲線の式})-(\text{下の曲線の式})\}dx$ を計算して面積を求める。

…… 「曲線 $y=\sin 2x$ が上にある部分」と「曲線 $y=\sin x$ が上にある部分」に分けて計算する。…… [!]

解答

2つの曲線の共有点の x 座標は，方程式 $\sin x=\sin 2x$ の解である。

$\sin 2x=2\sin x\cos x$ であるから　　$\sin x-2\sin x\cos x=0$

よって　　$\sin x(1-2\cos x)=0$　　ゆえに　　$\sin x=0$，$\cos x=\dfrac{1}{2}$

$\sin x=0$，$0 \leqq x \leqq \pi$ から　　$x=0,\ \pi$

$\cos x=\dfrac{1}{2}$，$0 \leqq x \leqq \pi$ から　　$x=\dfrac{\pi}{3}$

$0 \leqq x \leqq \dfrac{\pi}{3}$ では $\sin x \leqq \sin 2x$，

$\dfrac{\pi}{3} \leqq x \leqq \pi$ では $\sin x \geqq \sin 2x$

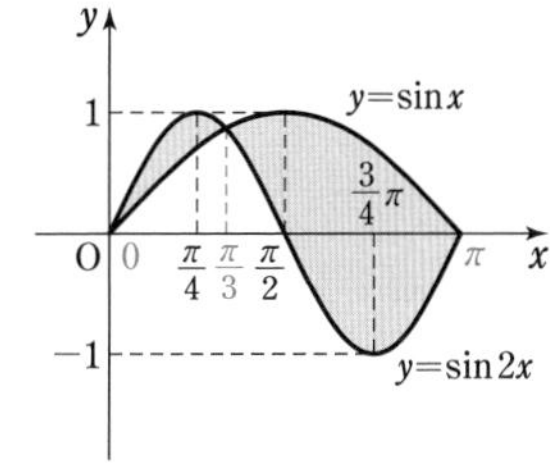

であるから，求める面積の和 S は

[!] $S=\int_0^{\frac{\pi}{3}}(\sin 2x-\sin x)dx+\int_{\frac{\pi}{3}}^{\pi}(\sin x-\sin 2x)dx$

$=\left[-\dfrac{1}{2}\cos 2x+\cos x\right]_0^{\frac{\pi}{3}}+\left[-\cos x+\dfrac{1}{2}\cos 2x\right]_{\frac{\pi}{3}}^{\pi}$

$=\left(\dfrac{1}{4}+\dfrac{1}{2}\right)-\left(-\dfrac{1}{2}+1\right)+\left(1+\dfrac{1}{2}\right)-\left(-\dfrac{1}{2}-\dfrac{1}{4}\right)=\boldsymbol{\dfrac{5}{2}}$

注意　2つの曲線の上下関係が一定とは限らない。

この例題では，$x=\dfrac{\pi}{3}$ を境目にして上下関係が入れ替わっている。

TRAINING 136 ③

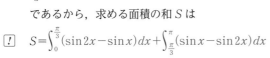

$0 \leqq x \leqq \dfrac{4}{3}\pi$ の範囲で，2つの曲線 $y=\cos x$，$y=\cos 2x$ で囲まれた2つの部分の面積の和を求めよ。

<<< 基本例題 134

基本 例題 137 曲線 $x=g(y)$ と面積

放物線 $x=-y^2+2y$ と y 軸で囲まれた部分の面積 S を求めよ。

CHART & GUIDE

曲線 $x=g(y)$ と面積

1. まず，グラフをかく。
2. 曲線と y 軸の共有点の y 座標を求め，積分区間を決める。
3. 2 で決めた区間における y 軸との関係を調べる。…… [!]
4. 定積分を計算して面積を求める。

解答

$x=0$ とすると　$y^2-2y=0$

よって　$y(y-2)=0$

ゆえに　$y=0,\ 2$

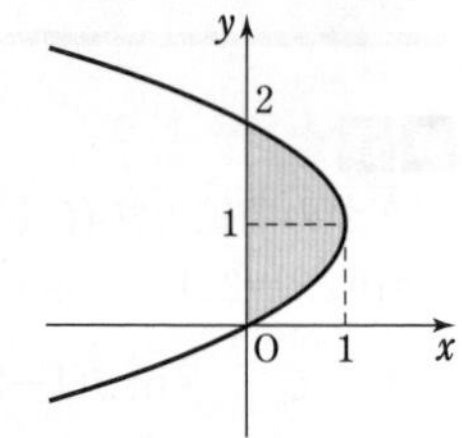

[!] $0 \leqq y \leqq 2$ では $x=-y^2+2y \geqq 0$ であるから，求める面積 S は

$$S=\int_0^2 x\,dy=\int_0^2(-y^2+2y)\,dy$$

$$=\left[-\frac{y^3}{3}+y^2\right]_0^2=-\frac{8}{3}+4=\boldsymbol{\frac{4}{3}}$$

Lecture　y 軸方向の積分

上の例題を今まで通り，x 軸方向の積分で求めると次のようになる。

〈x 軸方向の積分〉

$y^2-2y+x=0$ を y について解くと　$y=1\pm\sqrt{1-x}$　⬅ 解の公式利用。

$0 \leqq x \leqq 1$ では $1+\sqrt{1-x} \geqq 1-\sqrt{1-x}$ であるから，求める面積 S は

$$S=\int_0^1\{(1+\sqrt{1-x})-(1-\sqrt{1-x})\}dx$$

⬅ 区間 $0 \leqq x \leqq 1$ では，曲線 $y=1+\sqrt{1-x}$ が上，曲線 $y=1-\sqrt{1-x}$ が下。

$$=2\int_0^1\sqrt{1-x}\,dx=2\int_0^1(1-x)^{\frac{1}{2}}dx$$

$$=2\left[(-1)\cdot\frac{2}{3}(1-x)^{\frac{3}{2}}\right]_0^1=\frac{4}{3}$$

上の例題の場合，**x 軸方向の積分で考えると「2 曲線の間の面積」** となるが，**y 軸方向の積分で考えると「曲線と y 軸の間の面積」** となる。このように，求める面積によっては，y 軸方向の積分で考えると計算がらくになることがある。

TRAINING 137 ①

次の曲線と直線で囲まれた部分の面積 S を求めよ。

(1) $x=-1-y^2,\ y=-1,\ y=2,\ y$ 軸　(2) $x=1-e^y,\ y=-1,\ y$ 軸

基本 例題 **138** 2曲線 $x=f(y)$, $x=g(y)$ の間の面積 ①①

≪≪ 基本例題 135, 137

放物線 $y^2=x+2$ と直線 $y=x$ で囲まれた部分の面積 S を求めよ。

CHART & GUIDE

2曲線 $x=f(y)$, $x=g(y)$ の間の面積

$\int_{●}^{■}$ {(右の曲線の式)−(左の曲線の式)} dy …… [!]

2曲線の共有点の y 座標を求め，積分区間を決める。そして，積分区間において，2曲線の左右関係を調べ，$\int_{●}^{■}$ {(右の曲線の式)−(左の曲線の式)} dy を計算して面積を求める。

解答

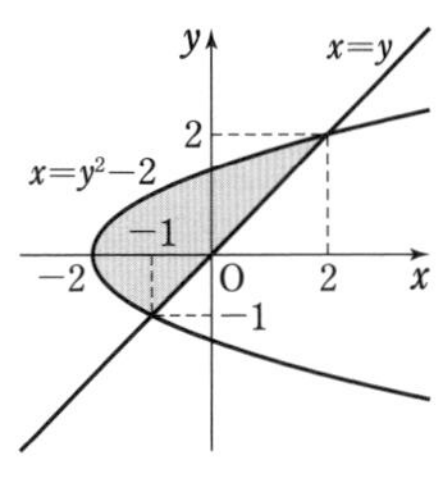

曲線と直線の共有点の y 座標は，方程式 $y^2=y+2$ すなわち $y^2-y-2=0$ を解いて　$y=-1, 2$

$-1\leqq y\leqq 2$ では $y^2-2\leqq y$ であるから，求める面積 S は

$$S=\int_{-1}^{2}\{y-(y^2-2)\}dy=\int_{-1}^{2}\{-(y^2-y-2)\}dy$$

$$=\int_{-1}^{2}\{-(y+1)(y-2)\}dy=-\frac{-1}{6}\{2-(-1)\}^3$$

$$=\frac{9}{2}$$

(補足) 上の計算では，公式

$\int_{\alpha}^{\beta}(x-\alpha)(x-\beta)dx=-\frac{1}{6}(\beta-\alpha)^3$ を利用している。

Lecture 2曲線 $x=f(y)$, $x=g(y)$ の間の面積

x 軸方向の積分として，2曲線の間の面積を考えるときは，「**y の値が大きいと上** にあり，**y の値が小さいと下** にある」ということから，2曲線の上下関係を調べた。
y 軸方向の積分の場合は，「**x の値が大きいと右** にあり，**x の値が小さいと左** にある」ということから，2曲線の左右関係を調べる。

区間 $c\leqq y\leqq d$ で常に $f(y)\geqq g(y)$ のとき，2曲線 $x=f(y)$, $x=g(y)$ および2直線 $y=c$, $y=d$ で囲まれた部分の面積 S は

$$S=\int_{c}^{d}\{f(y)-g(y)\}dy$$
　　　右　　左

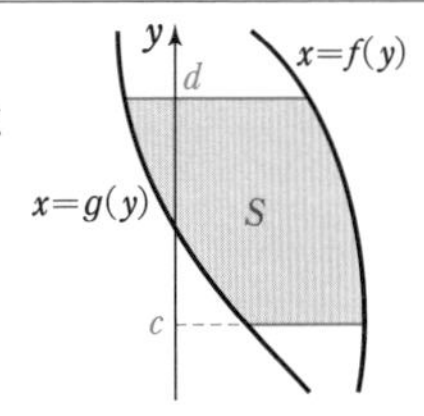

7章 26 面積

TRAINING 138 ②

放物線 $y^2-y=x$ と直線 $2x+y=1$ で囲まれた部分の面積 S を求めよ。

標準 例題 139 楕円の面積 ①①①

楕円 $\dfrac{x^2}{9}+\dfrac{y^2}{4}=1$ で囲まれた部分の面積 S を求めよ。

CHART & GUIDE

面積の計算
計算をらくに　対称性の利用

1. 曲線の対称性を調べる。……x 軸および y 軸に関して対称。……[!]
2. 曲線の方程式を y について解く。
3. $x\geqq 0$, $y\geqq 0$ の部分の面積を求め，それを 4 倍する。

解答

[!] この楕円は，x 軸および y 軸に関して対称で，求める面積 S は右図の斜線部分の面積の 4 倍である。

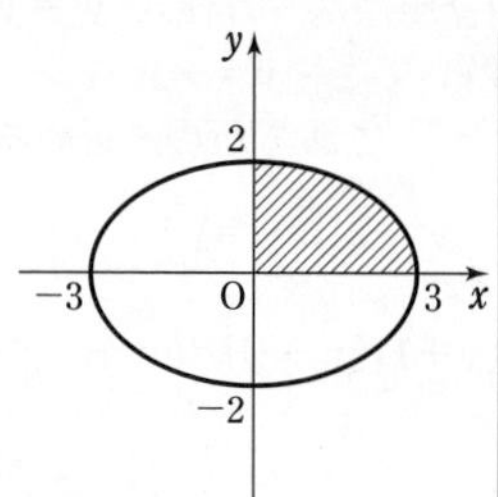

楕円で囲まれた部分の面積を単に
楕円の面積
ということもある。

$\dfrac{x^2}{9}+\dfrac{y^2}{4}=1$ から　$y^2=\dfrac{4}{9}(9-x^2)$

$-3\leqq x\leqq 3$ であるから

$$y=\pm\frac{2}{3}\sqrt{9-x^2}$$

よって，$x\geqq 0$, $y\geqq 0$ の楕円の方程式は　$y=\dfrac{2}{3}\sqrt{9-x^2}$

ゆえに　$S=4\displaystyle\int_0^3\frac{2}{3}\sqrt{9-x^2}\,dx=\frac{8}{3}\int_0^3\sqrt{9-x^2}\,dx$

$\displaystyle\int_0^3\sqrt{9-x^2}\,dx$ は半径 3 の四分円の面積を表すから

$$S=\frac{8}{3}\cdot\frac{1}{4}\pi\cdot 3^2=\boldsymbol{6\pi}$$

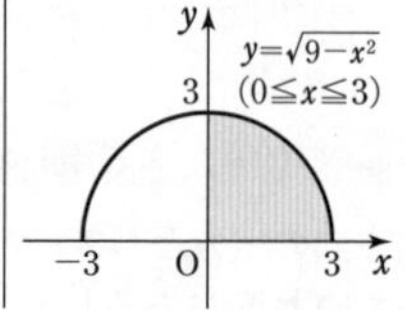

(補足) 解答では，対称性から，$x\geqq 0$ かつ $y\geqq 0$ の部分の面積を 4 倍しているが，次のように，$y\geqq 0$ の部分の面積を 2 倍してもよい。

$$S=2\int_{-3}^3\frac{2}{3}\sqrt{9-x^2}\,dx=2\cdot 2\int_0^3\frac{2}{3}\sqrt{9-x^2}\,dx=\frac{8}{3}\int_0^3\sqrt{9-x^2}\,dx$$

以降は解答と同じ。

(補足) 変数 x, y を含む式を $F(x,\ y)$ のように書くことがある。放物線，楕円，双曲線，円などは，x, y の方程式 $F(x,\ y)=0$ の形で表される。
x, y の方程式 $F(x,\ y)=0$ を満たす点 $(x,\ y)$ の全体が曲線を表すとき，この曲線を **方程式 $F(x,\ y)=0$ の表す曲線**，または **曲線 $F(x,\ y)=0$** という。また，方程式 $F(x,\ y)=0$ をこの **曲線の方程式** という。

Lecture 円・楕円と面積

$a>0$, $b>0$ とする。

楕円の方程式 $\dfrac{x^2}{a^2}+\dfrac{y^2}{b^2}=1$ を y について解くと, $y^2=\dfrac{b^2}{a^2}(a^2-x^2)$ から

$$y=\pm\frac{b}{a}\sqrt{a^2-x^2}$$

$y\geqq0$ の範囲にある楕円の方程式が $y=\dfrac{b}{a}\sqrt{a^2-x^2}$ で, $y\leqq0$ の範囲にある楕円の方程式が $y=-\dfrac{b}{a}\sqrt{a^2-x^2}$ である。

また, 半径 a の円の面積は πa^2 であり, 円の方程式 $x^2+y^2=a^2$ を y について解くと

$$y=\pm\sqrt{a^2-x^2}$$

よって, 楕円 $\dfrac{x^2}{a^2}+\dfrac{y^2}{b^2}=1$ は, 円 $x^2+y^2=a^2$ を y 軸方向に $\dfrac{b}{a}$ 倍に縮小または拡大した曲線である。

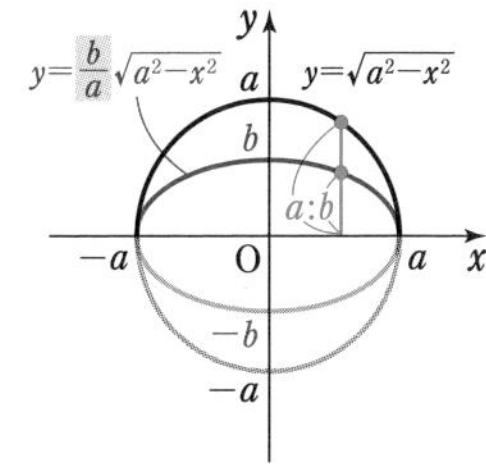

ゆえに, **楕円 $\dfrac{x^2}{a^2}+\dfrac{y^2}{b^2}=1$ の面積は πab** ← $\pi a^2\times\dfrac{b}{a}=\pi ab$

となる。

Lecture $\sqrt{a^2-x^2}$ の定積分の計算

数学Ⅲの面積, 体積では, $\sqrt{a^2-x^2}$ の定積分の計算が必要になることが多い。
例題 117 と同様に置換積分法を利用して解くこともできるが, 例題 139 の解答のように,

円(半円, 四分円)の面積

としてとらえると計算がらくになる。

TRAINING 139 ③

楕円 $2x^2+3y^2=6$ で囲まれた部分の面積 S を求めよ。

標準 例題 140 媒介変数表示の曲線と面積 ⓐⓐⓐ

媒介変数 θ によって，$\begin{cases} x=\cos^4\theta \\ y=\sin^4\theta \end{cases}$ $\left(0\leqq\theta\leqq\dfrac{\pi}{2}\right)$ と表される曲線と x 軸，y 軸で囲まれた部分の面積 S を求めよ。

CHART & GUIDE

$x=f(\theta)$，$y=g(\theta)$ で表された曲線と面積 S

1. 曲線と x 軸の共有点の x 座標（$y=0$ となる θ の値）を求める。
2. θ の変化に伴う，x の値の変化や y の符号を調べる。
3. 面積を定積分で表す。計算の際は，置換積分を利用する。

$$S=\int_a^b y\,dx=\int_\alpha^\beta g(\theta)f'(\theta)\,d\theta \qquad a=f(\alpha),\ b=f(\beta)$$

解答

この曲線の概形は右の図のようになる。

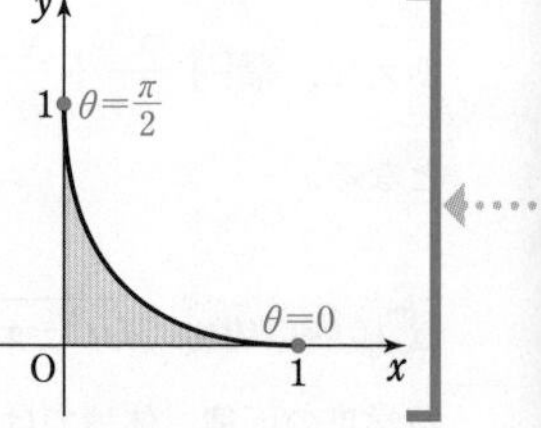

$0\leqq\theta\leqq\dfrac{\pi}{2}$ において $y=0$ とすると　$\theta=0$

また，$y\geqq0$ である。

x と θ の対応は右のようになる。

x	$0 \longrightarrow 1$
θ	$\dfrac{\pi}{2} \longrightarrow 0$

$x=\cos^4\theta$ から　$dx=4\cos^3\theta(-\sin\theta)\,d\theta$

よって，求める面積 S は

$$S=\int_0^1 y\,dx=\int_{\frac{\pi}{2}}^0 \sin^4\theta\cdot4\cos^3\theta(-\sin\theta)\,d\theta$$

$$=4\int_0^{\frac{\pi}{2}}\sin^5\theta\cos^3\theta\,d\theta=4\int_0^{\frac{\pi}{2}}\sin^5\theta(1-\sin^2\theta)\cos\theta\,d\theta$$

$$=4\int_0^{\frac{\pi}{2}}(\sin^5\theta-\sin^7\theta)\cos\theta\,d\theta$$

$$=4\int_0^{\frac{\pi}{2}}(\sin^5\theta-\sin^7\theta)(\sin\theta)'\,d\theta=4\left[\frac{\sin^6\theta}{6}-\frac{\sin^8\theta}{8}\right]_0^{\frac{\pi}{2}}=\mathbf{\frac{1}{6}}$$

← $\sin\theta=u$ とおくと $\cos\theta\,d\theta=du$ このとき左の定積分は $4\int_0^1(u^5-u^7)\,du$

(参考) $\sin^2\theta+\cos^2\theta=1$ であるから　$(\cos^4\theta)^{\frac{1}{2}}+(\sin^4\theta)^{\frac{1}{2}}=1$

よって，θ を消去すると，曲線の方程式は　$\sqrt{x}+\sqrt{y}=1$

TRAINING 140 ③

次の曲線や直線で囲まれた部分の面積 S を求めよ。

(1)　$x=3\cos\theta$，$y=4\sin\theta$ $(0\leqq\theta\leqq2\pi)$

(2)　曲線 $x=t^3$，$y=1-t^2$ と x 軸

ズーム UP

媒介変数表示の曲線と面積

一般に，曲線 C 上の点 $P(x,\ y)$ の座標が，変数 t によって

$$x=f(t),\ y=g(t)$$

の形に表されるとき，これを曲線 C の媒介変数表示といい，変数 t を媒介変数またはパラメータといいます。

ここでは，媒介変数表示で表された曲線の面積について，例題 140 を通して見ていきましょう。

● 曲線と x 軸の共有点の x 座標が 1 となる理由

$0 \leqq \theta \leqq \dfrac{\pi}{2}$ の範囲で $y=0$ すなわち $\sin^4\theta=0$ となる θ について考える。

$\sin^4\theta=0$ から　　$\sin\theta=0$　　　$0 \leqq \theta \leqq \dfrac{\pi}{2}$ であるから　　$\theta=0$

$0 \leqq \theta \leqq \dfrac{\pi}{2}$ の範囲で $y=0$ となる θ の値が $\theta=0$ であるから，曲線と x 軸の共有点の座標は　　$(\cos^4 0,\ 0)$　　← $(\cos^4\theta,\ \sin^4\theta)$ に $\theta=0$ を代入したもの。

すなわち　　$(1,\ 0)$

したがって，曲線と x 軸の共有点の x 座標は 1 となる。

● 面積 S はまず，x，y で表し，置換積分法を利用する

$\theta=\dfrac{\pi}{2}$ のとき $x=0$，$\theta=0$ のとき $x=1$ である。

また，$0 \leqq \theta \leqq \dfrac{\pi}{2}$ において，常に $y \geqq 0$ であるから，面積 S は $\displaystyle\int_0^1 y\,dx$ で表される。

(補足)　θ の値に対応した x，y の値は右の表のようになる。

θ	0	$\frac{\pi}{6}$	$\frac{\pi}{4}$	$\frac{\pi}{3}$	$\frac{\pi}{2}$
x	1	$\frac{9}{16}$	$\frac{1}{4}$	$\frac{1}{16}$	0
y	0	$\frac{1}{16}$	$\frac{1}{4}$	$\frac{9}{16}$	1

$\displaystyle\int_0^1 y\,dx$ のままでは計算できないため，置換積分法を利用して，θ の定積分として計算する。

$y=\sin^4\theta$　　$dx=4\cos^3\theta(-\sin\theta)\,d\theta$

$$\int_0^1 y\,dx=\int_{\frac{\pi}{2}}^{0} \sin^4\theta\cdot 4\cos^3\theta(-\sin\theta)\,d\theta$$

$x: 0 \longrightarrow 1$ に対し，$\theta: \dfrac{\pi}{2} \longrightarrow 0$ が対応する。

7章 26 面積

STEP into ここで整理

定積分と面積

定積分を利用した面積の求め方について，整理しておきましょう。

●以下の $f(x)$，$g(x)$ などは与えられた区間で連続な関数とする。

基本

区間 $[a,\ b]$ で
$f(x) \geqq 0$
のとき
$S=\int_a^b f(x)dx$

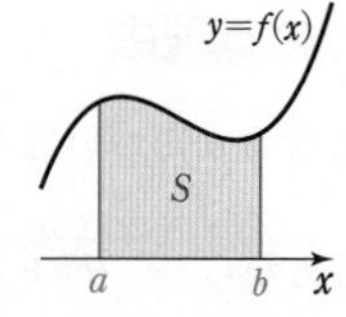

区間 $[a,\ b]$ で
$f(x) \geqq g(x)$
のとき
$S=\int_a^b \{f(x)-g(x)\}dx$
　　　　上　－　下

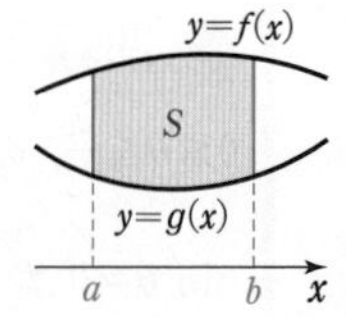

y 軸方向の積分

区間 $[c,\ d]$ で
$g(y) \geqq 0$
のとき
$S=\int_c^d g(y)dy$

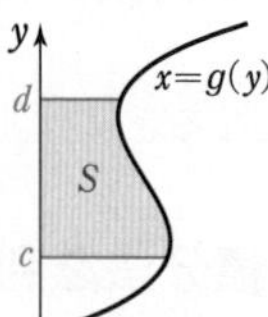

区間 $[c,\ d]$ で
$f(y) \geqq g(y)$
のとき
$S=\int_c^d \{f(y)-g(y)\}dy$
　　　　右　－　左

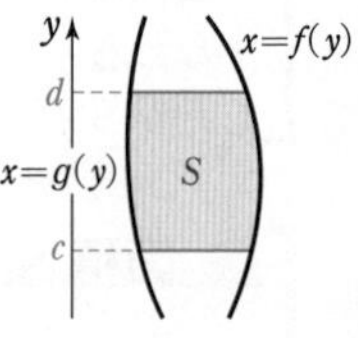

面積の計算の手順

1 グラフをかく	2 積分区間を決定	3 関数を決定	4 定積分を計算
どの部分の面積を求めるのかがわかる程度のグラフでよい。	グラフをみて，**共有点**の x 座標（または y 座標）を求める。	グラフの**上下関係**（縦にみる）を確かめる。 横にみるときは，**左右関係** を。	グラフの**対称性**を利用するなどして，**計算はらくに**。
y, O, x	y, O, x	y, O, x	y, O, x

Let's Start

27 体 積

面積を定積分で表したのと同様の考え方で，立体の体積を定積分で表すことを考えてみましょう。

■ 定積分と体積

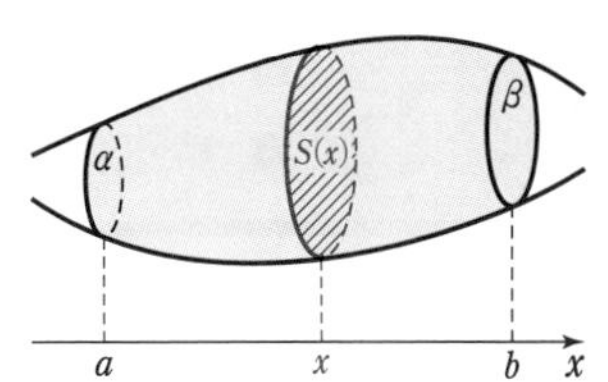

右の図のように，1つの立体で平行な2平面 α, β に挟まれた部分の体積を V とする。
2平面 α, β に垂直な直線を x 軸にとり，x 軸と2平面 α, β との交点の座標を，それぞれ a, b (ただし，$a<b$) とする。
$a \leqq x \leqq b$ において，座標が x である点を通り，x 軸に垂直な平面でこの立体を切ったときの断面積を $S(x)$ とすると，立体の体積は，次の式で与えられる。

断面積 $S(x)$ と立体の体積 V

$$V=\int_a^b S(x)\,dx \qquad \text{ただし，} a<b$$

解説　区間 $[a,\ b]$ を n 等分して，その分点の座標を，a に近い方から順に

$$x_1,\ x_2,\ x_3,\ \cdots\cdots,\ x_{n-1}$$

とし，次のようにおく。

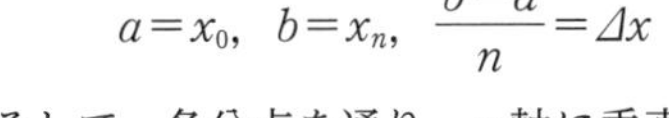

$$a=x_0,\ b=x_n,\ \frac{b-a}{n}=\Delta x$$

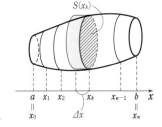

そして，各分点を通り，x 軸に垂直な平面でこの立体を分割するとき，分割した n 個の立体1つ1つを，断面積が $S(x_k)$ ($k=1,\ 2,\ \cdots,\ n$) で厚さが Δx の板状の立体であるとみなし，そのときの体積の和を V_n とする。

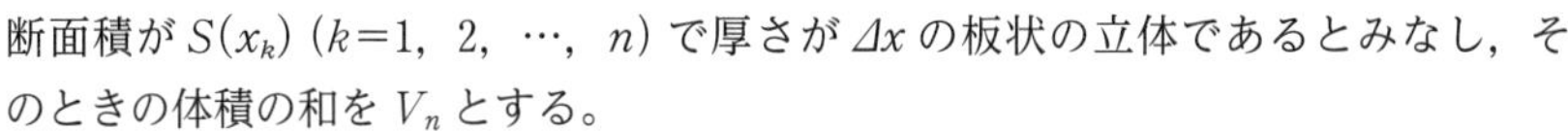

このとき

$$V_n=S(x_1)\Delta x+S(x_2)\Delta x+\cdots\cdots+S(x_n)\Delta x=\sum_{k=1}^{n} S(x_k)\Delta x$$

とすると，$n \longrightarrow \infty$ のとき，$V_n \longrightarrow V$ と考えられる。
よって，$p.202$ の区分求積法と定積分の関係により

$$V=\lim_{n\to\infty}\sum_{k=1}^{n} S(x_k)\Delta x=\int_a^b S(x)\,dx$$

標準 例題

141 断面積と立体の体積

関数 $y=\sin x$ $(0\leqq x\leqq\pi)$ の表す曲線上に点Pがある。点Pを通り y 軸に平行な直線が x 軸と交わる点をQとする。線分PQを1辺とする正方形を xy 平面の一方の側に垂直に作る。点Pの x 座標が0から π まで変わるとき，この正方形が通過してできる立体の体積 V を求めよ。

CHART & GUIDE

立体の体積　まず，断面積を求める

1. 簡単な図をかいて，立体のようすをつかむ。
2. 立体の断面積 $S(x)$ を求める。…… 本問の場合，断面は正方形。
3. 積分区間を定め，$V=\int_a^b S(x)\,dx$ により，体積を求める。

解答

$\mathrm{P}(x,\ \sin x)$ とおくと

$\mathrm{PQ}=\sin x$

線分PQを1辺とする正方形の面積を $S(x)$ とすると

$S(x)=\mathrm{PQ}^2$

$=\sin^2 x$

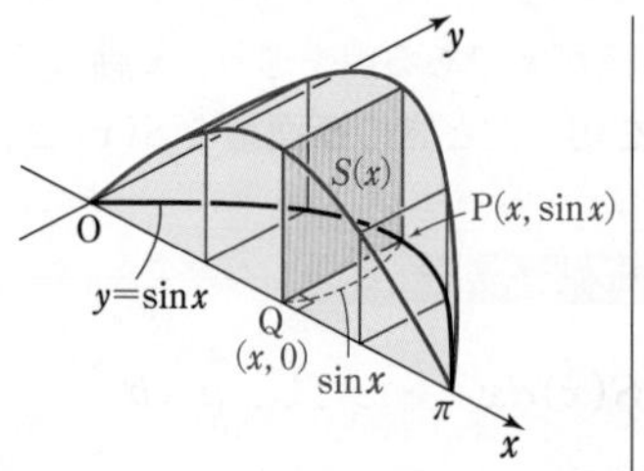

求める体積 V は

$$V=\int_0^\pi S(x)\,dx=\int_0^\pi \sin^2 x\,dx$$

$$=\int_0^\pi \frac{1-\cos 2x}{2}\,dx=\frac{1}{2}\Big[x-\frac{1}{2}\sin 2x\Big]_0^\pi=\boldsymbol{\frac{\pi}{2}}$$

⬅ $\cos 2x=1-2\sin^2 x$ から $\sin^2 x=\dfrac{1-\cos 2x}{2}$

Lecture　立体の体積と定積分

積分は英語でintegralといい，その動詞であるintegrateは「積み上げる・集める」という意味である。本問で $S(x)dx$ は，右の図のような薄い角柱の体積を表し，それを $x=0$ の部分から $x=\pi$ の部分まで積み上げる ［積分記号 $\int$ は和 (sum) を表している］ と考えるとよい。

TRAINING 141 ③

底面の円の半径が a，高さが $2a$ の直円柱がある。
この底面の円の直径ABを含み，底面と $60°$ の傾きをなす平面で，直円柱を2つの立体に分けるとき，小さい方の立体の体積 V を求めよ。

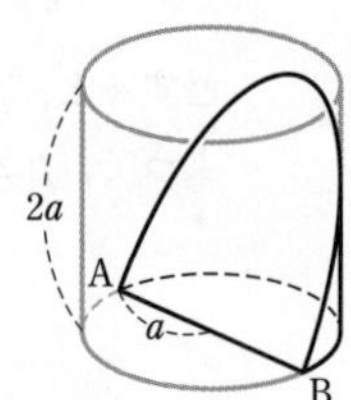

基本 例題 142 x 軸の周りの回転体の体積

>>> 発展例題 154

曲線 $y=\sqrt{x+1}-1$ と x 軸および直線 $x=3$ で囲まれた部分を，x 軸の周りに 1 回転してできる立体の体積を求めよ。

〔創価大〕

解説動画へGO!!

CHART & GUIDE

x 軸の周りの回転体の体積 V （$a<b$ とする）

$$V=\pi\int_a^b\{f(x)\}^2dx=\pi\int_a^b y^2dx$$ π を忘れないように！

1 まず，グラフをかく。
2 断面積を表す関数 $S(x)$ を求める。本問は断面は円で $S(x)=\pi\{f(x)\}^2$ の形。
3 積分区間を考え，定積分を計算して体積を求める。

解答

求める体積を V とすると，右の図から

$$V=\pi\int_0^3(\sqrt{x+1}-1)^2dx$$
$$=\pi\int_0^3(x+2-2\sqrt{x+1})dx$$
$$=\pi\left[\frac{x^2}{2}+2x-\frac{4}{3}\sqrt{(x+1)^3}\right]_0^3$$
$$=\pi\left(\frac{9}{2}+6-\frac{4}{3}\cdot 8+\frac{4}{3}\right)=\frac{7}{6}\pi$$

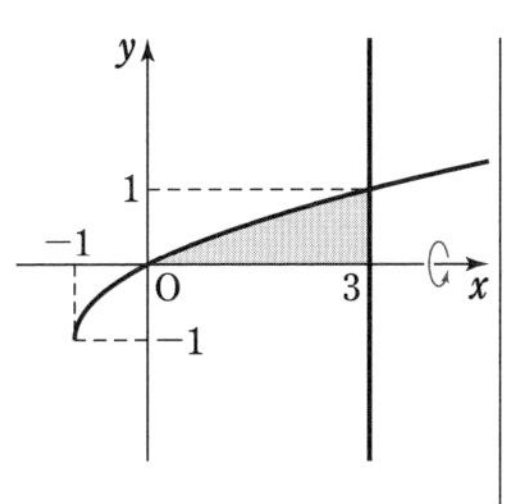

$y=\sqrt{x+1}-1$ のグラフは，$y=\sqrt{x}$ のグラフを
x 軸方向に -1，
y 軸方向に -1
だけ平行移動したもの。

（積分の計算）
$\sqrt{x+1}=t$ とおいて，置換積分法を利用してもよい。

Lecture 回転体の体積も，基本は断面積の積分

曲線 $y=f(x)$ と x 軸および 2 直線 $x=a$，$x=b$ で囲まれた部分が，x 軸の周りに 1 回転してできる回転体を，点 $(x,\ 0)$ を通り，x 軸に垂直な平面で切ったときの断面は **半径が $|f(x)|$ の円** である。ゆえに，その面積 $S(x)$ は

$$S(x)=\pi|f(x)|^2=\pi\{f(x)\}^2=\pi y^2$$

よって，回転体の体積 V は，次の式で求められる。

$$V=\int_a^b S(x)dx=\pi\int_a^b\{f(x)\}^2dx=\pi\int_a^b y^2dx$$

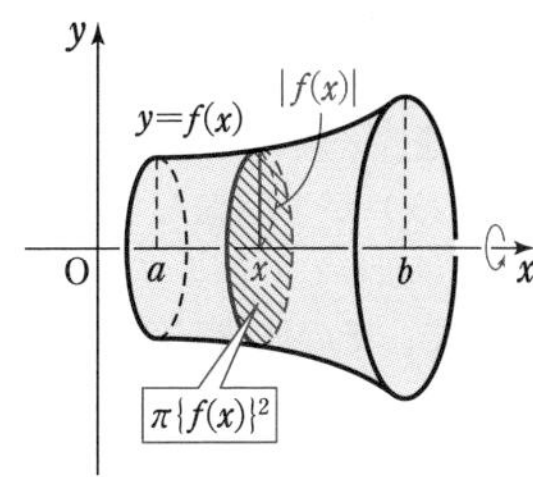

TRAINING 142 ②

(1) 曲線 $y=e^x$ と 2 直線 $x=1$，$x=2$ で囲まれた部分を，x 軸の周りに 1 回転してできる立体の体積 V を求めよ。

(2) 楕円 $x^2+4y^2=4$ で囲まれた部分を x 軸の周りに 1 回転してできる立体の体積 V を求めよ。

7章 27 体積

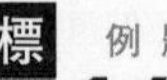

>>> 発展例題 155

143 2曲線間の回転体の体積 (1)

曲線 $xy=2$ と直線 $x+y=3$ で囲まれた部分を，x 軸の周りに1回転してできる立体の体積 V を求めよ。

CHART & GUIDE

2曲線間の回転体の体積
(外側でできる体積)－(内側でできる体積)

1. まず，グラフをかく。
2. 2曲線の共有点の x 座標を求め，積分区間を決める。
3. グラフをみて，2曲線のどちらが外側になるか，内側になるかなどを調べる。
4. 定積分で表して，体積を求める。

解答

曲線と直線の共有点の x 座標は
$x(3-x)=2$ から　　$x^2-3x+2=0$
これを解いて　　$x=1,\ 2$
よって，求める体積 V は

$$V=\pi\int_1^2\left\{(-x+3)^2-\left(\frac{2}{x}\right)^2\right\}dx$$
$$=\pi\int_1^2\left(x^2-6x+9-\frac{4}{x^2}\right)dx$$
$$=\pi\left[\frac{x^3}{3}-3x^2+9x+\frac{4}{x}\right]_1^2=\frac{\pi}{3}$$

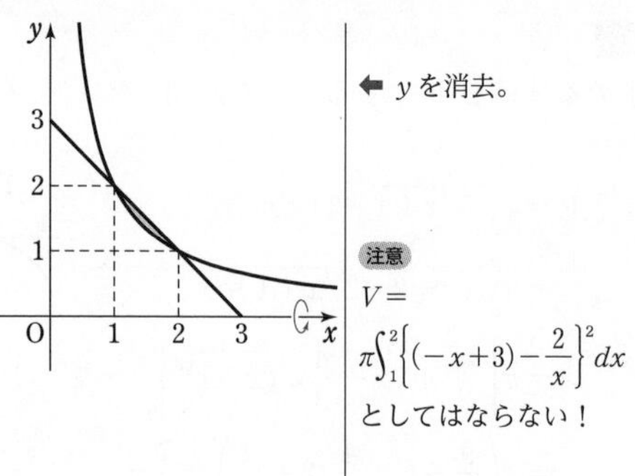

← y を消去。

注意
$V=\pi\int_1^2\left\{(-x+3)-\frac{2}{x}\right\}^2dx$ としてはならない！

Lecture　2曲線間の回転体の体積

区間 $[a,\ b]$ において，$f(x)\geqq g(x)\geqq 0$ とする。
2曲線 $y=f(x)$，$y=g(x)$ と2直線 $x=a$，$x=b$ で囲まれた部分を，x 軸の周りに1回転してできる立体は，上側の曲線 $y=f(x)$ が1回転してできる立体から，下側の曲線 $y=g(x)$ が1回転してできる立体をくり抜いて得られると考えればよい。
よって，その体積 V は

$$V=\pi\int_a^b\{f(x)\}^2dx-\pi\int_a^b\{g(x)\}^2dx$$
$$=\pi\int_a^b[\{f(x)\}^2-\{g(x)\}^2]dx$$

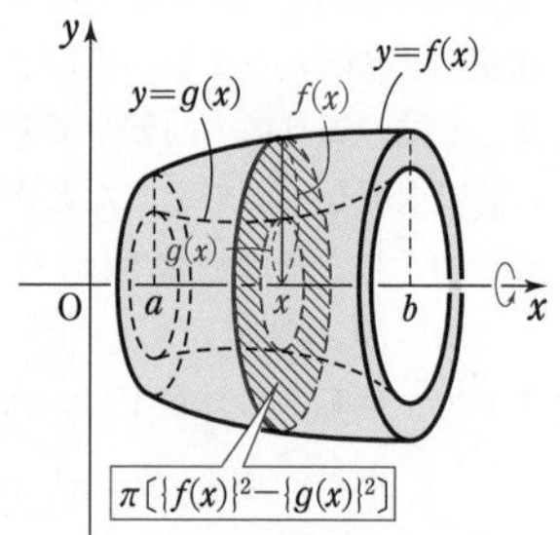

? 質問コーナー　2 曲線間の回転体の体積は $\pi\int_a^b \{f(x)-g(x)\}^2dx$ となるのでは？

まず，2 曲線間の面積の公式を振り返る。

区間 $[a,\ b]$ で常に $f(x) \geqq g(x)$ のとき，2 つの曲線 $y=f(x)$，$y=g(x)$ と 2 直線 $x=a$，$x=b$ で囲まれた部分の面積 S は，

$a \leqq x_1 \leqq b$ として，

長さ $f(x_1)-g(x_1)$ の線分を

区間 $[a,\ b]$ において集めたもの

ととらえることができる。

⟶ S は $\int_a^b \{f(x)-g(x)\}dx$ と表される。

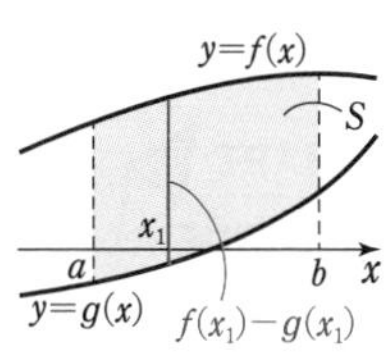

上と同様にして，2 曲線間の回転体の体積について考える。

区間 $[a,\ b]$ で常に $f(x) \geqq g(x) \geqq 0$ のとき，2 つの曲線 $y=f(x)$，$y=g(x)$ と 2 直線 $x=a$，$x=b$ で囲まれた部分を，x 軸の周りに 1 回転してできる回転体の体積 V は，

$a \leqq x_1 \leqq b$ として，

面積が $\pi\{f(x_1)\}^2-\pi\{g(x_1)\}^2$ である図形(＊)を

区間 $[a,\ b]$ において集めたもの

(＊)円から円をくり抜いたもの

ととらえることができる。

⟶ V は $\int_a^b \left[\pi\{f(x)\}^2-\pi\{g(x)\}^2\right]dx$ すなわち

$\pi\int_a^b \left[\{f(x)\}^2-\{g(x)\}^2\right]dx$ と表される。

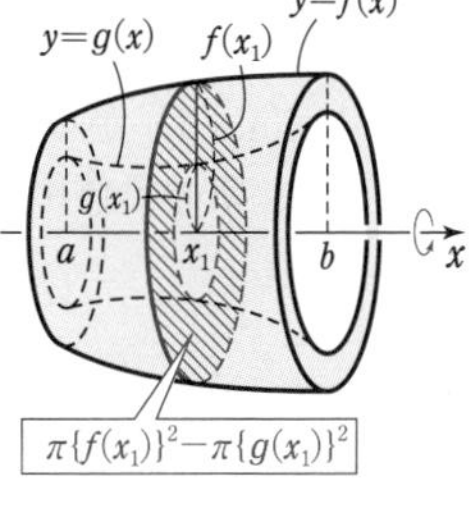

このようにして考えると，V が $\pi\int_a^b \{f(x)-g(x)\}^2dx$ ではないことがわかる。

TRAINING 143 ③

曲線 $y=3-x^2$ と直線 $y=2$ で囲まれた部分を，x 軸の周りに 1 回転してできる立体の体積 V を求めよ。

基本 例題

>>> 発展例題 156

144 y 軸の周りの回転体の体積 (1)

曲線 $y=\log(x+1)$ と y 軸および直線 $y=2$ で囲まれた部分を，y 軸の周りに 1 回転してできる立体の体積 V を求めよ。

CHART & GUIDE

y 軸の周りの回転体の体積　($c<d$ とする)

$$V=\pi\int_c^d \{g(y)\}^2 dy=\pi\int_c^d x^2 dy$$

1. まず，グラフをかく。
2. 曲線の式を $x=g(y)$ の形に変形する。…… [!]
3. 積分区間を考え，定積分を計算して体積を求める。

解答

[!] $y=\log(x+1)$ から　　$x=e^y-1$

よって，求める体積 V は

$$V=\pi\int_0^2 (e^y-1)^2 dy$$

$$=\pi\int_0^2 (e^{2y}-2e^y+1) dy$$

$$=\pi\left[\frac{e^{2y}}{2}-2e^y+y\right]_0^2$$

$$=\pi\left\{\left(\frac{e^4}{2}-2e^2+2\right)-\left(\frac{1}{2}-2\right)\right\}$$

$$=\boldsymbol{\frac{\pi}{2}(e^4-4e^2+7)}$$

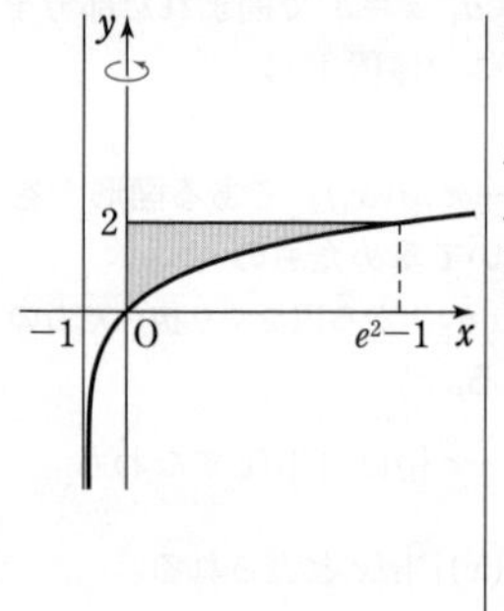

⬅ $e^y=x+1$

$y=\log(x+1)$ のグラフは，$y=\log x$ のグラフを x 軸方向に -1 だけ平行移動したもの。

Lecture　y 軸の周りの回転体の体積

曲線 $x=g(y)$ と y 軸および 2 直線 $y=c$，$y=d$ で囲まれた部分を，y 軸の周りに 1 回転してできる回転体の体積は，x 軸の周りの回転体の場合と同じように考えることにより，上の CHART&GUIDE で示した式で求められる。

[略証]　点 $(0,\ y)$ を通り，y 軸に垂直な平面で切ったときの断面積は　　$S(y)=\pi|g(y)|^2=\pi\{g(y)\}^2=\pi x^2$

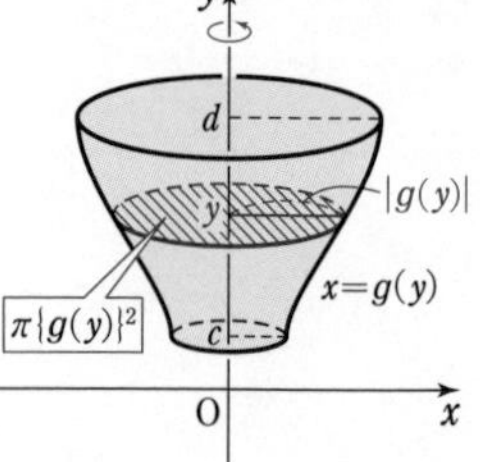

Lecture　x 軸の周りの回転体と y 軸の周りの回転体

面積において，x 軸方向に積分する（例題 134 など），y 軸方向に積分する（例題 137）といった計算方法があることを扱ったが，例題 137 の解答と Lecture で示したように，どちらの方法で計算しても計算結果（面積）は同じになる。

一方，回転体の体積では，x 軸の周りの回転体，y 軸の周りの回転体といったように，**回転軸が異なると回転体も異なる。**
そのため，**回転体の体積を求める際に考える断面も異なる。**

- x 軸の周りの回転体の体積では，
  x 軸方向に積分するため，
  回転体の断面は，x 軸に垂直な平面で切ったときの断面とする。
- y 軸の周りの回転体の体積では，
  y 軸方向に積分するため，
  回転体の断面は，y 軸に垂直な平面で切ったときの断面とする。

また，曲線の式を $x=g(y)$ の形に変形すると，断面の面積は $\pi\{g(y)\}^2$ と表すことができ，定積分を計算できる。

(参考) 例題 144 について，回転軸の違いによる回転体の違いは次のようになる。
「曲線 $y=\log(x+1)$ と y 軸および直線 $y=2$ で囲まれた部分」を
　y 軸の周りに 1 回転してできる立体は図 [1]，
　x 軸の周りに 1 回転してできる立体は図 [2]
のようになる。

[1]

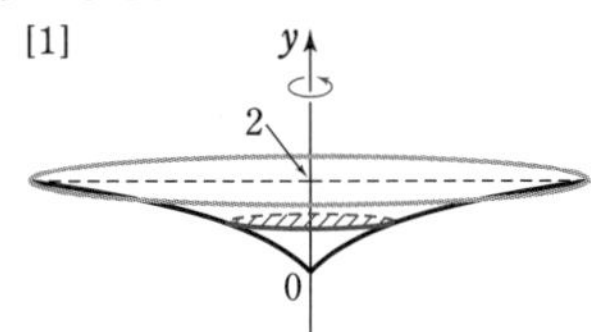

[2]

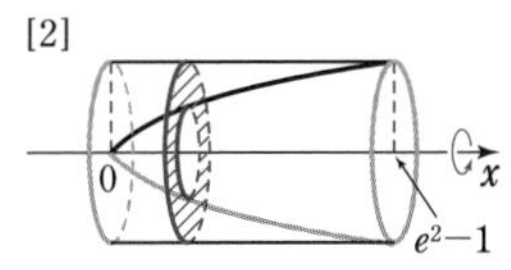

TRAINING 144 ②

次の曲線と直線で囲まれた部分を，y 軸の周りに 1 回転してできる立体の体積 V を求めよ。

(1) $y=\sqrt{x-1}$，x 軸，y 軸，$y=1$　　(2) $x=y^2-y$，y 軸

標準 例題 ≪基本例題 142

145 媒介変数表示の曲線と体積

xy 平面上の曲線 $x=t^3$, $y=\dfrac{1}{\sqrt{t}}e^{t^2}$ $(1\leqq t\leqq 2)$, 2 直線 $x=1$, $x=8$ と x 軸で囲まれた部分を, x 軸の周りに 1 回転してできる立体の体積を求めよ。〔関西大〕

CHART & GUIDE

$x=f(t)$, $y=g(t)$ で表された曲線と体積

まず, 曲線の概形をかき, 求める体積 V を x, y で表す。
計算の際には, 置換積分を利用する。

$$V=\pi\int_a^b y^2dx=\pi\int_\alpha^\beta\{g(t)\}^2f'(t)dt \qquad a=f(\alpha),\ b=f(\beta)$$

解答

$1\leqq t\leqq 2$ のとき, $y=\dfrac{1}{\sqrt{t}}e^{t^2}>0$ であり, この曲線の概形は右の図のようになる。

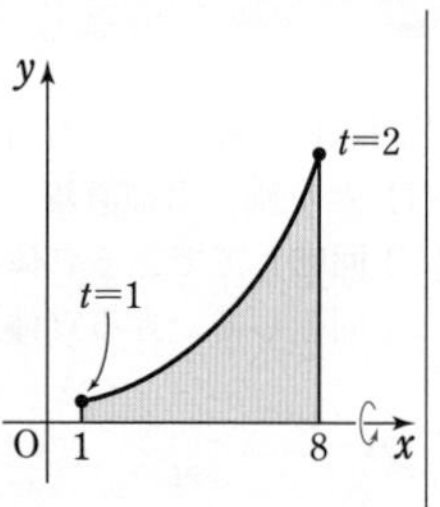

$x=t^3$ から

$dx=3t^2dt$

x と t の対応は右のようになる。

x	$1 \longrightarrow 8$
t	$1 \longrightarrow 2$

よって, 求める体積を V とすると

$$V=\pi\int_1^8 y^2dx$$

$$=\pi\int_1^2\left(\frac{1}{\sqrt{t}}e^{t^2}\right)^2\cdot 3t^2dt=3\pi\int_1^2 te^{2t^2}dt$$

$$=3\pi\cdot\frac{1}{4}\int_1^2 e^{2t^2}\cdot(2t^2)'dt$$

$$=\frac{3}{4}\pi\Big[e^{2t^2}\Big]_1^2$$

$$=\boldsymbol{\frac{3}{4}e^2(e^6-1)\pi}$$

⬅ $2t^2=u$ とおくと $4tdt=du$ このとき左の定積分は $\dfrac{3}{4}\pi\displaystyle\int_2^8 e^u du$

TRAINING 145 ③

θ を媒介変数とする曲線 $x=\tan\theta$, $y=\cos 2\theta$ $\left(-\dfrac{\pi}{2}<\theta<\dfrac{\pi}{2}\right)$ がある。

(1) この曲線と x 軸の共有点の座標を求めよ。

(2) この曲線と x 軸で囲まれた部分を, x 軸の周りに 1 回転してできる立体の体積を求めよ。

STEP into ▶ ここで整理

定積分と体積

x軸（またはy軸）に垂直な平面で切ったときの断面の面積をx（またはy）の関数としてとらえると，立体の体積は，定積分によって求められます。定積分と体積の関係について，整理しておきましょう。

●以下では $a<b$，$c<d$ とする。

基本

$$V=\int_a^b S(x)dx$$

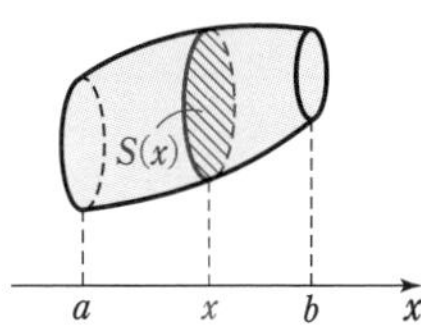

x軸の周りの回転体

$S(x)=\pi\{f(x)\}^2$

$$V=\pi\int_a^b\{f(x)\}^2dx$$

$$=\pi\int_a^b y^2dx$$

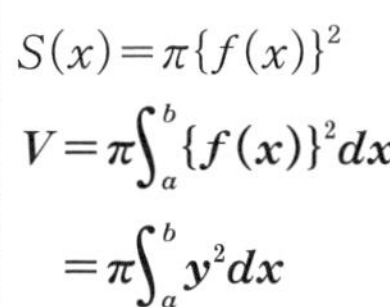
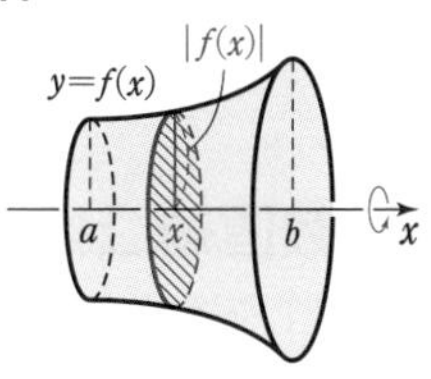

y軸の周りの回転体

$S(y)=\pi\{g(y)\}^2$

$$V=\pi\int_c^d\{g(y)\}^2dy$$

$$=\pi\int_c^d x^2dy$$

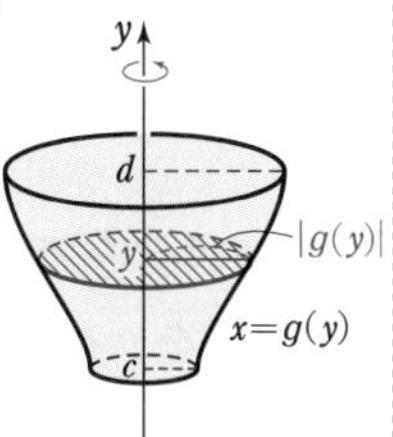

2 曲線間の回転体

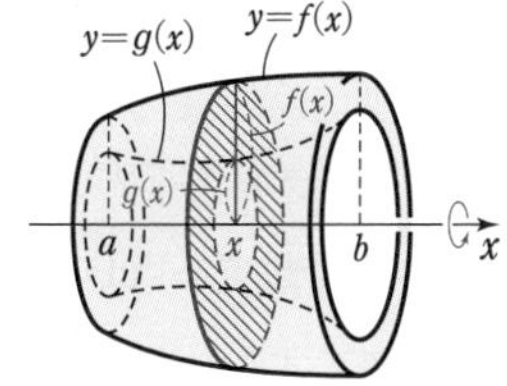

区間 $[a,\ b]$ において $f(x)\geqq g(x)\geqq 0$ のとき

$$S(x)=\pi\{f(x)\}^2-\pi\{g(x)\}^2$$

$$V=\pi\int_a^b[\{f(x)\}^2-\{g(x)\}^2]dx$$

体積の計算の手順

① グラフをかく	② 積分区間を決定	③ 関数を決定	④ 定積分を計算
囲まれた部分がわかる程度のグラフでよい。	グラフをみて，**共有点** のx座標（またはy座標）を求める。	**断面積 $S(x)$**［または **$S(y)$**］を求める。 2 曲線間の部分の回転などを特に注意する。	グラフの **対称性** を利用するなどして，**計算はらくに。**

28 道のり，曲線の長さ

ここまで，面積，体積を定積分を利用して求めてきました。ここからは，直線上や平面上を運動する点の位置やその点が通過する総距離などについて，定積分を利用して求めていきましょう。

■ 数直線上を運動する点と道のり

数直線上を運動する点Pの時刻 t における座標を $x=f(t)$，

速度を v とすると　　$v=\dfrac{dx}{dt}=f'(t)$

よって，$t=t_1$ から $t=t_2$ までのPの位置の変化量 $f(t_2)-f(t_1)$ は

$$f(t_2)-f(t_1)=\Big[f(t)\Big]_{t_1}^{t_2}=\int_{t_1}^{t_2}f'(t)\,dt=\int_{t_1}^{t_2}v\,dt$$

したがって，時刻 $t=t_2$ におけるPの座標 x は　　$\boldsymbol{x=f(t_2)=f(t_1)+\int_{t_1}^{t_2}v\,dt}$

また，数直線上を運動する点Pの時刻 t における速度を v とし，時刻 t_1 から t_2 までにPが通過する総距離，すなわち **道のり** を s とすると　　$\boldsymbol{s=\int_{t_1}^{t_2}|v|\,dt}$

■ 座標平面上を運動する点と道のり

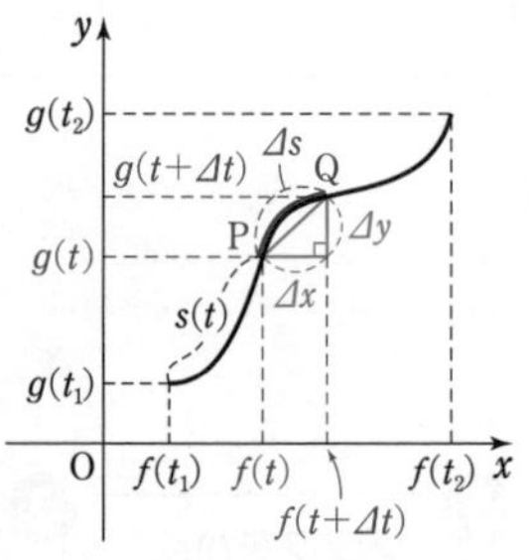

座標平面上を運動する点Pの時刻 t における座標を P$(f(t),\ g(t))$ とする。時刻 t_1 から t までにPが通過する道のりを t の関数とみて $s(t)$ で表す。

t の増分 Δt に対する $x=f(t)$，$y=g(t)$，$s(t)$ の増分をそれぞれ Δx，Δy，Δs とする。

Q$(f(t+\Delta t),\ g(t+\Delta t))$ とすると，$\Delta t>0$ で Δt が十分小さいときは道のり PQ は線分 PQ の長さにほぼ等しいから

$$\Delta s \fallingdotseq \sqrt{(\Delta x)^2+(\Delta y)^2}$$

この両辺を Δt で割ると　　$\dfrac{\Delta s}{\Delta t}\fallingdotseq\sqrt{\left(\dfrac{\Delta x}{\Delta t}\right)^2+\left(\dfrac{\Delta y}{\Delta t}\right)^2}$　（$\Delta t<0$ のときも同様）

ここで，$\Delta t \longrightarrow 0$ とすると　　$s'(t)=\dfrac{ds}{dt}=\sqrt{\left(\dfrac{dx}{dt}\right)^2+\left(\dfrac{dy}{dt}\right)^2}$

時刻 t におけるPの速度 $\vec{v}$ は $\vec{v}=\left(\dfrac{dx}{dt},\ \dfrac{dy}{dt}\right)$ であるから $s'(t)=|\vec{v}|$ が成り立つ。

これから，時刻 t_1 から t_2 までにPが通過する道のり s は

$$s=s(t_2)-s(t_1)=\int_{t_1}^{t_2}\sqrt{\left(\frac{dx}{dt}\right)^2+\left(\frac{dy}{dt}\right)^2}\,dt=\int_{t_1}^{t_2}|\vec{v}|\,dt$$

■ 曲線の長さ

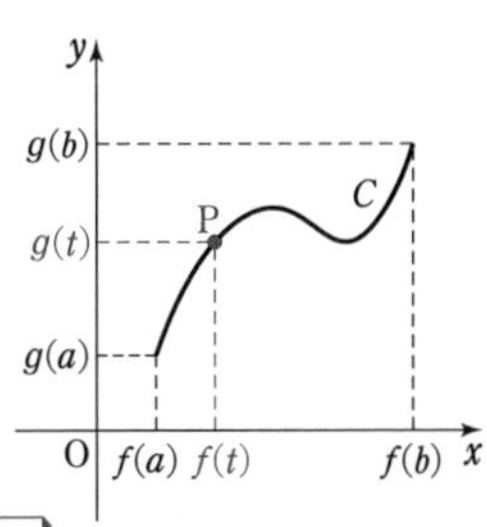

座標平面上の曲線 C が，媒介変数 t を用いて

$$x=f(t),\ y=g(t)\quad (a\leqq t\leqq b)$$

で表されているとき，この曲線上の点Pの座標 $(x,\ y)$ が，時刻 t の関数であると考えると，P が時刻 a から b までに通過する道のりが，この曲線の長さ L になる。

媒介変数表示された曲線の長さ

曲線 $x=f(t)$，$y=g(t)$ $(a\leqq t\leqq b)$ の長さ L は

$$L=\int_a^b\sqrt{\left(\frac{dx}{dt}\right)^2+\left(\frac{dy}{dt}\right)^2}\,dt=\int_a^b\sqrt{\{f'(t)\}^2+\{g'(t)\}^2}\,dt$$

曲線 $y=f(x)$ $(a\leqq x\leqq b)$ は，媒介変数 t を用いて

$$x=t,\ y=f(t)\quad (a\leqq t\leqq b)$$

と表すと　$\dfrac{dx}{dt}=1$，$\dfrac{dy}{dt}=\dfrac{dy}{dx}\cdot\dfrac{dx}{dt}=f'(x)$

よって，次のことが成り立つ。

曲線 $y=f(x)$ の長さ

曲線 $y=f(x)$ $(a\leqq x\leqq b)$ の長さ L は

$$L=\int_a^b\sqrt{1+\{f'(x)\}^2}\,dx=\int_a^b\sqrt{1+y'^2}\,dx$$

点の位置やその点が通過する総距離などについて定積分で表すことができることがわかりましたね。
学習したことを使って，問題を解いてみましょう。

基本 例題 **146** 速度と位置 ①①

x 軸上を運動する 2 点 P，Q がある。P，Q は原点 $(x=0)$ を同時に出発し，出発してから t 秒後の速度(m/s)が，それぞれ

$$u=3t^2-6t+2, \qquad v=-2t+3$$

で表されるとき，次の問いに答えよ。

(1) 原点を出発してから t 秒後における P，Q の座標を，それぞれ t の式で表せ。

(2) P，Q が原点を出発した後，再び出会うときの t の値を求めよ。

CHART & GUIDE

(速度) $\underset{\text{微 分}}{\overset{\text{積 分}}{\rightleftarrows}}$ (位置)

(1) $\boldsymbol{x(t)=x(a)+\int_a^t v(t)\,dt}$ …… 本問では $\boldsymbol{a=0,\ x(0)=0}$

(2) **P，Q が出会う。…… P と Q の座標が一致する。**

解答

(1) 出発してから t 秒後の P，Q の座標を，それぞれ x_P，x_Q とすると

$$x_P=0+\int_0^t u\,dt=\int_0^t(3t^2-6t+2)\,dt$$
$$=\Big[t^3-3t^2+2t\Big]_0^t$$
$$=\boldsymbol{t^3-3t^2+2t}$$
$$x_Q=0+\int_0^t v\,dt=\int_0^t(-2t+3)\,dt$$
$$=\boldsymbol{-t^2+3t}$$

(2) P と Q が再び出会うとき，$x_P=x_Q$ から

$$t^3-3t^2+2t=-t^2+3t$$

整理すると $t^3-2t^2-t=0$

ゆえに $t(t^2-2t-1)=0$

よって $t=0,\ 1\pm\sqrt{2}$

$t>0$ であるから $\boldsymbol{t=1+\sqrt{2}}$

⬅ 点 P，Q の座標を x_P，x_Q のように表すと，考えやすい。

(2) 再び出会う ⟶ $t>0$ に注意。

TRAINING 146 ②

現在時刻を $t=0$ として，点 P が速度 $v(t)=t^2-10t+16$ (cm/s) で直線上を動き，点 Q が速度 $v(t)=-t^2-2t+10$(cm/s) で同一直線上を動くとする。

(1) t 秒後の 2 点 P，Q の位置をそれぞれ $S(t)$，$T(t)$ とするとき，$S(t)$，$T(t)$ をそれぞれ t の式で表せ。ただし，$S(0)=0$，$T(0)=0$ とする。

(2) (1) において，2 点 P，Q が再び重なるときの t の値を求めよ。

基本 例題 **147** 直線上の運動における道のり

点Pは原点を出発し，t 秒後の速度が $v(t)=12t-3t^2$ であるように x 軸上を動く。$t=0$ から $t=6$ までの間に，点Pが運動した道のりを求めよ。

CHART & GUIDE 直線上を速度 $v(t)$ で運動する点の $t=a$ から $t=b$ までの

位置の変化量 $\int_a^b v(t)\,dt$，　道のり $\int_a^b |v(t)|\,dt$

本問で求めるものは，位置の変化量ではなく，実際に動いた距離（道のり）であることに注意する。

1 速度 $v(t)$ の符号を調べる。…… 不等式 $v(t)\geqq 0$，$v(t)\leqq 0$ を解く。

2 $v(t)\geqq 0$ のとき $|v(t)|=v(t)$，　$v(t)\leqq 0$ のとき $|v(t)|=-v(t)$
に注意して，道のりを定積分で表す。

解答

$v(t)=3t(4-t)$ であるから

$0\leqq t\leqq 4$ のとき　$v(t)\geqq 0$

$4\leqq t$ 　のとき　$v(t)\leqq 0$

よって，求める道のり s は

$$s=\int_0^6 |v(t)|\,dt$$
$$=\int_0^4 v(t)\,dt+\int_4^6 \{-v(t)\}\,dt$$
$$=\int_0^4 (12t-3t^2)\,dt-\int_4^6 (12t-3t^2)\,dt$$
$$=\Big[6t^2-t^3\Big]_0^4-\Big[6t^2-t^3\Big]_4^{6}\ (*)$$
$$=2(6\cdot4^2-4^3)-(6\cdot6^2-6^3)=\mathbf{64}$$

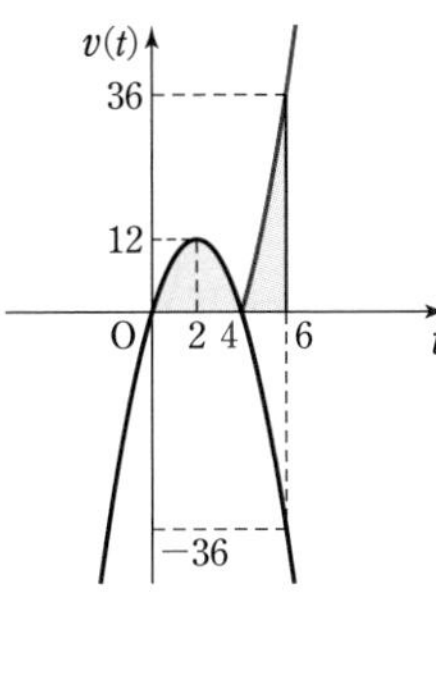

← 速度の符号を調べる。初めの 4 秒間は正の向きに，後の 2 秒間は負の向きに動く。

参考 位置の変化量は
$\int_0^6 v(t)\,dt=\Big[6t^2-t^3\Big]_0^6=0$

(＊) $F(t)=6t^2-t^3$ とすると，定積分の計算は
$F(4)-F(0)$
$-\{F(6)-F(4)\}$
$=2F(4)-F(6)$
$[F(0)=0]$

Lecture 速度と道のり

上の例題で，点Pの t 秒後の位置は，$x(t)=\int_0^t v(t)\,dt=6t^2-t^3$ で，4 秒後には $x(4)=32$ の点に，6 秒後には $x(6)=0$ の点に到達している。よって，実際に運動した距離（道のり）は
$s=32+32=64$ となる。この値は，上の解答の図の青い部分の面積の和に対応している。

TRAINING 147 ②

x 軸上を動く点Pの，時刻 t における速度は $v(t)=\sin\pi t$ である。
$t=0$ から $t=3$ までに，Pの位置はどれだけ変化するか。また，実際に動いた道のり s を求めよ。

基本 例題

148 座標平面上の運動における道のり

座標平面上を運動する点Pの時刻 t における座標 $(x,\ y)$ が

$$x=2t^2+1,\qquad y=t^3$$

で表されるとき，$t=0$ から $t=1$ までにPが通過する道のりを求めよ。

CHART & GUIDE

平面上を運動する点Pの座標 $(x,\ y)$ が時刻 t の関数

$$x=f(t),\ y=g(t)$$

で表されるとき，$t=a$ から $t=b$ までに点Pが通過する道のり s は

$$s=\int_a^b\sqrt{\left(\frac{dx}{dt}\right)^2+\left(\frac{dy}{dt}\right)^2}\,dt \quad \longleftarrow \int_a^b|\vec{v}|\,dt \text{ の形}$$

$$=\int_a^b\sqrt{\{f'(t)\}^2+\{g'(t)\}^2}\,dt$$

解答

求める道のりを s とする。

$x=2t^2+1$ から $\dfrac{dx}{dt}=4t$，　$y=t^3$ から $\dfrac{dy}{dt}=3t^2$

よって　$s=\int_0^1\sqrt{(4t)^2+(3t^2)^2}\,dt=\int_0^1\sqrt{16t^2+9t^4}\,dt$

$=\int_0^1\sqrt{t^2(16+9t^2)}\,dt=\int_0^1 t\sqrt{16+9t^2}\,dt$

ここで，$16+9t^2=u$ とおくと

$18t\,dt=du$

t と u の対応は右のようになる。

t	$0 \longrightarrow 1$
u	$16 \longrightarrow 25$

よって

$$s=\frac{1}{18}\int_{16}^{25}\sqrt{u}\,du=\frac{1}{18}\left[\frac{2}{3}u^{\frac{3}{2}}\right]_{16}^{25}$$

$$=\frac{1}{18}\cdot\frac{2}{3}\left(25^{\frac{3}{2}}-16^{\frac{3}{2}}\right)$$

$$=\frac{1}{27}(5^3-4^3)=\mathbf{\frac{61}{27}}$$

1 $\dfrac{dx}{dt}$，$\dfrac{dy}{dt}$ を求める。

2 $\sqrt{\left(\dfrac{dx}{dt}\right)^2+\left(\dfrac{dy}{dt}\right)^2}$ を計算する。
積分区間 $0\leqq t\leqq 1$ では $\sqrt{t^2}=|t|=t$

3 定積分を計算する。

⬅ $25^{\frac{3}{2}}=(5^2)^{\frac{3}{2}}=5^3$
$16^{\frac{3}{2}}=(4^2)^{\frac{3}{2}}=4^3$

TRAINING 148 ②

xy 平面上に動点Pがある。点Pの時刻 t における座標 $(x,\ y)$ が

$$x=t-2\sin\frac{t}{2},\qquad y=1-2\cos\frac{t}{2}$$

で与えられるとする。このとき，点Pが $t=0$ から $t=2\pi$ の間に動いた道のりを求めよ。

<<< 基本例題 148

基本 例題 149 媒介変数で表された曲線の長さ

次の曲線の長さ L を求めよ。

$$x=2(t-\sin t),\ y=2(1-\cos t)\quad (0\leqq t\leqq 2\pi)$$

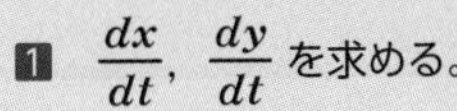

曲線 $x=f(t)$, $y=g(t)$ $(a\leqq t\leqq b)$ の長さ L

$$L=\int_a^b\sqrt{\left(\frac{dx}{dt}\right)^2+\left(\frac{dy}{dt}\right)^2}\,dt$$
$$=\int_a^b\sqrt{\{f'(t)\}^2+\{g'(t)\}^2}\,dt$$

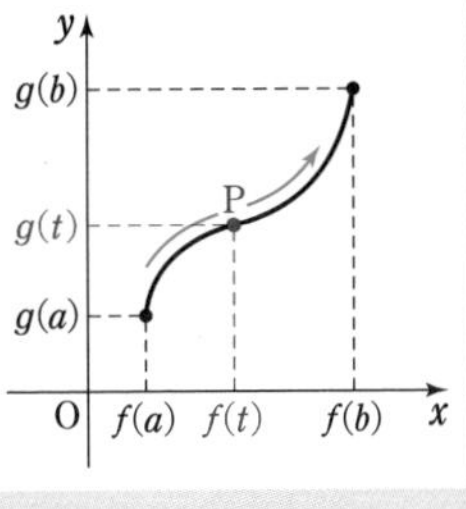

1. $\dfrac{dx}{dt}$, $\dfrac{dy}{dt}$ を求める。
2. $\sqrt{\left(\dfrac{dx}{dt}\right)^2+\left(\dfrac{dy}{dt}\right)^2}$ を計算する。t の値の範囲に注意。
3. 定積分を計算して曲線の長さを求める。

解答

$\dfrac{dx}{dt}=2(1-\cos t)$, $\dfrac{dy}{dt}=2\sin t$

ゆえに $\left(\dfrac{dx}{dt}\right)^2+\left(\dfrac{dy}{dt}\right)^2=2^2\{(1-\cos t)^2+\sin^2 t\}$

$=4(1-2\cos t+\cos^2 t+\sin^2 t)$ ⇐ $\sin^2 t+\cos^2 t=1$

$=8(1-\cos t)=16\sin^2\dfrac{t}{2}$ ⇐ $\cos t=1-2\sin^2\dfrac{t}{2}$

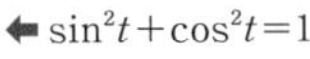

問題の曲線はサイクロイド(数学 C 参照)である。

$0\leqq t\leqq 2\pi$ のとき, $0\leqq\dfrac{t}{2}\leqq\pi$ であるから $\sin\dfrac{t}{2}\geqq 0$

よって, 求める長さ L は

$$L=\int_0^{2\pi}\sqrt{\left(\frac{dx}{dt}\right)^2+\left(\frac{dy}{dt}\right)^2}\,dt$$
$$=\int_0^{2\pi}\sqrt{16\sin^2\frac{t}{2}}\,dt=4\int_0^{2\pi}\sin\frac{t}{2}\,dt$$
$$=4\left[-2\cos\frac{t}{2}\right]_0^{2\pi}=-8(-1-1)=\mathbf{16}$$

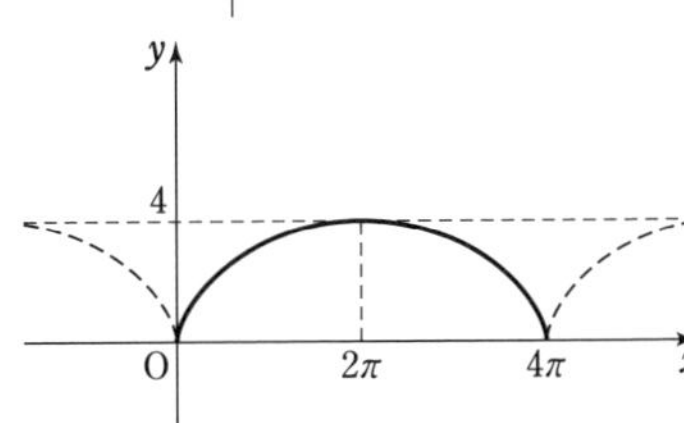

TRAINING 149 ②

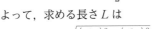

次の曲線の長さ L を求めよ。

(1) $x=\dfrac{2}{3}t^3$, $y=t^2$ $(0\leqq t\leqq 1)$

(2) $x=3t^2$, $y=3t-t^3$ $(0\leqq t\leqq\sqrt{3})$

基本 例題 150 曲線 $y=f(x)$ の長さ

曲線 $y=\left(\frac{2}{3}x\right)^{\frac{3}{2}}$ $\left(0\leqq x\leqq\frac{9}{2}\right)$ の長さ L を求めよ。

CHART & GUIDE

曲線 $y=f(x)$ $(a\leqq x\leqq b)$ の長さ L

$$L=\int_a^b\sqrt{1+\{f'(x)\}^2}\,dx=\int_a^b\sqrt{1+y'^2}\,dx$$

1. y' を求める。
2. $\sqrt{1+y'^2}$ を計算する。
3. 定積分を計算して曲線の長さ L を求める。

解答

$$y'=\frac{3}{2}\cdot\left(\frac{2}{3}x\right)^{\frac{1}{2}}\cdot\frac{2}{3}=\left(\frac{2}{3}x\right)^{\frac{1}{2}}$$

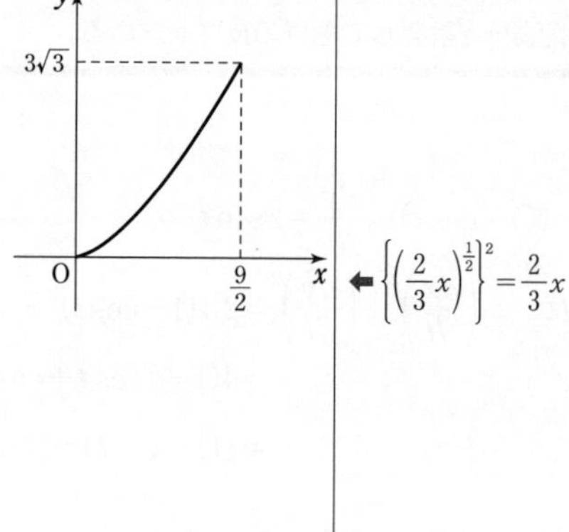

よって，求める長さ L は

$$L=\int_0^{\frac{9}{2}}\sqrt{1+y'^2}\,dx$$

$$=\int_0^{\frac{9}{2}}\sqrt{1+\frac{2}{3}x}\,dx$$

⬅ $\left\{\left(\frac{2}{3}x\right)^{\frac{1}{2}}\right\}^2=\frac{2}{3}x$

$$=\int_0^{\frac{9}{2}}\left(1+\frac{2}{3}x\right)^{\frac{1}{2}}dx$$

$$=\left[\frac{3}{2}\cdot\frac{2}{3}\left(1+\frac{2}{3}x\right)^{\frac{3}{2}}\right]_0^{\frac{9}{2}}$$

$$=4^{\frac{3}{2}}-1=7$$

⬅ $4^{\frac{3}{2}}=(2^2)^{\frac{3}{2}}=2^3$

TRAINING 150 ②

次の曲線の長さ L を求めよ。

(1) $y=x\sqrt{x}$ $(0\leqq x\leqq 4)$

(2) $y=\frac{x^3}{3}+\frac{1}{4x}$ $(1\leqq x\leqq 3)$

発展学習

発展 例題 **151** 曲線の接線と面積 ≪≪ 基本例題 134

(1) 曲線 C：$y=x\log x$ の概形をかけ。ただし，$\lim_{x\to+0} x\log x=0$ である。

(2) 曲線 C 上の点 $(e,\ e)$ における C の接線 ℓ と曲線 C および x 軸で囲まれた部分の面積 S を求めよ。

CHART & GUIDE

(1) y'，y'' の符号の変化を調べる。増減表を作る

(2) 曲線 C と接線 ℓ の上下関係などに注意して，面積を求める。その際，接線 ℓ と直線 $x=e$，x 軸で囲まれた部分の面積が三角形の面積として計算できることを利用する。

解答

(1) 定義域は $x>0$ で，$y=x\log x$ から

$$y'=\log x+1,\ y''=\frac{1}{x}$$

$y'=0$ とすると　$x=\dfrac{1}{e}$

増減表と $\lim_{x\to+0} x\log x=0$ から，曲線 C の概形は〔図〕

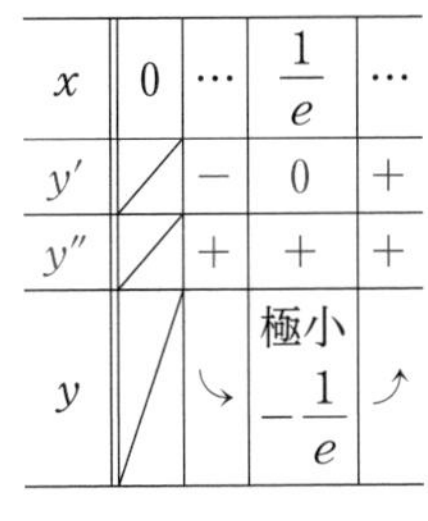

x	0	…	$\frac{1}{e}$	…
y'	／	$-$	0	$+$
y''	／	$+$	$+$	$+$
y	／	↘	極小 $-\frac{1}{e}$	↗

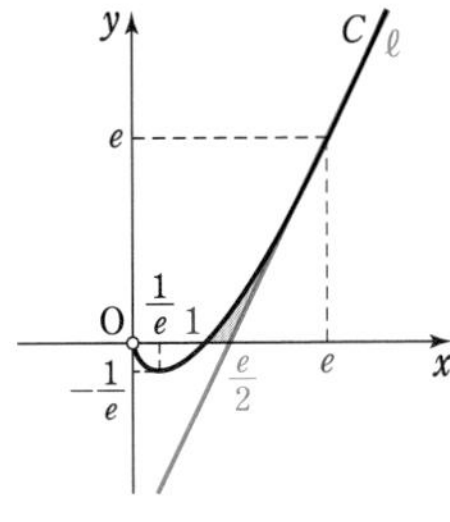

(2) 点 $(e,\ e)$ における接線 ℓ の方程式は　$y-e=(\log e+1)(x-e)$

すなわち　$y=2x-e$

← 曲線 $y=f(x)$ 上の点 $(a,\ f(a))$ における接線の方程式は $y-f(a)=f'(a)(x-a)$

$x\log x=0$ とすると　$x=1$

$2x-e=0$ とすると　$x=\dfrac{e}{2}$

$1\leqq x\leqq e$ では　$x\log x\geqq 2x-e$

$\mathrm{P}(e,\ e)$，$\mathrm{Q}\left(\dfrac{e}{2},\ 0\right)$，$\mathrm{R}(e,\ 0)$ とすると，求める面積 S は

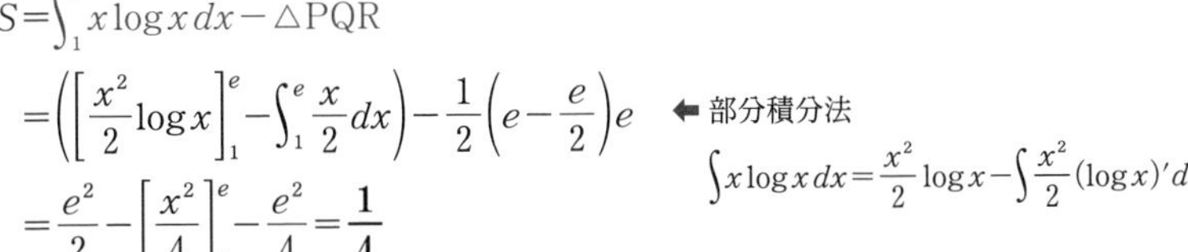

$$S=\int_1^e x\log x\,dx-\triangle\mathrm{PQR}$$

$$=\left(\left[\frac{x^2}{2}\log x\right]_1^e-\int_1^e\frac{x}{2}dx\right)-\frac{1}{2}\left(e-\frac{e}{2}\right)e$$

$$=\frac{e^2}{2}-\left[\frac{x^2}{4}\right]_1^e-\frac{e^2}{4}=\boldsymbol{\frac{1}{4}}$$

← 部分積分法
$\int x\log x\,dx=\dfrac{x^2}{2}\log x-\int\dfrac{x^2}{2}(\log x)'dx$

TRAINING 151 ④

曲線 $y=2\log(x-1)$ 上の点 $\mathrm{P}(e+1,\ 2)$ における接線を ℓ とする。曲線 $y=2\log(x-1)$ と接線 ℓ および x 軸で囲まれた部分の面積 S を求めよ。

発展 例題 <<< 基本例題 134

152 面積の最小値

関数 $f(x)=\dfrac{x^2}{x-1}$ について，次の問いに答えよ。ただし，$x>1$ とする。

(1) $f(x)$ の最小値とそのときの x の値を求めよ。

(2) 曲線 $y=f(x)$ と x 軸，および 2 直線 $x=a$，$x=a+1$ で囲まれた部分の面積 S を a を用いて表せ。ただし，$a>1$ とする。

(3) (2) で求めた S の最小値とそのときの a の値を求めよ。 〔東京電機大〕

CHART & GUIDE

(2) 1 まず，グラフをかく。
2 積分区間を決める。
3 2 で決めた積分区間において，x 軸との上下関係を調べる。
4 定積分を計算して，面積を求める。

(3) (2) で求めた S を a の関数とみて，導関数を求め，増減表を作る。
関数の最大・最小　極値と定義域の端における値に注目

解答

(1) $f'(x)=\dfrac{2x(x-1)-x^2\cdot 1}{(x-1)^2}=\dfrac{x(x-2)}{(x-1)^2}$

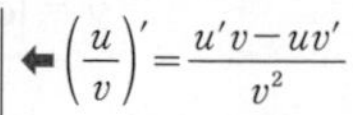

$x>1$ において，$f'(x)=0$ となる x の値は　$x=2$

$x>1$ における $f(x)$ の増減表は次のようになる。

x	1	…	2	…
$f'(x)$	／	$-$	0	$+$
$f(x)$	／	↘	極小 4	↗

よって，$f(x)$ は $x=2$ で**最小値 4** をとる。

(2) (1) から，$x>1$ において $f(x)>0$ である。

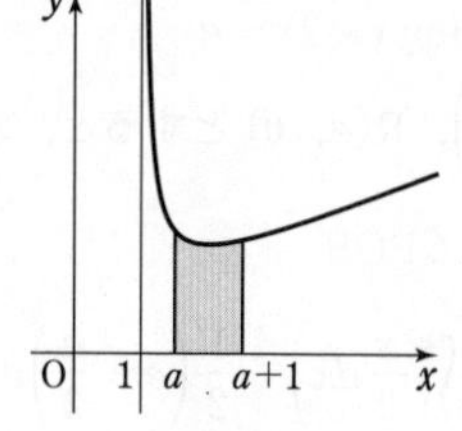

ゆえに

$$S=\int_a^{a+1}\frac{x^2}{x-1}dx$$
$$=\int_a^{a+1}\left(x+1+\frac{1}{x-1}\right)dx$$
$$=\left[\frac{x^2}{2}+x+\log|x-1|\right]_a^{a+1}$$
$$=a+\log|a|-\log|a-1|+\frac{3}{2}$$

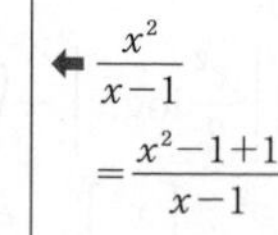

$a>1$ であるから　$\boldsymbol{S=a+\log a-\log(a-1)+\dfrac{3}{2}}$

(3) $g(a)=a+\log a-\log(a-1)+\dfrac{3}{2}$ $(a>1)$ とすると

$$g'(a)=1+\frac{1}{a}-\frac{1}{a-1}=\frac{a^2-a-1}{a(a-1)}$$

$g'(a)=0$ とすると　$a^2-a-1=0$

⬅ $a>1$ のとき $a(a-1)>0$

これを解くと　$a=\dfrac{1\pm\sqrt{5}}{2}$

$a>1$ における $g(a)$ の増減表は次のようになる。

a	1	$\cdots$	$\dfrac{1+\sqrt{5}}{2}$	$\cdots$
$g'(a)$	／	$-$	0	$+$
$g(a)$	／	↘	極小	↗

⬅ $\sqrt{5}>2$ であるから $\dfrac{1+\sqrt{5}}{2}>\dfrac{3}{2}$

したがって，$g(a)$ は $\boldsymbol{a=\dfrac{1+\sqrt{5}}{2}}$ **で最小** となり，S の最小値は

$$g\left(\frac{1+\sqrt{5}}{2}\right)$$
$$=\frac{1+\sqrt{5}}{2}+\log\frac{1+\sqrt{5}}{2}-\log\frac{-1+\sqrt{5}}{2}+\frac{3}{2}$$
$$=2+\frac{\sqrt{5}}{2}+\log\frac{1+\sqrt{5}}{-1+\sqrt{5}}$$
$$=2+\frac{\sqrt{5}}{2}+\log\frac{(1+\sqrt{5})^2}{4}$$
$$=\boldsymbol{2+\frac{\sqrt{5}}{2}+2\log\frac{1+\sqrt{5}}{2}}$$

TRAINING 152 ⑤

(1) すべての実数 x について $e^x-x\geqq 1$ であることを示せ。

(2) t は実数とする。このとき，曲線 $y=e^x-x$ と 2 直線 $x=t$，$x=t-1$ および x 軸で囲まれた図形の面積 $S(t)$ を求めよ。

(3) t が $0\leqq t\leqq 1$ の範囲を動くとき，$S(t)$ の最大値，最小値を求めよ。ただし，$2.7<e<3$ であることを用いてよい。　〔類 神戸大〕

発展 例題 153 面積の2等分

曲線 C_1：$y=\cos x \left(0\leqq x\leqq\frac{\pi}{2}\right)$ と x 軸および y 軸によって囲まれた図形を F とする。曲線 C_2：$y=a\sin x$ が図形 F の面積を2等分するとき，正の定数 a の値を求めよ。〔東京医大〕

CHART & GUIDE 図形 F の面積を S_F とし，2等分されたときの上側の部分，下側の部分の面積をそれぞれ S，T とするとき，問題の条件 $S=T$ は $S_F=2S$ として考えた方が計算しやすい。…… [!]

解答

2曲線の共有点の x 座標は

$$\cos x=a\sin x \left(0<x<\frac{\pi}{2}\right)$$

の解で，これを α とすると(*)

$$\cos\alpha=a\sin\alpha \quad \cdots\cdots ①$$

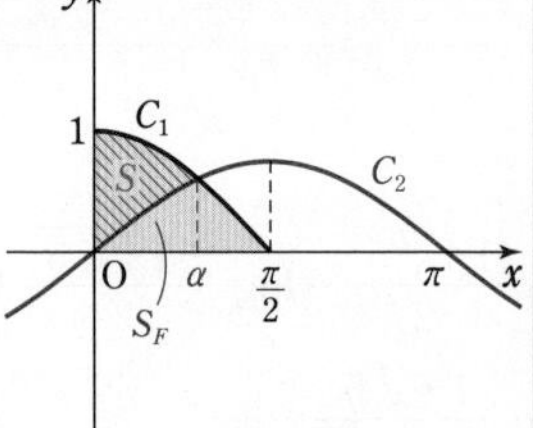

図形 F の面積を S_F とすると

$$S_F=\int_0^{\frac{\pi}{2}}\cos x\,dx=\Big[\sin x\Big]_0^{\frac{\pi}{2}}=1$$

2曲線 C_1 と C_2 および y 軸で囲まれた部分の面積 S は

$$S=\int_0^{\alpha}(\cos x-a\sin x)\,dx=\Big[\sin x+a\cos x\Big]_0^{\alpha}$$
$$=\sin\alpha+a\cos\alpha-a$$

[!] $S_F=2S$ であるとき　$1=2(\sin\alpha+a\cos\alpha-a)$ …… ②

ここで，① から　$\tan\alpha=\frac{1}{a}$　　$0<\alpha<\frac{\pi}{2}$ であるから

$$\cos\alpha=\frac{1}{\sqrt{1+\tan^2\alpha}}=\frac{a}{\sqrt{a^2+1}},\quad \sin\alpha=\tan\alpha\cdot\cos\alpha=\frac{1}{\sqrt{a^2+1}}$$

これを，② を変形した $2(\sin\alpha+a\cos\alpha)=2a+1$ に代入すると　$\frac{2(1+a^2)}{\sqrt{a^2+1}}=2a+1$　　ゆえに　$\sqrt{a^2+1}=a+\frac{1}{2}$

両辺を2乗して　$a^2+1=\left(a+\frac{1}{2}\right)^2$　これを解くと　$\boldsymbol{a=\frac{3}{4}}$

(*) $x=\alpha$ は，a によって定まる実数であって，$\frac{\pi}{6}$ などのように具体的にはわからない。
しかし，このまま計算を進めていくと，結果的に α の値は得られないが，a の値は求めることができる。

2等分されたそれぞれの部分の面積を求めて＝とおいてもよいが，計算が大変。

$\sqrt{a^2+1}=a+\frac{1}{2}$ の両辺は正であるから，2乗しても同値。よって，$a=\frac{3}{4}$ は $\sqrt{a^2+1}=a+\frac{1}{2}$ の解である。

TRAINING 153 ⑤

xy 平面上に2曲線 C_1：$y=e^x-2$ と C_2：$y=3e^{-x}$ がある。

(1) C_1 と C_2 の共有点Pの座標を求めよ。

(2) 点Pを通る直線 ℓ が，C_1，C_2 および y 軸によって囲まれた部分の面積を2等分するとき，ℓ の方程式を求めよ。〔関西学院大〕

発展 例題 154 曲線の接線と体積

<<< 基本例題 142

曲線 $y=-x^2+2x$ を C とし，C 上の点 $(0,\ 0)$ における接線を ℓ とする。また，曲線 C と接線 ℓ，および直線 $x=1$ で囲まれてできる図形を D とする。

(1) 接線 ℓ の方程式を求めよ。

(2) D を x 軸の周りに1回転させてできる立体の体積 V を求めよ。〔類 香川大〕

CHART & GUIDE

(2) 曲線 C と接線 ℓ のどちらが外側になるかを調べて，体積を求める。
接線 ℓ と直線 $x=1$，x 軸で囲まれた部分が三角形であり，それを x 軸の周りに1回転してできる回転体は円錐である。このことを利用する。

解答

(1) $y=-x^2+2x$ から $y'=-2x+2$

よって，点 $(0,\ 0)$ における接線 ℓ の方程式は **$y=2x$**

(2) 曲線 C と接線 ℓ および直線 $x=1$ で囲まれてできる図形 D は，右の図の赤い部分のようになる。

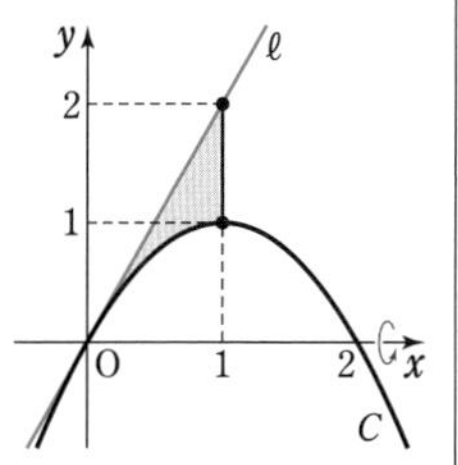

よって，求める体積 V は

$$V=\frac{1}{3}\cdot\pi\cdot 2^2\cdot 1-\pi\int_0^1(-x^2+2x)^2dx$$

$$=\frac{4}{3}\pi-\pi\int_0^1(x^4-4x^3+4x^2)dx$$

$$=\frac{4}{3}\pi-\pi\left[\frac{x^5}{5}-x^4+\frac{4}{3}x^3\right]_0^1=\boldsymbol{\frac{4}{5}\pi}$$

⬅ $\frac{1}{3}\cdot\pi\cdot 2^2\cdot 1$ は，底面の円の半径が2，高さが1の円錐の体積を表している。

[別解] [V の計算に関する別解]

$$V=\pi\int_0^1\{(2x)^2-(-x^2+2x)^2\}dx=\pi\int_0^1(-x^4+4x^3)dx$$

$$=\pi\left[-\frac{x^5}{5}+x^4\right]_0^1=\pi\left(-\frac{1}{5}+1\right)=\boldsymbol{\frac{4}{5}\pi}$$

TRAINING 154 ④

曲線 $y=\log x$ を C とし，原点を通り C と接する直線を ℓ とする。ℓ と C と x 軸によって囲まれた部分を x 軸の周りに1回転して得られる立体の体積を求めよ。〔早稲田大〕

⋘ 標準例題 143

発展 例題 155　2曲線間の回転体の体積(2)

①①①①①

放物線 $y=x^2-2x$ を C，直線 $y=x$ を ℓ とする。C と ℓ の交点のうち，x 座標が正となるものをPとする。C と ℓ が囲む部分を A とし，A を x 軸の周りに1回転して得られる回転体の体積を V とする。

(1)　Pの座標を求めよ。

(2)　V を求めよ。　〔類 東京理科大〕

CHART & GUIDE

2曲線間の回転体の体積

囲まれた部分が回転軸の両側にあるとき
一方の側に集めて考える（下側を対称に折り返す）

一般に，公式 $\pi\int_a^b[\{f(x)\}^2-\{g(x)\}^2]dx$ が使えるのは，2曲線 $y=f(x)$，$y=g(x)$ が回転軸（x 軸）の一方の側にあるときである。

解答

(1)　Pの x 座標は方程式 $x^2-2x=x$ の正の解である。
この方程式を解いて　　$x=0,\ 3$　　$x>0$ から　　$x=3$
Pは直線 $y=x$ 上にあるから，Pの座標は　　**(3, 3)**

(2)　C の x 軸より下側の部分を，x 軸に関して対称に折り返すと右の図のようになり，A を x 軸の周りに1回転して得られる回転体の体積は，図の赤い部分を x 軸の周りに1回転すると得られる。
このとき，折り返してできる放物線 $y=-x^2+2x$ と直線 $y=x$ の共有点の x 座標は，方程式 $-x^2+2x=x$ を解いて　　$x=0,\ 1$
よって

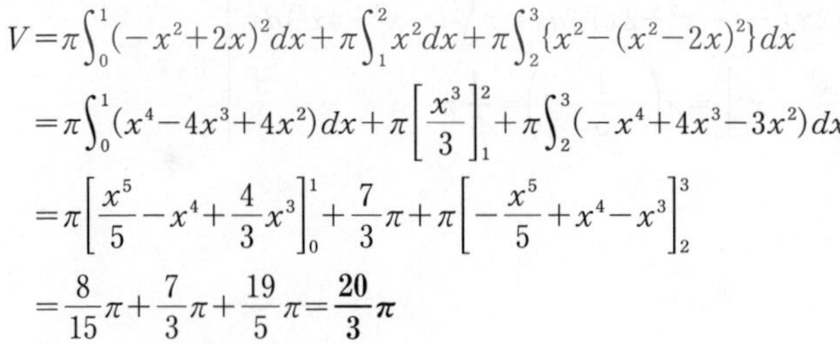

$$V=\pi\int_0^1(-x^2+2x)^2dx+\pi\int_1^2x^2dx+\pi\int_2^3\{x^2-(x^2-2x)^2\}dx$$

$$=\pi\int_0^1(x^4-4x^3+4x^2)dx+\pi\left[\frac{x^3}{3}\right]_1^2+\pi\int_2^3(-x^4+4x^3-3x^2)dx$$

$$=\pi\left[\frac{x^5}{5}-x^4+\frac{4}{3}x^3\right]_0^1+\frac{7}{3}\pi+\pi\left[-\frac{x^5}{5}+x^4-x^3\right]_2^3$$

$$=\frac{8}{15}\pi+\frac{7}{3}\pi+\frac{19}{5}\pi=\boldsymbol{\frac{20}{3}\pi}$$

TRAINING 155 ⑤

曲線 $y=-x^2+2$ と直線 $y=-x$ で囲まれた部分を，x 軸の周りに1回転してできる立体の体積を求めよ。

発展 例題 156 y 軸の周りの回転体の体積 (2)

≪≪ 基本例題 144

(1) 関数 $f(x)=xe^x+\dfrac{e}{2}$ に対して $\displaystyle\int x^2f'(x)dx$ を計算せよ。

(2) (1) の $f(x)$ に対し，曲線 $y=f(x)$ と y 軸および直線 $y=f(1)$ で囲まれた部分を，y 軸の周りに 1 回転してできる立体の体積 V を求めよ。

CHART & GUIDE

y 軸の周りの回転体の体積

区間 $[a,\ b]$ において，$y=f(x)$ が増加または減少関数のとき

$$\int_c^d x^2dy=\int_a^b x^2f'(x)dx \quad \left(\begin{array}{c|c} y & c \longrightarrow d \\ x & a \longrightarrow b \end{array}\right)$$ の利用

(2) $x=g(y)$ の形に変形しにくいから，上の公式と (1) の結果を利用して求める。

解答

(1) $\displaystyle\int x^2f'(x)dx=x^2f(x)-\int 2xf(x)dx$　← 部分積分法

$\displaystyle=x^3e^x+\frac{e}{2}x^2-2\int\left(x^2e^x+\frac{e}{2}x\right)dx$

ここで $\displaystyle\int x^2e^xdx=x^2e^x-2\int xe^xdx=x^2e^x-2\left(xe^x-\int e^xdx\right)$　← 部分積分法を 2 回行う。

$=(x^2-2x+2)e^x+C_1$ （C_1 は積分定数）

よって

$\displaystyle\int x^2f'(x)dx=x^3e^x+\frac{e}{2}x^2-2\left\{(x^2-2x+2)e^x+\frac{e}{4}x^2\right\}+C$

$=\boldsymbol{(x^3-2x^2+4x-4)e^x+C}$ **（C は積分定数）**

(2) $f(1)=\dfrac{3}{2}e$ であり，$x<0$ のとき　$f(x)<\dfrac{e}{2}$

また，$f'(x)=e^x+xe^x=(x+1)e^x$ から，

$x\geqq 0$ のとき　$f'(x)>0$

よって，曲線 $y=f(x)$ は図のようになる。

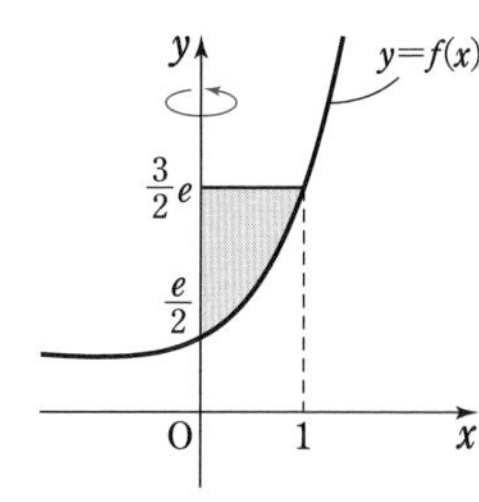

求める体積 V は，(1) から

$\displaystyle V=\pi\int_{\frac{e}{2}}^{\frac{3}{2}e}x^2dy=\pi\int_0^1 x^2f'(x)dx$　← $f'(x)=\dfrac{dy}{dx}$ から $dy=f'(x)dx$

$=\pi\Big[(x^3-2x^2+4x-4)e^x\Big]_0^1$

$=\boldsymbol{\pi(4-e)}$

TRAINING 156 ⑤

関数 $f(x)=\dfrac{x^2}{\sqrt{(x^4+2)^3}}$ について，$\displaystyle S=\int_0^1 xf(x)dx$ を求めよ。

また，曲線 $y=f(x)$ $(0\leqq x\leqq 1)$ と y 軸および直線 $y=\dfrac{\sqrt{3}}{9}$ で囲まれた部分を，y 軸の周りに 1 回転してできる立体の体積 V を求めよ。　〔類 東京農工大〕

EXERCISES

A

81③ 関数 $f(x)=(x-1)\sqrt{|x-2|}$ により曲線 $C: y=f(x)$ を定める。
(1) 関数 $f(x)$ の増減を調べて極値を求めよ。
(2) 曲線 C と x 軸で囲まれる図形の面積 S を求めよ。
〔類 名古屋工大〕 ⋘ 基本例題 134

82③ 曲線 $y=\dfrac{1}{2x-1}$, x 軸, 直線 $x=\dfrac{1}{2}(1+a)$ $(a>0)$ および直線 $x=\dfrac{1}{2}(1+e)$ で囲まれた部分の面積 S が $\dfrac{1}{4}$ になるような実数 a の値を求めよ。
〔愛知工大〕 ⋘ 基本例題 134

83③ e は自然対数の底とする。
(1) 関数 $y=\dfrac{e^x-e^{-x}}{e^x+e^{-x}}$ の増減およびグラフの漸近線を調べて，グラフの概形をかけ。
(2) $y=\dfrac{e^x-e^{-x}}{e^x+e^{-x}}$ を x について解け。
(3) 曲線 $y=\dfrac{e^x-e^{-x}}{e^x+e^{-x}}$ と直線 $y=\dfrac{1}{2}$ および y 軸で囲まれた部分の面積を求めよ。
〔弘前大〕 ⋘ 基本例題 137

84③ $f(x)=\dfrac{\log x}{\sqrt{x}}$ $(x>0)$ とし，曲線 $y=f(x)$ を C とする。定数 a, b $(1<a<b)$ が次の条件 (i) と (ii) を満たすとき，a および $\log b$ の値を求めよ。
(i) 点 $(a, f(a))$ における C の接線は原点 $(0, 0)$ を通る。
(ii) C と x 軸および 2 直線 $x=a$, $x=b$ で囲まれた図形を x 軸の周りに 1 回転してできる立体の体積が $\dfrac{\pi}{9}$ である。
〔日本女子大〕 ⋘ 基本例題 142

85③ 2 つの楕円 $x^2+3y^2=4$, $3x^2+y^2=4$ で囲まれた図形のうち，右の図の網かけ部分として示された，原点を含む部分を D とする。D を x 軸の周りに回転してできる図形の体積を求めよ。
〔類 福島大〕 ⋘ 基本例題 142

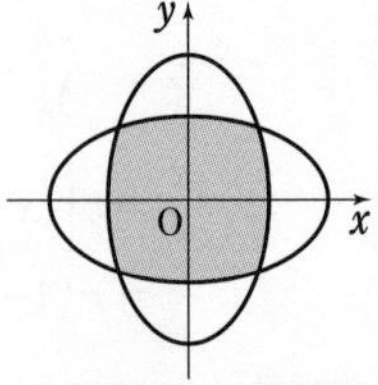

HINT

81 (1) $x<2$, $x\geqq 2$ の場合に分けて，$f'(x)$ の符号について調べる。
(2) 面積の計算では置換積分法を利用する。
84 点 $(a, f(a))$ における C の接線の方程式を導き，まず，a の値を求める。
85 図形の対称性を利用する。

EXERCISES

A

86② t 秒後の速度 $v(t)$ m/s が $v(t)=30-10t$ であるように，物体を地上 45 m から真上に投げ上げる。このとき，t 秒後の高さは ア□ m ($0\leqq t\leqq$ イ□) であり，投げ上げてから 4 秒後までに物体が動いた距離の総和は ウ□ m である。〔類 武蔵大〕

≪ 基本例題 **146**，**147**

87③ 数直線上を動く点Pの座標 x が，時刻 t の関数として，$x=t^3-9t^2+15t$ と表されるとき，次の問いに答えよ。

(1) 点Pの速さが 0 になる時刻をすべて求めよ。

(2) $t=0$ から $t=10$ までに点Pが動く道のりを求めよ。〔類 成蹊大〕

≪ 基本例題 **147**

B

88⑤ 関数 $f(x)=x^2-1$ $(0\leqq x\leqq 2)$ とその逆関数 $f^{-1}(x)$ について，次の問いに答えよ。

(1) $f^{-1}(x)$ とその定義域を求めよ。

(2) 関数 $y=f(x)$ のグラフと関数 $y=f^{-1}(x)$ のグラフを同じ図中にかけ。

(3) 曲線 $y=f^{-1}(x)$ と x 軸および直線 $y=x$ で囲まれた部分の面積を求めよ。〔名城大〕 ≪ 基本例題 **135**

89④ 方程式 $y^2=x^6(1-x^2)$ が表す図形で囲まれた部分の面積を求めよ。〔大分大〕

≪ 標準例題 **139**

90⑤ a は $a>1$ を満たす定数とする。$x\geqq 0$ の範囲で，2 つの直線 $y=ax$, $y=\dfrac{x}{a}$ と曲線 $y=\dfrac{1}{ax}$ で囲まれた図形を，x 軸の周りに 1 回転してできる回転体の体積 $V(a)$ の最大値を求めよ。〔山口大〕 ≪ 基本例題 **142**

91④ a を正の定数とし，2 曲線 C_1：$y=\log x$, C_2：$y=ax^2$ が点Pで接しているとする。

(1) Pの座標と a の値を求めよ。

(2) 2 曲線 C_1, C_2 と x 軸で囲まれた部分を x 軸の周りに 1 回転させてできる立体の体積を求めよ。〔神戸大〕 ≪ 発展例題 **94**，標準例題 **143**

HINT

88 (3) 求める面積は，曲線 $y=f(x)$ と y 軸および直線 $y=x$ で囲まれた部分の面積に等しい。

90 $V(a)$ を a を用いて表し，増減を調べる。

91 (1) 2 曲線 C_1, C_2 が接点Pを共有し，かつ接線の傾きが一致する。

EXERCISES

B

92④ $y=\dfrac{e^x+e^{-x}}{2}$ で表される曲線を C とするとき

(1) 曲線 C の概形をかけ。

(2) 曲線 C の $a\leqq x\leqq a+1$ の部分の長さ $S(a)$ を求めよ。

(3) (2)の $S(a)$ の最小値を求めよ。 〔類 島根大〕 ≪≪ 基本例題 150

93⑤ 座標平面内の2つの曲線 $C_1: y=\log 2x$, $C_2: y=2\log x$ の共通接線を ℓ とする。

(1) 直線 ℓ の方程式を求めよ。

(2) C_1, C_2 および ℓ で囲まれる領域の面積 S を求めよ。 〔類 岡山大〕

≪≪ 発展例題 151

94④ 座標平面上の曲線 $C: y=\sqrt{x}$ $(x\geqq 0)$ 上の点 $(1,\ 1)$ における接線を ℓ とすると，直線 ℓ の方程式は $y=$ア□ であり，曲線 C，直線 ℓ および y 軸で囲まれた図形を y 軸の周りに1回転してできる立体の体積は イ□ である。

〔成蹊大〕 ≪≪ 基本例題 144，発展例題 154

95⑤ xy 平面上の2つの曲線 $y=\cos\dfrac{x}{2}$ $(0\leqq x\leqq \pi)$ と $y=\cos x$ $(0\leqq x\leqq \pi)$ を考える。

(1) 上の2つの曲線，および直線 $x=\pi$ をかき，これらで囲まれる領域を斜線で示せ。

(2) (1)で示した斜線部分の領域を x 軸の周りに1回転して得られる回転体の体積を求めよ。 〔岐阜大〕 ≪≪ 発展例題 155

HINT

92 (3) (相加平均)≧(相乗平均) を利用する。

93 (2) 接線と2直線および x 軸で囲まれた部分(台形)の面積から不要な面積を除く，と考える。

95 (2) (1)でかいた図を参照。囲まれた部分が回転軸(x 軸)の両側にあるから，一方の側に集めて考える。

STEP UP!

微分方程式

p.257～259 で扱っている内容は，高校数学の範囲外ですが，微分積分に関連するため，取り上げます。

■ 微分方程式

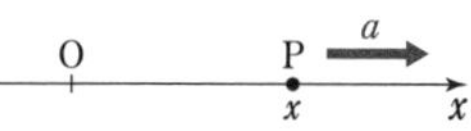

x 軸上を一定の速度 a で運動する点Pの時刻 t における座標を x とすると，x は t の関数であり，*p*.151 で学習したように $\dfrac{dx}{dt}=a$ …… Ⓐ を満たす。

また，基準の点Oから，物体が自由落下する場合，右図のように鉛直上向きの直線を y 軸にとり，時刻 t における物体の位置を座標 y で表すと，y は

$$\frac{d^2y}{dt^2}=-g\ (g\ は重力加速度)\ \cdots\cdots\ Ⓑ$$

を満たすことが知られている。

等式 Ⓐ，Ⓑ において，t の関数 x，y は，それぞれ Ⓐ，Ⓑ を満たすような関数であることはわかっても，具体的に，t のどのような式で表される関数であるかはわからない。

一般に，未知の関数の導関数を含む等式を **微分方程式** という。

上の微分方程式 Ⓐ，Ⓑ を満たす関数を求めてみよう。

Ⓐ において両辺を t で積分すると

$$x=at+C,\quad C\ は任意の定数 \quad \cdots\cdots\ ①$$

⬅ $\displaystyle\int\frac{dx}{dt}dt=\int a\,dt$

定数 C がどのような値をとっても，① は微分方程式 Ⓐ を満たす。

また，Ⓑ において両辺を t で積分すると

$$\frac{dy}{dt}=-gt+C_1,\ C_1\ は任意の定数$$

⬅ $\displaystyle\int\frac{d^2y}{dt^2}dt=\int(-g)dt$

さらに，両辺を t で積分すると

$$y=-\frac{1}{2}gt^2+C_1t+C_2,\ C_1,\ C_2\ は任意の定数 \quad \cdots\cdots\ ②$$

⬅ $\displaystyle\int\frac{dy}{dt}dt=\int(-gt+C_1)dt$

定数 C_1，C_2 がどのような値をとっても，② は微分方程式 Ⓑ を満たす。

一般に，与えられた微分方程式を満たす関数を，その微分方程式の **解** といい，解を求めることを，その微分方程式を **解く** という。

そして，微分方程式を解くと，いくつかの任意の定数を含んだ解が得られる。この任意の定数を，解の **任意定数** という。

発展 例題

157 微分方程式

⑤

次の微分方程式を解け。

(1) $xy'=2$　　(2) $y'=2y$

CHART & GUIDE

微分方程式の解法

x を右辺，y を左辺に分離する

1 y' を $\dfrac{dy}{dx}$ と書いて，$f(y)\dfrac{dy}{dx}=g(x)$ の形に変形する。…… [!]

(2) $y=0$ の場合に注意すること。

2 両辺を x で積分する。…… $\int f(y)dy=\int g(x)dx$

3 不定積分を求め，$y=$(x の式) の形に表す。

解答

(1) $x \neq 0$ であるから，方程式を変形して

$$\frac{dy}{dx}=\frac{2}{x}$$

[!] したがって　$\displaystyle\int\frac{dy}{dx}dx=\int\frac{2}{x}dx$

よって　$y=2\log|x|+C$

$\boldsymbol{=\log x^2+C}$，　**C は任意定数**

(2) [1] 定数関数 $y=0$ は $y'=2y$ を満たすから解である。

[2] $y \neq 0$ のとき，方程式から　$\dfrac{1}{y}\cdot\dfrac{dy}{dx}=2$

[!] ゆえに　$\displaystyle\int\frac{1}{y}\cdot\frac{dy}{dx}dx=\int 2\,dx$

よって　$\displaystyle\int\frac{1}{y}dy=\int 2\,dx$

したがって　$\log|y|=2x+C$，C は任意定数

ゆえに　$y=\pm e^{2x+C}=\pm e^{C}e^{2x}$

ここで，$\pm e^{C}=A$ とおくと，$A \neq 0$ であるから

$y=Ae^{2x}$，A は 0 以外の任意定数

[1] における $y=0$ は，[2] で $A=0$ とおくと得られる。

以上から，求める解は　$\boldsymbol{y=Ae^{2x}}$，　**A は任意定数**

⇐ $x=0$ とすると，$0\cdot y'=2$ となり不適。

⇐ 両辺を x で割る。また，$y'=\dfrac{dy}{dx}$ と書き表す。

⇐ $y=0$ ならば　$y'=0$

(参考) 一般に，k を定数とするとき，微分方程式 $y'=ky$ の解は
$y=Ae^{kx}$，
A は任意定数
である。

TRAINING 157 ⑤

次の微分方程式を解け。

(1) $yy'=1-x$　　(2) $y'=xy$　　(3) $xy'+1=y$

発展 例題 158 微分方程式の応用（条件を満たす曲線群） ⑤

A は 0 でない任意の定数として，方程式 $y=Ax^2$ によって表される放物線の全体を考える。これらの放物線のどれとも直交するような曲線の方程式を求めよ。なお，「2 つの曲線が直交する」とは，2 曲線の交点におけるそれぞれの接線が直交するという意味である。

CHART & GUIDE 微分方程式の応用

1. 求める曲線と放物線 $y=Ax^2$ の交点を $P(x,\ y)$ とする。
2. 点Pにおける放物線 $y=Ax^2$ の接線の傾きを求める。
3. 任意定数 A を消去する。
4. 直交（垂直）$\Longleftrightarrow$ 傾きの積が -1 から，求める曲線の満たすべき条件を求める。
 ⟶ 微分方程式ができる。
5. 4 で作った微分方程式を解く。

解答

求める曲線上の点を $P(x,\ y)$ とする。
Pを通る放物線 $y=Ax^2$ の点Pにおける接線の傾きは　$y'=2Ax$

$x\neq 0$ のとき

$A=\dfrac{y}{x^2}$ を代入して　$y'=\dfrac{2y}{x}$

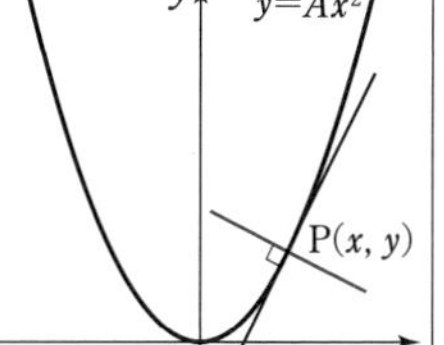

ゆえに，求める曲線の満たすべき条件は

$$\frac{dy}{dx}=-\frac{x}{2y} \qquad よって \qquad 2y\frac{dy}{dx}=-x$$

両辺を x で積分すると　$\displaystyle\int 2y\,dy=\int(-x)\,dx$

ゆえに

$$y^2=-\frac{x^2}{2}+C_1 \quad すなわち \quad \frac{x^2}{2}+y^2=C_1,\ C_1 は任意定数$$

$C_1>0$ になるから，$2C_1=C^2$ とおくと

$$x^2+2y^2=C^2,\ C は 0 以外の任意定数$$

また，直線 $x=0$ は直線 $y=0$ と垂直であるから，$x=0$ は求める方程式である。

以上から，求める曲線の方程式は

$x^2+2y^2=C^2$，C は 0 以外の任意定数　または　$x=0$

> 接線の傾き $\Longleftrightarrow$ 微分係数
>
> ⬅ 定数 A を消去する。
>
> ⬅ 求める曲線上の点Pにおける接線の傾きは $\dfrac{dy}{dx}$
> よって，直交条件から $\dfrac{dy}{dx}\cdot\dfrac{2y}{x}=-1$

TRAINING 158 ⑤

A を任意の定数とするとき，方程式 $y=x^2+A$ によって表される放物線の全体と直交するような曲線の方程式を求めよ。

答　の　部

・TRAINING，EXERCISES について，答えの数値のみをあげている。なお，図・証明は省略した。

＜第1章＞　関　数

● TRAINING の解答

1　グラフ略。漸近線，定義域，値域の順に

(1)　2直線 $x=4$，$y=0$；$x \neq 4$；$y \neq 0$

(2)　2直線 $x=-1$，$y=2$；$x \neq -1$；$y \neq 2$

(3)　2直線 $x=3$，$y=1$；$x \neq 3$；$y \neq 1$

2　グラフ略。定義域，値域の順に

(1)　$x \neq 3$，$y \neq 2$　(2)　$x \neq -3$，$y \neq -2$

(3)　$x \neq -\frac{1}{2}$，$y \neq 3$

3　グラフ略　(1)　$-1 \leqq y \leqq \frac{1}{3}$

(2)　$y \leqq \frac{1}{2}$，$8 \leqq y$

4　$a=2$，$b=-2$，$c=1$

5　(1)　$(-2,\ -1)$，$(1,\ 2)$　(2)　$-2<x<0$，$1<x$

6　グラフ略。定義域，値域の順に

(1)　$x \geqq \frac{1}{3}$，$y \geqq 0$　(2)　$x \geqq -2$，$y \leqq 0$

(3)　$x \leqq 2$，$y \geqq 0$　(4)　$x \leqq 1$，$y \leqq 0$

7　(1)　$1 \leqq y \leqq 3$　(2)　$-\sqrt{5} \leqq y \leqq -1$

(3)　$-2 \leqq y \leqq \sqrt{3}-2$

8　(1)　$\left(\frac{1+\sqrt{13}}{2},\ \frac{-1+\sqrt{13}}{2}\right)$

(2)　$\frac{1+\sqrt{13}}{2}<x \leqq 4$

9　(1)　$y=2\log_3 x$，グラフ略

(2)　$y=-\sqrt{1-x}$ $(x \leqq 0)$，グラフ略

10　(1)　$y=\frac{-x+3}{x+2}$　(2)　$y=-\frac{3x+3}{x-1}$ $(x<-1)$

11　$a=-2$，$b=5$

12　(1)　$(g \circ f)(x)=(\log_2 x)^2$

(2)　$(g \circ h)(x)=x+1$　(3)　$(h \circ g)(x)=\sqrt{x^2+1}$

(4)　$((h \circ g) \circ f)(x)=\sqrt{(\log_2 x)^2+1}$

13　(1)　$x=1,\ 9$　(2)　$1 \leqq x<3$，$9 \leqq x$

(3)　$x<-4$，$-2 \leqq x \leqq -1$

14　(1)　$x=1-\sqrt{7}$　(2)　$0 \leqq x \leqq 4$

(3)　$-\sqrt{10} \leqq x<1$

15　$-\frac{1}{2} \leqq k<\frac{3}{2}$ のとき2個；$k<-\frac{1}{2}$，$k=\frac{3}{2}$ のとき1個；$k>\frac{3}{2}$ のとき0個

16　順に　$(3,\ 3)$，$1 \leqq x<3$

17　$a=-2$，$b=5$

18　(1)　$x=-\frac{1}{2}$　(2)　$a=1$，$b=-4$，$c=5$

(3)　$k(x)=x^2-1$

● EXERCISES の解答

1　$(4,\ 2)$

2　(1)　$-3 \leqq x<-\frac{3}{4}$，$1<x$　(2)　$4<x \leqq \frac{13}{2}$

3　(1)　$a=7$　(2)　$a=-\frac{1}{\sqrt{3}}$

4　9

5　(1)　$f(x)=\frac{\sqrt{3}x-1}{x+\sqrt{3}}$，$h(x)=-\frac{1}{x}$

(2)　$h(x)=\frac{x-1}{x+1}$

6　$0<a<1$ のとき $y \leqq -\frac{1}{a}$，$-a<y$；$a=1$ のとき $y=-1$；$a>1$ のとき $y<-a$，$-\frac{1}{a} \leqq y$

7　$(-1,\ -3)$，$(-2,\ -2)$

8　(1)　$2 \leqq x \leqq 3$

(2)　(ア)　$-a$　(イ)　$\frac{3}{5}a$　(ウ)　a　(エ)　0

9　$a=1$，$b=4$，$c=\frac{1}{2}$

10　a は -1 でない任意の実数，$b=-1$

11　$(g \circ g \circ g \circ \cdots\cdots \circ g)(x)=\frac{x}{nx+1}$

12　(1)　$0 \leqq x<\frac{1}{4}$，$\frac{3}{4}<x \leqq 1$　(2)　略

＜第2章＞　数列の極限

● TRAINING の解答

19　(1)　1　(2)　2　(3)　$\frac{3}{2}$

20　(1)　$-\infty$　(2)　$-\infty$　(3)　2

(4)　極限はない（振動する）

21　(1)　0　(2)　$\frac{1}{4}$　(3)　∞

22　(1)　0　(2)　∞

23　(1)　∞　(2)　極限はない（振動する）　(3)　-2

(4) 極限はない(振動する) (5) ∞ (6) 3

24 (1) $0 \leqq x < 1$；$x=0$ のとき 1，$0<x<1$ のとき 0

(2) $1-\sqrt{3} \leqq x < 0$，$2 < x \leqq 1+\sqrt{3}$；$x=1\pm\sqrt{3}$ のとき 1，$1-\sqrt{3}<x<0$，$2<x<1+\sqrt{3}$ のとき 0

25 (1) 2 (2) ∞

26 (1) $-1<r<1$ のとき 0；$r=\pm 1$ のとき $\dfrac{1}{2}$；$r<-1$，$1<r$ のとき 1

(2) $0<\theta<\dfrac{\pi}{2}$，$\dfrac{\pi}{2}<\theta<\pi$，$\pi<\theta<\dfrac{3}{2}\pi$，$\dfrac{3}{2}\pi<\theta<2\pi$ のとき 0；$\theta=0$，$\dfrac{\pi}{2}$ のとき 1；$\theta=\pi$，$\dfrac{3}{2}\pi$ のとき極限はない(振動する)

27 (1) 発散 (2) 収束，和は $\dfrac{1}{3}$ (3) 発散

28 (1) 収束，和は 27 (2) 発散 (3) 発散

(4) 収束，和は $\sqrt{3}(2+\sqrt{3})$

29 (1) $\dfrac{50}{99}$ (2) $\dfrac{4111}{3330}$

30 (1) $-\sqrt{2}<x<0$，$0<x<\sqrt{2}$；$\dfrac{1}{x^2}$

(2) $0 \leqq x < 2$；$\dfrac{x}{2-x}$

31 $\dfrac{1}{1+k}$

32 (1) $\dfrac{7}{2}$ (2) $\dfrac{14}{15}$

33 (1) -7 (2) (ア) 真 (イ) 偽

34 (1) ∞ (2) 0

35 $\dfrac{4}{3}\pi$

36 略

37 略

● EXERCISES の解答

13 (1) 正しくない；$a_n=n$，$b_n=\dfrac{1}{n}$

(2) 正しい(証明略)

14 $\dfrac{3}{4}$

15 8

16 (1) 略 (2) 略 (3) 3

17 (1) $a_n=\dfrac{2^{n-1}}{3-2^{n-1}}$ (2) -1

18 (1) $a_1=\dfrac{3}{4}$，$a_2=\dfrac{49}{80}$ (2) $a_{n+1}=\dfrac{11}{20}a_n+\dfrac{1}{5}$

(3) $a_n=\dfrac{11}{36}\left(\dfrac{11}{20}\right)^{n-1}+\dfrac{4}{9}$，$\lim\limits_{n\to\infty}a_n=\dfrac{4}{9}$

19 $0<r<1$ のとき $\dfrac{r}{1+r}$，$r=1$ のとき 1，$1<r$ のとき ∞

20 $\dfrac{\pi}{4}<\theta<\dfrac{\pi}{2}$

21 $\dfrac{1}{24}$

22 初項 $\sqrt{5}-1$，公比 $\dfrac{3-\sqrt{5}}{2}$

23 (1) $-\dfrac{1}{4}$ (2) $-\dfrac{3}{10}$

24 (1) 略 (2) $\dfrac{1}{3}$

25 2

＜第3章＞ 関数の極限

● TRAINING の解答

38 (1) 4 (2) -3 (3) 3 (4) $\dfrac{\sqrt{3}}{2}$ (5) $\dfrac{1}{9}$

(6) 3

39 (1) $\dfrac{3}{2}$ (2) 2 (3) $\dfrac{1}{3}$ (4) 6 (5) 1

(6) $-\infty$

40 (1) $a=4$，$b=4\sqrt{2}$ (2) $a=2$，$b=-8$

41 (1) 1 (2) -1 (3) 極限はない

42 (1) $-\infty$ (2) ∞ (3) ∞ (4) $-\infty$ (5) 1

43 (1) $\dfrac{1}{2}$ (2) -1

44 (1) ∞ (2) $-\infty$ (3) -1 (4) 0

45 (1) 0 (2) 0

46 (1) $\dfrac{1}{2}$ (2) $\dfrac{4}{5}$ (3) 3 (4) 2 (5) 2

(6) $\dfrac{1}{2}$

47 0

48 (1) 連続 (2) 連続 (3) 不連続

49 略

50 $a=3$，$b=-1$，極限値 -2

51 (1) 1 (2) -2 (3) 2

52 $a=1$，$b=-1$

● EXERCISES の解答

26 54

27 (1) 2 (2) 1 (3) 1

28 $a>1$ のとき $\dfrac{4}{3}$，$a=1$ のとき $\dfrac{4}{5}$，$0<a<1$ のとき 0

29 (1) 1 (2) 2 (3) $\dfrac{1}{2}$ (4) 6 (5) 2

30 (ア) $\frac{1}{6}$ (イ) 1

31 $f(x)=2x^3+4x^2+3x+5$

32 (1) $x_r=\frac{1}{2}r+3$, $y_r=\frac{1}{2}\sqrt{3r(r+4)}$ (2) $\sqrt{3}$

33 (1) 2 (2) $\frac{\pi}{180}$

34 (1) $\mathrm{Q}(\sqrt{1-4\sin^2\theta},\ 2\sin\theta)$,

$\mathrm{Q}'\left(\frac{\sqrt{1-4\sin^2\theta}}{2\sin\theta},\ 1\right)$, $\mathrm{R}'\left(\frac{1}{\tan\frac{\theta}{4}},\ 1\right)$

(2) 8

35 グラフ略。$x<-2$, $0<x$ で連続；$x=0$ で不連続

36 略

37 略

38 $a=-\frac{1}{2}$, $b=\frac{\pi}{4}$

＜第4章＞ 微 分 法

● TRAINING の解答

53 (1) 2 (2) $f'(x)=\frac{1}{\sqrt{2x+1}}$

54 (1) 微分可能ではない (2) 微分可能である

55 (1) $y'=4x+1$

(2) $y'=10x^4-8x^3+6x^2-6x+3$

(3) $y'=\frac{3}{(x+2)^2}$ (4) $y'=-\frac{2x}{(x^2+1)^2}$

(5) $y'=\frac{3}{x^4}$ (6) $y'=1+\frac{1}{x^2}-\frac{3}{x^4}$

56 (1) $y'=-5(2-x)^4$

(2) $y'=-3x(3x-4)(-x^3+2x^2-1)^2$

(3) $y'=-\frac{8(x+1)}{(x^2+2x)^5}$

57 (1) $y'=\frac{1}{5\sqrt[5]{x^4}}$ (2) $y'=-\frac{1}{2\sqrt{x+4}}$

58 (1) $y'=\frac{4}{3}\sqrt[3]{x}$ (2) $y'=\frac{1}{2x\sqrt{x}}$

(3) $y'=\frac{2x}{\sqrt{2x^2+1}}$ (4) $y'=-\frac{x}{\sqrt{1-x^2}}$

59 (1) $y'=-2\sin(2x-1)$ (2) $y'=\frac{3}{\cos^2 3x}$

(3) $y'=2\sin 4x$ (4) $y'=3\cos^3 x-2\cos x$

(5) $y'=\frac{1}{1-\sin x}$ (6) $y'=\frac{\sin x-\cos x-1}{(1+\cos x)^2}$

60 (1) $y'=\frac{1}{x}$ (2) $y'=\frac{1}{x\log 2}$

(3) $y'=x(2\log x+1)$ (4) $y'=\frac{2\log_3 x}{x\log 3}$

61 (1) $y'=\frac{1}{(x-1)\log 3}$ (2) $y'=-2\tan x$

(3) $y'=\frac{x^2+2x-1}{(x^2+1)(x+1)}$

62 (1) $y'=x^x(\log x+1)$

(2) $y'=-\frac{(x+2)^3(x^2+8x+4)}{x^3(x+1)^4}$

(3) $y'=\frac{3x+2}{3\sqrt[3]{x(x+1)^2}}$

63 (1) $y'=-e^{-x}$ (2) $y'=2^x\log 2$

(3) $y'=2\cdot 3^{2x}\log 3$ (4) $y'=xe^x$

(5) $y'=e^x(\sin^2 x+\sin 2x)$

64 (1) $y''=30x^4+6x$, $y'''=120x^3+6$

(2) $y''=-\frac{1}{4x\sqrt{x}}$, $y'''=\frac{3}{8x^2\sqrt{x}}$

(3) $y''=\frac{2\sin x}{\cos^3 x}$, $y'''=\frac{2(2\sin^2 x+1)}{\cos^4 x}$

(4) $y''=2^x(\log 2)^2$, $y'''=2^x(\log 2)^3$

(5) $y''=-\frac{1}{x^2\log 3}$, $y'''=\frac{2}{x^3\log 3}$

(6) $y''=2\cos x-x\sin x$, $y'''=-3\sin x-x\cos x$

(7) $y''=(x^2+4x+2)e^x$, $y'''=(x^2+6x+6)e^x$

(8) $y''=-\pi^2\cos\pi x$, $y'''=\pi^3\sin\pi x$

65 (1) $\frac{dy}{dx}=-\frac{2y}{x}$ (2) $\frac{dy}{dx}=-\frac{9x}{4y}$

(3) $\frac{dy}{dx}=-\sqrt{\frac{y}{x}}$

66 (1) $\frac{dy}{dx}=t$ (2) $\frac{dy}{dx}=-\frac{3\cos t}{2\sin t}$

(3) $\frac{dy}{dx}=\frac{\cos t}{\sin t}$

67 (1) $2f'(a)$ (2) $a^2f'(a)-2af(a)$

68 (1) $\log 2$ (2) 0

69 (1) e (2) e^2 (3) $\frac{1}{e}$ (4) $\frac{1}{2}$ (5) 1

● EXERCISES の解答

39 略

40 $y'=-\frac{3x^2(x^2+1)}{(x^2-1)^4}$

41 $3x+4$

42 (1) $y'=-\frac{1}{2\sqrt{\sin^3 x\cos x}}$

(2) $y'=\frac{2}{(\sin x+\cos x)^2}$

(3) $y'=4\cos 8x-\cos 2x$

(4) $y'=-\sin x\cos(\cos x)$

(5) $y'=\frac{1}{\sqrt{x^2+1}}$ (6) $y'=\frac{1}{x^2-1}$

43 $\dfrac{4}{(e^x+e^{-x})^2}$

44 (1) $\dfrac{dy}{dx}=\dfrac{8}{y}$ (2) $\dfrac{dy}{dx}=\dfrac{2x-y}{x+2y}$

(3) $\dfrac{dy}{dx}=-\dfrac{\cos x}{\sin y}$

45 (1) $\dfrac{dy}{dx}=\dfrac{\sin t}{1-\cos t}$ (2) $\dfrac{dy}{dx}=-\tan t$

46 (1) $a=-1$, $f'(0)=0$ (2) 略

47 (1) 略 (2) $a=n$, $b=-n-1$

48 略

49 (1) $\dfrac{d^2y}{dx^2}=\dfrac{y^2-x^2}{y^3}$ (2) $\dfrac{d^2y}{dx^2}=-\dfrac{2}{9t^5}$

50 6

51 $\cos a$

<第5章> 微分法の応用

● TRAINING の解答

70 接線・法線の順に

(1) $y=-\dfrac{1}{2}x+\dfrac{3}{2}$, $y=2x-1$

(2) $y=-\dfrac{1}{3}x+\dfrac{8}{3}$, $y=3x+6$

(3) $y=\dfrac{1}{e}x$, $y=-ex+e^2+1$

(4) $y=\sqrt{2}\,x-\dfrac{\sqrt{2}}{4}\pi+\sqrt{2}$,

$y=-\dfrac{1}{\sqrt{2}}x+\dfrac{\sqrt{2}}{8}\pi+\sqrt{2}$

71 (1) $y=-x+\dfrac{\pi}{12}+\dfrac{\sqrt{3}}{2}$,

$y=-x+\dfrac{5}{12}\pi-\dfrac{\sqrt{3}}{2}$

(2) $y=2e^2x$

72 (1) $\sqrt{3}\,x-y+2=0$ (2) $3x+8y-10=0$

(3) $x-y+1=0$

73 (1) $y=-x+5$ (2) $y=x+1-\sqrt{2}$

74 (1) $c=\dfrac{a+b}{2}$ (2) $c=\pm\dfrac{2\sqrt{3}}{3}$

(3) $c=1-\log(e-1)$ (4) $c=\dfrac{\pi}{2}$

75 略

76 (1) $x>0$ で減少する

(2) $x\leqq-\dfrac{1}{2}$ で減少, $-\dfrac{1}{2}\leqq x$ で増加する

(3) $x\leqq-2$, $0\leqq x$ で増加; $-2\leqq x<-1$, $-1<x\leqq0$ で減少する

(4) 区間 $\left((n-1)\pi+\dfrac{\pi}{2},\ n\pi+\dfrac{\pi}{2}\right)$ (n は整数) で増加する

77 (1) $x=1$ で極大値 1, $x=-1$ で極小値 -1

(2) $x=\dfrac{2}{3}\pi$ で極大値 $\sqrt{3}+\dfrac{2}{3}\pi$, $x=\dfrac{4}{3}\pi$ で極小値 $-\sqrt{3}+\dfrac{4}{3}\pi$

(3) $x=-1$ で極大値 $\dfrac{1}{e}$

(4) $x=e$ で極小値 e

78 (1) $x=0$ で極大値 1; $x=-1$, 1 で極小値 0

(2) $x=0$ で極小値 0

(3) $x=-\dfrac{2}{3}$ で極大値 $\dfrac{2\sqrt{3}}{9}$, $x=0$ で極小値 0

(4) $x=-\sqrt{2}$ で極大値 $-2\sqrt{2}$, $x=\sqrt{2}$ で極小値 $2\sqrt{2}$

(5) 極値はない

79 $a=1$, $b=-1$; $x=1$ で極小値 $\dfrac{1}{2}$

80 (1) $x=\dfrac{2}{3}\pi$ で最大値 $\dfrac{3\sqrt{3}}{2}$, $x=-\dfrac{2}{3}\pi$ で最小値 $-\dfrac{3\sqrt{3}}{2}$

(2) $x=\dfrac{\pi}{4}$ で最大値 $\dfrac{1}{\sqrt{2}\,e^{\frac{\pi}{4}}}$, $x=0$ で最小値 0

81 (1) $x=2$ で最大値 1, $x=0$ で最小値 -1

(2) $x=\dfrac{1}{e}$ で最小値 $-\dfrac{1}{e}$, 最大値はない

82 $x=\dfrac{\sqrt{6}}{3}$ で最大値 $\dfrac{4\sqrt{3}}{9}\pi$

83 (1) $x<1$ で下に凸, $1<x$ で上に凸; $(1,\ 2)$

(2) 上に凸, 変曲点はない

(3) $x<2$ で上に凸, $2<x$ で下に凸; $(2,\ 2e^{-2})$

(4) $x<-1$, $1<x$ で上に凸; $-1<x<1$ で下に凸; $(-1,\ \log 2)$, $(1,\ \log 2)$

84 略

85 (1) 2直線 $x=-1$, $y=x-1$; グラフ略

(2) 2直線 $x=3$, $y=x-1$; グラフ略

86 (1) $x=0$ で極小値 5, $x=1$ で極大値 10, $x=3$ で極小値 -22

(2) $x=3$ で極大値 13

(3) $x=-2$ で極小値 $-\dfrac{1}{e^2}$

87 略

88 $a<-1$ のとき 0 個; $a=-1$, $0<a$ のとき 1 個; $-1<a\leqq0$ のとき 2 個

89 速度 $-\dfrac{\pi}{2}$, 速度の大きさ $\dfrac{\pi}{2}$;

加速度 $-\dfrac{\sqrt{3}}{12}\pi^2$,

加速度の大きさ $\frac{\sqrt{3}}{12}\pi^2$；$t=3$

90 速度 $(4,\ 0)$，速度の大きさ 4；
加速度 $(2,\ 2)$，加速度の大きさ $2\sqrt{2}$；$\mathrm{P}(1,\ 1)$

91 $\vec{v}=(-\pi\sin\pi t,\ \pi\cos\pi t)$，$|\vec{v}|=\pi$；
$\vec{\alpha}=(-\pi^2\cos\pi t,\ -\pi^2\sin\pi t)$，$|\vec{\alpha}|=\pi^2$；
説明略

92 (1) (ア) $1-2h$ (イ) $\cos a-h\sin a$
(ウ) $1+h$
(2) (ア) 0.994 (イ) 10.025 (ウ) 0.515

93 順に 約 $7.54\,\mathrm{cm}^2$，約 $37.68\,\mathrm{cm}^3$

94 $a=\frac{1}{e}$，$b=1$

95 $a<-\sqrt{2}$，$\sqrt{2}<a$

96 (1) 略 (2) $0<a<1$

97 略

98 (1) 略 (2) 0

99 順に $\frac{1}{3\pi}\mathrm{cm/s}$，$1\,\mathrm{cm^2/s}$

● EXERCISES の解答

52 略

53 (ア) $\frac{4\sqrt{3}}{9}$ (イ) $\frac{2\sqrt{3}}{3}$

54 略

55 $a=1$，$b=2$，$c=3$

56 $a=6$，$b=12$，$c=18$

57 (1) $(0,\ b)$ (2) 略

58 略

59 $y=\frac{1}{\sqrt{3}}x+\sqrt{3}$，$y=\sqrt{3}x+\frac{1}{\sqrt{3}}$

60 $y=-4x-4$

61 (1) 略 (2) 1

62 $a=3$

63 最大値 3，最小値 $\frac{\sqrt{17}-3}{2}$

64 $4a\leqq b<8a$

65 (1) $f'(x)=-\frac{2(x+2)(x-1)}{(x^2+2)^2}$
(2) $x=1$ で極大値 1，$x=-2$ で極小値 $-\frac{1}{2}$
(3) $-\frac{1}{3}\leqq a\leqq 1$

66 $k=\frac{3}{2}$，$y=-\sqrt{3}x+\frac{\sqrt{3}}{3}\pi+1$

<第 6 章> 積 分 法 C は積分定数を表す

● TRAINING の解答

100 (1) $\frac{3}{10}x^3\cdot\sqrt[3]{x}+C$ (2) $\frac{x^4}{2}-\frac{2}{x^2}+C$
(3) $\frac{3}{7}x^2\cdot\sqrt[3]{x}-2\sqrt{x}+C$
(4) $\frac{t^2}{2}+2t+\log|t|+C$

101 (1) $2\sin x-\cos x+C$
(2) $-\frac{1}{\tan x}-x+C$
(3) $e^x+\frac{5^{x+1}}{\log 5}+C$

102 (1) $\frac{1}{15}(3x-2)^5+C$ (2) $-\frac{1}{x-3}+C$
(3) $\frac{3}{10}(2t-1)\sqrt[3]{(2t-1)^2}+C$
(4) $-\frac{1}{2}\cos 2x-\frac{1}{3}\sin 3x+C$
(5) $\frac{1}{2}(e^{2x}-e^{-2x}-4x)+C$ (6) $\frac{2^{3x-2}}{3\log 2}+C$

103 (1) $\log|x-3|-\frac{3}{x-3}+C$
(2) $\frac{2}{15}(3x+4)(x-2)\sqrt{x-2}+C$
(3) $\frac{1}{15}(7-3x)(3-2x)\sqrt{3-2x}+C$
(4) $\frac{2}{3}(x-8)\sqrt{x+1}+C$
(5) $\frac{3}{14}(2x-3)(x+2)\sqrt[3]{x+2}+C$

104 (1) $\frac{\sin^3 x}{3}+C$ (2) $\frac{(e^x-2)^2}{2}+C$
(3) $\frac{(\log 2x)^2}{2}+C$

105 (1) $\log|x^4-3x^2+9x-10|+C$
(2) $-\log|\cos x|+C$

106 (1) $x\sin x+\cos x+C$
(2) $\frac{x^3}{3}\log x-\frac{x^3}{9}+C$
(3) $\frac{1}{4}(2t-1)e^{2t}+C$

107 (1) $\frac{2}{3}\{x\sqrt{x}+(x-1)\sqrt{x-1}\}+C$
(2) $\frac{2}{3}(x+1)\sqrt{x+1}-x+C$

108 (1) $x^2+x-\log|2x+1|+C$

(2) $\log\dfrac{(x-3)^2}{|x+1|}+C$

(3) $\log|x-3|-\dfrac{4}{x-3}+C$

109 (1) $\dfrac{1}{2}x-\dfrac{1}{4}\sin 2x+C$

(2) $-\dfrac{1}{8}\sin 4x+\dfrac{1}{4}\sin 2x+C$

(3) $\dfrac{1}{12}\sin 6x+\dfrac{1}{4}\sin 2x+C$

110 (1) $\dfrac{1}{3}\sin^6 x+C$ (2) $\log|\sin x|+C$

(3) $\log\dfrac{1-\cos x}{|\cos x|}+C$

111 $\dfrac{1}{2}\log\dfrac{|e^x-1|}{e^x+1}+C$

112 $I=\dfrac{1}{10}e^{-x}(3\sin 3x-\cos 3x)+C$,

$J=-\dfrac{1}{10}e^{-x}(\sin 3x+3\cos 3x)+C$

113 (1) $2(\sqrt{2}-1)$ (2) 0 (3) e^2-1 (4) 2

(5) $-\dfrac{3}{4}$ (6) $\sqrt{3}$ (7) $\dfrac{2}{\log 2}$

114 (1) $e+2-\dfrac{1}{e}$ (2) $\log\dfrac{4}{3}$ (3) $1-\dfrac{\pi}{4}$

(4) $2\left(\sqrt{e}-\dfrac{1}{\sqrt{e}}\right)$ (5) 0 (6) $\log\dfrac{e+1}{2}$

115 (1) 3 (2) $\dfrac{16}{3}$ (3) $\dfrac{2}{3}+2\sqrt{3}$

116 (1) 10 (2) $\dfrac{2\sqrt{2}-1}{3}$ (3) $\dfrac{1}{3}$ (4) $\dfrac{1}{30}$

(5) 48 (6) $\dfrac{1}{2}$

117 (1) $\dfrac{9}{4}\pi$ (2) $\dfrac{5}{12}\pi+\dfrac{\sqrt{3}}{8}$ (3) $\dfrac{\pi}{6}$

118 (1) $\dfrac{\pi}{8}$ (2) $\dfrac{\sqrt{3}}{12}\pi$

119 (1) 18 (2) 0 (3) 0 (4) 2

120 (1) -2 (2) $-\dfrac{2}{e}+1$ (3) $4\log 2-\dfrac{15}{16}$

121 $\dfrac{\pi^2}{32}+\dfrac{1}{4}$

122 (1) $y'=\sin 2x$ (2) $y'=\dfrac{\cos x}{1+e^x}$

(3) $y'=-\cos x+1$ (4) $y'=\dfrac{1}{x+1}$

(5) $y'=2xe^{x^2}\sin x^2-e^x\sin x$

123 $f(x)=2\cos x+\dfrac{2}{4-\pi}$

124 (1) $\dfrac{1}{4}$ (2) 2

125 略

126 略

127 0

128 証明略, $\dfrac{\pi}{4}$

129 $f(a)=\dfrac{\pi^3}{24}a^2-2a+\dfrac{\pi}{4}$,

$a=\dfrac{24}{\pi^3}$ で最小値 $-\dfrac{24}{\pi^3}+\dfrac{\pi}{4}$

130 (1) $I_n=\dfrac{n-1}{n}I_{n-2}$ (2) $\dfrac{8}{15}$

131 $x=\dfrac{7}{6}\pi$ で最大値 $1+\dfrac{3\sqrt{3}}{4}$,

$x=\dfrac{11}{6}\pi$ で最小値 $1-\dfrac{3\sqrt{3}}{4}$

132 (1) $f(x)=\dfrac{2}{3}e^{\frac{2}{3}x}$; $a=-1$

(2) $f(x)=x+1$; $a=-3$, 1

133 (1) 0 (2) $\dfrac{1}{\sqrt{2}}$

● EXERCISES の解答

67 (1) $f'(x)$
$=(A+B)e^x\cos x+(-A+B)e^x\sin x$
(2) $f''(x)=2\{f'(x)-f(x)\}$
(3) $\frac{1}{2}(A-B)e^x\cos x+\frac{1}{2}(A+B)e^x\sin x+C$

68 $F(x)=\frac{1}{2}e^{x^2}-\frac{1}{2}$

69 順に $x\sin x+C$, $x(\sin x)\log x+\cos x+C$

70 (1) $\frac{4}{15}(3\sqrt{x}-2)(1+\sqrt{x})\sqrt{1+\sqrt{x}}+C$
(2) $\frac{1}{2}(x^2-1)e^{x^2}+C$ (3) $-\frac{\log x+1}{x}+C$
(4) $\frac{1}{3}(x^2+1)\sqrt{x^2+1}-\frac{x^3}{3}+C$
(5) $x\log(x^2-1)-2x+\log\frac{x+1}{x-1}+C$
(6) $\frac{3}{8}x+\frac{1}{4}\sin 2x+\frac{1}{32}\sin 4x+C$
(7) $\tan x+\frac{1}{\cos x}+C$
(8) $\frac{1}{2}\log|e^{2x}-1|+C$

71 (1) $\frac{\pi}{2}$ (2) $2a\left(e-\frac{1}{e}\right)$ (3) 0

72 $\frac{\pi^2}{16}-\frac{1}{4}$

73 $a=\sqrt{2\pi}$

74 (1) $2\log(\sqrt{2}+1)$ (2) $\frac{1}{5}\log 6$

75 (1) $\frac{\pi}{4}$ (2) $\frac{\pi}{4}$

76 $f(x)=\frac{2}{5}\sin x+\frac{4}{5}\cos x$

77 略

78 (1) 略 (2) $-\frac{1}{\log x}+C$ (3) 略

79 (1) e^2+1 (2) $I_n=2^ne^2-nI_{n-1}$
(3) $8e^2-24$

80 (1) $\int_a^x f(t)dt=2\cos x-1$
(2) $f(x)=-2\sin x$ (3) $a=\frac{\pi}{3}$, $b=\frac{\pi}{3}-\sqrt{3}$

＜第 7 章＞ 積分法の応用

● TRAINING の解答

134 (1) $\frac{3}{2}+\log\frac{2}{3}$ (2) $\frac{1}{2}\left(e^2+\frac{1}{e^2}\right)-1$
(3) $\frac{3+\sqrt{2}}{2}$ (4) $\log\frac{27}{\sqrt{2}}-\frac{3}{2}$

135 $(e-1)^2$

136 $\frac{9\sqrt{3}}{4}$

137 (1) 6 (2) $\frac{1}{e}$

138 $\frac{9}{16}$

139 $\sqrt{6}\pi$

140 (1) 12π (2) $\frac{4}{5}$

141 $\frac{2\sqrt{3}}{3}a^3$

142 (1) $\frac{\pi}{2}e^2(e^2-1)$ (2) $\frac{8}{3}\pi$

143 $\frac{32}{5}\pi$

144 (1) $\frac{28}{15}\pi$ (2) $\frac{\pi}{30}$

145 (1) $(-1,\ 0)$, $(1,\ 0)$ (2) $\pi(4-\pi)$

146 (1) $S(t)=\frac{1}{3}t^3-5t^2+16t$,
$T(t)=-\frac{1}{3}t^3-t^2+10t$
(2) $t=3$

147 順に $\frac{2}{\pi}$, $\frac{6}{\pi}$

148 8

149 (1) $\frac{2}{3}(2\sqrt{2}-1)$ (2) $6\sqrt{3}$

150 (1) $\frac{8(10\sqrt{10}-1)}{27}$ (2) $\frac{53}{6}$

151 $e-2$

152 (1) 略 (2) $S(t)=\left(1-\frac{1}{e}\right)e^t-t+\frac{1}{2}$
(3) $t=1$ で最大値 $e-\frac{3}{2}$,
$t=1-\log(e-1)$ で最小値 $\log(e-1)+\frac{1}{2}$

153 (1) $\mathrm{P}(\log 3,\ 1)$
(2) $y=\frac{4(\log 3-1)}{(\log 3)^2}x-3+\frac{4}{\log 3}$

154 $2\left(1-\frac{e}{3}\right)\pi$

155 $\dfrac{60+32\sqrt{2}}{15}\pi$

156 $S=\dfrac{\sqrt{2}}{4}-\dfrac{\sqrt{3}}{6}$，$V=\left(\dfrac{4\sqrt{3}}{9}-\dfrac{\sqrt{2}}{2}\right)\pi$

157 (1) $x^2+y^2-2x+A=0$，A は任意定数

(2) $y=Ae^{\frac{x^2}{2}}$，A は任意定数

(3) $y=Ax+1$，A は任意定数

158 $x=0$ または $y=-\dfrac{1}{2}\log|x|+C$，C は任意定数

● EXERCISES の解答

81 (1) $x=\dfrac{5}{3}$ で極大値 $\dfrac{2\sqrt{3}}{9}$，$x=2$ で極小値 0

(2) $\dfrac{4}{15}$

82 $a=\sqrt{e}$，$e\sqrt{e}$

83 (1) 略 (2) $x=\dfrac{1}{2}\log\dfrac{1+y}{1-y}$

(3) $\dfrac{1}{4}\log\dfrac{27}{16}$

84 $a=e^{\frac{2}{3}}$，$\log b=\dfrac{\sqrt[3]{17}}{3}$

85 $\dfrac{32\sqrt{3}-32}{9}\pi$

86 (ア) $45+30t-5t^2$ (イ) $3+3\sqrt{2}$

(ウ) 50

87 (1) 1，5 (2) 314

88 (1) $f^{-1}(x)=\sqrt{x+1}$，$-1\leqq x\leqq 3$

(2) 略 (3) $\dfrac{7+5\sqrt{5}}{12}$

89 $\dfrac{8}{15}$

90 $a=2$ で最大値 $\dfrac{\pi}{3}$

91 (1) $\mathrm{P}\left(\sqrt{e},\ \dfrac{1}{2}\right)$，$a=\dfrac{1}{2e}$

(2) $\left(2-\dfrac{6\sqrt{e}}{5}\right)\pi$

92 (1) 略 (2) $S(a)=\dfrac{e-1}{2}(e^a+e^{-a-1})$

(3) $a=-\dfrac{1}{2}$ で最小値 $\dfrac{e-1}{\sqrt{e}}$

93 (1) $y=\dfrac{2}{e}x$ (2) $\dfrac{3}{4}e-2$

94 (ア) $\dfrac{1}{2}x+\dfrac{1}{2}$ (イ) $\dfrac{\pi}{30}$

95 (1) 略 (2) $\dfrac{\pi(2\pi+3\sqrt{3})}{8}$

索　引

主に，用語・記号の初出のページを示した。なお，初出でなくても重点的に扱われるページを示したものもある。

<た行>

<な行>

<は行>

<ま行>

<や行>

<ら行>

<わ行>

<記号>

平方・立方・平方根の表

n	n^2	n^3	$\sqrt{n}$	$\sqrt{10n}$
1	1	1	1.0000	3.1623
2	4	8	1.4142	4.4721
3	9	27	1.7321	5.4772
4	16	64	2.0000	6.3246
5	25	125	2.2361	7.0711
6	36	216	2.4495	7.7460
7	49	343	2.6458	8.3666
8	64	512	2.8284	8.9443
9	81	729	3.0000	9.4868
10	100	1000	3.1623	10.0000
11	121	1331	3.3166	10.4881
12	144	1728	3.4641	10.9545
13	169	2197	3.6056	11.4018
14	196	2744	3.7417	11.8322
15	225	3375	3.8730	12.2474
16	256	4096	4.0000	12.6491
17	289	4913	4.1231	13.0384
18	324	5832	4.2426	13.4164
19	361	6859	4.3589	13.7840
20	400	8000	4.4721	14.1421
21	441	9261	4.5826	14.4914
22	484	10648	4.6904	14.8324
23	529	12167	4.7958	15.1658
24	576	13824	4.8990	15.4919
25	625	15625	5.0000	15.8114
26	676	17576	5.0990	16.1245
27	729	19683	5.1962	16.4317
28	784	21952	5.2915	16.7332
29	841	24389	5.3852	17.0294
30	900	27000	5.4772	17.3205
31	961	29791	5.5678	17.6068
32	1024	32768	5.6569	17.8885
33	1089	35937	5.7446	18.1659
34	1156	39304	5.8310	18.4391
35	1225	42875	5.9161	18.7083
36	1296	46656	6.0000	18.9737
37	1369	50653	6.0828	19.2354
38	1444	54872	6.1644	19.4936
39	1521	59319	6.2450	19.7484
40	1600	64000	6.3246	20.0000
41	1681	68921	6.4031	20.2485
42	1764	74088	6.4807	20.4939
43	1849	79507	6.5574	20.7364
44	1936	85184	6.6332	20.9762
45	2025	91125	6.7082	21.2132
46	2116	97336	6.7823	21.4476
47	2209	103823	6.8557	21.6795
48	2304	110592	6.9282	21.9089
49	2401	117649	7.0000	22.1359
50	2500	125000	7.0711	22.3607
51	2601	132651	7.1414	22.5832
52	2704	140608	7.2111	22.8035
53	2809	148877	7.2801	23.0217
54	2916	157464	7.3485	23.2379
55	3025	166375	7.4162	23.4521
56	3136	175616	7.4833	23.6643
57	3249	185193	7.5498	23.8747
58	3364	195112	7.6158	24.0832
59	3481	205379	7.6811	24.2899
60	3600	216000	7.7460	24.4949
61	3721	226981	7.8102	24.6982
62	3844	238328	7.8740	24.8998
63	3969	250047	7.9373	25.0998
64	4096	262144	8.0000	25.2982
65	4225	274625	8.0623	25.4951
66	4356	287496	8.1240	25.6905
67	4489	300763	8.1854	25.8844
68	4624	314432	8.2462	26.0768
69	4761	328509	8.3066	26.2679
70	4900	343000	8.3666	26.4575
71	5041	357911	8.4261	26.6458
72	5184	373248	8.4853	26.8328
73	5329	389017	8.5440	27.0185
74	5476	405224	8.6023	27.2029
75	5625	421875	8.6603	27.3861
76	5776	438976	8.7178	27.5681
77	5929	456533	8.7750	27.7489
78	6084	474552	8.8318	27.9285
79	6241	493039	8.8882	28.1069
80	6400	512000	8.9443	28.2843
81	6561	531441	9.0000	28.4605
82	6724	551368	9.0554	28.6356
83	6889	571787	9.1104	28.8097
84	7056	592704	9.1652	28.9828
85	7225	614125	9.2195	29.1548
86	7396	636056	9.2736	29.3258
87	7569	658503	9.3274	29.4958
88	7744	681472	9.3808	29.6648
89	7921	704969	9.4340	29.8329
90	8100	729000	9.4868	30.0000
91	8281	753571	9.5394	30.1662
92	8464	778688	9.5917	30.3315
93	8649	804357	9.6437	30.4959
94	8836	830584	9.6954	30.6594
95	9025	857375	9.7468	30.8221
96	9216	884736	9.7980	30.9839
97	9409	912673	9.8489	31.1448
98	9604	941192	9.8995	31.3050
99	9801	970299	9.9499	31.4643
100	10000	1000000	10.0000	31.6228

●編著者
チャート研究所

●表紙・カバー・本文デザイン
有限会社アーク・ビジュアル・ワークス

●イラスト(先生，生徒)
有限会社アラカグラフィス

●手書き文字(はなぞめフォント)作成
さつやこ

初版　(微分・積分)
第1刷　1990年2月1日　発行
新制　(数学Ⅲ)
第1刷　1996年2月1日　発行
新課程(数学Ⅲ)
第1刷　2013年11月1日　発行
改訂版
第1刷　2018年11月1日　発行
新課程(数学Ⅲ)
第1刷　2023年11月1日　発行
第2刷　2023年11月10日　発行
第3刷　2024年2月1日　発行
第4刷　2024年2月10日　発行

編集・制作　チャート研究所
発行者　星野 泰也

ISBN978-4-410-10253-0

チャート式® 基礎と演習　数学Ⅲ

発行所　数研出版株式会社

〒101-0052 東京都千代田区神田小川町2丁目3番地3
〔振替〕 00140-4-118431
〒604-0861 京都市中京区烏丸通竹屋町上る大倉町205番地
〔電話〕代表 (075)231-0161
ホームページ　https://www.chart.co.jp
印刷　岩岡印刷株式会社

微分法の応用

□ 接線の方程式

曲線 $y=f(x)$ 上の点 $\mathrm{A}(a,\ f(a))$ における接線の方程式は

$y-f(a)=f'(a)(x-a)$

法線の方程式は

$y-f(a)=-\dfrac{1}{f'(a)}(x-a)$

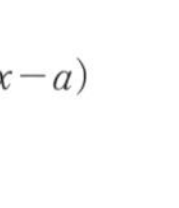

□ 平均値の定理

関数 $f(x)$ が区間 $[a,\ b]$ で連続，区間 $(a,\ b)$ で微分可能ならば

$\dfrac{f(b)-f(a)}{b-a}=f'(c)$，$a<c<b$

を満たす c が存在する。

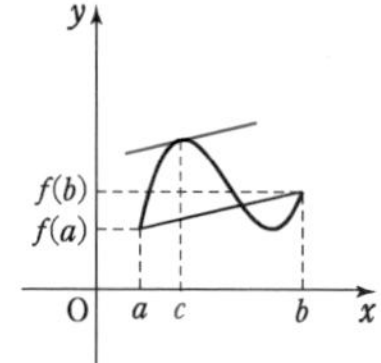

□ 関数の値の変化　□ 関数のグラフ

⇨ **関数の増減**　関数 $f(x)$ が区間 $(a,\ b)$ で

① 常に $f'(x)>0$
② 常に $f'(x)<0$
③ 常に $f'(x)=0$

} なら区間 $[a,\ b]$ で { 増加 / 減少 / 定数

⇨ **極大・極小**　$f(x)$ は連続な関数とする。

① $x=a$ を境目として，$f'(x)$ の符号が
　正から負 $\Longrightarrow$ $x=a$ で極大
　負から正 $\Longrightarrow$ $x=a$ で極小

② $f(x)$ が $x=a$ で微分可能であるとき
　$x=a$ で極値をとるならば $f'(a)=0$

⇨ **曲線の凹凸**　曲線 $y=f(x)$ は

① $f''(x)>0$
② $f''(x)<0$

} である区間で { 下に凸 / 上に凸

⇨ **曲線 $y=f(x)$ の変曲点**

関数 $f(x)$ は第2次導関数 $f''(x)$ をもつとする。

① $f''(a)=0$ のとき，$x=a$ の前後で $f''(x)$ の符号が変わるならば，点 $(a,\ f(a))$ は曲線の変曲点である。

② 点 $(a,\ f(a))$ が曲線の変曲点ならば
　$f''(a)=0$

⇨ **漸近線**　曲線 $y=f(x)$ の漸近線は

① $\displaystyle\lim_{x\to c\pm0}f(x)=\pm\infty$ のとき　直線 $x=c$

② $\displaystyle\lim_{x\to\pm\infty}\{f(x)-(ax+b)\}=0$ のとき
　直線 $y=ax+b$

（符号はいずれか1つが成立すればよい）

⇨ **第2次導関数と極値**

$f''(x)$ が連続関数であるとき

① $f'(a)=0$ かつ $f''(a)>0$ $\Longrightarrow$ $f(a)$ は極小値

② $f'(a)=0$ かつ $f''(a)<0$ $\Longrightarrow$ $f(a)$ は極大値

□ 速度と加速度

① **直線上の運動**　$x=f(t)$

速度 $v=\dfrac{dx}{dt}$，加速度 $\alpha=\dfrac{dv}{dt}=\dfrac{d^2x}{dt^2}$

② **平面上の運動**　$x=f(t)$，$y=g(t)$

速度 $\vec{v}=\left(\dfrac{dx}{dt},\ \dfrac{dy}{dt}\right)$，加速度 $\vec{\alpha}=\left(\dfrac{d^2x}{dt^2},\ \dfrac{d^2y}{dt^2}\right)$

□ 1次の近似式

・$h\fallingdotseq0$ のとき　$f(a+h)\fallingdotseq f(a)+f'(a)h$

・$x\fallingdotseq0$ のとき　$f(x)\fallingdotseq f(0)+f'(0)x$

積　分　法

□ 不定積分，定積分とその基本性質

⇨ **不定積分，定積分**　$F'(x)=f(x)$ とする。

・$\displaystyle\int f(x)dx=F(x)+C$　（C は積分定数）

・$\displaystyle\int_a^b f(x)dx=\Big[F(x)\Big]_a^b=F(b)-F(a)$

⇨ **基本的な関数の不定積分**　（C は積分定数）

$\displaystyle\int x^\alpha dx=\frac{1}{\alpha+1}x^{\alpha+1}+C$　$(\alpha\neq-1)$

$\displaystyle\int\frac{1}{x}dx=\log|x|+C$

$\displaystyle\int\sin x\,dx=-\cos x+C$

$\displaystyle\int\cos x\,dx=\sin x+C$　　$\displaystyle\int\frac{dx}{\cos^2x}=\tan x+C$

$\displaystyle\int e^x dx=e^x+C$　　$\displaystyle\int a^x dx=\frac{a^x}{\log a}+C$

⇨ **定積分の基本性質**　k，l は定数とする。

① $\displaystyle\int_a^b kf(x)dx=k\int_a^b f(x)dx$

② $\displaystyle\int_a^b\{f(x)\pm g(x)\}dx=\int_a^b f(x)dx\pm\int_a^b g(x)dx$
（複号同順）

③ $\displaystyle\int_a^b\{kf(x)+lg(x)\}dx=k\int_a^b f(x)dx+l\int_a^b g(x)dx$

④ $\displaystyle\int_b^a f(x)dx=-\int_a^b f(x)dx$　特に $\displaystyle\int_a^a f(x)dx=0$

⑤ $\displaystyle\int_a^b f(x)dx=\int_a^c f(x)dx+\int_c^b f(x)dx$

⑥ $f(x)$ が偶関数のとき $\displaystyle\int_{-a}^a f(x)dx=2\int_0^a f(x)dx$

　$f(x)$ が奇関数のとき $\displaystyle\int_{-a}^a f(x)dx=0$

新課程

チャート式®

基礎と演習

数学Ⅲ

〈解答編〉

問題文＋解答

数研出版
https://www.chart.co.jp

TRAINING, EXERCISES の解答

注意　・章ごとに，TRAINING，EXERCISES の問題と解答をまとめて扱った。
・主に本冊の CHART & GUIDE に対応した箇所を赤字で示した。
・問題番号の左上の数字は，難易度を表したものである。

TR ①1　次の関数のグラフをかけ。また，その漸近線，定義域，値域を求めよ。

(1) $y=\dfrac{2}{x-4}$　(2) $y=\dfrac{1}{x+1}+2$　(3) $y=\dfrac{2}{3-x}+1$

(1) グラフは，$y=\dfrac{2}{x}$ のグラフを x 軸方向に 4 だけ平行移動したものである。〔図〕；**漸近線は 2 直線 $x=4$，$y=0$(x 軸)；定義域は $x\neq4$，値域は $y\neq0$**

(2) グラフは，$y=\dfrac{1}{x}$ のグラフを x 軸方向に -1，y 軸方向に 2 だけ平行移動したものである。〔図〕；**漸近線は 2 直線 $x=-1$，$y=2$；定義域は $x\neq-1$，値域は $y\neq2$**

(3) $y=\dfrac{-2}{x-3}+1$ であるから，グラフは，$y=-\dfrac{2}{x}$ のグラフを x 軸方向に 3，y 軸方向に 1 だけ平行移動したものである。〔図〕；**漸近線は 2 直線 $x=3$，$y=1$；定義域は $x\neq3$，値域は $y\neq1$**

(1) 点 (4, 0) を原点とみて，$y=\dfrac{2}{x}$ のグラフをかく。
(2) 点 $(-1, 2)$ を原点とみて，$y=\dfrac{1}{x}$ のグラフをかく。
(3) 点 (3, 1) を原点とみて，$y=-\dfrac{2}{x}$ のグラフをかく。

(1)
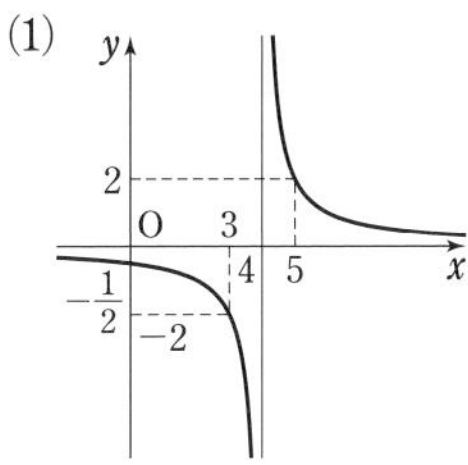

(2)
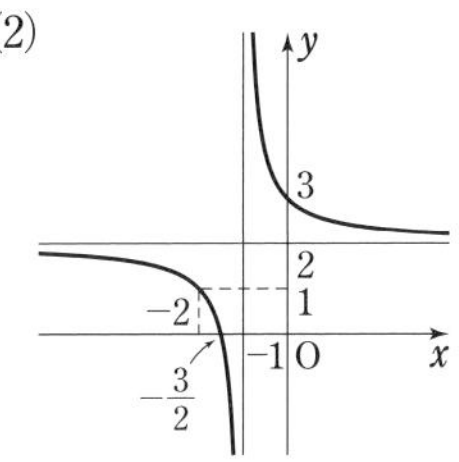

(3)
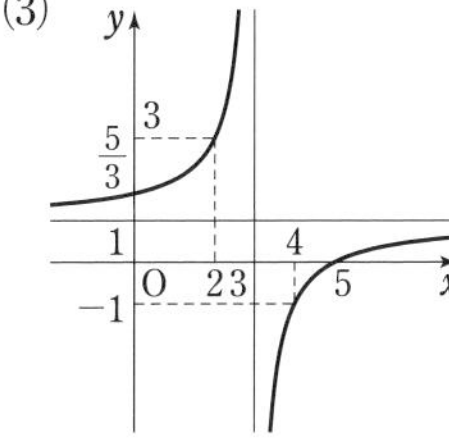

TR ②2　次の関数のグラフをかけ。また，その定義域，値域を求めよ。

(1) $y=\dfrac{2x-7}{x-3}$　(2) $y=\dfrac{-2x-5}{x+3}$　(3) $y=\dfrac{6x+7}{2x+1}$

(1) $\dfrac{2x-7}{x-3}=\dfrac{2(x-3)-1}{x-3}$

$=-\dfrac{1}{x-3}+2$

← $2x-7$ を $x-3$ で割ると，商 2，余り -1

よって，$y=\dfrac{2x-7}{x-3}$ のグラフは，$y=-\dfrac{1}{x}$ のグラフを x 軸方向に 3，y 軸方向に 2 だけ平行移動したものである。〔図〕

漸近線は　2 直線 $x=3$，$y=2$

また，**定義域は $x\neq3$，値域は $y\neq2$**

← 点 (3, 2) を原点とみて，$y=-\dfrac{1}{x}$ のグラフをかく。

(2) $\dfrac{-2x-5}{x+3}=\dfrac{-2(x+3)+1}{x+3}$

$=\dfrac{1}{x+3}-2$

よって，$y=\dfrac{-2x-5}{x+3}$ のグラフは，$y=\dfrac{1}{x}$ のグラフを x 軸方向に -3，y 軸方向に -2 だけ平行移動したものである。**〔図〕**

漸近線は　2 直線 $x=-3$，$y=-2$

また，**定義域は $x \neq -3$，値域は $y \neq -2$**

⬅ 点 $(-3,\ -2)$ を原点とみて，$y=\dfrac{1}{x}$ のグラフをかく。

(3) $\dfrac{6x+7}{2x+1}=\dfrac{3(2x+1)+4}{2x+1}=\dfrac{4}{2x+1}+3$

$=\dfrac{2}{x+\frac{1}{2}}+3$

よって，$y=\dfrac{6x+7}{2x+1}$ のグラフは，$y=\dfrac{2}{x}$ のグラフを x 軸方向に $-\dfrac{1}{2}$，y 軸方向に 3 だけ平行移動したものである。**〔図〕**

漸近線は 2 直線 $x=-\dfrac{1}{2}$，$y=3$

また，**定義域は $x \neq -\dfrac{1}{2}$，値域は $y \neq 3$**

⬅ 点 $\left(-\dfrac{1}{2},\ 3\right)$ を原点とみて，$y=\dfrac{2}{x}$ のグラフをかく。

(1)
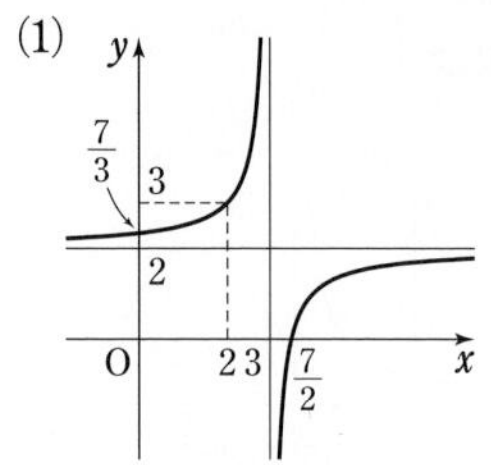

(2)
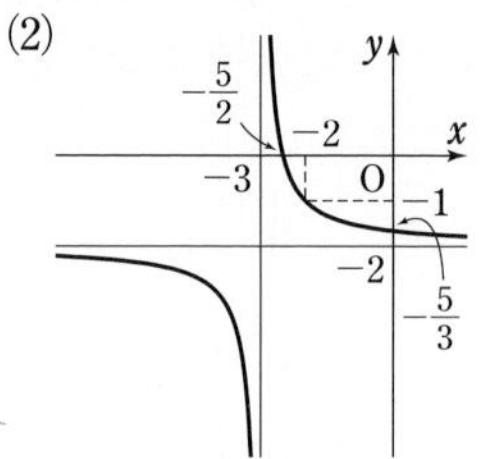

(3)
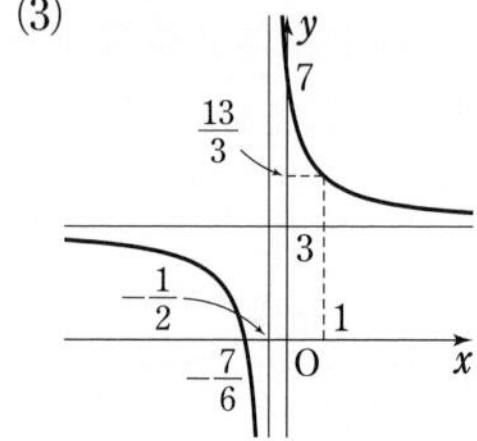

TR ③3　次の関数のグラフをかき，その値域を求めよ。

(1) $y=\dfrac{x}{x-2}\ (-1 \leqq x \leqq 1)$　　(2) $y=\dfrac{3x-2}{x+1}\ (-2 \leqq x \leqq 1)$

(1) $\dfrac{x}{x-2}=\dfrac{(x-2)+2}{x-2}$

$=\dfrac{2}{x-2}+1$

$x=-1$ のとき　$y=\dfrac{1}{3}$

$x=1$　のとき　$y=-1$

この関数のグラフは，**図の実線部分**のようになるから，**値域は**

$$-1 \leqq y \leqq \frac{1}{3}$$

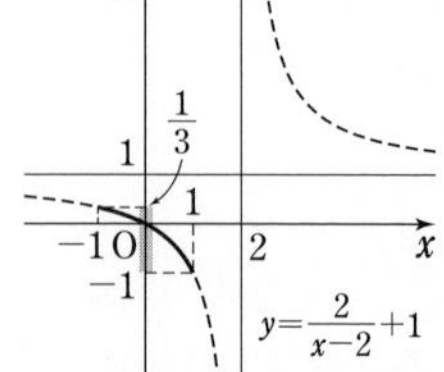

CHART　関数の値域
グラフをかいて，y の値の範囲をよみとる

⬅ 漸近線は，2 直線 $x=2$，$y=1$

(2) $\dfrac{3x-2}{x+1}=\dfrac{3(x+1)-3-2}{x+1}$

$=-\dfrac{5}{x+1}+3$

$x=-2$ のとき　　$y=8$

$x=1$ 　のとき　　$y=\dfrac{1}{2}$

この関数のグラフは，**図の実線部分**のようになるから，**値域は**

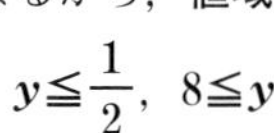

$$\boldsymbol{y\leqq\frac{1}{2},\ 8\leqq y}$$

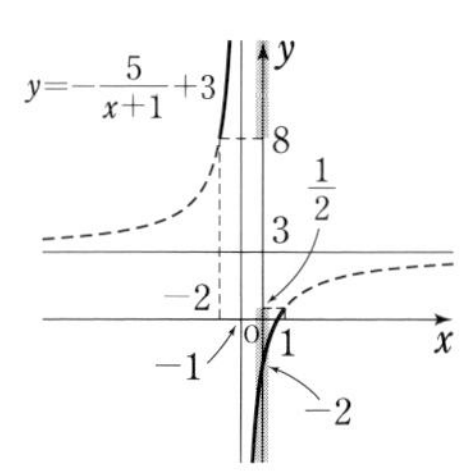

⇐漸近線は，2直線 $x=-1$, $y=3$

TR ③ 4　関数 $y=\dfrac{ax+b}{2x+c}$ のグラフが点 (1, 0) を通り，2直線 $x=-\dfrac{1}{2}$, $y=1$ を漸近線とするとき，定数 a, b, c の値を求めよ。

$y=\dfrac{ax+b}{2x+c}$ …… ① の右辺を変形すると

$$\frac{ax+b}{2x+c}=\frac{a\left(x+\frac{c}{2}\right)-\frac{ac}{2}+b}{2\left(x+\frac{c}{2}\right)}=\frac{\frac{2b-ac}{4}}{x-\left(-\frac{c}{2}\right)}+\frac{a}{2}$$

2直線 $x=-\dfrac{1}{2}$, $y=1$ を漸近線とするから，$2b-ac\neq 0$ で

$-\dfrac{c}{2}=-\dfrac{1}{2}$, $\dfrac{a}{2}=1$　　ゆえに　　$c=1$, $a=2$

よって，① は　　$y=\dfrac{2x+b}{2x+1}$

点 (1, 0) を通るから　　$0=\dfrac{2\cdot 1+b}{2\cdot 1+1}$　　ゆえに　　$b=-2$

以上から　　$\boldsymbol{a=2,\ b=-2,\ c=1}$ ($2b-ac\neq 0$ を満たす)

別解　2直線 $x=-\dfrac{1}{2}$, $y=1$ を漸近線とするから，関数は

$y=\dfrac{k}{x+\frac{1}{2}}+1$ すなわち $y=\dfrac{2k}{2x+1}+1$ ($k\neq 0$) と表される。

このグラフが点 (1, 0) を通るから　　$0=\dfrac{2k}{2\cdot 1+1}+1$

ゆえに　　$k=-\dfrac{3}{2}$ ($k\neq 0$ を満たす)

よって　　$y=\dfrac{-3}{2x+1}+1$　　すなわち　　$y=\dfrac{2x-2}{2x+1}$

⇐ $\dfrac{-3}{2x+1}+1=\dfrac{-3+2x+1}{2x+1}$

$y=\dfrac{ax+b}{2x+c}$ の係数と比較して　　$\boldsymbol{a=2,\ b=-2,\ c=1}$

TR ③5 関数 $f(x)=\dfrac{2}{x}$ について，次のものを求めよ。

(1) 関数 $y=f(x)$ のグラフと直線 $y=x+1$ の共有点の座標

(2) $f(x)<x+1$ を満たす x の値の範囲

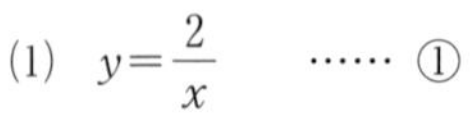

(1) $y=\dfrac{2}{x}$ …… ①

$y=x+1$ …… ②

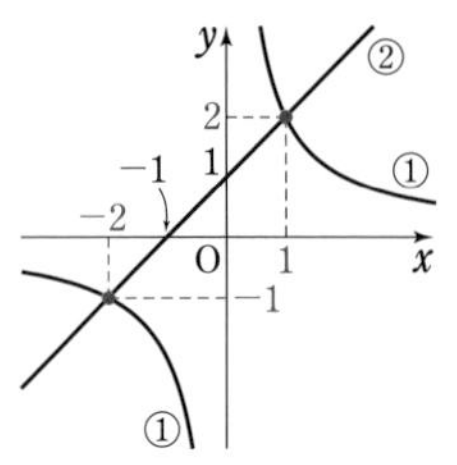

①，② から $\dfrac{2}{x}=x+1$

分母を払って整理すると

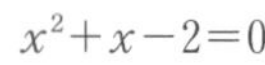

$x^2+x-2=0$

これを解いて $x=-2,\ 1$

グラフから，求める共有点の座標は **$(-2,\ -1)$，$(1,\ 2)$**

(2) 関数 ① のグラフが直線 ② より下側にあるような x の値の範囲を求めると **$-2<x<0$，$1<x$**

CHART 分数方程式・分数不等式 グラフを利用する
共有点 ⟺ 実数解
上下関係 ⟺ 不等式

⇐関数 ① のグラフと直線 ② をかくと，図のようになる。

TR ②6 次の関数のグラフをかけ。また，その定義域と値域を求めよ。

(1) $y=\sqrt{3x-1}$ (2) $y=-\sqrt{2x+4}$ (3) $y=2\sqrt{2-x}$ (4) $y=-2\sqrt{1-x}$

(1) 変形すると $y=\sqrt{3\left(x-\dfrac{1}{3}\right)}$

グラフは，$y=\sqrt{3x}$ のグラフを x 軸方向に $\dfrac{1}{3}$ だけ平行移動したものである。〔図〕

定義域は，$3x-1\geqq 0$ から $\boldsymbol{x\geqq\dfrac{1}{3}}$，**値域は** $\boldsymbol{y\geqq 0}$

⇐点 $\left(\dfrac{1}{3},\ 0\right)$ を原点とみて，$y=\sqrt{3x}$ のグラフをかく。

(2) 変形すると $y=-\sqrt{2(x+2)}$

グラフは，$y=-\sqrt{2x}$ のグラフを x 軸方向に -2 だけ平行移動したものである。〔図〕

定義域は，$2x+4\geqq 0$ から $\boldsymbol{x\geqq -2}$，**値域は** $\boldsymbol{y\leqq 0}$

⇐点 $(-2,\ 0)$ を原点とみて，$y=-\sqrt{2x}$ のグラフをかく。

(1)

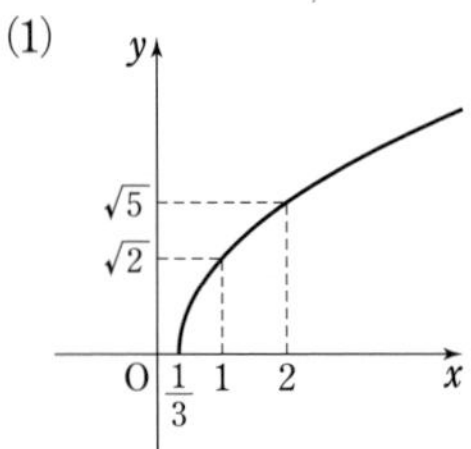

(2)

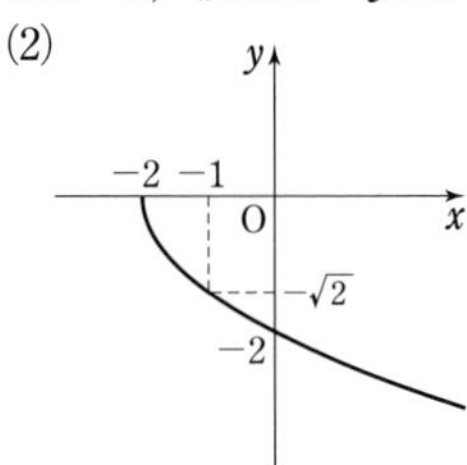

(3) 変形すると $y=2\sqrt{-(x-2)}$

グラフは，$y=2\sqrt{-x}$ のグラフを x 軸方向に 2 だけ平行移動したものである。〔図〕

定義域は，$2-x\geqq 0$ から $\boldsymbol{x\leqq 2}$，**値域は** $\boldsymbol{y\geqq 0}$

⇐点 $(2,\ 0)$ を原点とみて，$y=2\sqrt{-x}$ のグラフをかく。

(4) 変形すると $y=-2\sqrt{-(x-1)}$

グラフは，$y=-2\sqrt{-x}$ のグラフを x 軸方向に 1 だけ平行移動したものである。〔図〕

⇐点 $(1,\ 0)$ を原点とみて，$y=-2\sqrt{-x}$ のグラフをかく。

定義域は，$1-x \geqq 0$ から　$\boldsymbol{x \leqq 1}$，値域は　$\boldsymbol{y \leqq 0}$

(3)

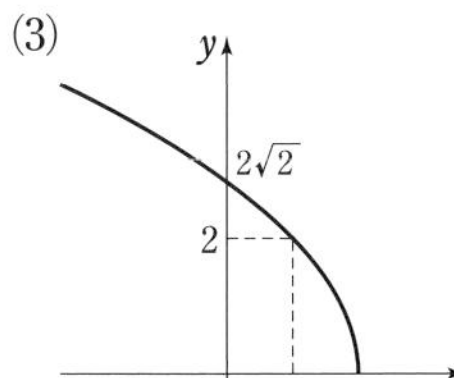

(4)

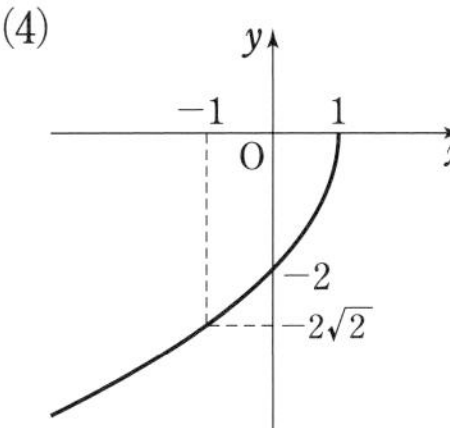

TR ②7　次の関数の値域を求めよ。

(1)　$y=\sqrt{2x-3}$ $(2 \leqq x \leqq 6)$　　(2)　$y=-\sqrt{5-x}$ $(0 \leqq x \leqq 4)$

(3)　$y=\sqrt{1-x}-2$ $(-2 \leqq x \leqq 1)$

(1)　$y=\sqrt{2x-3}$ において

$x=2$ のとき　　$y=1$

$x=6$ のとき　　$y=3$

この関数のグラフは，右の図の実線部分のようになるから，値域は

$\boldsymbol{1 \leqq y \leqq 3}$

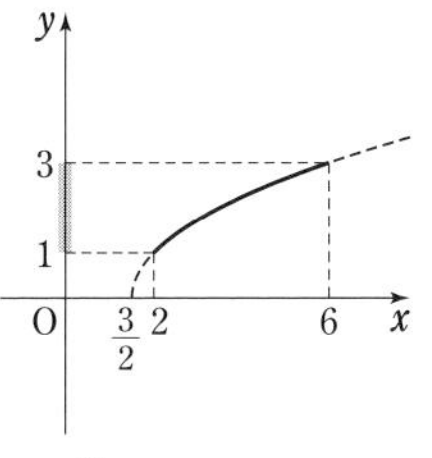

⇐ $y=\sqrt{2\left(x-\frac{3}{2}\right)}$

$y=\sqrt{2x}$ のグラフを x 軸方向に $\frac{3}{2}$ だけ平行移動したもの。

(2)　$y=-\sqrt{5-x}$ において

$x=0$ のとき　　$y=-\sqrt{5}$

$x=4$ のとき　　$y=-1$

この関数のグラフは，右の図の実線部分のようになるから，値域は

$\boldsymbol{-\sqrt{5} \leqq y \leqq -1}$

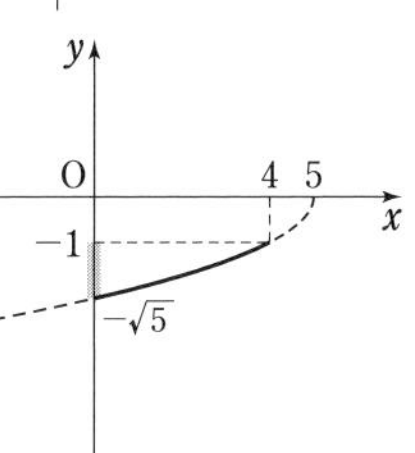

⇐ $y=-\sqrt{-(x-5)}$

$y=-\sqrt{-x}$ のグラフを x 軸方向に 5 だけ平行移動したもの。

(3)　$y=\sqrt{1-x}-2$ において

$x=-2$ のとき　　$y=\sqrt{3}-2$

$x=1$　 のとき　　$y=-2$

この関数のグラフは，右の図の実線部分のようになるから，値域は

$\boldsymbol{-2 \leqq y \leqq \sqrt{3}-2}$

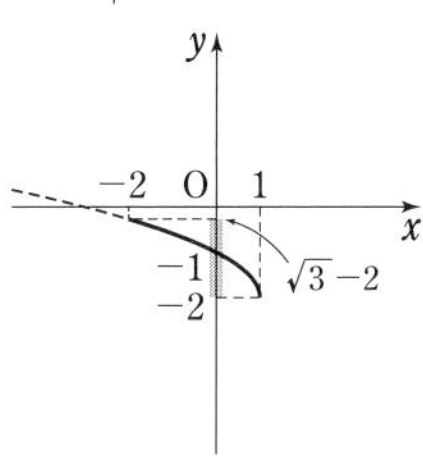

⇐ $y=\sqrt{-(x-1)}-2$

$y=\sqrt{-x}$ のグラフを x 軸方向に 1，y 軸方向に -2 だけ平行移動したもの。

TR ③8　(1)　関数 $y=\sqrt{4-x}$ のグラフと直線 $y=x-1$ の共有点の座標を求めよ。

(2)　不等式 $\sqrt{4-x}<x-1$ を解け。

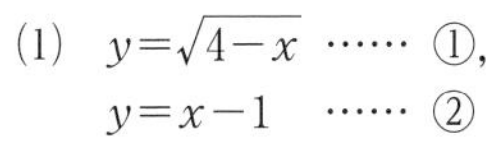

(1)　$y=\sqrt{4-x}$ …… ①,

$y=x-1$ …… ②　とする。

①，② のグラフをかくと，右の図のようになる。

①，② から

$\sqrt{4-x}=x-1$ …… Ⓐ

両辺を 2 乗すると

$4-x=(x-1)^2$ …… Ⓑ

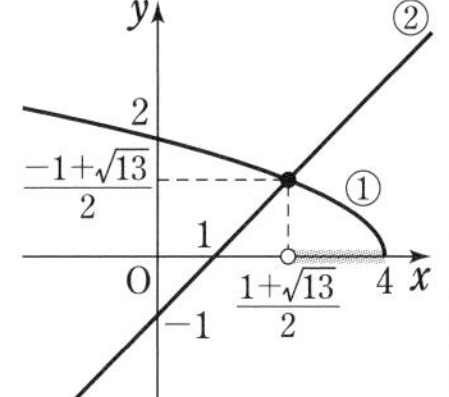

⇐ $y=\sqrt{-(x-4)}$

$y=\sqrt{-x}$ のグラフを x 軸方向に 4 だけ平行移動したもの。

整理すると　$x^2-x-3=0$

これを解いて　$x=\dfrac{1\pm\sqrt{13}}{2}$

図から，Ⓐ の解は　$x=\dfrac{1+\sqrt{13}}{2}$

このとき，② から　$y=\dfrac{-1+\sqrt{13}}{2}$

⇐ ① に代入して求めると計算が面倒。

よって，共有点の座標は　$\left(\boldsymbol{\dfrac{1+\sqrt{13}}{2}},\ \boldsymbol{\dfrac{-1+\sqrt{13}}{2}}\right)$

別解　Ⓐ において，$x-1\geqq 0$ から　$x\geqq 1$

Ⓑ の解 $x=\dfrac{1\pm\sqrt{13}}{2}$ のうち $x\geqq 1$ を満たすのは

$$x=\frac{1+\sqrt{13}}{2}$$

(2)　関数 ① のグラフが直線 ② より下側にあるような x の値の範囲は，図から　$\boldsymbol{\dfrac{1+\sqrt{13}}{2}<x\leqq 4}$

注意　① の定義域は，$4-x\geqq 0$ から　$x\leqq 4$
これを忘れないように。

TR ①9　次の関数の逆関数を求めよ。また，そのグラフをかけ。
(1)　$y=\sqrt{3^x}$　　(2)　$y=1-x^2\ (x\leqq -1)$

(1)　$y=\sqrt{3^x}$ から　$3^x=y^2$

$y>0$ であるから　$x=\log_3 y^2=2\log_3 y$

x と y を入れ替えて，求める **逆関数は**

$$\boldsymbol{y=2\log_3 x}$$

グラフは〔図〕

(2)　$y=1-x^2\ (x\leqq -1)$ …… ① とする。

関数 ① は増加関数であり，$x=-1$ のとき $y=0$ であるから，

関数 ① の値域は　$y\leqq 0$

① を x について解くと　$x^2=1-y$

$y\leqq 0$，$x\leqq -1$ であるから　$x=-\sqrt{1-y}$

x と y を入れ替えて，求める **逆関数は**

$$\boldsymbol{y=-\sqrt{1-x}\ (x\leqq 0)}$$

グラフは **図の実線部分**

CHART
$y=f(x)$ とその逆関数 $y=f^{-1}(x)$ について
f^{-1} の定義域 $=f$ の値域
f^{-1} の値域 $=f$ の定義域

⇐ 関数 $y=1-x^2$ は，$x\leqq -1$ の範囲では常に増加する。

⇐ $x=\pm\sqrt{1-y}$ において，負の方をとる。

(1)

(2)
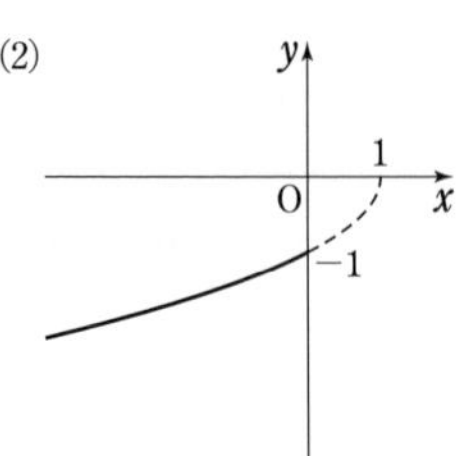

TR ②10 次の関数の逆関数を求めよ。

(1) $y=\dfrac{3-2x}{x+1}$　　(2) $y=\dfrac{x-3}{x+3}$ $(-3<x<0)$

(1) $\dfrac{3-2x}{x+1}=\dfrac{-2(x+1)+2+3}{x+1}=-2+\dfrac{5}{x+1}$

であるから　$y=\dfrac{5}{x+1}-2$

⇐基本形で表す。

ゆえに，$y=\dfrac{3-2x}{x+1}$ の値域は　$y\neq-2$

$y=\dfrac{3-2x}{x+1}$ の両辺に $x+1$ を掛けて

⇐x について解く。

$(x+1)y=3-2x$

よって　$(y+2)x=-y+3$

$y\neq-2$ であるから　$x=\dfrac{-y+3}{y+2}$

x と y を入れ替えて，求める逆関数は

$$\boldsymbol{y=\frac{-x+3}{x+2}}$$

(参考) 関数とその逆関数のグラフが直線 $y=x$ に関して対称であることから，次のように考えることもできる。

もとの関数のグラフの漸近線は

$x=-1$，$y=-2$

⇐$y=\dfrac{5}{x+1}-2$

ゆえに，その逆関数のグラフの漸近線は

$y=-1$，$x=-2$

⇐漸近線が入れ替わる。

よって，逆関数は $y=\dfrac{k}{x+2}-1$ $(k\neq0)$ とおける。

もとの関数のグラフが通る点 $(0,\ 3)$ に対し，逆関数のグラフは点 $(3,\ 0)$ を通るから　$0=\dfrac{k}{3+2}-1$

⇐$x=0$ のとき $y=3$
点 $(0,\ 3)$ と点 $(3,\ 0)$ は直線 $y=x$ に関して対称である。

これを解いて　$k=5$ ($k\neq0$ を満たす)

したがって　$y=\dfrac{5}{x+2}-1$　すなわち　$y=\dfrac{-x+3}{x+2}$

(2) $\dfrac{x-3}{x+3}=\dfrac{(x+3)-3-3}{x+3}=1-\dfrac{6}{x+3}$

であるから　$y=-\dfrac{6}{x+3}+1$

図から，値域は

$y<-1$

⇐グラフをかいて，値域を求める。

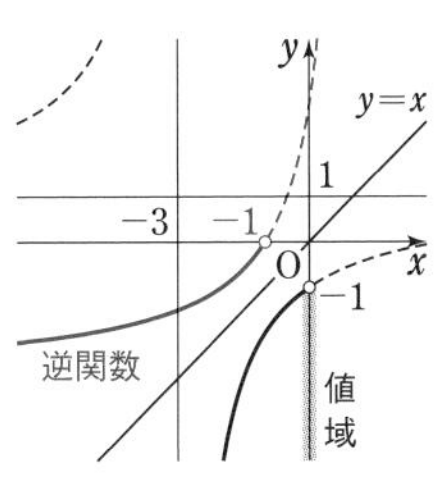

$y=\dfrac{x-3}{x+3}$ の両辺に $x+3$ を掛けて

$(x+3)y=x-3$

よって　$(y-1)x=-(3y+3)$

$y \neq 1$ であるから　　$x=-\dfrac{3y+3}{y-1}$

x と y を入れ替えて，求める逆関数は

$$\boldsymbol{y=-\frac{3x+3}{x-1}\ (x<-1)}$$

⬅もとの関数の値域が逆関数の定義域となる。

TR ②11　1 次関数 $f(x)=ax+b$ について，$f(1)=3$，$f^{-1}(-1)=3$ であるとき，定数 a，b の値を求めよ。

$f(x)$ は 1 次関数であるから　　$a \neq 0$

$f^{-1}(-1)=3$ から　　$f(3)=-1$

$f(1)=a+b$，$f(3)=3a+b$ であるから $a+b=3$，$3a+b=-1$

この連立方程式を解いて　　$\boldsymbol{a=-2,\ b=5}$

これは $a \neq 0$ を満たす。

CHART 逆関数の性質
$q=f(p)$
$\iff p=f^{-1}(q)$

TR ②12　$f(x)=\log_2 x$，$g(x)=x^2$，$h(x)=\sqrt{x+1}$ のとき，次の関数を求めよ。
(1)　$(g\circ f)(x)$　　(2)　$(g\circ h)(x)$　　(3)　$(h\circ g)(x)$　　(4)　$((h\circ g)\circ f)(x)$

(1)　$\boldsymbol{(g\circ f)(x)}=g(f(x))=\boldsymbol{(\log_2 x)^2}$

(2)　$\boldsymbol{(g\circ h)(x)}=g(h(x))=(\sqrt{x+1})^2=\boldsymbol{x+1}$

(3)　$\boldsymbol{(h\circ g)(x)}=h(g(x))=\boldsymbol{\sqrt{x^2+1}}$

(4)　$\boldsymbol{((h\circ g)\circ f)(x)}=(h\circ g)(f(x))=h(g(f(x)))=h((\log_2 x)^2)$
$=\boldsymbol{\sqrt{(\log_2 x)^2+1}}$

⬅$g(f(x))=\{f(x)\}^2$
⬅$g(h(x))=\{h(x)\}^2$
⬅$h(g(x))=\sqrt{g(x)+1}$
⬅(1) の結果を利用。

TR ④13　次の方程式・不等式を解け。
(1)　$x-3=\dfrac{4x}{x-3}$　　(2)　$x-3 \geqq \dfrac{4x}{x-3}$　　(3)　$\dfrac{6}{x+4}+x \leqq 1$

HINT　**(分母)$\neq 0$ の検討を忘れずに。**(2)，(3)　不等式では一方の辺にすべての項を集める。しかし，グラフを利用して解くのが無難である。

(1)　両辺に $x-3$ を掛けて，分母を払うと　　$(x-3)^2=4x$

整理すると　　$x^2-10x+9=0$

ゆえに　　$(x-1)(x-9)=0$　　　よって　　$\boldsymbol{x=1,\ 9}$

この値は，もとの方程式の分母を 0 にしないから，求める解である。

(2)　与式から　　$x-3-\dfrac{4x}{x-3} \geqq 0$　　ゆえに　$\dfrac{(x-3)^2-4x}{x-3} \geqq 0$

よって　　$\dfrac{(x-1)(x-9)}{x-3} \geqq 0$

この式の左辺を P とおき，各因数の符号を調べると，次の表のようになる。

x	$\cdots$	1	$\cdots$	3	$\cdots$	9	$\cdots$
$x-1$	$-$	0	$+$	$+$	$+$	$+$	$+$
$x-3$	$-$	$-$	$-$	0	$+$	$+$	$+$
$x-9$	$-$	$-$	$-$	$-$	$-$	0	$+$
P	$-$	0	$+$	／	$-$	0	$+$

(1)，(2)
$y=x-3$ …… ①，
$y=\dfrac{4x}{x-3}$ …… ②
として，①，② のグラフをかくと，図のようになる。

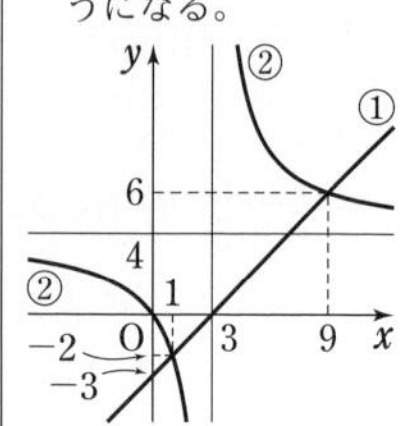

したがって，求める解は，表から　$\boldsymbol{1 \leqq x < 3,\ 9 \leqq x}$

別解　[1]　$x-3>0$　すなわち　$x>3$ のとき

$(x-3)^2 \geqq 4x$　　ゆえに　$x^2-10x+9 \geqq 0$

よって　$(x-1)(x-9) \geqq 0$　　したがって　$x \leqq 1,\ 9 \leqq x$

$x>3$ との共通範囲は　　$9 \leqq x$

[2]　$x-3<0$　すなわち　$x<3$ のとき

$(x-3)^2 \leqq 4x$　　ゆえに　$x^2-10x+9 \leqq 0$

よって　　　$1 \leqq x \leqq 9$

$x<3$ との共通範囲は　　$1 \leqq x < 3$

以上から，求める解は [1]，[2] を合わせて

$\boldsymbol{1 \leqq x < 3,\ 9 \leqq x}$

(3)　与式から　　$\dfrac{6}{x+4}+x-1 \leqq 0$

よって　　$\dfrac{(x+2)(x+1)}{x+4} \leqq 0$

この式の左辺を P とおき，各因数の符号を調べると，次の表のようになる。

x	$\cdots$	-4	$\cdots$	-2	$\cdots$	-1	$\cdots$
$x+4$	$-$	0	$+$	$+$	$+$	$+$	$+$
$x+2$	$-$	$-$	$-$	0	$+$	$+$	$+$
$x+1$	$-$	$-$	$-$	$-$	$-$	0	$+$
P	$-$	／	$+$	0	$-$	0	$+$

したがって，求める解は，表から　$\boldsymbol{x<-4,\ -2 \leqq x \leqq -1}$

(3)　$\dfrac{6}{x+4}+x \leqq 1$ から

$\dfrac{6}{x+4} \leqq 1-x$

$y=\dfrac{6}{x+4}$ …… ①,

$y=1-x$ …… ②

として，グラフをかくと，図のようになる。

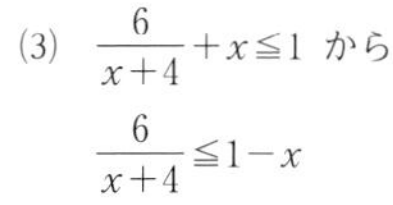

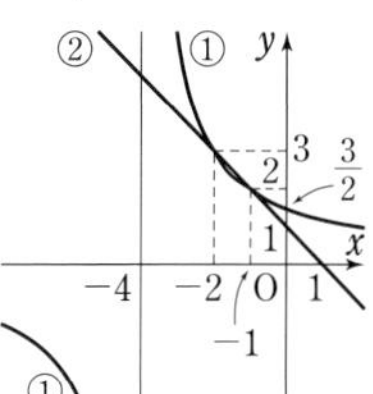

TR ④14　次の方程式・不等式を解け。

(1)　$2-x=\sqrt{16-x^2}$　　(2)　$\sqrt{x}+x \leqq 6$　　(3)　$\sqrt{10-x^2}>x+2$

(1)　方程式 $2-x=\sqrt{16-x^2}$ の解は

$2-x \geqq 0$ …… ①，$(2-x)^2=16-x^2$ …… ②

を同時に満たす x の値である。

② を整理すると　　$x^2-2x-6=0$

これを解いて　　$x=1\pm\sqrt{7}$

① より，$x \leqq 2$ であるから　　$\boldsymbol{x=1-\sqrt{7}}$

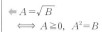

⬅ $A=\sqrt{B} \iff A \geqq 0,\ A^2=B$

⬅ $1+\sqrt{7}>2$

(2)　与式を変形して　　$\sqrt{x} \leqq 6-x$

不等式 $\sqrt{x} \leqq 6-x$ の解は

$x \geqq 0$ …… ①，$6-x \geqq 0$ …… ②，$x \leqq (6-x)^2$ …… ③

を同時に満たす x の値の範囲である。

③ を整理すると　　$x^2-13x+36 \geqq 0$

よって　　　$(x-4)(x-9) \geqq 0$

これを解いて　　$x \leqq 4,\ 9 \leqq x$ …… ④

② から，$x \leqq 6$ となり，これと ① および ④ との共通範囲をとって　　$\boldsymbol{0 \leqq x \leqq 4}$

⬅ $\sqrt{A} \leqq B \iff A \geqq 0,\ B \geqq 0,\ A \leqq B^2$

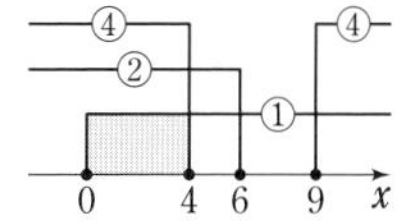

(3) [1] $x+2 \geqq 0$ のとき

不等式 $\sqrt{10-x^2}>x+2$ の解は，$10-x^2>(x+2)^2$ …… ①を満たす x の値の範囲である。

①を整理すると　$x^2+2x-3<0$

よって　$(x+3)(x-1)<0$

これを解いて　$-3<x<1$

これと $x \geqq -2$ の共通範囲をとって

$-2 \leqq x<1$ …… ②

[2] $x+2<0$ のとき

不等式 $\sqrt{10-x^2}>x+2$ の解は，$10-x^2 \geqq 0$ …… ③を満たす x の値の範囲である。

③から　$-\sqrt{10} \leqq x \leqq \sqrt{10}$

これと $x<-2$ の共通範囲をとって

$-\sqrt{10} \leqq x<-2$ …… ④

求める解は，②と④を合わせた範囲であるから

$\boldsymbol{-\sqrt{10} \leqq x<1}$

⇐①の変形
$10-x^2>x^2+4x+4$
$2x^2+4x-6<0$
$2(x^2+2x-3)<0$

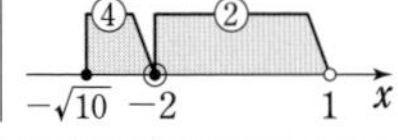

TR ⑤15　k は定数とする。方程式 $2\sqrt{x-1}=\frac{1}{2}x+k$ の異なる実数解の個数を求めよ。

$y=2\sqrt{x-1}$ …… ①，$y=\frac{1}{2}x+k$ …… ②　とすると，①と②のグラフの共有点の個数が，与えられた方程式の異なる実数解の個数に一致する。

$2\sqrt{x-1}=\frac{1}{2}x+k$ から　$4\sqrt{x-1}=x+2k$

両辺を2乗すると　$16(x-1)=(x+2k)^2$

展開して　$16x-16=x^2+4kx+4k^2$

整理すると　$x^2+4(k-4)x+4k^2+16=0$

この x の2次方程式の判別式について

$$\frac{D}{4}=4(k-4)^2-(4k^2+16)=16(3-2k)$$

$\frac{D}{4}=0$ とすると　$k=\frac{3}{2}$

また，直線②が点 $(1,\ 0)$ を通るとき

$0=\frac{1}{2}+k$　すなわち　$k=-\frac{1}{2}$

よって，求める実数解の個数は

$\boldsymbol{-\frac{1}{2} \leqq k<\frac{3}{2}}$ のとき　**2個**；

$\boldsymbol{k<-\frac{1}{2}}$，$\boldsymbol{k=\frac{3}{2}}$ のとき **1個**；

$\boldsymbol{k>\frac{3}{2}}$ のとき　**0個**

CHART
実数解 ⟺ 共有点 に基づく。すなわち，$y=2\sqrt{x-1}$ のグラフと直線 $y=\frac{1}{2}x+k$ の共有点を調べる。

⇐共有点の個数は，直線②を上下に平行移動して考える。
①と②が接するとき，②が点 $(1,\ 0)$ を通るときがポイントになる。

TR 16 ⑤ 関数 $f(x)=x^2-2x$ $(x\geqq 1)$ と，その逆関数 $f^{-1}(x)$ のグラフの交点の座標を求めよ。また，$f^{-1}(x)>f(x)$ を満たす x の値の範囲を求めよ。

$y=f(x)$ のグラフと $y=f^{-1}(x)$ のグラフは直線 $y=x$ に関して対称であるから，その交点は，$y=f(x)$ のグラフと直線 $y=x$ の交点に一致する。

$x^2-2x=x$ とすると　$x^2-3x=0$

これを解いて　$x=0,\ 3$

$x\geqq 1$ であるから　$x=3$

このとき　$y=3$

よって，交点の座標は　**(3, 3)**

また，$x^2-2x=(x-1)^2-1$ であるから

$y=f(x)$ …… ①,

$y=f^{-1}(x)$ …… ②

のグラフは，右の図のようになる。

したがって，$f^{-1}(x)>f(x)$ を満たす x の値の範囲は，図から

$$\mathbf{1\leqq x<3}$$

(参考) $f^{-1}(x)=\sqrt{x+1}+1$ $(x\geqq -1)$

CHART $f^{-1}(x)=f(x)$ の解 $\Longleftrightarrow$ $f(x)=x$ の解

⇐ $f(x)=x$

⇐ $y=f(x)$ のグラフと $y=f^{-1}(x)$ のグラフは，直線 $y=x$ に関して対称であるから，$y=f(x)$ のグラフをかくと，$f^{-1}(x)$ を求めなくても $y=f^{-1}(x)$ のグラフをかくことができる。

TR 17 ④ 関数 $y=\dfrac{ax+b}{x+2}$ のグラフは点 (1, 1) を通る。また，この関数の逆関数はもとの関数と一致する。このとき，定数 a, b の値を求めよ。 〔文化女子大〕

関数 $y=\dfrac{ax+b}{x+2}$ …… ① のグラフが点 (1, 1) を通るから

$$1=\frac{a\cdot 1+b}{1+2}\qquad \text{ゆえに}\qquad b=3-a$$

よって，① は　$y=\dfrac{ax+3-a}{x+2}$ …… ②

ここで　$\dfrac{ax+3-a}{x+2}=\dfrac{a(x+2)-2a+3-a}{x+2}=\dfrac{3(1-a)}{x+2}+a$

関数 ② は逆関数をもつから　$3(1-a)\neq 0$

すなわち　$a\neq 1$

このとき，② の値域は　$y\neq a$

② から $(x+2)y=ax+3-a$　よって　$(y-a)x=3-a-2y$

$y\neq a$ であるから　$x=\dfrac{-2y+3-a}{y-a}$

ゆえに，② の逆関数は　$y=\dfrac{-2x+3-a}{x-a}$ …… ③

② と ③ が一致するとき，② の定義域 $x\neq -2$ と ③ の定義域 $x\neq a$ が一致するから　$a=-2$　これは $a\neq 1$ を満たす。

逆に $a=-2$ のとき，② と ③ はともに $y=\dfrac{-2x+5}{x+2}$ となる。

以上から　$\boldsymbol{a=-2}$　このとき，$b=3-a$ から　$\boldsymbol{b=5}$

⇐ $3(1-a)=0$ のとき，② は $y=a\ (x\neq -2)$ となり，逆関数をもたない。

⇐ 必要条件。

⇐ 十分条件でもあることを確認する。

TR ⑤18 $f(x)=x+2$，$g(x)=x^2+1$，$h(x)=ax^2+bx+c$ とする。

(1) $f(g(x))=g(f(x))$ を満たすような x の値を求めよ。

(2) $h(f(x))=g(x)$ となるように，定数 a，b，c の値を定めよ。

(3) $f(k(x))=g(x)$ となる関数 $k(x)$ を求めよ。

(1) $f(g(x))=(x^2+1)+2=x^2+3$

$g(f(x))=(x+2)^2+1=x^2+4x+5$

であるから　$x^2+3=x^2+4x+5$

ゆえに　$4x=-2$　よって　$\boldsymbol{x=-\frac{1}{2}}$

CHART 合成関数 $f(g(x))$ の扱い　$f(x)$ の定義の式の x を $g(x)$ とおく

(2) $h(f(x))=a(x+2)^2+b(x+2)+c$

$=ax^2+(4a+b)x+4a+2b+c$

であるから　$ax^2+(4a+b)x+4a+2b+c=x^2+1$

x についての恒等式であるから，係数を比較して

$a=1$ …… ①，$4a+b=0$ …… ②，$4a+2b+c=1$ …… ③

① を ② に代入して　$b=-4$ …… ④

① と ④ を ③ に代入して　$c=5$

よって　$\boldsymbol{a=1,\ b=-4,\ c=5}$

(3) $f(k(x))=k(x)+2$ であるから，$f(k(x))=g(x)$ より

$k(x)+2=x^2+1$　よって　$\boldsymbol{k(x)=x^2-1}$

⇐ $f(x)=x+2$ の x に $k(x)$ を代入する。

(参考) 本冊 $p.34$ の (参考) の考えを利用すると，(3) は次のようになる。

$f^{-1}(x)=x-2$ であるから

$k(x)=f^{-1}(g(x))=(x^2+1)-2=x^2-1$

⇐ $y=x+2$ を x について解くと　$x=y-2$
x と y を入れ替えて
$y=x-2$

EX ③1

座標平面上の点 $(x,\ y)$ は，次の方程式を満たす。

$$\frac{1}{2}\log_2(6-x)-\log_2\sqrt{3-y}=\frac{1}{2}\log_2(10-2x)-\log_2\sqrt{4-y}\quad\cdots\cdots\ (*)$$

方程式(∗)の表す図形上の点 $(x,\ y)$ は，関数 $y=\frac{2}{x}$ のグラフを x 軸方向に p，y 軸方向に q だけ平行移動したグラフ上の点である。このとき，p，q を求めると，$(p,\ q)=$□ である。　〔類 芝浦工大〕

真数は正であるから

$$6-x>0,\ 3-y>0,\ 10-2x>0,\ 4-y>0$$

よって　$x<5$，$y<3$

(∗)の両辺に 2 を掛けて

$$\log_2(6-x)-2\log_2\sqrt{3-y}=\log_2(10-2x)-2\log_2\sqrt{4-y}$$

すなわち

$$\log_2(6-x)+2\log_2\sqrt{4-y}=\log_2(10-2x)+2\log_2\sqrt{3-y}$$

ゆえに　$\log_2(6-x)(4-y)=\log_2(10-2x)(3-y)$

よって　$(6-x)(4-y)=(10-2x)(3-y)$

展開して整理すると　$xy-2x-4y+6=0$

y についてまとめると　$(x-4)y=2x-6$

ここで，$x=4$ とすると，$0\cdot y=2$ となり方程式は成り立たないから　$x\neq 4$

したがって　$y=\frac{2x-6}{x-4}$　すなわち　$y=\frac{2}{x-4}+2$

$y=\frac{2}{x-4}+2$ のグラフは，$y=\frac{2}{x}$ のグラフを x 軸方向に 4，y 軸方向に 2 だけ平行移動したものであるから

$$(p,\ q)=\mathbf{(4,\ 2)}$$

⇐ $2\log_2\sqrt{4-y}=\log_2(\sqrt{4-y})^2=\log_2(4-y)$

⇐ $\frac{2x-6}{x-4}=\frac{2(x-4)+2}{x-4}$

EX ③2

次の不等式を解け。

(1) $\sqrt{x+3}<|2x|$　　(2) $\sqrt{\frac{x+1}{x-4}}\geqq\sqrt{3}$

(1) $y=\sqrt{x+3}$ ……①，
$y=|2x|$ ……② のグラフは右のようになる。

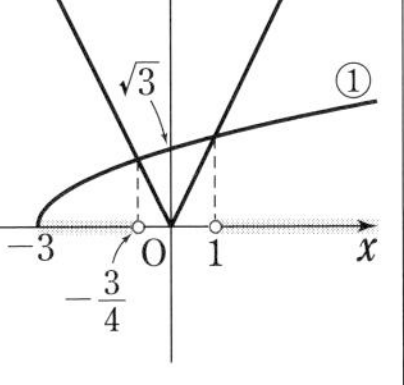

$\sqrt{x+3}=|2x|$ の両辺を 2 乗して整理すると　$4x^2-x-3=0$

よって $(x-1)(4x+3)=0$ から

$$x=1,\ -\frac{3}{4}$$

グラフから，求める解は　$\mathbf{-3\leqq x<-\frac{3}{4},\ 1<x}$

② のグラフが ① のグラフより上側にある x の値の範囲を求める。

(2) $\sqrt{3}>0$ であるから

$$\sqrt{\frac{x+1}{x-4}} \geqq \sqrt{3} \iff \frac{x+1}{x-4} \geqq 3$$

ここで　$y=\dfrac{x+1}{x-4}=\dfrac{(x-4)+5}{x-4}$

$$=\frac{5}{x-4}+1 \quad \cdots\cdots ①$$

① のグラフは右のようになる。

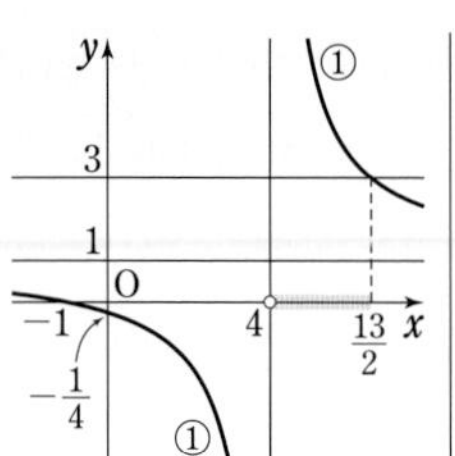

$\dfrac{x+1}{x-4}=3$ を解くと　　$x=\dfrac{13}{2}$

グラフから，求める解は　　$\boldsymbol{4<x \leqq \dfrac{13}{2}}$

① の y の値が 3 以上となる x の値の範囲を求める。

EX ③3　次の条件に適するように，定数 a の値を定めよ。
(1) 関数 $y=\sqrt{x-3}$ $(4 \leqq x \leqq a)$ の値域が $1 \leqq y \leqq 2$
(2) 関数 $y=-\sqrt{2x-3}$ のグラフが直線 $y=ax$ と接する

(1) 関数 $y=\sqrt{x-3}$ は増加関数であるから

$x=4$ のとき　　$y=1$
$x=a$ のとき　　$y=2$

ゆえに　　$\sqrt{a-3}=2$

両辺を 2 乗して

$$a-3=4$$

よって　　$\boldsymbol{a=7}$

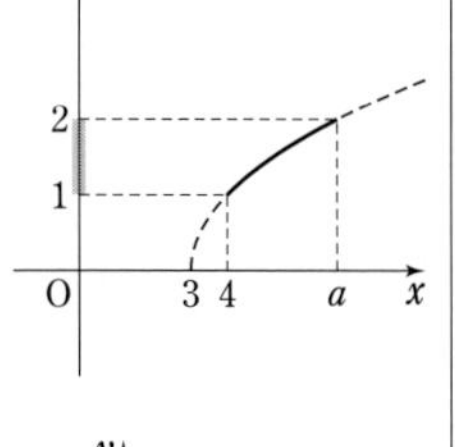

← x が増加すると，y も増加する。

(2) $y=-\sqrt{2x-3}$ …… ① のグラフは右のようになる。

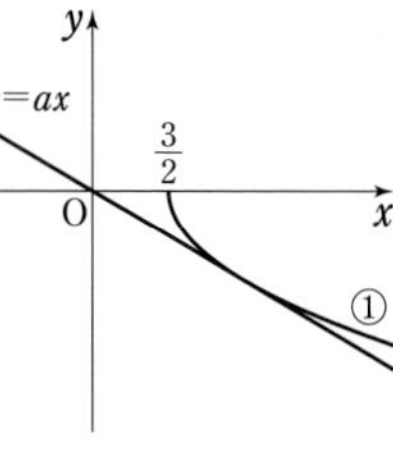

$-\sqrt{2x-3}=ax$ の両辺を 2 乗して整理すると

$$a^2x^2-2x+3=0 \quad \cdots\cdots ②$$

$a=0$ のとき，直線 $y=0$ は ① のグラフと接しないから　$a \neq 0$

← 直線 $y=0$ は x 軸である。

接する条件から，② の判別式 D に対して　　$\dfrac{D}{4}=0$　　すなわち　　$1-3a^2=0$

よって　　$a=\pm\dfrac{1}{\sqrt{3}}$

グラフから，適するのは　　$\boldsymbol{a=-\dfrac{1}{\sqrt{3}}}$

EX ③4　a は正の数とする。不等式 $\sqrt{ax+b}>x-2$ を満たす x の範囲が，$3<x<6$ となるとき，$|a+b|$ の値を求めよ。　〔類 自治医大〕

$y=\sqrt{ax+b}$ …… ①，$y=x-2$ …… ② とする。

不等式 $\sqrt{ax+b}>x-2$ を満たす x の範囲が $3<x<6$ となるのは，
$3<x<6$ の範囲で関数 ① のグラフが直線 ② の上側にあるようなときで，
右の図のように関数 ① のグラフと直線 ② が，2つの共有点 $(3,\ 1)$，$(6,\ 4)$ をもつ場合である。

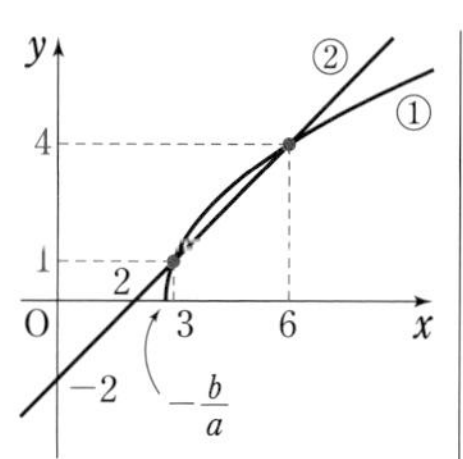

⇐ $y=x-2$ において
$x=3$ のとき $y=1$
$x=6$ のとき $y=4$

よって　　$\sqrt{3a+b}=1$，$\sqrt{6a+b}=4$

それぞれを2乗して　　$3a+b=1$，$6a+b=16$

これを連立して解くと　　$a=5$，$b=-14$

これは $a>0$ を満たす。

したがって　　$|a+b|=|5-14|=\mathbf{9}$

EX ③ 5

α，β を実数とする。関数 $f(x)=\dfrac{(\cos\alpha)x-\sin\alpha}{(\sin\alpha)x+\cos\alpha}$，$g(x)=\dfrac{(\cos\beta)x-\sin\beta}{(\sin\beta)x+\cos\beta}$ に対して，$h(x)=f(g(x))$ とおくとき，次の問いに答えよ。

(1) $\alpha=\dfrac{\pi}{6}$，$\beta=\dfrac{\pi}{3}$ のとき，$f(x)$ および $h(x)$ を求めよ。

(2) $\alpha=\dfrac{\pi}{24}$，$\beta=\dfrac{5}{24}\pi$ のとき，$h(x)$ を求めよ。　〔大阪工大〕

$$h(x)$$
$$=f(g(x))=\frac{g(x)\cos\alpha-\sin\alpha}{g(x)\sin\alpha+\cos\alpha}$$
$$=\frac{\dfrac{x\cos\beta-\sin\beta}{x\sin\beta+\cos\beta}\cdot\cos\alpha-\sin\alpha}{\dfrac{x\cos\beta-\sin\beta}{x\sin\beta+\cos\beta}\cdot\sin\alpha+\cos\alpha}$$
$$=\frac{\cos\alpha(x\cos\beta-\sin\beta)-\sin\alpha(x\sin\beta+\cos\beta)}{\sin\alpha(x\cos\beta-\sin\beta)+\cos\alpha(x\sin\beta+\cos\beta)}$$
$$=\frac{x(\cos\alpha\cos\beta-\sin\alpha\sin\beta)-(\sin\alpha\cos\beta+\cos\alpha\sin\beta)}{x(\sin\alpha\cos\beta+\cos\alpha\sin\beta)+(\cos\alpha\cos\beta-\sin\alpha\sin\beta)}$$
$$=\frac{x\cos(\alpha+\beta)-\sin(\alpha+\beta)}{x\sin(\alpha+\beta)+\cos(\alpha+\beta)}$$

⇐ $\cos(\alpha+\beta)=\cos\alpha\cos\beta-\sin\alpha\sin\beta$，
$\sin(\alpha+\beta)=\sin\alpha\cos\beta+\cos\alpha\sin\beta$

(1) $\alpha=\dfrac{\pi}{6}$，$\beta=\dfrac{\pi}{3}$ のとき

$$\sin\alpha=\frac{1}{2},\ \cos\alpha=\frac{\sqrt{3}}{2},\ \sin\beta=\frac{\sqrt{3}}{2},\ \cos\beta=\frac{1}{2}$$

$\alpha+\beta=\dfrac{\pi}{2}$ であるから　　$\sin(\alpha+\beta)=1$，$\cos(\alpha+\beta)=0$

⇐ $\dfrac{\pi}{6}+\dfrac{\pi}{3}=\dfrac{\pi+2\pi}{6}=\dfrac{3\pi}{6}$

よって

$$f(x)=\frac{\dfrac{\sqrt{3}}{2}x-\dfrac{1}{2}}{\dfrac{1}{2}x+\dfrac{\sqrt{3}}{2}}=\boldsymbol{\frac{\sqrt{3}x-1}{x+\sqrt{3}}},\quad h(x)=\frac{0-1}{x+0}=\boldsymbol{-\frac{1}{x}}$$

(2) $\alpha=\dfrac{\pi}{24}$, $\beta=\dfrac{5}{24}\pi$ のとき，$\alpha+\beta=\dfrac{\pi}{4}$ であり

$$\sin(\alpha+\beta)=\frac{\sqrt{2}}{2},\quad \cos(\alpha+\beta)=\frac{\sqrt{2}}{2}$$

ゆえに　$\boldsymbol{h(x)}=\dfrac{\dfrac{\sqrt{2}}{2}x-\dfrac{\sqrt{2}}{2}}{\dfrac{\sqrt{2}}{2}x+\dfrac{\sqrt{2}}{2}}=\boldsymbol{\dfrac{x-1}{x+1}}$

EX ④6　a を正の実数とする。$x\geqq0$ のとき，$y=\dfrac{ax-1}{a-x}$ がとりうる値の範囲を求めよ。〔岡山大〕

$$\frac{ax-1}{a-x}=\frac{-a(a-x)+a^2-1}{a-x}=\frac{1-a^2}{x-a}-a$$

よって，$y=\dfrac{ax-1}{a-x}$ は

$$y=\frac{1-a^2}{x-a}-a \quad \cdots\cdots ①$$

[1]　$a=1$ のとき

$y=-1$

← $y=\dfrac{x-1}{1-x}$

[2]　$0<a<1$ のとき

$1-a^2>0$

① のグラフは右のようになり，図から

$y\leqq-\dfrac{1}{a}$, $-a<y$

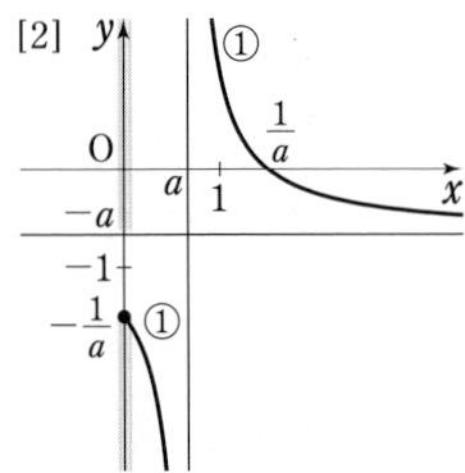

← $0<a<1$, $a>1$ のとき，① のグラフの漸近線は
2 直線 $x=a$, $y=-a$

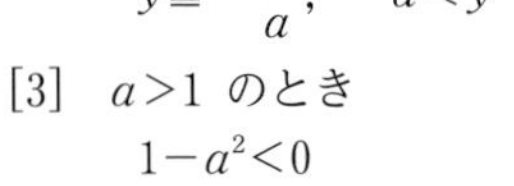

[3]　$a>1$ のとき

$1-a^2<0$

① のグラフは右のようになり，図から

$y<-a$, $-\dfrac{1}{a}\leqq y$

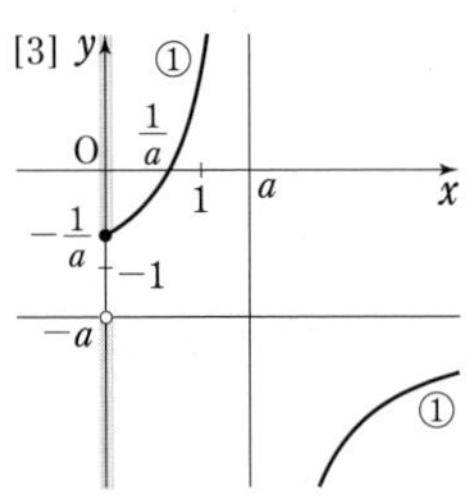

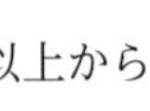

以上から

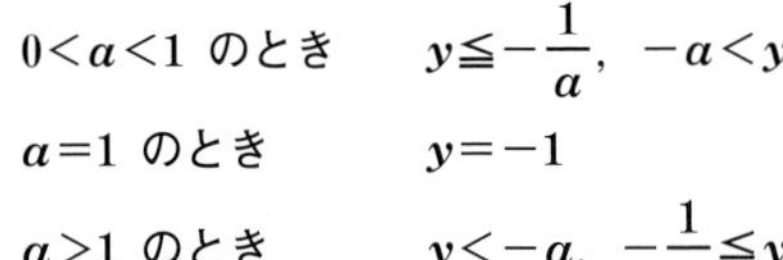

$0<a<1$ のとき　$y\leqq-\dfrac{1}{a}$, $-a<y$

$a=1$ のとき　$y=-1$

$a>1$ のとき　$y<-a$, $-\dfrac{1}{a}\leqq y$

EX ④7　xy 座標平面上において，直線 $y=x$ に関して，曲線 $y=\dfrac{2}{x+1}$ と対称な曲線を C_1 とし，直線 $y=-1$ に関して，曲線 $y=\dfrac{2}{x+1}$ と対称な曲線を C_2 とする。曲線 C_2 の漸近線と曲線 C_1 との交点の座標をすべて求めると，□ である。〔関西大〕

曲線 C_1 は，$y=\dfrac{2}{x+1}$ の逆関数のグラフである。

$y=\dfrac{2}{x+1}$ の値域は　　$y \neq 0$

$y=\dfrac{2}{x+1}$ から　　$(x+1)y=2$　　　よって　　$yx=2-y$

$y \neq 0$ であるから　　$x=\dfrac{2}{y}-1$

ゆえに，$y=\dfrac{2}{x+1}$ の逆関数は　　$y=\dfrac{2}{x}-1$　…… ①

⇐ $x=\dfrac{2}{y}-1$ において，x と y を入れ替える。

$y=\dfrac{2}{x+1}$ のグラフを y 軸方向に 1 だけ平行移動した曲線の方程式は

$$y-1=\frac{2}{x+1}$$

すなわち　$y=\dfrac{2}{x+1}+1$

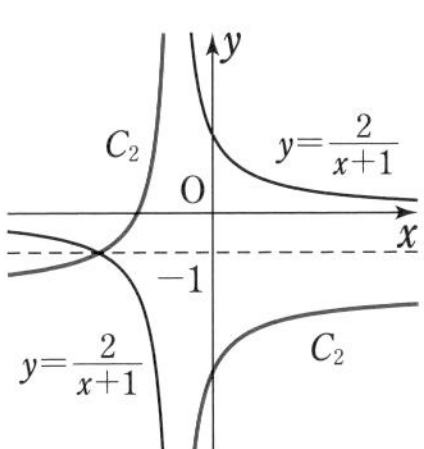

⇐ 直線 $y=-1$ に関して，曲線 $y=\dfrac{2}{x+1}$ と対称な曲線 C_2 は，曲線 $y=\dfrac{2}{x+1}$ を y 軸方向に 1 だけ平行移動した曲線を x 軸に関して対称移動し，その曲線を y 軸方向に -1 だけ平行移動したものである。

これを x 軸に関して対称移動した曲線の方程式は　$y=-\dfrac{2}{x+1}-1$

これを y 軸方向に -1 だけ平行移動した曲線 C_2 の方程式は

$$y-(-1)=-\frac{2}{x+1}-1 \quad すなわち \quad y=-\frac{2}{x+1}-2$$

よって，曲線 C_2 の漸近線は　　2 直線 $x=-1$，$y=-2$

① に $x=-1$ を代入すると　　$y=-3$

① に $y=-2$ を代入すると，$-2=\dfrac{2}{x}-1$ となり　$x=-2$

したがって，曲線 C_2 の漸近線と曲線 C_1 の交点の座標は

$(-1,\ -3)$，$(-2,\ -2)$

EX ④8

(1) 不等式 $\sqrt{9x-18} \leqq \sqrt{-x^2+6x}$ を満たす x の値の範囲を求めよ。

(2) 不等式 $\sqrt{a^2-x^2}>3x-a$ $(a \neq 0)$ の解は，$a>0$ のとき ア□ $\leqq x<$ イ□，$a<0$ のとき ウ□ $\leqq x<$ エ□ である。　〔芝浦工大〕

(1) $9x-18 \geqq 0$ …… ①，$-x^2+6x \geqq 0$ …… ②

$9x-18 \leqq -x^2+6x$ …… ③

とすると，求める x の値の範囲は，①，②，③ を同時に満たす x の値の範囲である。

① から　　$x \geqq 2$

② から　　$0 \leqq x \leqq 6$

⇐ $-x^2+6x \geqq 0$ から $x(x-6) \leqq 0$

③ は，整理すると　　$x^2+3x-18 \leqq 0$

すなわち $(x+6)(x-3) \leqq 0$ から　　$-6 \leqq x \leqq 3$

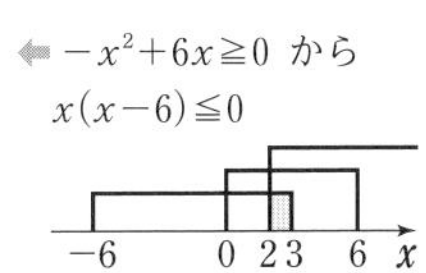

以上から　　**$2 \leqq x \leqq 3$**

(2) 与えられた不等式は次の [1] または [2] と同値である。

[1]　$3x-a \geqq 0$ かつ $a^2-x^2>(3x-a)^2$

[2]　$3x-a<0$ かつ $a^2-x^2 \geqq 0$

$a>0$ のとき

[1]　$3x-a \geqq 0$ から　　$x \geqq \dfrac{a}{3}$ ……①

　$a^2-x^2>(3x-a)^2$ から　　$2x(5x-3a)<0$

　すなわち　　$0<x<\dfrac{3}{5}a$ ……②

　①, ② から　　$\dfrac{a}{3} \leqq x < \dfrac{3}{5}a$

[2]　$3x-a<0$ から　　$x<\dfrac{a}{3}$ ……③

　$a^2-x^2 \geqq 0$ から　　$-a \leqq x \leqq a$ ……④

　③, ④ から　　$-a \leqq x < \dfrac{a}{3}$

[1], [2] から　　ア $\boldsymbol{-a} \leqq x <$ イ $\boldsymbol{\dfrac{3}{5}a}$

$a<0$ のとき　$a>0$ のときと同様にして

[1]　$x \geqq \dfrac{a}{3}$ かつ $\dfrac{3}{5}a<x<0$ から　　$\dfrac{a}{3} \leqq x < 0$

[2]　$x<\dfrac{a}{3}$ かつ $a \leqq x \leqq -a$ から　　$a \leqq x < \dfrac{a}{3}$

[1], [2] から　　ウ $\boldsymbol{a} \leqq x <$ エ $\boldsymbol{0}$

参考　$y=\sqrt{a^2-x^2}$ のグラフは，半円 $x^2+y^2=a^2$, $y \geqq 0$ であり，図から考えるとわかりやすい。

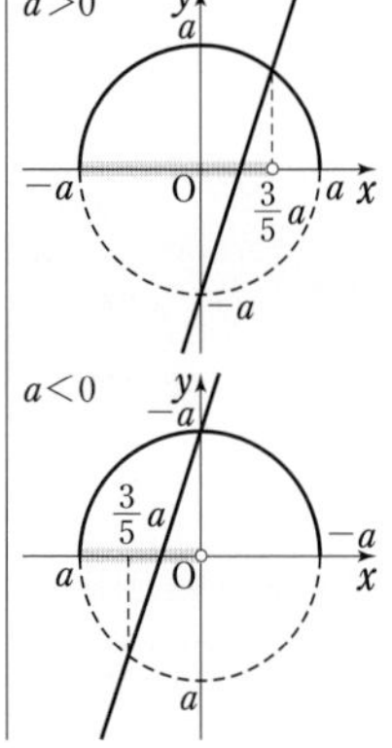

EX ④ 9

$f(x)=a+\dfrac{b}{2x-1}$ の逆関数が $g(x)=c+\dfrac{2}{x-1}$ であるとき，定数 a, b, c の値を求めよ。

〔広島文教女子大〕

関数 $y=f(x)$ は逆関数をもつから　$b \neq 0$

関数 $y=f(x)$ について

　定義域は　　$x \neq \dfrac{1}{2}$,　　値域は　　$y \neq a$

関数 $y=g(x)$ について

　定義域は　　$x \neq 1$,　　値域は　　$y \neq c$

$g(x)$ は $f(x)$ の逆関数であるから，定義域と値域が入れ替わり，$\dfrac{1}{2}=c$, $a=1$, $b \neq 0$ が必要条件。

このとき，$g(x)=\dfrac{1}{2}+\dfrac{2}{x-1}$ において　　$g(5)=1$

ゆえに，$f(1)=5$ であるから

$$1+\frac{b}{2\cdot 1-1}=5$$

よって　　$b=4$（$b \neq 0$ を満たす）

したがって　　$\boldsymbol{a=1}$, $\boldsymbol{b=4}$, $\boldsymbol{c=\dfrac{1}{2}}$

逆に，このとき，$g(x)$ は $f(x)$ の逆関数になる。

CHART　関数とその逆関数では，定義域と値域が入れ替わる

注意　この解答で $g(5)=1$ から $f(1)=5$ としたが，これは $g(x)$ については，1 以外の x の値なら何でもよい。分数の形が出てこない例として $x=5$ の場合を考えたのである。

EX ⑤10 a, b を実数とし，$f(x)=\dfrac{x+1}{ax+b}$ とするとき，$(f\circ f)(x)=x$ を満たす a, b を求めよ。〔山口大〕

$$(f\circ f)(x)=\frac{\dfrac{x+1}{ax+b}+1}{a\cdot\dfrac{x+1}{ax+b}+b}=\frac{(a+1)x+b+1}{(a+ab)x+a+b^2}$$

$(f\circ f)(x)=x$ から

$$\frac{(a+1)x+b+1}{(a+ab)x+a+b^2}=x$$

分母を払うと

$$(a+1)x+b+1=(a+ab)x^2+(a+b^2)x \quad (*)$$

これが x についての恒等式であるから

$a+ab=0$ …… ①，$a+1=a+b^2$ …… ②，

$b+1=0$ …… ③

また，$(f\circ f)(x)$ の分母は 0 でないから　$a+b^2\neq 0$ …… ④

② から　$b^2=1$　よって　$b=\pm 1$

このうち ③ を満たすものは　$b=-1$ …… ⑤

⑤ を ④ に代入すると　$a+1\neq 0$　すなわち　$a\neq -1$

また，⑤ を ① に代入すると $a-a=0$ となるから，a は -1 でない任意の実数である。

したがって，求める a, b は

a は -1 でない任意の実数，$b=-1$

⇐ $f(x)=\dfrac{x+1}{ax+b}$ の x に $\dfrac{x+1}{ax+b}$ を代入する。

⇐ すべての x について等式(*)が成り立つから，等式(*)は x についての恒等式である。

EX ⑤11 n は自然数とする。関数 $g(x)=\dfrac{x}{x+1}$ を n 回合成して得られる合成関数 $(g\circ g\circ g\circ\cdots\cdots\circ g)(x)$ を求めよ。〔京都産大〕

$g(x)$ を n 回合成して得られる関数を $g_n(x)$ とすると

$$g_1(x)=g(x)=\frac{x}{x+1},$$

$$g_2(x)=g(g_1(x))=\frac{\dfrac{x}{x+1}}{\dfrac{x}{x+1}+1}=\frac{x}{x+(x+1)}=\frac{x}{2x+1},$$

$$g_3(x)=g(g_2(x))=\frac{\dfrac{x}{2x+1}}{\dfrac{x}{2x+1}+1}=\frac{x}{3x+1}$$

よって，$g_n(x)=\dfrac{x}{nx+1}$ …… (A) であると推測できる。

[1]　$n=1$ のとき

$g_1(x)=\dfrac{x}{x+1}$ であるから，$n=1$ のとき (A) は成り立つ。

⇐ $g_2(x)=\dfrac{g_1(x)}{g_1(x)+1}$，$g_3(x)=\dfrac{g_2(x)}{g_2(x)+1}$

CHART 数学的帰納法の手順 [1] $n=1$ のときを証明 [2] $n=k$ のときを仮定し，$n=k+1$ のときを証明

[2]　$n=k$ のとき(A)が成り立つ，すなわち $g_k(x)=\dfrac{x}{kx+1}$ が成り立つと仮定すると，$n=k+1$ のとき

$$g_{k+1}(x)=g(g_k(x))=\frac{\dfrac{x}{kx+1}}{\dfrac{x}{kx+1}+1}=\frac{x}{x+(kx+1)}$$

$$=\frac{x}{(k+1)x+1}$$

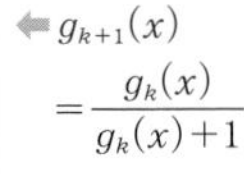

よって，$n=k+1$ のときも(A)が成り立つ。

[1]，[2] から，すべての自然数 n について(A)が成り立つ。

したがって　$\boldsymbol{(g\circ g\circ g\circ\cdots\cdots\circ g)(x)=\dfrac{x}{nx+1}}$

EX ⑤**12**

右のように定義された関数 $f(x)$ について

(1)　不等式 $0\leqq f(x)<\dfrac{1}{2}$ を解け。

(2)　関数 $y=f(f(x))$ のグラフをかけ。

$$f(x)=\begin{cases}2x & \left(0\leqq x<\dfrac{1}{2}\right)\\ 2-2x & \left(\dfrac{1}{2}\leqq x\leqq 1\right)\end{cases}$$

(1)　$y=f(x)$ のグラフは右の図の折れ線になる。

このグラフと直線 $y=\dfrac{1}{2}$ の上下関係から，求める解は　$\boldsymbol{0\leqq x<\dfrac{1}{4},\ \dfrac{3}{4}<x\leqq 1}$

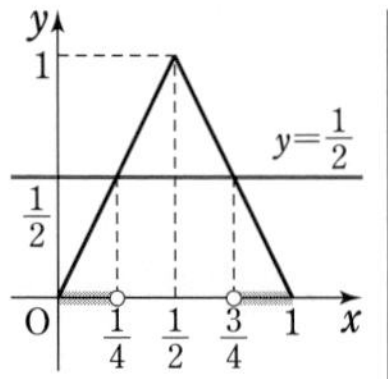

(2)　$f(f(x))$ は次のようになる。

$$f(f(x))=\begin{cases}2f(x) & \left(0\leqq f(x)<\dfrac{1}{2}\right)\\ 2-2f(x) & \left(\dfrac{1}{2}\leqq f(x)\leqq 1\right)\end{cases}$$

(1)と同様にして，$\dfrac{1}{2}\leqq f(x)\leqq 1$ の解は　$\dfrac{1}{4}\leqq x\leqq\dfrac{3}{4}$

[1]　$0\leqq x<\dfrac{1}{4}$ のとき　　$2f(x)=2\cdot 2x=4x$

[2]　$\dfrac{1}{4}\leqq x<\dfrac{1}{2}$ のとき　　$2-2f(x)=2-2\cdot 2x=2-4x$

[3]　$\dfrac{1}{2}\leqq x\leqq\dfrac{3}{4}$ のとき

$2-2f(x)=2-2(2-2x)=4x-2$

[4]　$\dfrac{3}{4}<x\leqq 1$ のとき

$2f(x)=2(2-2x)=4-4x$

以上から，$y=f(f(x))$ のグラフは

右の図の折れ線

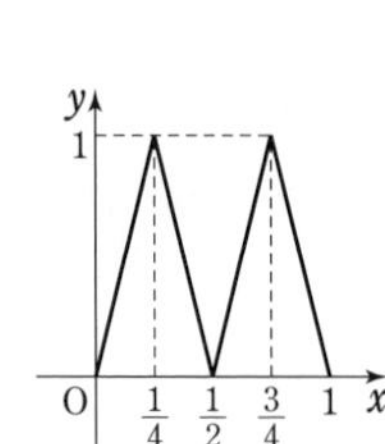

← [1]　$0\leqq x<\dfrac{1}{4}$ のとき $f(x)=2x$，$0\leqq f(x)<\dfrac{1}{2}$ であるから $f(f(x))=2f(x)$

TR ①19 次の極限を求めよ。

(1) $\lim_{n\to\infty}\left(1-\frac{2}{n}-\frac{3}{n^2}\right)$　(2) $\lim_{n\to\infty}\left(2-\frac{5}{n^2}\right)\left(1+\frac{1}{n}\right)$　(3) $\lim_{n\to\infty}\frac{3-\frac{4}{n}+\frac{1}{n^2}}{2+\frac{1}{n}-\frac{3}{n^2}}$

(1) $\lim_{n\to\infty}\left(1-\frac{2}{n}-\frac{3}{n^2}\right)=\lim_{n\to\infty}1-\lim_{n\to\infty}\frac{2}{n}-\lim_{n\to\infty}\frac{3}{n^2}=1-0-0=\mathbf{1}$

基本の極限
$\lim_{n\to\infty}\frac{1}{n^k}=0\ (k>0)$

(2) $\lim_{n\to\infty}\left(2-\frac{5}{n^2}\right)\left(1+\frac{1}{n}\right)=\lim_{n\to\infty}\left(2-\frac{5}{n^2}\right)\cdot\lim_{n\to\infty}\left(1+\frac{1}{n}\right)$

$=2\times1=\mathbf{2}$

⇐ $(2-0)\times(1+0)$

(3) $\lim_{n\to\infty}\frac{3-\frac{4}{n}+\frac{1}{n^2}}{2+\frac{1}{n}-\frac{3}{n^2}}=\frac{\lim_{n\to\infty}\left(3-\frac{4}{n}+\frac{1}{n^2}\right)}{\lim_{n\to\infty}\left(2+\frac{1}{n}-\frac{3}{n^2}\right)}=\mathbf{\frac{3}{2}}$

⇐ $\frac{3-0+0}{2+0-0}$

TR ②20 第n項が次の式で表される数列の極限を調べよ。

(1) $3n-n^3$　(2) $\frac{n^2+1}{3-2n}$　(3) $\frac{2n^3+n^2}{n^3-3}$　(4) $(-1)^n\cdot\frac{n+1}{n}$

(1) $\lim_{n\to\infty}(3n-n^3)=\lim_{n\to\infty}n^3\left(\frac{3}{n^2}-1\right)=-\infty$

⇐ $\infty\times(0-1)$

(2) $\lim_{n\to\infty}\frac{n^2+1}{3-2n}=\lim_{n\to\infty}\frac{n\left(n+\frac{1}{n}\right)}{n\left(\frac{3}{n}-2\right)}=\lim_{n\to\infty}\frac{n+\frac{1}{n}}{\frac{3}{n}-2}=-\infty$

⇐ $\frac{\infty+0}{0-2}$

別解 $\lim_{n\to\infty}\frac{n^2+1}{3-2n}=\lim_{n\to\infty}\frac{n^2\left(1+\frac{1}{n^2}\right)}{n\left(\frac{3}{n}-2\right)}=\lim_{n\to\infty}\left(n\cdot\frac{1+\frac{1}{n^2}}{\frac{3}{n}-2}\right)$

$=-\infty$

⇐ 分母・分子ともに，最高次の項でくくる。

⇐ $\infty\times\frac{1+0}{0-2}$

(3) $\lim_{n\to\infty}\frac{2n^3+n^2}{n^3-3}=\lim_{n\to\infty}\frac{n^3\left(2+\frac{1}{n}\right)}{n^3\left(1-\frac{3}{n^3}\right)}=\lim_{n\to\infty}\frac{2+\frac{1}{n}}{1-\frac{3}{n^3}}=\frac{2}{1}=\mathbf{2}$

⇐ $\frac{2+0}{1-0}$

(4) nが偶数のとき

$\lim_{n\to\infty}\left\{(-1)^n\cdot\frac{n+1}{n}\right\}=\lim_{n\to\infty}\frac{n+1}{n}$

$=\lim_{n\to\infty}\left(1+\frac{1}{n}\right)=1$

⇐ $(-1)^n=1$

nが奇数のとき

$\lim_{n\to\infty}\left\{(-1)^n\cdot\frac{n+1}{n}\right\}=\lim_{n\to\infty}\left(-\frac{n+1}{n}\right)$

$=\lim_{n\to\infty}\left(-1-\frac{1}{n}\right)=-1$

⇐ $(-1)^n=-1$

よって，**極限はない(振動する)**。

TR ②21 第 n 項が次の式で表される数列の極限を求めよ。 〔(2) 名古屋市大〕

(1) $\sqrt{n^2+1}-n$　(2) $n\left(\sqrt{4+\frac{1}{n}}-2\right)$　(3) $\frac{1}{\sqrt{n+2}-\sqrt{n+1}}$

(1) $$\sqrt{n^2+1}-n=\frac{(\sqrt{n^2+1}-n)(\sqrt{n^2+1}+n)}{\sqrt{n^2+1}+n}$$
$$=\frac{(n^2+1)-n^2}{\sqrt{n^2+1}+n}=\frac{1}{\sqrt{n^2+1}+n}$$

よって $$\lim_{n\to\infty}(\sqrt{n^2+1}-n)=\lim_{n\to\infty}\frac{1}{\sqrt{n^2+1}+n}=\mathbf{0}$$

(2) $$n\left(\sqrt{4+\frac{1}{n}}-2\right)=\frac{n\left(\sqrt{4+\frac{1}{n}}-2\right)\left(\sqrt{4+\frac{1}{n}}+2\right)}{\sqrt{4+\frac{1}{n}}+2}$$
$$=\frac{n\left\{\left(4+\frac{1}{n}\right)-4\right\}}{\sqrt{4+\frac{1}{n}}+2}=\frac{1}{\sqrt{4+\frac{1}{n}}+2}$$

よって $$\lim_{n\to\infty}n\left(\sqrt{4+\frac{1}{n}}-2\right)=\lim_{n\to\infty}\frac{1}{\sqrt{4+\frac{1}{n}}+2}=\mathbf{\frac{1}{4}}$$

(3) $$\frac{1}{\sqrt{n+2}-\sqrt{n+1}}=\frac{\sqrt{n+2}+\sqrt{n+1}}{(\sqrt{n+2}-\sqrt{n+1})(\sqrt{n+2}+\sqrt{n+1})}$$
$$=\frac{\sqrt{n+2}+\sqrt{n+1}}{(n+2)-(n+1)}=\sqrt{n+2}+\sqrt{n+1}$$

よって $$\lim_{n\to\infty}\frac{1}{\sqrt{n+2}-\sqrt{n+1}}=\lim_{n\to\infty}(\sqrt{n+2}+\sqrt{n+1})=\infty$$

⇐ $\frac{\sqrt{n^2+1}-n}{1}$ と考えて，$\sqrt{n^2+1}+n$ を分母・分子に掛ける。

⇐ $\frac{1}{\infty+\infty}=\frac{1}{\infty}$ の形

⇐ $\frac{n\left(\sqrt{4+\frac{1}{n}}-2\right)}{1}$ と考える。

⇐ $\frac{1}{n}\longrightarrow 0$

⇐ $\infty+\infty=\infty$ の形

TR ③22 次の極限を求めよ。

(1) θ は定数，$\lim_{n\to\infty}\frac{\sin n\theta}{-n}$　(2) h は正の定数，$\lim_{n\to\infty}\frac{(1+h)^n}{n}$

(1) $-1\leqq\sin n\theta\leqq 1$ であるから $\frac{1}{n}\geqq\frac{\sin n\theta}{-n}\geqq-\frac{1}{n}$

$\lim_{n\to\infty}\frac{1}{n}=0$，$\lim_{n\to\infty}\left(-\frac{1}{n}\right)=0$ であるから $\lim_{n\to\infty}\frac{\sin n\theta}{-n}=\mathbf{0}$

(2) $h>0$ であるから

$$(1+h)^n\geqq 1+nh+\frac{1}{2}n(n-1)h^2$$

よって $$\frac{(1+h)^n}{n}\geqq\frac{1}{n}+h+\frac{1}{2}(n-1)h^2$$

$\lim_{n\to\infty}\left\{\frac{1}{n}+h+\frac{1}{2}(n-1)h^2\right\}=\infty$ であるから

$$\lim_{n\to\infty}\frac{(1+h)^n}{n}=\infty$$

⇐ 各辺を $-n$ で割ると，不等号の向きが変わる。

⇐ はさみうちの原理

⇐ 二項定理から。

⇐ 両辺を n で割る。

⇐ $\boldsymbol{a_n}\leqq\boldsymbol{b_n}$ $(n=1,\ 2,\ 3,\ \cdots\cdots)$ で $\lim_{n\to\infty}\boldsymbol{a_n}=\infty$ ならば $\lim_{n\to\infty}\boldsymbol{b_n}=\infty$

注意 $(1+h)^n={}_n\mathrm{C}_0\cdot1^n+{}_n\mathrm{C}_1\cdot1^{n-1}h+{}_n\mathrm{C}_2\cdot1^{n-2}h^2+\cdots\cdots+{}_n\mathrm{C}_nh^n$

$$=1+nh+\frac{n(n-1)}{2}h^2+\cdots\cdots+h^n\geqq1+nh+\frac{n(n-1)}{2}h^2$$

TR ②23 第 n 項が次の式で表される数列の極限を調べよ。

(1) $\left(\frac{3}{2}\right)^n$　(2) $(-5)^n+3^n$　(3) $\frac{(0.25)^n+2}{(-0.5)^n-1}$

(4) $\left(-\frac{4}{3}\right)^n-\left(\frac{3}{4}\right)^n$　(5) $\frac{2\cdot3^n+4^n}{3^n-(-2)^n}$　(6) $\frac{3^{n+1}-2^{n+1}}{3^n}$

(1) $\frac{3}{2}>1$ であるから　$\lim_{n\to\infty}\left(\frac{3}{2}\right)^n=\infty$

(2) $(-5)^n+3^n=(-5)^n\left\{1+\left(-\frac{3}{5}\right)^n\right\}$

数列 $\{(-5)^n\}$ は振動し，$\lim_{n\to\infty}\left\{1+\left(-\frac{3}{5}\right)^n\right\}=1$ であるから，**極限はない(振動する)。**

⇐ $|-5|>3$ であるから，$(-5)^n$ でくくる。

(3) $|0.25|<1$，$|-0.5|<1$ であるから

$$\lim_{n\to\infty}\frac{(0.25)^n+2}{(-0.5)^n-1}=\frac{0+2}{0-1}=\mathbf{-2}$$

(4) $\left(-\frac{4}{3}\right)^n-\left(\frac{3}{4}\right)^n=\left(-\frac{4}{3}\right)^n\left\{1-\left(-\frac{9}{16}\right)^n\right\}$

数列 $\left\{\left(-\frac{4}{3}\right)^n\right\}$ は振動し，$\lim_{n\to\infty}\left\{1-\left(-\frac{9}{16}\right)^n\right\}=1$ であるから，**極限はない(振動する)。**

⇐ $\left|-\frac{4}{3}\right|>\frac{3}{4}$ であるから，$\left(-\frac{4}{3}\right)^n$ でくくる。
なお
$\frac{3}{4}\div\left(-\frac{4}{3}\right)=-\frac{9}{16}$

(5) $$\lim_{n\to\infty}\frac{2\cdot3^n+4^n}{3^n-(-2)^n}=\lim_{n\to\infty}\frac{3^n\left\{2+\left(\frac{4}{3}\right)^n\right\}}{3^n\left\{1-\left(-\frac{2}{3}\right)^n\right\}}=\lim_{n\to\infty}\frac{2+\left(\frac{4}{3}\right)^n}{1-\left(-\frac{2}{3}\right)^n}$$
$$=\infty$$

⇐ $\frac{2+\infty}{1-0}$

(6) $\lim_{n\to\infty}\frac{3^{n+1}-2^{n+1}}{3^n}=\lim_{n\to\infty}\left\{3-2\left(\frac{2}{3}\right)^n\right\}=\mathbf{3}$

⇐ $\left(\frac{2}{3}\right)^n\longrightarrow0$

TR ②24 次の数列が収束するような x の値の範囲を求めよ。また，そのときの極限値を求めよ。

(1) $\{(1-2x)^n\}$　(2) $\{(x^2-2x-1)^n\}$

(1) 数列 $\{(1-2x)^n\}$ が収束するための条件は

$$-1<1-2x\leqq1$$

$-1<1-2x$ から　$x<1$，　$1-2x\leqq1$ から　$x\geqq0$

x の値の範囲は，共通範囲をとって　$\mathbf{0\leqq x<1}$

また，**極限値は**

　$1-2x=1$　すなわち　$\mathbf{x=0}$　**のとき 1**

$-1<1-2x<1$　すなわち　$\mathbf{0<x<1}$ **のとき 0**

CHART
数列 $\{r^n\}$ が収束
$\Longleftrightarrow$ $-1<r\leqq1$

⇐ 数列 $\{r^n\}$ の極限値は
$r=1$ のとき　1
$-1<r<1$ のとき　0

(2) 数列 $\{(x^2-2x-1)^n\}$ が収束するための条件は

$$-1<x^2-2x-1\leqq1\ \cdots\cdots\ Ⓐ$$

$-1<x^2-2x-1$ から　$x(x-2)>0$

ゆえに　$x<0,\ 2<x$ …… ①

$x^2-2x-1\leqq 1$ から　$x^2-2x-2\leqq 0$

この不等式の解は　$1-\sqrt{3}\leqq x\leqq 1+\sqrt{3}$ …… ②

求める x の値の範囲は， ① と ② の共通範囲をとって

$$\boldsymbol{1-\sqrt{3}\leqq x<0,\ 2<x\leqq 1+\sqrt{3}}$$

また，Ⓐ で $x^2-2x-1=1$ となるのは $x=1\pm\sqrt{3}$ のとき。

よって，**極限値は**

$x^2-2x-1=1$　すなわち　$\boldsymbol{x=1\pm\sqrt{3}}$ **のとき 1**

$-1<x^2-2x-1<1$　すなわち

$\boldsymbol{1-\sqrt{3}<x<0,\ 2<x<1+\sqrt{3}}$ **のとき 0**

⬅ $x^2-2x-2=0$ の解は，解の公式から $x=1\pm\sqrt{3}$

TR ②25

次の条件によって定義される数列 $\{a_n\}$ の極限を求めよ。

(1) $a_1=1,\ a_{n+1}=\dfrac{1}{3}a_n+\dfrac{4}{3}$　　(2) $a_1=3,\ a_{n+1}=3a_n-2$

(1) $a_{n+1}=\dfrac{1}{3}a_n+\dfrac{4}{3}$ を変形すると　$a_{n+1}-2=\dfrac{1}{3}(a_n-2)$

また，$a_1-2=1-2=-1$ であるから，数列 $\{a_n-2\}$ は，初項 -1，公比 $\dfrac{1}{3}$ の等比数列である。

ゆえに　$a_n-2=-\left(\dfrac{1}{3}\right)^{n-1}$　　よって　$a_n=-\left(\dfrac{1}{3}\right)^{n-1}+2$

$\displaystyle\lim_{n\to\infty}\left(\frac{1}{3}\right)^{n-1}=0$ であるから　$\displaystyle\lim_{n\to\infty}a_n=\boldsymbol{2}$

(2) $a_{n+1}=3a_n-2$ を変形すると

$a_{n+1}-1=3(a_n-1)$　　また　$a_1-1=3-1=2$

よって，数列 $\{a_n-1\}$ は，初項 2，公比 3 の等比数列である。

ゆえに　$a_n-1=2\cdot 3^{n-1}$　　よって　$a_n=2\cdot 3^{n-1}+1$

$\displaystyle\lim_{n\to\infty}3^{n-1}=\infty$ であるから　$\displaystyle\lim_{n\to\infty}a_n=\boldsymbol{\infty}$

CHART
漸化式 $a_{n+1}=pa_n+q$
$a_{n+1}-\alpha=p(a_n-\alpha)$ と変形。α は，
$\alpha=p\alpha+q$ の解
a_{n+1}，a_n を α とおいた α の 1 次方程式を解く。
(1) $\alpha=\dfrac{1}{3}\alpha+\dfrac{4}{3}$ を解くと　$\alpha=2$
(2) $\alpha=3\alpha-2$ を解くと　$\alpha=1$

TR ③26

(1) $a_n=\dfrac{r^{2n}}{1+r^{2n}}$ である数列 $\{a_n\}$ の極限を調べよ。

(2) $a_n=\sin^n\theta+\cos^n\theta$ $(0\leqq\theta<2\pi)$ である数列 $\{a_n\}$ の極限を調べよ。

(1) $a_n=\dfrac{r^{2n}}{1+r^{2n}}=\dfrac{(r^2)^n}{1+(r^2)^n}$ と考える。

[1] $0\leqq r^2<1$　すなわち　$-1<r<1$ のとき

$$\lim_{n\to\infty}r^{2n}=\lim_{n\to\infty}(r^2)^n=0$$

よって　$\displaystyle\lim_{n\to\infty}a_n=\lim_{n\to\infty}\frac{r^{2n}}{1+r^{2n}}=\frac{0}{1+0}=0$

[2] $r^2=1$　すなわち　$r=\pm 1$ のとき

$$(r^2)^n=1^n=1$$

よって　$\displaystyle\lim_{n\to\infty}a_n=\frac{1}{1+1}=\frac{1}{2}$

⬅ $r^{2n}=(r^2)^n$ であるから，数列 $\{r^{2n}\}$ の極限は，r^2 を公比とみて，$0\leqq r^2<1$，$r^2=1$，$r^2>1$ の 3 つに分けて考える。

[3] $r^2>1$ すなわち $r<-1,\ 1<r$ のとき

$\left|\dfrac{1}{r^2}\right|<1$ であるから

$$\lim_{n\to\infty}\frac{1}{r^{2n}}=\lim_{n\to\infty}\left(\frac{1}{r^2}\right)^n=0$$

よって $\displaystyle\lim_{n\to\infty}a_n=\lim_{n\to\infty}\frac{r^{2n}}{1+r^{2n}}=\lim_{n\to\infty}\frac{1}{\frac{1}{r^{2n}}+1}=\frac{1}{0+1}=1$

⇐ 分母・分子を r^{2n} で割る。

以上から，数列 $\{a_n\}$ の極限は

$-1<r<1$ のとき 0；$r=\pm1$ のとき $\dfrac{1}{2}$；

$r<-1,\ 1<r$ のとき 1

(2) $\theta=0,\ \dfrac{\pi}{2},\ \pi,\ \dfrac{3}{2}\pi$ の順に

$$\begin{cases}\sin\theta=0\\ \cos\theta=1\end{cases}\quad\begin{cases}\sin\theta=1\\ \cos\theta=0\end{cases}\quad\begin{cases}\sin\theta=0\\ \cos\theta=-1\end{cases}\quad\begin{cases}\sin\theta=-1\\ \cos\theta=0\end{cases}$$

⇐ $\sin\theta=1,\ \cos\theta=1$ になる θ に着目。

であり，これら以外のとき $|\sin\theta|<1,\ |\cos\theta|<1$ であるから，数列 $\{a_n\}$ の極限は

$0<\theta<\dfrac{\pi}{2},\ \dfrac{\pi}{2}<\theta<\pi,\ \pi<\theta<\dfrac{3}{2}\pi,\ \dfrac{3}{2}\pi<\theta<2\pi$ のとき 0；

⇐ $n\longrightarrow\infty$ のとき $\sin^n\theta\longrightarrow0$ $\cos^n\theta\longrightarrow0$

$\theta=0,\ \dfrac{\pi}{2}$ のとき 1；

$\theta=\pi,\ \dfrac{3}{2}\pi$ のとき 極限はない（振動する）

TR ②27

次の無限級数の収束，発散を調べ，収束するときはその和を求めよ。

(1) $1+1.1+1.2+1.3+\cdots\cdots$　(2) $\dfrac{1}{1\cdot4}+\dfrac{1}{4\cdot7}+\dfrac{1}{7\cdot10}+\dfrac{1}{10\cdot13}+\cdots\cdots$

(3) $\dfrac{1}{\sqrt{1}+\sqrt{3}}+\dfrac{1}{\sqrt{3}+\sqrt{5}}+\dfrac{1}{\sqrt{5}+\sqrt{7}}+\cdots\cdots$

初項から第 n 項 a_n までの部分和を S_n とする。

(1) $a_n=1+(n-1)\times0.1$ であるから

$$S_n=\frac{1}{2}n\{2\cdot1+(n-1)\cdot0.1\}=\frac{n(n+19)}{20}$$

⇐ 初項1，公差0.1の等差数列。
初項 a，公差 d の等差数列の初項から第 n 項までの和は
$\dfrac{1}{2}n\{2a+(n-1)d\}$

ゆえに $\displaystyle\lim_{n\to\infty}S_n=\lim_{n\to\infty}\frac{n(n+19)}{20}=\infty$

よって，この無限級数は **発散** する。

(2) $a_n=\dfrac{1}{(3n-2)(3n+1)}=\dfrac{1}{3}\left(\dfrac{1}{3n-2}-\dfrac{1}{3n+1}\right)$ から

$$S_n=\frac{1}{3}\left\{\left(\frac{1}{1}-\frac{1}{4}\right)+\left(\frac{1}{4}-\frac{1}{7}\right)+\left(\frac{1}{7}-\frac{1}{10}\right)+\cdots\cdots+\left(\frac{1}{3n-2}-\frac{1}{3n+1}\right)\right\}$$

⇐ 1，4，7，… の第 n 項は $1+(n-1)\cdot3$ すなわち $3n-2$
4，7，10，… の第 n 項は $4+(n-1)\cdot3$ すなわち $3n+1$

$=\dfrac{1}{3}\left(1-\dfrac{1}{3n+1}\right)$

ゆえに　$\lim_{n\to\infty}S_n=\lim_{n\to\infty}\dfrac{1}{3}\left(1-\dfrac{1}{3n+1}\right)=\dfrac{1}{3}$

よって，この無限級数は **収束** し，その **和は $\dfrac{1}{3}$**

(3)　$a_n=\dfrac{1}{\sqrt{2n-1}+\sqrt{2n+1}}=\dfrac{1}{\sqrt{2n+1}+\sqrt{2n-1}}$

$=\dfrac{\sqrt{2n+1}-\sqrt{2n-1}}{(\sqrt{2n+1}+\sqrt{2n-1})(\sqrt{2n+1}-\sqrt{2n-1})}$

$=\dfrac{\sqrt{2n+1}-\sqrt{2n-1}}{(2n+1)-(2n-1)}=\dfrac{\sqrt{2n+1}-\sqrt{2n-1}}{2}$　から

$S_n=\dfrac{1}{2}\{(\sqrt{3}-\sqrt{1})+(\sqrt{5}-\sqrt{3})+(\sqrt{7}-\sqrt{5})+\cdots\cdots$

$+(\sqrt{2n+1}-\sqrt{2n-1})\}$

$=\dfrac{1}{2}(\sqrt{2n+1}-1)$

ゆえに　$\lim_{n\to\infty}S_n=\lim_{n\to\infty}\dfrac{1}{2}(\sqrt{2n+1}-1)=\infty$

よって，この無限級数は **発散** する。

⇐ **無理式は　有理化**
計算しやすいように，
分母の項を入れ替える。

TR ②28　次の無限等比級数の収束，発散を調べ，収束するときはその和を求めよ。

(1)　$9+6+4+\cdots\cdots$　　(2)　$-2+2-2+\cdots\cdots$

(3)　$1-\sqrt{2}+2-\cdots\cdots$　　(4)　$\sqrt{3}+(3-\sqrt{3})+(4\sqrt{3}-6)+\cdots\cdots$

(1)　初項は 9，公比は $r=\dfrac{6}{9}=\dfrac{2}{3}$ で　$|r|<1$

よって，この無限等比級数は **収束** し，その **和 S は**

$$S=\dfrac{9}{1-\dfrac{2}{3}}=\mathbf{27}$$

⇐ 第 n 項は　$9\left(\dfrac{2}{3}\right)^{n-1}$

(2)　初項は -2，公比は $r=\dfrac{2}{-2}=-1$ で　$r=-1$

よって，この無限等比級数は **発散** する。

(3)　初項は 1，公比は $r=\dfrac{-\sqrt{2}}{1}=-\sqrt{2}$ で　$|r|>1$

よって，この無限等比級数は **発散** する。

(4)　初項は $\sqrt{3}$，公比は $r=\dfrac{3-\sqrt{3}}{\sqrt{3}}=\sqrt{3}-1$ で　$|r|<1$

よって，この無限等比級数は **収束** し，その **和 S は**

$$S=\dfrac{\sqrt{3}}{1-(\sqrt{3}-1)}=\dfrac{\sqrt{3}(2+\sqrt{3})}{(2-\sqrt{3})(2+\sqrt{3})}$$

$$=\sqrt{3}(2+\sqrt{3})$$

⇐ $1<\sqrt{3}<2$ であるから
$0<\sqrt{3}-1<1$

TR ②29 無限等比級数の和を利用して，次の循環小数を分数で表せ。
(1) $0.\dot{5}\dot{0}$　　(2) $1.2\dot{3}4\dot{5}$

(1) $0.\dot{5}\dot{0}=0.50+0.0050+0.000050+\cdots\cdots$
$=\frac{50}{10^2}+\frac{50}{10^4}+\frac{50}{10^6}+\cdots\cdots$

これは初項 $\frac{50}{10^2}$，公比 $\frac{1}{10^2}$ の無限等比級数で，$\left|\frac{1}{10^2}\right|<1$ であるから，収束する。その和を考えて

$$0.\dot{5}\dot{0}=\frac{50}{10^2}\cdot\frac{1}{1-\frac{1}{10^2}}=\frac{50}{100}\cdot\frac{100}{99}=\boldsymbol{\frac{50}{99}}$$

(2) $1.2\dot{3}4\dot{5}=1.2+0.0345+0.0000345+\cdots\cdots$
$=\frac{12}{10}+\frac{345}{10^4}+\frac{345}{10^7}+\cdots\cdots$

第2項以降は，初項 $\frac{345}{10^4}$，公比 $\frac{1}{10^3}$ の無限等比級数で，$\left|\frac{1}{10^3}\right|<1$ であるから，収束する。その和を考えて

$$1.2\dot{3}4\dot{5}=\frac{12}{10}+\frac{345}{10^4}\cdot\frac{1}{1-\frac{1}{10^3}}=\frac{12}{10}+\frac{345}{10000}\cdot\frac{1000}{999}=\boldsymbol{\frac{4111}{3330}}$$

⇐ $\frac{12}{10}+\frac{115}{3330}$

別解
(1) $x=0.\dot{5}\dot{0}$ とする。
$100x=50.\dot{5}\dot{0}$
$-)\ \ x=0.\dot{5}\dot{0}$
$99x=50$
よって　$x=\boldsymbol{\frac{50}{99}}$

(2) $x=1.2\dot{3}4\dot{5}$ とする。
$10000x=12345.\dot{3}4\dot{5}$
$-)\ \ 10x=12.\dot{3}4\dot{5}$
$9990x=12333$
よって　$x=\boldsymbol{\frac{4111}{3330}}$

TR ②30 次の無限等比級数が収束するような x の値の範囲を求めよ。また，そのときの和を求めよ。
(1) $1+(1-x^2)+(1-x^2)^2+\cdots\cdots$　　(2) $x+x(x-1)+x(x-1)^2+\cdots\cdots$

(1) 初項が1，公比が $1-x^2$ であるから，この無限等比級数が収束するための条件は

⇐ 初項は0でない。

$-1<1-x^2<1$　すなわち　$0<x^2<2$

⇐ 収束条件 $|r|<1$ すなわち $-1<r<1$

よって，**求める x の値の範囲は**
$$\boldsymbol{-\sqrt{2}<x<0,\ 0<x<\sqrt{2}}$$

また，このとき **和は**　$\frac{1}{1-(1-x^2)}=\boldsymbol{\frac{1}{x^2}}$

(2) 初項が x，公比が $x-1$ であるから，この無限等比級数が収束するための条件は

$x=0$　または　$-1<x-1<1$

⇐ 収束条件 初項$=0$ または $-1<$公比<1

$-1<x-1<1$ のとき　$0<x<2$
よって，**求める x の値の範囲は　$0\leqq x<2$**
また，$x=0$ のとき，和は　0

$0<x<2$ のとき，和は　$\frac{x}{1-(x-1)}=\frac{x}{2-x}$ …… ①

⇐ 和は $\frac{初項}{1-公比}$

和0は①に含まれるから，求める **和は**　$\boldsymbol{\frac{x}{2-x}}$

TR ③31 k を $0<k<1$ である定数とする。x 軸上で動点Pは原点Oを出発して正の向きに1だけ進み，次に負の向きに k だけ進み，次に正の向きに k^2 だけ進む。以下このように方向を変え，方向を変えるたびに進む距離が k 倍される運動を限りなく続けるとき，点Pが近づいていく点の座標を求めよ。

点Pの座標は，順に次のようになる。

$1,\ 1-k,\ 1-k+k^2,\ 1-k+k^2-k^3,\ \cdots\cdots$

ゆえに，点Pの極限の位置の座標は，初項1，公比 $-k$ の無限等比級数で表される。

公比について，$|-k|<1$ であるから，この無限等比級数は収束する。

その和は $\dfrac{1}{1-(-k)}=\dfrac{1}{1+k}$

よって，点Pが近づいていく点の座標は $\boldsymbol{\dfrac{1}{1+k}}$

⇐初項1，公比 $-k$ を見抜く。

⇐$0<k<1$ であるから $|-k|<1$

TR ②32 次の無限級数の和を求めよ。

(1) $\displaystyle\sum_{n=1}^{\infty}\left(\frac{1}{3^{n-1}}+\frac{2^n}{3^n}\right)$ (2) $\displaystyle\sum_{n=1}^{\infty}\frac{4^n-2^n}{7^n}$ 〔(2) 岡山理科大〕

(1) $\dfrac{1}{3^{n-1}}+\dfrac{2^n}{3^n}=\left(\dfrac{1}{3}\right)^{n-1}+\left(\dfrac{2}{3}\right)^n$

無限等比級数 $\displaystyle\sum_{n=1}^{\infty}\left(\frac{1}{3}\right)^{n-1}$，$\displaystyle\sum_{n=1}^{\infty}\left(\frac{2}{3}\right)^n$ の公比は，それぞれ $\dfrac{1}{3}$，$\dfrac{2}{3}$ であり，公比の絶対値が1より小さいから，これらはともに収束する。したがって

$$\sum_{n=1}^{\infty}\left(\frac{1}{3^{n-1}}+\frac{2^n}{3^n}\right)=\sum_{n=1}^{\infty}\left(\frac{1}{3}\right)^{n-1}+\sum_{n=1}^{\infty}\left(\frac{2}{3}\right)^n=\frac{1}{1-\frac{1}{3}}+\frac{2}{3}\cdot\frac{1}{1-\frac{2}{3}}$$

$$=\frac{3}{2}+2=\boldsymbol{\frac{7}{2}}$$

(2) $\dfrac{4^n-2^n}{7^n}=\dfrac{4^n}{7^n}-\dfrac{2^n}{7^n}=\left(\dfrac{4}{7}\right)^n-\left(\dfrac{2}{7}\right)^n$

無限等比級数 $\displaystyle\sum_{n=1}^{\infty}\left(\frac{4}{7}\right)^n$，$\displaystyle\sum_{n=1}^{\infty}\left(\frac{2}{7}\right)^n$ の公比は，それぞれ $\dfrac{4}{7}$，$\dfrac{2}{7}$ であり，公比の絶対値が1より小さいから，これらはともに収束する。よって

$$\sum_{n=1}^{\infty}\frac{4^n-2^n}{7^n}=\sum_{n=1}^{\infty}\left(\frac{4}{7}\right)^n-\sum_{n=1}^{\infty}\left(\frac{2}{7}\right)^n=\frac{4}{7}\cdot\frac{1}{1-\frac{4}{7}}-\frac{2}{7}\cdot\frac{1}{1-\frac{2}{7}}$$

$$=\frac{4}{3}-\frac{2}{5}=\boldsymbol{\frac{14}{15}}$$

無限級数 $\displaystyle\sum_{n=1}^{\infty}a_n$，$\displaystyle\sum_{n=1}^{\infty}b_n$ がともに収束するとき，

① $\displaystyle\sum_{n=1}^{\infty}ka_n=k\sum_{n=1}^{\infty}a_n$ （k は定数）

② $\displaystyle\sum_{n=1}^{\infty}(a_n+b_n)=\sum_{n=1}^{\infty}a_n+\sum_{n=1}^{\infty}b_n$

Lecture　② $\sum_{n=1}^{\infty}(a_n+b_n)=\sum_{n=1}^{\infty}a_n+\sum_{n=1}^{\infty}b_n$ の証明

$\sum_{n=1}^{\infty}a_n$, $\sum_{n=1}^{\infty}b_n$ がともに収束して，$\sum_{n=1}^{\infty}a_n=S$, $\sum_{n=1}^{\infty}b_n=T$ とする。

$S_n=a_1+a_2+\cdots\cdots+a_n$, $T_n=b_1+b_2+\cdots\cdots+b_n$ とすると

条件から　$\lim_{n\to\infty}S_n=S$, $\lim_{n\to\infty}T_n=T$

ここで，$\sum_{n=1}^{\infty}(a_n+b_n)$ の部分和を考えると

$$(a_1+b_1)+(a_2+b_2)+\cdots\cdots+(a_n+b_n)$$
$$=(a_1+a_2+\cdots\cdots+a_n)+(b_1+b_2+\cdots\cdots+b_n)=S_n+T_n$$

よって　$\sum_{n=1}^{\infty}(a_n+b_n)=\lim_{n\to\infty}(S_n+T_n)=\lim_{n\to\infty}S_n+\lim_{n\to\infty}T_n$
$=S+T$

すなわち　$\sum_{n=1}^{\infty}(a_n+b_n)=\sum_{n=1}^{\infty}a_n+\sum_{n=1}^{\infty}b_n$

⬅ $\sum_{n=1}^{\infty}a_n$ で無限級数の和を表すこともある。

⬅ 無限級数の和は，部分和の極限値である。

⬅ 数列の極限の性質

2章　TR

TR ③33

(1) 数列 $\{a_n\}$ に対して，$\lim_{n\to\infty}\frac{2a_n-1}{a_n+2}=3$ であるとき，$\lim_{n\to\infty}a_n$ を求めよ。

(2) 数列 $\{a_n\}$, $\{b_n\}$ において，次の命題の真偽を調べよ。

(ア) 数列 $\{a_n+b_n\}$, $\{a_n\}$ が収束するならば，数列 $\{b_n\}$ も収束する。

(イ) 常に $a_n>b_n$ ならば，$\lim_{n\to\infty}a_n>\lim_{n\to\infty}b_n$

(1) $b_n=\frac{2a_n-1}{a_n+2}$ …… ① とおく。

①の両辺に a_n+2 を掛けて　$(a_n+2)b_n=2a_n-1$

したがって　$(b_n-2)a_n=-2b_n-1$

$b_n=2$ とすると，$0\cdot a_n=-2\cdot2-1$ となり，等式が成り立たないから不適である。

よって，$b_n\fallingdotseq 2$ であるから　$a_n=\frac{-2b_n-1}{b_n-2}$

$\lim_{n\to\infty}b_n=3$ であるから

$$\lim_{n\to\infty}a_n=\lim_{n\to\infty}\frac{-2b_n-1}{b_n-2}=\frac{-2\cdot3-1}{3-2}=-7$$

注意　「$\lim_{n\to\infty}\frac{2a_n-1}{a_n+2}=\frac{\lim_{n\to\infty}(2a_n-1)}{\lim_{n\to\infty}(a_n+2)}$ …… Ⓐ として，

$\lim_{n\to\infty}a_n=\alpha$ とおき，Ⓐから　$\frac{2\alpha-1}{\alpha+2}=3$

よって，$\alpha=-7$」とするのは正しくない。

なぜならば，数列 $\{a_n\}$ が収束することが保証されていないので，極限の性質より導かれるⒶの等式を使うことはできないからである。

⬅ 条件より　$\lim_{n\to\infty}b_n=3$

⬅ a_n を b_n を用いて表すことを考える。

⬅ 数列 $\{b_n\}$ が3に収束するから，数列 $\{-2b_n-1\}$, $\{b_n-2\}$ はともに収束する。

Ⓐ　$\lim_{n\to\infty}\frac{x_n}{y_n}=\frac{\lim_{n\to\infty}x_n}{\lim_{n\to\infty}y_n}$ が成り立つのは，数列 $\{x_n\}$, $\{y_n\}$ がともに収束するときに限る。

(2) (ア) $b_n=(a_n+b_n)-a_n$ であり，数列 $\{a_n+b_n\}$，$\{a_n\}$ が収束するから

$$\lim_{n\to\infty}b_n=\lim_{n\to\infty}\{(a_n+b_n)-a_n\}=\lim_{n\to\infty}(a_n+b_n)-\lim_{n\to\infty}a_n$$

ゆえに，数列 $\{b_n\}$ は収束する。よって　**真**

(イ) $a_n=\dfrac{2}{n}$，$b_n=\dfrac{1}{n}$ とすると，$a_n>b_n$ であるが

$\displaystyle\lim_{n\to\infty}a_n=\lim_{n\to\infty}b_n=0$　　よって　**偽**

⬅ b_n を，収束することがわかっている数列 $\{a_n+b_n\}$，$\{a_n\}$ を用いて表す。

TR ④34 次の数列の極限を求めよ。

(1) $\left\{\dfrac{2^n}{n}\right\}$　　(2) $\left\{\dfrac{n^2}{4^n}\right\}$

(1) 不等式 $(1+h)^n\geqq 1+nh+\dfrac{n(n-1)}{2}h^2$（ただし　$h>0$）

に $h=1$ を代入すると　$(1+1)^n\geqq 1+n\cdot 1+\dfrac{n(n-1)}{2}\cdot 1^2$

すなわち　$2^n\geqq 1+n+\dfrac{n(n-1)}{2}$

ゆえに　$2^n>\dfrac{n(n-1)}{2}$　　よって　$\dfrac{2^n}{n}>\dfrac{n-1}{2}$

$\displaystyle\lim_{n\to\infty}\frac{n-1}{2}=\infty$ であるから　$\displaystyle\lim_{n\to\infty}\frac{2^n}{n}=\infty$

(2) $\dfrac{n^2}{4^n}=\left(\dfrac{n}{2^n}\right)^2$

(1)の $\dfrac{2^n}{n}>\dfrac{n-1}{2}$ から　$0<\dfrac{n}{2^n}<\dfrac{2}{n-1}$

各辺を2乗して　$0<\left(\dfrac{n}{2^n}\right)^2<\left(\dfrac{2}{n-1}\right)^2$

$\displaystyle\lim_{n\to\infty}\left(\frac{2}{n-1}\right)^2=0$ であるから　$\displaystyle\lim_{n\to\infty}\frac{n^2}{4^n}=\mathbf{0}$

CHART 求めにくい数列の極限　はさみうちの原理を利用

⬅ $a_n\leqq b_n$ で $\displaystyle\lim_{n\to\infty}a_n=\infty$ ならば $\displaystyle\lim_{n\to\infty}b_n=\infty$

⬅ はさみうちの原理

TR ④35 $\angle$XOY ［$=60°$］の2辺OX，OYに接する半径1の円の中心を O_1 とする。線分 OO_1 と円 O_1 との交点を中心とし，2辺OX，OYに接する円を O_2 とする。以下，同じようにして，順に円 O_3，……，O_n，…… を作る。このとき，円 O_1，O_2，…… の面積の総和を求めよ。

円 O_n の半径，面積を，それぞれ r_n，S_n とする。

$\angle XOO_n=60°\div 2=30°$(*) であるから

$OO_n=2r_n$，$O_nO_{n+1}=OO_n-OO_{n+1}$

より　$r_n=2r_n-2r_{n+1}$

ゆえに　$r_{n+1}=\dfrac{1}{2}r_n$　　また　$r_1=1$

よって　$r_n=\left(\dfrac{1}{2}\right)^{n-1}$

したがって　$S_n=\pi r_n{}^2=\pi\left(\dfrac{1}{4}\right)^{n-1}$

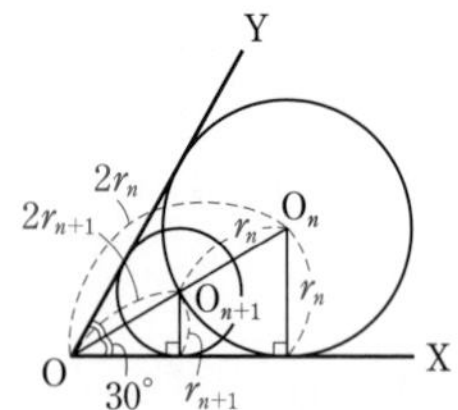

r_n，r_{n+1} の関係を $\triangle O_nOH$（ただしHはOX上の $O_nH\perp OX$ である点）に着目して調べる。

(*) 円 O_n が2辺OX，OYに接する
⟶ 円 O_n の中心 O_n は，2辺OX，OYから等距離にある。
⟶ 点 O_n は $\angle XOY$ の二等分線上にある。

ゆえに，円 O_1，O_2，…… の面積の総和 $\sum_{n=1}^{\infty} S_n$ は，初項が π，公比 r が $\frac{1}{4}$ の無限等比級数で表される。

$|r|<1$ であるから，この無限等比級数は収束し，その和は

$$\frac{\pi}{1-\frac{1}{4}}=\boldsymbol{\frac{4}{3}\pi}$$

TR ④36

「無限級数 $\sum_{n=1}^{\infty} a_n$ が収束する $\Longrightarrow \lim_{n\to\infty} a_n=0$」が成り立つ。この命題の対偶を用いて，次の無限級数が発散することを示せ。

(1)　$100+96+92+\cdots\cdots$　　(2)　$\frac{2}{3}+\frac{3}{4}+\frac{4}{5}+\frac{5}{6}+\cdots\cdots$

無限級数の第 n 項を a_n とする。

(1)　$a_n=100+(n-1)\cdot(-4)=-4n+104$

よって　$\lim_{n\to\infty} a_n=\lim_{n\to\infty}(-4n+104)=-\infty$

数列 $\{a_n\}$ が 0 に収束しないから，この無限級数は発散する。

(2)　$a_n=\frac{n+1}{n+2}$ であるから　$\lim_{n\to\infty} a_n=\lim_{n\to\infty}\frac{1+\frac{1}{n}}{1+\frac{2}{n}}=1$

数列 $\{a_n\}$ が 0 に収束しないから，この無限級数は発散する。

CHART　数列 $\{a_n\}$ が 0 に収束しない $\Longrightarrow$ 無限級数 $\sum_{n=1}^{\infty} a_n$ は発散する

⇐ 分母・分子を n で割る。

TR ⑤37

$\sum_{n=1}^{\infty}\frac{1}{n}$ が発散することを利用して，無限級数 $\sum_{n=1}^{\infty}\frac{1}{\sqrt{n}}$ は発散することを示せ。

$n\geqq 1$ のとき，n と $\sqrt{n}$ の大小関係は，

$n-\sqrt{n}=\sqrt{n}(\sqrt{n}-1)\geqq 0$ から　$n\geqq\sqrt{n}$

したがって　$\frac{1}{\sqrt{n}}\geqq\frac{1}{n}$

ゆえに，$S_n=\sum_{k=1}^{n}\frac{1}{\sqrt{k}}$，$S_n'=\sum_{k=1}^{n}\frac{1}{k}$ とおくと　$S_n\geqq S_n'$

無限級数 $\sum_{n=1}^{\infty}\frac{1}{n}$ は発散するから　$\lim_{n\to\infty} S_n'=\lim_{n\to\infty}\sum_{k=1}^{n}\frac{1}{k}=\infty$

よって　$\lim_{n\to\infty} S_n=\infty$

したがって，$\sum_{n=1}^{\infty}\frac{1}{\sqrt{n}}$ は発散する。

⇐ $\frac{1}{\sqrt{1}}\geqq\frac{1}{1}$，$\frac{1}{\sqrt{2}}\geqq\frac{1}{2}$，…であるから　$S_n\geqq S_n'$

EX ③13 数列 $\{a_n\}$，$\{b_n\}$ について，次の事柄は正しいか。正しければ証明し，正しくなければ反例をあげよ。

(1) $\lim_{n\to\infty} a_n=\infty$，$\lim_{n\to\infty} b_n=0$ ならば $\lim_{n\to\infty} a_nb_n=0$

(2) $\lim_{n\to\infty}(a_n-b_n)=0$，$\lim_{n\to\infty} a_n=\alpha$（$\alpha$ は定数） ならば $\lim_{n\to\infty} b_n=\alpha$

(1) $\boldsymbol{a_n=n}$，$\boldsymbol{b_n=\frac{1}{n}}$ **とする と** $a_nb_n=1$

$\lim_{n\to\infty} a_n=\infty$，$\lim_{n\to\infty} b_n=0$ であるが

$$\lim_{n\to\infty} a_nb_n=\lim_{n\to\infty}1=1$$

よって，**正しくない。**

(2) $a_n-b_n=c_n$ とすると $\lim_{n\to\infty} c_n=0$

$b_n=a_n-c_n$ であるから

$$\lim_{n\to\infty} b_n=\lim_{n\to\infty}(a_n-c_n)=\lim_{n\to\infty} a_n-\lim_{n\to\infty} c_n=\alpha-0=\alpha$$

よって，**正しい。**

(2) 数列 $\{b_n\}$ が収束することがわかっていないから，$\lim_{n\to\infty}(a_n-b_n)=0$ より，直ちに $\lim_{n\to\infty} a_n-\lim_{n\to\infty} b_n=0$ としてはいけないことに注意。

⇐数列 $\{a_n\}$，$\{c_n\}$ は収束することがわかっているから，極限の性質が使える。

EX ③14 極限値 $\lim_{n\to\infty}\frac{(1+2+3+\cdots\cdots+n)^2}{n(1^2+2^2+3^2+\cdots\cdots+n^2)}$ を求めよ。 〔東京電機大〕

$$(1+2+3+\cdots\cdots+n)^2=\left(\sum_{k=1}^{n}k\right)^2=\left\{\frac{n(n+1)}{2}\right\}^2=\frac{n^2(n+1)^2}{4}$$

⇐自然数の和の 2 乗

$$1^2+2^2+3^2+\cdots\cdots+n^2=\sum_{k=1}^{n}k^2=\frac{n(n+1)(2n+1)}{6}$$

⇐自然数の 2 乗和

よって
$$\lim_{n\to\infty}\frac{(1+2+\cdots\cdots+n)^2}{n(1^2+2^2+\cdots\cdots+n^2)}=\lim_{n\to\infty}\frac{\frac{n^2(n+1)^2}{4}}{n\cdot\frac{n(n+1)(2n+1)}{6}}$$

$$=\lim_{n\to\infty}\frac{3(n+1)}{2(2n+1)}=\lim_{n\to\infty}\frac{3\left(1+\frac{1}{n}\right)}{2\left(2+\frac{1}{n}\right)}=\boldsymbol{\frac{3}{4}}$$

⇐分母・分子を n で割る。

EX ②15 $\lim_{n\to\infty}(\sqrt{n^2+an+2}-\sqrt{n^2+2n+3})=3$ が成り立つとき，定数 a の値は $\square$ である。 〔摂南大〕

$$(\text{左辺})=\lim_{n\to\infty}\frac{(n^2+an+2)-(n^2+2n+3)}{\sqrt{n^2+an+2}+\sqrt{n^2+2n+3}}$$

$$=\lim_{n\to\infty}\frac{(a-2)-\frac{1}{n}}{\sqrt{1+\frac{a}{n}+\frac{2}{n^2}}+\sqrt{1+\frac{2}{n}+\frac{3}{n^2}}}$$

$$=\frac{a-2}{2}$$

よって $\frac{a-2}{2}=3$ ゆえに $\boldsymbol{a=8}$

⇐$\infty-\infty$ には有理化 $(\sqrt{A}+\sqrt{B})(\sqrt{A}-\sqrt{B})=A-B$ を利用

⇐$\frac{\text{定数}}{n}\longrightarrow 0$

EX ④16

数列 $\{a_n\}$ は

$$a_1=2,\quad a_{n+1}=\sqrt{4a_n-3}\quad (n=1,\ 2,\ 3,\ \cdots\cdots)$$

で定義されている。

(1) すべての自然数 n について，不等式 $2\leqq a_n\leqq 3$ が成り立つことを証明せよ。

(2) すべての自然数 n について，不等式 $|a_{n+1}-3|\leqq\dfrac{4}{5}|a_n-3|$ が成り立つことを証明せよ。

(3) 極限 $\displaystyle\lim_{n\to\infty}a_n$ を求めよ。　〔信州大〕

(1) $2\leqq a_n\leqq 3$ …… ① とする。

すべての自然数 n について，① が成り立つことを数学的帰納法を用いて証明する。

[1] $n=1$ のとき

$a_1=2$ であるから，① は成り立つ。

[2] $n=k$ のとき，① が成り立つと仮定すると

$$2\leqq a_k\leqq 3$$

このとき　$5\leqq 4a_k-3\leqq 9$

よって　$\sqrt{5}\leqq\sqrt{4a_k-3}\leqq 3$　すなわち　$\sqrt{5}\leqq a_{k+1}\leqq 3$

ゆえに　$2\leqq a_{k+1}\leqq 3$

⇐ $2\leqq\sqrt{5}$

したがって，$n=k+1$ のときも ① は成り立つ。

[1], [2] から，すべての自然数 n について，$2\leqq a_n\leqq 3$ が成り立つ。

(2) すべての自然数 n について

$$|a_{n+1}-3|=|\sqrt{4a_n-3}-3|=\left|\frac{(4a_n-3)-9}{\sqrt{4a_n-3}+3}\right|$$

$$=\frac{4|a_n-3|}{\sqrt{4a_n-3}+3}$$

⇐ $\sqrt{4a_n-3}-3$ を $\dfrac{\sqrt{4a_n-3}-3}{1}$ ととらえて，分母・分子に $\sqrt{4a_n-3}+3$ を掛ける。

(1) より $2\leqq a_n\leqq 3$ であるから

$$\sqrt{4a_n-3}+3\geqq\sqrt{5}+3\geqq 5$$

よって　$|a_{n+1}-3|=\dfrac{4|a_n-3|}{\sqrt{4a_n-3}+3}\leqq\dfrac{4}{5}|a_n-3|$

(3) (2) の不等式を繰り返し用いると

$$|a_n-3|\leqq\frac{4}{5}|a_{n-1}-3|\leqq\left(\frac{4}{5}\right)^2|a_{n-2}-3|$$

$$\leqq\cdots\cdots\leqq\left(\frac{4}{5}\right)^{n-1}|a_1-3|$$

ゆえに　$0\leqq|a_n-3|\leqq\left(\dfrac{4}{5}\right)^{n-1}|a_1-3|$

$\displaystyle\lim_{n\to\infty}\left(\frac{4}{5}\right)^{n-1}|a_1-3|=0$ であるから，はさみうちの原理により

$$\lim_{n\to\infty}|a_n-3|=0$$

⇐ $\left|\dfrac{4}{5}\right|<1$ であるから $\displaystyle\lim_{n\to\infty}\left(\frac{4}{5}\right)^{n-1}=0$

したがって　$\displaystyle\lim_{n\to\infty}a_n=\mathbf{3}$

EX ④17 $a_1=\dfrac{1}{2}$, $a_{n+1}=\dfrac{2a_n}{1-a_n}$ $(n=1, 2, 3, \cdots\cdots)$ で定義される数列 $\{a_n\}$ について，次の問いに答えよ。

(1) 一般項 a_n を求めよ。　(2) $\lim_{n\to\infty} a_n$ を求めよ。

(1) 与えられた漸化式から，すべての自然数 n について $a_n \neq 0$ である。

ゆえに，漸化式の両辺の逆数を考えると

$$\frac{1}{a_{n+1}}=\frac{1-a_n}{2a_n} \quad すなわち \quad \frac{1}{a_{n+1}}=\frac{1}{2}\left(\frac{1}{a_n}-1\right)$$

$\dfrac{1}{a_n}=b_n$ とおくと　$b_{n+1}=\dfrac{1}{2}(b_n-1)$

これを変形して　$b_{n+1}+1=\dfrac{1}{2}(b_n+1)$

$b_1=\dfrac{1}{a_1}=2$ であるから　$b_1+1=3$

よって，数列 $\{b_n+1\}$ は初項 3，公比 $\dfrac{1}{2}$ の等比数列であり

$$b_n+1=3\left(\frac{1}{2}\right)^{n-1} \quad すなわち \quad b_n=\frac{3}{2^{n-1}}-1=\frac{3-2^{n-1}}{2^{n-1}}$$

$b_n \neq 0$ であるから　$\boldsymbol{a_n}=\dfrac{1}{b_n}=\boldsymbol{\dfrac{2^{n-1}}{3-2^{n-1}}}$

(2) (1) から　$\lim_{n\to\infty} a_n=\lim_{n\to\infty}\dfrac{2^{n-1}}{3-2^{n-1}}=\lim_{n\to\infty}\dfrac{1}{\dfrac{3}{2^{n-1}}-1}=\boldsymbol{-1}$

⇐ ある自然数 $k(k\geqq 2)$ について $a_k=0$ とすると a_{k-1}, a_{k-2}, ……, a_1 がすべて 0 になり，$a_1=\dfrac{1}{2}$ に反する。

⇐ $\alpha=\dfrac{1}{2}(\alpha-1)$ を解くと　$\alpha=-1$

EX ④18 Aの袋には赤球 1 個と黒球 3 個が，B の袋には黒球だけが 5 個入っている。それぞれの袋から同時に 1 個ずつ球を取り出して入れかえる操作を繰り返す。この操作を n 回繰り返した後にAの袋に赤球が入っている確率を a_n とする。

(1) a_1, a_2 の値を求めよ。　(2) a_{n+1} を a_n を用いて表せ。

(3) a_n を n の式で表し，$\lim_{n\to\infty} a_n$ を求めよ。　〔名城大〕

(1) $\boldsymbol{a_1=\dfrac{3}{4}}$, $\boldsymbol{a_2}=\left(\dfrac{3}{4}\right)^2+\dfrac{1}{4}\cdot\dfrac{1}{5}=\boldsymbol{\dfrac{49}{80}}$

(2) この操作を $(n+1)$ 回繰り返した後にAの袋に赤球が入っているのは，次の 2 つの場合がある。

[1] n 回繰り返した後に，赤球がAの袋にあり，$(n+1)$ 回目にAの袋から黒球が取り出される。

[2] n 回繰り返した後に，赤球がBの袋にあり，$(n+1)$ 回目にBの袋から赤球が取り出される。

[1] と [2] は互いに排反であるから

$$\boldsymbol{a_{n+1}}=a_n\cdot\frac{3}{4}+(1-a_n)\cdot\frac{1}{5}=\boldsymbol{\frac{11}{20}a_n+\frac{1}{5}}$$

(1) a_2 は，2 回ともAの袋から黒球が取り出される場合と，1 回目にAの袋から赤球が，2 回目にBの袋から赤球が取り出される場合の 2 通りある。

(3)　(2) から　$a_{n+1}-\frac{4}{9}=\frac{11}{20}\left(a_n-\frac{4}{9}\right)$

$a_1-\frac{4}{9}=\frac{3}{4}-\frac{4}{9}=\frac{11}{36}$ であるから

$$a_n-\frac{4}{9}=\frac{11}{36}\left(\frac{11}{20}\right)^{n-1}$$

すなわち　$\boldsymbol{a_n=\frac{11}{36}\left(\frac{11}{20}\right)^{n-1}+\frac{4}{9}}$

よって　$\boldsymbol{\lim_{n\to\infty}a_n=\frac{4}{9}}$

⬅ $\alpha=\frac{11}{20}\alpha+\frac{1}{5}$ から $\alpha=\frac{4}{9}$

⬅ $\left(\frac{11}{20}\right)^{n-1}\longrightarrow 0$

EX ④19　一般項が $a_n=cr^n$ $(c>0,\ r>0)$ である数列 $\{a_n\}$ について，極限 $\lim_{n\to\infty}\frac{a_2+a_4+\cdots\cdots+a_{2n}}{a_1+a_2+\cdots\cdots+a_n}$ を調べよ。　〔信州大〕

HINT　まず $r=1$，$r\neq1$ で分けて，さらに $r\neq1$ のときは $0<r<1$，$1<r$ で場合分けをする。

[1]　$r=1$ のとき　$a_n=c$

よって　$\lim_{n\to\infty}\frac{a_2+a_4+\cdots\cdots+a_{2n}}{a_1+a_2+\cdots\cdots+a_n}=\lim_{n\to\infty}\frac{cn}{cn}=1$

[2]　$r\neq1$ のとき

$$a_2+a_4+\cdots\cdots+a_{2n}=\sum_{k=1}^{n}cr^{2k}=\frac{cr^2(1-r^{2n})}{1-r^2},$$

$$a_1+a_2+\cdots\cdots+a_n=\sum_{k=1}^{n}cr^k=\frac{cr(1-r^n)}{1-r}$$

⬅ 初項 a_2，公比 r^2，項数 n の等比数列の和

ゆえに　$(\text{与式})=\lim_{n\to\infty}\frac{\frac{cr^2(1-r^{2n})}{1-r^2}}{\frac{cr(1-r^n)}{1-r}}=\lim_{n\to\infty}\frac{r(1+r^n)(1-r^n)}{(1+r)(1-r^n)}$

$$=\lim_{n\to\infty}\frac{r(1+r^n)}{1+r}$$

よって　$0<r<1$ のとき　$\lim_{n\to\infty}\frac{a_2+a_4+\cdots\cdots+a_{2n}}{a_1+a_2+\cdots\cdots+a_n}=\frac{r}{1+r}$

$1<r$ のとき　$\lim_{n\to\infty}\frac{a_2+a_4+\cdots\cdots+a_{2n}}{a_1+a_2+\cdots\cdots+a_n}=\infty$

⬅ $0<r<1$ のとき $r^n\longrightarrow 0$
$1<r$ のとき $r^n\longrightarrow\infty$

以上から

$0<r<1$ のとき $\frac{r}{1+r}$，$r=1$ のとき 1，$1<r$ のとき ∞

EX ④20　$\lim_{n\to\infty}\frac{\tan^n\theta+2}{2\tan^n\theta+2}=\frac{1}{2}$ となる θ の値の範囲を求めよ。ただし，$0\leqq\theta<\frac{\pi}{2}$ とする。　〔工学院大〕

[1]　$0\leqq\theta<\frac{\pi}{4}$ のとき

$0\leqq\tan\theta<1$ であるから　$\lim_{n\to\infty}\tan^n\theta=0$

よって　$\lim_{n\to\infty}\frac{\tan^n\theta+2}{2\tan^n\theta+2}=\frac{0+2}{2\cdot0+2}=1$

CHART
数列 $\{r^n\}$ の極限
$r=\pm1$ で区切って考える

[2] $\theta=\dfrac{\pi}{4}$ のとき

$\tan\theta=1$ であるから　$\displaystyle\lim_{n\to\infty}\tan^n\theta=1$

よって　$\displaystyle\lim_{n\to\infty}\frac{\tan^n\theta+2}{2\tan^n\theta+2}=\frac{1+2}{2\cdot1+2}=\frac{3}{4}$

[3] $\dfrac{\pi}{4}<\theta<\dfrac{\pi}{2}$ のとき

$\tan\theta>1$ であるから，$\left|\dfrac{1}{\tan\theta}\right|<1$ となり　$\displaystyle\lim_{n\to\infty}\frac{1}{\tan^n\theta}=0$

よって　$$\lim_{n\to\infty}\frac{\tan^n\theta+2}{2\tan^n\theta+2}=\lim_{n\to\infty}\frac{1+\dfrac{2}{\tan^n\theta}}{2+\dfrac{2}{\tan^n\theta}}=\frac{1+0}{2+0}=\frac{1}{2}$$

以上から，求める θ の値の範囲は　$\boldsymbol{\dfrac{\pi}{4}<\theta<\dfrac{\pi}{2}}$

EX ④21

数列 $\{a_n\}$ を $a_n=\begin{cases}\dfrac{1}{(n+3)(n+5)} & (n\text{が奇数のとき})\\ \dfrac{-1}{(n+4)(n+6)} & (n\text{が偶数のとき})\end{cases}$ と定める。このとき，無限級数 $\displaystyle\sum_{n=1}^{\infty}a_n$ の和を求めよ。〔類 島根大〕

mを自然数とする。

第 $(2m-1)$ 項までの部分和は

$$\sum_{n=1}^{2m-1}a_n=\frac{1}{4\cdot6}-\frac{1}{6\cdot8}+\frac{1}{6\cdot8}-\frac{1}{8\cdot10}+\frac{1}{8\cdot10}$$
$$-\cdots\cdots-\frac{1}{(2m+2)(2m+4)}+\frac{1}{(2m+2)(2m+4)}$$
$$=\frac{1}{24}$$

また，第 $2m$ 項までの部分和は

$$\sum_{n=1}^{2m}a_n=\sum_{n=1}^{2m-1}a_n+\frac{-1}{(2m+4)(2m+6)}$$
$$=\frac{1}{24}-\frac{1}{4(m+2)(m+3)}$$

よって　$$\lim_{m\to\infty}\sum_{n=1}^{2m-1}a_n=\frac{1}{24}$$
$$\lim_{m\to\infty}\sum_{n=1}^{2m}a_n=\lim_{m\to\infty}\left\{\frac{1}{24}-\frac{1}{4(m+2)(m+3)}\right\}=\frac{1}{24}$$

したがって，無限級数 $\displaystyle\sum_{n=1}^{\infty}a_n$ の和は　$\boldsymbol{\dfrac{1}{24}}$

奇数番目の項までの部分和，偶数番目の項までの部分和をまず求め，それらの極限を調べる。

⇐ 第 $2m$ 項は $\dfrac{-1}{(2m+4)(2m+6)}$

EX ④ 22

無限等比数列 $\{a_n\}$ が $\sum_{n=1}^{\infty} a_n=\sum_{n=1}^{\infty} a_n{}^3=2$ を満たすとき，$\{a_n\}$ の初項と公比を求めよ。

〔学習院大〕

数列 $\{a_n\}$ の初項を a，公比を r とすると，数列 $\{a_n{}^3\}$ の初項は a^3，公比は r^3 である。

$\sum_{n=1}^{\infty} a_n=2$ より，無限等比級数が収束し，その和は 0 ではないから　　$a \neq 0$，$|r|<1$

$\sum_{n=1}^{\infty} a_n=2$ から　　$\dfrac{a}{1-r}=2$

よって　　$a=2(1-r)$ …… ①

$\sum_{n=1}^{\infty} a_n{}^3=2$ から　　$\dfrac{a^3}{1-r^3}=2$

よって　　$a^3=2(1-r^3)$ …… ②

① を ② に代入して　　$\{2(1-r)\}^3=2(1-r^3)$

ゆえに　　$4(1-3r+3r^2-r^3)=1-r^3$

すなわち　　$r^3-4r^2+4r-1=0$

よって　　$(r-1)(r^2-3r+1)=0$

これを解くと　　$r=1,\ \dfrac{3\pm\sqrt{5}}{2}$

$|r|<1$ であるから　　$r=\dfrac{3-\sqrt{5}}{2}$

このとき，① から　　$a=2\left(1-\dfrac{3-\sqrt{5}}{2}\right)=\sqrt{5}-1$

したがって　　$\{a_n\}$ の**初項は $\sqrt{5}-1$，公比は $\dfrac{3-\sqrt{5}}{2}$**

⇐ $\{a_n{}^3\}$ の初項，第 2 項，第 3 項，……は a^3，$(ar)^3$，$(ar^2)^3$，…

⇐ 無限等比級数の和は $\dfrac{(初項)}{1-(公比)}$

⇐ $3+\sqrt{5}>3+2$ であるから　$\dfrac{3+\sqrt{5}}{2}>\dfrac{5}{2}$

EX ④ 23

次の無限級数の和を求めよ。

(1) $\sum_{n=1}^{\infty}\left(\dfrac{1}{3}\right)^n\cos n\pi$　　(2) $\sum_{n=1}^{\infty}\left(-\dfrac{1}{3}\right)^n\sin\dfrac{n\pi}{2}$

(1)　n が偶数のとき　　$\cos n\pi=1$

n が奇数のとき　　$\cos n\pi=-1$ であるから

$$\sum_{n=1}^{\infty}\left(\frac{1}{3}\right)^n\cos n\pi$$
$$=-\left(\frac{1}{3}\right)+\left(\frac{1}{3}\right)^2-\left(\frac{1}{3}\right)^3+\left(\frac{1}{3}\right)^4-\cdots\cdots$$
$$=\sum_{n=1}^{\infty}\left\{\left(\frac{1}{3}\right)^n\times(-1)^n\right\}=\sum_{n=1}^{\infty}\left(-\frac{1}{3}\right)^n$$
$$=-\frac{1}{3}\cdot\frac{1}{1-\left(-\frac{1}{3}\right)}=-\mathbf{\frac{1}{4}}$$

⇐ 初項から第 4 項程度まで書き出して，級数の様子をつかむとよい。ただし，符号の処理は安易に行わない方が無難。

(2)　k を整数とすると

$n=2k$ のとき　$\sin\frac{n\pi}{2}=\sin k\pi=0$

$n=2k-1$ のとき　$\sin\frac{n\pi}{2}=\sin\frac{(2k-1)\pi}{2}=(-1)^{k-1}$

したがって

$$\sum_{n=1}^{\infty}\left(-\frac{1}{3}\right)^n\sin\frac{n\pi}{2}=\left(-\frac{1}{3}\right)+0-\left(-\frac{1}{3}\right)^3+0+\left(-\frac{1}{3}\right)^5+\cdots\cdots$$

$$=\left(-\frac{1}{3}\right)-\left(-\frac{1}{3}\right)^3+\left(-\frac{1}{3}\right)^5-\cdots\cdots$$

$$=\sum_{n=1}^{\infty}\left\{\left(-\frac{1}{3}\right)^{2n-1}\times(-1)^{n-1}\right\}$$

$$=\sum_{n=1}^{\infty}\left[-\frac{1}{3}\times\left\{\left(-\frac{1}{3}\right)^2\right\}^{n-1}\times(-1)^{n-1}\right]$$

$$=\sum_{n=1}^{\infty}\left[-\frac{1}{3}\times\left\{-\left(-\frac{1}{3}\right)^2\right\}^{n-1}\right]$$

$$=-\frac{1}{3}\cdot\frac{1}{1-\left\{-\left(-\frac{1}{3}\right)^2\right\}}=-\frac{1}{3}\cdot\frac{1}{1+\frac{1}{9}}$$

$$=-\mathbf{\frac{3}{10}}$$

⇐ $\sin\frac{(2k-1)\pi}{2}$
$=\sin\left(k\pi-\frac{\pi}{2}\right)$
$=-\cos k\pi$
$=-(-1)^k=(-1)^{k+1}$
$(-1)^2=1$ であるから
$(-1)^{k+1}=(-1)^{k-1}$

EX ⑤24

数列 $\{a_n\}$ は，$a_1=6$，$a_{n+1}=1+a_1a_2\cdots\cdots a_n$ $(n=1,\ 2,\ 3,\ \cdots\cdots)$ を満たすとする。ここで，$a_1a_2\cdots\cdots a_n$ は a_1 から a_n までの積を表す。

(1)　2 以上の自然数 n に対して，$a_{n+1}-1=a_n(a_n-1)$ が成り立つことを証明せよ。

(2)　無限級数 $\sum_{n=1}^{\infty}\frac{1}{a_n}$ の和を求めよ。　〔弘前大〕

(1)　$n\geqq 2$ のとき，漸化式から $a_n=1+a_1a_2\cdots\cdots a_{n-1}$ が成り立つ。

よって　$a_1a_2\cdots\cdots a_{n-1}=a_n-1$　(*)

ゆえに，漸化式から

$$a_{n+1}-1=a_1a_2\cdots\cdots a_n=a_1a_2\cdots\cdots a_{n-1}\cdot a_n=(a_n-1)a_n$$

⇐ (*)を代入。

したがって，2 以上の自然数 n に対して，$a_{n+1}-1=a_n(a_n-1)$ が成り立つ。

(2)　$a_1=6$ より，漸化式の形から，すべての自然数 n について $a_n\geqq 6$ が成り立つ。

⇐厳密には数学的帰納法で示すが，答案にはこの程度の断りでよい。

よって，$n\geqq 2$ のとき，$a_{n+1}-1=a_n(a_n-1)$ の両辺の逆数をとって　$\frac{1}{a_{n+1}-1}=\frac{1}{a_n(a_n-1)}$

⇐ $a_n\geqq 6$，$a_{n+1}\geqq 6$ から $a_{n+1}-1\neq 0$，$a_n(a_n-1)\neq 0$

すなわち　$\frac{1}{a_{n+1}-1}=\frac{1}{a_n-1}-\frac{1}{a_n}$

ゆえに，$n\geqq 2$ のとき

$$\frac{1}{a_n}=\frac{1}{a_n-1}-\frac{1}{a_{n+1}-1}$$

よって　$\displaystyle\sum_{k=1}^{n}\frac{1}{a_k}=\frac{1}{a_1}+\sum_{k=2}^{n}\frac{1}{a_k}$

$\displaystyle=\frac{1}{6}+\sum_{k=2}^{n}\left(\frac{1}{a_k-1}-\frac{1}{a_{k+1}-1}\right)$

$\displaystyle=\frac{1}{6}+\frac{1}{a_2-1}-\frac{1}{a_{n+1}-1}$

ここで，すべての自然数 n に対して，$a_n \geqq 6$ であるから，

$a_{n+1}-1=a_1a_2\cdots\cdots a_n \geqq 6^n$

すなわち　$\displaystyle 0<\frac{1}{a_{n+1}-1}\leqq\frac{1}{6^n}$

$\displaystyle\lim_{n\to\infty}\frac{1}{6^n}=0$ であるから　$\displaystyle\lim_{n\to\infty}\frac{1}{a_{n+1}-1}=0$

したがって

$$\sum_{n=1}^{\infty}\frac{1}{a_n}=\lim_{n\to\infty}\sum_{k=1}^{n}\frac{1}{a_k}=\lim_{n\to\infty}\left(\frac{1}{6}+\frac{1}{a_2-1}-\frac{1}{a_{n+1}-1}\right)$$

$$=\frac{1}{6}+\frac{1}{6}-0=\mathbf{\frac{1}{3}}$$

⇐ $a_1=6$

⇐ $p \geqq q>0$
$\Longleftrightarrow\ 0<\dfrac{1}{p}\leqq\dfrac{1}{q}$

⇐ $a_2=1+a_1=1+6$
であるから
$a_2-1=6$

EX ④25　1辺の長さが1の正方形 A_1 とその内接円 S_1 がある。円 S_1 に内接する正方形 A_2 とその内接円 S_2 がある。このようにして，内接円 S_{n-1} に内接する正方形 A_n とその内接円 S_n がある。A_1 から A_n までの面積の総和を T_n とするとき，$\displaystyle\lim_{n\to\infty}T_n$ を求めよ。〔奈良県立医大〕

A_{n+1} と A_n は相似であり，相似比は $\dfrac{\sqrt{2}}{2}:1$ であるから，面積比は

$$\left(\frac{\sqrt{2}}{2}\right)^2:1^2$$

すなわち　$1:2$ である。

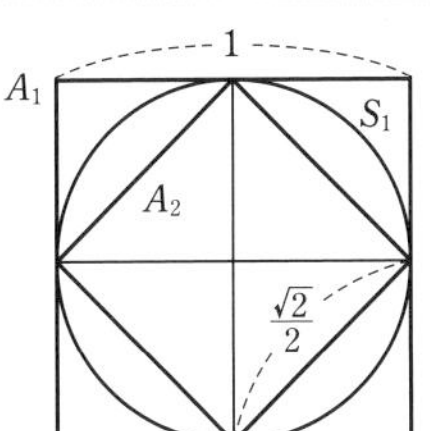

A_n の面積を a_n とすると

$$a_{n+1}=\frac{1}{2}a_n,\quad a_1=1$$

よって，数列 $\{a_n\}$ は初項1，公比 $\dfrac{1}{2}$ の等比数列である。

ゆえに　$\displaystyle T_n=\sum_{k=1}^{n}\left(\frac{1}{2}\right)^{k-1}=\frac{1-\left(\frac{1}{2}\right)^n}{1-\frac{1}{2}}=2\left\{1-\left(\frac{1}{2}\right)^n\right\}$

したがって　$\displaystyle\lim_{n\to\infty}T_n=\lim_{n\to\infty}2\left\{1-\left(\frac{1}{2}\right)^n\right\}=\mathbf{2}$

CHART
n 番目と $n+1$ 番目の関係を見つける
まず，A_1 と A_2 の相似比を考える。
相似比が $m:n$ のとき，面積比は
$m^2:n^2$

TR ①38 次の極限を求めよ。

(1) $\lim_{x\to2}(x^3-3x+2)$　(2) $\lim_{x\to-1}\frac{x^3+4}{x(x+2)}$　(3) $\lim_{x\to4}\sqrt{2x+1}$

(4) $\lim_{x\to\frac{\pi}{3}}\sin x$　(5) $\lim_{x\to-2}3^x$　(6) $\lim_{x\to8}\log_2 x$

(1) $\lim_{x\to2}(x^3-3x+2)=2^3-3\cdot2+2=\mathbf{4}$

(2) $\lim_{x\to-1}\frac{x^3+4}{x(x+2)}=\frac{(-1)^3+4}{(-1)(-1+2)}=\mathbf{-3}$

(3) $\lim_{x\to4}\sqrt{2x+1}=\sqrt{2\cdot4+1}=\mathbf{3}$

(4) $\lim_{x\to\frac{\pi}{3}}\sin x=\sin\frac{\pi}{3}=\frac{\sqrt{3}}{2}$

(5) $\lim_{x\to-2}3^x=3^{-2}=\frac{1}{9}$

(6) $\lim_{x\to8}\log_2 x=\log_2 8=\log_2 2^3=\mathbf{3}$

TR ②39 次の極限を求めよ。

(1) $\lim_{x\to3}\frac{x^2-9}{x^2-2x-3}$　(2) $\lim_{x\to1}\frac{1}{x-1}\left(1-\frac{1}{x^2}\right)$　(3) $\lim_{x\to1}\frac{2\sqrt{x+8}-6}{x-1}$

(4) $\lim_{x\to0}\frac{x}{\sqrt{x+9}-3}$　(5) $\lim_{x\to0}\frac{\sqrt{1+x}-\sqrt{1-x}}{x}$　(6) $\lim_{x\to-1}\frac{x}{(x+1)^2}$

(1) $\lim_{x\to3}\frac{x^2-9}{x^2-2x-3}=\lim_{x\to3}\frac{(x+3)(x-3)}{(x+1)(x-3)}=\lim_{x\to3}\frac{x+3}{x+1}=\frac{6}{4}=\frac{3}{2}$

(2) $\lim_{x\to1}\frac{1}{x-1}\left(1-\frac{1}{x^2}\right)=\lim_{x\to1}\left(\frac{1}{x-1}\cdot\frac{x^2-1}{x^2}\right)$

$=\lim_{x\to1}\frac{x+1}{x^2}=\frac{2}{1}=\mathbf{2}$

⇐ x^2-1
$=(x+1)(x-1)$

(3) $\lim_{x\to1}\frac{2\sqrt{x+8}-6}{x-1}=\lim_{x\to1}\frac{2(\sqrt{x+8}-3)(\sqrt{x+8}+3)}{(x-1)(\sqrt{x+8}+3)}$

$=\lim_{x\to1}\frac{2(x+8-9)}{(x-1)(\sqrt{x+8}+3)}=\lim_{x\to1}\frac{2}{\sqrt{x+8}+3}=\frac{2}{3+3}=\frac{1}{3}$

CHART 無理式は有理化

(4) $\lim_{x\to0}\frac{x}{\sqrt{x+9}-3}=\lim_{x\to0}\frac{x(\sqrt{x+9}+3)}{(\sqrt{x+9}-3)(\sqrt{x+9}+3)}$

$=\lim_{x\to0}\frac{x(\sqrt{x+9}+3)}{(x+9)-9}=\lim_{x\to0}(\sqrt{x+9}+3)=\mathbf{6}$

(5) $\lim_{x\to0}\frac{\sqrt{1+x}-\sqrt{1-x}}{x}$

$=\lim_{x\to0}\frac{(\sqrt{1+x}-\sqrt{1-x})(\sqrt{1+x}+\sqrt{1-x})}{x(\sqrt{1+x}+\sqrt{1-x})}$

$=\lim_{x\to0}\frac{(1+x)-(1-x)}{x(\sqrt{1+x}+\sqrt{1-x})}=\lim_{x\to0}\frac{2}{\sqrt{1+x}+\sqrt{1-x}}=\frac{2}{1+1}=\mathbf{1}$

(6) $\lim_{x\to-1}\frac{1}{(x+1)^2}=\infty$，$x\longrightarrow-1$ (<0) であるから

$$\lim_{x\to-1}\frac{x}{(x+1)^2}=-\infty$$

⇐ $(-1)\times\infty$

TR ③ 40 次の等式が成り立つように，定数 a，b の値を定めよ。

(1) $\displaystyle\lim_{x\to1}\frac{a\sqrt{x+1}-b}{x-1}=\sqrt{2}$　　(2) $\displaystyle\lim_{x\to2}\frac{x^2-x-2}{x^2+ax+b}=\frac{1}{2}$

(1) $\displaystyle\lim_{x\to1}(x-1)=0$ であるから　$\displaystyle\lim_{x\to1}(a\sqrt{x+1}-b)=0$

ゆえに　$\sqrt{2}a-b=0$　　よって　$b=\sqrt{2}a$ …… ①

⇐ ① は必要条件

このとき

$$\lim_{x\to1}\frac{a\sqrt{x+1}-b}{x-1}=\lim_{x\to1}\frac{a(\sqrt{x+1}-\sqrt{2})}{x-1}$$

$$=\lim_{x\to1}\frac{a(\sqrt{x+1}-\sqrt{2})(\sqrt{x+1}+\sqrt{2})}{(x-1)(\sqrt{x+1}+\sqrt{2})}$$

$$=\lim_{x\to1}\frac{a\{(x+1)-2\}}{(x-1)(\sqrt{x+1}+\sqrt{2})}$$

⇐ (分子)$=a(x-1)$

$$=\lim_{x\to1}\frac{a}{\sqrt{x+1}+\sqrt{2}}=\frac{a}{2\sqrt{2}}$$

$\dfrac{a}{2\sqrt{2}}=\sqrt{2}$ から　$\boldsymbol{a=4}$　　① から　$\boldsymbol{b=4\sqrt{2}}$

(2) $\displaystyle\lim_{x\to2}(x^2-x-2)=0$ であるから　$\displaystyle\lim_{x\to2}(x^2+ax+b)=0$

ゆえに　$4+2a+b=0$　　よって　$b=-2a-4$ …… ①

⇐ ① は必要条件

このとき

$$\lim_{x\to2}\frac{x^2-x-2}{x^2+ax+b}=\lim_{x\to2}\frac{(x+1)(x-2)}{x^2+ax-2a-4}$$

⇐ (分母)
$=(x-2)a+x^2-4$
$=(x-2)a$
$\quad+(x+2)(x-2)$

$$=\lim_{x\to2}\frac{(x+1)(x-2)}{(x-2)(x+a+2)}=\lim_{x\to2}\frac{x+1}{x+a+2}=\frac{3}{a+4}$$

$\dfrac{3}{a+4}=\dfrac{1}{2}$ から　$\boldsymbol{a=2}$　　① から　$\boldsymbol{b=-8}$

TR ① 41 次の極限を調べよ。

(1) $\displaystyle\lim_{x\to2+0}\frac{|x-2|}{x-2}$　　(2) $\displaystyle\lim_{x\to2-0}\frac{|x-2|}{x-2}$　　(3) $\displaystyle\lim_{x\to0}\frac{x-2}{x^2-x}$

(1) $x>2$ のとき　$|x-2|=x-2$

よって　$\displaystyle\lim_{x\to2+0}\frac{|x-2|}{x-2}=\lim_{x\to2+0}\frac{x-2}{x-2}=\lim_{x\to2+0}1=\boldsymbol{1}$

(2) $x<2$ のとき　$|x-2|=-(x-2)$

よって　$\displaystyle\lim_{x\to2-0}\frac{|x-2|}{x-2}=\lim_{x\to2-0}\frac{-(x-2)}{x-2}=\lim_{x\to2-0}(-1)=\boldsymbol{-1}$

(3) $\displaystyle\lim_{x\to+0}\frac{x-2}{x^2-x}=\lim_{x\to+0}\left(\frac{1}{x}\cdot\frac{x-2}{x-1}\right)=\infty$

⇐ $\displaystyle\lim_{x\to+0}\frac{1}{x}=\infty$

また　$\displaystyle\lim_{x\to-0}\frac{x-2}{x^2-x}=\lim_{x\to-0}\left(\frac{1}{x}\cdot\frac{x-2}{x-1}\right)=-\infty$

⇐ $\displaystyle\lim_{x\to-0}\frac{1}{x}=-\infty$

よって，$x\longrightarrow0$ のときの **極限はない。**

3章 TR

TR ②42 次の極限を求めよ。

(1) $\lim_{x\to\infty}(-x^2+10x)$ (2) $\lim_{x\to-\infty}(x^4+2x)$ (3) $\lim_{x\to\infty}\frac{x^3+2x}{x^2-1}$

(4) $\lim_{x\to-\infty}\frac{3x^2+2x}{2x-3}$ (5) $\lim_{x\to\infty}\sqrt{x}(\sqrt{x+1}-\sqrt{x-1})$ 〔(5) 京都産大〕

(1) $\lim_{x\to\infty}(-x^2+10x)=\lim_{x\to\infty}x^2\left(-1+\frac{10}{x}\right)=-\infty$

⇐ $\infty\times(-1+0)$

(2) $\lim_{x\to-\infty}(x^4+2x)=\lim_{x\to-\infty}x^4\left(1+\frac{2}{x^3}\right)=\infty$

⇐ $\infty\times(1+0)$

(3) $\lim_{x\to\infty}\frac{x^3+2x}{x^2-1}=\lim_{x\to\infty}\frac{x^2\left(x+\frac{2}{x}\right)}{x^2\left(1-\frac{1}{x^2}\right)}=\lim_{x\to\infty}\frac{x+\frac{2}{x}}{1-\frac{1}{x^2}}=\infty$

⇐ $\frac{\infty+0}{1-0}$

(4) $\lim_{x\to-\infty}\frac{3x^2+2x}{2x-3}=\lim_{x\to-\infty}\frac{x(3x+2)}{x\left(2-\frac{3}{x}\right)}=\lim_{x\to-\infty}\frac{3x+2}{2-\frac{3}{x}}=-\infty$

⇐ $\frac{-\infty+2}{2-0}$

(5) $\lim_{x\to\infty}\sqrt{x}(\sqrt{x+1}-\sqrt{x-1})$

$=\lim_{x\to\infty}\frac{\sqrt{x}(\sqrt{x+1}-\sqrt{x-1})(\sqrt{x+1}+\sqrt{x-1})}{\sqrt{x+1}+\sqrt{x-1}}$

⇐ **無理式は有理化**

$=\lim_{x\to\infty}\frac{\sqrt{x}\{(x+1)-(x-1)\}}{\sqrt{x+1}+\sqrt{x-1}}=\lim_{x\to\infty}\frac{2\sqrt{x}}{\sqrt{x+1}+\sqrt{x-1}}$

$=\lim_{x\to\infty}\frac{2}{\sqrt{1+\frac{1}{x}}+\sqrt{1-\frac{1}{x}}}=\mathbf{1}$

TR ③43 次の極限を求めよ。

(1) $\lim_{x\to-\infty}\frac{x^2-x^3}{|2x^3|}$ (2) $\lim_{x\to-\infty}(\sqrt{x^2+x+1}-\sqrt{x^2-x+1})$

(1) $\lim_{x\to-\infty}\frac{x^2-x^3}{|2x^3|}=\lim_{x\to-\infty}\frac{x^2-x^3}{-2x^3}=\lim_{x\to-\infty}\left(-\frac{1}{2x}+\frac{1}{2}\right)=\mathbf{\frac{1}{2}}$

⇐ $x\longrightarrow-\infty$ であるから $x<0$ と考えて $|2x^3|=-2x^3$

(2) $x=-t$ とおくと，$x\longrightarrow-\infty$ のとき $t\longrightarrow\infty$

$\lim_{x\to-\infty}(\sqrt{x^2+x+1}-\sqrt{x^2-x+1})$

$=\lim_{t\to\infty}(\sqrt{t^2-t+1}-\sqrt{t^2+t+1})$

⇐ $x^2=(-t)^2=t^2$

$=\lim_{t\to\infty}\frac{(\sqrt{t^2-t+1}-\sqrt{t^2+t+1})(\sqrt{t^2-t+1}+\sqrt{t^2+t+1})}{\sqrt{t^2-t+1}+\sqrt{t^2+t+1}}$

$=\lim_{t\to\infty}\frac{-2t}{\sqrt{t^2-t+1}+\sqrt{t^2+t+1}}$

⇐ 分子は $(t^2-t+1)-(t^2+t+1)=-2t$

$=\lim_{t\to\infty}\frac{-2}{\sqrt{1-\frac{1}{t}+\frac{1}{t^2}}+\sqrt{1+\frac{1}{t}+\frac{1}{t^2}}}=\mathbf{-1}$

⇐ 分母・分子を t で割る。

TR ②44 次の極限を求めよ。

(1) $\displaystyle\lim_{x\to-\infty}\left(\frac{1}{2}\right)^x$　(2) $\displaystyle\lim_{x\to\infty}\log_{\frac{1}{3}}x$　(3) $\displaystyle\lim_{x\to\infty}\frac{1-2^x}{1+2^x}$　(4) $\displaystyle\lim_{x\to-\infty}\log_5\frac{x}{x+1}$

(1) 底について，$0<\frac{1}{2}<1$ であるから　$\displaystyle\lim_{x\to-\infty}\left(\frac{1}{2}\right)^x=\infty$

⇐ $y=\left(\frac{1}{2}\right)^x$ は減少関数。

(2) 底について，$0<\frac{1}{3}<1$ であるから　$\displaystyle\lim_{x\to\infty}\log_{\frac{1}{3}}x=-\infty$

⇐ $y=\log_{\frac{1}{3}}x$ は減少関数。

(3) $\displaystyle\lim_{x\to\infty}2^x=\infty$ から

$$\lim_{x\to\infty}\frac{1-2^x}{1+2^x}=\lim_{x\to\infty}\frac{\frac{1}{2^x}-1}{\frac{1}{2^x}+1}=\frac{0-1}{0+1}=\mathbf{-1}$$

⇐ 分母・分子を 2^x で割る。

(4) $\displaystyle\lim_{x\to-\infty}\log_5\frac{x}{x+1}=\lim_{x\to-\infty}\log_5\frac{1}{1+\frac{1}{x}}=\log_5 1=\mathbf{0}$

⇐ まず，真数部分の極限を求める。

TR ③45 次の極限を求めよ。

(1) $\displaystyle\lim_{x\to\infty}\frac{\sin x}{x}$　(2) $\displaystyle\lim_{x\to0}x\cos\frac{1}{x}$

(1) $0\leqq|\sin x|\leqq1$ であるから，$x>0$ のとき

$$0\leqq\frac{|\sin x|}{x}\leqq\frac{1}{x}$$

$\displaystyle\lim_{x\to\infty}\frac{1}{x}=0$ であるから　$\displaystyle\lim_{x\to\infty}\frac{|\sin x|}{x}=0$

よって　$\displaystyle\lim_{x\to\infty}\frac{\sin x}{x}=\mathbf{0}$

CHART 求めにくい極限　はさみうちの原理の利用

⇐ はさみうちの原理

(2) $0\leqq\left|\cos\frac{1}{x}\right|\leqq1$ であるから　$0\leqq\left|x\cos\frac{1}{x}\right|\leqq|x|$

$\displaystyle\lim_{x\to0}|x|=0$ であるから　$\displaystyle\lim_{x\to0}\left|x\cos\frac{1}{x}\right|=0$

よって　$\displaystyle\lim_{x\to0}x\cos\frac{1}{x}=\mathbf{0}$

⇐ はさみうちの原理

TR ③46 次の極限を求めよ。

(1) $\displaystyle\lim_{x\to0}\frac{x}{\sin 2x}$　(2) $\displaystyle\lim_{x\to0}\frac{\sin 4x}{\sin 5x}$　(3) $\displaystyle\lim_{x\to0}\frac{\sin 3x}{\tan x}$

(4) $\displaystyle\lim_{x\to0}\frac{x^2}{1-\cos x}$　(5) $\displaystyle\lim_{x\to0}\frac{x\tan x}{1-\cos x}$　(6) $\displaystyle\lim_{x\to0}\frac{x}{\sin 3x-\sin x}$

(1) $\displaystyle\lim_{x\to0}\frac{x}{\sin 2x}=\lim_{x\to0}\left(\frac{2x}{\sin 2x}\cdot\frac{1}{2}\right)=1\cdot\frac{1}{2}=\mathbf{\frac{1}{2}}$

(2) $\displaystyle\lim_{x\to0}\frac{\sin 4x}{\sin 5x}=\lim_{x\to0}\left(\frac{\sin 4x}{4x}\cdot\frac{5x}{\sin 5x}\cdot\frac{4}{5}\right)$

$\displaystyle=1\cdot1\cdot\frac{4}{5}=\mathbf{\frac{4}{5}}$

CHART $\displaystyle\lim_{\theta\to0}\frac{\sin\theta}{\theta}=1$ が使える形に変形

3章

TR

(3) $\lim_{x\to0}\frac{\sin3x}{\tan x}=\lim_{x\to0}\left(\sin3x\cdot\frac{\cos x}{\sin x}\right)$

$=\lim_{x\to0}\left(\frac{\sin3x}{3x}\cdot\frac{x}{\sin x}\cdot3\cos x\right)=1\cdot1\cdot3=\mathbf{3}$

⇐ $\tan x$ は，$\sin x$，$\cos x$ で表す。

(4) $\lim_{x\to0}\frac{x^2}{1-\cos x}=\lim_{x\to0}\frac{x^2(1+\cos x)}{(1-\cos x)(1+\cos x)}$

$=\lim_{x\to0}\frac{x^2(1+\cos x)}{1-\cos^2x}$

$=\lim_{x\to0}\left\{\left(\frac{x}{\sin x}\right)^2(1+\cos x)\right\}=1^2(1+1)=\mathbf{2}$

(4)，(5) $1-\cos x$ は，$1+\cos x$ とペアで扱う

(5) $\lim_{x\to0}\frac{x\tan x}{1-\cos x}=\lim_{x\to0}\frac{x\tan x(1+\cos x)}{(1-\cos x)(1+\cos x)}$

$=\lim_{x\to0}\left\{\frac{x(1+\cos x)}{1-\cos^2x}\cdot\frac{\sin x}{\cos x}\right\}$

$=\lim_{x\to0}\left(\frac{x}{\sin x}\cdot\frac{1+\cos x}{\cos x}\right)=1\cdot\frac{1+1}{1}=\mathbf{2}$

⇐ $\tan x$ は，$\sin x$，$\cos x$ で表す。

(6) $\lim_{x\to0}\frac{x}{\sin3x-\sin x}=\lim_{x\to0}\frac{1}{3\cdot\frac{\sin3x}{3x}-\frac{\sin x}{x}}$

$=\frac{1}{3-1}=\mathbf{\frac{1}{2}}$

別解　和 ⟶ 積の公式を利用すると

$\lim_{x\to0}\frac{x}{\sin3x-\sin x}=\lim_{x\to0}\frac{x}{2\cos2x\sin x}$

$=\lim_{x\to0}\left(\frac{x}{\sin x}\cdot\frac{1}{2\cos2x}\right)=1\cdot\frac{1}{2}=\mathbf{\frac{1}{2}}$

⇐ $\sin A-\sin B$ $=2\cos\frac{A+B}{2}\sin\frac{A-B}{2}$

TR ③47　定円Oの弦 AB，弧 AB の中点を，それぞれ M，N とする。BがAに限りなく近づくとき，$\frac{\mathrm{MN}}{\mathrm{AB}}$ の極限値を求めよ。

$\mathrm{OA}=r$，$\angle\mathrm{AOB}=2\theta$ とする。

△AOM において　　$\mathrm{OM}=r\cos\theta$

よって

$\mathrm{MN}=\mathrm{ON}-\mathrm{OM}=r-r\cos\theta$

$=r(1-\cos\theta)$

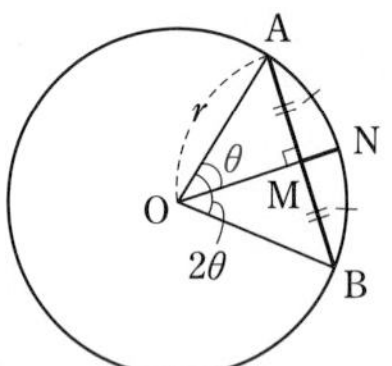

⇐ $\angle\mathrm{AOB}=\theta$ としてもよいが，OM，MN を θ を用いて表す際，$\frac{\theta}{2}$ が出てくるから扱いにくい。

また，$\mathrm{AB}=2\mathrm{AM}=2r\sin\theta$ であるから

$\frac{\mathrm{MN}}{\mathrm{AB}}=\frac{1-\cos\theta}{2\sin\theta}=\frac{(1-\cos\theta)(1+\cos\theta)}{2\sin\theta(1+\cos\theta)}$

$=\frac{1-\cos^2\theta}{2\sin\theta(1+\cos\theta)}=\frac{\sin^2\theta}{2\sin\theta(1+\cos\theta)}=\frac{\sin\theta}{2(1+\cos\theta)}$

⇐ $1-\cos\theta$ は $1+\cos\theta$ とペアで扱う

BがAに限りなく近づくとき $\theta\longrightarrow0$ であるから

$\lim_{\theta\to0}\frac{\mathrm{MN}}{\mathrm{AB}}=\lim_{\theta\to0}\frac{\sin\theta}{2(1+\cos\theta)}=\mathbf{0}$

TR ①48 次の関数の[ ]内の点における連続，不連続について調べよ。ただし，(3)の[ ]はガウス記号である。

(1) $f(x)=\dfrac{2}{x-3}$ $[x=2]$ (2) $f(x)=\log_{10}|x-1|$ $[x=2]$ (3) $f(x)=[\sin x]$ $\left[x=\dfrac{\pi}{2}\right]$

(1) $\displaystyle\lim_{x\to2}\frac{2}{x-3}=\frac{2}{2-3}=-2$，$f(2)=\dfrac{2}{2-3}=-2$

ゆえに　$\displaystyle\lim_{x\to2}f(x)=f(2)$

よって，$f(x)$ は $x=2$ で **連続** である。

(2) $\displaystyle\lim_{x\to2}\log_{10}|x-1|=\log_{10}1=0$，$f(2)=\log_{10}1=0$

ゆえに　$\displaystyle\lim_{x\to2}f(x)=f(2)$

よって，$f(x)$ は $x=2$ で **連続** である。

(3) $0\leqq x<\dfrac{\pi}{2}$，$\dfrac{\pi}{2}<x\leqq\pi$ のとき，$0\leqq\sin x<1$ であるから

$$\lim_{x\to\frac{\pi}{2}-0}[\sin x]=\lim_{x\to\frac{\pi}{2}+0}[\sin x]=0$$

また　$f\left(\dfrac{\pi}{2}\right)=\left[\sin\dfrac{\pi}{2}\right]=[1]=1$

ゆえに，$\displaystyle\lim_{x\to\frac{\pi}{2}}f(x)\neq f\left(\frac{\pi}{2}\right)$

よって，$f(x)$ は $x=\dfrac{\pi}{2}$ で **不連続** である。

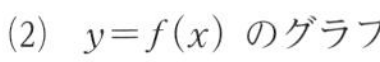
(2) $y=f(x)$ のグラフ

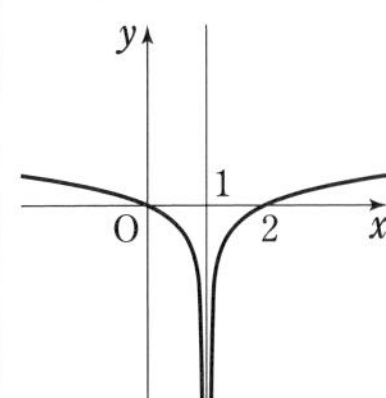

(3) $y=f(x)$ $(0\leqq x\leqq2\pi)$ のグラフ

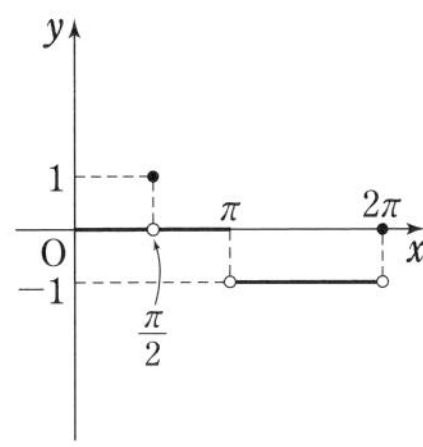

TR ②49 次の方程式は，( )内の範囲[ただし，(1)については区分けされたそれぞれの範囲]に少なくとも1つの実数解をもつことを示せ。

(1) $x^3-6x^2+9x-1=0$ $(0<x<1,\ 2<x<3,\ 3<x<4)$

(2) $x-1=\cos x$ $(0<x<\pi)$ (3) $6\log_2 x=3x-2$ $(1<x<2)$

(1) $f(x)=x^3-6x^2+9x-1$ とおくと，$f(x)$ は実数全体で連続である。

また　$f(0)=-1<0$，$f(1)=3>0$，$f(2)=1>0$，
　　$f(3)=-1<0$，$f(4)=3>0$

よって，方程式 $x^3-6x^2+9x-1=0$ は，$0<x<1$，$2<x<3$，$3<x<4$ のそれぞれの範囲に少なくとも1つの実数解をもつ。

CHART 実数解の存在を示すには，中間値の定理

(2) $f(x)=x-1-\cos x$ とおくと，$f(x)$ は実数全体で連続である。

⇐ $y=x-1$，$y=\cos x$ は連続関数であるから，関数 $f(x)=x-1-\cos x$ も連続関数である。

また　$f(0)=-2<0$，$f(\pi)=\pi>0$

よって，方程式 $f(x)=0$ すなわち $x-1=\cos x$ は，$0<x<\pi$ の範囲に少なくとも1つの実数解をもつ。

(3) $f(x)=6\log_2 x-3x+2$ とおくと，$f(x)$ は $x>0$ で連続である。

⇐ $y=6\log_2 x$，$y=3x-2$ は連続関数。

また　$f(1)=-1<0$，$f(2)=2>0$

よって，方程式 $f(x)=0$ すなわち $6\log_2 x=3x-2$ は，$1<x<2$ の範囲に少なくとも1つの実数解をもつ。

TR ④50 実数 a，b に対して $\lim_{x\to\infty}(\sqrt{9x^2-6x+4}-ax)=b$ が成り立つとき，a，b の値を求めよ。また，このとき，極限値 $\lim_{x\to\infty}(\sqrt{9x^2-6x+4}-ax+b)$ を求めよ。

$x>0$ のとき $\sqrt{9x^2-6x+4}-ax$

$$=\frac{(9-a^2)x^2-6x+4}{\sqrt{9x^2-6x+4}+ax}$$

$$=\frac{(9-a^2)x-6+\dfrac{4}{x}}{\sqrt{9-\dfrac{6}{x}+\dfrac{4}{x^2}}+a} \quad \cdots\cdots ①$$

⇐ 有理化する。

⇐ 分母・分子を x で割る。

よって，$\lim_{x\to\infty}(\sqrt{9x^2-6x+4}-ax)$ が有限な値 b となるとき，$9-a^2=0$ が必要条件である。

ゆえに　$a=\pm3$

[1]　$a=-3$ のとき，$\lim_{x\to\infty}(\sqrt{9x^2-6x+4}+3x)=\infty$ となり不適。

[2]　$a=3$ のとき，① から

$$\lim_{x\to\infty}(\sqrt{9x^2-6x+4}-3x)=\frac{-6}{\sqrt{9}+3}=-1$$

[1]，[2] から　$\boldsymbol{a=3,\ b=-1}$

また　$\lim_{x\to\infty}\{\sqrt{9x^2-6x+4}-(3x+1)\}$

⇐ 有理化する。

$$=\lim_{x\to\infty}\frac{9x^2-6x+4-(3x+1)^2}{\sqrt{9x^2-6x+4}+(3x+1)}$$

$$=\lim_{x\to\infty}\frac{-12x+3}{\sqrt{9x^2-6x+4}+3x+1}=\lim_{x\to\infty}\frac{-12+\dfrac{3}{x}}{\sqrt{9-\dfrac{6}{x}+\dfrac{4}{x^2}}+3+\dfrac{1}{x}}$$

⇐ 分母・分子を x で割る。

$$=\frac{-12}{\sqrt{9}+3}=\boldsymbol{-2}$$

TR ④51 次の極限を求めよ。

(1) $\lim_{x\to\pi}\dfrac{\tan x}{x-\pi}$　　(2) $\lim_{x\to\frac{\pi}{2}}\dfrac{2x-\pi}{\cos x}$　　(3) $\lim_{x\to\infty}x\tan\dfrac{2}{x}$

(1)　$x-\pi=\theta$ とおくと，$x\longrightarrow\pi$ のとき　$\theta\longrightarrow0$

よって　$\lim_{x\to\pi}\dfrac{\tan x}{x-\pi}=\lim_{\theta\to0}\dfrac{\tan(\theta+\pi)}{\theta}=\lim_{\theta\to0}\dfrac{\tan\theta}{\theta}$

⇐ $\tan(\theta+\pi)=\tan\theta$

$$=\lim_{\theta\to0}\left(\frac{\sin\theta}{\theta}\cdot\frac{1}{\cos\theta}\right)=1\cdot1=\boldsymbol{1}$$

(2)　$x-\dfrac{\pi}{2}=\theta$ とおくと，$x\longrightarrow\dfrac{\pi}{2}$ のとき　$\theta\longrightarrow0$

$\cos x=\cos\left(\theta+\frac{\pi}{2}\right)=-\sin\theta$ であるから

$$\lim_{x\to\frac{\pi}{2}}\frac{2x-\pi}{\cos x}=\lim_{\theta\to 0}\frac{2\theta}{-\sin\theta}=\lim_{\theta\to 0}\left(-2\cdot\frac{\theta}{\sin\theta}\right)=\mathbf{-2}$$

⇐ $\cos\left(\theta+\frac{\pi}{2}\right)=-\sin\theta$

(3) $\frac{1}{x}=\theta$ とおくと，$x\longrightarrow\infty$ のとき　$\theta\longrightarrow+0$

⇐ 単に $\theta\longrightarrow 0$ ではないことに注意する。

よって　$\lim_{x\to\infty}x\tan\frac{2}{x}=\lim_{\theta\to+0}\frac{\tan 2\theta}{\theta}$

$$=\lim_{\theta\to+0}\left(\frac{\sin 2\theta}{2\theta}\cdot\frac{2}{\cos 2\theta}\right)=1\cdot 2=\mathbf{2}$$

3章
TR

TR ⑤52　$f(x)=\lim_{n\to\infty}\frac{x^{2n-1}+x^2+ax+b}{x^{2n}+1}$ が連続関数であるとき，定数 a，b の値を求めよ。

$|x|<1$ のとき　$\lim_{n\to\infty}x^{2n-1}=0$，$\lim_{n\to\infty}x^{2n}=0$ であるから

$$f(x)=\frac{0+x^2+ax+b}{0+1}=x^2+ax+b$$

$\{x^{2n}\}$ の極限
$x^2=1$ で区切って考える
に従って考えると，
$x=\pm1$ が候補となる。

$|x|>1$ のとき

$\lim_{n\to\infty}\frac{1}{x^{2n}}=0$，$\lim_{n\to\infty}\frac{1}{x^{2n-1}}=0$，$\lim_{n\to\infty}\frac{1}{x^{2n-2}}=0$ であるから

$$f(x)=\lim_{n\to\infty}\frac{\frac{1}{x}+\frac{1}{x^{2n-2}}+\frac{a}{x^{2n-1}}+\frac{b}{x^{2n}}}{1+\frac{1}{x^{2n}}}=\frac{\frac{1}{x}+0+0+0}{1+0}=\frac{1}{x}$$

これらは，$|x|<1$，$|x|>1$ のそれぞれで連続である。

$x=1$ のとき　$f(x)=\frac{1+1+a+b}{1+1}=\frac{a+b+2}{2}$

$x=-1$ のとき　$f(x)=\frac{-1+1-a+b}{1+1}=\frac{-a+b}{2}$

また　$\lim_{x\to1+0}f(x)=\lim_{x\to1+0}\frac{1}{x}=1$

$\lim_{x\to1-0}f(x)=\lim_{x\to1-0}(x^2+ax+b)=1+a+b$

$\lim_{x\to-1+0}f(x)=\lim_{x\to-1+0}(x^2+ax+b)=1-a+b$

$\lim_{x\to-1-0}f(x)=\lim_{x\to-1-0}\frac{1}{x}=-1$

$f(x)$ が $x=\pm1$ においても連続であるための条件は

$1=1+a+b=\frac{a+b+2}{2}$　すなわち　$a+b=0$

$1-a+b=-1=\frac{-a+b}{2}$　すなわち　$-a+b=-2$

これを解くと　$\mathbf{a=1,\ b=-1}$

⇐ $f(x)$ が $x=c$ において連続であるための条件は
$\lim_{x\to c+0}f(x)=\lim_{x\to c-0}f(x)=f(c)$

EX ②26 $\lim_{x\to\infty}(\sqrt{9x^2+ax}-3x)=9$ のとき，定数 a の値は［　］である。〔神奈川大〕

$$\lim_{x\to\infty}(\sqrt{9x^2+ax}-3x)=\lim_{x\to\infty}\frac{(9x^2+ax)-9x^2}{\sqrt{9x^2+ax}+3x}$$
$$=\lim_{x\to\infty}\frac{ax}{\sqrt{9x^2+ax}+3x}$$
$$=\lim_{x\to\infty}\frac{a}{\sqrt{9+\frac{a}{x}}+3}=\frac{a}{6}$$

$\lim_{x\to\infty}(\sqrt{9x^2+ax}-3x)=9$ のとき　$\frac{a}{6}=9$

したがって　$a=\mathbf{54}$

⇐ $\sqrt{9x^2+ax}-3x=\frac{\sqrt{9x^2+ax}-3x}{1}$ ととらえる。

EX ③27 次の極限を求めよ。

(1) $\lim_{x\to\infty}\{\log_3(9x-1)-\log_3(x+1)\}$　(2) $\lim_{x\to-\infty}\frac{2^{-x}-1}{2^{-x}+1}$　(3) $\lim_{x\to-\infty}\log_2(\sqrt{x^2-4x+1}+x)$

(1) $\lim_{x\to\infty}\{\log_3(9x-1)-\log_3(x+1)\}$

$$=\lim_{x\to\infty}\log_3\frac{9x-1}{x+1}=\lim_{x\to\infty}\log_3\frac{9-\frac{1}{x}}{1+\frac{1}{x}}=\log_3 9=\mathbf{2}$$

⇐ 対数の性質 $\log_a M-\log_a N=\log_a\frac{M}{N}$

(2) $t=-x$ とおくと　$x\longrightarrow-\infty$ のとき　$t\longrightarrow\infty$

よって　$$\lim_{x\to-\infty}\frac{2^{-x}-1}{2^{-x}+1}=\lim_{t\to\infty}\frac{2^t-1}{2^t+1}=\lim_{t\to\infty}\frac{1-\frac{1}{2^t}}{1+\frac{1}{2^t}}=\mathbf{1}$$

⇐ 分母・分子を 2^t で割る。

別解　$\lim_{x\to-\infty}2^x=\lim_{x\to\infty}\frac{1}{2^x}=0$ であるから

$$\lim_{x\to-\infty}\frac{2^{-x}-1}{2^{-x}+1}=\lim_{x\to-\infty}\frac{1-2^x}{1+2^x}=\mathbf{1}$$

⇐ 分母・分子に 2^x を掛ける。

(3) $x=-t$ とおくと　$x\longrightarrow-\infty$ のとき　$t\longrightarrow\infty$

$$\lim_{x\to-\infty}\log_2(\sqrt{x^2-4x+1}+x)$$
$$=\lim_{t\to\infty}\log_2(\sqrt{t^2+4t+1}-t)$$

⇐ $x^2=(-t)^2=t^2$

$$=\lim_{t\to\infty}\log_2\frac{(\sqrt{t^2+4t+1}-t)(\sqrt{t^2+4t+1}+t)}{\sqrt{t^2+4t+1}+t}$$
$$=\lim_{t\to\infty}\log_2\frac{4t+1}{\sqrt{t^2+4t+1}+t}=\lim_{t\to\infty}\log_2\frac{4+\frac{1}{t}}{\sqrt{1+\frac{4}{t}+\frac{1}{t^2}}+1}$$

⇐ 分母・分子を t で割る。

$$=\log_2\frac{4}{\sqrt{1}+1}=\mathbf{1}$$

⇐ $\log_2 2=1$

EX ③28 a を正の定数とする。極限値 $\lim_{x\to-\infty}\frac{4a^{-x}}{2a^x+3a^{-x}}$ を求めよ。〔類 国士舘大〕

$a>1$ のとき，$\lim_{x\to-\infty}a^x=0$ であるから

$$\lim_{x\to-\infty}\frac{4a^{-x}}{2a^x+3a^{-x}}=\lim_{x\to-\infty}\frac{4}{2(a^x)^2+3}=\frac{4}{3}$$

$a=1$ のとき

$$\lim_{x\to-\infty}\frac{4a^{-x}}{2a^x+3a^{-x}}=\frac{4}{2+3}=\frac{4}{5}$$

$0<a<1$ のとき，$\lim_{x\to-\infty}a^x=\infty$ であるから

$$\lim_{x\to-\infty}\frac{4a^{-x}}{2a^x+3a^{-x}}=\lim_{x\to-\infty}\frac{4}{2(a^x)^2+3}=0$$

したがって，求める極限値は

$a>1$ のとき $\frac{4}{3}$，$a=1$ のとき $\frac{4}{5}$，

$0<a<1$ のとき 0

⇐指数関数 $y=a^x$ のグラフから
$a>1$ のとき $\lim_{x\to-\infty}a^x=0$
$0<a<1$ のとき $\lim_{x\to-\infty}a^x=\infty$

3章 EX

EX ③29 次の極限を求めよ。

(1) $\lim_{x\to0}\frac{x}{\tan x}$　(2) $\lim_{x\to0}\frac{\sin3x+\sin x}{\sin2x}$

(3) $\lim_{x\to0}\frac{\tan x-\sin x}{x^3}$　(4) $\lim_{x\to0}\frac{\sin(2\sin3x)}{x}$

(5) $\lim_{x\to0}\frac{x^3}{(1-\cos x)\tan x}$

(1) $$\lim_{x\to0}\frac{x}{\tan x}=\lim_{x\to0}\left(x\cdot\frac{\cos x}{\sin x}\right)=\lim_{x\to0}\left(\frac{x}{\sin x}\cdot\cos x\right)=1\cdot1=\mathbf{1}$$

(2) $$\lim_{x\to0}\frac{\sin3x+\sin x}{\sin2x}$$
$$=\lim_{x\to0}\left(\frac{\sin3x}{\sin2x}+\frac{\sin x}{\sin2x}\right)$$
$$=\lim_{x\to0}\left(\frac{\sin3x}{3x}\cdot\frac{2x}{\sin2x}\cdot\frac{3}{2}+\frac{\sin x}{x}\cdot\frac{2x}{\sin2x}\cdot\frac{1}{2}\right)$$
$$=1\cdot1\cdot\frac{3}{2}+1\cdot1\cdot\frac{1}{2}=\mathbf{2}$$

別解　$\sin3x+\sin x=2\sin2x\cos x$ であるから

$$\lim_{x\to0}\frac{\sin3x+\sin x}{\sin2x}=\lim_{x\to0}\frac{2\sin2x\cos x}{\sin2x}=\lim_{x\to0}2\cos x=\mathbf{2}$$

CHART 三角関数の極限
$\lim_{■\to0}\frac{\sin■}{■}=1$（■は同じもの）が使える形に変形

⇐一般に
$\lim_{x\to0}\frac{\sin mx}{\sin nx}=\frac{m}{n}$
（m，n は定数，$n\neq0$）

⇐$\sin A+\sin B=2\sin\frac{A+B}{2}\cos\frac{A-B}{2}$

(3) $\displaystyle\lim_{x\to0}\frac{\tan x-\sin x}{x^3}=\lim_{x\to0}\frac{\sin x(1-\cos x)}{x^3\cos x}$

$\displaystyle=\lim_{x\to0}\frac{\sin x(1-\cos x)(1+\cos x)}{x^3\cos x(1+\cos x)}=\lim_{x\to0}\frac{\sin x(1-\cos^2 x)}{x^3\cos x(1+\cos x)}$

$\displaystyle=\lim_{x\to0}\frac{\sin^3 x}{x^3\cos x(1+\cos x)}$

$\displaystyle=\lim_{x\to0}\left\{\left(\frac{\sin x}{x}\right)^3\cdot\frac{1}{\cos x(1+\cos x)}\right\}=1^3\cdot\frac{1}{1\cdot(1+1)}=\boldsymbol{\frac{1}{2}}$

← $\tan x=\dfrac{\sin x}{\cos x}$

← **$1-\cos x$ は $1+\cos x$ とペアで扱う**
分母・分子に $1+\cos x$ を掛ける。
また $1-\cos^2 x=\sin^2 x$

(4) $\displaystyle\lim_{x\to0}\frac{\sin(2\sin 3x)}{x}=\lim_{x\to0}\left\{\frac{\sin(2\sin 3x)}{2\sin 3x}\cdot2\cdot\frac{\sin 3x}{3x}\cdot3\right\}$

$=1\cdot2\cdot1\cdot3=\mathbf{6}$

← $\dfrac{\sin f(x)}{x}=\dfrac{\sin f(x)}{f(x)}\cdot\dfrac{f(x)}{x}$

(5) $\displaystyle\lim_{x\to0}\frac{x^3}{(1-\cos x)\tan x}=\lim_{x\to0}\frac{(1+\cos x)x^3}{(1+\cos x)(1-\cos x)\tan x}$

$\displaystyle=\lim_{x\to0}\left\{\frac{x^3(1+\cos x)}{1-\cos^2 x}\cdot\frac{\cos x}{\sin x}\right\}$

$\displaystyle=\lim_{x\to0}\left(\frac{x}{\sin x}\right)^3(1+\cos x)\cos x=1^3\cdot(1+1)\cdot1=\mathbf{2}$

← $\tan x=\dfrac{\sin x}{\cos x}$

← $\displaystyle\lim_{x\to0}\frac{x}{\sin x}=1$

EX ③ 30

a, b を正の実数とする。$\displaystyle\lim_{x\to0}\frac{\sqrt{a^2+x}-a}{x}=3$ のとき，a の値は $a=$ ア□ である。また，この a の値に対して $\displaystyle\lim_{x\to0}\frac{\sqrt{a^2+\sin bx}-a}{\sin 3x}=1$ のとき，b の値は $b=$ イ□ である。

(ア) $\displaystyle\lim_{x\to0}\frac{\sqrt{a^2+x}-a}{x}=\lim_{x\to0}\frac{(\sqrt{a^2+x}-a)(\sqrt{a^2+x}+a)}{x(\sqrt{a^2+x}+a)}$

$\displaystyle=\lim_{x\to0}\frac{1}{\sqrt{a^2+x}+a}=\frac{1}{2a}$

ゆえに　$\dfrac{1}{2a}=3$　　よって　$a=\boldsymbol{\dfrac{1}{6}}$

← 分子を有理化

← $a>0$ から $\sqrt{a^2}=a$

(イ) $\displaystyle\lim_{x\to0}\frac{\sqrt{a^2+\sin bx}-a}{\sin 3x}$

$\displaystyle=\lim_{x\to0}\frac{(\sqrt{a^2+\sin bx}-a)(\sqrt{a^2+\sin bx}+a)}{\sin 3x(\sqrt{a^2+\sin bx}+a)}$

$\displaystyle=\lim_{x\to0}\frac{\sin bx}{\sin 3x(\sqrt{a^2+\sin bx}+a)}$

$\displaystyle=\lim_{x\to0}\left(\frac{b}{3}\cdot\frac{3x}{\sin 3x}\cdot\frac{\sin bx}{bx}\cdot\frac{1}{\sqrt{a^2+\sin bx}+a}\right)$

ここで　$\displaystyle\lim_{x\to0}\frac{3x}{\sin 3x}=1$, $\displaystyle\lim_{x\to0}\frac{\sin bx}{bx}=1$,

$\displaystyle\lim_{x\to0}\frac{1}{\sqrt{a^2+\sin bx}+a}=\frac{1}{2a}=3$

ゆえに　$\dfrac{b}{3}\cdot1\cdot1\cdot3=1$　　よって　$b=\mathbf{1}$

← (ア) と同様，分子の $\sqrt{}$ をはずす。

← **$\dfrac{\sin ■}{■}$, ■ → 0 の形に変形。**

EX ④31 $\displaystyle\lim_{x\to\infty}\frac{f(x)-2x^3+3}{x^2}=4$, $\displaystyle\lim_{x\to 0}\frac{f(x)-5}{x}=3$ を満たす3次関数 $f(x)$ を求めよ。〔愛知工大〕

極限値 $\displaystyle\lim_{x\to\infty}\frac{f(x)-2x^3+3}{x^2}$ が存在するから，$f(x)-2x^3$ は2次以下の多項式である。

ゆえに，$f(x)-2x^3=ax^2+bx+c$ すなわち

$f(x)=2x^3+ax^2+bx+c$ とおける。

⇐ ax^2+bx+c は，$a\neq 0$ のとき2次式，$a=0$ かつ $b\neq 0$ のとき1次式，$a=b=0$ のとき定数である。

このとき　$\displaystyle\lim_{x\to\infty}\frac{f(x)-2x^3+3}{x^2}=\lim_{x\to\infty}\left(a+\frac{b}{x}+\frac{c+3}{x^2}\right)=a$

$\displaystyle\lim_{x\to\infty}\frac{f(x)-2x^3+3}{x^2}=4$ から　$a=4$

よって　$f(x)=2x^3+4x^2+bx+c$

$\displaystyle\lim_{x\to 0}\frac{f(x)-5}{x}=3$ から　$\displaystyle\lim_{x\to 0}\{f(x)-5\}=0$

⇐ $\displaystyle\lim_{x\to 0}x=0$ であるから $\displaystyle\lim_{x\to 0}\{f(x)-5\}=0$

ゆえに　$c-5=0$　すなわち　$c=5$

よって　$f(x)=2x^3+4x^2+bx+5$

このとき　$\displaystyle\lim_{x\to 0}\frac{f(x)-5}{x}=\lim_{x\to 0}(2x^2+4x+b)=b$

$\displaystyle\lim_{x\to 0}\frac{f(x)-5}{x}=3$ から　$b=3$

以上から　$\boldsymbol{f(x)=2x^3+4x^2+3x+5}$

EX ④32 2つの円 $C_1: x^2+y^2=9$ と $C_2: (x-4)^2+y^2=1$ の両方と外接し，x 軸の上側にある，半径 r $(r>0)$ の円の中心を $P_r(x_r,\ y_r)$ とする。

(1) x_r と y_r をそれぞれ r を用いて表せ。

(2) 極限 $\displaystyle\lim_{r\to\infty}\frac{y_r}{x_r}$ を求めよ。〔東京電機大〕

(1) A(4, 0) とする。

$OP_r=r+3$ であるから　$x_r{}^2+y_r{}^2=(r+3)^2$ …… ①

$AP_r=r+1$ であるから　$(x_r-4)^2+y_r{}^2=(r+1)^2$ …… ②

⇐ 2つの円について，中心間の距離と半径に注目する。

①−② から　$8x_r-16=4r+8$

ゆえに　$\boldsymbol{x_r=\frac{1}{2}r+3}$

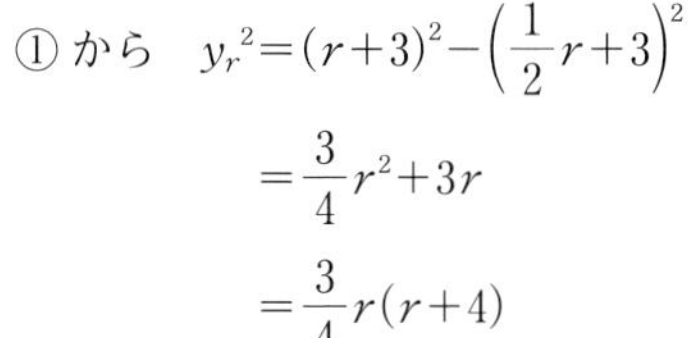

① から　$y_r{}^2=(r+3)^2-\left(\frac{1}{2}r+3\right)^2$

$=\frac{3}{4}r^2+3r$

$=\frac{3}{4}r(r+4)$

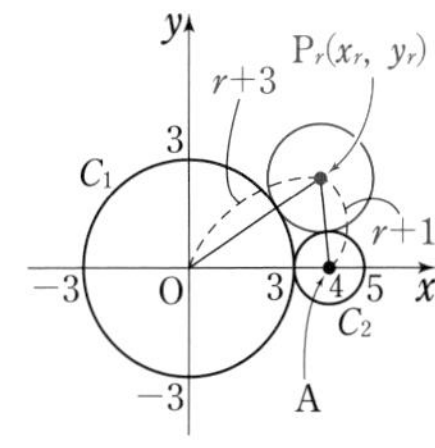

P_r は x 軸の上側にあるから　$y_r>0$

よって　$\boldsymbol{y_r=\frac{1}{2}\sqrt{3r(r+4)}}$

(2) (1)から

$$\lim_{r\to\infty}\frac{y_r}{x_r}=\lim_{r\to\infty}\frac{\frac{1}{2}\sqrt{3r(r+4)}}{\frac{1}{2}r+3}=\lim_{r\to\infty}\frac{\sqrt{3r^2+12r}}{r+6}$$

$$=\lim_{r\to\infty}\frac{\sqrt{3+\frac{12}{r}}}{1+\frac{6}{r}}=\frac{\sqrt{3}}{1}=\boldsymbol{\sqrt{3}}$$

(2) $\frac{\infty}{\infty}$ の形。
分母の最高次の項 r で分母・分子を割る。

EX ④33 次の極限を求めよ。ただし，(1)の[　]はガウス記号である。

(1) $\displaystyle\lim_{x\to\infty}\frac{x+[x]}{x+1}$　　(2) $\displaystyle\lim_{x\to 0}\frac{\tan x^\circ}{x}$

(1) $[x]\leqq x<[x]+1$ であるから

$$x-1<[x]\leqq x$$

ゆえに　$2x-1<x+[x]\leqq 2x$

$x>0$ のとき　$\dfrac{2x-1}{x+1}<\dfrac{x+[x]}{x+1}\leqq\dfrac{2x}{x+1}$

⇐上の不等式の各辺に x を加える。次に，各辺を $x+1$ で割る。

ここで　$\displaystyle\lim_{x\to\infty}\frac{2x-1}{x+1}=\lim_{x\to\infty}\frac{2-\frac{1}{x}}{1+\frac{1}{x}}=2,$

$$\lim_{x\to\infty}\frac{2x}{x+1}=\lim_{x\to\infty}\frac{2}{1+\frac{1}{x}}=2$$

よって　$\displaystyle\lim_{x\to\infty}\frac{x+[x]}{x+1}=\boldsymbol{2}$

⇐はさみうちの原理

(2) $1^\circ=\dfrac{\pi}{180}$(ラジアン) であるから

$$\lim_{x\to 0}\frac{\tan x^\circ}{x}=\lim_{x\to 0}\frac{\tan\frac{\pi}{180}x}{x}$$

⇐$x^\circ=\dfrac{\pi}{180}x$(ラジアン)

$$=\lim_{x\to 0}\left(\frac{\sin\frac{\pi}{180}x}{\frac{\pi}{180}x}\cdot\frac{\pi}{180}\cdot\frac{1}{\cos\frac{\pi}{180}x}\right)$$

$$=1\cdot\frac{\pi}{180}\cdot\frac{1}{1}=\boldsymbol{\frac{\pi}{180}}$$

⇐$\cos\dfrac{\pi}{180}x\longrightarrow 1$

EX ⑤34 原点をOとする座標平面上に2点 A(1, 0), B(0, 1) をとり，O を中心とする半径1の円の第1象限にある部分を C とする。3点 P$(x_1,\ y_1)$, Q$(x_2,\ y_2)$, R は C の周上にあり，$2y_1=y_2$ および $\angle\mathrm{AOP}=4\angle\mathrm{AOR}$ を満たすものとする。直線 OQ と直線 $y=1$ の交点を Q′，直線 OR と直線 $y=1$ の交点を R′ とする。$\angle\mathrm{AOP}=\theta$ とする。

(1) 点 Q, Q′, R′ の座標をそれぞれ θ を用いて表せ。

(2) 点Pが点Aに限りなく近づくとき，$\dfrac{\mathrm{BR'}}{\mathrm{BQ'}}$ の極限を求めよ。　〔類 秋田大〕

(1)　$\angle \mathrm{AOP}=\theta$ であるから　$\mathrm{P}(\cos\theta,\ \sin\theta)$

すなわち　$x_1=\cos\theta,\ y_1=\sin\theta$

$y_2=2y_1$ であるから　$y_2=2\sin\theta$

点Qは曲線 C 上にあるから　$x_2{}^2+y_2{}^2=1$

$x_2>0$ であるから　$x_2=\sqrt{1-y_2{}^2}=\sqrt{1-4\sin^2\theta}$

よって　$\mathbf{Q(\sqrt{1-4\sin^2\theta},\ 2\sin\theta)}$

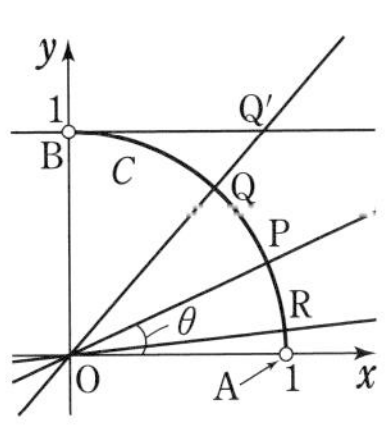

次に，直線 OQ の方程式は $y=\dfrac{2\sin\theta}{\sqrt{1-4\sin^2\theta}}x$ であるから，

←原点と $\mathrm{Q}(x_2,\ y_2)$ を通る直線の方程式は $y=\dfrac{y_2}{x_2}x$

$y=1$ のとき　$x=\dfrac{\sqrt{1-4\sin^2\theta}}{2\sin\theta}$

よって　$\mathbf{Q'\left(\dfrac{\sqrt{1-4\sin^2\theta}}{2\sin\theta},\ 1\right)}$

また，$\angle \mathrm{AOP}=4\angle \mathrm{AOR}$ より，$\angle \mathrm{AOR}=\dfrac{\theta}{4}$ であるから

←問題の条件

$$\mathrm{R}\left(\cos\frac{\theta}{4},\ \sin\frac{\theta}{4}\right)$$

直線 OR の方程式は $y=\left(\tan\dfrac{\theta}{4}\right)x$ であるから，$y=1$ のとき

←$\dfrac{\sin\frac{\theta}{4}}{\cos\frac{\theta}{4}}=\tan\dfrac{\theta}{4}$

$$x=\frac{1}{\tan\frac{\theta}{4}}\qquad \text{よって}\qquad \mathbf{R'\left(\frac{1}{\tan\frac{\theta}{4}},\ 1\right)}$$

(2)　(1)から　$\mathrm{BR'}=\dfrac{1}{\tan\frac{\theta}{4}},\ \mathrm{BQ'}=\dfrac{\sqrt{1-4\sin^2\theta}}{2\sin\theta}$

←BR′，BQ′ はそれぞれ点 R′，Q′ の x 座標。

よって，点Pが点Aに限りなく近づくときの $\dfrac{\mathrm{BR'}}{\mathrm{BQ'}}$ の極限は

$$\lim_{\theta\to 0}\frac{\mathrm{BR'}}{\mathrm{BQ'}}=\lim_{\theta\to 0}\frac{2\sin\theta}{\tan\frac{\theta}{4}\cdot\sqrt{1-4\sin^2\theta}}$$

$$=\lim_{\theta\to 0}\frac{2\sin\theta\cos\frac{\theta}{4}}{\sin\frac{\theta}{4}\cdot\sqrt{1-4\sin^2\theta}}$$

$$=\lim_{\theta\to 0}\left(2\cdot\frac{\frac{\theta}{4}}{\sin\frac{\theta}{4}}\cdot\frac{\sin\theta}{\theta}\cdot\frac{\cos\frac{\theta}{4}}{\sqrt{1-4\sin^2\theta}}\cdot 4\right)$$

←$\dfrac{\sin\theta}{\sin\frac{\theta}{4}}=\dfrac{\frac{\theta}{4}}{\sin\frac{\theta}{4}}\cdot\dfrac{\sin\theta}{\theta}\cdot 4$

$$=2\cdot 1\cdot 1\cdot\frac{1}{1}\cdot 4=\mathbf{8}$$

EX ④35 無限級数 $x+\dfrac{x}{1+x}+\dfrac{x}{(1+x)^2}+\cdots\cdots$ の和を $f(x)$ とおく。関数 $y=f(x)$ のグラフをかき，その連続性について調べよ。

この無限級数は

初項 x，公比 $\dfrac{1}{1+x}$

の無限等比級数である。

収束するための必要十分条件は

$x=0$ ⬅初項$=0$

または　$-1<\dfrac{1}{1+x}<1$ …… ① ⬅$-1<$公比<1

不等式 ① の解は，右の図から

$x<-2,\ 0<x$

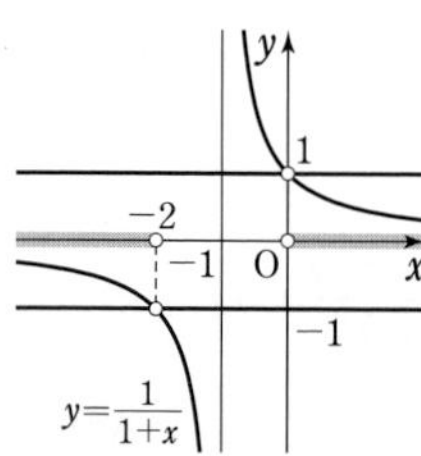

⬅$y=\dfrac{1}{1+x}$ のグラフと直線 $y=1$，$y=-1$ の上下関係に注目する。
$1+x>0$，$1+x<0$ の場合に分け，① の各辺に $1+x$ を掛けて解いてもよい。

よって，和は

$x=0$ のとき　$f(x)=0$

$x<-2,\ 0<x$ のとき

$$f(x)=\frac{x}{1-\dfrac{1}{1+x}}=1+x$$

以上から，定義域は $x<-2,\ 0\leqq x$ で，

グラフは〔図〕

$\boldsymbol{x<-2,\ 0<x}$ **で連続；**

$\boldsymbol{x=0}$ **で不連続**

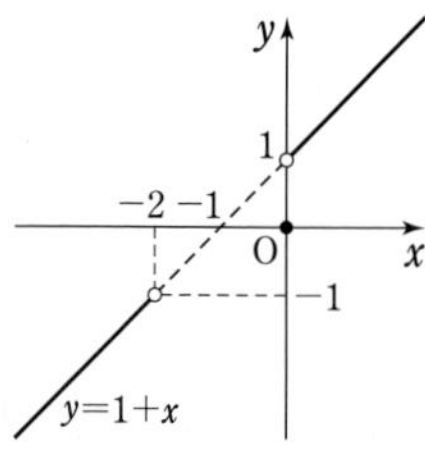

⬅連続性は定義域で考えることに注意。
$f(x)$ は $-2\leqq x<0$ で定義されないから，この範囲で連続性を調べても無意味である。

EX ⑤36 (1) 方程式 $x^5-2x^4+3x^3-4x+5=0$ は実数解をもつことを示せ。
(2) 3 次方程式 $(x-1)^2(x+3)-x^2=0$ は，2 つの正の解と 1 つの負の解をもつことを証明せよ。

(1) $f(x)=x^5-2x^4+3x^3-4x+5$ とおくと，$f(x)$ は $-2\leqq x\leqq 0$ で連続で

$f(-2)=-75<0,\ f(0)=5>0$

よって，方程式 $f(x)=0$ は $-2<x<0$ の範囲に少なくとも 1 つの実数解をもつ。

すなわち，方程式 $f(x)=0$ は実数解をもつ。

(2) $f(x)=(x-1)^2(x+3)-x^2$ とおく。

$f(x)$ は 3 次関数であるから，実数全体で連続である。

また　$f(-3)=-(-3)^2=-9<0$，
$f(0)=3>0$，
$f(1)=-1<0$

さらに　$f(2)=1\cdot 5-2^2=1>0$

よって，方程式 $f(x)=0$ は $-3<x<0$，$0<x<1$，$1<x<2$ の範囲にそれぞれ 1 つずつ実数解をもつ。

すなわち，2 つの正の解と 1 つの負の解をもつ。

⬅実数解の存在範囲が単に正，負であるから，$f(x)$ の符号が正，負になる x の値を見つける。

EX ⑤37 関数 $f(x)$, $g(x)$ は閉区間 $[a,\ b]$ で連続で，$f(x)$ の最大値は $g(x)$ の最大値より大きく，$f(x)$ の最小値は $g(x)$ の最小値より小さいとする。このとき，方程式 $f(x)=g(x)$ は，$a\leqq x\leqq b$ の範囲に解をもつことを示せ。

$F(x)=f(x)-g(x)$ とおくと，$F(x)$ は閉区間 $[a,\ b]$ で連続である。

また，$f(x)$ が最大値，最小値をとる x の値を，それぞれ x_1, x_2 とすると，条件により

$$F(x_1)=f(x_1)-g(x_1)>0$$
$$F(x_2)=f(x_2)-g(x_2)<0$$

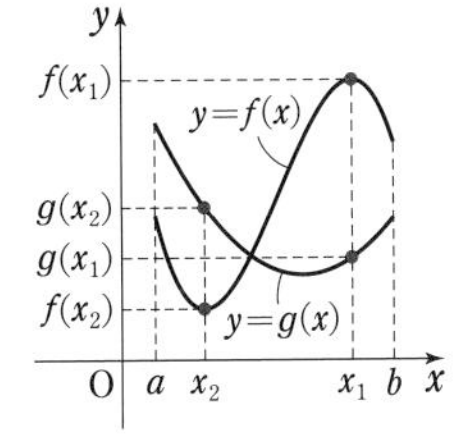

ゆえに，方程式 $F(x)=0$ は，$x_1<x<x_2$ または $x_2<x<x_1$ の範囲に少なくとも1つの実数解をもつ。

よって，方程式 $f(x)=g(x)$ は，$a\leqq x\leqq b$ の範囲に少なくとも1つの実数解をもつ。

⇐ $F(x)$ と区間 $[x_1,\ x_2]$ または $[x_2,\ x_1]$ に対し，中間値の定理を適用。

EX ④38 $\displaystyle\lim_{x\to\frac{\pi}{2}}\frac{ax+b}{\cos x}=\frac{1}{2}$ が成り立つとき，定数 a, b の値を求めよ。〔芝浦工大〕

$\displaystyle\lim_{x\to\frac{\pi}{2}}\cos x=0$ であるから $\displaystyle\lim_{x\to\frac{\pi}{2}}(ax+b)=0$

ゆえに $\dfrac{\pi}{2}a+b=0$ よって $b=-\dfrac{\pi}{2}a$ …… ①

⇐ ① は必要条件

このとき，$x-\dfrac{\pi}{2}=t$ とおくと

$$\lim_{x\to\frac{\pi}{2}}\frac{ax+b}{\cos x}=\lim_{t\to 0}\frac{a\left(t+\frac{\pi}{2}\right)-\frac{\pi}{2}a}{\cos\left(t+\frac{\pi}{2}\right)}$$
$$=\lim_{t\to 0}\frac{at}{-\sin t}=-a$$

⇐ $\cos x$ のままだと $\dfrac{●}{\sin ●}\longrightarrow 1$ が使えない。よって，$x-\dfrac{\pi}{2}=t$ とおいて $\sin t$ を作る。

$-a=\dfrac{1}{2}$ から $\boldsymbol{a=-\dfrac{1}{2}}$

① から $\boldsymbol{b}=-\dfrac{\pi}{2}\cdot\left(-\dfrac{1}{2}\right)=\boldsymbol{\dfrac{\pi}{4}}$

TR ①53 定義に従って，次のものを求めよ。

(1) $f(x)=\dfrac{1}{x^2}$ の微分係数 $f'(-1)$　　(2) $f(x)=\sqrt{2x+1}$ の導関数 $f'(x)$

(1) $f'(-1)=\displaystyle\lim_{h\to0}\frac{1}{h}\left\{\frac{1}{(-1+h)^2}-\frac{1}{(-1)^2}\right\}$

$=\displaystyle\lim_{h\to0}\frac{1}{h}\left\{\frac{1}{(h-1)^2}-1\right\}=\lim_{h\to0}\frac{1-(h-1)^2}{h(h-1)^2}$

$=\displaystyle\lim_{h\to0}\frac{h(-h+2)}{h(h-1)^2}=\lim_{h\to0}\frac{-h+2}{(h-1)^2}=\mathbf{2}$

(2) $\boldsymbol{f'(x)}=\displaystyle\lim_{h\to0}\frac{\sqrt{2(x+h)+1}-\sqrt{2x+1}}{h}$

$=\displaystyle\lim_{h\to0}\frac{\{\sqrt{2(x+h)+1}-\sqrt{2x+1}\}\{\sqrt{2(x+h)+1}+\sqrt{2x+1}\}}{h\{\sqrt{2(x+h)+1}+\sqrt{2x+1}\}}$

$=\displaystyle\lim_{h\to0}\frac{2(x+h)+1-(2x+1)}{h\{\sqrt{2(x+h)+1}+\sqrt{2x+1}\}}$

$=\displaystyle\lim_{h\to0}\frac{2}{\sqrt{2(x+h)+1}+\sqrt{2x+1}}=\boldsymbol{\frac{1}{\sqrt{2x+1}}}$

⇐ まず，通分する。

⇐ 分母・分子に $\sqrt{2(x+h)+1}+\sqrt{2x+1}$ を掛けて，分子を有理化。

TR ②54 次の関数の〔 〕内の点における微分可能性を調べよ。

(1) $f(x)=|x^2-4|$ 〔$x=2$〕　　(2) $f(x)=\begin{cases}-2x+3 & (x\geqq1)\\ 2-x^2 & (x<1)\end{cases}$ 〔$x=1$〕

(1) $\displaystyle\lim_{h\to+0}\frac{f(2+h)-f(2)}{h}=\lim_{h\to+0}\frac{|(2+h)^2-4|-|2^2-4|}{h}$

$=\displaystyle\lim_{h\to+0}\frac{4h+h^2}{h}=\lim_{h\to+0}(4+h)=4$

$\displaystyle\lim_{h\to-0}\frac{f(2+h)-f(2)}{h}=\lim_{h\to-0}\frac{|(2+h)^2-4|-|2^2-4|}{h}$

$=\displaystyle\lim_{h\to-0}\frac{-(4h+h^2)}{h}=-\lim_{h\to-0}(4+h)=-4$

よって，$f(x)$ は $x=2$ で **微分可能ではない。**

(2) $\displaystyle\lim_{h\to+0}\frac{f(1+h)-f(1)}{h}=\lim_{h\to+0}\frac{\{-2(1+h)+3\}-(-2\cdot1+3)}{h}$

$=\displaystyle\lim_{h\to+0}\frac{-2h}{h}=-\lim_{h\to+0}2=-2$

$\displaystyle\lim_{h\to-0}\frac{f(1+h)-f(1)}{h}=\lim_{h\to-0}\frac{\{2-(1+h)^2\}-(-2\cdot1+3)}{h}$

$=\displaystyle\lim_{h\to-0}\frac{-2h-h^2}{h}$

$=\displaystyle\lim_{h\to-0}(-2-h)=-2$

したがって　$\displaystyle\lim_{h\to0}\frac{f(1+h)-f(1)}{h}=-2$

よって，$f(x)$ は $x=1$ で **微分可能である。**

⇐ $h\longrightarrow+0$ のとき，$(2+h)^2>2^2$ から $|(2+h)^2-4|=(2+h)^2-4$

⇐ $h\longrightarrow-0$ のとき $(2+h)^2<2^2$ から $|(2+h)^2-4|=-\{(2+h)^2-4\}$

⇐ $h\longrightarrow+0$ と $h\longrightarrow-0$ の場合で，関数を表す式が異なることに注意。また，$f(1)=-2\cdot1+3$ である。

参考 (1) $\displaystyle\lim_{x\to2+0}|x^2-4|=\lim_{x\to2-0}|x^2-4|=0$ であるから，$f(x)$ は $x=2$ で連続である。
(2) $f(x)$ は $x=1$ で微分可能であるから，$x=1$ で連続である。

TR ②55 次の関数を微分せよ。

(1) $y=(x+1)(2x-1)$　(2) $y=(x^2-x+1)(2x^3-3)$　(3) $y=\dfrac{x-1}{x+2}$

(4) $y=\dfrac{1}{x^2+1}$　(5) $y=-\dfrac{1}{x^3}$　(6) $y=\dfrac{x^4-x^2+1}{x^3}$

(1) $y'=(x+1)'(2x-1)+(x+1)(2x-1)'$
$=1\cdot(2x-1)+(x+1)\cdot 2=\mathbf{4x+1}$

(2) $y'=(x^2-x+1)'(2x^3-3)+(x^2-x+1)(2x^3-3)'$
$=(2x-1)(2x^3-3)+(x^2-x+1)\cdot 6x^2$
$=\mathbf{10x^4-8x^3+6x^2-6x+3}$

(3) $y'=\dfrac{(x-1)'(x+2)-(x-1)(x+2)'}{(x+2)^2}$
$=\dfrac{1\cdot(x+2)-(x-1)\cdot 1}{(x+2)^2}=\mathbf{\dfrac{3}{(x+2)^2}}$

(4) $y'=-\dfrac{(x^2+1)'}{(x^2+1)^2}=\mathbf{-\dfrac{2x}{(x^2+1)^2}}$

(5) $y'=-(x^{-3})'=-(-3)x^{-3-1}=3x^{-4}=\mathbf{\dfrac{3}{x^4}}$

(6) $y=x-x^{-1}+x^{-3}$ であるから
$y'=1-(-1)x^{-1-1}+(-3)x^{-3-1}$
$=1+x^{-2}-3x^{-4}$
$=\mathbf{1+\dfrac{1}{x^2}-\dfrac{3}{x^4}}$

(1), (2) 積の導関数
$(uv)'=u'v+uv'$

(3), (4) 商の導関数
$\left(\dfrac{u}{v}\right)'=\dfrac{u'v-uv'}{v^2}$
または $\left(\dfrac{1}{v}\right)'=-\dfrac{v'}{v^2}$

⇐ $\dfrac{x^4}{x^3}-\dfrac{x^2}{x^3}+\dfrac{1}{x^3}$
$=x-\dfrac{1}{x}+\dfrac{1}{x^3}$

TR ②56 次の関数を微分せよ。

(1) $y=(2-x)^5$　(2) $y=(-x^3+2x^2-1)^3$　(3) $y=\dfrac{1}{(x^2+2x)^4}$

(1) $u=2-x$ とすると $y=u^5$ である。
合成関数の微分法により

$$\frac{dy}{dx}=\frac{dy}{du}\cdot\frac{du}{dx}=5u^4\cdot(-1)=\mathbf{-5(2-x)^4}$$

(2) $u=-x^3+2x^2-1$ とすると $y=u^3$ である。
合成関数の微分法により

$$\frac{dy}{dx}=\frac{dy}{du}\cdot\frac{du}{dx}=3u^2\cdot(-3x^2+4x)$$
$$=\mathbf{-3x(3x-4)(-x^3+2x^2-1)^2}$$

(3) $u=x^2+2x$ とすると $y=\dfrac{1}{u^4}$ すなわち $y=u^{-4}$ である。
合成関数の微分法により

$$\frac{dy}{dx}=\frac{dy}{du}\cdot\frac{du}{dx}=-4u^{-5}\cdot(2x+2)$$
$$=\mathbf{-\frac{8(x+1)}{(x^2+2x)^5}}$$

(1) $y=\square^5$ について
$y'=5\square^4\cdot(\square)'$

(2) $y=\square^3$ について
$y'=3\square^2\cdot(\square)'$

(3) $y=\square^{-4}$ について
y'
$=-4\square^{-5}\cdot(\square)'$

TR ②57 逆関数の微分法の公式を用いて，次の関数を微分せよ。

(1) $y=\sqrt[5]{x}$　　(2) $y=2-\sqrt{x+4}$

(1) $y=\sqrt[5]{x}$ から　$x=y^5$　ゆえに　$\dfrac{dx}{dy}=5y^4$

よって　$y'=\dfrac{1}{\frac{dx}{dy}}=\dfrac{1}{5y^4}=\boldsymbol{\dfrac{1}{5\sqrt[5]{x^4}}}$

(2) $y=2-\sqrt{x+4}$ から　$x+4=(2-y)^2$ すなわち $x=y^2-4y$

ゆえに　$\dfrac{dx}{dy}=2y-4$

よって　$y'=\dfrac{1}{\frac{dx}{dy}}=\dfrac{1}{2y-4}=\boldsymbol{-\dfrac{1}{2\sqrt{x+4}}}$

CHART 逆関数の微分法
$\dfrac{dy}{dx}=\dfrac{1}{\frac{dx}{dy}}$

⇐ $y=2-\sqrt{x+4}$ を代入。

TR ③58 次の関数を微分せよ。

(1) $y=x\cdot\sqrt[3]{x}$　　(2) $y=-\dfrac{1}{\sqrt{x}}$

(3) $y=\sqrt{2x^2+1}$　　(4) $y=\sqrt{1-x^2}$

(1) $y'=(x\cdot x^{\frac{1}{3}})'=(x^{\frac{4}{3}})'=\dfrac{4}{3}x^{\frac{4}{3}-1}=\dfrac{4}{3}x^{\frac{1}{3}}=\boldsymbol{\dfrac{4}{3}\sqrt[3]{x}}$

(2) $y'=(-x^{-\frac{1}{2}})'=\dfrac{1}{2}x^{-\frac{1}{2}-1}=\dfrac{1}{2}x^{-\frac{3}{2}}=\boldsymbol{\dfrac{1}{2x\sqrt{x}}}$

(3) $y'=\left\{(2x^2+1)^{\frac{1}{2}}\right\}'=\dfrac{1}{2}(2x^2+1)^{\frac{1}{2}-1}(2x^2+1)'$

$=\dfrac{1}{2}(2x^2+1)^{-\frac{1}{2}}\cdot 4x=\boldsymbol{\dfrac{2x}{\sqrt{2x^2+1}}}$

(4) $y'=\left\{(1-x^2)^{\frac{1}{2}}\right\}'=\dfrac{1}{2}(1-x^2)^{\frac{1}{2}-1}(1-x^2)'$

$=\dfrac{1}{2}(1-x^2)^{-\frac{1}{2}}\cdot(-2x)=\boldsymbol{-\dfrac{x}{\sqrt{1-x^2}}}$

CHART p が有理数のとき
$(x^p)'=px^{p-1}$

⇐ $y=u^{\frac{1}{2}}$，$u=2x^2+1$

⇐ $y=u^{\frac{1}{2}}$，$u=1-x^2$

TR ②59 次の関数を微分せよ。

(1) $y=\cos(2x-1)$　　(2) $y=\tan 3x$　　(3) $y=\sin^2 2x$

(4) $y=\sin x\cos^2 x$　　(5) $y=\dfrac{\cos x}{1-\sin x}$　　(6) $y=\dfrac{1-\sin x}{1+\cos x}$

(1) $y'=-\sin(2x-1)\cdot(2x-1)'=\boldsymbol{-2\sin(2x-1)}$

(2) $y'=\dfrac{(3x)'}{\cos^2 3x}=\boldsymbol{\dfrac{3}{\cos^2 3x}}$

(3) $y'=2\sin 2x\cdot(\sin 2x)'=2\sin 2x\cdot 2\cos 2x$
$=\boldsymbol{2\sin 4x}$

(4) $y'=(\sin x)'\cos^2 x+\sin x\cdot(\cos^2 x)'$
$=\cos x\cdot\cos^2 x+\sin x\cdot 2\cos x(-\sin x)$
$=\cos^3 x-2\cos x\sin^2 x=\cos^3 x-2\cos x(1-\cos^2 x)$
$=\boldsymbol{3\cos^3 x-2\cos x}$

⇐ 2倍角の公式。

⇐ $\cos^2 x=1-\sin^2 x$ から $\cos x$ を消去してもよい。

(5) $y'=\dfrac{(\cos x)'(1-\sin x)-\cos x(1-\sin x)'}{(1-\sin x)^2}$

$=\dfrac{-\sin x(1-\sin x)-\cos x(-\cos x)}{(1-\sin x)^2}$

$=\dfrac{-\sin x+(\sin^2 x+\cos^2 x)}{(1-\sin x)^2}=\dfrac{1-\sin x}{(1-\sin x)^2}=\boldsymbol{\dfrac{1}{1-\sin x}}$

⬅ $\left(\dfrac{u}{v}\right)'=\dfrac{u'v-uv'}{v^2}$

(6) $y'=\dfrac{(1-\sin x)'(1+\cos x)-(1-\sin x)(1+\cos x)'}{(1+\cos x)^2}$

$=\dfrac{-\cos x(1+\cos x)-(1-\sin x)(-\sin x)}{(1+\cos x)^2}$

$=\dfrac{-\cos x+\sin x-(\cos^2 x+\sin^2 x)}{(1+\cos x)^2}=\boldsymbol{\dfrac{\sin x-\cos x-1}{(1+\cos x)^2}}$

⬅ $\left(\dfrac{u}{v}\right)'=\dfrac{u'v-uv'}{v^2}$

TR ②60 次の関数を微分せよ。

(1) $y=\log 2x$ (2) $y=\log_2(-3x)$ (3) $y=x^2\log x$ (4) $y=(\log_3 x)^2$

(1) $y'=\dfrac{(2x)'}{2x}=\dfrac{2}{2x}=\boldsymbol{\dfrac{1}{x}}$

⬅ $y=\log 2+\log x$ から $y'=\dfrac{1}{x}$ としてもよい。

(2) $y'=\dfrac{(-3x)'}{-3x\log 2}=\dfrac{-3}{-3x\log 2}=\boldsymbol{\dfrac{1}{x\log 2}}$

(3) $y'=(x^2)'\log x+x^2(\log x)'=2x\log x+x^2\cdot\dfrac{1}{x}$

$\boldsymbol{=x(2\log x+1)}$

⬅ $(uv)'=u'v+uv'$, $u=x^2$, $v=\log x$

(4) $y'=2\log_3 x\cdot(\log_3 x)'=\boldsymbol{\dfrac{2\log_3 x}{x\log 3}}$

⬅ $\boldsymbol{\dfrac{2\log x}{x(\log 3)^2}}$ でもよい。

TR ②61 次の関数を微分せよ。

(1) $y=\log_3|1-x|$ (2) $y=\log(\cos^2 x)$ (3) $y=\log\left|\dfrac{x^2+1}{x+1}\right|$

(1) $y'=\dfrac{(1-x)'}{(1-x)\log 3}=\dfrac{-1}{(1-x)\log 3}=\boldsymbol{\dfrac{1}{(x-1)\log 3}}$

(2) $y'=\dfrac{(\cos^2 x)'}{\cos^2 x}=\dfrac{2\cos x(-\sin x)}{\cos^2 x}=\boldsymbol{-2\tan x}$

(3) $y=\log(x^2+1)-\log|x+1|$ であるから

$y'=\dfrac{(x^2+1)'}{x^2+1}-\dfrac{1}{x+1}=\dfrac{2x}{x^2+1}-\dfrac{1}{x+1}$

$=\dfrac{2x(x+1)-(x^2+1)}{(x^2+1)(x+1)}=\boldsymbol{\dfrac{x^2+2x-1}{(x^2+1)(x+1)}}$

⬅ すべての実数 x について，$x^2+1>0$ であるから，$\log|x^2+1|$ を $\log(x^2+1)$ としてよい。

別解 $\left(\dfrac{x^2+1}{x+1}\right)'=\dfrac{2x(x+1)-(x^2+1)}{(x+1)^2}=\dfrac{x^2+2x-1}{(x+1)^2}$

であるから

$y'=\dfrac{\left(\dfrac{x^2+1}{x+1}\right)'}{\dfrac{x^2+1}{x+1}}=\dfrac{x^2+2x-1}{(x+1)^2}\cdot\dfrac{x+1}{x^2+1}=\boldsymbol{\dfrac{x^2+2x-1}{(x+1)(x^2+1)}}$

⬅ 直接微分した場合の解答。$\{\log|f(x)|\}'=\dfrac{f'(x)}{f(x)}$

TR ③ **62**

次の関数を微分せよ。

(1) $y=x^x\ (x>0)$ (2) $y=\dfrac{(x+2)^4}{x^2(x+1)^3}$ (3) $y=\sqrt[3]{x^2(x+1)}$

(1) $\log x^x=x\log x$ であるから，関数の両辺の絶対値の自然対数をとると $\log|y|=x\log x$

両辺を x で微分すると $\dfrac{y'}{y}=\log x+x\cdot\dfrac{1}{x}$

← $(\log|y|)'=\dfrac{y'}{y}$

ゆえに $\dfrac{y'}{y}=\log x+1$

よって $\boldsymbol{y'=x^x(\log x+1)}$

(参考) $x^x>0$ であるから，$\log|y|$ は $\log y$ としてもよい。

(2) $\log\left|\dfrac{(x+2)^4}{x^2(x+1)^3}\right|=\log|x+2|^4-\log(|x|^2|x+1|^3)$

$$=4\log|x+2|-(\log|x|^2+\log|x+1|^3)$$

← $\log MN=\log M+\log N$

であるから，関数の両辺の絶対値の自然対数をとると

$$\log|y|=4\log|x+2|-2\log|x|-3\log|x+1|$$

← $\log M^k=k\log M$

両辺を x で微分すると

$$\frac{y'}{y}=4\cdot\frac{(x+2)'}{x+2}-2\cdot\frac{1}{x}-3\cdot\frac{(x+1)'}{x+1}$$

← $(\log|y|)'=\dfrac{y'}{y}$

$$=\frac{4}{x+2}-\frac{2}{x}-\frac{3}{x+1}$$

$$=\frac{4x(x+1)-2(x+2)(x+1)-3(x+2)x}{(x+2)x(x+1)}$$

$$=\frac{-(x^2+8x+4)}{x(x+1)(x+2)}$$

よって $\boldsymbol{y'}=\dfrac{(x+2)^4}{x^2(x+1)^3}\cdot\dfrac{-(x^2+8x+4)}{x(x+1)(x+2)}$

$$\boldsymbol{=-\frac{(x+2)^3(x^2+8x+4)}{x^3(x+1)^4}}$$

(3) $\log\left|\sqrt[3]{x^2(x+1)}\right|=\dfrac{1}{3}\log|x^2(x+1)|$

$$=\frac{1}{3}(\log|x|^2+\log|x+1|)$$

であるから，関数の両辺の絶対値の自然対数をとると

$$\log|y|=\frac{2}{3}\log|x|+\frac{1}{3}\log|x+1|$$

両辺を x で微分すると

$$\frac{y'}{y}=\frac{2}{3}\cdot\frac{1}{x}+\frac{1}{3}\cdot\frac{(x+1)'}{x+1}=\frac{2}{3x}+\frac{1}{3(x+1)}$$

← $(\log|y|)'=\dfrac{y'}{y}$

$$=\frac{3x+2}{3x(x+1)}$$

よって　$y'=\sqrt[3]{x^2(x+1)}\cdot\dfrac{3x+2}{3x(x+1)}$

$=\dfrac{1}{3}\cdot\sqrt[3]{x^2(x+1)}\cdot\dfrac{3x+2}{\sqrt[3]{x^3(x+1)^3}}=\boldsymbol{\dfrac{3x+2}{3\sqrt[3]{x(x+1)^2}}}$

⇐ $\sqrt[n]{a^n}=a$

TR ②63 次の関数を微分せよ。

(1) $y=e^{-x}$　(2) $y=2^x$　(3) $y=3^{2x}$

(4) $y=(x-1)e^x$　(5) $y=e^x\sin^2 x$

(1) $y'=e^{-x}\cdot(-x)'=e^{-x}\cdot(-1)=\boldsymbol{-e^{-x}}$

(2) $y'=\boldsymbol{2^x\log 2}$

(3) $y'=(3^{2x}\log 3)\cdot(2x)'=(3^{2x}\log 3)\cdot 2=\boldsymbol{2\cdot 3^{2x}\log 3}$　⇐ $y=3^u$, $u=2x$

(4) $y'=(x-1)'e^x+(x-1)(e^x)'=1\cdot e^x+(x-1)e^x$

$=\boldsymbol{xe^x}$

⇐ $(uv)'=u'v+uv'$, $u=x-1$, $v=e^x$

(5) $y'=(e^x)'\sin^2 x+e^x(\sin^2 x)'=e^x\sin^2 x+e^x\cdot 2\sin x\cos x$

$=\boldsymbol{e^x(\sin^2 x+\sin 2x)}$

⇐ $(uv)'=u'v+uv'$, $u=e^x$, $v=\sin^2 x$

TR ②64 次の関数の第2次導関数と第3次導関数を求めよ。

(1) $y=x^6+x^3$　(2) $y=\sqrt{x}$　(3) $y=\tan x$　(4) $y=2^x$

(5) $y=\log_3 x$　(6) $y=x\sin x$　(7) $y=x^2e^x$　(8) $y=\cos\pi x$

(1) $y'=6x^5+3x^2$

$y''=6\cdot 5x^4+3\cdot 2x=\boldsymbol{30x^4+6x}$

$y'''=30\cdot 4x^3+6=\boldsymbol{120x^3+6}$

(2) $y=x^{\frac{1}{2}}$ から　$y'=\dfrac{1}{2}x^{-\frac{1}{2}}$

$y''=\dfrac{1}{2}\left(-\dfrac{1}{2}\right)x^{-\frac{3}{2}}=-\dfrac{1}{4}x^{-\frac{3}{2}}=\boldsymbol{-\dfrac{1}{4x\sqrt{x}}}$　⇐ $x^{-\frac{3}{2}}=\dfrac{1}{\sqrt{x^3}}=\dfrac{1}{x\sqrt{x}}$

$y'''=-\dfrac{1}{4}\left(-\dfrac{3}{2}\right)x^{-\frac{5}{2}}=\boldsymbol{\dfrac{3}{8x^2\sqrt{x}}}$　⇐ $x^{-\frac{5}{2}}=\dfrac{1}{\sqrt{x^5}}=\dfrac{1}{x^2\sqrt{x}}$

(3) $y'=\dfrac{1}{\cos^2 x}=(\cos x)^{-2}$

$y''=-2(\cos x)^{-3}(-\sin x)=2(\cos x)^{-3}\sin x=\boldsymbol{\dfrac{2\sin x}{\cos^3 x}}$

$y'''=2(-3)(\cos x)^{-4}(-\sin x)\cdot\sin x+2(\cos x)^{-3}\cdot\cos x$

$=\dfrac{6\sin^2 x}{\cos^4 x}+\dfrac{2\cos x}{\cos^3 x}=\boldsymbol{\dfrac{2(2\sin^2 x+1)}{\cos^4 x}}$

⇐ $(uv)'=u'v+uv'$, $u=2(\cos x)^{-3}$, $v=\sin x$

別解　$y'=\dfrac{1}{\cos^2 x}=\tan^2 x+1$

$y''=2\tan x\cdot\dfrac{1}{\cos^2 x}=\boldsymbol{2(\tan^3 x+\tan x)}$　⇐ $\dfrac{1}{\cos^2 x}=\tan^2 x+1$

$y'''=2\left(3\tan^2 x\cdot\dfrac{1}{\cos^2 x}+\dfrac{1}{\cos^2 x}\right)$　⇐ $2(3\tan^2 x+1)\dfrac{1}{\cos^2 x}$

$=2(3\tan^2 x+1)(\tan^2 x+1)$

$=\boldsymbol{2(3\tan^4 x+4\tan^2 x+1)}$

(4) $y'=2^x\log 2$, $\boldsymbol{y''=2^x(\log 2)^2}$, $\boldsymbol{y'''=2^x(\log 2)^3}$

(5) $y'=\dfrac{1}{x\log 3}$, $\boldsymbol{y''=-\dfrac{1}{x^2\log 3}}$, $\boldsymbol{y'''=\dfrac{2}{x^3\log 3}}$

(6) $y'=\sin x+x\cos x$

$y''=\cos x+\cos x+x(-\sin x)=\boldsymbol{2\cos x-x\sin x}$

$y'''=2(-\sin x)-(\sin x+x\cos x)=\boldsymbol{-3\sin x-x\cos x}$

(7) $y'=2xe^x+x^2e^x=(x^2+2x)e^x$

$y''=(2x+2)e^x+(x^2+2x)e^x=\boldsymbol{(x^2+4x+2)e^x}$

$y'''=(2x+4)e^x+(x^2+4x+2)e^x=\boldsymbol{(x^2+6x+6)e^x}$

(8) $y'=-\sin\pi x\cdot\pi=-\pi\sin\pi x$

$y''=-\pi\cos\pi x\cdot\pi=\boldsymbol{-\pi^2\cos\pi x}$

$y'''=-\pi^2(-\sin\pi x)\pi=\boldsymbol{\pi^3\sin\pi x}$

⇐ $(a^x)'=a^x\log a$

⇐ $(uv)'=u'v+uv'$
$u=x^2+2x$, $v=e^x$

TR ②65

次の方程式で定められる x の関数 y について，$\dfrac{dy}{dx}$ を求めよ。

(1) $x^2y=1$　(2) $9x^2+4y^2=36$　(3) $\sqrt{x}+\sqrt{y}=1$

(1) $x^2y=1$ の両辺を x で微分すると

$$2xy+x^2\frac{dy}{dx}=0$$

よって　$\boldsymbol{\dfrac{dy}{dx}}=-\dfrac{2xy}{x^2}=\boldsymbol{-\dfrac{2y}{x}}$

(2) $9x^2+4y^2=36$ の両辺を x で微分すると

$$18x+8y\frac{dy}{dx}=0$$

よって，$y\neq0$ のとき　$\boldsymbol{\dfrac{dy}{dx}}=-\dfrac{18x}{8y}=\boldsymbol{-\dfrac{9x}{4y}}$

(3) $\sqrt{x}+\sqrt{y}=1$ の両辺を x で微分すると

$$\frac{1}{2\sqrt{x}}+\frac{1}{2\sqrt{y}}\cdot\frac{dy}{dx}=0$$

よって，$x\neq0$ のとき　$\boldsymbol{\dfrac{dy}{dx}}=-\dfrac{2\sqrt{y}}{2\sqrt{x}}=\boldsymbol{-\sqrt{\dfrac{y}{x}}}$

(参考)
(1) $x^2y=1$ から $x\neq0$
(2) $y=0$ のとき
$x=\pm2$
$y=\pm\sqrt{9-\dfrac{9}{4}x^2}$ は
$x=\pm2$ で微分可能ではない。
(3) $y=(1-\sqrt{x})^2$
$=1-2\sqrt{x}+x$
これは $x=0$ で微分可能ではない。

TR ②66

媒介変数 t で表された次の関数について，$\dfrac{dy}{dx}$ を t の関数として表せ。

(1) $x=2t+1$, $y=t^2$　(2) $x=2\cos t$, $y=3\sin t$　(3) $x=1+\cos t$, $y=2-\sin t$

(1) $\dfrac{dx}{dt}=2$, $\dfrac{dy}{dt}=2t$

よって　$\boldsymbol{\dfrac{dy}{dx}}=\dfrac{dy}{dt}\Big/\dfrac{dx}{dt}=\dfrac{2t}{2}=\boldsymbol{t}$

(2) $\dfrac{dx}{dt}=-2\sin t$, $\dfrac{dy}{dt}=3\cos t$

よって　$\boldsymbol{\dfrac{dy}{dx}}=\dfrac{dy}{dt}\Big/\dfrac{dx}{dt}=\dfrac{3\cos t}{-2\sin t}=\boldsymbol{-\dfrac{3\cos t}{2\sin t}}$

$x=f(t)$, $y=g(t)$ のとき

$$\frac{dy}{dx}=\frac{\frac{dy}{dt}}{\frac{dx}{dt}}=\frac{g'(t)}{f'(t)}$$

(3) $\dfrac{dx}{dt}=-\sin t,\ \dfrac{dy}{dt}=-\cos t$

よって $\quad \boldsymbol{\dfrac{dy}{dx}}=\dfrac{dy}{dt}\Big/\dfrac{dx}{dt}=\boldsymbol{\dfrac{\cos t}{\sin t}}$

TR ④67 関数 $f(x)$ が $x=a$ で微分可能であるとき，次の極限値を a，$f(a)$，$f'(a)$ を用いて表せ。

(1) $\displaystyle\lim_{h\to 0}\frac{f(a+h)-f(a-h)}{h}$　　(2) $\displaystyle\lim_{x\to a}\frac{a^2f(x)-x^2f(a)}{x-a}$

(1) $\displaystyle\lim_{h\to 0}\frac{f(a+h)-f(a-h)}{h}$

$$=\lim_{h\to 0}\frac{f(a+h)-f(a)-\{f(a-h)-f(a)\}}{h}$$

$$=\lim_{h\to 0}\left\{\frac{f(a+h)-f(a)}{h}-\frac{f(a-h)-f(a)}{h}\right\}$$

$$=\lim_{h\to 0}\frac{f(a+h)-f(a)}{h}+\lim_{h\to 0}\frac{f(a-h)-f(a)}{-h}$$

$$=f'(a)+f'(a)=\boldsymbol{2f'(a)}$$

⇐ $\displaystyle\lim_{h\to 0}\frac{f(a-h)-f(a)}{h}=f'(a)$ は誤り！

(2) $a^2f(x)-x^2f(a)=a^2f(x)-a^2f(a)+a^2f(a)-x^2f(a)$

$$=a^2\{f(x)-f(a)\}-(x^2-a^2)f(a)$$

⇐ $a^2f(a)$ を引いて加える。そして，前の2項を a^2 で，後の2項を $f(a)$ でくくる。

よって

$$\lim_{x\to a}\frac{a^2f(x)-x^2f(a)}{x-a}=\lim_{x\to a}\frac{a^2\{f(x)-f(a)\}-(x^2-a^2)f(a)}{x-a}$$

$$=\lim_{x\to a}\left\{a^2\cdot\frac{f(x)-f(a)}{x-a}-(x+a)f(a)\right\}$$

$$=a^2\lim_{x\to a}\frac{f(x)-f(a)}{x-a}-\lim_{x\to a}(x+a)f(a)$$

$$=\boldsymbol{a^2f'(a)-2af(a)}$$

TR ④68 次の極限を求めよ。

(1) $\displaystyle\lim_{x\to 0}\frac{2^x-1}{x}$　　(2) $\displaystyle\lim_{x\to 0}\frac{\log(\cos x)}{x}$

(1) $f(x)=2^x$ とすると

$$\lim_{x\to 0}\frac{2^x-1}{x}=\lim_{x\to 0}\frac{2^x-2^0}{x-0}$$

$$=\lim_{x\to 0}\frac{f(x)-f(0)}{x-0}=f'(0)$$

⇐ $f(0)=2^0=1$

$f'(x)=2^x\log 2$ であるから　$f'(0)=2^0\log 2=\log 2$

よって　$\displaystyle\lim_{x\to 0}\frac{2^x-1}{x}=\boldsymbol{\log 2}$

(2) $f(x)=\log(\cos x)$ とすると

$$\lim_{x\to 0}\frac{\log(\cos x)}{x}=\lim_{x\to 0}\frac{\log(\cos x)-\log(\cos 0)}{x-0}$$

$$=\lim_{x\to 0}\frac{f(x)-f(0)}{x-0}=f'(0)$$

⇐ $\log(\cos 0)=\log 1$ $=0$

$f'(x)=\dfrac{-\sin x}{\cos x}$ であるから　$f'(0)=0$

よって　$\displaystyle\lim_{x\to0}\frac{\log(\cos x)}{x}=\mathbf{0}$

⇐ $\{\log(\cos x)\}'=\dfrac{(\cos x)'}{\cos x}$

TR ④ **69**

$\displaystyle\lim_{h\to0}(1+h)^{\frac{1}{h}}=e$ であることを用いて，次の極限を求めよ。

(1) $\displaystyle\lim_{x\to-\infty}\left(1+\frac{1}{x}\right)^x$　(2) $\displaystyle\lim_{x\to\infty}\left(1+\frac{2}{x}\right)^x$　(3) $\displaystyle\lim_{x\to\infty}\left(1-\frac{1}{x}\right)^x$

(4) $\displaystyle\lim_{x\to\infty}x\{\log(2x+1)-\log 2x\}$　(5) $\displaystyle\lim_{x\to0}\frac{\sin x}{\log(1+x)}$

(1) $h=\dfrac{1}{x}$ とおくと，$x\longrightarrow-\infty$ のとき　$h\longrightarrow-0$

よって　$\displaystyle\lim_{x\to-\infty}\left(1+\frac{1}{x}\right)^x=\lim_{h\to-0}(1+h)^{\frac{1}{h}}=\boldsymbol{e}$

⇐ $h=\dfrac{1}{x}$ から　$x=\dfrac{1}{h}$

(2) $h=\dfrac{2}{x}$ とおくと，$x\longrightarrow\infty$ のとき　$h\longrightarrow+0$

よって　$\displaystyle\lim_{x\to\infty}\left(1+\frac{2}{x}\right)^x=\lim_{h\to+0}(1+h)^{\frac{2}{h}}=\lim_{h\to+0}\{(1+h)^{\frac{1}{h}}\}^2=\boldsymbol{e}^2$

⇐ $h=\dfrac{2}{x}$ から　$x=\dfrac{2}{h}$

(3) $h=-\dfrac{1}{x}$ とおくと，$x\longrightarrow\infty$ のとき　$h\longrightarrow-0$

よって　$\displaystyle\lim_{x\to\infty}\left(1-\frac{1}{x}\right)^x=\lim_{h\to-0}(1+h)^{-\frac{1}{h}}=\lim_{h\to-0}\frac{1}{(1+h)^{\frac{1}{h}}}=\boldsymbol{\frac{1}{e}}$

⇐ $h=-\dfrac{1}{x}$ から $x=-\dfrac{1}{h}$

(4) $\displaystyle x\{\log(2x+1)-\log 2x\}=x\log\frac{2x+1}{2x}=x\log\left(1+\frac{1}{2x}\right)$

$\displaystyle=\log\left\{\left(1+\frac{1}{2x}\right)^{2x}\right\}^{\frac{1}{2}}$

$\displaystyle=\frac{1}{2}\log\left(1+\frac{1}{2x}\right)^{2x}$

⇐ $\log M-\log N=\log\dfrac{M}{N}$

⇐ $\log\left(1+\dfrac{1}{\square}\right)^{\square}$ （□は同じもの）の形を作る。

$h=\dfrac{1}{2x}$ とおくと，$x\longrightarrow\infty$ のとき　$h\longrightarrow+0$

よって　$\displaystyle\lim_{x\to\infty}x\{\log(2x+1)-\log 2x\}=\lim_{h\to+0}\frac{1}{2}\log(1+h)^{\frac{1}{h}}$

$\displaystyle=\frac{1}{2}\log e=\boldsymbol{\frac{1}{2}}$

(5) $\displaystyle\lim_{x\to0}\frac{\sin x}{\log(1+x)}=\lim_{x\to0}\left\{\frac{\sin x}{x}\cdot\frac{1}{\frac{1}{x}\log(1+x)}\right\}$

$\displaystyle=\lim_{x\to0}\left\{\frac{\sin x}{x}\cdot\frac{1}{\log(1+x)^{\frac{1}{x}}}\right\}$

$\displaystyle=1\cdot\frac{1}{\log e}=\mathbf{1}$

⇐ $\displaystyle\lim_{x\to0}(1+x)^{\frac{1}{x}}=e$

EX ③39 x の関数 u, v, w について，公式 $(uvw)'=u'vw+uv'w+uvw'$ を導け。また，$f(x)=(x-a)(x-b)(x-c)$, $a<b<c$ とする。方程式 $f'(x)=0$ は $a<x<b$, $b<x<c$ の範囲に，それぞれ実数解をもつことを示せ。

$$(uvw)'=(uv)'w+(uv)w'$$
$$=(u'v+uv')w+uvw'$$
$$=u'vw+uv'w+uvw'$$

また　$f'(x)=(x-b)(x-c)+(x-a)(x-c)+(x-a)(x-b)$

$f'(x)$ は連続であり，$a<b<c$ であるから

$$f'(a)=(a-b)(a-c)>0,$$
$$f'(b)=(b-a)(b-c)<0,$$
$$f'(c)=(c-a)(c-b)>0$$

⇐ $a-b<0$, $a-c<0$
$b-a>0$, $b-c<0$
$c-a>0$, $c-b>0$

ゆえに　$f'(a)f'(b)<0$, $f'(b)f'(c)<0$

よって，中間値の定理により，方程式 $f'(x)=0$ は $a<x<b$, $b<x<c$ の範囲にそれぞれ実数解をもつ。

4章
EX

EX ②40 関数 $y=\left(\dfrac{x}{x^2-1}\right)^3$ を微分せよ。

$$y'=3\left(\frac{x}{x^2-1}\right)^2\cdot\left(\frac{x}{x^2-1}\right)'$$
$$=3\left(\frac{x}{x^2-1}\right)^2\cdot\frac{1\cdot(x^2-1)-x\cdot 2x}{(x^2-1)^2}$$
$$=-\frac{3x^2(x^2+1)}{(x^2-1)^4}$$

⇐ $u=\dfrac{x}{x^2-1}$ とすると
$y=u^3$,
$y'=3u^2\cdot u'$

別解　$y=x^3(x^2-1)^{-3}$ と表されるから

$$y'=3x^2(x^2-1)^{-3}+x^3(-3)(x^2-1)^{-4}\cdot(x^2-1)'$$
$$=3x^2(x^2-1)^{-4}\{(x^2-1)-2x^2\}$$
$$=-\frac{3x^2(x^2+1)}{(x^2-1)^4}$$

⇐ $(uv)'=u'v+uv'$,
$u=x^3$, $v=(x^2-1)^{-3}$

EX ③41 関数 $f(x)=(x+1)\sqrt{2x+3}$ の導関数は，$f'(x)=\dfrac{\boxed{}}{\sqrt{2x+3}}$ である。　［宮崎大］

$$f'(x)=(x+1)'\sqrt{2x+3}+(x+1)(\sqrt{2x+3})'$$

⇐ $(uv)'=u'v+uv'$,
$u=x+1$,
$v=\sqrt{2x+3}$

ここで　$\{(2x+3)^{\frac{1}{2}}\}'=\dfrac{1}{2}(2x+3)^{\frac{1}{2}-1}(2x+3)'$

$$=\frac{1}{2}(2x+3)^{-\frac{1}{2}}\cdot 2=\frac{1}{\sqrt{2x+3}}$$

よって　$f'(x)=\sqrt{2x+3}+(x+1)\cdot\dfrac{1}{\sqrt{2x+3}}$

$$=\frac{(2x+3)+(x+1)}{\sqrt{2x+3}}=\frac{3x+4}{\sqrt{2x+3}}$$

EX ③**42**

次の関数を微分せよ。

(1) $y=\sqrt{\dfrac{1}{\tan x}}$　(2) $y=\dfrac{\sin x-\cos x}{\sin x+\cos x}$　(3) $y=\sin 3x\cos 5x$

(4) $y=\sin(\cos x)$　(5) $y=\log(x+\sqrt{x^2+1})$　(6) $y=\log\sqrt{\dfrac{1-x}{1+x}}$

(1) $y'=\{(\tan x)^{-\frac{1}{2}}\}'=-\dfrac{1}{2}(\tan x)^{-\frac{1}{2}-1}(\tan x)'$

$=-\dfrac{1}{2}(\tan x)^{-\frac{3}{2}}\cdot\dfrac{1}{\cos^2 x}$

$=-\dfrac{1}{2\sqrt{\dfrac{\sin^3 x}{\cos^3 x}}\cdot\cos^2 x}$

$=-\boldsymbol{\dfrac{1}{2\sqrt{\sin^3 x\cos x}}}$

← $y=u^{-\frac{1}{2}},\ u=\tan x$

(2) (y' の分母)$=(\sin x+\cos x)^2$

(y' の分子)$=(\cos x+\sin x)(\sin x+\cos x)$

$-(\sin x-\cos x)(\cos x-\sin x)$

$=(\sin x+\cos x)^2+(\sin x-\cos x)^2$

$=2(\sin^2 x+\cos^2 x)=2$

よって　$\boldsymbol{y'=\dfrac{2}{(\sin x+\cos x)^2}}$

← $\left(\dfrac{u}{v}\right)'=\dfrac{u'v-uv'}{v^2}$

別解　$y=1-\dfrac{2\cos x}{\sin x+\cos x}$　であるから

$y'=-2\cdot\dfrac{(-\sin x)(\sin x+\cos x)-\cos x(\cos x-\sin x)}{(\sin x+\cos x)^2}$

$=-2\cdot\dfrac{-\sin^2 x-\cos^2 x}{(\sin x+\cos x)^2}$

$=\boldsymbol{\dfrac{2}{(\sin x+\cos x)^2}}$

← $\sin x-\cos x$
$=(\sin x+\cos x)$
$-2\cos x$

(3) $y=\cos 5x\sin 3x=\dfrac{1}{2}(\sin 8x-\sin 2x)$ であるから

$y'=\left\{\dfrac{1}{2}(\sin 8x-\sin 2x)\right\}'$

$=\dfrac{1}{2}(8\cos 8x-2\cos 2x)$

$=\boldsymbol{4\cos 8x-\cos 2x}$

← $\cos\alpha\sin\beta$
$=\dfrac{1}{2}\{\sin(\alpha+\beta)$
$-\sin(\alpha-\beta)\}$

別解　$y'=(\sin 3x)'\cos 5x+\sin 3x(\cos 5x)'$

$=3\cos 3x\cos 5x-5\sin 3x\sin 5x$

$=\dfrac{3}{2}(\cos 8x+\cos 2x)+\dfrac{5}{2}(\cos 8x-\cos 2x)$

$=\boldsymbol{4\cos 8x-\cos 2x}$

← 積 ⟶ 和の公式を利用。

(4) $y'=\cos(\cos x)\cdot(\cos x)'=\boldsymbol{-\sin x\cos(\cos x)}$

⇐ $y=\sin u,\ u=\cos x$

(5) $y'=\dfrac{(x+\sqrt{x^2+1})'}{x+\sqrt{x^2+1}}=\dfrac{1}{x+\sqrt{x^2+1}}\left(1+\dfrac{2x}{2\sqrt{x^2+1}}\right)$

$=\dfrac{1}{x+\sqrt{x^2+1}}\cdot\dfrac{\sqrt{x^2+1}+x}{\sqrt{x^2+1}}=\boldsymbol{\dfrac{1}{\sqrt{x^2+1}}}$

⇐ $(\sqrt{x^2+1})'=\{(x^2+1)^{\frac{1}{2}}\}'$
$=\dfrac{1}{2}(x^2+1)^{\frac{1}{2}-1}(x^2+1)'$

(6) $y=\dfrac{1}{2}\log\dfrac{1-x}{1+x}=\dfrac{1}{2}\{\log(1-x)-\log(1+x)\}$

よって　$y'=\dfrac{1}{2}\left\{\dfrac{(1-x)'}{1-x}-\dfrac{(1+x)'}{1+x}\right\}=\dfrac{1}{2}\left(\dfrac{-1}{1-x}-\dfrac{1}{1+x}\right)$

$=\dfrac{-1}{1-x^2}=\boldsymbol{\dfrac{1}{x^2-1}}$

⇐ $\log\sqrt{\dfrac{A}{B}}$
$=\dfrac{1}{2}(\log|A|-\log|B|)$

(参考) $\log\sqrt{\dfrac{1-x}{1+x}}$ において，$\dfrac{1-x}{1+x}>0$ であるから

$-1<x<1$

このとき　$1-x>0,\ 1+x>0$

EX ③43　関数 $f(x)=\dfrac{e^x-e^{-x}}{e^x+e^{-x}}$ の導関数は，$f'(x)=$□ である。〔宮崎大〕

$f'(x)=\dfrac{(e^x-e^{-x})'(e^x+e^{-x})-(e^x-e^{-x})(e^x+e^{-x})'}{(e^x+e^{-x})^2}$

$=\dfrac{(e^x+e^{-x})^2-(e^x-e^{-x})^2}{(e^x+e^{-x})^2}=\dfrac{4e^xe^{-x}}{(e^x+e^{-x})^2}$

$=\boldsymbol{\dfrac{4}{(e^x+e^{-x})^2}}$

⇐ $\left(\dfrac{u}{v}\right)'=\dfrac{u'v-uv'}{v^2}$,
$u=e^x-e^{-x}$,
$v=e^x+e^{-x}$

EX ②44　次の方程式で定められる x の関数 y について，$\dfrac{dy}{dx}$ を求めよ。

(1) $y^2=16x$　(2) $x^2-xy-y^2=1$　(3) $\sin x-\cos y=1$

(1) 両辺を x で微分すると　$2y\dfrac{dy}{dx}=16$

よって，$y\neq0$ のとき　$\boldsymbol{\dfrac{dy}{dx}=\dfrac{8}{y}}$

⇐ $(y^2)'=\dfrac{d}{dy}y^2\cdot\dfrac{dy}{dx}$

(2) 両辺を x で微分すると

$2x-\left(1\cdot y+x\dfrac{dy}{dx}\right)-2y\dfrac{dy}{dx}=0$

ゆえに　$(x+2y)\dfrac{dy}{dx}=2x-y$

よって，$x+2y\neq0$ のとき　$\boldsymbol{\dfrac{dy}{dx}=\dfrac{2x-y}{x+2y}}$

(3) 両辺を x で微分すると　$\cos x+\sin y\cdot\dfrac{dy}{dx}=0$

よって，$\sin y\neq0$ のとき　$\boldsymbol{\dfrac{dy}{dx}=-\dfrac{\cos x}{\sin y}}$

⇐ $(\cos y)'$
$=\dfrac{d}{dy}(\cos y)\cdot\dfrac{dy}{dx}$

4章 EX

EX ②45

媒介変数 t で表された次の関数について，$\dfrac{dy}{dx}$ を t の関数として表せ。

(1) $x=t-\sin t,\ y=1-\cos t$　　(2) $x=\cos^3 t,\ y=\sin^3 t$

(1) $\dfrac{dx}{dt}=1-\cos t,\ \dfrac{dy}{dt}=\sin t$

よって　$\boldsymbol{\dfrac{dy}{dx}}=\dfrac{dy}{dt}\Big/\dfrac{dx}{dt}=\boldsymbol{\dfrac{\sin t}{1-\cos t}}$

(2) $\dfrac{dx}{dt}=-3\cos^2 t\sin t,\ \dfrac{dy}{dt}=3\sin^2 t\cos t$

よって　$\boldsymbol{\dfrac{dy}{dx}}=\dfrac{dy}{dt}\Big/\dfrac{dx}{dt}=\boldsymbol{-\tan t}$

$x=f(t),\ y=g(t)$ をそれぞれ t で微分して
$\dfrac{dy}{dx}=\dfrac{g'(t)}{f'(t)}$

Lecture　EXERCISES 45 (1), (2) の媒介変数 t で表された関数のグラフは，それぞれ次の図のようになる。この 2 つの曲線は，媒介変数で表された曲線の中でも代表的なもので，(1) の図は **サイクロイド**，(2) の図は **アステロイド** とよばれる。

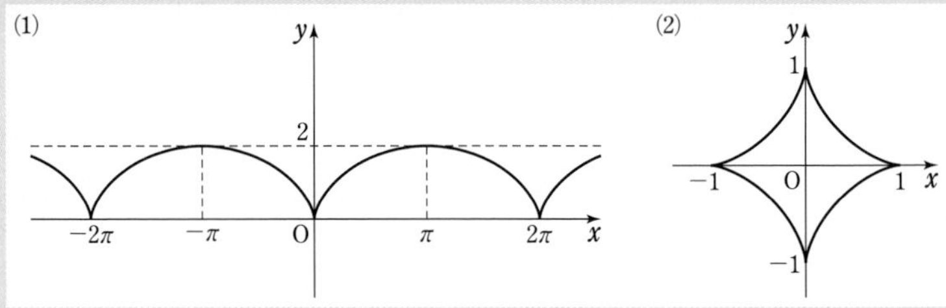

EX ④46

(1) すべての実数 x で定義された関数 $f(x)=|x|(e^{2x}+a)$ は $x=0$ で微分可能であるとする。定数 a および $f'(0)$ の値を求めよ。

(2) (1) の $f(x)$ の導関数 $f'(x)$ は $x=0$ で連続であることを示せ。　〔類　京都工繊大〕

(1) $x>0$ のとき，$f(x)=x(e^{2x}+a)$ であるから

$$\lim_{h\to+0}\frac{f(0+h)-f(0)}{h}=\lim_{h\to+0}\frac{h(e^{2h}+a)}{h}=\lim_{h\to+0}(e^{2h}+a)=1+a$$

$x<0$ のとき，$f(x)=-x(e^{2x}+a)$ であるから

$$\lim_{h\to-0}\frac{f(0+h)-f(0)}{h}=\lim_{h\to-0}\frac{-h(e^{2h}+a)}{h}=\lim_{h\to-0}\{-(e^{2h}+a)\}=-(1+a)$$

$f(x)$ は $x=0$ で微分可能であるから

$$1+a=-(1+a)$$

よって　$\boldsymbol{a=-1}$

このとき　$\boldsymbol{f'(0)=0}$

(2) $x>0$ のとき, $f(x)=x(e^{2x}-1)$ から

$$f'(x)=1\cdot(e^{2x}-1)+x\cdot 2e^{2x}$$
$$=(2x+1)e^{2x}-1$$

⇐ $(uv)'=u'v+uv'$, $u=x$, $v=e^{2x}-1$

$x<0$ のとき, $f(x)=-x(e^{2x}-1)$ から

$$f'(x)=-1\cdot(e^{2x}-1)-x\cdot 2e^{2x}$$
$$=-(2x+1)e^{2x}+1$$

⇐ $(uv)'=u'v+uv'$, $u=-x$, $v=e^{2x}-1$

よって $\displaystyle\lim_{x\to+0}f'(x)=\lim_{x\to+0}\{(2x+1)e^{2x}-1\}=1-1=0$,

$\displaystyle\lim_{x\to-0}f'(x)=\lim_{x\to-0}\{-(2x+1)e^{2x}+1\}=-1+1=0$

ゆえに $\displaystyle\lim_{x\to 0}f'(x)=0$

(1) より $f'(0)=0$ であるから, $f'(x)$ は $x=0$ で連続である。

4章

EX

EX 47 ④

(1) $f(x)=(x-1)^2Q(x)$ ($Q(x)$ は多項式) のとき, $f'(x)$ が $x-1$ で割り切れることを示せ。

(2) $g(x)=ax^{n+1}+bx^n+1$ (n は2以上の自然数) が $(x-1)^2$ で割り切れるとき, a, b を n で表せ。 〔岡山理科大〕

(1) $f'(x)=2(x-1)Q(x)+(x-1)^2Q'(x)$

$$=(x-1)\{2Q(x)+(x-1)Q'(x)\}$$

よって, $f'(x)$ は $x-1$ で割り切れる。

⇐ (参考) 一般に, 多項式 $P(x)$ が $(x-1)^k$ ($k=2$, 3, ……) で割り切れるとき, $P'(x)$ は $(x-1)^{k-1}$ で割り切れる。

(2) $g(x)$ が $(x-1)^2$ で割り切れるから, (1) の結果より

$g'(x)=a(n+1)x^n+bnx^{n-1}$ が $x-1$ で割り切れる。

ゆえに $g(1)=0$, $g'(1)=0$

よって $a+b+1=0$ ……①, $a(n+1)+bn=0$ ……②

①×n−② から

$-a+n=0$ すなわち $\boldsymbol{a=n}$

このとき ① から $\boldsymbol{b=-n-1}$

EX ④48 次の等式が成り立つことを，数学的帰納法により証明せよ。

$$\frac{d^n}{dx^n}\log x=(-1)^{n-1}\frac{(n-1)!}{x^n} \quad \cdots\cdots (A) \qquad (n \text{は自然数})$$

[1] $n=1$ のとき

$$(\text{左辺})=\frac{d}{dx}\log x=\frac{1}{x}$$

$$(\text{右辺})=(-1)^0\frac{0!}{x}=\frac{1}{x}$$

← $(-1)^0=1$, $0!=1$

よって，$n=1$ のとき(A)が成り立つ。

[2] $n=k$ のとき，(A)が成り立つと仮定すると

$$\frac{d^k}{dx^k}\log x=(-1)^{k-1}\frac{(k-1)!}{x^k} \quad \cdots\cdots ①$$

$n=k+1$ のときを考えると，(A)の左辺は ① から

← $(k+1)$ 回の微分は，k 回の微分の後，さらに 1 回微分することと同じ。

$$\frac{d^{k+1}}{dx^{k+1}}\log x=\frac{d}{dx}\left(\frac{d^k}{dx^k}\log x\right)$$

$$=\frac{d}{dx}\{(-1)^{k-1}(k-1)!x^{-k}\}$$

$$=(-1)^{k-1}(k-1)!(-k)x^{-k-1}$$

← $(x^{-k})'=(-k)x^{-k-1}$

$$=(-1)^k\frac{k!}{x^{k+1}}$$

よって，$n=k+1$ のときも(A)が成り立つ。

[1]，[2] から，すべての自然数 n について(A)が成り立つ。

EX ④49

(1) $x^2-y^2=a^2$ のとき，$\dfrac{d^2y}{dx^2}$ を x と y を用いて表せ。

(2) $x=3t^3$，$y=9t+1$ のとき，$\dfrac{d^2y}{dx^2}$ を t の式で表せ。

(1) $x^2-y^2=a^2$ の両辺を x で微分すると

$$2x-2y\frac{dy}{dx}=0$$

← $\dfrac{d}{dx}y^2=2y\dfrac{dy}{dx}$

ゆえに　$x-y\dfrac{dy}{dx}=0$ ······ ①

さらに，この両辺を x で微分すると

$$1-\left(\frac{dy}{dx}\cdot\frac{dy}{dx}+y\frac{d^2y}{dx^2}\right)=0$$

← $\dfrac{d}{dx}\left(y\dfrac{dy}{dx}\right)=\dfrac{dy}{dx}\cdot\dfrac{dy}{dx}+y\dfrac{d^2y}{dx^2}$

よって　$y\dfrac{d^2y}{dx^2}=1-\left(\dfrac{dy}{dx}\right)^2$ ······ ②

また，① から，$y \neq 0$ のとき　$\dfrac{dy}{dx}=\dfrac{x}{y}$

← $x^2-y^2=a^2$ は双曲線で $y=0$ のとき $x=\pm a$
$y=\pm\sqrt{x^2-a^2}$ は $x=\pm a$ で微分可能でない。

② に代入すると　$y\dfrac{d^2y}{dx^2}=1-\left(\dfrac{x}{y}\right)^2$

したがって　$\boldsymbol{\dfrac{d^2y}{dx^2}=\dfrac{y^2-x^2}{y^3}}$

(2)　$\dfrac{dy}{dx}=\left(\dfrac{dy}{dt}\right)\Big/\left(\dfrac{dx}{dt}\right)$ であるから

$$\frac{d^2y}{dx^2}=\frac{d}{dt}\left(\frac{dy}{dx}\right)\Big/\left(\frac{dx}{dt}\right) \cdots\cdots ①$$

$\dfrac{dy}{dt}=9$, $\dfrac{dx}{dt}=9t^2$ であるから　　$\dfrac{dy}{dx}=\dfrac{9}{9t^2}=\dfrac{1}{t^2}$

よって，① から

$$\boldsymbol{\frac{d^2y}{dx^2}}=\frac{\frac{d}{dt}\left(\frac{1}{t^2}\right)}{9t^2}=\frac{-2}{t^3}\cdot\frac{1}{9t^2}=\boldsymbol{-\frac{2}{9t^5}}$$

⇐ $\left(\dfrac{dy}{dt}\right)\Big/\left(\dfrac{dx}{dt}\right)$ の y を $\dfrac{dy}{dx}$ とおいた式。

EX ④50　関数 $f(x)$ が $x=a$ で微分可能で $f'(a)=2$ のとき，極限 $\displaystyle\lim_{h\to0}\frac{f(a+h^2+2h)-f(a-h)}{h}$ を求めよ。〔愛媛大〕

$$\lim_{h\to0}\frac{f(a+h^2+2h)-f(a-h)}{h}$$
$$=\lim_{h\to0}\left\{\frac{f(a+h^2+2h)-f(a)}{h}+\frac{f(a)-f(a-h)}{h}\right\}$$
$$=\lim_{h\to0}\left\{\frac{f(a+h^2+2h)-f(a)}{h^2+2h}\cdot(h+2)+\frac{f(a-h)-f(a)}{-h}\right\}$$
$$=f'(a)\cdot2+f'(a)$$
$$=3f'(a)=3\cdot2=\boldsymbol{6}$$

$\dfrac{f(a+\square)-f(a)}{\square}$ の □ が同じになるように変形する。

⇐ $h\longrightarrow0$ のとき $h^2+2h\longrightarrow0$, $-h\longrightarrow0$

EX ④51　a は定数とする。極限値 $\displaystyle\lim_{x\to a}\frac{\sin x-\sin a}{\sin(x-a)}$ を求めよ。〔福島大〕

$$\lim_{x\to a}\frac{\sin x-\sin a}{\sin(x-a)}=\lim_{x\to a}\left\{\frac{\sin x-\sin a}{x-a}\cdot\frac{x-a}{\sin(x-a)}\right\}$$

ここで，$f(x)=\sin x$ とすると，$f'(x)=\cos x$ であり

$$\lim_{x\to a}\frac{\sin x-\sin a}{x-a}=\lim_{x\to a}\frac{f(x)-f(a)}{x-a}$$
$$=f'(a)=\cos a$$

また，$\displaystyle\lim_{x\to a}\frac{x-a}{\sin(x-a)}=1$ であるから

$$\lim_{x\to a}\frac{\sin x-\sin a}{\sin(x-a)}=\cos a\cdot1=\boldsymbol{\cos a}$$

⇐ $x\longrightarrow a$ のときの極限であるから，$\dfrac{f(x)-f(a)}{x-a}$ という形が現れるように変形する。

⇐ $\displaystyle\lim_{\theta\to0}\frac{\theta}{\sin\theta}=1$

TR ②70 次の曲線上の点Aにおける接線と法線の方程式を求めよ。

(1) $y=\dfrac{2}{x+1}$, A(1, 1) (2) $y=\sqrt{7-2x}$, A(−1, 3)

(3) $y=\log x$, A(e, 1) (4) $y=2\sin x$, A$\left(\dfrac{\pi}{4}, \sqrt{2}\right)$

(1) $f(x)=\dfrac{2}{x+1}$ とすると $f'(x)=-\dfrac{2}{(x+1)^2}$

ゆえに $f'(1)=-\dfrac{2}{(1+1)^2}=-\dfrac{1}{2}$

よって，点Aにおける **接線の方程式は**

$y-1=-\dfrac{1}{2}(x-1)$ すなわち $\boldsymbol{y=-\dfrac{1}{2}x+\dfrac{3}{2}}$ ⇐傾きは $f'(1)$

また，点Aにおける **法線の方程式は**

$y-1=2(x-1)$ すなわち $\boldsymbol{y=2x-1}$ ⇐傾きは $-\dfrac{1}{f'(1)}$

(2) $f(x)=\sqrt{7-2x}$ とすると $f'(x)=\dfrac{-1}{\sqrt{7-2x}}$ ⇐$f'(x)=\dfrac{(7-2x)'}{2\sqrt{7-2x}}$

ゆえに $f'(-1)=\dfrac{-1}{\sqrt{7-2(-1)}}=-\dfrac{1}{3}$

よって，点Aにおける **接線の方程式は**

$y-3=-\dfrac{1}{3}(x+1)$ すなわち $\boldsymbol{y=-\dfrac{1}{3}x+\dfrac{8}{3}}$ ⇐傾きは $f'(-1)$

また，点Aにおける **法線の方程式は**

$y-3=3(x+1)$ すなわち $\boldsymbol{y=3x+6}$ ⇐傾きは $-\dfrac{1}{f'(-1)}$

(3) $f(x)=\log x$ とすると $f'(x)=\dfrac{1}{x}$ ゆえに $f'(e)=\dfrac{1}{e}$

よって，点Aにおける **接線の方程式は**

$y-1=\dfrac{1}{e}(x-e)$ すなわち $\boldsymbol{y=\dfrac{1}{e}x}$ ⇐傾きは $f'(e)$

また，点Aにおける **法線の方程式は**

$y-1=-e(x-e)$ すなわち $\boldsymbol{y=-ex+e^2+1}$ ⇐傾きは $-\dfrac{1}{f'(e)}$

(4) $f(x)=2\sin x$ とすると $f'(x)=2\cos x$

ゆえに $f'\left(\dfrac{\pi}{4}\right)=2\cos\dfrac{\pi}{4}=\sqrt{2}$

よって，点Aにおける **接線の方程式は**

$y-\sqrt{2}=\sqrt{2}\left(x-\dfrac{\pi}{4}\right)$ ⇐傾きは $f'\left(\dfrac{\pi}{4}\right)$

すなわち $\boldsymbol{y=\sqrt{2}x-\dfrac{\sqrt{2}}{4}\pi+\sqrt{2}}$

また，点Aにおける **法線の方程式は** ⇐傾きは $-\dfrac{1}{f'\left(\dfrac{\pi}{4}\right)}$

$y-\sqrt{2}=-\dfrac{1}{\sqrt{2}}\left(x-\dfrac{\pi}{4}\right)$

すなわち $\boldsymbol{y=-\dfrac{1}{\sqrt{2}}x+\dfrac{\sqrt{2}}{8}\pi+\sqrt{2}}$

TR ③71　次のような接線の方程式を求めよ。
(1)　曲線 $y=\cos 2x$ $(0 \leqq x \leqq \pi)$ の接線で，傾きが -1 のもの
(2)　曲線 $y=e^{2x+1}$ に，原点 $(0,\ 0)$ から引いた接線

(1)　$y'=-2\sin 2x$ であるから，接点の x 座標を a とおくと

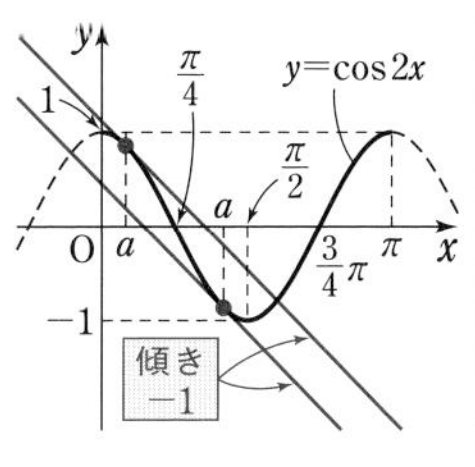

$$-2\sin 2a=-1$$

すなわち　$\sin 2a=\frac{1}{2}$

$0 \leqq 2a \leqq 2\pi$ であるから

$$2a=\frac{\pi}{6},\ \frac{5}{6}\pi$$

すなわち　$a=\frac{\pi}{12},\ \frac{5}{12}\pi$

$a=\frac{\pi}{12}$ のとき　$\cos 2a=\cos\frac{\pi}{6}=\frac{\sqrt{3}}{2}$

$a=\frac{5}{12}\pi$ のとき　$\cos 2a=\cos\frac{5}{6}\pi=-\frac{\sqrt{3}}{2}$

よって，求める接線の方程式は

$$y-\frac{\sqrt{3}}{2}=-\left(x-\frac{\pi}{12}\right),\ y+\frac{\sqrt{3}}{2}=-\left(x-\frac{5}{12}\pi\right)$$

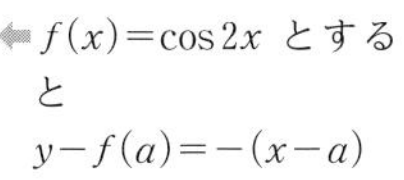
⇐ $f(x)=\cos 2x$ とすると
$y-f(a)=-(x-a)$

すなわち　$\boldsymbol{y=-x+\frac{\pi}{12}+\frac{\sqrt{3}}{2},\ y=-x+\frac{5}{12}\pi-\frac{\sqrt{3}}{2}}$

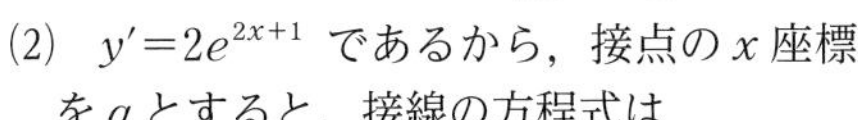
(2)　$y'=2e^{2x+1}$ であるから，接点の x 座標を a とすると，接線の方程式は

$$y-e^{2a+1}=2e^{2a+1}(x-a)$$

⇐ $f(x)=e^{2x+1}$ とすると
$y-f(a)$
$=f'(a)(x-a)$

すなわち　$y=2e^{2a+1}x+e^{2a+1}(1-2a)$

この直線が点 $(0,\ 0)$ を通るから

$$0=2e^{2a+1}\cdot 0+e^{2a+1}(1-2a)$$

ゆえに　$a=\frac{1}{2}$

よって，求める接線の方程式は　$\boldsymbol{y=2e^2x}$

TR ②72　次の方程式で表される曲線上の点Aにおける接線の方程式を求めよ。
(1)　$x^2+y^2=1$,　$\mathrm{A}\left(-\frac{\sqrt{3}}{2},\ \frac{1}{2}\right)$　　(2)　$\frac{x^2}{4}+y^2=1$,　$\mathrm{A}\left(\frac{6}{5},\ \frac{4}{5}\right)$
(3)　$y^2=4x$,　$\mathrm{A}(1,\ 2)$

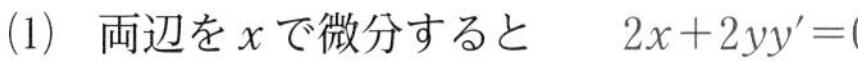
(1)　両辺を x で微分すると　$2x+2yy'=0$

ゆえに，$y \neq 0$ のとき　$y'=-\frac{x}{y}$

よって，点Aにおける接線の傾きは　$-\frac{-\frac{\sqrt{3}}{2}}{\frac{1}{2}}=\sqrt{3}$

(1)　曲線 $x^2+y^2=1$ は円であるから，この円上の点Aにおける接線の方程式は
$$-\frac{\sqrt{3}}{2}x+\frac{1}{2}y=1$$

5章 TR

したがって，求める接線の方程式は

$y-\frac{1}{2}=\sqrt{3}\left(x+\frac{\sqrt{3}}{2}\right)$ すなわち $\boldsymbol{\sqrt{3}x-y+2=0}$

(2) 両辺を x で微分すると $\frac{x}{2}+2yy'=0$

ゆえに，$y \neq 0$ のとき $y'=-\frac{x}{4y}$

よって，点Aにおける接線の傾きは $-\frac{\frac{6}{5}}{4\cdot\frac{4}{5}}=-\frac{3}{8}$

したがって，求める接線の方程式は

$y-\frac{4}{5}=-\frac{3}{8}\left(x-\frac{6}{5}\right)$ すなわち $\boldsymbol{3x+8y-10=0}$

(2) 曲線 $\frac{x^2}{4}+y^2=1$ は楕円であり，この楕円上の点Aにおける接線の方程式は $\frac{6}{5}\cdot\frac{x}{4}+\frac{4}{5}\cdot y=1$

(3) 両辺を x で微分すると $2yy'=4$

ゆえに，$y \neq 0$ のとき $y'=\frac{2}{y}$

よって，点Aにおける接線の傾きは 1

← 傾きは，$y'=\frac{2}{y}$ に $y=2$ を代入する。

したがって，求める接線の方程式は

$y-2=1\cdot(x-1)$ すなわち $\boldsymbol{x-y+1=0}$

TR ②73

次の曲線について，(　)内に指定された媒介変数の値に対応する点における接線の方程式を求めよ。

(1) $\begin{cases} x=2-t \\ y=3+t-t^2 \end{cases}$ $(t=0)$　　(2) $\begin{cases} x=1+\cos\theta \\ y=2-\sin\theta \end{cases}$ $\left(\theta=\frac{\pi}{4}\right)$

(1) $t=0$ のとき $x=2$，$y=3$

← 接点の座標

$\frac{dx}{dt}=-1$，$\frac{dy}{dt}=1-2t$ であるから

$$\frac{dy}{dx}=\frac{1-2t}{-1}=2t-1$$

ゆえに，$t=0$ のとき $\frac{dy}{dx}=-1$

← 接線の傾き

よって，求める接線の方程式は

$y-3=-(x-2)$ すなわち $\boldsymbol{y=-x+5}$

(2) $\theta=\frac{\pi}{4}$ のとき

$x=1+\cos\frac{\pi}{4}=1+\frac{1}{\sqrt{2}}$，$y=2-\sin\frac{\pi}{4}=2-\frac{1}{\sqrt{2}}$

← 接点の座標

$\frac{dx}{d\theta}=-\sin\theta$，$\frac{dy}{d\theta}=-\cos\theta$ であるから

$$\frac{dy}{dx}=\frac{-\cos\theta}{-\sin\theta}=\frac{\cos\theta}{\sin\theta}$$

← $\frac{dy}{dx}=\frac{dy}{d\theta}\Big/\frac{dx}{d\theta}$

ゆえに，$\theta=\dfrac{\pi}{4}$ のとき　$\dfrac{dy}{dx}=\dfrac{\cos\frac{\pi}{4}}{\sin\frac{\pi}{4}}=1$

←接線の傾き

よって，求める接線の方程式は

$y-\left(2-\dfrac{1}{\sqrt{2}}\right)=1\cdot\left(x-1-\dfrac{1}{\sqrt{2}}\right)$ すなわち　$\boldsymbol{y=x+1-\sqrt{2}}$

TR ①74　次の関数と示された区間について，平均値の定理の実数 c の値を求めよ。

(1) $f(x)=2x^2-3$　$[a,\ b]$　　(2) $f(x)=x^3-3x$　$[-2,\ 2]$

(3) $f(x)=e^{-x}$　$[0,\ 1]$　　(4) $f(x)=\sin x$　$[0,\ \pi]$

$f(x)$ はどれも，与えられた閉区間で連続，開区間で微分可能であるから，平均値の定理が適用できる。

CHART 平均値の定理

$\dfrac{f(b)-f(a)}{b-a}=f'(c)$

$a<c<b$

区間 $[a,\ b]$ で連続，区間 $(a,\ b)$ で微分可能の前提条件も忘れずに。

(1) $\dfrac{f(b)-f(a)}{b-a}=\dfrac{(2b^2-3)-(2a^2-3)}{b-a}$

$=\dfrac{2(b^2-a^2)}{b-a}=2(a+b)$

$f'(x)=4x$ であるから　$f'(c)=4c$

ゆえに　$2(a+b)=4c$

よって　$\boldsymbol{c=\dfrac{a+b}{2}}$

(2) $\dfrac{f(2)-f(-2)}{2-(-2)}=\dfrac{(2^3-3\cdot2)-\{(-2)^3-3(-2)\}}{4}=\dfrac{2-(-2)}{4}$

$=1$

$f'(x)=3x^2-3$ であるから　$f'(c)=3c^2-3$

ゆえに　$1=3c^2-3$　　よって　$\boldsymbol{c=\pm\dfrac{2\sqrt{3}}{3}}$

これらは，$-2<c<2$ を満たす。

(参考) このように，平均値の定理を満たす実数 c の値は，区間の幅によっては2つ以上存在することがある。

(3) $\dfrac{f(1)-f(0)}{1-0}=e^{-1}-e^0=\dfrac{1}{e}-1$

$f'(x)=-e^{-x}$ であるから　$f'(c)=-e^{-c}$

ゆえに　$\dfrac{1}{e}-1=-e^{-c}$　　すなわち　$e^{-c}=\dfrac{e-1}{e}$

よって　$-c=\log\dfrac{e-1}{e}$

←$c=\log\left(\dfrac{e-1}{e}\right)^{-1}$
$=\log e-\log(e-1)$

すなわち

$\boldsymbol{c=1-\log(e-1)}$

←$e>2$ であるから
$1<e-1<e$
よって
$0<\log(e-1)<1$
したがって
$0<1-\log(e-1)<1$

(4) $\dfrac{f(\pi)-f(0)}{\pi-0}=\dfrac{\sin\pi-\sin 0}{\pi-0}=0$

$f'(x)=\cos x$ であるから　$f'(c)=\cos c$

よって　$0=\cos c$

$0<c<\pi$ であるから　$\boldsymbol{c=\dfrac{\pi}{2}}$

TR ③75 平均値の定理を用いて，次のことを証明せよ。

(1) $a>0$ のとき　$\dfrac{1}{a+1}<\log(a+1)-\log a<\dfrac{1}{a}$

(2) $0<a<b$ のとき　$1-\dfrac{a}{b}<\log\dfrac{b}{a}<\dfrac{b}{a}-1$

(1) $f(x)=\log x$ は $x>0$ で微分可能で　$f'(x)=\dfrac{1}{x}$

区間 $[a,\ a+1]$ において，平均値の定理を用いると，

$$\frac{\log(a+1)-\log a}{(a+1)-a}=\frac{1}{c},\quad a<c<a+1$$

を満たす実数 c が存在する。

$a<c<a+1$ から　$\dfrac{1}{a+1}<\dfrac{1}{c}<\dfrac{1}{a}$

すなわち　$\dfrac{1}{a+1}<\log(a+1)-\log a<\dfrac{1}{a}$

(2) $f(x)=\log x$ は $x>0$ で微分可能で　$f'(x)=\dfrac{1}{x}$

区間 $[a,\ b]$ において，平均値の定理を用いると，

$$\frac{\log b-\log a}{b-a}=\frac{1}{c},\quad a<c<b$$

を満たす実数 c が存在する。

$a<c<b$ から　$\dfrac{1}{b}<\dfrac{1}{c}<\dfrac{1}{a}$

すなわち　$\dfrac{1}{b}<\dfrac{\log b-\log a}{b-a}<\dfrac{1}{a}$

各辺に正の数 $b-a$ を掛けて

$$\frac{b-a}{b}<\log b-\log a<\frac{b-a}{a}$$

よって　$1-\dfrac{a}{b}<\log\dfrac{b}{a}<\dfrac{b}{a}-1$

CHART
不等式と平均値の定理の $a<c<b$ を結びつける
結論の不等式から考えてみよう。

(1)
$\dfrac{1}{a+1}<\dfrac{\log(a+1)-\log a}{(a+1)-a}<\dfrac{1}{a}$
から，$f(x)=\log x$ と区間 $[a,\ a+1]$ を考える。

(2)
$\dfrac{b-a}{b}<\log b-\log a<\dfrac{b-a}{a}$
より
$\dfrac{1}{b}<\dfrac{\log b-\log a}{b-a}<\dfrac{1}{a}$
であるから，
$f(x)=\log x$ と区間 $[a,\ b]$ を考える。

⇐ $a<b$ であるから $b-a>0$

TR ②76 次の関数の増減を調べよ。

(1) $f(x)=\log_{\frac{1}{3}}x$　　(2) $f(x)=x^4-2x^3+2x$

(3) $f(x)=x+\dfrac{1}{x+1}$　　(4) $f(x)=\tan x-x$

(1) 定義域は　$x>0$

また　$f'(x)=\dfrac{1}{x\log\frac{1}{3}}=\dfrac{1}{-x\log 3}<0$

よって，$f(x)$ は **$x>0$ で減少する。**

(2) $f'(x)=4x^3-6x^2+2=2(x-1)^2(2x+1)$

$f'(x)=0$ とすると　$x=1,\ -\dfrac{1}{2}$

$f(x)$ の増減表は次のようになる。

⇐ 真数条件

⇐ $3>1$ であるから $\log 3>\log 1=0$

⇐ 因数定理を使って，因数分解する。

x	$\cdots$	$-\frac{1}{2}$	$\cdots$	1	$\cdots$
$f'(x)$	$-$	0	$+$	0	$+$
$f(x)$	↘	$-\frac{11}{16}$	↗	1	↗

よって，$f(x)$ は $\boldsymbol{x \leqq -\frac{1}{2}}$ **で減少，**$\boldsymbol{-\frac{1}{2} \leqq x}$ **で増加する。**

注意　$x=1$ のとき，$f'(x)=0$ であるが，$x=1$ の前後において $f'(x)$ の符号はともに＋であるから，$f(x)$ は $-\frac{1}{2} \leqq x$ で増加する。

⇐本問は，関数の増減を調べるのが目的なので，$f\left(-\frac{1}{2}\right)$，$f(1)$ の値は省略してもよい。

(3)　定義域は　　$x \neq -1$

$$f'(x)=1-\frac{1}{(x+1)^2}=\frac{x(x+2)}{(x+1)^2}$$

$f'(x)=0$ とすると　　$x=0,\ -2$

$f(x)$ の増減表は次のようになる。

⇐$\frac{1}{x+1}$ の分母について　$x+1 \neq 0$

x	$\cdots$	-2	$\cdots$	-1	$\cdots$	0	$\cdots$
$f'(x)$	$+$	0	$-$	／	$-$	0	$+$
$f(x)$	↗	-3	↘	／	↘	1	↗

よって，$f(x)$ は $\boldsymbol{x \leqq -2,\ 0 \leqq x}$ **で増加；**

$\boldsymbol{-2 \leqq x < -1,\ -1 < x \leqq 0}$ **で減少する。**

⇐$x \neq -1$ に注意

(4)　定義域は　　$x \neq n\pi+\frac{\pi}{2}$（$n$ は整数）

⇐$\tan x$ は，$x=n\pi+\frac{\pi}{2}$ のとき定義されない。

$$f'(x)=\frac{1}{\cos^2 x}-1=\frac{1-\cos^2 x}{\cos^2 x}$$

$0<|\cos x| \leqq 1$ であるから　　$1-\cos^2 x \geqq 0$

ゆえに　　$f'(x) \geqq 0$

よって，$f(x)$ は **区間** $\boldsymbol{\left((n-1)\pi+\frac{\pi}{2},\ n\pi+\frac{\pi}{2}\right)}$ **（n は整数）で増加する。**

⇐定義域全体で増加する。

5章

TR

TR ②77　次の関数の極値を求めよ。

(1)　$y=\frac{2x}{1+x^2}$　　(2)　$y=2\sin x+x$（$0 \leqq x \leqq 2\pi$）

(3)　$y=-xe^x$　　(4)　$y=\frac{x}{\log x}$

(1)　$y'=\frac{2\{(1+x^2)-x\cdot 2x\}}{(1+x^2)^2}=\frac{2(1+x)(1-x)}{(1+x^2)^2}$

$y'=0$ とすると　　$x=-1,\ 1$

y の増減表は次のようになる。

CHART　**関数の極値**
増減表を作って，y' の符号の変化を調べる

x	$\cdots$	-1	$\cdots$	1	$\cdots$
y'	$-$	0	$+$	0	$-$
y	↘	極小 -1	↗	極大 1	↘

よって　　**$x=1$ で極大値 1，$x=-1$ で極小値 -1**

(2)　$y'=2\cos x+1$ であるから，$0<x<2\pi$ において，$y'=0$ となる x の値は，$\cos x=-\dfrac{1}{2}$ より　　$x=\dfrac{2}{3}\pi$，$\dfrac{4}{3}\pi$

y の増減表は次のようになる。

x	0	$\cdots$	$\frac{2}{3}\pi$	$\cdots$	$\frac{4}{3}\pi$	$\cdots$	2π
y'	／	$+$	0	$-$	0	$+$	／
y	0	↗	極大	↘	極小	↗	2π

よって　　**$x=\dfrac{2}{3}\pi$ で極大値 $\sqrt{3}+\dfrac{2}{3}\pi$，**

$x=\dfrac{4}{3}\pi$ で極小値 $-\sqrt{3}+\dfrac{4}{3}\pi$

⇐ $\sin\dfrac{2}{3}\pi=\dfrac{\sqrt{3}}{2}$

$\sin\dfrac{4}{3}\pi=-\dfrac{\sqrt{3}}{2}$

(3)　$y'=-e^x-xe^x=-e^x(x+1)$

$y'=0$ とすると　　$x=-1$

y の増減表は右のようになる。

よって　　**$x=-1$ で極大値 $\dfrac{1}{e}$**

x	$\cdots$	-1	$\cdots$
y'	$+$	0	$-$
y	↗	極大 $\frac{1}{e}$	↘

⇐ $-e^x<0$ である。

(4)　定義域は　　$0<x<1$，$1<x$

$$y'=\frac{\log x-x\cdot\frac{1}{x}}{(\log x)^2}=\frac{\log x-1}{(\log x)^2}$$

$y'=0$ とすると，$\log x=1$ から　　$x=e$

y の増減表は次のようになる。

x	0	$\cdots$	1	$\cdots$	e	$\cdots$
y'	／	$-$	／	$-$	0	$+$
y	／	↘	／	↘	極小 e	↗

よって　　**$x=e$ で極小値 e**

⇐ $\log x$ の真数条件から

$x>0$

また，(分母)$\neq0$ から

$\log x\neq0$

すなわち　$x\neq1$

TR ③78

次の関数の極値を求めよ。

(1)　$y=|x^2-1|$　　(2)　$y=3\sqrt[3]{x^2}$　　(3)　$y=|x|\sqrt{x+1}$

(4)　$y=x+\dfrac{2}{x}$　　(5)　$y=\dfrac{x}{x^2-1}$

(1)　[1]　$x\leqq-1$，$1\leqq x$ のとき　　$y=x^2-1$

ゆえに，$x<-1$，$1<x$ のとき　　$y'=2x$

[2]　$-1<x<1$ のとき

$$y=-(x^2-1)=-x^2+1$$

よって，この範囲で　$y'=-2x$

[3]　関数 y は $x=\pm1$ で微分可能でない。

以上から，y の増減表は次のようになる。

x	$\cdots$	-1	$\cdots$	0	$\cdots$	1	$\cdots$
y'	$-$	／	$+$	0	$-$	／	$+$
y	↘	極小 0	↗	極大 1	↘	極小 0	↗

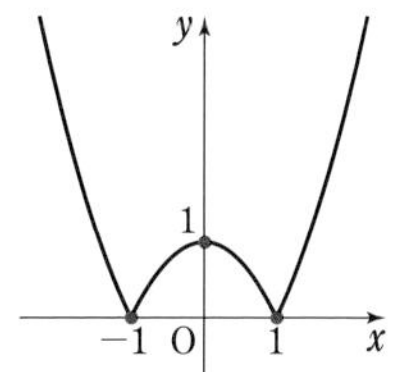

したがって　**$x=0$ で極大値1；$x=-1$，1 で極小値0**

(2)　[1]　$x\neq0$ のとき

$$y'=3\cdot\frac{2}{3}x^{\frac{2}{3}-1}=2x^{-\frac{1}{3}}=\frac{2}{\sqrt[3]{x}}$$

[2]　関数 y は $x=0$ で微分可能でない。

以上から，y の増減表は右のようになる。

よって　**$x=0$ で極小値0**

x	$\cdots$	0	$\cdots$
y'	$-$	／	$+$
y	↘	極小 0	↗

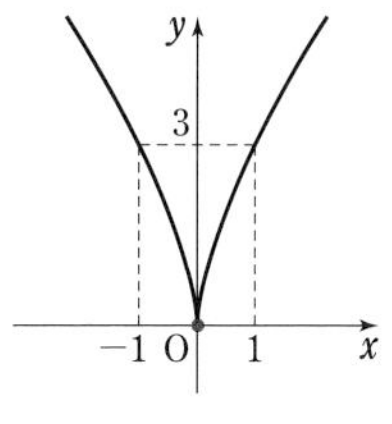

(3)　定義域は $x+1\geqq0$ から　$x\geqq-1$

⇐(根号内)$\geqq0$

[1]　$-1\leqq x\leqq0$ のとき

$$y=-x\sqrt{x+1}$$

ゆえに，$-1<x<0$ のとき

$$y'=-\sqrt{x+1}-\frac{x}{2\sqrt{x+1}}=-\frac{3x+2}{2\sqrt{x+1}}$$

$y'=0$ とすると　$x=-\dfrac{2}{3}$

[2]　$x\geqq0$ のとき

$$y=x\sqrt{x+1}$$

よって，$x>0$ のとき　$y'=\dfrac{3x+2}{2\sqrt{x+1}}>0$

[3]　関数 y は $x=-1$，0 で微分可能でない。

以上から，y の増減表は次のようになる。

x	-1	$\cdots$	$-\frac{2}{3}$	$\cdots$	0	$\cdots$
y'	／	$+$	0	$-$	／	$+$
y	0	↗	極大 $\frac{2\sqrt{3}}{9}$	↘	極小 0	↗

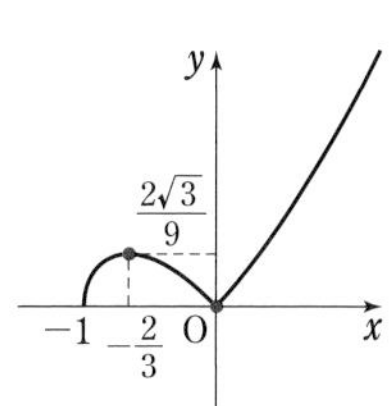

したがって　**$x=-\dfrac{2}{3}$ で極大値 $\dfrac{2\sqrt{3}}{9}$，**

$x=0$ で極小値0

5章

TR

(4) 定義域は　$x \neq 0$　　$y' = 1 - \dfrac{2}{x^2} = \dfrac{x^2-2}{x^2}$

$y'=0$ とすると　　$x = \pm\sqrt{2}$

y の増減表は次のようになる。

x	$\cdots$	$-\sqrt{2}$	$\cdots$	0	$\cdots$	$\sqrt{2}$	$\cdots$
y'	$+$	0	$-$	／	$-$	0	$+$
y	↗	極大 $-2\sqrt{2}$	↘	／	↘	極小 $2\sqrt{2}$	↗

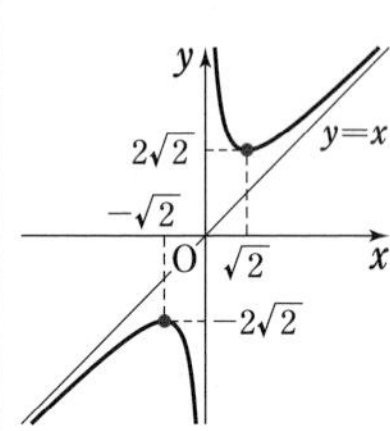

よって　　**$x=-\sqrt{2}$ で極大値 $-2\sqrt{2}$,**

　　　　　$x=\sqrt{2}$ で極小値 $2\sqrt{2}$

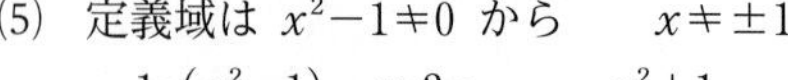

(5) 定義域は $x^2-1 \neq 0$ から　　$x \neq \pm 1$

$y' = \dfrac{1\cdot(x^2-1) - x\cdot 2x}{(x^2-1)^2} = -\dfrac{x^2+1}{(x^2-1)^2} < 0$

y の増減表は右のようになる。

よって，**極値はない。**

x	$\cdots$	-1	$\cdots$	1	$\cdots$
y'	$-$	／	$-$	／	$-$
y	↘	／	↘	／	↘

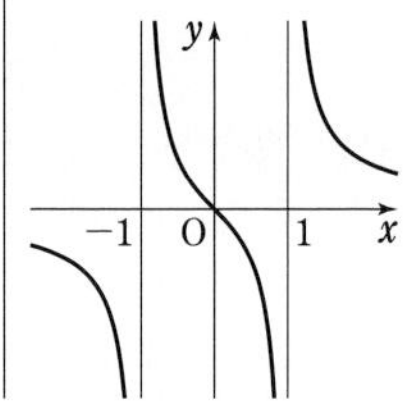

TR ③**79**　関数 $f(x) = \dfrac{ax^2+bx+1}{x^2+1}$ が $x=-1$ で極大値 $\dfrac{3}{2}$ をとるように，定数 a, b の値を定めよ。また，このとき，$f(x)$ の他の極値を求めよ。

$$f'(x) = \frac{(2ax+b)(x^2+1) - (ax^2+bx+1)\cdot 2x}{(x^2+1)^2}$$

$$= \frac{-bx^2+2(a-1)x+b}{(x^2+1)^2}$$

CHART
$f(x)$ が $x=\alpha$ で極値をとるならば $f'(\alpha)=0$
ただし，逆は成り立たないことに注意する。

$f(x)$ が $x=-1$ で極大値 $\dfrac{3}{2}$ をとるならば

$$f'(-1)=0,\quad f(-1)=\frac{3}{2}$$

ゆえに　　$\dfrac{1-a}{2}=0,\quad \dfrac{a-b+1}{2}=\dfrac{3}{2}$

⇐ 第 2 式を整理すると　$a-b=2$

これを解いて　　$a=1,\ b=-1$

このとき　　$f(x) = \dfrac{x^2-x+1}{x^2+1},\quad f'(x) = \dfrac{(x+1)(x-1)}{(x^2+1)^2}$

よって，右の増減表が得られ，条件を満たす。

x	$\cdots$	-1	$\cdots$	1	$\cdots$
$f'(x)$	$+$	0	$-$	0	$+$
$f(x)$	↗	極大 $\dfrac{3}{2}$	↘	極小 $\dfrac{1}{2}$	↗

⇐ $x=-1$ で極大値 $\dfrac{3}{2}$ をとることを確認する。

以上から

　　$a=1,\ b=-1$

また　　**$x=1$ で極小値 $\dfrac{1}{2}$**

⇐ $f(1) = \dfrac{1-1+1}{1+1} = \dfrac{1}{2}$

TR ②80 次の関数の最大値，最小値を求めよ。

(1) $y=2\sin x-\sin 2x$ $(-\pi\leqq x\leqq\pi)$　　(2) $y=e^{-x}\sin x$ $\left(0\leqq x\leqq\frac{\pi}{2}\right)$

(1) $y'=2\cos x-2\cos 2x$

$=2\cos x-2(2\cos^2 x-1)$　　← 2倍角の公式

$=-2(\cos x-1)(2\cos x+1)$

$-\pi<x<\pi$ において，$y'=0$ となる x の値は

$\cos x=1$ から　$x=0$,　　$\cos x=-\frac{1}{2}$ から　$x=\pm\frac{2}{3}\pi$

$-\pi\leqq x\leqq\pi$ における y の増減表は，次のようになる。

x	$-\pi$	…	$-\frac{2}{3}\pi$	…	0	…	$\frac{2}{3}\pi$	…	π
y'		$-$	0	$+$	0	$+$	0	$-$	
y	0	↘	極小 $-\frac{3\sqrt{3}}{2}$	↗	0	↗	極大 $\frac{3\sqrt{3}}{2}$	↘	0

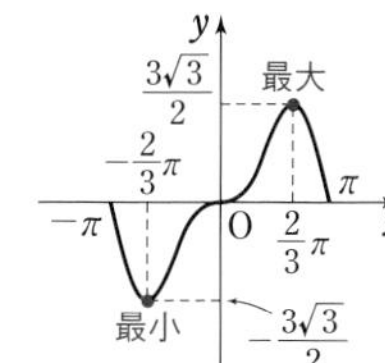

よって

$x=\frac{2}{3}\pi$ で最大値 $\frac{3\sqrt{3}}{2}$，$x=-\frac{2}{3}\pi$ で最小値 $-\frac{3\sqrt{3}}{2}$

(2) $y'=-e^{-x}\sin x+e^{-x}\cos x$　　← $(uv)'=u'v+uv'$

$=e^{-x}(-\sin x+\cos x)$

$=\sqrt{2}\,e^{-x}\sin\left(x+\frac{3}{4}\pi\right)$　　← 三角関数の合成

$y'=0$ とすると　　$\sin\left(x+\frac{3}{4}\pi\right)=0$　　← $e^{-x}>0$

$0<x<\frac{\pi}{2}$ のとき，$\frac{3}{4}\pi<x+\frac{3}{4}\pi<\frac{5}{4}\pi$ であるから

$x+\frac{3}{4}\pi=\pi$　すなわち　$x=\frac{\pi}{4}$

よって，y の増減表は次のようになる。

x	0	…	$\frac{\pi}{4}$	…	$\frac{\pi}{2}$
y'		$+$	0	$-$	
y	0	↗	極大 $\frac{1}{\sqrt{2}\,e^{\frac{\pi}{4}}}$	↘	$\frac{1}{e^{\frac{\pi}{2}}}$

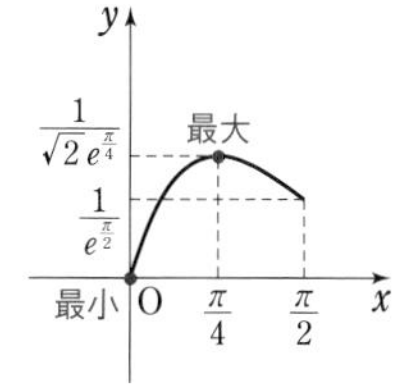

したがって

$x=\frac{\pi}{4}$ で最大値 $\frac{1}{\sqrt{2}\,e^{\frac{\pi}{4}}}$，$x=0$ で最小値 0

5章 TR

TR ③81 次の関数の最大値，最小値を求めよ。

(1) $y=\dfrac{2(x-1)}{x^2-2x+2}$ (2) $y=x\log x$

(1) $y'=\dfrac{2(x^2-2x+2)-2(x-1)(2x-2)}{(x^2-2x+2)^2}=\dfrac{-2x(x-2)}{(x^2-2x+2)^2}$

$y'=0$ とすると $x=0,\ 2$

ゆえに，y の増減表は右のようになる。

x	$\cdots$	0	$\cdots$	2	$\cdots$
y'	$-$	0	$+$	0	$-$
y	↘	極小 -1	↗	極大 1	↘

また

$$\lim_{x\to\infty}y=\lim_{x\to\infty}\frac{2\left(\frac{1}{x}-\frac{1}{x^2}\right)}{1-\frac{2}{x}+\frac{2}{x^2}}=0$$

同様に $\displaystyle\lim_{x\to-\infty}y=0$

よって **$x=2$ で最大値 1，$x=0$ で最小値 -1**

定義域が $(-\infty,\ \infty)$ や $(0,\ \infty)$ のときは $\displaystyle\lim_{x\to-\infty}y$，$\displaystyle\lim_{x\to\infty}y$，$\displaystyle\lim_{x\to+0}y$ との比較もする。

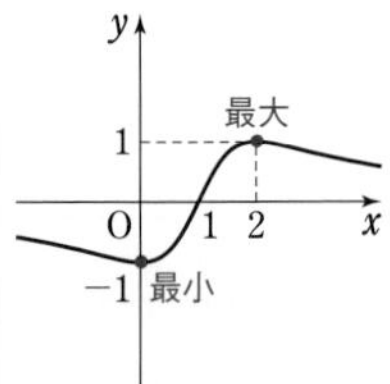

(2) 定義域は $x>0$ また $y'=\log x+1$

$y'=0$ とすると $x=\dfrac{1}{e}$ また $\displaystyle\lim_{x\to\infty}y=\infty$

y の増減表は右のようになる。

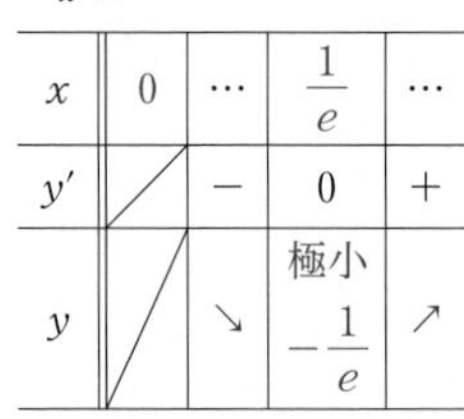

x	0	$\cdots$	$\frac{1}{e}$	$\cdots$
y'	／	$-$	0	$+$
y	／	↘	極小 $-\frac{1}{e}$	↗

よって

$x=\dfrac{1}{e}$ で最小値 $-\dfrac{1}{e}$，

最大値はない

(参考) $\displaystyle\lim_{x\to+0}x\log x=0$ であるが，

この lim の値がわからなくても増減表により，最大値，最小値を調べることができる。なお，x が正で 0 に近い値のときは $x\log x<0$ である。

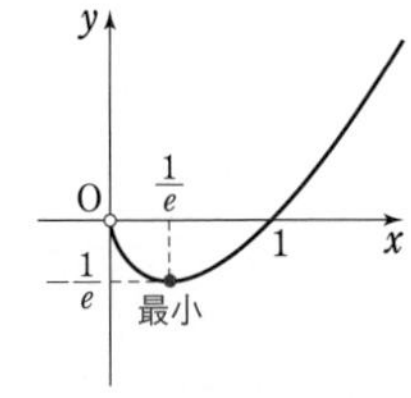

TR ③82 半径が 1 の球に内接する直円柱を考え，この直円柱の底面の半径を x とし，体積を V とする。V の最大値とそのときの x の値を求めよ。 〔類 金沢工大〕

球の半径が 1 であるから $0<x<1$

直円柱の高さを h とすると，三平方の定理により

$$h=\sqrt{2^2-(2x)^2}=2\sqrt{1-x^2}$$

よって $V=\pi x^2\cdot h=2\pi x^2\sqrt{1-x^2}$

$$\frac{dV}{dx}=2\pi\left(2x\sqrt{1-x^2}+x^2\cdot\frac{-2x}{2\sqrt{1-x^2}}\right)=\frac{2\pi x(2-3x^2)}{\sqrt{1-x^2}}$$

$\dfrac{dV}{dx}=0$ とすると $x(2-3x^2)=0$

$0<x<1$ であるから $x=\dfrac{\sqrt{6}}{3}$

よって，$0<x<1$ における V の増減表は次のようになる。

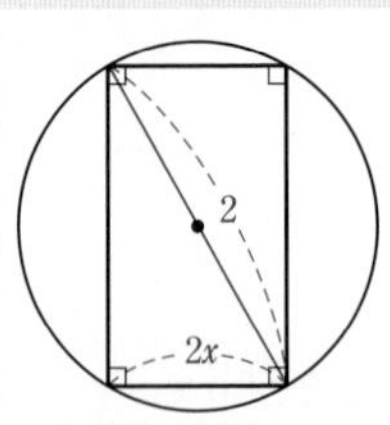

(直円柱の体積)
=(底面積)×(高さ)

x	0	$\cdots$	$\dfrac{\sqrt{6}}{3}$	$\cdots$	1
$\dfrac{dV}{dx}$	／	$+$	0	$-$	／
V	／	↗	$\dfrac{4\sqrt{3}}{9}\pi$	↘	／

したがって　　$x=\dfrac{\sqrt{6}}{3}$ **で最大値** $\dfrac{4\sqrt{3}}{9}\pi$

TR ①83　次の曲線の凹凸を調べよ。また，変曲点があればその座標を求めよ。
(1) $y=-x^3+3x^2$　(2) $y=-x^4$　(3) $y=xe^{-x}$　(4) $y=\log(1+x^2)$

(1) $y'=-3x^2+6x$, $y''=-6(x-1)$
$y''=0$ とすると　$x=1$
曲線の凹凸は右の表のようになる。
また $x=1$ のとき　$y=2$
よって
$x<1$ で下に凸，$1<x$ で上に凸，
変曲点の座標は $(1,\ 2)$

x	$\cdots$	1	$\cdots$
y''	$+$	0	$-$
y	∪	変曲点	∩

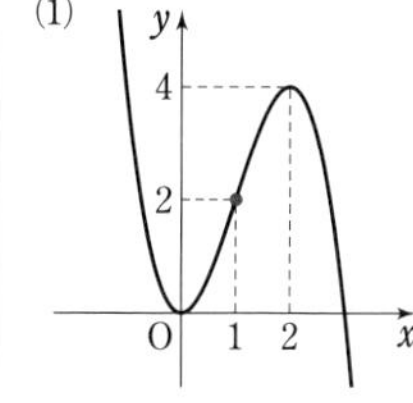

(2) $y'=-4x^3$, $y''=-12x^2$　すべての x に対して　$y''\leqq 0$
よって，グラフは **上に凸で，変曲点はない。**
注意　$x=0$ で $y''=0$ であるが，その前後で $y''<0$ であるから，点 $(0,\ 0)$ は変曲点ではない。

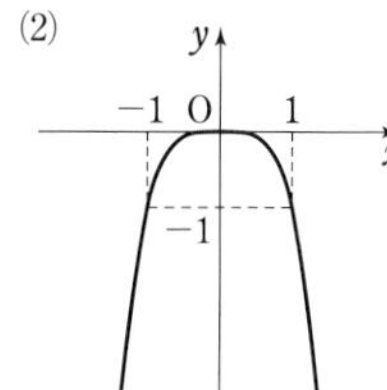

(3) $y'=e^{-x}-xe^{-x}=(1-x)e^{-x}$
$y''=-e^{-x}-(1-x)e^{-x}=(x-2)e^{-x}$
$y''=0$ とすると　$x=2$
曲線の凹凸は右の表のようになる。
また $x=2$ のとき　$y=2e^{-2}$
よって
$x<2$ で上に凸，$2<x$ で下に凸，
変曲点の座標は $(2,\ 2e^{-2})$

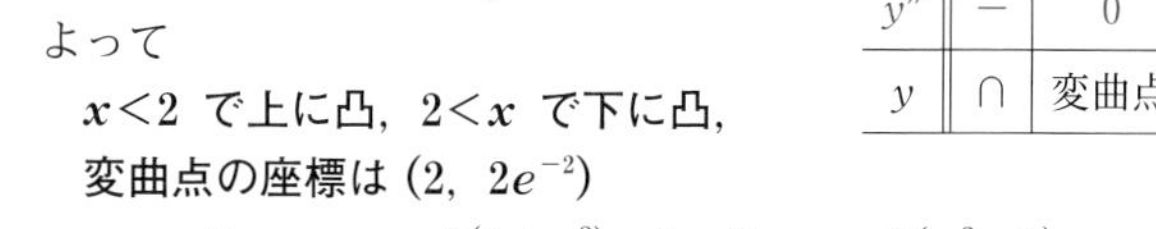

x	$\cdots$	2	$\cdots$
y''	$-$	0	$+$
y	∩	変曲点	∪

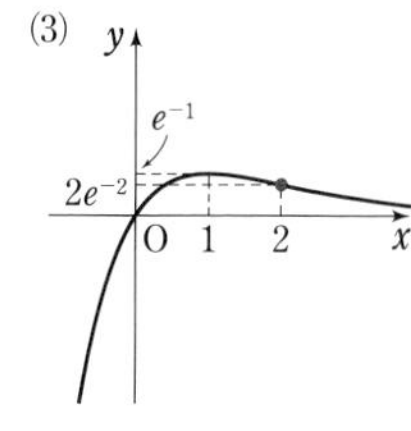

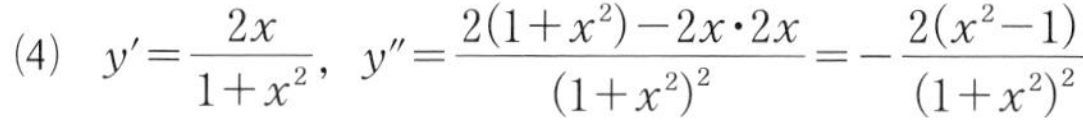

(4) $y'=\dfrac{2x}{1+x^2}$, $y''=\dfrac{2(1+x^2)-2x\cdot 2x}{(1+x^2)^2}=-\dfrac{2(x^2-1)}{(1+x^2)^2}$

$y''=0$ とすると　$x=\pm 1$
曲線の凹凸は次の表のようになる。

x	$\cdots$	-1	$\cdots$	1	$\cdots$
y''	$-$	0	$+$	0	$-$
y	∩	変曲点	∪	変曲点	∩

また $x=-1$ のとき　$y=\log 2$, $x=1$ のとき　$y=\log 2$
よって　　**$x<-1$, $1<x$ で上に凸；$-1<x<1$ で下に凸；**
変曲点の座標は $(-1,\ \log 2)$, $(1,\ \log 2)$

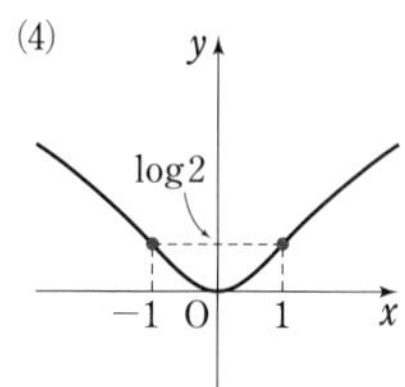

TR ②84 次の関数の増減，極値，グラフの凹凸，変曲点，漸近線を調べて，グラフの概形をかけ。

(1) $y=\dfrac{x-1}{x^2}$　　(2) $y=e^{-x^2}$

(1) 定義域は　$x\neq 0$

$y=\dfrac{1}{x}-\dfrac{1}{x^2}$ であるから

$$y'=-\frac{1}{x^2}+\frac{2}{x^3}=\frac{2-x}{x^3},$$

$$y''=\frac{2}{x^3}-\frac{6}{x^4}=\frac{2x-6}{x^4}$$

$y'=0$ とすると　$x=2$

$y''=0$ とすると　$x=3$

y の増減とグラフの凹凸は，次の表のようになる。

x	$\cdots$	0	$\cdots$	2	$\cdots$	3	$\cdots$
y'	$-$	／	$+$	0	$-$	$-$	$-$
y''	$-$	／	$-$	$-$	$-$	0	$+$
y	↘	／	↗	極大 $\dfrac{1}{4}$	↘	変曲点 $\dfrac{2}{9}$	↘

また $\lim\limits_{x\to 0}y=-\infty$，$\lim\limits_{x\to\infty}y=0$，$\lim\limits_{x\to-\infty}y=0$ であるから，y 軸，x 軸が漸近線である。

さらに $y=0$ とすると　$x=1$

よって，グラフは 〔図〕

(2) $y'=-2xe^{-x^2}$

$y''=-2\{e^{-x^2}+x(-2x)e^{-x^2}\}=2(2x^2-1)e^{-x^2}$

$y'=0$ とすると　$x=0$

$y''=0$ とすると　$x=\pm\dfrac{1}{\sqrt{2}}$

y の増減とグラフの凹凸は，次の表のようになる。

x	$\cdots$	$-\dfrac{1}{\sqrt{2}}$	$\cdots$	0	$\cdots$	$\dfrac{1}{\sqrt{2}}$	$\cdots$
y'	$+$	$+$	$+$	0	$-$	$-$	$-$
y''	$+$	0	$-$	$-$	$-$	0	$+$
y	↗	変曲点 $\dfrac{1}{\sqrt{e}}$	↗	極大 1	↘	変曲点 $\dfrac{1}{\sqrt{e}}$	↘

また，$\lim\limits_{x\to\infty}y=0$，$\lim\limits_{x\to-\infty}y=0$ であるから，x 軸が漸近線である。

したがって，グラフは 〔図〕

⇐ 定義域は　分母$\neq 0$

⇐ $y=\dfrac{x-1}{x^2}=\dfrac{x}{x^2}-\dfrac{1}{x^2}$

⇐ $\lim\limits_{x\to\infty}\dfrac{x-1}{x^2}=\lim\limits_{x\to\infty}\left(\dfrac{1}{x}-\dfrac{1}{x^2}\right)=0-0=0$

$\lim\limits_{x\to-\infty}\dfrac{x-1}{x^2}=\lim\limits_{x\to-\infty}\left(\dfrac{1}{x}-\dfrac{1}{x^2}\right)=0$

⇐ $e^{-x^2}>0$

(1)

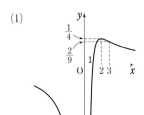

(2)

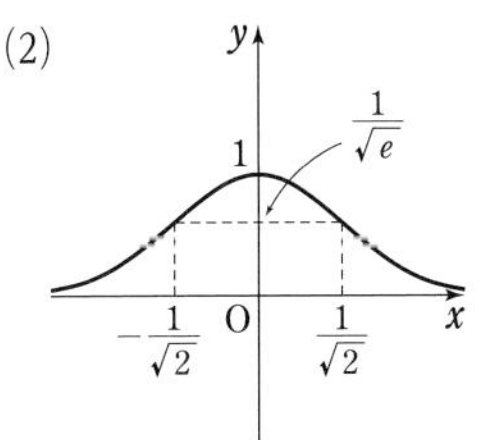

(2)　$y=e^{-x^2}$ は偶関数であるから，グラフは y 軸に関して対称である。

TR ②85　次の関数のグラフの漸近線を求め，グラフの概形をかけ。

(1)　$y=\dfrac{x^2}{x+1}$　　(2)　$y=\dfrac{(x-2)^2}{x-3}$

(1)　定義域は　$x \neq -1$　　$y=\dfrac{x^2}{x+1}$ から　$y=x-1+\dfrac{1}{x+1}$

←分子の次数を下げる。

$\lim\limits_{x\to-1+0} y=\infty$，$\lim\limits_{x\to-1-0} y=-\infty$ であるから，直線 $x=-1$ は漸近線である。

←$x \neq -1$ で連続であるから，直線 $x=-1$ 以外に x 軸に垂直な漸近線はない。

また　$\lim\limits_{x\to\infty}\{y-(x-1)\}=\lim\limits_{x\to\infty}\dfrac{1}{x+1}=0$

$\lim\limits_{x\to-\infty}\{y-(x-1)\}=\lim\limits_{x\to-\infty}\dfrac{1}{x+1}=0$

ゆえに，直線 $y=x-1$ も漸近線である。

よって，求める **漸近線は 2 直線 $x=-1$，$y=x-1$**

次に　$y'=1-\dfrac{1}{(x+1)^2}=\dfrac{x(x+2)}{(x+1)^2}$，$y''=\dfrac{2}{(x+1)^3}$

$y'=0$ とすると　$x=-2$，0

y の増減とグラフの凹凸は，次の表のようになる。

x	…	-2	…	-1	…	0	…
y'	$+$	0	$-$	／	$-$	0	$+$
y''	$-$	$-$	$-$	／	$+$	$+$	$+$
y	↗	極大 -4	↘	／	↘	極小 0	↗

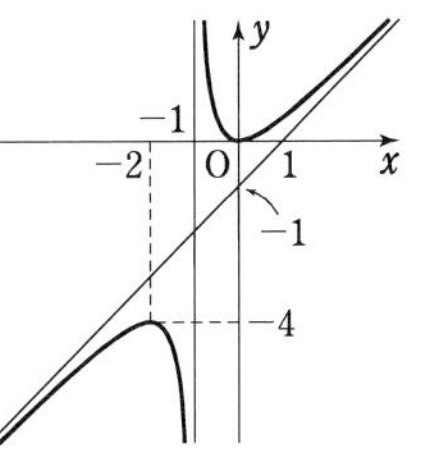

したがって，グラフは　〔図〕

(2)　定義域は　$x \neq 3$

$y=\dfrac{(x-2)^2}{x-3}$ から　$y=x-1+\dfrac{1}{x-3}$

←$(x-2)^2=x^2-4x+4$
$=(x-1)(x-3)+1$

$\lim\limits_{x\to3+0}\dfrac{(x-2)^2}{x-3}=\infty$，$\lim\limits_{x\to3-0}\dfrac{(x-2)^2}{x-3}=-\infty$ であるから，直線 $x=3$ は漸近線である。

また　$\lim\limits_{x\to\infty}\{y-(x-1)\}=\lim\limits_{x\to\infty}\dfrac{1}{x-3}=0$

$\lim\limits_{x\to-\infty}\{y-(x-1)\}=\lim\limits_{x\to-\infty}\dfrac{1}{x-3}=0$

ゆえに，直線 $y=x-1$ も漸近線である。

よって，求める **漸近線は 2 直線 $x=3$，$y=x-1$**

次に　$y'=1-\dfrac{1}{(x-3)^2}=\dfrac{(x-2)(x-4)}{(x-3)^2}$，$y''=\dfrac{2}{(x-3)^3}$

$y'=0$ とすると　$x=2$，4

y の増減とグラフの凹凸は次の表のようになる。

x	…	2	…	3	…	4	…
y'	$+$	0	$-$	／	$-$	0	$+$
y''	$-$	$-$	$-$	／	$+$	$+$	$+$
y	↗	極大 0	↘	／	↘	極小 4	↗

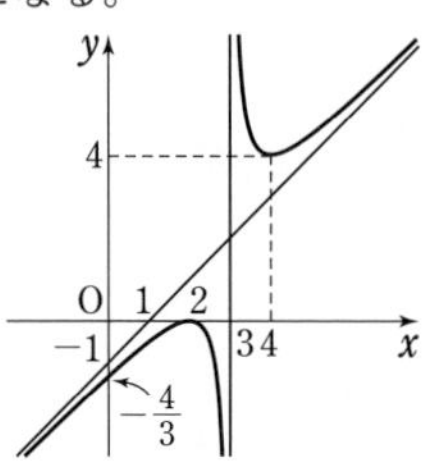

したがって，グラフは〔図〕

TR ②86 次の関数の極値を，第 2 次導関数を利用して求めよ。
(1) $y=3x^4-16x^3+18x^2+5$　(2) $y=-x^4+4x^3-14$　(3) $y=(x+1)e^x$

(1) $f(x)=3x^4-16x^3+18x^2+5$ とする。

$f'(x)=12x^3-48x^2+36x=12x(x^2-4x+3)$
$=12x(x-1)(x-3)$

$f''(x)=36x^2-96x+36=12(3x^2-8x+3)$

$f'(x)=0$ とすると　$x=0$，1，3

$f''(0)=36>0$，$f''(1)=-24<0$，$f''(3)=72>0$

であるから

$x=0$ で極小値 5，$x=1$ で極大値 10，$x=3$ で極小値 -22

CHART
1 $f'(a)=0$ かつ $f''(a)>0$ $\Longrightarrow$ $f(a)$ は極小値
2 $f'(a)=0$ かつ $f''(a)<0$ $\Longrightarrow$ $f(a)$ は極大値

(2) $f(x)=-x^4+4x^3-14$ とする。

$f'(x)=-4x^3+12x^2=-4x^2(x-3)$

$f''(x)=-12x^2+24x=-12x(x-2)$

$f'(x)=0$ とすると　$x=0$，3

ここで，$f''(0)=0$ であり，$x=0$ の前後で $f'(x)$ の符号は変わらない。

$f''(3)=-36<0$ であるから　**$x=3$ で極大値 13**

(3) $f(x)=(x+1)e^x$ とする。

$f'(x)=e^x+(x+1)e^x=(x+2)e^x$

$f''(x)=e^x+(x+2)e^x=(x+3)e^x$

$f'(x)=0$ とすると　$x=-2$

⇐ $e^x>0$ であるから $x+2=0$

$f''(-2)=e^{-2}>0$ であるから　**$x=-2$ で極小値 $-\dfrac{1}{e^2}$**

TR ③87 $x>0$ のとき，次の不等式が成り立つことを証明せよ。
(1) $\sqrt{x}>\log x$　(2) $2x-x^2<\log(1+x)^2<2x$

(1) $f(x)=\sqrt{x}-\log x$ とおくと

$$f'(x)=\frac{1}{2\sqrt{x}}-\frac{1}{x}=\frac{\sqrt{x}-2}{2x}$$

$f'(x)=0$ とすると　$x=4$

よって，$f(x)$ の増減表は次のようになる。

x	0	$\cdots$	4	$\cdots$
$f'(x)$	／	$-$	0	$+$
$f(x)$	／	↘	極小	↗

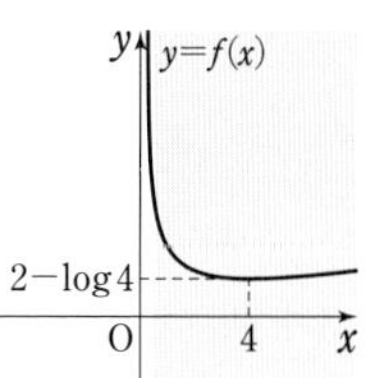

増減表から，$x>0$ において，$f(x)$ は $x=4$ で極小かつ最小となり，最小値は　$f(4)=2-\log 4=2(1-\log 2)$

$e>2$ より $1>\log 2$ であるから　$f(4)>0$

⇐ $e>2$ より $\log e>\log 2$ よって $1>\log 2$

よって　$f(x)>0$

すなわち　$x>0$ のとき $\sqrt{x}>\log x$

(2)　$f(x)=\log(1+x)^2-(2x-x^2)$ とすると

$$f'(x)=\frac{2}{1+x}-(2-2x)=\frac{2x^2}{1+x}$$

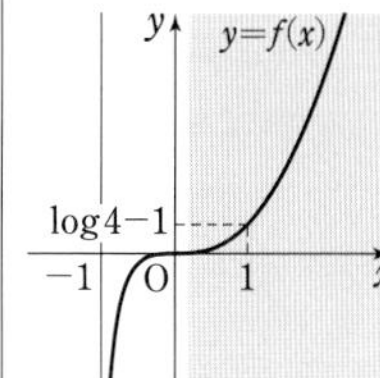

ゆえに，$x>0$ のとき　$f'(x)>0$

よって，$f(x)$ は区間 $x\geqq 0$ で増加する。

ゆえに，$x>0$ のとき　$f(x)>f(0)=0$

よって　$\log(1+x)^2-(2x-x^2)>0$

すなわち　$2x-x^2<\log(1+x)^2$

$g(x)=2x-\log(1+x)^2$ とすると　$g'(x)=2-\dfrac{2}{1+x}=\dfrac{2x}{1+x}$

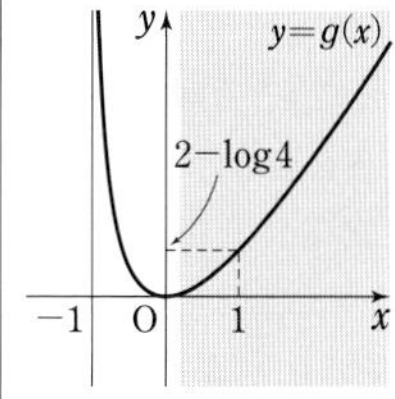

ゆえに，$x>0$ のとき　$g'(x)>0$

よって，$g(x)$ は区間 $x\geqq 0$ で増加する。

ゆえに，$x>0$ のとき　$g(x)>g(0)=0$

よって　$2x-\log(1+x)^2>0$

すなわち　$\log(1+x)^2<2x$

以上から　$2x-x^2<\log(1+x)^2<2x$

TR ③88　x の方程式 $2\sqrt{x}-x+a=0$ の異なる実数解の個数は，定数 a の値によってどのように変化するかを調べよ。

方程式を変形して　$x-2\sqrt{x}=a$

⇐ 定数 a を含む式と含まない式に分ける。

この方程式の実数解の個数は，曲線 $y=x-2\sqrt{x}$ と直線 $y=a$ の共有点の個数と一致する。

$f(x)=x-2\sqrt{x}$ とする。$f(x)$ の定義域は　$x\geqq 0$

⇐ (根号内)$\geqq 0$

$$f'(x)=1-\frac{1}{\sqrt{x}}=\frac{\sqrt{x}-1}{\sqrt{x}}$$

$f'(x)=0$ とすると　$x=1$

よって，$f(x)$ の増減表は右のようになる。

x	0	$\cdots$	1	$\cdots$
$f'(x)$	／	$-$	0	$+$
$f(x)$	0	↘	極小 -1	↗

また　$\displaystyle\lim_{x\to\infty}f(x)$

$\displaystyle=\lim_{x\to\infty}\sqrt{x}(\sqrt{x}-2)$

$=\infty$

⇐ $\infty\times\infty$ の形

方程式 $f(x)=0$ の解が $x=0,\ 4$ などから，$y=f(x)$ のグラフは右の図のようになる。

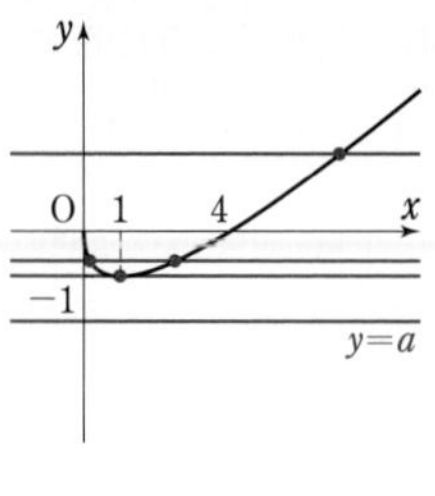

⬅ $\sqrt{x}(\sqrt{x}-2)=0$ から $\sqrt{x}=0,\ 2$ ゆえに $x=0,\ 4$

このグラフと直線 $y=a$ の共有点の個数を調べると，実数解の個数は

$a<-1$ のとき　0個
$a=-1,\ 0<a$ のとき　1個
$-1<a\leqq 0$ のとき　2個

TR ②89

数直線上を運動する点Pの座標 x が，時刻 t の関数として $x=6\sin\frac{\pi}{6}t$ で表されるとき，$t=4$ における点Pの速度，加速度とそれらの大きさを求めよ。また，$0\leqq t\leqq 6$ のとき，Pが運動の向きを変える t の値を求めよ。

点Pの時刻 t における速度を v，加速度を α とする。

$$v=\frac{dx}{dt}=6\cdot\frac{\pi}{6}\cos\frac{\pi}{6}t=\pi\cos\frac{\pi}{6}t$$

$t=4$ のとき　$v=\pi\cos\frac{2}{3}\pi=-\frac{\pi}{2}$

ゆえに，**速度は $-\frac{\pi}{2}$，速度の大きさは $\frac{\pi}{2}$**

次に　$\alpha=\frac{dv}{dt}=-\pi\cdot\frac{\pi}{6}\sin\frac{\pi}{6}t=-\frac{\pi^2}{6}\sin\frac{\pi}{6}t$

$t=4$ のとき　$\alpha=-\frac{\pi^2}{6}\sin\frac{2}{3}\pi=-\frac{\sqrt{3}}{12}\pi^2$

よって，**加速度は $-\frac{\sqrt{3}}{12}\pi^2$，加速度の大きさは $\frac{\sqrt{3}}{12}\pi^2$**

また，P が運動の向きを変えるのは，v の符号が変わるときであるから，$v=0$ とすると

$$\pi\cos\frac{\pi}{6}t=0 \qquad すなわち \qquad \cos\frac{\pi}{6}t=0$$

$0\leqq t\leqq 6$ のとき，$0\leqq\frac{\pi}{6}t\leqq\pi$ であるから

$$\frac{\pi}{6}t=\frac{\pi}{2} \qquad よって \qquad t=3$$

$0\leqq t<3$ のとき　$v>0$，　$3<t\leqq 6$ のとき　$v<0$

よって，P が運動の向きを変える t の値は　**$t=3$**

CHART
位置 (x)
↓ 微分
速度 $\left(\frac{dx}{dt}\right)$
↓ 微分
加速度 $\left(\frac{d^2x}{dt^2}\right)$

参考　t の値の範囲に制限がないとき $|x|=\left|6\sin\frac{\pi}{6}t\right|=6\left|\sin\frac{\pi}{6}t\right|\leqq 6$ であるから，x は数直線上を，-6 と 6 の間を往復することがわかる。このような点Pの運動を**単振動**という。

TR ②90 座標平面上を運動する点Pの，時刻 t における座標 $(x,\ y)$ が，$x=t^2$，$y=(t-2)^2$ で表されるとき，$t=2$ における速度，加速度とそれらの大きさを求めよ。また，Pの速さが最小になるとき，Pの位置を求めよ。

$\dfrac{dx}{dt}=2t$，$\dfrac{dy}{dt}=2(t-2)$，$\dfrac{d^2x}{dt^2}=2$，$\dfrac{d^2y}{dt^2}=2$

であるから　速度 $\vec{v}=(2t,\ 2(t-2))$，加速度 $\vec{\alpha}=(2,\ 2)$

$t=2$ とすると　$\vec{v}=\mathbf{(4,\ 0)}$，$|\vec{v}|=\sqrt{4^2+0^2}=\mathbf{4}$，

$\vec{\alpha}=\mathbf{(2,\ 2)}$，$|\vec{\alpha}|=\sqrt{2^2+2^2}=\mathbf{2\sqrt{2}}$

また　$|\vec{v}|=\sqrt{(2t)^2+\{2(t-2)\}^2}=2\sqrt{2t^2-4t+4}$

$=2\sqrt{2(t-1)^2+2}$

よって，$t=1$ のとき，$|\vec{v}|$ は最小となる。

そのときの位置は　**P(1, 1)**

CHART
位置 $(x,\ y)$
↓ 微分
速度 $\left(\dfrac{dx}{dt},\ \dfrac{dy}{dt}\right)$
↓ 微分
加速度 $\left(\dfrac{d^2x}{dt^2},\ \dfrac{d^2y}{dt^2}\right)$

TR ②91 平面上を運動する点 $\mathrm{P}(x,\ y)$ の時刻 t における位置が $x=1+\cos\pi t$，$y=2+\sin\pi t$ で表されるとき，点Pの速度 $\vec{v}$，加速度 $\vec{\alpha}$ とそれらの大きさを求めよ。また，Q(1, 2) とするとき，Pの速度は $\overrightarrow{\mathrm{QP}}$ と垂直，加速度は $\overrightarrow{\mathrm{QP}}$ と平行であることを示せ。

$\dfrac{dx}{dt}=-\pi\sin\pi t$，$\dfrac{dy}{dt}=\pi\cos\pi t$

ゆえに　$\boldsymbol{\vec{v}=(-\pi\sin\pi t,\ \pi\cos\pi t)}$

$|\vec{v}|=\sqrt{(-\pi\sin\pi t)^2+(\pi\cos\pi t)^2}$

$=\sqrt{\pi^2(\sin^2\pi t+\cos^2\pi t)}=\boldsymbol{\pi}$

$\dfrac{d^2x}{dt^2}=-\pi^2\cos\pi t$，$\dfrac{d^2y}{dt^2}=-\pi^2\sin\pi t$

よって　$\boldsymbol{\vec{\alpha}=(-\pi^2\cos\pi t,\ -\pi^2\sin\pi t)}$

$|\vec{\alpha}|=\sqrt{(-\pi^2\cos\pi t)^2+(-\pi^2\sin\pi t)^2}$

$=\sqrt{\pi^4(\cos^2\pi t+\sin^2\pi t)}$

$\boldsymbol{=\pi^2}$

また，$\overrightarrow{\mathrm{QP}}=(\cos\pi t,\ \sin\pi t)$ で

$\vec{v}\cdot\overrightarrow{\mathrm{QP}}=-\pi\sin\pi t\cdot\cos\pi t+\pi\cos\pi t\cdot\sin\pi t=0$

から　$\vec{v}\perp\overrightarrow{\mathrm{QP}}$

したがって，速度 $\vec{v}$ は $\overrightarrow{\mathrm{QP}}$ と垂直である。

さらに，$\vec{\alpha}=-\pi^2(\cos\pi t,\ \sin\pi t)=-\pi^2\overrightarrow{\mathrm{QP}}$ であるから，加速度 $\vec{\alpha}$ は $\overrightarrow{\mathrm{QP}}$ と平行である。

(参考) 点Pは
$(x-1)^2+(y-2)^2$
$=\cos^2\pi t+\sin^2\pi t=1$
よって，中心 (1, 2)，半径1の円周上を角速度 π (単位時間の回転角)で，正の向きに回転運動している。

⇐ $\vec{a}=(a_1,\ a_2)$，$\vec{b}=(b_1,\ b_2)$ のとき
$\vec{a}\cdot\vec{b}=a_1b_1+a_2b_2$
$\vec{a}\perp\vec{b} \iff \vec{a}\cdot\vec{b}=0$
$\vec{a}\,/\!/\,\vec{b} \iff \vec{a}=k\vec{b}$
(k は実数)
を利用する。

TR ②92 (1) $h\fallingdotseq 0$ のとき，次の関数の値について，1次の近似式を作れ。

(ア) $\dfrac{1}{(1+h)^2}$　(イ) $\cos(a+h)$　(ウ) e^h

(2) 次の数の近似値を小数第3位まで求めよ。ただし，$\pi=3.14$，$\sqrt{3}=1.732$ とする。

(ア) 0.998^3　(イ) $\sqrt{100.5}$　(ウ) $\cos 59^\circ$

HINT (1) (ア) $f(x)=\dfrac{1}{x^2}$, $a=1$ (ウ) $f(x)=e^x$, $a=0$ として, $\boldsymbol{f(a+h)\fallingdotseq f(a)+f'(a)h}$ に代入する。

(1) (ア) $f(x)=\dfrac{1}{x^2}$ とおくと　$f'(x)=-\dfrac{2}{x^3}$

また　$f(1)=1$, $f'(1)=-2$

よって, $h\fallingdotseq 0$ のとき　$\dfrac{1}{(1+h)^2}\fallingdotseq \boldsymbol{1-2h}$

⬅ $f(1+h)\fallingdotseq f(1)+f'(1)h$

(イ) $f(x)=\cos x$ とおくと　$f'(x)=-\sin x$

よって, $h\fallingdotseq 0$ のとき　$\cos(a+h)\fallingdotseq \boldsymbol{\cos a-h\sin a}$

⬅ $f(a+h)\fallingdotseq f(a)+f'(a)h$

(ウ) $f(x)=e^x$ とおくと　$f'(x)=e^x$

また　$f(0)=1$, $f'(0)=1$

よって, $h\fallingdotseq 0$ のとき　$e^h\fallingdotseq \boldsymbol{1+h}$

⬅ $f(0+h)\fallingdotseq f(0)+f'(0)h$

(2) (ア) $0.998^3=(1-0.002)^3$

$f(x)=(1-x)^3$ とおくと　$f'(x)=-3(1-x)^2$

また　$f(0)=1$, $f'(0)=-3$

$x\fallingdotseq 0$ のとき　$(1-x)^3\fallingdotseq 1-3x$

よって　$0.998^3=(1-0.002)^3\fallingdotseq 1-3\times 0.002=\boldsymbol{0.994}$

⬅ $x\fallingdotseq 0$ のとき, $-x\fallingdotseq 0$ であるから $(1-x)^p\fallingdotseq 1-px$ ここで　$p=3$

(イ) $\sqrt{100.5}=\sqrt{100(1+0.005)}=10\sqrt{1+0.005}$

$f(x)=\sqrt{1+x}$ とおくと　$f'(x)=\dfrac{1}{2\sqrt{1+x}}$

また　$f(0)=1$, $f'(0)=\dfrac{1}{2}$

$x\fallingdotseq 0$ のとき　$\sqrt{1+x}\fallingdotseq 1+\dfrac{1}{2}x$

⬅ $x\fallingdotseq 0$ のとき $(1+x)^p\fallingdotseq 1+px$ で $p=\dfrac{1}{2}$

よって　$\sqrt{100.5}=10\sqrt{1+0.005}\fallingdotseq 10\left(1+\dfrac{1}{2}\times 0.005\right)$

$=10+0.025=\boldsymbol{10.025}$

(ウ) $59°=\dfrac{59}{180}\pi=\dfrac{60-1}{180}\pi=\dfrac{\pi}{3}-\dfrac{\pi}{180}$

⬅ 度数法のままでは, 三角関数の微分の公式が使えず近似式を使うことができないから, まず弧度法に直す。

$f(x)=\cos\left(\dfrac{\pi}{3}-x\right)$ とおくと　$f'(x)=\sin\left(\dfrac{\pi}{3}-x\right)$

また　$f(0)=\dfrac{1}{2}$, $f'(0)=\dfrac{\sqrt{3}}{2}$

$x\fallingdotseq 0$ のとき　$\cos\left(\dfrac{\pi}{3}-x\right)\fallingdotseq \dfrac{1}{2}+\dfrac{\sqrt{3}}{2}x$

よって　$\cos 59°=\cos\left(\dfrac{\pi}{3}-\dfrac{\pi}{180}\right)\fallingdotseq \dfrac{1}{2}+\dfrac{\sqrt{3}}{2}\times\dfrac{\pi}{180}$

$\fallingdotseq \dfrac{1}{2}+\dfrac{1.732}{2}\times\dfrac{3.14}{180}$

$\fallingdotseq 0.5+0.866\times 0.017\fallingdotseq \boldsymbol{0.515}$

TR ③**93** 半径が 10 cm である金属球を熱して，半径が 0.03 cm 大きくなると，この球の表面積は約何 cm^2，体積は約何 cm^3 増加するか。ただし，$\pi=3.14$ とし，答えは小数第2位まで求めよ。

半径 r cm の球の表面積を $S\ \text{cm}^2$，体積を $V\ \text{cm}^3$ とすると

$$S=4\pi r^2,\quad \frac{dS}{dr}=8\pi r,\quad V=\frac{4}{3}\pi r^3,\quad \frac{dV}{dr}=4\pi r^2$$

ゆえに，Δr が十分小さいとき

$$\Delta S \fallingdotseq 8\pi r\cdot\Delta r,\quad \Delta V \fallingdotseq 4\pi r^2\cdot\Delta r$$

$r=10$，$\Delta r=0.03$ とすると

$$\Delta S \fallingdotseq 8\times3.14\times10\times0.03=7.536$$

$$\Delta V \fallingdotseq 4\times3.14\times10^2\times0.03=37.68$$

よって，**表面積は約 7.54 cm^2，体積は約 37.68 cm^3 増加する。**

CHART
（y の変化）
≒（微分係数）
×（x の微小変化）

TR ④**94** 2曲線 $y=ax^3+b$ と $y=3\log x+1$ が $x=\sqrt[3]{e}$ の点で接するとき，定数 a，b の値を求めよ。

$f(x)=ax^3+b$，$g(x)=3\log x+1$ とすると

$$f'(x)=3ax^2,\quad g'(x)=\frac{3}{x}$$

2曲線は，$x=\sqrt[3]{e}$ の点で接するから

$f(\sqrt[3]{e})=g(\sqrt[3]{e})$ より　　$ae+b=2$ ……①

$f'(\sqrt[3]{e})=g'(\sqrt[3]{e})$ より　　$3a\sqrt[3]{e^2}=\dfrac{3}{\sqrt[3]{e}}$ ……②

②から　　$\boldsymbol{a=\dfrac{1}{e}}$　　①に代入して　　$\boldsymbol{b=1}$

⬅ $3\log\sqrt[3]{e}+1=3\log e^{\frac{1}{3}}+1$
$=3\cdot\dfrac{1}{3}\log e+1=2$

TR ④**95** 点 A$(a,\ 0)$ から曲線 $y=e^{-x^2}$ に2本の接線が引けるような定数 a の値の範囲を求めよ。

$y=e^{-x^2}$ から　　$y'=-2xe^{-x^2}$

曲線 $y=e^{-x^2}$ 上の点 $(t,\ e^{-t^2})$ における接線の方程式は

$$y-e^{-t^2}=-2te^{-t^2}(x-t)$$

この直線が点 A$(a,\ 0)$ を通るから

$$-e^{-t^2}=-2te^{-t^2}(a-t)$$

両辺を $e^{-t^2}(>0)$ で割って整理すると　　$2t^2-2at+1=0$

2本の接線が引けるための条件は，2次方程式 $2t^2-2at+1=0$ が異なる2つの実数解をもつことであるから，判別式を D とすると　　$D>0$

ここで　　$\dfrac{D}{4}=(-a)^2-2\cdot1=a^2-2$

$D>0$ から　　$\boldsymbol{a<-\sqrt{2},\ \sqrt{2}<a}$

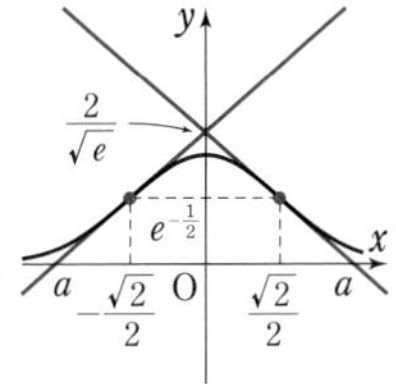

（参考）$a=\pm\sqrt{2}$ のとき変曲点 $\left(\pm\dfrac{\sqrt{2}}{2},\ e^{-\frac{1}{2}}\right)$ で接線はそれぞれ1本となる。

TR ④**96** (1) 関数 $y=\dfrac{1}{\sqrt{x^2+1}}$ のグラフの漸近線を調べ，そのグラフの概形をかけ。

(2) 関数 $y=\log(x+\sqrt{x^2+1})-ax$ が極値をもつように，定数 a の値の範囲を定めよ。

〔類　島根大〕

(1) $y=(x^2+1)^{-\frac{1}{2}}$ から

$$y'=-\frac{1}{2}(x^2+1)^{-\frac{3}{2}}\cdot 2x=-x(x^2+1)^{-\frac{3}{2}}$$

$$y''=-(x^2+1)^{-\frac{3}{2}}-x\left\{-\frac{3}{2}(x^2+1)^{-\frac{5}{2}}\cdot 2x\right\}$$

$$=(2x^2-1)(x^2+1)^{-\frac{5}{2}}$$

$y'=0$ とすると　$x=0$　　$y''=0$ とすると　$x=\pm\frac{1}{\sqrt{2}}$

y の増減やグラフの凹凸は次の表のようになる。

x	$\cdots$	$-\frac{1}{\sqrt{2}}$	$\cdots$	0	$\cdots$	$\frac{1}{\sqrt{2}}$	$\cdots$
y'	$+$	$+$	$+$	0	$-$	$-$	$-$
y''	$+$	0	$-$	$-$	$-$	0	$+$
y	↗	変曲点 $\frac{\sqrt{6}}{3}$	↗	極大 1	↘	変曲点 $\frac{\sqrt{6}}{3}$	↘

$f(x)=\frac{1}{\sqrt{x^2+1}}$ とすると

$f(-x)=f(x)$ であるから，グラフは y 軸に関して対称である。

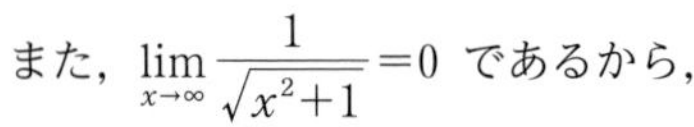

また，$\lim_{x\to\infty}\frac{1}{\sqrt{x^2+1}}=0$ であるから，

x 軸が漸近線である。

以上から，グラフの概形は　〔図〕

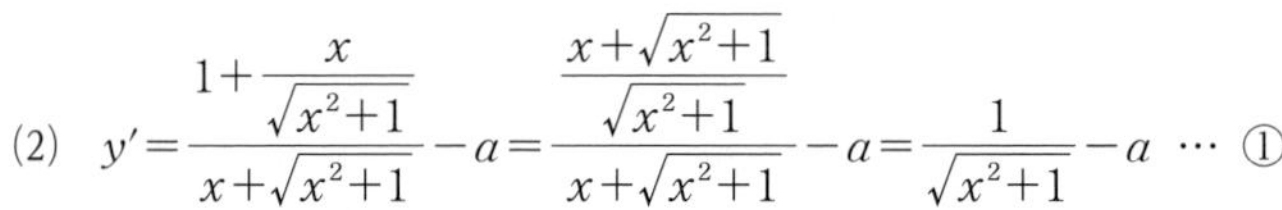

(2) $y'=\dfrac{1+\dfrac{x}{\sqrt{x^2+1}}}{x+\sqrt{x^2+1}}-a=\dfrac{\dfrac{x+\sqrt{x^2+1}}{\sqrt{x^2+1}}}{x+\sqrt{x^2+1}}-a=\dfrac{1}{\sqrt{x^2+1}}-a$ … ①

関数 $y=\log(x+\sqrt{x^2+1})-ax$ が極値をもつための条件は，$y'=0$ となる x の値の前後で，y' の符号が＋から－，または－から＋に変わることである。

(1) から　　$0<\frac{1}{\sqrt{x^2+1}}\leqq 1$

よって，① から，求める a の値の範囲は　$\boldsymbol{0<a<1}$

CHART
(1) は (2) のヒント

⇐ $=-(x^2+1)^{-\frac{3}{2}}+3x^2(x^2+1)^{-\frac{5}{2}}$

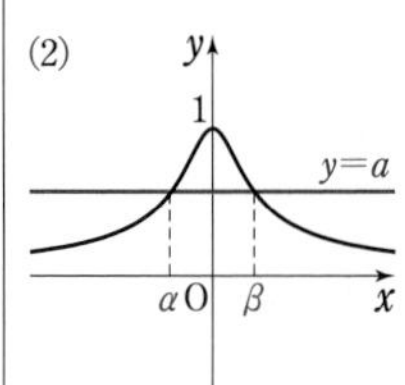

曲線 $y=\frac{1}{\sqrt{x^2+1}}$ と直線 $y=a$ の交点の x 座標を上の図のように α，β とすると，① の符号は α の前後で－から＋に，β の前後で＋から－に変わる。

TR ⑤97　曲線 $4x^2-y^2=x^4$ の凹凸を調べ，概形をかけ。

$4x^2-y^2=x^4$ を変形すると　　$y^2=x^2(4-x^2)$

定義域は，$x^2(4-x^2)\geqq 0$ から　　$-2\leqq x\leqq 2$

x を $-x$ に，y を $-y$ に，$(x,\ y)$ を $(-x,\ -y)$ におき換えても $y^2=x^2(4-x^2)$ が成り立つから，曲線は y 軸，x 軸，原点に関して対称である。

⇐ $y^2\geqq 0$

$y=\pm\sqrt{x^2(4-x^2)}$ であるから，曲線 $4x^2-y^2=x^4$ のグラフは $y=x\sqrt{4-x^2}$ と $y=-x\sqrt{4-x^2}$ のグラフを合わせたものである。

← yについて解く。

関数 $y=x\sqrt{4-x^2}$ $(0\leqq x\leqq 2)$ …… ① のグラフについて考える。

$0<x<2$ のとき

$$y'=1\cdot\sqrt{4-x^2}+x\cdot\frac{-2x}{2\sqrt{4-x^2}}=\frac{4-x^2-x^2}{\sqrt{4-x^2}}$$

$$=\frac{4-2x^2}{\sqrt{4-x^2}}=-\frac{2(x+\sqrt{2})(x-\sqrt{2})}{\sqrt{4-x^2}}$$

$$y''=\frac{-4x\sqrt{4-x^2}-(4-2x^2)\cdot\dfrac{-2x}{2\sqrt{4-x^2}}}{4-x^2}$$

$$=\frac{-4x(4-x^2)+x(4-2x^2)}{(4-x^2)\sqrt{4-x^2}}=\frac{2x(x^2-6)}{\sqrt{(4-x^2)^3}}$$

← $0<x<2$ のとき $y''<0$

$x=2$ のとき関数 y は微分可能ではない。

$y'=0$ とすると　　$x=\sqrt{2}$

よって，関数 ① の増減やグラフの凹凸は，次の表のようになる。

x	0	…	$\sqrt{2}$	…	2
y'		$+$	0	$-$	
y''		$-$	$-$	$-$	
y	0	↗	極大 2	↘	0

〔図1〕

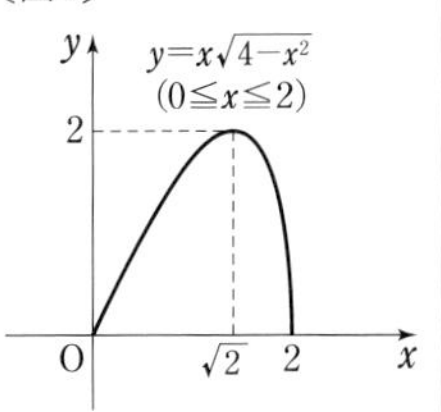

さらに，$\displaystyle\lim_{x\to 2-0}y'=-\infty$ であるから，

← $y'=\dfrac{4-2x^2}{\sqrt{2+x}}\cdot\dfrac{1}{\sqrt{2-x}}$，$\displaystyle\lim_{x\to 2-0}\frac{1}{\sqrt{2-x}}=\infty$

関数 ① のグラフの概形は〔図1〕のようになる。

したがって，求める曲線の概形は，〔図1〕のグラフを x 軸，y 軸，原点に関してそれぞれ対称移動したものと〔図1〕のグラフを合わせたもので，〔図2〕のようになる。

〔図2〕

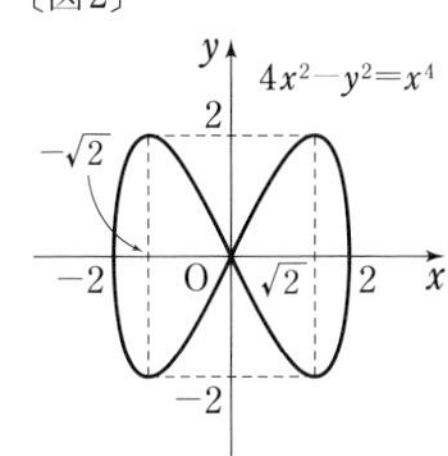

← $y=x\sqrt{4-x^2}$ $(-2\leqq x\leqq 0)$ のグラフは $y=x\sqrt{4-x^2}$ $(0\leqq x\leqq 2)$ のグラフを原点に関して対称に移動したもの。

TR ④**98**

(1) $x>0$ のとき，$\log x<\sqrt{x}$ を示せ。

(2) $\displaystyle\lim_{x\to\infty}\frac{\log x}{x}$ を求めよ。

(1) $f(x)=\sqrt{x}-\log x$ とおくと

$$f'(x)=\frac{1}{2\sqrt{x}}-\frac{1}{x}=\frac{\sqrt{x}-2}{2x}$$

← (1) $\sqrt{x}>\log x$ の証明は TRAINING87 (1) でも示した。

$f'(x)=0$ とすると　　$x=4$

$x>0$ における $f(x)$ の増減表は次のようになる。

x	0	$\cdots$	4	$\cdots$
$f'(x)$	／	$-$	0	$+$
$f(x)$	／	↘	$2-\log 4$	↗

ゆえに，$f(x)$ は，$x>0$ のとき，$x=4$ で極小かつ最小となる。

$2<e<3$ であるから　$2-\log 4=\log e^2-\log 4>0$　　⇐ $e^2>2^2$

よって，$x>0$ のとき　$\sqrt{x}-\log x>0$

(2)　$x \longrightarrow \infty$ について考えるから，$x>1$ としてよい。

このとき，(1) から　$0<\log x<\sqrt{x}$

よって　$0<\dfrac{\log x}{x}<\dfrac{1}{\sqrt{x}}$

$\displaystyle\lim_{x\to\infty}\frac{1}{\sqrt{x}}=0$ であるから　$\displaystyle\lim_{x\to\infty}\frac{\log x}{x}=\mathbf{0}$　　⇐ はさみうちの原理

(参考)　(2) は，例題 98 (2) の結果を利用すると次のようになる。

$\log x=t$ とおくと　$x=e^t$　　よって　$\dfrac{\log x}{x}=\dfrac{t}{e^t}$

$x \longrightarrow \infty$ のとき　$t \longrightarrow \infty$ であるから

$$\lim_{x\to\infty}\frac{\log x}{x}=\lim_{t\to\infty}\frac{t}{e^t}=\mathbf{0}$$

TR ④99　上面の半径が 10 cm，深さが 20 cm の直円錐形の容器に毎秒 3 cm^3 の割合で静かに水を注ぐとき，水の深さが 6 cm の瞬間に水面の高くなる速さと水面の広がる速さを求めよ。

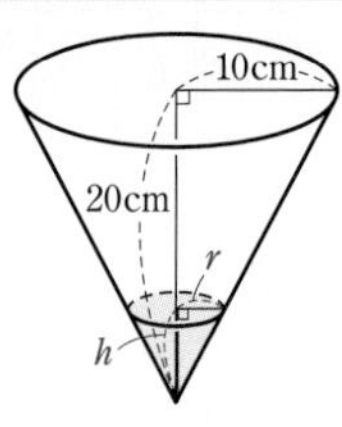

t 秒後における水面の半径を r cm，水の深さを h cm，水の量を V cm^3 とすると，$0<h<20$ で $\dfrac{r}{h}=\dfrac{10}{20}$ から　$r=\dfrac{h}{2}$

ゆえに　$V=\dfrac{1}{3}\pi r^2 h=\dfrac{\pi}{12}h^3$

両辺を t で微分すると　$\dfrac{dV}{dt}=\dfrac{\pi}{4}h^2\cdot\dfrac{dh}{dt}$

題意より，$\dfrac{dV}{dt}=3$ であるから，$h=6$ のとき　$3=\dfrac{\pi}{4}\cdot 6^2\cdot\dfrac{dh}{dt}$

よって，**水面の高くなる速さは**

$$\frac{dh}{dt}=\mathbf{\frac{1}{3\pi}\ (cm/s)}$$

水面の面積を S cm^2 とすると　$S=\pi r^2=\dfrac{\pi}{4}h^2$　　⇐ $r=\dfrac{h}{2}$ を代入。

両辺を t で微分すると　$\dfrac{dS}{dt}=\dfrac{\pi}{2}h\cdot\dfrac{dh}{dt}$

したがって，$h=6$ のとき，**水面の広がる速さは**

$$\frac{dS}{dt}=\frac{\pi}{2}\cdot 6\cdot\frac{1}{3\pi}=\mathbf{1\ (cm^2/s)}$$

EX 52 ③

次の曲線上の点 $(x_1,\ y_1)$ における接線の方程式は，次のように表されることを証明せよ。

(1) 双曲線 $\dfrac{x^2}{a^2}-\dfrac{y^2}{b^2}=1$，接線の方程式 $\dfrac{x_1x}{a^2}-\dfrac{y_1y}{b^2}=1$

(2) 放物線 $y^2=4px$，接線の方程式 $y_1y=2p(x+x_1)$

(1) $\dfrac{x^2}{a^2}-\dfrac{y^2}{b^2}=1$ の両辺を x で微分すると　$\dfrac{2x}{a^2}-\dfrac{2yy'}{b^2}=0$

ゆえに，$y\neq0$ のとき　$y'=\dfrac{b^2x}{a^2y}$

よって，点 $(x_1,\ y_1)$ における接線の傾きは

$y_1\neq0$ のとき　$\dfrac{b^2x_1}{a^2y_1}$

⇐ $y_1=0$ のとき，双曲線の接線は x 軸に垂直な直線 $x=x_1$ となるから，傾きを考えることができない。よって，この場合は別に調べる。

したがって，接線の方程式は　$y-y_1=\dfrac{b^2x_1}{a^2y_1}(x-x_1)$

分母を払うと　$a^2y_1y-a^2y_1{}^2=b^2x_1x-b^2x_1{}^2$

ゆえに　$b^2x_1x-a^2y_1y=b^2x_1{}^2-a^2y_1{}^2$

a^2b^2 で割ると　$\dfrac{x_1x}{a^2}-\dfrac{y_1y}{b^2}=\dfrac{x_1{}^2}{a^2}-\dfrac{y_1{}^2}{b^2}$

点 $(x_1,\ y_1)$ は双曲線上の点であるから　$\dfrac{x_1{}^2}{a^2}-\dfrac{y_1{}^2}{b^2}=1$

よって　$\dfrac{x_1x}{a^2}-\dfrac{y_1y}{b^2}=1$ …… Ⓐ

$y_1=0$ のとき　$x_1=\pm a$

⇐ $\dfrac{x_1{}^2}{a^2}-0=1$ から　$x_1=\pm a$

点 $(\pm a,\ 0)$ における接線の方程式は　$x=\pm a$

これは，Ⓐ において，$x_1=\pm a$，$y_1=0$ を代入すると得られる。

(2) $y^2=4px$ の両辺を x で微分すると　$2yy'=4p$

ゆえに，$y\neq0$ のとき　$y'=\dfrac{2p}{y}$

⇐ $y'=\dfrac{4p}{2y}=\dfrac{2p}{y}$

よって，点 $(x_1,\ y_1)$ における接線の傾きは

$y_1\neq0$ のとき　$\dfrac{2p}{y_1}$

したがって，接線の方程式は　$y-y_1=\dfrac{2p}{y_1}(x-x_1)$

分母を払うと　$y_1y-y_1{}^2=2p(x-x_1)$

ゆえに　$y_1y=2p(x-x_1)+y_1{}^2$

点 $(x_1,\ y_1)$ は放物線上の点であるから　$y_1{}^2=4px_1$

よって　$y_1y=2p(x+x_1)$ …… Ⓐ

⇐ $2p(x-x_1)+4px_1=2p(x+x_1)$

$y_1=0$ のとき，$x_1=0$

⇐ $0=4px_1$ から $x_1=0$

点 $(0,\ 0)$ における接線の方程式は　$x=0$

これは Ⓐ において，$x_1=0$，$y_1=0$ を代入すると得られる。

EX ③53

媒介変数表示 $x=\dfrac{3}{\cos\theta}$，$y=2\tan\theta$ で表された曲線上の点 $(6,\ 2\sqrt{3})$ における接線の方程式は $y=$ ア $\square x-$ イ $\square$ である。　〔関西大〕

$\dfrac{dx}{d\theta}=-\dfrac{3(\cos\theta)'}{\cos^2\theta}=\dfrac{3\sin\theta}{\cos^2\theta}$，$\dfrac{dy}{d\theta}=\dfrac{2}{\cos^2\theta}$ から，接線の傾きは　$\dfrac{dy}{dx}=\dfrac{2}{\cos^2\theta}\Big/\dfrac{3\sin\theta}{\cos^2\theta}=\dfrac{2}{3\sin\theta}$

⇐ $\dfrac{dy}{dx}=\dfrac{dy}{d\theta}\Big/\dfrac{dx}{d\theta}$

ここで，$x=6$，$y=2\sqrt{3}$ のとき　$6=\dfrac{3}{\cos\theta}$，$2\sqrt{3}=2\tan\theta$

よって，$\cos\theta=\dfrac{1}{2}$，$\tan\theta=\sqrt{3}$ から　$\sin\theta=\dfrac{\sqrt{3}}{2}$

⇐ $\sin\theta=\cos\theta\tan\theta$

ゆえに　$\dfrac{dy}{dx}=\dfrac{2}{3\cdot\dfrac{\sqrt{3}}{2}}=\dfrac{4\sqrt{3}}{9}$

したがって，求める接線の方程式は　$y-2\sqrt{3}=\dfrac{4\sqrt{3}}{9}(x-6)$

すなわち　$y=$ ア $\boldsymbol{\dfrac{4\sqrt{3}}{9}}x-$ イ $\boldsymbol{\dfrac{2\sqrt{3}}{3}}$

EX ③54

平均値の定理を用いて，次のことを証明せよ。

(1) $0<\alpha<\beta<\dfrac{\pi}{2}$ のとき　$\sin\beta-\sin\alpha<\beta-\alpha$

(2) $e^{-2}<a<b<1$ のとき　$a-b<b\log b-a\log a<b-a$

(1) $f(x)=\sin x$ は実数全体で微分可能で　$f'(x)=\cos x$

区間 $[\alpha,\ \beta]$ において，平均値の定理を用いると

$$\frac{\sin\beta-\sin\alpha}{\beta-\alpha}=\cos\gamma,\ 0<\alpha<\gamma<\beta<\frac{\pi}{2}$$

を満たす実数 γ が存在する。

CHART 不等式と平均値の定理の $a<c<b$ を結びつける

$\cos\gamma<1$ であるから　$\dfrac{\sin\beta-\sin\alpha}{\beta-\alpha}<1$

⇐ $0<\gamma<\dfrac{\pi}{2}$ において $0<\cos\gamma<1$

$\beta-\alpha>0$ であるから　$\sin\beta-\sin\alpha<\beta-\alpha$

(2) $f(x)=x\log x$ は $x>0$ で微分可能で　$f'(x)=1+\log x$

区間 $[a,\ b]$ において，平均値の定理を用いると

$$\frac{b\log b-a\log a}{b-a}=1+\log c,\ a<c<b$$

⇐ $e^{-2}>0$ であるから $a>0$

を満たす実数 c が存在する。

$e^{-2}<c<1$ であるから　$-2<\log c<0$

⇐ $e^{-2}<a$，$b<1$ であるから，$a<c<b$ なら $e^{-2}<c<1$ この不等式の各辺の自然対数をとる。

ゆえに　$-1<1+\log c<1$

よって　$-1<\dfrac{b\log b-a\log a}{b-a}<1$

$b-a>0$ であるから

$$a-b<b\log b-a\log a<b-a$$

EX ③**55**

関数 $f(x)=\dfrac{ax^2+bx+c}{x^2+2}$ (a, b, c は定数) が $x=-2$ で極小値 $\dfrac{1}{2}$, $x=1$ で極大値 2 をもつ。このとき a, b, c の値を求めよ。 〔横浜市大〕

$$f'(x)=\frac{(2ax+b)(x^2+2)-2x(ax^2+bx+c)}{(x^2+2)^2}$$
$$=\frac{-bx^2+(4a-2c)x+2b}{(x^2+2)^2}$$

$f(x)$ が $x=-2$ で極小値 $\dfrac{1}{2}$, $x=1$ で極大値 2 をもつならば

$$f'(-2)=0,\ f'(1)=0,\ f(-2)=\frac{1}{2},\ f(1)=2$$

ここで $f'(-2)=\dfrac{-4b-8a+4c+2b}{36}=\dfrac{-4a-b+2c}{18}$,

$f'(1)=\dfrac{-b+4a-2c+2b}{9}=\dfrac{4a+b-2c}{9}$,

$f(-2)=\dfrac{4a-2b+c}{6}$, $f(1)=\dfrac{a+b+c}{3}$

$f'(-2)=0$, $f'(1)=0$ から $4a+b-2c=0$ …… ①

$f(-2)=\dfrac{1}{2}$ から $4a-2b+c=3$ …… ②

$f(1)=2$ から $a+b+c=6$ …… ③

①, ②, ③ から $a=1$, $b=2$, $c=3$

このとき $f(x)=\dfrac{x^2+2x+3}{x^2+2}$,

$$f'(x)=\frac{-2x^2-2x+4}{(x^2+2)^2}=\frac{-2(x+2)(x-1)}{(x^2+2)^2}$$

$f(x)$ の増減表は次のようになり, 条件を満たす。

x	…	-2	…	1	…
$f'(x)$	$-$	0	$+$	0	$-$
$f(x)$	↘	$\dfrac{1}{2}$	↗	2	↘

以上から **$a=1$, $b=2$, $c=3$**

CHART $f(x)$ が $x=\alpha$ で極値をとるならば $f'(\alpha)=0$ ただし, 逆は成り立たないことに注意。

⇐ 必要条件

⇐ c を消去して考える。
①+②×2 から
$4a-b=2$
②−③ から
$a-b=-1$

5章 EX

EX ③**56**

4 次関数 $f(x)=x^4+ax^3+bx^2+cx$ は $x=-3$ で極値をとり, そのグラフは点 $(-1,\ -11)$ を変曲点とする。このとき, 定数 a, b, c の値を求めよ。 〔青山学院大〕

$f'(x)=4x^3+3ax^2+2bx+c$, $f''(x)=12x^2+6ax+2b$

$x=-3$ で極値をとるから $f'(-3)=0$

ゆえに $4(-3)^3+3a(-3)^2+2b(-3)+c=0$

整理して $27a-6b+c=108$ …… ①

点 $(-1,\ -11)$ が変曲点であるから

$$f''(-1)=0,\ f(-1)=-11$$

⇐ 必要条件。

⇐ 必要条件。

よって　$12-6a+2b=0$ すなわち　$3a-b=6$ …… ②

$1-a+b-c=-11$ すなわち $a-b+c=12$ …… ③

①，②，③ を解いて　$a=6$，$b=12$，$c=18$

⬅ ①−③ から $26a-5b=96$ この式と ② を連立して，a，b の値を求める。

逆に，このとき

$$f'(x)=4x^3+18x^2+24x+18=2(x+3)(2x^2+3x+3)$$

$$f''(x)=12x^2+36x+24=12(x+1)(x+2)$$

ここで　$2x^2+3x+3=2\left(x+\dfrac{3}{4}\right)^2+\dfrac{15}{8}>0$

$f(x)$ の増減，グラフの凹凸は次のようになる。

x	$\cdots$	-3	$\cdots$	-2	$\cdots$	-1	$\cdots$
$f'(x)$	$-$	0	$+$	$+$	$+$	$+$	$+$
$f''(x)$	$+$	$+$	$+$	0	$-$	0	$+$
$f(x)$	↘	極小	↗	変曲点	↗	変曲点 -11	↗

ゆえに，$x=-3$ で極小値をとり，グラフは点 $(-1,\ -11)$ を変曲点とするから題意を満たす。

したがって　$\boldsymbol{a=6,\ b=12,\ c=18}$

EX ③57　a，b は定数とする。曲線 $C: y=x^3-3ax+b$ について，次の問いに答えよ。
(1) C の変曲点Pの座標を求めよ。
(2) C は点Pに関して対称であることを示せ。　〔類 大阪女子大〕

(1)　$y'=3x^2-3a$，　$y''=6x$

$y''=0$ とすると　$x=0$

ゆえに，曲線 C の凹凸は右の表のようになる。

x	$\cdots$	0	$\cdots$
y''	$-$	0	$+$
y	∩	変曲点	∪

よって，変曲点Pの座標は

$$\boldsymbol{(0,\ b)}$$

(2)　点Pが原点に移るように，曲線 C を y 軸方向に $-b$ だけ平行移動した曲線を C' とすると，その方程式は

$$y-(-b)=x^3-3ax+b \text{ すなわち } y=x^3-3ax$$

関数 $y=x^3-3ax$ は奇関数であるから，曲線 C' は原点に関して対称である。

よって，曲線 C は点Pに関して対称である。

(2) 曲線 $F(x,\ y)=0$ を x 軸方向に p，y 軸方向に q だけ平行移動すると，移動後の曲線の方程式は $\boldsymbol{F(x-p,\ y-q)=0}$ となる。本問では，y に $y-(-b)$ を代入する。

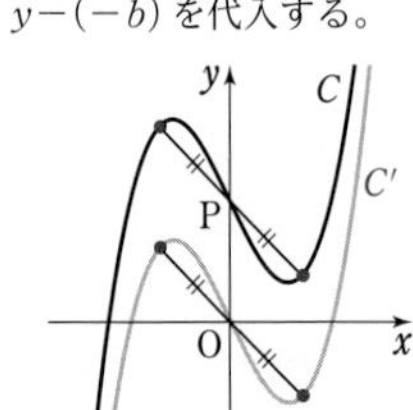

EX ③58　$f(x)=x\cos x$ とする。このとき，$f'(x)$ は $0<x<\dfrac{\pi}{2}$ において減少し，$f(x)$ は $0<x<\dfrac{\pi}{2}$ において極大値をとることを示せ。

$$f'(x)=\cos x-x\sin x$$

$$f''(x)=-\sin x-(\sin x+x\cos x)=-2\sin x-x\cos x$$

$0<x<\dfrac{\pi}{2}$ において，$\sin x>0$，$x\cos x>0$ であるから

$$f''(x)<0 \text{ …… ①}$$

ゆえに，$f'(x)$ は $0<x<\frac{\pi}{2}$ において減少する。

さらに，関数 $f'(x)$ は $0\leqq x\leqq\frac{\pi}{2}$ で連続であり

$$f'(0)=1>0,\ f'\left(\frac{\pi}{2}\right)=-\frac{\pi}{2}<0$$

であるから，$f'(x)=0$ となる実数 x が $0<x<\frac{\pi}{2}$ の範囲にただ1つ存在する。

⇐中間値の定理

その値を c とすると，$0<c<\frac{\pi}{2}$ から ① より　$f''(c)<0$

$f'(c)=0$，$f''(c)<0$ であるから $f(x)$ は $x=c$ で極大となる。

よって，$f(x)$ は $0<x<\frac{\pi}{2}$ において極大値をとる。

⇐$0<x<c$ で $f'(x)>0$，$c<x<\frac{\pi}{2}$ で $f'(x)<0$

5章

EX

EX ④ 59　曲線 $y=2\sqrt{x}$ の接線 ℓ と直線 $y=-x+7$ のなす鋭角が 75° のとき，ℓ の方程式を求めよ。〔類　青山学院大〕

直線 $y=-x+7$ と x 軸の正の向きとのなす角は 135° であるから，$y=2\sqrt{x}$ の接線と x 軸の正の向きとのなす角は右の図のように，30° または 60° となる。

⇐$\tan\theta=-1$，$0^\circ\leqq\theta\leqq180^\circ$ から $\theta=135^\circ$

$y=2\sqrt{x}$ から　$y'=\frac{1}{\sqrt{x}}$

$\frac{1}{\sqrt{x}}=\tan30^\circ$ とおくと

$$\frac{1}{\sqrt{x}}=\frac{1}{\sqrt{3}}$$

ゆえに　$x=3$

このとき　$y=2\sqrt{3}$ …… ①

$\frac{1}{\sqrt{x}}=\tan60^\circ$ とおくと　$\frac{1}{\sqrt{x}}=\sqrt{3}$　よって　$x=\frac{1}{3}$

このとき　$y=\frac{2}{\sqrt{3}}$ …… ②

① のとき，ℓ の方程式は　$y-2\sqrt{3}=\frac{1}{\sqrt{3}}(x-3)$

⇐点 $(3,\ 2\sqrt{3})$ を通り，傾きが $\tan30^\circ$ の直線。

すなわち　$\boldsymbol{y=\frac{1}{\sqrt{3}}x+\sqrt{3}}$

② のとき，ℓ の方程式は　$y-\frac{2}{\sqrt{3}}=\sqrt{3}\left(x-\frac{1}{3}\right)$

⇐点 $\left(\frac{1}{3},\ \frac{2}{\sqrt{3}}\right)$ を通り，傾きが $\tan60^\circ$ の直線。

すなわち　$\boldsymbol{y=\sqrt{3}x+\frac{1}{\sqrt{3}}}$

EX ④60

2つの曲線 $y=x^2$, $xy=1$ の両方に接する直線の方程式を求めよ。

$xy=1$ から $y'=\left(\dfrac{1}{x}\right)'$ すなわち $y'=-\dfrac{1}{x^2}$ であるから，曲線 $y=\dfrac{1}{x}$ 上の点 $\left(t,\ \dfrac{1}{t}\right)$ における接線の方程式は

$$y-\frac{1}{t}=-\frac{1}{t^2}(x-t) \quad \text{すなわち} \quad y=-\frac{1}{t^2}x+\frac{2}{t} \quad \cdots\cdots ①$$

この直線が，曲線 $y=x^2$ にも接するための条件は，x の2次方程式 $x^2=-\dfrac{1}{t^2}x+\dfrac{2}{t}$ すなわち，$t^2x^2+x-2t=0$ が重解をもつことである。

よって，この判別式を D とすると　$D=0$

ここで　$D=1^2-4\cdot t^2\cdot(-2t)=8t^3+1$

$D=0$ から　$8t^3+1=0$

ゆえに　$(2t+1)(4t^2-2t+1)=0$

t は実数であるから　$t=-\dfrac{1}{2}$

求める直線の方程式は，① に代入して　$\boldsymbol{y=-4x-4}$

別解　[① を導いた後の別解]

$y'=2x$ であるから，曲線 $y=x^2$ 上の点 $(s,\ s^2)$ における接線の方程式は　$y-s^2=2s(x-s)$

すなわち　$y=2sx-s^2$　$\cdots\cdots$ ②

①, ② が一致するための条件は　$-\dfrac{1}{t^2}=2s$, $\dfrac{2}{t}=-s^2$

$s=-\dfrac{1}{2t^2}$ を $-s^2=\dfrac{2}{t}$ に代入して　$-\dfrac{1}{4t^4}=\dfrac{2}{t}$

ゆえに　$8t^3=-1$

t は実数であるから　$t=-\dfrac{1}{2}$

$t=-\dfrac{1}{2}$ のとき　$s=-2$

よって，求める直線の方程式は，② から　$\boldsymbol{y=-4x-4}$

2曲線に接する直線
[1]　一方の曲線の接線が他方の曲線に接する。
[2]　2曲線の接線が一致する。

⇐ [1] の方針。

⇐ $t\neq0$ から　$t^2\neq0$

⇐ **接する $\Longleftrightarrow$ 重解**

⇐ $a^3+b^3=(a+b)(a^2-ab+b^2)$

⇐ [2] の方針。

⇐ 傾きと y 切片がそれぞれ等しい。

⇐ $8t^3+1=0$
$(2t+1)(4t^2-2t+1)=0$

EX ④61

(1)　$0<x<1$ のとき $\dfrac{\sin x-\sin x^2}{x-x^2}=\cos\theta$ となる実数 θ で $0<\theta<1$ を満たすものが存在することを示せ。

(2)　極限 $\displaystyle\lim_{x\to+0}\frac{\sin x-\sin x^2}{x-x^2}$ を求めよ。

(1)　$y=\sin x$ は実数全体で連続かつ微分可能で

$y'=\cos x$

また，$0<x<1$ から　$0<x^2<x<1$

⇐ $[0,\ 1]$ で連続，$(0,\ 1)$ で微分可能と書いてもよい。

よって，平均値の定理により $\dfrac{\sin x-\sin x^2}{x-x^2}=\cos\theta$ を満たす実数 θ で $0<x^2<\theta<x<1$ を満たすものが存在する。

(2)　$x \longrightarrow +0$ であるから，$0<x<1$ と考えてよい。このとき

$\lim\limits_{x\to+0} x=0$，$\lim\limits_{x\to+0} x^2=0$ であるから，(1)の θ について

$x^2<\theta<x$ より　　$\lim\limits_{x\to+0}\theta=0$

⇐はさみうちの原理

よって　　$\lim\limits_{x\to+0}\dfrac{\sin x-\sin x^2}{x-x^2}=\lim\limits_{x\to+0}\cos\theta=\cos 0=\mathbf{1}$

EX ④62　関数 $f(x)=\dfrac{a\sin x}{\cos x+2}$ $(0\leqq x\leqq\pi)$ の最大値が $\sqrt{3}$ となるように，定数 a の値を定めよ。〔信州大〕

5章 EX

HINT　$f'(x)$ の符号を考えるとき，a の符号が問題になる。
$a=0$，$a>0$，$a<0$ の場合に分けて調べる。

[1]　$a=0$ のとき　　$f(x)=0$

よって，最大値が $\sqrt{3}$ とはならないから，不適である。

[2]　$a>0$ のとき

$$f'(x)=\frac{a\{\cos x(\cos x+2)-\sin x(-\sin x)\}}{(\cos x+2)^2}$$
$$=\frac{a(\cos^2 x+2\cos x+\sin^2 x)}{(\cos x+2)^2}$$
$$=\frac{a(2\cos x+1)}{(\cos x+2)^2}$$

⇐$\sin^2 x+\cos^2 x=1$

$0<x<\pi$ において，$f'(x)=0$ となる x の値は，

$2\cos x+1=0$ より　　$x=\dfrac{2}{3}\pi$

ゆえに，$f(x)$ の増減表は次のようになる。

x	0	$\cdots$	$\frac{2}{3}\pi$	$\cdots$	π
$f'(x)$	／	$+$	0	$-$	／
$f(x)$	0	↗	極大	↘	0

よって，$f(x)$ は $x=\dfrac{2}{3}\pi$ で極大かつ最大で，その値は

$$f\left(\frac{2}{3}\pi\right)=\frac{a\sin\frac{2}{3}\pi}{\cos\frac{2}{3}\pi+2}=\frac{\frac{\sqrt{3}}{2}a}{-\frac{1}{2}+2}=\frac{\sqrt{3}}{3}a$$

最大値が $\sqrt{3}$ となるための条件は　　$\dfrac{\sqrt{3}}{3}a=\sqrt{3}$

したがって　　$a=3$

これは $a>0$ を満たす。

[3]　$a<0$ のとき

$f(x)$ の増減表は次のようになる。

x	0	$\cdots$	$\frac{2}{3}\pi$	$\cdots$	π
$f'(x)$	／	$-$	0	$+$	／
$f(x)$	0	↘	極小	↗	0

ゆえに，$f(x)$ は $x=0,\ \pi$ で最大値 0 をとる。

よって，この場合は不適。

以上から　　$\boldsymbol{a=3}$

EX ④63　関数 $f(t)=\dfrac{-\sin^2 t+3}{2\cos t+3}$ の最大値，最小値を求めよ。　〔島根大〕

$$f(t)=\frac{-(1-\cos^2 t)+3}{2\cos t+3}=\frac{\cos^2 t+2}{2\cos t+3}$$

$\cos t=x$ とおくと　　$-1\leqq x\leqq 1$

$g(x)=\dfrac{x^2+2}{2x+3}$　$(-1\leqq x\leqq 1)$ とおく。

$$g'(x)=\frac{2x(2x+3)-(x^2+2)\cdot 2}{(2x+3)^2}=\frac{2(x^2+3x-2)}{(2x+3)^2}$$

⇐ $\left(\dfrac{u}{v}\right)'=\dfrac{u'v-uv'}{v^2}$，$u=x^2+2,\ v=2x+3$

$g'(x)=0$ とすると　　$x^2+3x-2=0$

$-1<x<1$ において，$g'(x)=0$ となる x の値は

$$x=\frac{-3+\sqrt{17}}{2}$$

$-1\leqq x\leqq 1$ における $g(x)$ の増減表は次のようになる。

x	-1	$\cdots$	$\frac{-3+\sqrt{17}}{2}$	$\cdots$	1
$g'(x)$	／	$-$	0	$+$	／
$g(x)$	3	↘	極小	↗	$\frac{3}{5}$

また　　$$g\left(\frac{-3+\sqrt{17}}{2}\right)=\frac{\left(\dfrac{-3+\sqrt{17}}{2}\right)^2+2}{2\cdot\dfrac{-3+\sqrt{17}}{2}+3}$$

$$=\frac{17-3\sqrt{17}}{2\sqrt{17}}=\frac{\sqrt{17}-3}{2}$$

⇐ $x=\dfrac{-3+\sqrt{17}}{2}$ のとき，$x^2=-3x+2$ であるから，分子は，$-3\cdot\dfrac{-3+\sqrt{17}}{2}+4$ と計算してもよい。

したがって　　**最大値は 3，最小値は** $\boldsymbol{\dfrac{\sqrt{17}-3}{2}}$

EX 64 ④

a, b を正の実数とし $f(x)=(ax^2+b)e^{-\frac{x}{2}}$ とする。関数 $y=f(x)$ が単調に減少し，かつ $y=f(x)$ のグラフが変曲点をもつための a, b の条件を求めよ。〔愛媛大〕

$$f'(x)=2axe^{-\frac{x}{2}}-\frac{1}{2}(ax^2+b)e^{-\frac{x}{2}}=-\frac{1}{2}(ax^2-4ax+b)e^{-\frac{x}{2}}$$

$$f''(x)=-\frac{1}{2}\left\{(2ax-4a)e^{-\frac{x}{2}}-\frac{1}{2}(ax^2-4ax+b)e^{-\frac{x}{2}}\right\}$$

$$=\frac{1}{4}(ax^2-8ax+8a+b)e^{-\frac{x}{2}}$$

$f(x)$ が単調に減少するための条件は，すべての実数 x に対して　　$f'(x)\leqq 0$

よって　　$ax^2-4ax+b\geqq 0$

$a>0$ であるから，2次方程式 $ax^2-4ax+b=0$ の判別式を D_1 とすると　　$D_1\leqq 0$

$\frac{D_1}{4}=(-2a)^2-ab=4a^2-ab$ であるから　　$4a^2-ab\leqq 0$

ゆえに　　$a(4a-b)\leqq 0$　　$a>0$ から　　$b\geqq 4a$ …… ①

また，$y=f(x)$ のグラフが変曲点をもつための条件は，2次方程式 $ax^2-8ax+8a+b=0$ …… ②　が異なる2つの実数解をもつことである。

2次方程式②の判別式を D_2 とすると　　$D_2>0$

$\frac{D_2}{4}=(-4a)^2-a(8a+b)=8a^2-ab$ であるから　$8a^2-ab>0$

ゆえに　　$a(8a-b)>0$　　$a>0$ から　　$b<8a$ …… ③

①，③から，求める条件は　　$\boldsymbol{4a\leqq b<8a}$

⬅ $e^{-\frac{x}{2}}>0$

⬅ すべての実数 x に対して $ax^2+bx+c\geqq 0$ となる条件は，2次方程式 $ax^2+bx+c=0$ の判別式を D とすると　$a>0$ かつ $D\leqq 0$

⬅ $f''(x)=0$，$e^{-\frac{x}{2}}\neq 0$
2次方程式②の解の前後で符号が変わることが，変曲点をもつ条件。

EX 65 ④

関数 $f(x)=\frac{2x+1}{x^2+2}$ について，次の問いに答えよ。

(1) $f(x)$ を微分せよ。

(2) $f(x)$ の増減を調べ，極値を求めよ。

(3) t の方程式 $a\sin^2 t-2\sin t+2a-1=0$ が実数解をもつような実数 a の値の範囲を求めよ。〔大阪工大〕

(1) $$f'(x)=\frac{2(x^2+2)-(2x+1)\cdot 2x}{(x^2+2)^2}=\frac{-2x^2-2x+4}{(x^2+2)^2}$$

$$=\boldsymbol{-\frac{2(x+2)(x-1)}{(x^2+2)^2}}$$

⬅ $\left(\frac{u}{v}\right)'=\frac{u'v-uv'}{v^2}$，$u=2x+1$，$v=x^2+2$

(2) $f'(x)=0$ とすると，(1)から

$x=-2$，1

$f(x)$ の増減表は右のようになる。

x	$\cdots$	-2	$\cdots$	1	$\cdots$
$f'(x)$	$-$	0	$+$	0	$-$
$f(x)$	↘	$-\frac{1}{2}$	↗	1	↘

よって

$x=1$ で極大値 1，

$x=-2$ で極小値 $-\frac{1}{2}$

5章
EX

(3) 方程式を変形すると　$a(\sin^2 t+2)=2\sin t+1$

$\sin^2 t+2>0$ から　$\dfrac{2\sin t+1}{\sin^2 t+2}=a$

⇐ $g(t)=a$ の形にする。

$\sin t=x$ とおくと　$\dfrac{2x+1}{x^2+2}=a$ …… ①

$-1\leqq\sin t\leqq1$ であるから，x の方程式 ① が $-1\leqq x\leqq1$ の範囲に実数解をもつような a の値の範囲を調べればよい。

すなわち，$-1\leqq x\leqq1$ において，$y=f(x)$ のグラフと直線 $y=a$ が共有点をもつような a の値の範囲を調べればよい。

(2) から，$-1\leqq x\leqq1$ における $y=f(x)$ のグラフは右の図のようになる。

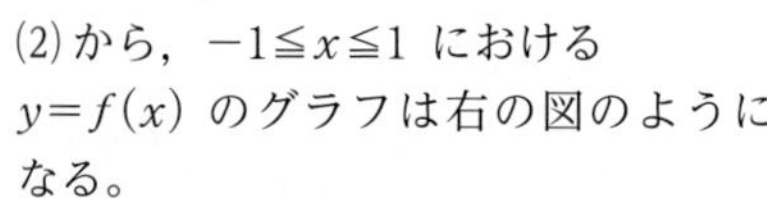

よって，求める a の値の範囲は

$$-\frac{1}{3}\leqq a\leqq1$$

EX ④66　$0<x<\dfrac{\pi}{2}$ のとき，曲線 C_1：$y=2\cos x$ と曲線 C_2：$y=\cos 2x+k$ が共有点Pで共通の接線 ℓ をもつ。定数 k の値と接線 ℓ の方程式を求めよ。

$y=2\cos x$ から　$y'=-2\sin x$

$y=\cos 2x+k$ から　$y'=-2\sin 2x$

共有点Pの x 座標を t とする。

共有点Pで共通の接線をもつから

$$2\cos t=\cos 2t+k \quad\cdots\cdots ①$$

$$-2\sin t=-2\sin 2t \quad\cdots\cdots ②$$

⇐ 曲線 $y=f(x)$ と $y=g(x)$ が $x=t$ の点で共通接線をもつならば $f(t)=g(t)$，$f'(t)=g'(t)$ が成り立つ。

② から　$\sin t=2\sin t\cos t$

$0<t<\dfrac{\pi}{2}$ であるから　$\sin t\neq0$

ゆえに　$\cos t=\dfrac{1}{2}$　よって　$t=\dfrac{\pi}{3}$

これを ① に代入して　$1=-\dfrac{1}{2}+k$　すなわち　$\boldsymbol{k=\dfrac{3}{2}}$

また，**接線 ℓ の方程式は**

$$y-2\cos\frac{\pi}{3}=-2\sin\frac{\pi}{3}\times\left(x-\frac{\pi}{3}\right)$$

⇐ $\mathrm{P}\left(\dfrac{\pi}{3},\ 2\cos\dfrac{\pi}{3}\right)$

すなわち　$\boldsymbol{y=-\sqrt{3}\,x+\dfrac{\sqrt{3}}{3}\pi+1}$

TR ①100 次の不定積分を求めよ。

(1) $\int x^2\cdot\sqrt[3]{x}\,dx$　(2) $\int\left(2x^3+\dfrac{4}{x^3}\right)dx$

(3) $\int\left(\sqrt[3]{x^4}-\dfrac{1}{\sqrt{x}}\right)dx$　(4) $\int\dfrac{(t+1)^2}{t}dt$

注意 今後，特に断らなくてもCは積分定数を表すものとする。

(1) $\int x^2\cdot\sqrt[3]{x}\,dx=\int x^2\cdot x^{\frac{1}{3}}dx=\int x^{\frac{7}{3}}dx=\dfrac{1}{\frac{7}{3}+1}x^{\frac{7}{3}+1}+C$

$=\boldsymbol{\dfrac{3}{10}x^3\cdot\sqrt[3]{x}+C}$

(2) $\int\left(2x^3+\dfrac{4}{x^3}\right)dx=\int(2x^3+4x^{-3})dx=2\int x^3dx+4\int x^{-3}dx$

$=2\cdot\dfrac{1}{4}x^4+4\cdot\dfrac{1}{-2}x^{-2}+C=\boldsymbol{\dfrac{x^4}{2}-\dfrac{2}{x^2}+C}$

(3) $\int\left(\sqrt[3]{x^4}-\dfrac{1}{\sqrt{x}}\right)dx=\int(x^{\frac{4}{3}}-x^{-\frac{1}{2}})dx=\int x^{\frac{4}{3}}dx-\int x^{-\frac{1}{2}}dx$

$=\dfrac{3}{7}x^{\frac{7}{3}}-2x^{\frac{1}{2}}+C=\boldsymbol{\dfrac{3}{7}x^2\cdot\sqrt[3]{x}-2\sqrt{x}+C}$

(4) $\int\dfrac{(t+1)^2}{t}dt=\int\dfrac{t^2+2t+1}{t}dt=\int\left(t+2+\dfrac{1}{t}\right)dt$

$=\int t\,dt+2\int dt+\int\dfrac{1}{t}dt$

$=\boldsymbol{\dfrac{t^2}{2}+2t+\log|t|+C}$

CHART
x^α の不定積分
$\alpha\neq-1$ のとき
$\int x^\alpha dx=\dfrac{1}{\alpha+1}x^{\alpha+1}+C$
$\alpha=-1$ は特別扱い
$\int\dfrac{dx}{x}=\log|x|+C$

⇐ dt とあるから，t についての積分。

6章 TR

TR ①101 次の不定積分を求めよ。

(1) $\int\cos x(2+\tan x)dx$　(2) $\int\dfrac{dx}{\tan^2x}$　(3) $\int(e^x+5^{x+1})dx$

(1) $\int\cos x(2+\tan x)dx=\int(2\cos x+\sin x)dx$

$=2\int\cos x\,dx+\int\sin x\,dx$

$=\boldsymbol{2\sin x-\cos x+C}$

(2) $\int\dfrac{dx}{\tan^2x}=\int\dfrac{\cos^2x}{\sin^2x}dx=\int\dfrac{1-\sin^2x}{\sin^2x}dx$

$=\int\left(\dfrac{1}{\sin^2x}-1\right)dx=\int\dfrac{dx}{\sin^2x}-\int dx$

$=\boldsymbol{-\dfrac{1}{\tan x}-x+C}$

(3) $\int(e^x+5^{x+1})dx=\int e^xdx+5\int 5^xdx$

$=\boldsymbol{e^x+\dfrac{5^{x+1}}{\log 5}+C}$

⇐ $\tan x=\dfrac{\sin x}{\cos x}$
$\int\cos x\,dx=\sin x+C$
$\int\sin x\,dx=-\cos x+C$

⇐ $\dfrac{1}{\tan^2x}=\dfrac{\cos^2x}{\sin^2x}$
$=\dfrac{1}{\sin^2x}-1$
$\int\dfrac{dx}{\sin^2x}=-\dfrac{1}{\tan x}+C$

⇐ $5^{x+1}=5\cdot5^x$
$\int a^xdx=\dfrac{a^x}{\log a}+C$

TR ①102 次の不定積分を求めよ。

(1) $\int(3x-2)^4dx$　(2) $\int\frac{dx}{(3-x)^2}$　(3) $\int\sqrt[3]{(2t-1)^2}dt$

(4) $\int(\sin 2x-\cos 3x)dx$　(5) $\int(e^x-e^{-x})^2dx$　(6) $\int 2^{3x-2}dx$

(1) $\int(3x-2)^4dx=\frac{1}{3}\cdot\frac{1}{5}(3x-2)^5+C=\boldsymbol{\frac{1}{15}(3x-2)^5+C}$

(2) $\int\frac{dx}{(3-x)^2}=\int(3-x)^{-2}dx=\frac{1}{-1}\cdot\{-(3-x)^{-1}\}+C$

$=\boldsymbol{-\frac{1}{x-3}+C}$

← $(3-x)^2=(x-3)^2$ であるから，(与式)$=\int(x-3)^{-2}dx$ として計算してもよい。

(3) $\int\sqrt[3]{(2t-1)^2}dt=\int(2t-1)^{\frac{2}{3}}dt=\frac{1}{2}\cdot\frac{3}{5}(2t-1)^{\frac{5}{3}}+C$

$=\boldsymbol{\frac{3}{10}(2t-1)\sqrt[3]{(2t-1)^2}+C}$

← $(2t-1)^{\frac{5}{3}}=\sqrt[3]{(2t-1)^5}$
$=\sqrt[3]{(2t-1)^{3+2}}$
$=(2t-1)\sqrt[3]{(2t-1)^2}$

(4) $\int(\sin 2x-\cos 3x)dx=\frac{1}{2}\cdot(-\cos 2x)-\frac{1}{3}\cdot(\sin 3x)+C$

$=\boldsymbol{-\frac{1}{2}\cos 2x-\frac{1}{3}\sin 3x+C}$

(5) $\int(e^x-e^{-x})^2dx=\int(e^{2x}-2+e^{-2x})dx$

← まず，展開する。

$=\frac{1}{2}\cdot e^{2x}-2x+\frac{1}{-2}\cdot e^{-2x}+C$

$=\boldsymbol{\frac{1}{2}(e^{2x}-e^{-2x}-4x)+C}$

(6) $\int 2^{3x-2}dx=\frac{1}{3}\cdot\frac{2^{3x-2}}{\log 2}+C=\boldsymbol{\frac{2^{3x-2}}{3\log 2}+C}$

TR ②103 次の不定積分を求めよ。

(1) $\int\frac{x}{(x-3)^2}dx$　(2) $\int x\sqrt{x-2}dx$　(3) $\int(x-2)\sqrt{3-2x}dx$

(4) $\int\frac{x-2}{\sqrt{x+1}}dx$　(5) $\int x\cdot\sqrt[3]{x+2}dx$

(1) $x-3=t$ とおくと　$x=t+3$，$dx=dt$

$\int\frac{x}{(x-3)^2}dx=\int\frac{t+3}{t^2}dt=\int\left(\frac{1}{t}+\frac{3}{t^2}\right)dt=\log|t|-\frac{3}{t}+C$

$=\boldsymbol{\log|x-3|-\frac{3}{x-3}+C}$

← $\frac{dx}{dt}=1$ これを形式的に $dx=dt$ と書く。(2)～(5) についても同様。

(2) $\sqrt{x-2}=t$ とおくと　$x-2=t^2$

ゆえに　$x=t^2+2$，$dx=2t\,dt$

よって　$\int x\sqrt{x-2}dx=\int(t^2+2)t\cdot 2t\,dt=2\int(t^4+2t^2)dt$

$=2\left(\frac{t^5}{5}+\frac{2}{3}t^3\right)+C=\frac{2}{15}t^3(3t^2+10)+C$

← x の式に戻しやすいように整理する。

$$=\frac{2}{15}(x-2)\sqrt{x-2}\{3(x-2)+10\}+C$$

$$=\boldsymbol{\frac{2}{15}(3x+4)(x-2)\sqrt{x-2}+C}$$

(3)　$\sqrt{3-2x}=t$ とおくと　　$3-2x=t^2$

ゆえに　　$x=\dfrac{3-t^2}{2}$,　$dx=-t\,dt$

また　　$x-2=\dfrac{3-t^2}{2}-2=-\dfrac{t^2+1}{2}$

よって

$$\int(x-2)\sqrt{3-2x}\,dx=\int\left\{-\frac{t^2+1}{2}\cdot t(-t)\right\}dt$$

$$=\frac{1}{2}\int(t^4+t^2)\,dt=\frac{1}{2}\left(\frac{t^5}{5}+\frac{t^3}{3}\right)+C$$

$$=\frac{t^3}{30}(3t^2+5)+C$$

$$=\frac{1}{30}(3-2x)\sqrt{3-2x}\{3(3-2x)+5\}+C$$

$$=\boldsymbol{\frac{1}{15}(7-3x)(3-2x)\sqrt{3-2x}+C}$$

⇐ $3-2x=t^2$ の両辺を x で微分して

$$-2=2t\frac{dt}{dx}$$

から $dx=-t\,dt$ としてもよい。

⇐ x の式に戻しやすいように整理する。

(4)　$\sqrt{x+1}=t$ とおくと　　$x+1=t^2$

ゆえに　　$x=t^2-1$,　$dx=2t\,dt$

よって　　$\displaystyle\int\frac{x-2}{\sqrt{x+1}}dx=\int\frac{t^2-3}{t}\cdot 2t\,dt=2\int(t^2-3)\,dt$

$$=2\left(\frac{t^3}{3}-3t\right)+C=\frac{2}{3}t(t^2-9)+C$$

$$=\frac{2}{3}\sqrt{x+1}\{(x+1)-9\}+C$$

$$=\boldsymbol{\frac{2}{3}(x-8)\sqrt{x+1}+C}$$

⇐ x の式に戻しやすいように整理する。

(5)　$\sqrt[3]{x+2}=t$ とおくと　　$x+2=t^3$

ゆえに　　$x=t^3-2$,　$dx=3t^2dt$

よって　　$\displaystyle\int x\cdot\sqrt[3]{x+2}\,dx=\int(t^3-2)t\cdot 3t^2dt=3\int(t^6-2t^3)\,dt$

$$=3\left(\frac{t^7}{7}-\frac{t^4}{2}\right)+C=\frac{3}{14}t^4(2t^3-7)+C$$

$$=\frac{3}{14}(x+2)\sqrt[3]{x+2}\{2(x+2)-7\}+C$$

$$=\boldsymbol{\frac{3}{14}(2x-3)(x+2)\sqrt[3]{x+2}+C}$$

⇐ x の式に戻しやすいように整理する。

TR ②104 次の不定積分を求めよ。

(1) $\int \sin^2 x \cos x\, dx$　(2) $\int (e^x-2)e^x dx$　(3) $\int \frac{\log 2x}{x} dx$

(1) $\sin x = u$ とおくと　$\cos x\, dx = du$

よって　$\int \sin^2 x \cos x\, dx = \int u^2 du = \frac{u^3}{3} + C$

$= \boldsymbol{\frac{\sin^3 x}{3} + C}$

(2) $e^x - 2 = u$ とおくと　$e^x dx = du$

よって　$\int (e^x-2)e^x dx = \int u\, du = \frac{u^2}{2} + C$

$= \boldsymbol{\frac{(e^x-2)^2}{2} + C}$

(3) $\log 2x = u$ とおくと，$(\log 2x)' = \frac{1}{2x} \cdot (2x)' = \frac{1}{x}$ から

$\frac{1}{x} dx = du$

よって　$\int \frac{\log 2x}{x} dx = \int (\log 2x) \cdot \frac{1}{x} dx = \int u\, du = \frac{u^2}{2} + C$

$= \boldsymbol{\frac{(\log 2x)^2}{2} + C}$

(1) $\sin^2 x \cos x$
$= \sin^2 x (\sin x)'$

(2) $(e^x-2)e^x$
$= (e^x-2)(e^x-2)'$

(3) $\frac{\log 2x}{x}$
$= \log 2x \cdot \frac{1}{x}$
$= \log 2x \cdot (\log 2x)'$

TR ②105 次の不定積分を求めよ。

(1) $\int \frac{4x^3-6x+9}{x^4-3x^2+9x-10} dx$　(2) $\int \frac{\sin x}{\cos x} dx$

(1) $\int \frac{4x^3-6x+9}{x^4-3x^2+9x-10} dx = \int \frac{(x^4-3x^2+9x-10)'}{x^4-3x^2+9x-10} dx$

$= \boldsymbol{\log|x^4-3x^2+9x-10| + C}$

(2) $\int \frac{\sin x}{\cos x} dx = \int \frac{-\sin x}{\cos x} \cdot (-1) dx = -\int \frac{(\cos x)'}{\cos x} dx$

$= \boldsymbol{-\log|\cos x| + C}$

$\int \frac{g'(x)}{g(x)} dx = \log|g(x)| + C$

TR ③106 次の不定積分を求めよ。

(1) $\int x \cos x\, dx$　(2) $\int x^2 \log x\, dx$　(3) $\int te^{2t} dt$

(1) $\int x \cos x\, dx = \int x (\sin x)' dx$

$= x \sin x - \int (x)' \sin x\, dx$

$= x \sin x - \int \sin x\, dx$

$= \boldsymbol{x \sin x + \cos x + C}$

$\int f(x) g'(x) dx$
$= f(x) g(x)$
$\quad - \int f'(x) g(x) dx$

(1) $f(x) = x$,
$g'(x) = \cos x$
$[g(x) = \sin x]$ とする。

(2) $\int x^2\log x\,dx=\int(\log x)\cdot\left(\frac{x^3}{3}\right)'dx$

$=(\log x)\cdot\frac{x^3}{3}-\int(\log x)'\cdot\frac{x^3}{3}dx$

$=\frac{x^3}{3}\log x-\frac{1}{3}\int x^2dx=\boldsymbol{\frac{x^3}{3}\log x-\frac{x^3}{9}+C}$

(2) $f(x)=\log x$, $g'(x)=x^2$ $\left[g(x)=\frac{x^3}{3}\right]$とする。

(3) $\int te^{2t}dt=\int t\left(\frac{e^{2t}}{2}\right)'dt=t\cdot\frac{e^{2t}}{2}-\int(t)'\frac{e^{2t}}{2}dt$

$=\frac{te^{2t}}{2}-\frac{1}{2}\int e^{2t}dt=\frac{te^{2t}}{2}-\frac{e^{2t}}{4}+C$

$=\boldsymbol{\frac{1}{4}(2t-1)e^{2t}+C}$

(3) $f(t)=t$, $g'(t)=e^{2t}$ $\left[g(t)=\frac{e^{2t}}{2}\right]$とする。

TR ②107 次の不定積分を求めよ。

(1) $\int\frac{1}{\sqrt{x}-\sqrt{x-1}}dx$　　(2) $\int\frac{x}{\sqrt{x+1}+1}dx$

(1) $\int\frac{1}{\sqrt{x}-\sqrt{x-1}}dx=\int\frac{\sqrt{x}+\sqrt{x-1}}{(\sqrt{x}-\sqrt{x-1})(\sqrt{x}+\sqrt{x-1})}dx$

$=\int\frac{\sqrt{x}+\sqrt{x-1}}{x-(x-1)}dx=\int(\sqrt{x}+\sqrt{x-1})dx$

$=\frac{2}{3}x^{\frac{3}{2}}+\frac{2}{3}(x-1)^{\frac{3}{2}}+C$

$=\boldsymbol{\frac{2}{3}\{x\sqrt{x}+(x-1)\sqrt{x-1}\}+C}$

⇐分母・分子に$\sqrt{x}+\sqrt{x-1}$を掛ける。

(2) $\int\frac{x}{\sqrt{x+1}+1}dx=\int\frac{x(\sqrt{x+1}-1)}{(\sqrt{x+1}+1)(\sqrt{x+1}-1)}dx$

$=\int\frac{x(\sqrt{x+1}-1)}{(x+1)-1}dx=\int(\sqrt{x+1}-1)dx$

$=\frac{2}{3}(x+1)^{\frac{3}{2}}-x+C=\boldsymbol{\frac{2}{3}(x+1)\sqrt{x+1}-x+C}$

⇐分母・分子に$\sqrt{x+1}-1$を掛ける。

TR ②108 次の不定積分を求めよ。

(1) $\int\frac{4x^2+4x-1}{2x+1}dx$　　(2) $\int\frac{x+5}{x^2-2x-3}dx$　　(3) $\int\frac{x+1}{(x-3)^2}dx$

(1) $\frac{4x^2+4x-1}{2x+1}=\frac{(2x+1)^2-2}{2x+1}=2x+1-\frac{2}{2x+1}$ であるから

$\int\frac{4x^2+4x-1}{2x+1}dx=\int\left(2x+1-\frac{2}{2x+1}\right)dx$

$=\boldsymbol{x^2+x-\log|2x+1|+C}$

⇐$\int\frac{2}{2x+1}dx=\log|2x+1|+C$
微分(検算)すると
$(\log|2x+1|)'=\frac{(2x+1)'}{2x+1}=\frac{2}{2x+1}$

(2) $\frac{x+5}{x^2-2x-3}=\frac{x+5}{(x+1)(x-3)}$ であるから,

$\frac{x+5}{(x+1)(x-3)}=\frac{a}{x+1}+\frac{b}{x-3}$ とおく。

6章 TR

分母を払って整理すると　$x+5=(a+b)x-3a+b$

ゆえに　$a+b=1,\ -3a+b=5$

よって　$a=-1,\ b=2$

したがって

$$\int\frac{x+5}{x^2-2x-3}dx=\int\frac{x+5}{(x+1)(x-3)}dx=\int\left(\frac{2}{x-3}-\frac{1}{x+1}\right)dx$$

$$=2\log|x-3|-\log|x+1|+C$$

$$=\boldsymbol{\log\frac{(x-3)^2}{|x+1|}+C}$$

⇐ $x+5$
$=a(x-3)+b(x+1)$

⇐ $2\log|x-3|$
$=\log|x-3|^2$
$=\log(x-3)^2$

(3)　$\dfrac{x+1}{(x-3)^2}=\dfrac{x-3+4}{(x-3)^2}=\dfrac{1}{x-3}+\dfrac{4}{(x-3)^2}$　であるから

$$\int\frac{x+1}{(x-3)^2}dx=\int\left\{\frac{1}{x-3}+\frac{4}{(x-3)^2}\right\}dx$$

$$=\log|x-3|+4\cdot\{-(x-3)^{-1}\}+C$$

$$=\boldsymbol{\log|x-3|-\frac{4}{x-3}+C}$$

⇐ $\int(x-3)^{-2}dx$
$=-(x-3)^{-1}+C$

TR ②109　次の不定積分を求めよ。

(1) $\int\sin^2 x\,dx$　　(2) $\int\sin x\sin 3x\,dx$　　(3) $\int\cos 4x\cos 2x\,dx$

(1)　$\cos 2x=1-2\sin^2 x$ であるから

$$\int\sin^2 x\,dx=\frac{1}{2}\int(1-\cos 2x)dx$$

$$=\frac{1}{2}\left(x-\frac{1}{2}\sin 2x\right)+C$$

$$=\boldsymbol{\frac{1}{2}x-\frac{1}{4}\sin 2x+C}$$

⇐ 2倍角の公式

(2)　$\sin x\sin 3x=-\dfrac{1}{2}\{\cos 4x-\cos(-2x)\}$ であるから

$$\int\sin x\sin 3x\,dx=-\frac{1}{2}\int(\cos 4x-\cos 2x)dx$$

$$=-\frac{1}{2}\left(\frac{1}{4}\sin 4x-\frac{1}{2}\sin 2x\right)+C$$

$$=\boldsymbol{-\frac{1}{8}\sin 4x+\frac{1}{4}\sin 2x+C}$$

⇐ $\sin\alpha\sin\beta$
$=-\dfrac{1}{2}\{\cos(\alpha+\beta)$
$-\cos(\alpha-\beta)\}$

(3)　$\cos 4x\cos 2x=\dfrac{1}{2}(\cos 6x+\cos 2x)$ であるから

$$\int\cos 4x\cos 2x\,dx=\frac{1}{2}\int(\cos 6x+\cos 2x)dx$$

$$=\frac{1}{2}\left(\frac{1}{6}\sin 6x+\frac{1}{2}\sin 2x\right)+C$$

$$=\boldsymbol{\frac{1}{12}\sin 6x+\frac{1}{4}\sin 2x+C}$$

⇐ $\cos\alpha\cos\beta$
$=\dfrac{1}{2}\{\cos(\alpha+\beta)$
$+\cos(\alpha-\beta)\}$

TR ③110 次の不定積分を求めよ。

(1) $\int \sin 2x \sin^4 x\,dx$　(2) $\int \frac{1}{\tan x}dx$　(3) $\int \frac{\tan x}{1-\cos x}dx$

(1) $\sin x=u$ とおくと　$\cos x\,dx=du$

よって　$\int \sin 2x \sin^4 x\,dx=2\int \cos x \sin^5 x\,dx$

$=2\int u^5 du=2\cdot\frac{u^6}{6}+C$

$=\boldsymbol{\frac{1}{3}\sin^6 x+C}$

⇐ $\sin 2x=2\sin x\cos x$

(2) $\int \frac{1}{\tan x}dx=\int \frac{\cos x}{\sin x}dx=\int \frac{(\sin x)'}{\sin x}dx$

$=\boldsymbol{\log|\sin x|+C}$

⇐ $\tan x=\frac{\sin x}{\cos x}$

(3) $\cos x=u$ とおくと　$-\sin x\,dx=du$

よって　$\int \frac{\tan x}{1-\cos x}dx=\int \frac{\sin x}{(1-\cos x)\cos x}dx$

$=-\int \frac{du}{(1-u)u}=-\int \left(\frac{1}{1-u}+\frac{1}{u}\right)du$

$=-(-\log|1-u|+\log|u|)+C$

$=\log|1-u|-\log|u|+C$

$=\log\frac{|1-u|}{|u|}+C$

$=\boldsymbol{\log\frac{1-\cos x}{|\cos x|}+C}$

⇐ 部分分数分解

⇐ $\int \frac{1}{1-u}du$
$=\frac{1}{-1}\log|1-u|+C$
$\int f(ax+b)dx$
$=\frac{1}{a}F(ax+b)+C$

TR ③111 不定積分 $\int \frac{1}{e^x-e^{-x}}dx$ を求めよ。〔信州大〕

$e^x=t$ とおくと　$x=\log t,\ dx=\frac{1}{t}dt$

よって

$\int \frac{1}{e^x-e^{-x}}dx=\int \frac{1}{t-\frac{1}{t}}\cdot\frac{1}{t}dt=\int \frac{dt}{t^2-1}=\int \frac{dt}{(t+1)(t-1)}$

$=\frac{1}{2}\int \left(\frac{1}{t-1}-\frac{1}{t+1}\right)dt$

$=\frac{1}{2}(\log|t-1|-\log|t+1|)+C$

$=\frac{1}{2}\log\frac{|t-1|}{|t+1|}+C=\boldsymbol{\frac{1}{2}\log\frac{|e^x-1|}{e^x+1}+C}$

⇐ 部分分数分解

⇐ $\log M-\log N=\log\frac{M}{N}$

TR ③112 不定積分 $I=\int e^{-x}\cos 3x\,dx$ および，$J=\int e^{-x}\sin 3x\,dx$ を求めよ。〔広島市大〕

$I=\int \cos 3x\cdot(-e^{-x})'dx$

$=\cos 3x\cdot(-e^{-x})-\int(\cos 3x)'(-e^{-x})dx$

$=-e^{-x}\cos 3x-\int(-3\sin 3x)(-e^{-x})dx$

$=-e^{-x}\cos 3x-3\int e^{-x}\sin 3x\,dx$

よって　$I=-e^{-x}\cos 3x-3J$　…… ①

$J=\int \sin 3x\cdot(-e^{-x})'dx$

$=\sin 3x\cdot(-e^{-x})-\int(\sin 3x)'(-e^{-x})dx$

$=-e^{-x}\sin 3x-\int(3\cos 3x)(-e^{-x})dx$

$=-e^{-x}\sin 3x+3\int e^{-x}\cos 3x\,dx$

ゆえに　$J=-e^{-x}\sin 3x+3I$　…… ②

② を ① に代入して　$I=-e^{-x}\cos 3x-3(-e^{-x}\sin 3x+3I)$

すなわち　$10I=e^{-x}(3\sin 3x-\cos 3x)$

よって　$\boldsymbol{I=\frac{1}{10}e^{-x}(3\sin 3x-\cos 3x)+C}$

① を ② に代入して　$J=-e^{-x}\sin 3x+3(-e^{-x}\cos 3x-3J)$

すなわち　$10J=-e^{-x}(\sin 3x+3\cos 3x)$

ゆえに　$\boldsymbol{J=-\frac{1}{10}e^{-x}(\sin 3x+3\cos 3x)+C}$

$\int f(x)g'(x)dx$
$=f(x)g(x)$
$-\int f'(x)g(x)dx$

⇐ $f(x)=\cos 3x$, $g'(x)=e^{-x}$ $[g(x)=-e^{-x}]$ とする。

⇐ $f(x)=\sin 3x$, $g'(x)=e^{-x}$ $[g(x)=-e^{-x}]$ とする。

TR ①113 次の定積分を求めよ。

(1) $\int_1^2 \frac{dt}{\sqrt{t}}$　(2) $\int_0^{\pi}\cos x\,dx$　(3) $\int_0^2 e^x dx$　(4) $\int_1^{e^2}\frac{dx}{x}$

(5) $\int_4^1 \frac{dy}{y^2}$　(6) $\int_0^{\frac{\pi}{3}}\frac{dx}{\cos^2 x}$　(7) $\int_1^2 2^x dx$

(1) $\int_1^2 \frac{dt}{\sqrt{t}}=\left[2\sqrt{t}\right]_1^2=\boldsymbol{2(\sqrt{2}-1)}$

(2) $\int_0^{\pi}\cos x\,dx=\left[\sin x\right]_0^{\pi}=\sin\pi-\sin 0=\boldsymbol{0}$

(3) $\int_0^2 e^x dx=\left[e^x\right]_0^2=\boldsymbol{e^2-1}$

(4) $\int_1^{e^2}\frac{dx}{x}=\left[\log|x|\right]_1^{e^2}=\log e^2-\log 1=\boldsymbol{2}$

(5) $\int_4^1 \frac{dy}{y^2}=\left[-\frac{1}{y}\right]_4^1=-1-\left(-\frac{1}{4}\right)=\boldsymbol{-\frac{3}{4}}$

(6) $\int_0^{\frac{\pi}{3}}\frac{dx}{\cos^2 x}=\left[\tan x\right]_0^{\frac{\pi}{3}}=\tan\frac{\pi}{3}-\tan 0=\boldsymbol{\sqrt{3}}$

⇐ $\int\cos x\,dx=\sin x+C$

⇐ $1\leqq x\leqq e^2$ のとき $\log|x|=\log x$ よって，$\int_1^{e^2}\frac{dx}{x}=\left[\log x\right]_1^{e^2}$ としてもよい。

(7) $\int_1^2 2^x dx=\left[\frac{2^x}{\log 2}\right]_1^2=\frac{1}{\log 2}(2^2-2^1)=\mathbf{\frac{2}{\log 2}}$

TR ③114 次の定積分を求めよ。

(1) $\int_1^e\left(\frac{x+1}{x}\right)^2dx$　(2) $\int_2^3\frac{dx}{x(x-1)}$　(3) $\int_0^{\frac{\pi}{4}}\tan^2 x\,dx$

(4) $\int_0^1(e^{\frac{t}{2}}+e^{-\frac{t}{2}})dt$　(5) $\int_0^{2\pi}\sin 4x\sin 6x\,dx$　(6) $\int_0^1\frac{e^x}{e^x+1}dx$

(1) $\int_1^e\left(\frac{x+1}{x}\right)^2dx=\int_1^e\frac{x^2+2x+1}{x^2}dx=\int_1^e\left(1+\frac{2}{x}+\frac{1}{x^2}\right)dx$

$=\left[x+2\log|x|-\frac{1}{x}\right]_1^e=\left(e+2\log e-\frac{1}{e}\right)-(1+2\log 1-1)$

$=\mathbf{e+2-\frac{1}{e}}$

(2) $\int_2^3\frac{dx}{x(x-1)}=\int_2^3\left(\frac{1}{x-1}-\frac{1}{x}\right)dx=\Big[\log|x-1|-\log|x|\Big]_2^3$

$=(\log 2-\log 3)-(\log 1-\log 2)=\mathbf{\log\frac{4}{3}}$

(3) $\int_0^{\frac{\pi}{4}}\tan^2 x\,dx=\int_0^{\frac{\pi}{4}}\left(\frac{1}{\cos^2 x}-1\right)dx=\Big[\tan x-x\Big]_0^{\frac{\pi}{4}}=\mathbf{1-\frac{\pi}{4}}$

(4) $\int_0^1(e^{\frac{t}{2}}+e^{-\frac{t}{2}})dt=\left[2e^{\frac{t}{2}}-2e^{-\frac{t}{2}}\right]_0^1=2\{(e^{\frac{1}{2}}-e^{-\frac{1}{2}})-(1-1)\}$

$=\mathbf{2\left(\sqrt{e}-\frac{1}{\sqrt{e}}\right)}$

(5) $\int_0^{2\pi}\sin 4x\sin 6x\,dx=-\frac{1}{2}\int_0^{2\pi}(\cos 10x-\cos 2x)dx$

$=-\frac{1}{2}\left[\frac{\sin 10x}{10}-\frac{\sin 2x}{2}\right]_0^{2\pi}=\mathbf{0}$

(6) $\int_0^1\frac{e^x}{e^x+1}dx=\int_0^1\frac{(e^x+1)'}{e^x+1}dx=\Big[\log(e^x+1)\Big]_0^1$

$=\log(e+1)-\log 2=\mathbf{\log\frac{e+1}{2}}$

⇐ 和の形に直す。

⇐ $\log 1=0$

⇐ $\sin\alpha\sin\beta$
$=-\frac{1}{2}\{\cos(\alpha+\beta)-\cos(\alpha-\beta)\}$

⇐ $\sin(2\pi\times n)=0$

⇐ $\int\frac{g'(x)}{g(x)}dx$
$=\log|g(x)|+C$

TR ②115 次の定積分を求めよ。

(1) $\int_0^{\frac{3}{2}\pi}|\cos x|dx$　(2) $\int_0^9|\sqrt{x}-2|dx$　(3) $\int_0^4\sqrt{|x-1|}dx$

(1) $0\leqq x\leqq\frac{\pi}{2}$ のとき　$|\cos x|=\cos x$,

$\frac{\pi}{2}\leqq x\leqq\frac{3}{2}\pi$ のとき　$|\cos x|=-\cos x$　であるから

$\int_0^{\frac{3}{2}\pi}|\cos x|dx=\int_0^{\frac{\pi}{2}}\cos x\,dx+\int_{\frac{\pi}{2}}^{\frac{3}{2}\pi}(-\cos x)dx$

$=\Big[\sin x\Big]_0^{\frac{\pi}{2}}-\Big[\sin x\Big]_{\frac{\pi}{2}}^{\frac{3}{2}\pi}=(1-0)-\{(-1)-1\}=\mathbf{3}$

CHART
絶対値
場合に分ける
絶対値記号の中の式の符号に応じて，場合分けを行う。

6章
TR

(2) $0\leqq x\leqq 4$ のとき　$|\sqrt{x}-2|=-(\sqrt{x}-2)$,

$4\leqq x\leqq 9$ のとき　$|\sqrt{x}-2|=\sqrt{x}-2$　であるから

$$\int_0^9|\sqrt{x}-2|dx=\int_0^4\{-(\sqrt{x}-2)\}dx+\int_4^9(\sqrt{x}-2)dx$$

$$=-\left[\frac{2}{3}x\sqrt{x}-2x\right]_0^4+\left[\frac{2}{3}x\sqrt{x}-2x\right]_4^9$$

$$=-2\left(\frac{2}{3}\cdot 8-2\cdot 4\right)+\left(\frac{2}{3}\cdot 27-2\cdot 9\right)$$

$$=\mathbf{\frac{16}{3}}$$

⇐ $F(x)=\frac{2}{3}x\sqrt{x}-2x$ とすると，定積分は $-\{F(4)-F(0)\}+\{F(9)-F(4)\}=-2F(4)+F(9)$ $[F(0)=0]$

(3) $0\leqq x\leqq 1$ のとき　$|x-1|=-(x-1)$,

$1\leqq x\leqq 4$ のとき　$|x-1|=x-1$　であるから

$$\int_0^4\sqrt{|x-1|}dx=\int_0^1\sqrt{1-x}dx+\int_1^4\sqrt{x-1}dx$$

$$=\left[-\frac{2}{3}\sqrt{(1-x)^3}\right]_0^1+\left[\frac{2}{3}\sqrt{(x-1)^3}\right]_1^4$$

$$=-\frac{2}{3}(0-1)+\frac{2}{3}(\sqrt{3^3}-0)$$

$$=\frac{2}{3}+\frac{2}{3}\cdot 3\sqrt{3}$$

$$=\mathbf{\frac{2}{3}+2\sqrt{3}}$$

⇐ $\sqrt{1-x}=(1-x)^{\frac{1}{2}}$, $\sqrt{x-1}=(x-1)^{\frac{1}{2}}$

(参考) 本問の定積分は，それぞれ次の図の赤い部分の面積を求めることと同じである。

(1)

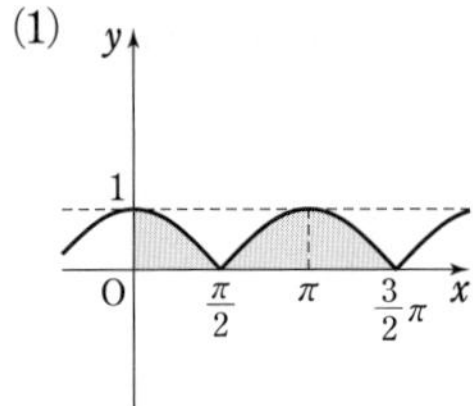

(2)

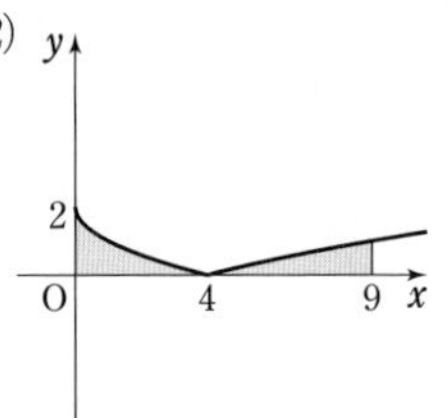

(3)

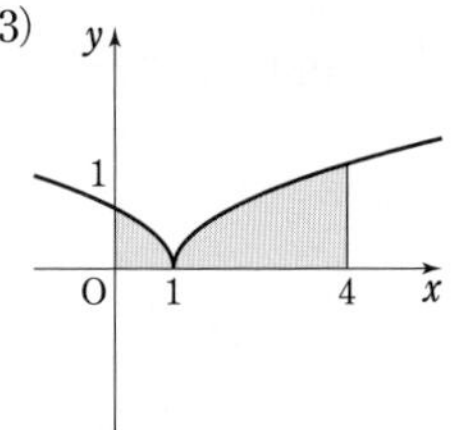

TR ②116　次の定積分を求めよ。

(1) $\int_0^1(2x+1)^3dx$　(2) $\int_0^1x\sqrt{1+x^2}dx$　(3) $\int_0^{\frac{\pi}{2}}\sin^2x\cos x\,dx$

(4) $\int_0^1x(1-x)^4dx$　(5) $\int_0^3(5x+2)\sqrt{x+1}dx$　(6) $\int_0^{\frac{\pi}{2}}\frac{\sin^3\theta}{1+\cos\theta}d\theta$

(1) $2x+1=t$ とおくと

$$x=\frac{t-1}{2},\ dx=\frac{1}{2}dt$$

x と t の対応は右のようになる。

x	$0\longrightarrow 1$
t	$1\longrightarrow 3$

よって

$$\int_0^1(2x+1)^3dx=\int_1^3t^3\cdot\frac{1}{2}dt=\left[\frac{t^4}{8}\right]_1^3=\frac{81-1}{8}=\mathbf{10}$$

(1) 別解 (与式)
$=\left[\frac{1}{4}(2x+1)^4\cdot\frac{1}{2}\right]_0^1$
$=\frac{3^4-1^4}{8}=\mathbf{10}$

(2) $\sqrt{1+x^2}=t$ とおくと

$1+x^2=t^2$, $2x\,dx=2t\,dt$

すなわち　$x\,dx=t\,dt$

x と t の対応は右のようになる。

x	$0 \longrightarrow 1$
t	$1 \longrightarrow \sqrt{2}$

よって

$$\int_0^1 x\sqrt{1+x^2}\,dx=\int_1^{\sqrt{2}} t\cdot t\,dt=\int_1^{\sqrt{2}} t^2dt$$
$$=\left[\frac{t^3}{3}\right]_1^{\sqrt{2}}=\mathbf{\frac{2\sqrt{2}-1}{3}}$$

別解　$1+x^2=u$ とおくと　$2x\,dx=du$

x と u の対応は右のようになる。

x	$0 \longrightarrow 1$
u	$1 \longrightarrow 2$

よって

$$\int_0^1 x\sqrt{1+x^2}\,dx=\int_0^1 \frac{1}{2}\sqrt{1+x^2}\cdot 2x\,dx=\frac{1}{2}\int_1^2 \sqrt{u}\,du$$
$$=\frac{1}{2}\left[\frac{2}{3}u\sqrt{u}\right]_1^2=\mathbf{\frac{2\sqrt{2}-1}{3}}$$

⇐ $f(g(x))g'(x)dx$ の形。

(3) $\sin x=t$ とおくと

$\cos x\,dx=dt$

x と t の対応は右のようになる。

x	$0 \longrightarrow \frac{\pi}{2}$
t	$0 \longrightarrow 1$

よって

$$\int_0^{\frac{\pi}{2}} \sin^2 x\cos x\,dx=\int_0^1 t^2dt=\left[\frac{t^3}{3}\right]_0^1=\mathbf{\frac{1}{3}}$$

⇐ $f(g(x))g'(x)dx$ の形。

(4) $1-x=t$ とおくと

$x=1-t$, $dx=(-1)dt$

x と t の対応は右のようになる。

x	$0 \longrightarrow 1$
t	$1 \longrightarrow 0$

よって

$$\int_0^1 x(1-x)^4dx=\int_1^0 (1-t)t^4(-1)dt=\int_0^1 (t^4-t^5)dt$$
$$=\left[\frac{t^5}{5}-\frac{t^6}{6}\right]_0^1=\mathbf{\frac{1}{30}}$$

⇐ $\int_b^a f(x)dx$
$=-\int_a^b f(x)dx$

(5) $\sqrt{x+1}=t$ とおくと

$x=t^2-1$, $dx=2t\,dt$

x と t の対応は右のようになる。

x	$0 \longrightarrow 3$
t	$1 \longrightarrow 2$

よって

$$\int_0^3 (5x+2)\sqrt{x+1}\,dx=\int_1^2 \{5(t^2-1)+2\}t\cdot 2t\,dt$$
$$=2\int_1^2 (5t^4-3t^2)dt=2\Big[t^5-t^3\Big]_1^2$$
$$=2\{(32-8)-(1-1)\}=\mathbf{48}$$

(6) $\cos\theta=t$ とおくと

$-\sin\theta\,d\theta=dt$

θ と t の対応は右のようになる。

θ	$0 \longrightarrow \frac{\pi}{2}$
t	$1 \longrightarrow 0$

6章
TR

また $\sin^2\theta=1-\cos^2\theta=1-t^2$

よって

$$\int_0^{\frac{\pi}{2}}\frac{\sin^3\theta}{1+\cos\theta}d\theta=\int_0^{\frac{\pi}{2}}\frac{\sin^2\theta}{1+\cos\theta}\cdot\sin\theta d\theta$$

⇐ $f(g(\theta))g'(\theta)d\theta$ の形。

$$=\int_1^0\frac{1-t^2}{1+t}\cdot(-1)dt=\int_0^1\frac{(1+t)(1-t)}{1+t}dt$$

$$=\int_0^1(1-t)dt=\left[t-\frac{t^2}{2}\right]_0^1=\mathbf{\frac{1}{2}}$$

TR ②117 次の定積分を求めよ。

(1) $\int_0^3\sqrt{9-x^2}dx$　(2) $\int_{-1}^{\frac{\sqrt{3}}{2}}\sqrt{1-x^2}dx$　(3) $\int_0^2\frac{dx}{\sqrt{16-x^2}}$

(1) $x=3\sin\theta$ とおくと

$dx=3\cos\theta d\theta$

x と θ の対応は右のようにとれる。

x	$0\longrightarrow 3$
θ	$0\longrightarrow \frac{\pi}{2}$

この範囲において $\cos\theta\geqq 0$ であるから

$$\sqrt{9-x^2}=\sqrt{9(1-\sin^2\theta)}=\sqrt{9\cos^2\theta}=3\cos\theta$$

よって $$\int_0^3\sqrt{9-x^2}dx=\int_0^{\frac{\pi}{2}}(3\cos\theta)\cdot 3\cos\theta d\theta$$

$$=9\int_0^{\frac{\pi}{2}}\cos^2\theta d\theta=\frac{9}{2}\int_0^{\frac{\pi}{2}}(1+\cos 2\theta)d\theta$$

$$=\frac{9}{2}\left[\theta+\frac{1}{2}\sin 2\theta\right]_0^{\frac{\pi}{2}}=\boldsymbol{\frac{9}{4}\pi}$$

CHART
$\sqrt{a^2-x^2}$ の定積分
$x=a\sin\theta$ とおく

(参考) (1) 定積分の値は，図の四分円の面積で

$$\frac{1}{4}\pi\cdot 3^2=\boldsymbol{\frac{9}{4}\pi}$$

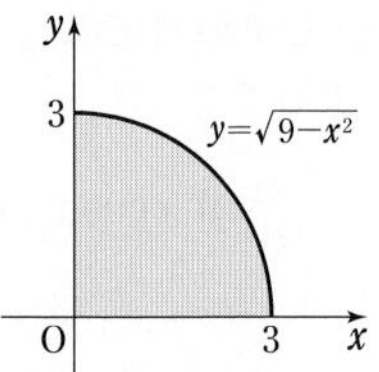

(2) $x=\sin\theta$ とおくと

$dx=\cos\theta d\theta$

x と θ の対応は右のようにとれる。

x	$-1\longrightarrow \frac{\sqrt{3}}{2}$
θ	$-\frac{\pi}{2}\longrightarrow \frac{\pi}{3}$

この範囲において $\cos\theta\geqq 0$ であるから

$$\sqrt{1-x^2}=\sqrt{1-\sin^2\theta}=\sqrt{\cos^2\theta}=\cos\theta$$

よって $$\int_{-1}^{\frac{\sqrt{3}}{2}}\sqrt{1-x^2}dx=\int_{-\frac{\pi}{2}}^{\frac{\pi}{3}}\cos^2\theta d\theta=\frac{1}{2}\int_{-\frac{\pi}{2}}^{\frac{\pi}{3}}(1+\cos 2\theta)d\theta$$

$$=\frac{1}{2}\left[\theta+\frac{1}{2}\sin 2\theta\right]_{-\frac{\pi}{2}}^{\frac{\pi}{3}}=\boldsymbol{\frac{5}{12}\pi+\frac{\sqrt{3}}{8}}$$

(参考) (2) 定積分の値は，図の赤い部分の面積で

$$\frac{1}{2}\cdot 1^2\cdot\frac{5}{6}\pi+\frac{1}{2}\cdot\frac{\sqrt{3}}{2}\cdot\frac{1}{2}$$

$$=\boldsymbol{\frac{5}{12}\pi+\frac{\sqrt{3}}{8}}$$

(3) $x=4\sin\theta$ とおくと

$dx=4\cos\theta d\theta$

x と θ の対応は右のようにとれる。

x	$0\longrightarrow 2$
θ	$0\longrightarrow \frac{\pi}{6}$

この範囲において $\cos\theta>0$ であるから

$$\sqrt{16-x^2}=\sqrt{16(1-\sin^2\theta)}=\sqrt{16\cos^2\theta}=4\cos\theta$$

よって $$\int_0^2\frac{dx}{\sqrt{16-x^2}}=\int_0^{\frac{\pi}{6}}\frac{4\cos\theta}{4\cos\theta}d\theta$$

$$=\int_0^{\frac{\pi}{6}}d\theta=\left[\theta\right]_0^{\frac{\pi}{6}}=\boldsymbol{\frac{\pi}{6}}$$

TR ③118 次の定積分を求めよ。

(1) $\displaystyle\int_0^2 \frac{dx}{x^2+4}$ (2) $\displaystyle\int_0^{\sqrt{3}} \frac{dx}{x^2+3}$

(1) $x=2\tan\theta$ とおくと

$$dx=\frac{2}{\cos^2\theta}d\theta$$

x と θ の対応は右のようにとれる。

x	$0 \longrightarrow 2$
θ	$0 \longrightarrow \frac{\pi}{4}$

よって $\displaystyle\int_0^2 \frac{dx}{x^2+4}=\int_0^{\frac{\pi}{4}} \frac{1}{4(\tan^2\theta+1)}\cdot\frac{2}{\cos^2\theta}d\theta$

$$=\frac{1}{2}\int_0^{\frac{\pi}{4}} d\theta=\frac{1}{2}\Big[\theta\Big]_0^{\frac{\pi}{4}}=\boldsymbol{\frac{\pi}{8}}$$

(2) $x=\sqrt{3}\tan\theta$ とおくと

$$dx=\frac{\sqrt{3}}{\cos^2\theta}d\theta$$

x と θ の対応は右のようにとれる。

x	$0 \longrightarrow \sqrt{3}$
θ	$0 \longrightarrow \frac{\pi}{4}$

よって $\displaystyle\int_0^{\sqrt{3}} \frac{dx}{x^2+3}=\int_0^{\frac{\pi}{4}} \frac{1}{3(\tan^2\theta+1)}\cdot\frac{\sqrt{3}}{\cos^2\theta}d\theta$

$$=\frac{\sqrt{3}}{3}\int_0^{\frac{\pi}{4}} d\theta=\frac{\sqrt{3}}{3}\Big[\theta\Big]_0^{\frac{\pi}{4}}=\boldsymbol{\frac{\sqrt{3}}{12}\pi}$$

CHART $\dfrac{1}{x^2+a^2}$ の定積分 $x=a\tan\theta$ とおく

⇐ $\tan^2\theta+1=\dfrac{1}{\cos^2\theta}$

TR ①119 次の定積分を求めよ。

(1) $\displaystyle\int_{-3}^3 (x^3+x^2-3x)dx$ (2) $\displaystyle\int_{-2}^2 x(x^2+1)^2dx$

(3) $\displaystyle\int_{-\pi}^{\pi} (x^2\sin x+\cos x)dx$ (4) $\displaystyle\int_{-1}^1 (e^{-x}-e^x+1)dx$

(1) x^3, $3x$ は奇関数, x^2 は偶関数であるから

$$\int_{-3}^3 (x^3+x^2-3x)dx=2\int_0^3 x^2dx$$

$$=2\left[\frac{x^3}{3}\right]_0^3=\mathbf{18}$$

(2) $x(x^2+1)^2$ は奇関数であるから

$$\int_{-2}^2 x(x^2+1)^2dx=\mathbf{0}$$

(3) $x^2\sin x$ は奇関数, $\cos x$ は偶関数であるから

$$\int_{-\pi}^{\pi} (x^2\sin x+\cos x)dx=2\int_0^{\pi} \cos x\,dx$$

$$=2\Big[\sin x\Big]_0^{\pi}=\mathbf{0}$$

(4) $f(x)=e^{-x}-e^x$ とおくと, $f(-x)=e^x-e^{-x}=-f(x)$ であるから, $f(x)$ は奇関数である。

よって $\displaystyle\int_{-1}^1 (e^{-x}-e^x+1)dx=2\int_0^1 dx$

$$=2\Big[x\Big]_0^1=\mathbf{2}$$

参考 (2) $x(x^2+1)^2$ (3) $x^2\sin x$ のように, (奇関数)×(偶関数) は奇関数である。なお
(奇関数)×(奇関数) =(偶関数),
(偶関数)×(偶関数) =(偶関数)

TR ②120 次の定積分を求めよ。

(1) $\int_0^{\pi} x\cos x\,dx$　(2) $\int_0^1 xe^{-x}dx$　(3) $\int_1^2 x^3\log x\,dx$

(1) $\int_0^{\pi} x\cos x\,dx=\int_0^{\pi} x(\sin x)'dx$

$=\Big[x\sin x\Big]_0^{\pi}-\int_0^{\pi}(x)'\sin x\,dx$

$=0-\int_0^{\pi}\sin x\,dx$

$=-\Big[-\cos x\Big]_0^{\pi}=\Big[\cos x\Big]_0^{\pi}=\mathbf{-2}$

(2) $\int_0^1 xe^{-x}dx=\int_0^1 x(-e^{-x})'dx$

$=\Big[-xe^{-x}\Big]_0^1-\int_0^1(x)'(-e^{-x})dx$

$=-\dfrac{1}{e}+\int_0^1 e^{-x}dx=-\dfrac{1}{e}+\Big[-e^{-x}\Big]_0^1=\boldsymbol{-\dfrac{2}{e}+1}$

(3) $\int_1^2 x^3\log x\,dx=\int_1^2(\log x)\cdot\left(\dfrac{x^4}{4}\right)'dx$

$=\left[(\log x)\cdot\dfrac{x^4}{4}\right]_1^2-\int_1^2(\log x)'\cdot\dfrac{x^4}{4}dx$

$=4\log 2-\dfrac{1}{4}\int_1^2 x^3dx=4\log 2-\dfrac{1}{4}\left[\dfrac{x^4}{4}\right]_1^2$

$=\boldsymbol{4\log 2-\dfrac{15}{16}}$

CHART
部分積分法
$\int_a^b f(x)g'(x)dx$
$=\Big[f(x)g(x)\Big]_a^b$
$-\int_a^b f'(x)g(x)dx$

(1) $f(x)=x$, $g'(x)=\cos x$ $[g(x)=\sin x]$
(2) $f(x)=x$, $g'(x)=e^{-x}$ $[g(x)=-e^{-x}]$
(3) $f(x)=\log x$, $g'(x)=x^3$ $\left[g(x)=\dfrac{x^4}{4}\right]$
とする。

TR ③121 定積分 $\int_0^{\frac{\pi}{4}}(x^2+1)\cos 2x\,dx$ を求めよ。　〔学習院大〕

$\int_0^{\frac{\pi}{4}}(x^2+1)\cos 2x\,dx$

$=\int_0^{\frac{\pi}{4}}(x^2+1)\left(\dfrac{1}{2}\sin 2x\right)'dx$

$=\left[\dfrac{1}{2}(x^2+1)\sin 2x\right]_0^{\frac{\pi}{4}}-\int_0^{\frac{\pi}{4}}(x^2+1)'\cdot\dfrac{1}{2}\sin 2x\,dx$

← 部分積分法を利用（1回目）。

$=\dfrac{1}{2}\left(\dfrac{\pi^2}{16}+1\right)-\int_0^{\frac{\pi}{4}}x\sin 2x\,dx$

$=\dfrac{\pi^2}{32}+\dfrac{1}{2}-\int_0^{\frac{\pi}{4}}x\left(-\dfrac{1}{2}\cos 2x\right)'dx$

$=\dfrac{\pi^2}{32}+\dfrac{1}{2}+\left[\dfrac{1}{2}x\cos 2x\right]_0^{\frac{\pi}{4}}+\int_0^{\frac{\pi}{4}}(x)'\left(-\dfrac{1}{2}\cos 2x\right)dx$

← $-\int_0^{\frac{\pi}{4}}x\left(-\dfrac{1}{2}\cos 2x\right)'dx$ に部分積分法を利用（2回目）。

$=\dfrac{\pi^2}{32}+\dfrac{1}{2}-\dfrac{1}{2}\int_0^{\frac{\pi}{4}}\cos 2x\,dx=\dfrac{\pi^2}{32}+\dfrac{1}{2}-\dfrac{1}{2}\left[\dfrac{1}{2}\sin 2x\right]_0^{\frac{\pi}{4}}$

$=\dfrac{\pi^2}{32}+\dfrac{1}{2}-\dfrac{1}{2}\cdot\dfrac{1}{2}=\boldsymbol{\dfrac{\pi^2}{32}+\dfrac{1}{4}}$

TR ③122

次の関数を x で微分せよ。

(1) $y=\int_0^x \sin 2t\,dt$　(2) $y=\int_0^x \frac{\cos t}{1+e^t}dt$　(3) $y=\int_0^x (x-t)\sin t\,dt$

(4) $y=\int_1^{2x+1} \frac{1}{t+1}dt$　(5) $y=\int_x^{x^2} e^t \sin t\,dt$

(1) $y'=\frac{d}{dx}\int_0^x \sin 2t\,dt=\boldsymbol{\sin 2x}$

(2) $y'=\frac{d}{dx}\int_0^x \frac{\cos t}{1+e^t}dt=\boldsymbol{\frac{\cos x}{1+e^x}}$

(3) $\int_0^x (x-t)\sin t\,dt=x\int_0^x \sin t\,dt-\int_0^x t\sin t\,dt$ であるから

$y'=(x)'\int_0^x \sin t\,dt+x\left(\frac{d}{dx}\int_0^x \sin t\,dt\right)$

$-\frac{d}{dx}\int_0^x t\sin t\,dt$

$=\int_0^x \sin t\,dt+x\cdot\sin x-x\sin x$

$=\Big[-\cos t\Big]_0^x=\boldsymbol{-\cos x+1}$

(4) $\frac{1}{t+1}$ の原始関数を $F(t)$ とすると

$$\int_1^{2x+1}\frac{1}{t+1}dt=F(2x+1)-F(1),\quad F'(t)=\frac{1}{t+1}$$

よって　$y'=\frac{d}{dx}\int_1^{2x+1}\frac{1}{t+1}dt$

$=2F'(2x+1)$

$=\frac{2}{(2x+1)+1}=\boldsymbol{\frac{1}{x+1}}$

(5) $e^t\sin t$ の原始関数を $F(t)$ とすると

$$\int_x^{x^2} e^t\sin t\,dt=F(x^2)-F(x),\quad F'(t)=e^t\sin t$$

よって　$y'=\frac{d}{dx}\int_x^{x^2} e^t\sin t\,dt$

$=2xF'(x^2)-F'(x)$

$\boldsymbol{=2xe^{x^2}\sin x^2-e^x\sin x}$

CHART
定積分と導関数
$\frac{d}{dx}\int_a^x f(t)dt=f(x)$

⇐ x は定数とみて，$\int$ の前に出す。

⇐ $x\int_0^x \sin t dt$ の微分は，積の導関数の公式を利用。
$(uv)'=u'v+uv'$ で
$u=x,\ v=\int_0^x \sin t\,dt$

⇐ 定積分の定義

⇐ 合成関数の導関数。
$\{F(2x+1)\}'$
$=F'(2x+1)\cdot(2x+1)'$
なお，$F(1)$ は定数であるから微分すると 0

⇐ 定積分の定義

⇐ 合成関数の導関数
$\{F(x^2)\}'$
$=F'(x^2)\cdot(x^2)'$

6章
TR

TR ③123

次の等式を満たす関数 $f(x)$ を求めよ。

$$f(x)=2\cos x+\int_0^{\frac{\pi}{2}}(1-\sin t)f(t)dt$$ 〔創価大〕

$\int_0^{\frac{\pi}{2}}(1-\sin t)f(t)dt$ は定数であるから，

$\int_0^{\frac{\pi}{2}}(1-\sin t)f(t)dt=k$ とおくと　$f(x)=2\cos x+k$

CHART
$a,\ b$ が定数のとき
$\int_a^b f(t)dt$ は定数
$=k$ とおく

ゆえに　$\int_0^{\frac{\pi}{2}}(1-\sin t)f(t)dt$

$=\int_0^{\frac{\pi}{2}}(1-\sin t)(2\cos t+k)dt$

$=\int_0^{\frac{\pi}{2}}(2\cos t-\sin 2t-k\sin t+k)dt$

$=\left[2\sin t+\frac{1}{2}\cos 2t+k\cos t+kt\right]_0^{\frac{\pi}{2}}=1+\left(\frac{\pi}{2}-1\right)k$

すなわち　$k=1+\left(\frac{\pi}{2}-1\right)k$　よって　$k=\frac{2}{4-\pi}$

したがって　$\boldsymbol{f(x)=2\cos x+\frac{2}{4-\pi}}$

⇐ $f(t)=2\cos t+k$

⇐ $2\sin t\cos t=\sin 2t$

TR ③124

次の極限値を求めよ。

(1) $\lim_{n\to\infty}\frac{1}{n}\sum_{k=1}^{n}\frac{k}{n}\left(1-\frac{k}{n}\right)\left(2-\frac{k}{n}\right)$　(2) $\lim_{n\to\infty}\sum_{k=1}^{n}\frac{\pi}{n}\sin\frac{k\pi}{n}$

(1) $\lim_{n\to\infty}\frac{1}{n}\sum_{k=1}^{n}\frac{k}{n}\left(1-\frac{k}{n}\right)\left(2-\frac{k}{n}\right)=\int_0^1 x(1-x)(2-x)dx$

$=\int_0^1(x^3-3x^2+2x)dx$

$=\left[\frac{x^4}{4}-x^3+x^2\right]_0^1=\boldsymbol{\frac{1}{4}}$

(2) $\lim_{n\to\infty}\sum_{k=1}^{n}\frac{\pi}{n}\sin\frac{k\pi}{n}=\lim_{n\to\infty}\frac{1}{n}\sum_{k=1}^{n}\pi\sin\left(\pi\cdot\frac{k}{n}\right)$

$=\int_0^1\pi\sin\pi x\,dx=\left[\pi\left(-\frac{1}{\pi}\cos\pi x\right)\right]_0^1$

$=\boldsymbol{2}$

CHART 区分求積法と定積分

$\lim_{n\to\infty}\frac{1}{n}\sum_{k=1}^{n}f\left(\frac{k}{n}\right)=\int_0^1 f(x)dx$

⇐ まず，$\frac{1}{n}$ をくくり出す。π を忘れないように注意。

TR ②125

対数は自然対数とする。

$t>1$ のとき，不等式 $-\log t<\int_1^t\frac{\cos(tx)}{x}dx<\log t$ を証明せよ。〔類 茨城大〕

$-1\leqq\cos(tx)\leqq 1$ であるから，$1\leqq x\leqq t$ において

$-\frac{1}{x}\leqq\frac{\cos(tx)}{x}\leqq\frac{1}{x}$

$-\frac{1}{x}=\frac{\cos(tx)}{x}$，$\frac{\cos(tx)}{x}=\frac{1}{x}$ は常には成り立たないから

$\int_1^t\left(-\frac{1}{x}\right)dx<\int_1^t\frac{\cos(tx)}{x}dx<\int_1^t\frac{1}{x}dx$

ここで　$\int_1^t\left(-\frac{1}{x}\right)dx=\Big[-\log|x|\Big]_1^t=-\log t$,

$\int_1^t\frac{1}{x}dx=\Big[\log|x|\Big]_1^t=\log t$

よって　$-\log t<\int_1^t\frac{\cos(tx)}{x}dx<\log t$

⇐ $-1\leqq\cos(tx)\leqq 1$ の両辺を $x(>0)$ で割る。

TR ③**126** 次の不等式を証明せよ。ただし，n は自然数とする。

(1) $\dfrac{1}{(n+1)^2}<\displaystyle\int_n^{n+1}\frac{dx}{x^2}$　　(2) $\dfrac{1}{1^2}+\dfrac{1}{2^2}+\cdots\cdots+\dfrac{1}{n^2}<2-\dfrac{1}{n}$　$(n\geqq 2)$

HINT (2) 証明すべき不等式の両辺から1を引いた不等式 $\dfrac{1}{2^2}+\dfrac{1}{3^2}+\cdots\cdots+\dfrac{1}{n^2}<1-\dfrac{1}{n}$ をまず示す。

(1) 自然数 n に対して，$n\leqq x\leqq n+1$ のとき　$\dfrac{1}{(n+1)^2}\leqq\dfrac{1}{x^2}$

また，等号は常には成り立たない。

ゆえに　$\displaystyle\int_n^{n+1}\frac{dx}{(n+1)^2}<\int_n^{n+1}\frac{dx}{x^2}$

すなわち　$\displaystyle\frac{1}{(n+1)^2}\int_n^{n+1}dx<\int_n^{n+1}\frac{dx}{x^2}$

よって　$\displaystyle\frac{1}{(n+1)^2}<\int_n^{n+1}\frac{dx}{x^2}$

(2) $n\geqq 2$ のとき，(1)の不等式の n について，1，2，…，$n-1$ とおいて，辺々加えると

$$\frac{1}{2^2}+\frac{1}{3^2}+\cdots\cdots+\frac{1}{n^2}<\int_1^2\frac{dx}{x^2}+\int_2^3\frac{dx}{x^2}+\cdots\cdots+\int_{n-1}^n\frac{dx}{x^2}$$

ここで　$\displaystyle(\text{右辺})=\int_1^n\frac{1}{x^2}dx=\left[-\frac{1}{x}\right]_1^n=1-\frac{1}{n}$

よって　$\dfrac{1}{2^2}+\dfrac{1}{3^2}+\cdots\cdots+\dfrac{1}{n^2}<1-\dfrac{1}{n}$

この両辺に1を加えると

$$\frac{1}{1^2}+\frac{1}{2^2}+\frac{1}{3^2}+\cdots\cdots+\frac{1}{n^2}<2-\frac{1}{n}$$

(2) $\dfrac{1}{2^2}+\dfrac{1}{3^2}+\cdots+\dfrac{1}{n^2}$ は，図の階段状の図形の面積であり，$1\leqq x\leqq n$ で曲線 $y=\dfrac{1}{x^2}$ と x 軸に挟まれる部分の面積より小さい。

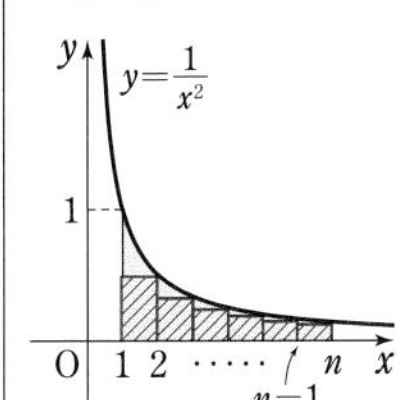

6章 TR

TR ④**127** m，n は自然数とする。定積分 $\displaystyle\int_0^{2\pi}\sin mx\cos nx\,dx$ を求めよ。

HINT 積 ⟶ 和の公式の利用　$\sin\alpha\cos\beta=\dfrac{1}{2}\{\sin(\alpha+\beta)+\sin(\alpha-\beta)\}$

$I=\displaystyle\int_0^{2\pi}\sin mx\cos nx\,dx$ とおくと

$$I=\frac{1}{2}\int_0^{2\pi}\{\sin(m+n)x+\sin(m-n)x\}dx$$

$m\neq n$ のとき

$$I=\frac{1}{2}\left[-\frac{\cos(m+n)x}{m+n}-\frac{\cos(m-n)x}{m-n}\right]_0^{2\pi}=0$$

⇐ k が整数のとき $\cos 2k\pi=1$

$m=n$ のとき

$$I=\frac{1}{2}\int_0^{2\pi}\sin 2mx\,dx=\frac{1}{2}\left[-\frac{\cos 2mx}{2m}\right]_0^{2\pi}=0$$

以上から　$I=\mathbf{0}$

TR ④128 $x=\frac{\pi}{2}-y$ とおいて $\int_0^{\frac{\pi}{2}}\frac{\sin x}{\sin x+\cos x}dx=\int_0^{\frac{\pi}{2}}\frac{\cos y}{\sin y+\cos y}dy$ が成り立つことを示せ。
また，定積分 $\int_0^{\frac{\pi}{2}}\frac{\sin x}{\sin x+\cos x}dx$ を求めよ。〔愛媛大〕

$x=\frac{\pi}{2}-y$ とおくと　　$dx=(-1)dy$

x と y の対応は右のようになる。

x	$0 \longrightarrow \frac{\pi}{2}$
y	$\frac{\pi}{2} \longrightarrow 0$

よって

$$\int_0^{\frac{\pi}{2}}\frac{\sin x}{\sin x+\cos x}dx$$
$$=\int_{\frac{\pi}{2}}^0\frac{\sin\left(\frac{\pi}{2}-y\right)}{\sin\left(\frac{\pi}{2}-y\right)+\cos\left(\frac{\pi}{2}-y\right)}\cdot(-1)dy$$
$$=-\int_{\frac{\pi}{2}}^0\frac{\cos y}{\cos y+\sin y}dy=\int_0^{\frac{\pi}{2}}\frac{\cos y}{\sin y+\cos y}dy$$

← 上端と下端が入れ替わると符号が変わる。
$\int_b^a f(x)dx$
$=-\int_a^b f(x)dx$

この結果を利用すると，

$\int_0^{\frac{\pi}{2}}\frac{\sin x}{\sin x+\cos x}dx=\int_0^{\frac{\pi}{2}}\frac{\cos x}{\sin x+\cos x}dx$ であるから

$$\int_0^{\frac{\pi}{2}}\frac{\sin x}{\sin x+\cos x}dx$$
$$=\frac{1}{2}\left(\int_0^{\frac{\pi}{2}}\frac{\sin x}{\sin x+\cos x}dx+\int_0^{\frac{\pi}{2}}\frac{\cos x}{\sin x+\cos x}dx\right)$$
$$=\frac{1}{2}\int_0^{\frac{\pi}{2}}\left(\frac{\sin x}{\sin x+\cos x}+\frac{\cos x}{\sin x+\cos x}\right)dx$$
$$=\frac{1}{2}\int_0^{\frac{\pi}{2}}\frac{\sin x+\cos x}{\sin x+\cos x}dx$$
$$=\frac{1}{2}\int_0^{\frac{\pi}{2}}dx=\frac{1}{2}\Big[x\Big]_0^{\frac{\pi}{2}}=\frac{1}{2}\cdot\frac{\pi}{2}$$
$$=\boldsymbol{\frac{\pi}{4}}$$

TR ④129 関数 $f(a)=\int_0^{\frac{\pi}{2}}(ax-\sin x)^2dx$ は，a の2次式で表されることを式で示し，$f(a)$ の最小値と，そのときの a の値を求めよ。〔類　学習院大〕

$$f(a)=\int_0^{\frac{\pi}{2}}(ax-\sin x)^2dx$$
$$=\int_0^{\frac{\pi}{2}}(a^2x^2-2ax\sin x+\sin^2x)dx$$
$$=a^2\int_0^{\frac{\pi}{2}}x^2dx-2a\int_0^{\frac{\pi}{2}}x\sin x\,dx+\int_0^{\frac{\pi}{2}}\sin^2x\,dx$$

← a は x に無関係
$\longrightarrow \int$ の外に出す

ここで $\int_0^{\frac{\pi}{2}} x^2 dx = \left[\frac{x^3}{3}\right]_0^{\frac{\pi}{2}} = \frac{\pi^3}{24}$

$$\int_0^{\frac{\pi}{2}} x\sin x\,dx = \int_0^{\frac{\pi}{2}} x(-\cos x)'dx$$

$$= \Big[x(-\cos x)\Big]_0^{\frac{\pi}{2}} - \int_0^{\frac{\pi}{2}} (x)'(-\cos x)\,dx$$

⇐ 部分積分法を利用。

$$= \int_0^{\frac{\pi}{2}} \cos x\,dx = \Big[\sin x\Big]_0^{\frac{\pi}{2}} = 1$$

$$\int_0^{\frac{\pi}{2}} \sin^2 x\,dx = \frac{1}{2}\int_0^{\frac{\pi}{2}} (1-\cos 2x)\,dx$$

⇐ $\sin^2 x = \frac{1-\cos 2x}{2}$

$$= \frac{1}{2}\left[x - \frac{1}{2}\sin 2x\right]_0^{\frac{\pi}{2}} = \frac{\pi}{4}$$

ゆえに　$\boldsymbol{f(a) = \frac{\pi^3}{24}a^2 - 2a + \frac{\pi}{4}}$

$$= \frac{\pi^3}{24}\left(a - \frac{24}{\pi^3}\right)^2 - \frac{24}{\pi^3} + \frac{\pi}{4}$$

⇐ a の2次式
⟶ 基本形に直す

よって，関数 $f(a)$ は $\boldsymbol{a = \frac{24}{\pi^3}}$ **で最小値** $\boldsymbol{-\frac{24}{\pi^3} + \frac{\pi}{4}}$ をとる。

6章
TR

TR 130 ⑤

自然数 n に対して $I_n = \int_0^{\frac{\pi}{2}} \cos^n x\,dx$ とおく。

(1) $n \geqq 3$ のとき，I_n と I_{n-2} の関係式を求めよ。

(2) I_5 を求めよ。

(1) $n \geqq 3$ のとき

$$I_n = \int_0^{\frac{\pi}{2}} \cos^n x\,dx = \int_0^{\frac{\pi}{2}} \cos^{n-1}x \cdot (\sin x)'dx$$

$$= \Big[\cos^{n-1}x \cdot \sin x\Big]_0^{\frac{\pi}{2}} - \int_0^{\frac{\pi}{2}} (\cos^{n-1}x)' \cdot \sin x\,dx$$

$$= 0 - \int_0^{\frac{\pi}{2}} (n-1)\cos^{n-2}x \cdot (-\sin x) \cdot \sin x\,dx$$

⇐ $(\cos^{n-1}x)'$
$= (n-1)\cos^{n-2}x$
$\times (\cos x)'$

$$= (n-1)\int_0^{\frac{\pi}{2}} \cos^{n-2}x \cdot \sin^2 x\,dx$$

$$= (n-1)\int_0^{\frac{\pi}{2}} \cos^{n-2}x \cdot (1-\cos^2 x)\,dx$$

⇐ $\sin^2 x + \cos^2 x = 1$

$$= (n-1)\int_0^{\frac{\pi}{2}} \cos^{n-2}x\,dx - (n-1)\int_0^{\frac{\pi}{2}} \cos^n x\,dx$$

$$= (n-1)I_{n-2} - (n-1)I_n$$

よって　$\boldsymbol{I_n = \frac{n-1}{n} I_{n-2}}$

(参考) $\cos x = \sin\left(\frac{\pi}{2} - x\right)$
であるから
$\int_0^{\frac{\pi}{2}} \cos^n x\,dx = \int_0^{\frac{\pi}{2}} \sin^n x\,dx$
が成り立つ。

(2) (1)の結果を利用すると

$$I_5 = \frac{4}{5}I_3 = \frac{4}{5} \cdot \frac{2}{3}I_1 = \frac{8}{15}\int_0^{\frac{\pi}{2}} \cos x\,dx = \frac{8}{15}\Big[\sin x\Big]_0^{\frac{\pi}{2}} = \boldsymbol{\frac{8}{15}}$$

⇐ $I_1 = \int_0^{\frac{\pi}{2}} \cos x\,dx = 1$

TR ④131 関数 $f(x)=\int_0^x(\sin t+\cos 2t)dt$ $(0\leqq x\leqq 2\pi)$ の最大値，最小値を求めよ。〔東北学院大〕

$f'(x)=\dfrac{d}{dx}\int_0^x(\sin t+\cos 2t)dt=\sin x+\cos 2x$

$=\sin x+1-2\sin^2 x$

$=-(2\sin^2 x-\sin x-1)$

$=-(\sin x-1)(2\sin x+1)$

$f'(x)=0$ とすると　$\sin x=1,\ -\dfrac{1}{2}$

$0<x<2\pi$ のとき　$x=\dfrac{\pi}{2},\ \dfrac{7}{6}\pi,\ \dfrac{11}{6}\pi$

また　$f(x)=\left[-\cos t+\dfrac{1}{2}\sin 2t\right]_0^x$

$=\dfrac{1}{2}\sin 2x-\cos x+1$

$0\leqq x\leqq 2\pi$ における $f(x)$ の増減表は，次のようになる。

x	0	…	$\frac{\pi}{2}$	…	$\frac{7}{6}\pi$	…	$\frac{11}{6}\pi$	…	2π
$f'(x)$		+	0	+	0	−	0	+	
$f(x)$	0	↗	1	↗	極大	↘	極小	↗	0

$f\left(\dfrac{7}{6}\pi\right)=\dfrac{1}{2}\cdot\dfrac{\sqrt{3}}{2}-\left(-\dfrac{\sqrt{3}}{2}\right)+1=1+\dfrac{3\sqrt{3}}{4}$

$f\left(\dfrac{11}{6}\pi\right)=\dfrac{1}{2}\cdot\left(-\dfrac{\sqrt{3}}{2}\right)-\dfrac{\sqrt{3}}{2}+1=1-\dfrac{3\sqrt{3}}{4}$

よって　**$x=\dfrac{7}{6}\pi$ で最大値 $1+\dfrac{3\sqrt{3}}{4}$，**

$x=\dfrac{11}{6}\pi$ で最小値 $1-\dfrac{3\sqrt{3}}{4}$

⇐ $\dfrac{d}{dx}\int_a^x g(t)dt=g(x)$（$a$ は定数）

⇐ $\sin\dfrac{7}{3}\pi=\dfrac{\sqrt{3}}{2}$，$\sin\dfrac{11}{3}\pi=-\dfrac{\sqrt{3}}{2}$

TR ④132 次の等式を満たす関数 $f(x)$ と定数 a の値を求めよ。

(1) $\int_0^{3x}f(t)dt=e^{2x}+a$　(2) $\int_a^{2x+1}f(t)dt=2x^2+4x$

(1) 等式の両辺を x で微分すると

(左辺)$=f(3x)\cdot 3$，(右辺)$=2e^{2x}$

よって，$f(3x)=\dfrac{2}{3}e^{2x}$ となり，この式において x を $\dfrac{x}{3}$ におき換えて　**$f(x)=\dfrac{2}{3}e^{\frac{2}{3}x}$**

また，等式で $x=0$ とすると $0=1+a$ から　**$a=-1$**

(2) 等式の両辺を x で微分すると

(左辺)$=f(2x+1)\cdot 2$，(右辺)$=4x+4$

ゆえに　$f(2x+1)=2x+2$

CHART
a を定数とするとき
$\dfrac{d}{dx}\int_a^{g(x)}f(t)dt=f(g(x))g'(x)$
を利用

⇐ $\int_0^0 f(t)dt=0$，$e^0=1$

⇐ 上の **CHART** で $g(x)=2x+1$ の場合。

$2x+1=u$ とおくと　$f(u)=2\cdot\dfrac{u-1}{2}+2$

すなわち　$f(u)=u+1$

u を x におき換えて　$\boldsymbol{f(x)=x+1}$

また，等式で $2x+1=a$ とすると

$$0=2\cdot\left(\frac{a-1}{2}\right)^2+4\cdot\left(\frac{a-1}{2}\right)$$

整理すると　$a^2+2a-3=0$　　よって　$\boldsymbol{a=-3,\ 1}$

⇐ $x=\dfrac{u-1}{2}$

⇐ $\displaystyle\int_a^a f(t)dt=0$

⇐ $(a+3)(a-1)=0$

TR 133 ⑤

次の極限値を求めよ。

(1) $\displaystyle\lim_{x\to0}\frac{1}{x}\int_0^x 2te^{t^2}dt$ 〔類 香川大〕

(2) $\displaystyle\lim_{x\to1}\frac{1}{x-1}\int_1^x \frac{1}{\sqrt{t^2+1}}dt$ 〔東京電機大〕

(1) $f(x)=\displaystyle\int_0^x 2te^{t^2}dt$ とし，$2te^{t^2}$ の原始関数を $F(t)$ とすると

$$f(x)=F(x)-F(0)$$

よって　$\displaystyle\lim_{x\to0}\frac{1}{x}\int_0^x 2te^{t^2}dt=\lim_{x\to0}\frac{F(x)-F(0)}{x-0}=F'(0)$

$F'(t)=2te^{t^2}$ であるから　$F'(0)=\boldsymbol{0}$

(2) $f(x)=\displaystyle\int_1^x \frac{1}{\sqrt{t^2+1}}dt$ とし，$\dfrac{1}{\sqrt{t^2+1}}$ の原始関数を $F(t)$ とすると　$f(x)=F(x)-F(1)$

よって　$\displaystyle\lim_{x\to1}\frac{1}{x-1}\int_1^x \frac{1}{\sqrt{t^2+1}}dt=\lim_{x\to1}\frac{F(x)-F(1)}{x-1}=F'(1)$

$F'(t)=\dfrac{1}{\sqrt{t^2+1}}$ であるから　$F'(1)=\boldsymbol{\dfrac{1}{\sqrt{2}}}$

定積分と極限

微分係数の定義利用。

$\displaystyle\lim_{x\to a}\frac{F(x)-F(a)}{x-a}$
$=F'(a)$

EX ③67 関数 $f(x)=Ae^x\cos x+Be^x\sin x$（ただし A, B は定数）について，次の問いに答えよ。
(1) $f'(x)$ を求めよ。
(2) $f''(x)$ を $f(x)$ および $f'(x)$ を用いて表せ。
(3) $\int f(x)dx$ を求めよ。〔東北学院大〕

(1) $f(x)=Ae^x\cos x+Be^x\sin x$ から

$$\boldsymbol{f'(x)}=A\{(e^x)'\cos x+e^x(\cos x)'\}+B\{(e^x)'\sin x+e^x(\sin x)'\}$$
$$=A(e^x\cos x-e^x\sin x)+B(e^x\sin x+e^x\cos x)$$
$$=\boldsymbol{(A+B)e^x\cos x+(-A+B)e^x\sin x}$$

⇐ $(uv)'=u'v+uv'$

(2) (1) より，$f(x)$ と $f'(x)$ における $e^x\cos x$, $e^x\sin x$ の係数部分に着目して，同様に $f'(x)$ から $f''(x)$ を考えると

$$f''(x)=\{(A+B)+(-A+B)\}e^x\cos x+\{-(A+B)+(-A+B)\}e^x\sin x$$
$$=2Be^x\cos x-2Ae^x\sin x$$

ここで，(1) の $f'(x)$ と $f(x)$ から

$$f'(x)-f(x)=Be^x\cos x-Ae^x\sin x$$

よって　$\boldsymbol{f''(x)=2\{f'(x)-f(x)\}}$

⇐ $A+B$, $-A+B$ をそれぞれ A, B とおき直すと，$f'(x)$ は $f(x)$ と同じ。よって $f''(x)$ は $f'(x)$ と同じで，(1) の結果の A, B をそれぞれ $A+B$, $-A+B$ とおき直したものが $f''(x)$ になる。

(3) (2) から　$f(x)=f'(x)-\dfrac{1}{2}f''(x)$

よって

$$\int f(x)dx=\int f'(x)dx-\frac{1}{2}\int f''(x)dx$$
$$=f(x)-\frac{1}{2}f'(x)+C$$
$$=Ae^x\cos x+Be^x\sin x-\frac{1}{2}\{(A+B)e^x\cos x+(-A+B)e^x\sin x\}+C$$
$$=\boldsymbol{\frac{1}{2}(A-B)e^x\cos x+\frac{1}{2}(A+B)e^x\sin x+C}$$

EX ③68 関数 $F(x)$ が $F'(x)=xe^{x^2}$, $F(0)=0$ を満たすとき，$F(x)$ を求めよ。〔関西大〕

$F'(x)=xe^{x^2}$ から　$F(x)=\int xe^{x^2}dx$

$x^2=u$ とおくと　$2x\,dx=du$

ゆえに　$F(x)=\int xe^{x^2}dx=\int\frac{1}{2}e^u du$

$$=\frac{1}{2}e^u+C=\frac{1}{2}e^{x^2}+C$$

$F(0)=0$ を満たすから　$\dfrac{1}{2}+C=0$

⇐ $e^0=1$

よって　　$C=-\dfrac{1}{2}$

したがって　　$\boldsymbol{F(x)=\dfrac{1}{2}e^{x^2}-\dfrac{1}{2}}$

EX ③69

不定積分 $\int(\sin x+x\cos x)dx$ を求めよ。また，この結果を用いて，不定積分 $\int(\sin x+x\cos x)\log x\,dx$ を求めよ。　〔立教大〕

$$\int(\sin x+x\cos x)dx=\int\sin x\,dx+\int x\cos x\,dx$$
$$=-\cos x+\int x(\sin x)'dx$$
$$=-\cos x+x\sin x-\int(x)'\sin x\,dx$$
$$=-\cos x+x\sin x-\int\sin x\,dx$$
$$=-\cos x+x\sin x+\cos x+C$$
$$=x\sin x+C$$

⇐部分積分法

この結果を用いると

$$\int(\sin x+x\cos x)\log x\,dx$$
$$=\int\log x\cdot(x\sin x)'dx$$
$$=\log x\cdot x\sin x-\int(\log x)'(x\sin x)dx$$
$$=(x\sin x)\log x-\int\sin x\,dx$$
$$=x(\sin x)\log x+\cos x+C$$

⇐ $f(x)=\log x$, $g'(x)=\sin x+x\cos x$ $[g(x)=x\sin x]$ とする。

6章 EX

EX ③70

次の不定積分を求めよ。

(1) $\int\sqrt{1+\sqrt{x}}\,dx$　(2) $\int x^3e^{x^2}dx$　(3) $\int\dfrac{\log x}{x^2}dx$

(4) $\int\dfrac{x}{\sqrt{x^2+1}+x}dx$　(5) $\int\log(x^2-1)dx$　(6) $\int\cos^4x\,dx$

(7) $\int\dfrac{1}{1-\sin x}dx$　(8) $\int\dfrac{e^x}{e^x-e^{-x}}dx$

(1) $\sqrt{1+\sqrt{x}}=t$ とおくと　　$1+\sqrt{x}=t^2$

ゆえに　　$x=(t^2-1)^2$, $dx=2(t^2-1)\cdot 2t\,dt$

よって

$$\int\sqrt{1+\sqrt{x}}\,dx=\int t\cdot 2(t^2-1)\cdot 2t\,dt=4\int(t^4-t^2)dt$$
$$=4\left(\frac{t^5}{5}-\frac{t^3}{3}\right)+C=\frac{4}{15}t^3(3t^2-5)+C$$
$$=\frac{4}{15}(3\sqrt{x}-2)(1+\sqrt{x})\sqrt{1+\sqrt{x}}+C$$

⇐ x の式に戻しやすいように整理する。

(2) $x^2=t$ とおくと　$2x\,dx=dt$

よって　$\displaystyle\int x^3e^{x^2}dx=\frac{1}{2}\int x^2e^{x^2}\cdot 2x\,dx=\frac{1}{2}\int te^t dt$

$$=\frac{1}{2}\int t(e^t)'dt=\frac{1}{2}\left\{te^t-\int(t)'e^tdt\right\}$$

$$=\frac{1}{2}\left(te^t-\int e^tdt\right)=\frac{1}{2}(te^t-e^t)+C$$

$$=\frac{1}{2}(t-1)e^t+C$$

$$=\boldsymbol{\frac{1}{2}(x^2-1)e^{x^2}+C}$$

⬅部分積分法を利用。$f(t)=t$, $g'(t)=e^t$ $[g(t)=e^t]$ とする。

(3) $\displaystyle\int\frac{\log x}{x^2}dx=\int(\log x)\cdot\left(-\frac{1}{x}\right)'dx$

$$=(\log x)\cdot\left(-\frac{1}{x}\right)-\int(\log x)'\left(-\frac{1}{x}\right)dx$$

$$=-\frac{\log x}{x}+\int\frac{1}{x^2}dx=-\frac{\log x}{x}-\frac{1}{x}+C$$

$$=\boldsymbol{-\frac{\log x+1}{x}+C}$$

⬅部分積分法を利用。$f(x)=\log x$, $g'(x)=\dfrac{1}{x^2}$ $\left[g(x)=-\dfrac{1}{x}\right]$ とする。

(4) $\displaystyle\int\frac{x}{\sqrt{x^2+1}+x}dx=\int\frac{x(\sqrt{x^2+1}-x)}{(\sqrt{x^2+1}+x)(\sqrt{x^2+1}-x)}dx$

$$=\int\frac{x(\sqrt{x^2+1}-x)}{(x^2+1)-x^2}dx$$

$$=\int x\sqrt{x^2+1}dx-\int x^2dx$$

⬅無理式は有理化の方針に従い，分母・分子に $\sqrt{x^2+1}-x$ を掛ける。

ここで，$x^2+1=u$ とおくと　$2x\,dx=du$

よって

$$\int x\sqrt{x^2+1}dx=\int\frac{1}{2}\sqrt{x^2+1}\cdot 2x\,dx$$

$$=\frac{1}{2}\int\sqrt{u}\,du=\frac{1}{2}\cdot\frac{2}{3}u^{\frac{3}{2}}+C_1$$

$$=\frac{1}{3}(x^2+1)\sqrt{x^2+1}+C_1\ (C_1\text{ は積分定数})$$

⬅積分定数 C_1 は，最後にまとめて C とする。

ゆえに　$\displaystyle\int\frac{x}{\sqrt{x^2+1}+x}dx=\boldsymbol{\frac{1}{3}(x^2+1)\sqrt{x^2+1}-\frac{x^3}{3}+C}$

(5) $\displaystyle\int\log(x^2-1)dx=\int\log(x^2-1)\cdot(x)'dx$

$$=\log(x^2-1)\cdot x-\int\{\log(x^2-1)\}'x\,dx$$

$$=x\log(x^2-1)-\int\frac{2x}{x^2-1}\cdot x\,dx$$

$$=x\log(x^2-1)-\int\frac{2x^2}{x^2-1}dx$$

⬅部分積分法を利用。$f(x)=\log(x^2-1)$, $g'(x)=1$ $[g(x)=x]$ とする。

ここで $\dfrac{2x^2}{x^2-1}=\dfrac{2(x^2-1)+2}{x^2-1}=2+\dfrac{2}{x^2-1}$

$=2+\dfrac{1}{x-1}-\dfrac{1}{x+1}$

よって $\displaystyle\int\log(x^2-1)\,dx$

$=x\log(x^2-1)-\displaystyle\int\left(2+\frac{1}{x-1}-\frac{1}{x+1}\right)dx$

$=x\log(x^2-1)-2x-\log|x-1|+\log|x+1|+C$

$=\boldsymbol{x\log(x^2-1)-2x+\log\dfrac{x+1}{x-1}+C}$

← $\dfrac{2}{x^2-1}=\dfrac{2}{(x+1)(x-1)}=\dfrac{1}{x-1}-\dfrac{1}{x+1}$

← $x^2-1>0$ から $(x+1)(x-1)>0$ すなわち $\dfrac{x+1}{x-1}>0$

(6) $\cos^4x=(\cos^2x)^2=\left\{\dfrac{1}{2}(1+\cos 2x)\right\}^2$

$=\dfrac{1}{4}(1+2\cos 2x+\cos^2 2x)$

$=\dfrac{1}{4}\left\{1+2\cos 2x+\dfrac{1}{2}(1+\cos 4x)\right\}$

$=\dfrac{3}{8}+\dfrac{1}{2}\cos 2x+\dfrac{1}{8}\cos 4x$

よって $\displaystyle\int\cos^4x\,dx=\int\left(\frac{3}{8}+\frac{1}{2}\cos 2x+\frac{1}{8}\cos 4x\right)dx$

$=\boldsymbol{\dfrac{3}{8}x+\dfrac{1}{4}\sin 2x+\dfrac{1}{32}\sin 4x+C}$

(6) 2倍角の公式 $\cos^2\theta=\dfrac{1+\cos 2\theta}{2}$ を繰り返し用いて **1次の形に直す**

6章 EX

(7) $\displaystyle\int\frac{1}{1-\sin x}dx=\int\frac{1+\sin x}{(1-\sin x)(1+\sin x)}dx$

$=\displaystyle\int\left(\frac{1}{\cos^2x}+\frac{\sin x}{\cos^2x}\right)dx$

$=\displaystyle\int\frac{1}{\cos^2x}dx+\int\frac{\sin x}{\cos^2x}dx$

← $1-\sin^2x=\cos^2x$

ここで，$\cos x=u$ とおくと $-\sin x\,dx=du$

よって $\displaystyle\int\frac{\sin x}{\cos^2x}dx=\int\frac{-1}{u^2}du=\frac{1}{u}+C_1$

$=\dfrac{1}{\cos x}+C_1$（C_1 は積分定数）

← 積分定数 C_1 は，最後にまとめて C とする。

ゆえに $\displaystyle\int\frac{1}{1-\sin x}dx=\boldsymbol{\tan x+\frac{1}{\cos x}+C}$

(8) $e^x=t$ とおくと $x=\log t$，$dx=\dfrac{1}{t}dt$

よって

$\displaystyle\int\frac{e^x}{e^x-e^{-x}}dx=\int\frac{t}{t-\frac{1}{t}}\cdot\frac{1}{t}dt$

$$=\int\frac{t}{t^2-1}dt=\frac{1}{2}\int\left(\frac{1}{t+1}+\frac{1}{t-1}\right)dt$$

$$=\frac{1}{2}(\log|t+1|+\log|t-1|)+C$$

$$=\frac{1}{2}\log|t^2-1|+C=\boldsymbol{\frac{1}{2}\log|e^{2x}-1|+C}$$

⇐ $\frac{t}{t^2-1}=\frac{t}{(t+1)(t-1)}$
$=\frac{1}{2}\left(\frac{1}{t+1}+\frac{1}{t-1}\right)$

EX ②71 次の定積分を求めよ。

(1) $\int_{-\frac{\pi}{2}}^{\frac{\pi}{2}}\sin^2x\,dx$　(2) $\int_{-a}^{a}\left(e^{\frac{x}{a}}+e^{-\frac{x}{a}}\right)dx$　(3) $\int_{-e}^{e}xe^{-x^2}dx$

(1) $\sin^2x$ は偶関数であるから

$$\int_{-\frac{\pi}{2}}^{\frac{\pi}{2}}\sin^2x\,dx=2\int_0^{\frac{\pi}{2}}\sin^2x\,dx=\int_0^{\frac{\pi}{2}}(1-\cos 2x)dx$$

$$=\left[x-\frac{1}{2}\sin 2x\right]_0^{\frac{\pi}{2}}=\boldsymbol{\frac{\pi}{2}}$$

(2) $e^{\frac{x}{a}}+e^{-\frac{x}{a}}$ は偶関数であるから

$$\int_{-a}^{a}\left(e^{\frac{x}{a}}+e^{-\frac{x}{a}}\right)dx=2\int_0^{a}\left(e^{\frac{x}{a}}+e^{-\frac{x}{a}}\right)dx=2a\left[e^{\frac{x}{a}}-e^{-\frac{x}{a}}\right]_0^{a}$$

$$=\boldsymbol{2a\left(e-\frac{1}{e}\right)}$$

⇐ $f(x)=e^{\frac{x}{a}}+e^{-\frac{x}{a}}$ とすると $f(-x)=e^{-\frac{x}{a}}+e^{\frac{x}{a}}$ $=f(x)$

(3) xe^{-x^2} は奇関数であるから

$$\int_{-e}^{e}xe^{-x^2}dx=\boldsymbol{0}$$

⇐ x は奇関数，e^{-x^2} は偶関数。

EX ③72 定積分 $\int_0^{\frac{\pi}{2}}x\cos^2x\,dx$ を求めよ。

$$\int_0^{\frac{\pi}{2}}x\cdot\frac{1+\cos 2x}{2}dx=\frac{1}{2}\int_0^{\frac{\pi}{2}}x\,dx+\frac{1}{2}\int_0^{\frac{\pi}{2}}x\cos 2x\,dx$$

⇐ $\cos^2x=\frac{1+\cos 2x}{2}$

$$\int_0^{\frac{\pi}{2}}x\cos 2x\,dx=\int_0^{\frac{\pi}{2}}x\left(\frac{\sin 2x}{2}\right)'dx$$

$$=\left[x\cdot\frac{\sin 2x}{2}\right]_0^{\frac{\pi}{2}}-\int_0^{\frac{\pi}{2}}(x)'\frac{\sin 2x}{2}dx$$

$$=-\frac{1}{2}\int_0^{\frac{\pi}{2}}\sin 2x\,dx$$

⇐ $f(x)=x$，$g'(x)=\cos 2x$ $\left[g(x)=\frac{\sin 2x}{2}\right]$ とする。

よって　$(与式)=\frac{1}{2}\left[\frac{x^2}{2}\right]_0^{\frac{\pi}{2}}-\frac{1}{4}\left[-\frac{\cos 2x}{2}\right]_0^{\frac{\pi}{2}}$

$$=\frac{\pi^2}{16}-\frac{1}{4}\left(\frac{1}{2}+\frac{1}{2}\right)=\boldsymbol{\frac{\pi^2}{16}-\frac{1}{4}}$$

EX ③73 等式 $\int_{-\frac{\pi}{a}}^{\frac{\pi}{a}}x\sin ax dx=1$ $(a>0)$ が成り立つとき，定数 a の値を求めよ。〔東京電機大〕

$x\sin ax$ は偶関数であるから

$$\int_{-\frac{\pi}{a}}^{\frac{\pi}{a}}x\sin ax dx=2\int_0^{\frac{\pi}{a}}x\sin ax dx$$

⇐ x，$\sin ax$ は奇関数。
(参考) (奇関数)×(奇関数)は偶関数。

ここで

$$\int_0^{\frac{\pi}{a}} x\sin ax\,dx=\int_0^{\frac{\pi}{a}} x\left(-\frac{1}{a}\cos ax\right)'dx$$

$$=\left[-\frac{x}{a}\cos ax\right]_0^{\frac{\pi}{a}}-\int_0^{\frac{\pi}{a}}(x)'\left(-\frac{1}{a}\cos ax\right)dx$$

> ⬅ $f(x)=x$, $g'(x)=\sin ax$ $\left[g(x)=-\frac{1}{a}\cos ax\right]$ とする。

$$=\frac{\pi}{a^2}+\frac{1}{a}\int_0^{\frac{\pi}{a}}\cos ax\,dx$$

$$=\frac{\pi}{a^2}+\frac{1}{a}\left[\frac{1}{a}\sin ax\right]_0^{\frac{\pi}{a}}=\frac{\pi}{a^2}$$

よって　$\frac{2\pi}{a^2}=1$

$a>0$ であるから　$\boldsymbol{a=\sqrt{2\pi}}$

EX ④ 74　次の定積分を求めよ。　［(1) 横浜市大，(2) 横浜国大］

(1) $\displaystyle\int_0^{\frac{\pi}{2}}\frac{\sqrt{2}}{\sin x+\cos x}dx$　　(2) $\displaystyle\int_0^{\frac{\pi}{2}}\frac{dx}{3\sin x+4\cos x}$

(1) $$\int_0^{\frac{\pi}{2}}\frac{\sqrt{2}}{\sin x+\cos x}dx=\int_0^{\frac{\pi}{2}}\frac{1}{\sin\left(x+\frac{\pi}{4}\right)}dx$$

> ⬅ 分母を三角関数の合成により変形。

$$=\int_0^{\frac{\pi}{2}}\frac{\sin\left(x+\frac{\pi}{4}\right)}{\sin^2\left(x+\frac{\pi}{4}\right)}dx=\int_0^{\frac{\pi}{2}}\frac{\sin\left(x+\frac{\pi}{4}\right)}{1-\cos^2\left(x+\frac{\pi}{4}\right)}dx$$

> ⬅ $\sin^2\left(x+\frac{\pi}{4}\right)=1-\cos^2\left(x+\frac{\pi}{4}\right)$

$\cos\left(x+\frac{\pi}{4}\right)=t$ とおくと　$-\sin\left(x+\frac{\pi}{4}\right)dx=dt$

x と t の対応は右のようになる。

x	$0\longrightarrow\frac{\pi}{2}$
t	$\frac{1}{\sqrt{2}}\longrightarrow-\frac{1}{\sqrt{2}}$

よって

$$(\text{与式})=\int_{\frac{1}{\sqrt{2}}}^{-\frac{1}{\sqrt{2}}}\frac{1}{1-t^2}\cdot(-1)dt$$

$$=\int_{-\frac{1}{\sqrt{2}}}^{\frac{1}{\sqrt{2}}}\frac{1}{1-t^2}dt=2\int_0^{\frac{1}{\sqrt{2}}}\frac{1}{1-t^2}dt$$

> ⬅ $\frac{1}{1-t^2}$ は偶関数。

$$=\int_0^{\frac{1}{\sqrt{2}}}\left(\frac{1}{1+t}+\frac{1}{1-t}\right)dt$$

> ⬅ $\frac{1}{1-t^2}=\frac{1}{2}\left(\frac{1}{1+t}+\frac{1}{1-t}\right)$

$$=\Big[\log|1+t|-\log|1-t|\Big]_0^{\frac{1}{\sqrt{2}}}=\left[\log\left|\frac{1+t}{1-t}\right|\right]_0^{\frac{1}{\sqrt{2}}}$$

$$=\log\frac{\sqrt{2}+1}{\sqrt{2}-1}=\log(\sqrt{2}+1)^2=\boldsymbol{2\log(\sqrt{2}+1)}$$

(2) $$\int_0^{\frac{\pi}{2}}\frac{dx}{3\sin x+4\cos x}=\int_0^{\frac{\pi}{2}}\frac{dx}{5\sin(x+\alpha)}$$

> ⬅ 分母を三角関数の合成により変形。

$$=\frac{1}{5}\int_0^{\frac{\pi}{2}}\frac{\sin(x+\alpha)}{\sin^2(x+\alpha)}dx=\frac{1}{5}\int_0^{\frac{\pi}{2}}\frac{\sin(x+\alpha)}{1-\cos^2(x+\alpha)}dx$$

6章 EX

ただし，α は $\sin\alpha=\frac{4}{5}$，$\cos\alpha=\frac{3}{5}$ を満たす鋭角である。

← α は簡単には求められないので $\sin\alpha=\frac{4}{5}$，$\cos\alpha=\frac{3}{5}$ のままにしておく。

$\cos(x+\alpha)=t$ とおくと

$$-\sin(x+\alpha)dx=dt$$

x と t の対応は右のようになる。

x	$0 \longrightarrow \frac{\pi}{2}$
t	$\frac{3}{5} \longrightarrow -\frac{4}{5}$

← $x=0$ のとき $\cos\alpha=\frac{3}{5}$
$x=\frac{\pi}{2}$ のとき $\cos\left(\frac{\pi}{2}+\alpha\right)=-\sin\alpha=-\frac{4}{5}$

したがって

$$(\text{与式})=\frac{1}{5}\int_{\frac{3}{5}}^{-\frac{4}{5}}\frac{1}{1-t^2}\cdot(-1)dt=\frac{1}{5}\int_{-\frac{4}{5}}^{\frac{3}{5}}\frac{dt}{(1+t)(1-t)}$$

$$=\frac{1}{5}\cdot\frac{1}{2}\int_{-\frac{4}{5}}^{\frac{3}{5}}\left(\frac{1}{1+t}+\frac{1}{1-t}\right)dt$$

$$=\frac{1}{10}\Big[\log|1+t|-\log|1-t|\Big]_{-\frac{4}{5}}^{\frac{3}{5}}$$

$$=\frac{1}{10}\left[\log\left|\frac{1+t}{1-t}\right|\right]_{-\frac{4}{5}}^{\frac{3}{5}}=\frac{1}{10}(\log 4+\log 9)$$

$$=\mathbf{\frac{1}{5}\log 6}$$

EX ④75

次の定積分を求めよ。

(1) $\int_0^1\sqrt{2x-x^2}\,dx$ (2) $\int_1^2\frac{1}{x^2-2x+2}dx$

(1) $\sqrt{2x-x^2}=\sqrt{1-(x-1)^2}$

CHART $\sqrt{a^2-x^2}$ の定積分 $x=a\sin\theta$ とおく

$x-1=\sin\theta$ とおくと $dx=\cos\theta\,d\theta$

x と θ の対応は右のようにとれる。

x	$0 \longrightarrow 1$
θ	$-\frac{\pi}{2} \longrightarrow 0$

この範囲において $\cos\theta\geqq 0$ であるから

$$\sqrt{1-(x-1)^2}=\sqrt{1-\sin^2\theta}=\sqrt{\cos^2\theta}=\cos\theta$$

よって

$$\int_0^1\sqrt{2x-x^2}\,dx=\int_{-\frac{\pi}{2}}^{0}\cos^2\theta\,d\theta=\frac{1}{2}\int_{-\frac{\pi}{2}}^{0}(1+\cos 2\theta)d\theta$$

← $\cos^2\theta=\frac{1+\cos 2\theta}{2}$

$$=\frac{1}{2}\left[\theta+\frac{1}{2}\sin 2\theta\right]_{-\frac{\pi}{2}}^{0}=\boldsymbol{\frac{\pi}{4}}$$

(2) $x^2-2x+2=(x-1)^2+1$ と変形できるから

CHART $\frac{1}{x^2+a^2}$ の定積分 $x=a\tan\theta$ とおく

$x-1=\tan\theta$ とおくと $dx=\frac{1}{\cos^2\theta}d\theta$

x と θ の対応は右のようにとれる。

x	$1 \longrightarrow 2$
θ	$0 \longrightarrow \frac{\pi}{4}$

よって

$$\int_1^2\frac{1}{x^2-2x+2}dx=\int_1^2\frac{1}{(x-1)^2+1}dx$$

$$=\int_0^{\frac{\pi}{4}}\frac{1}{\tan^2\theta+1}\cdot\frac{1}{\cos^2\theta}d\theta=\int_0^{\frac{\pi}{4}}\frac{\cos^2\theta}{\cos^2\theta}d\theta$$

$$=\int_0^{\frac{\pi}{4}}d\theta=\Big[\theta\Big]_0^{\frac{\pi}{4}}=\boldsymbol{\frac{\pi}{4}}$$

EX ④**76** $f(x)=\cos x+\frac{1}{\pi}\int_0^{\pi}\sin(x-t)f(t)dt$ を満たす関数 $f(x)$ を求めよ。 〔類 福島県立医大〕

$$f(x)=\cos x+\frac{1}{\pi}\int_0^{\pi}(\sin x\cos t-\cos x\sin t)f(t)dt$$

$$=\cos x+\left\{\frac{1}{\pi}\int_0^{\pi}f(t)\cos t\,dt\right\}\sin x-\left\{\frac{1}{\pi}\int_0^{\pi}f(t)\sin t\,dt\right\}\cos x$$

ここで，$\frac{1}{\pi}\int_0^{\pi}f(t)\cos t\,dt=a$，$\frac{1}{\pi}\int_0^{\pi}f(t)\sin t\,dt=b$ とおくと

$$f(x)=a\sin x+(1-b)\cos x \quad \cdots\cdots ①$$

よって $a=\frac{1}{\pi}\int_0^{\pi}\{a\sin t+(1-b)\cos t\}\cos t\,dt$

$$=\frac{1}{\pi}\int_0^{\pi}\{a\sin t\cos t+(1-b)\cos^2 t\}dt$$

$$=\frac{1}{\pi}\int_0^{\pi}\left\{a\cdot\frac{\sin 2t}{2}+(1-b)\cdot\frac{1+\cos 2t}{2}\right\}dt$$

$$=\frac{1}{\pi}\left\{a\left[-\frac{1}{4}\cos 2t\right]_0^{\pi}+(1-b)\left[\frac{t}{2}+\frac{1}{4}\sin 2t\right]_0^{\pi}\right\}$$

$$=\frac{1}{2}(1-b)$$

ゆえに $a=\frac{1}{2}(1-b)$ ……②

また $b=\frac{1}{\pi}\int_0^{\pi}\{a\sin t+(1-b)\cos t\}\sin t\,dt$

$$=\frac{1}{\pi}\int_0^{\pi}\{a\sin^2 t+(1-b)\sin t\cos t\}dt$$

$$=\frac{1}{\pi}\int_0^{\pi}\left\{a\cdot\frac{1-\cos 2t}{2}+(1-b)\cdot\frac{\sin 2t}{2}\right\}dt$$

$$=\frac{1}{\pi}\left\{a\left[\frac{t}{2}-\frac{1}{4}\sin 2t\right]_0^{\pi}+(1-b)\left[-\frac{1}{4}\cos 2t\right]_0^{\pi}\right\}$$

$$=\frac{1}{2}a$$

ゆえに $b=\frac{1}{2}a$ ……③

②，③ を解いて $a=\frac{2}{5}$，$b=\frac{1}{5}$

① に代入して $\boldsymbol{f(x)=\frac{2}{5}\sin x+\frac{4}{5}\cos x}$

⇐ 三角関数の加法定理。
$\sin(\alpha-\beta)=\sin\alpha\cos\beta-\cos\alpha\sin\beta$

⇐ 積分変数 t に無関係な $\sin x$，$\cos x$ を $\int$ の外に出す。

⇐ $\int_0^{\pi}(t$ の式$)dt$ は定数である。

⇐ 2倍角の公式から
$\sin t\cos t=\frac{\sin 2t}{2}$，
$\cos^2 t=\frac{1+\cos 2t}{2}$

⇐ 2倍角の公式から
$\sin^2 t=\frac{1-\cos 2t}{2}$

6章
EX

EX ⑤77 a, b は定数で, $a<b$ とする。t を任意の実数とするとき, 定積分 $\int_a^b\{tf(x)+g(x)\}^2dx$ は t の関数であり, その値が常に正または0であることを用いて, 次の不等式(シュワルツの不等式という)を証明せよ。

$$\left\{\int_a^b f(x)g(x)dx\right\}^2 \leqq \left(\int_a^b\{f(x)\}^2dx\right)\left(\int_a^b\{g(x)\}^2dx\right)$$

$\int_a^b\{tf(x)+g(x)\}^2dx$

$=t^2\int_a^b\{f(x)\}^2dx+2t\int_a^b f(x)g(x)dx+\int_a^b\{g(x)\}^2dx$

⬅積分変数 x に無関係な t を $\int$ の前に出す。

$\int_a^b\{f(x)\}^2dx=I$, $\int_a^b f(x)g(x)dx=J$, $\int_a^b\{g(x)\}^2dx=K$ とおくと　$\int_a^b\{tf(x)+g(x)\}^2dx=It^2+2Jt+K$

$\{f(x)\}^2\geqq 0$ であるから　$\int_a^b\{f(x)\}^2dx\geqq 0$

すなわち　$I\geqq 0$

[1]　$I>0$ のとき

任意の実数 t について, $\int_a^b\{tf(x)+g(x)\}^2dx\geqq 0$ すなわち

$It^2+2Jt+K\geqq 0$ が成り立つから, t の2次方程式

$It^2+2Jt+K=0$ の判別式を D とすると　$D\leqq 0$

$\dfrac{D}{4}=J^2-IK$ であるから　$J^2-IK\leqq 0$

よって　$J^2\leqq IK$

⬅$a\neq 0$ であり, $ax^2+bx+c=0$ の判別式を D とするとき **常に $ax^2+bx+c\geqq 0$ が成り立つ $\iff$ $a>0$ かつ $D\leqq 0$**

[2]　$I=0$ のとき

区間 $[a, b]$ で常に $f(x)=0$ であるから　$J=0$

ゆえに　$J^2\leqq IK$

[1], [2] から

$$\left\{\int_a^b f(x)g(x)dx\right\}^2 \leqq \left(\int_a^b\{f(x)\}^2dx\right)\left(\int_a^b\{g(x)\}^2dx\right)$$

EX ④78

(1)　関数 $y=\dfrac{1}{x(\log x)^2}$ は $x>1$ において単調に減少することを示せ。

(2)　不定積分 $\int\dfrac{1}{x(\log x)^2}dx$ を求めよ。

(3)　n を3以上の整数とするとき, 不等式 $\sum_{k=3}^{n}\dfrac{1}{k(\log k)^2}<\dfrac{1}{\log 2}$ が成り立つことを示せ。〔九州大〕

(1)　$y'=-\dfrac{(\log x)^2+x\cdot(2\log x)\cdot\dfrac{1}{x}}{x^2(\log x)^4}=-\dfrac{\log x+2}{x^2(\log x)^3}$

⬅$\left\{\dfrac{1}{g(x)}\right\}'=-\dfrac{g'(x)}{\{g(x)\}^2}$

$x>1$ のとき, $\log x>0$ であるから　$\dfrac{\log x+2}{x^2(\log x)^3}>0$

よって, $x>1$ において　$y'<0$

ゆえに, $y=\dfrac{1}{x(\log x)^2}$ は $x>1$ において単調に減少する。

別解 x, $(\log x)^2$ は $x>1$ において単調に増加する。
$x>1$ のとき，$x>0$，$(\log x)^2>0$ であるから，$x(\log x)^2$ も単調に増加し，$x(\log x)^2>0$ である。

よって，$x>1$ において $y=\dfrac{1}{x(\log x)^2}$ は単調に減少する。

(2) $\displaystyle\int\frac{1}{x(\log x)^2}dx=\int\frac{(\log x)'}{(\log x)^2}dx=-\boldsymbol{\frac{1}{\log x}+C}$

← $\displaystyle\int\frac{f'(x)}{\{f(x)\}^2}dx=-\frac{1}{f(x)}+C$

(3) (1) から，$y=\dfrac{1}{x(\log x)^2}$ は $x>1$ において単調に減少する。

$\displaystyle\sum_{k=3}^{n}\frac{1}{k(\log k)^2}$ は右の図の斜線部分の面積の和に等しい。

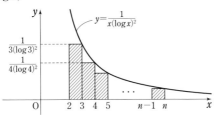

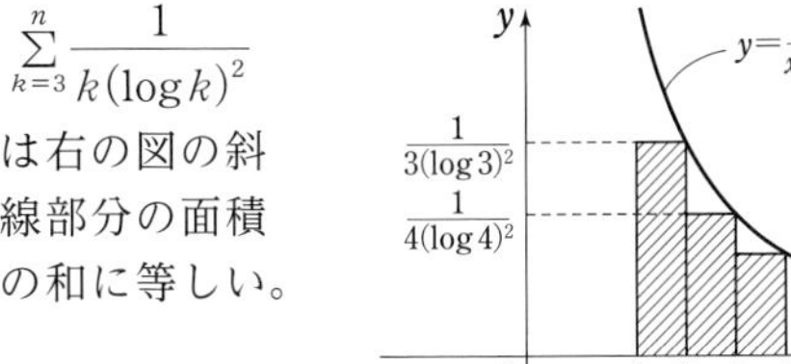

図から $\displaystyle\sum_{k=3}^{n}\frac{1}{k(\log k)^2}<\int_2^n\frac{1}{x(\log x)^2}dx$ …… ①

(2) から $\displaystyle\int_2^n\frac{1}{x(\log x)^2}dx=\left[-\frac{1}{\log x}\right]_2^n=\frac{1}{\log 2}-\frac{1}{\log n}$

$n\geqq3$ より，$\dfrac{1}{\log n}>0$ であるから $\displaystyle\int_2^n\frac{1}{x(\log x)^2}dx<\frac{1}{\log 2}$

← $\dfrac{1}{\log n}>0$ であるから $\dfrac{1}{\log 2}-\dfrac{1}{\log n}<\dfrac{1}{\log 2}$

よって，① から $\displaystyle\sum_{k=3}^{n}\frac{1}{k(\log k)^2}<\frac{1}{\log 2}$

EX ⑤79

自然数 n に対して，$I_n=\displaystyle\int_1^{e^2}(\log x)^n dx$ と定める。
(1) I_1 を求めよ。
(2) $n\geqq2$ のとき，I_n を n と I_{n-1} を用いて表せ。
(3) I_4 を求めよ。 ［茨城大］

(1) $\displaystyle I_1=\int_1^{e^2}(\log x)\cdot(x)'dx=\Big[(\log x)\cdot x\Big]_1^{e^2}-\int_1^{e^2}(\log x)'x\,dx$

$\displaystyle=e^2\log e^2-\int_1^{e^2}dx=2e^2-\Big[x\Big]_1^{e^2}$

$=2e^2-(e^2-1)=\boldsymbol{e^2+1}$

← 部分積分法

(2) $n\geqq2$ のとき

$\displaystyle I_n=\int_1^{e^2}(\log x)^n\cdot(x)'dx$

$\displaystyle=\Big[(\log x)^n x\Big]_1^{e^2}-\int_1^{e^2}\{(\log x)^n\}'x\,dx$

$\displaystyle=e^2(\log e^2)^n-\int_1^{e^2}n(\log x)^{n-1}\cdot\frac{1}{x}\cdot x\,dx$

← $\{(\log x)^n\}'=n(\log x)^{n-1}\cdot(\log x)'$

$\displaystyle=2^n e^2-n\int_1^{e^2}(\log x)^{n-1}dx=2^n e^2-nI_{n-1}$

よって，$n\geqq2$ のとき $\boldsymbol{I_n=2^n e^2-nI_{n-1}}$

(3) (1), (2) から

$$I_4=2^4e^2-4I_3=16e^2-4(2^3e^2-3I_2)$$
$$=-16e^2+12(2^2e^2-2I_1)$$
$$=32e^2-24(e^2+1)=\mathbf{8e^2-24}$$

⇐ $I_3=2^3e^2-3I_2$

⇐ $I_2=2^2e^2-2I_1$

EX ④80

連続な関数 $f(x)$ が関係式 $\int_a^x(x-t)f(t)dt=2\sin x-x+b$ を満たす。ただし，a，b は定数であり，$0\leqq a\leqq\frac{\pi}{2}$ である。

(1) $\int_a^x f(t)dt$ を求めよ。　(2) $f(x)$ を求めよ。

(3) 定数 a，b の値を求めよ。　〔類 岩手大〕

(1) 与式から　$x\int_a^x f(t)dt-\int_a^x tf(t)dt=2\sin x-x+b$

⇐ 積分変数 t に無関係な x を $\int$ の前に出す。

両辺を x で微分すると

$$(x)'\int_a^x f(t)dt+x\left(\frac{d}{dx}\int_a^x f(t)dt\right)-xf(x)=2\cos x-1$$

よって　$\int_a^x f(t)dt+xf(x)-xf(x)=2\cos x-1$

すなわち　$\boldsymbol{\int_a^x f(t)dt=2\cos x-1}$ …… ①

(2) ① の両辺を x で微分すると　$\boldsymbol{f(x)=-2\sin x}$

(3) ① において，$x=a$ とすると

$$0=2\cos a-1$$

⇐ $\int_a^a f(t)dt=0$

すなわち　$\cos a=\frac{1}{2}$

$0\leqq a\leqq\frac{\pi}{2}$ であるから　$\boldsymbol{a=\frac{\pi}{3}}$

また，与式 $\int_a^x(x-t)f(t)dt=2\sin x-x+b$ において，

$x=a$ とすると　$0=2\sin a-a+b$

⇐ $\int_a^a(a-t)f(t)dt=0$

よって　$\boldsymbol{b}=a-2\sin a=\frac{\pi}{3}-2\sin\frac{\pi}{3}=\boldsymbol{\frac{\pi}{3}-\sqrt{3}}$

TR ②134 次の曲線と2直線，およびx軸で囲まれた2つの部分の面積の和Sを求めよ。

(1) $y=\dfrac{x-1}{x-2}$，$x=-1$，$x=\dfrac{3}{2}$　　(2) $y=e^{2x}-1$，$x=-1$，$x=1$

(3) $y=\sin x\left(\dfrac{\pi}{4}\leqq x\leqq\dfrac{4}{3}\pi\right)$，$x=\dfrac{\pi}{4}$，$x=\dfrac{4}{3}\pi$　　(4) $y=\log(x-1)$，$x=\dfrac{3}{2}$，$x=4$

(1) $y=\dfrac{x-1}{x-2}=\dfrac{1}{x-2}+1$ であるから，曲線 $y=\dfrac{x-1}{x-2}$ は，区間 $-1\leqq x\leqq 1$ では $y\geqq 0$，区間 $1\leqq x\leqq\dfrac{3}{2}$ では $y\leqq 0$ である。

← $\dfrac{x-1}{x-2}=0$ とすると $x=1$

よって，求める面積の和Sは

$$S=\int_{-1}^{1}\left(\frac{1}{x-2}+1\right)dx+\int_{1}^{\frac{3}{2}}\left\{-\left(\frac{1}{x-2}+1\right)\right\}dx$$
$$=\Big[\log|x-2|+x\Big]_{-1}^{1}-\Big[\log|x-2|+x\Big]_{1}^{\frac{3}{2}}$$
$$=1-(\log 3-1)-\left\{\left(\log\frac{1}{2}+\frac{3}{2}\right)-1\right\}$$
$$=\frac{3}{2}-\log 3+\log 2=\boldsymbol{\frac{3}{2}+\log\frac{2}{3}}$$

(2) $e^{2x}-1=0$ とすると　$2x=0$　よって　$x=0$

← $e^{2x}=1$ から　$2x=0$

区間 $-1\leqq x\leqq 0$ では $y\leqq 0$，区間 $0\leqq x\leqq 1$ では $y\geqq 0$ であるから，求める面積の和Sは

$$S=\int_{-1}^{0}\{-(e^{2x}-1)\}dx+\int_{0}^{1}(e^{2x}-1)dx$$
$$=-\left[\frac{1}{2}e^{2x}-x\right]_{-1}^{0}+\left[\frac{1}{2}e^{2x}-x\right]_{0}^{1}$$

← $e^0=1$

$$=-\frac{1}{2}+\left(\frac{1}{2}e^{-2}+1\right)+\left(\frac{1}{2}e^{2}-1\right)-\frac{1}{2}$$
$$=\boldsymbol{\frac{1}{2}\left(e^2+\frac{1}{e^2}\right)-1}$$

(1)

(2)

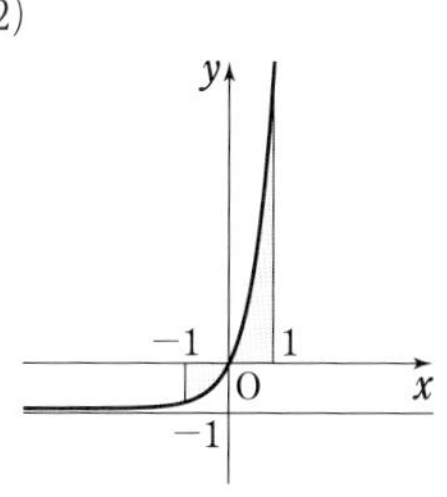

(3) $\sin x=0$ とすると，$\dfrac{\pi}{4}\leqq x\leqq\dfrac{4}{3}\pi$ の範囲では　$x=\pi$

区間 $\dfrac{\pi}{4}\leqq x\leqq\pi$ では $y\geqq 0$，区間 $\pi\leqq x\leqq\dfrac{4}{3}\pi$ では $y\leqq 0$ であるから，求める面積の和Sは

$$S=\int_{\frac{\pi}{4}}^{\pi}\sin x\,dx+\int_{\pi}^{\frac{4}{3}\pi}(-\sin x)\,dx$$

$$=\Big[-\cos x\Big]_{\frac{\pi}{4}}^{\pi}+\Big[\cos x\Big]_{\pi}^{\frac{4}{3}\pi}$$

$$=-\cos\pi+\cos\frac{\pi}{4}+\cos\frac{4}{3}\pi-\cos\pi$$

$$=1+\frac{1}{\sqrt{2}}-\frac{1}{2}+1=\boldsymbol{\frac{3+\sqrt{2}}{2}}$$

⇐ $\cos\pi=-1$, $\cos\frac{\pi}{4}=\frac{1}{\sqrt{2}}$, $\cos\frac{4}{3}\pi=-\frac{1}{2}$

(4)　$\log(x-1)=0$ とすると　　$x-1=1$　　よって　　$x=2$

区間 $\frac{3}{2}\leqq x\leqq 2$ では $y\leqq 0$，区間 $2\leqq x\leqq 4$ では $y\geqq 0$ であるから，求める面積の和 S は

$$S=\int_{\frac{3}{2}}^{2}\{-\log(x-1)\}dx+\int_{2}^{4}\log(x-1)\,dx$$

$$=-\Big[(x-1)\log(x-1)-x\Big]_{\frac{3}{2}}^{2}+\Big[(x-1)\log(x-1)-x\Big]_{2}^{4}$$

$$=2+\left(\frac{1}{2}\log\frac{1}{2}-\frac{3}{2}\right)+(3\log 3-4)+2$$

$$=-\frac{3}{2}-\log\sqrt{2}+\log 27=\boldsymbol{\log\frac{27}{\sqrt{2}}-\frac{3}{2}}$$

⇐ $\int\log(x-1)\cdot(x-1)'dx$
$=\log(x-1)\cdot(x-1)-\int\frac{1}{x-1}\cdot(x-1)dx$
$=(x-1)\log(x-1)-x+C$

(3)　　　(4)

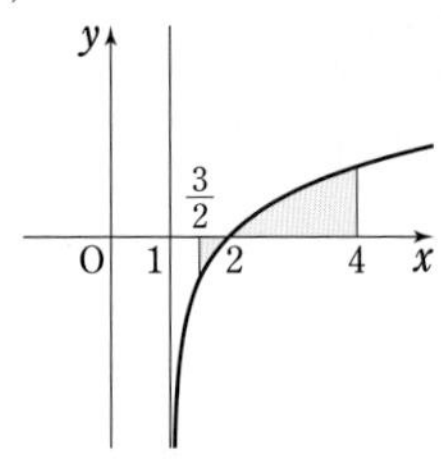

TR ②135　2 つの曲線 $y=e^x$，$y=e^{2-x}$ と y 軸で囲まれた部分の面積 S を求めよ。

2 曲線の共有点の x 座標は，
方程式 $e^x=e^{2-x}$ の解である。
$e^x=e^{2-x}$ から　　$e^{2x}=e^2$
よって　　$x=1$
$0\leqq x\leqq 1$ では　$e^x\leqq e^{2-x}$
であるから，求める面積 S は

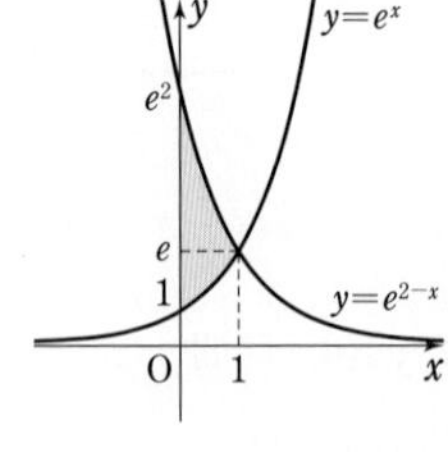

⇐ 両辺に e^x を掛ける。
⇐ $2x=2$ から。

$$S=\int_0^1(e^{2-x}-e^x)\,dx$$

$$=\Big[-e^{2-x}-e^x\Big]_0^1=(-e-e)-(-e^2-1)=\boldsymbol{(e-1)^2}$$

TR ③136　$0\leqq x\leqq\frac{4}{3}\pi$ の範囲で，2つの曲線 $y=\cos x$，$y=\cos 2x$ で囲まれた2つの部分の面積の和を求めよ。

2つの曲線の共有点の x 座標は，方程式 $\cos x=\cos 2x$ の解である。

$\cos x=2\cos^2 x-1$ であるから

$$2\cos^2 x-\cos x-1=0$$

よって

$$(\cos x-1)(2\cos x+1)=0$$

ゆえに　$\cos x=1,\ -\frac{1}{2}$

$0\leqq x\leqq\frac{4}{3}\pi$ の範囲で解くと　$x=0,\ \frac{2}{3}\pi,\ \frac{4}{3}\pi$

$0\leqq x\leqq\frac{2}{3}\pi$ では $\cos x\geqq\cos 2x$，$\frac{2}{3}\pi\leqq x\leqq\frac{4}{3}\pi$ では $\cos x\leqq\cos 2x$ であるから，求める面積の和 S は

$$S=\int_0^{\frac{2}{3}\pi}(\cos x-\cos 2x)dx+\int_{\frac{2}{3}\pi}^{\frac{4}{3}\pi}(\cos 2x-\cos x)dx$$

$$=\left[\sin x-\frac{1}{2}\sin 2x\right]_0^{\frac{2}{3}\pi}+\left[\frac{1}{2}\sin 2x-\sin x\right]_{\frac{2}{3}\pi}^{\frac{4}{3}\pi}$$

$$=\left(\sin\frac{2}{3}\pi-\frac{1}{2}\sin\frac{4}{3}\pi\right)+\left(\frac{1}{2}\sin\frac{8}{3}\pi-\sin\frac{4}{3}\pi\right)-\left(\frac{1}{2}\sin\frac{4}{3}\pi-\sin\frac{2}{3}\pi\right)$$

$$=\left\{\frac{\sqrt{3}}{2}-\frac{1}{2}\left(-\frac{\sqrt{3}}{2}\right)\right\}+\left\{\frac{1}{2}\cdot\frac{\sqrt{3}}{2}-\left(-\frac{\sqrt{3}}{2}\right)\right\}-\left\{\frac{1}{2}\left(-\frac{\sqrt{3}}{2}\right)-\frac{\sqrt{3}}{2}\right\}$$

$$=\boldsymbol{\frac{9\sqrt{3}}{4}}$$

$y=\cos 2x$ のグラフは，$y=\cos x$ のグラフを，y 軸をもとにして x 軸方向に $\frac{1}{2}$ 倍したものである。

⇐ 2つの曲線の上下関係が，$x=\frac{2}{3}\pi$ を境目にして入れ替わっている。

TR ①137　次の曲線と直線で囲まれた部分の面積 S を求めよ。
(1)　$x=-1-y^2$，$y=-1$，$y=2$，y 軸　　(2)　$x=1-e^y$，$y=-1$，y 軸

(1)　$-1\leqq y\leqq 2$ では $x=-1-y^2\leqq 0$ であるから，求める面積 S は

$$S=\int_{-1}^{2}(-x)dy$$

$$=\int_{-1}^{2}(1+y^2)dy$$

$$=\left[y+\frac{y^3}{3}\right]_{-1}^{2}$$

$$=\boldsymbol{6}$$

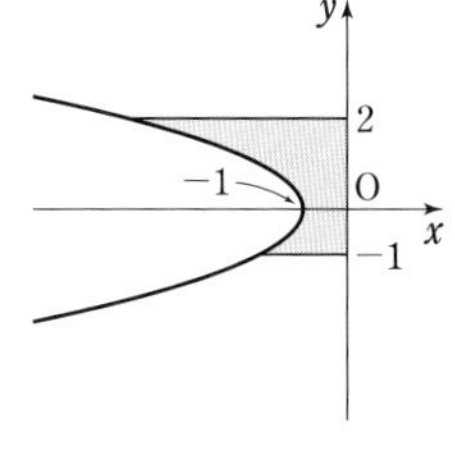

⇐ 囲まれた部分は，y 軸より左側にある。

(2)　$-1 \leqq y \leqq 0$ では

$$x=1-e^y \geqq 0$$

であるから，求める面積 S は

$$S=\int_{-1}^{0}(1-e^y)dy$$

$$=\Big[y-e^y\Big]_{-1}^{0}$$

$$=-1-(-1-e^{-1})=\frac{1}{e}$$

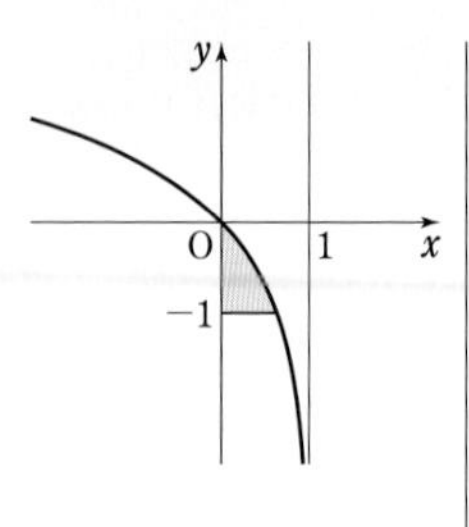

⇐ 囲まれた部分は，y 軸より右側にある。

TR ②138

放物線 $y^2-y=x$ と直線 $2x+y=1$ で囲まれた部分の面積 S を求めよ。

$y^2-y=x$，$2x+y=1$ から x を消去すると　$y^2-y=\dfrac{1-y}{2}$

整理して　　$2y^2-y-1=0$

ゆえに　　$(y-1)(2y+1)=0$

よって，曲線と直線の共有点の y 座標は　　$y=-\dfrac{1}{2}$，1

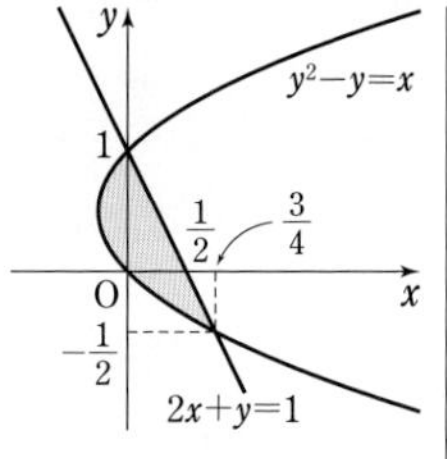

⇐ 積分区間の決定。

$-\dfrac{1}{2} \leqq y \leqq 1$ では，$y^2-y \leqq \dfrac{1-y}{2}$ であるから，求める面積 S は

$$S=\int_{-\frac{1}{2}}^{1}\left\{\frac{1-y}{2}-(y^2-y)\right\}dy=-\int_{-\frac{1}{2}}^{1}(y-1)\left(y+\frac{1}{2}\right)dy$$

$$=-\frac{-1}{6}\left\{1-\left(-\frac{1}{2}\right)\right\}^3=\frac{9}{16}$$

⇐ $\displaystyle\int_{\alpha}^{\beta}(x-\alpha)(x-\beta)dx=-\frac{1}{6}(\beta-\alpha)^3$

TR ③139

楕円 $2x^2+3y^2=6$ で囲まれた部分の面積 S を求めよ。

この楕円は，x 軸および y 軸に関して対称で，求める面積 S は第 1 象限にある部分の面積の 4 倍である。

$2x^2+3y^2=6$ から

$$y^2=\frac{2}{3}(3-x^2)$$

$-\sqrt{3} \leqq x \leqq \sqrt{3}$ であるから

$$y=\pm\frac{\sqrt{6}}{3}\sqrt{3-x^2}$$

よって，$x \geqq 0$，$y \geqq 0$ での楕円の方程式は

$$y=\frac{\sqrt{6}}{3}\sqrt{3-x^2}$$

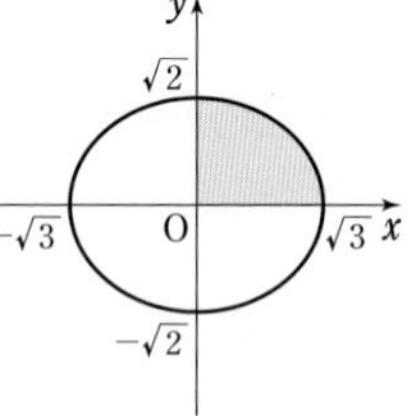

⇐ $2x^2+3y^2=6$ の両辺を 6 で割ると

$$\frac{x^2}{3}+\frac{y^2}{2}=1$$

x 軸と点 $(\sqrt{3},\ 0)$，$(-\sqrt{3},\ 0)$ で交わり，y 軸と点 $(0,\ \sqrt{2})$，$(0,\ -\sqrt{2})$ で交わる。

ゆえに　　$S=4\int_0^{\sqrt{3}}\frac{\sqrt{6}}{3}\sqrt{3-x^2}dx=\frac{4\sqrt{6}}{3}\int_0^{\sqrt{3}}\sqrt{3-x^2}dx$

$\int_0^{\sqrt{3}}\sqrt{3-x^2}dx$ は，半径 $\sqrt{3}$ の四分円の面積を表すから

$$S=\frac{4\sqrt{6}}{3}\cdot\frac{\pi}{4}\cdot(\sqrt{3})^2=\boldsymbol{\sqrt{6}\,\pi}$$

TR ③140 次の曲線や直線で囲まれた部分の面積 S を求めよ。
(1) $x=3\cos\theta$，$y=4\sin\theta$ $(0\leqq\theta\leqq 2\pi)$
(2) 曲線 $x=t^3$，$y=1-t^2$ と x 軸

(1) θ の値に対応する x，y の値の変化は

θ	0	…	$\frac{\pi}{2}$	…	π	…	$\frac{3}{2}\pi$	…	2π
x	3	↘	0	↘	-3	↗	0	↗	3
y	0	↗	4	↘	0	↘	-4	↗	0

ゆえに，曲線は右の図のような楕円となる。
この楕円は，x 軸および y 軸に関して対称で，求める面積 S は $4\int_0^3 y\,dx$ である。

$x=3\cos\theta$ から　　$dx=-3\sin\theta\,d\theta$
x と θ の対応は右のようになる。

x	$0\longrightarrow 3$
θ	$\frac{\pi}{2}\longrightarrow 0$

よって，求める面積 S は

$$S=4\int_0^3 y\,dx=4\int_{\frac{\pi}{2}}^0 4\sin\theta\cdot(-3\sin\theta)d\theta$$
$$=48\int_0^{\frac{\pi}{2}}\sin^2\theta\,d\theta=24\int_0^{\frac{\pi}{2}}(1-\cos 2\theta)d\theta$$
$$=24\left[\theta-\frac{1}{2}\sin 2\theta\right]_0^{\frac{\pi}{2}}=\boldsymbol{12\pi}$$

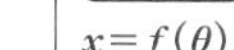

$x=f(\theta)$，$y=g(\theta)$ で表された曲線と面積
⟶ 置換積分の利用
$\int_a^b y\,dx$
$=\int_\alpha^\beta g(\theta)f'(\theta)d\theta$
$a=f(\alpha)$，$b=f(\beta)$

(参考) θ を消去すると
$\left(\frac{x}{3}\right)^2+\left(\frac{y}{4}\right)^2$
$=\cos^2\theta+\sin^2\theta=1$
となり，楕円であることがわかる。

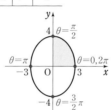

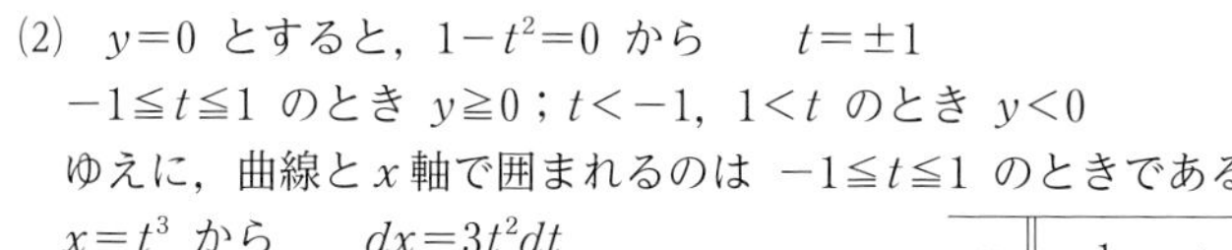

(2) $y=0$ とすると，$1-t^2=0$ から　　$t=\pm 1$
$-1\leqq t\leqq 1$ のとき $y\geqq 0$；$t<-1$，$1<t$ のとき $y<0$
ゆえに，曲線と x 軸で囲まれるのは $-1\leqq t\leqq 1$ のときである。
$x=t^3$ から　　$dx=3t^2dt$
x と t の対応は右のようになる。

x	$-1\longrightarrow 1$
t	$-1\longrightarrow 1$

よって，求める面積 S は

$$S=\int_{-1}^1 y\,dx=\int_{-1}^1(1-t^2)\cdot 3t^2dt$$
$$=6\int_0^1(t^2-t^4)dt=6\left[\frac{t^3}{3}-\frac{t^5}{5}\right]_0^1=\boldsymbol{\frac{4}{5}}$$

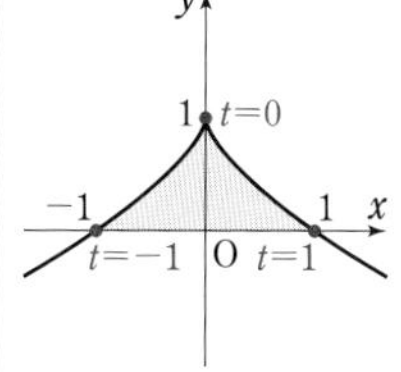

TR ③**141**

底面の円の半径が a，高さが $2a$ の直円柱がある。この底面の円の直径 AB を含み，底面と 60° の傾きをなす平面で，直円柱を 2 つの立体に分けるとき，小さい方の立体の体積 V を求めよ。

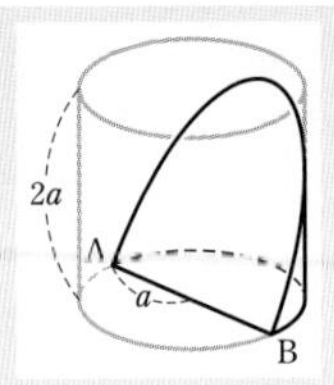

底面の円の直径 AB を x 軸に，中心を原点Oとし，A$(-a)$，B(a) とする。座標が x である点を通り x 軸に垂直な平面で，直円柱の小さい方の立体を切ったとき，切り口は，右の図で $\angle \mathrm{PQR}=90^\circ$，$\angle \mathrm{RPQ}=60^\circ$ であるから，$\mathrm{QR}=\sqrt{3}\,\mathrm{PQ}$ の直角三角形で

$$\mathrm{PQ}=\sqrt{\mathrm{OQ}^2-\mathrm{OP}^2}=\sqrt{a^2-x^2}$$

ゆえに，切り口の面積 $S(x)$ は

$$S(x)=\frac{1}{2}\mathrm{PQ}\cdot\mathrm{QR}=\frac{\sqrt{3}}{2}\mathrm{PQ}^2$$

$$=\frac{\sqrt{3}}{2}(a^2-x^2)$$

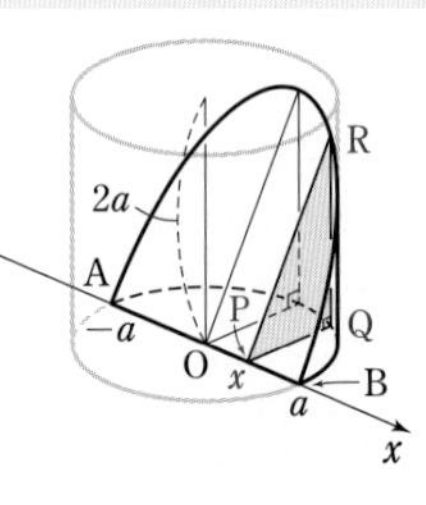

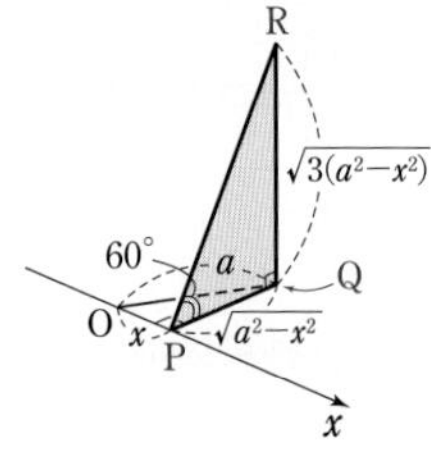

よって

$$V=\int_{-a}^{a}\frac{\sqrt{3}}{2}(a^2-x^2)dx=\sqrt{3}\int_0^a(a^2-x^2)dx$$

$$=\sqrt{3}\left[a^2x-\frac{x^3}{3}\right]_0^a=\boldsymbol{\frac{2\sqrt{3}}{3}a^3}$$

⇐ 偶関数なら $\int_{-a}^{a}=2\int_0^a$

TR ②**142**

(1) 曲線 $y=e^x$ と 2 直線 $x=1$，$x=2$ で囲まれた部分を，x 軸の周りに 1 回転してできる立体の体積 V を求めよ。

(2) 楕円 $x^2+4y^2=4$ で囲まれた部分を x 軸の周りに 1 回転してできる立体の体積 V を求めよ。

(1) $V=\pi\int_1^2 y^2dx=\pi\int_1^2 e^{2x}dx=\pi\left[\frac{e^{2x}}{2}\right]_1^2=\boldsymbol{\frac{\pi}{2}e^2(e^2-1)}$

(2) この楕円は x 軸，y 軸に関して対称である。
ゆえに，$0\leqq x\leqq 2$，$y\geqq 0$ の部分を x 軸の周りに 1 回転してできる立体の体積を求め，それを 2 倍すればよい。
よって，求める体積 V は

$$V=2\pi\int_0^2 y^2dx=2\pi\int_0^2\left(1-\frac{x^2}{4}\right)dx=2\pi\left[x-\frac{x^3}{12}\right]_0^2=\boldsymbol{\frac{8}{3}\pi}$$

CHART 体積の計算
断面積をつかむ
$V=\pi\int_a^b\{f(x)\}^2dx$
$=\pi\int_a^b y^2dx$

(1)

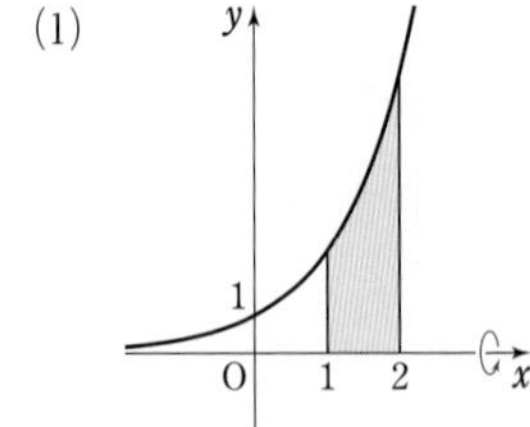

(2)

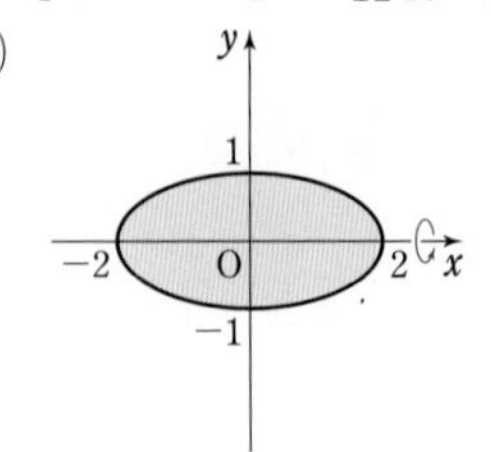

TR ③143 曲線 $y=3-x^2$ と直線 $y=2$ で囲まれた部分を，x 軸の周りに1回転してできる立体の体積 V を求めよ。

$3-x^2=2$ とすると　$x^2=1$

ゆえに，曲線と直線の共有点の x 座標は　$x=\pm1$

よって，求める体積 V は

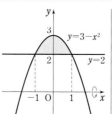

$$V=\pi\int_{-1}^{1}\{(3-x^2)^2-2^2\}dx$$
$$=\pi\int_{-1}^{1}(x^4-6x^2+5)dx$$
$$=2\pi\int_{0}^{1}(x^4-6x^2+5)dx$$
$$=2\pi\left[\frac{x^5}{5}-2x^3+5x\right]_0^1=\frac{32}{5}\pi$$

⬅ 積分区間の決定。

⬅ 偶関数なら $\int_{-a}^{a}=2\int_{0}^{a}$

TR ②144 次の曲線と直線で囲まれた部分を，y 軸の周りに1回転してできる立体の体積 V を求めよ。

(1) $y=\sqrt{x-1}$，x 軸，y 軸，$y=1$　　(2) $x=y^2-y$，y 軸

(1) $y=\sqrt{x-1}$ から　$x=y^2+1$

よって　$V=\pi\int_0^1(y^2+1)^2dy=\pi\int_0^1(y^4+2y^2+1)dy$

$$=\pi\left[\frac{y^5}{5}+\frac{2}{3}y^3+y\right]_0^1=\frac{28}{15}\pi$$

(2) $y^2-y=0$ とすると　$y=0,\ 1$

よって　$V=\pi\int_0^1(y^2-y)^2dy=\pi\int_0^1(y^4-2y^3+y^2)dy$

$$=\pi\left[\frac{y^5}{5}-\frac{y^4}{2}+\frac{y^3}{3}\right]_0^1=\frac{\pi}{30}$$

(1)

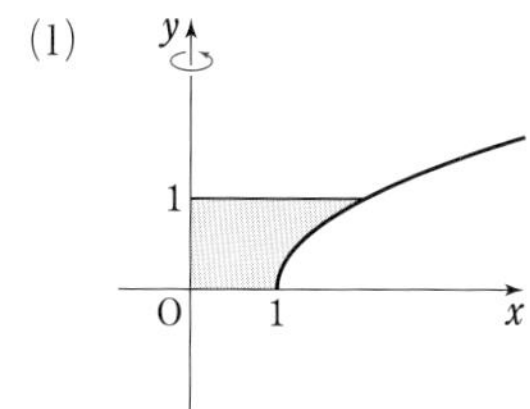

(2)

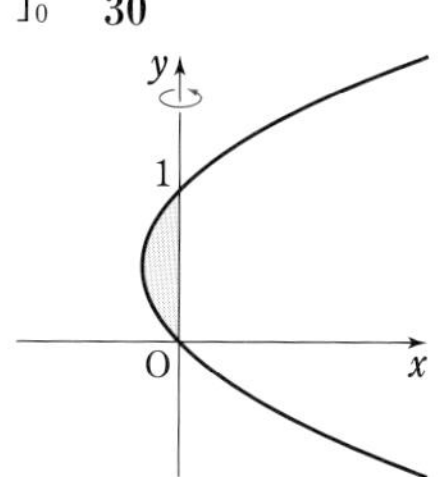

CHART

y 軸の周りの回転体

$V=\pi\int_c^d\{g(y)\}^2dy$

$=\pi\int_c^d x^2dy$

7章

TR

TR ③145 θ を媒介変数とする曲線 $x=\tan\theta$，$y=\cos2\theta$ $\left(-\frac{\pi}{2}<\theta<\frac{\pi}{2}\right)$ がある。

(1) この曲線と x 軸の共有点の座標を求めよ。

(2) この曲線と x 軸で囲まれた部分を，x 軸の周りに1回転してできる立体の体積を求めよ。

(1) $y=0$ とすると　$\cos2\theta=0$

$-\frac{\pi}{2}<\theta<\frac{\pi}{2}$ より，$-\pi<2\theta<\pi$ であるから

$2\theta=\pm\frac{\pi}{2}$　すなわち　$\theta=\pm\frac{\pi}{4}$

$\theta=\frac{\pi}{4}$ のとき　$\tan\theta=1$，$\theta=-\frac{\pi}{4}$ のとき　$\tan\theta=-1$

よって，x 軸との共有点の座標は　　**$(-1,\ 0)$，$(1,\ 0)$**

(2)　$-\frac{\pi}{4}\leqq\theta\leqq\frac{\pi}{4}$ のとき　$y\geqq0$

$-\frac{\pi}{2}<\theta<-\frac{\pi}{4}$，$\frac{\pi}{4}<\theta<\frac{\pi}{2}$ のとき　$y<0$

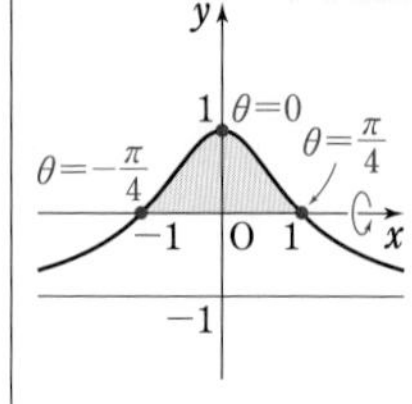

ゆえに，曲線と x 軸で囲まれるのは　$-\frac{\pi}{4}\leqq\theta\leqq\frac{\pi}{4}$ のときである。

$x=\tan\theta$ から　　$dx=\frac{1}{\cos^2\theta}d\theta$

x と θ の対応は右のようになる。

x	$-1\longrightarrow1$
θ	$-\frac{\pi}{4}\longrightarrow\frac{\pi}{4}$

よって，求める体積 V は

$$V=\pi\int_{-1}^{1}y^2dx=\pi\int_{-\frac{\pi}{4}}^{\frac{\pi}{4}}\cos^2 2\theta\cdot\frac{1}{\cos^2\theta}d\theta$$

$$=\pi\int_{-\frac{\pi}{4}}^{\frac{\pi}{4}}(2\cos^2\theta-1)^2\cdot\frac{1}{\cos^2\theta}d\theta$$

$$=2\pi\int_0^{\frac{\pi}{4}}\left(4\cos^2\theta-4+\frac{1}{\cos^2\theta}\right)d\theta$$

$$=2\pi\int_0^{\frac{\pi}{4}}\left(2\cos2\theta-2+\frac{1}{\cos^2\theta}\right)d\theta=2\pi\Big[\sin2\theta-2\theta+\tan\theta\Big]_0^{\frac{\pi}{4}}$$

$$=2\pi\left(1-\frac{\pi}{2}+1\right)=\boldsymbol{\pi(4-\pi)}$$

⬅ $\pi\int_a^b y^2dx$
$=\pi\int_\alpha^\beta\{g(\theta)\}^2f'(\theta)d\theta$
$a=f(\alpha)$，$b=f(\beta)$

TR 146 ②

現在時刻を $t=0$ として，点Pが速度 $v(t)=t^2-10t+16$ (cm/s)で直線上を動き，点Qが速度 $v(t)=-t^2-2t+10$ (cm/s)で同一直線上を動くとする。

(1)　t 秒後の2点P，Qの位置をそれぞれ $S(t)$，$T(t)$ とするとき，$S(t)$，$T(t)$ をそれぞれ t の式で表せ。ただし，$S(0)=0$，$T(0)=0$ とする。

(2)　(1)において，2点P，Qが再び重なるときの t の値を求めよ。

(1)　$\boldsymbol{S(t)}=S(0)+\int_0^t(t^2-10t+16)dt$

$$=0+\left[\frac{1}{3}t^3-5t^2+16t\right]_0^t=\boldsymbol{\frac{1}{3}t^3-5t^2+16t}$$

$\boldsymbol{T(t)}=T(0)+\int_0^t(-t^2-2t+10)dt$

$$=0+\left[-\frac{1}{3}t^3-t^2+10t\right]_0^t=\boldsymbol{-\frac{1}{3}t^3-t^2+10t}$$

CHART
位置の変化量
$=\int_a^b$(速度)dt

(2)　2点P，Qが再び重なるとき，$S(t)=T(t)$ であるから

$$\frac{1}{3}t^3-5t^2+16t=-\frac{1}{3}t^3-t^2+10t$$

整理すると　　$t^3-6t^2+9t=0$　　　ゆえに　　$t(t-3)^2=0$

よって　　$t=0,\ 3$　　　$t>0$ であるから　　$\boldsymbol{t=3}$

(2)　$S(0)=T(0)=0$ であるから，点P，Qは同じ点を同時に動き出している。
再び重なる
$\longrightarrow t>0$ に注意。

TR ②147 x 軸上を動く点Pの，時刻 t における速度は $v(t)=\sin\pi t$ である。
$t=0$ から $t=3$ までに，Pの位置はどれだけ変化するか。また，実際に動いた道のり s を求めよ。

位置の変化量は $\displaystyle\int_0^3 \sin\pi t dt=\left[-\frac{1}{\pi}\cos\pi t\right]_0^3=\boldsymbol{\frac{2}{\pi}}$

道のり s は， 関数 $|\sin\pi t|$ の周期が1であるから

$$s=\int_0^3|\sin\pi t|dt=3\int_0^1\sin\pi t dt$$
$$=3\left[-\frac{1}{\pi}\cos\pi t\right]_0^1=\boldsymbol{\frac{6}{\pi}}$$

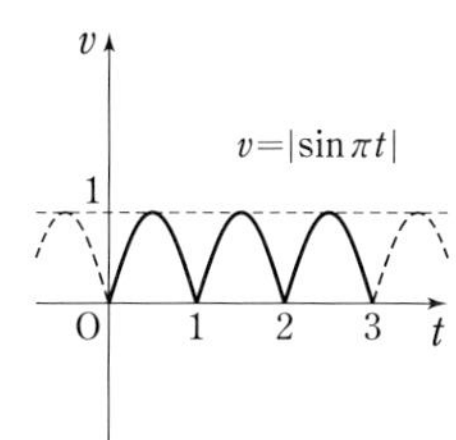

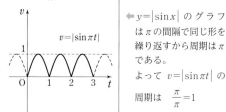

⇐ $y=|\sin x|$ のグラフは π の間隔で同じ形を繰り返すから周期は π である。
よって $v=|\sin\pi t|$ の周期は $\dfrac{\pi}{\pi}=1$

TR ②148 xy 平面上に動点Pがある。点Pの時刻 t における座標 $(x,\ y)$ が

$$x=t-2\sin\frac{t}{2},\quad y=1-2\cos\frac{t}{2}$$

で与えられるとする。このとき，点Pが $t=0$ から $t=2\pi$ の間に動いた道のりを求めよ。

$x=t-2\sin\dfrac{t}{2}$ から $\quad\dfrac{dx}{dt}=1-\cos\dfrac{t}{2}$

$y=1-2\cos\dfrac{t}{2}$ から $\quad\dfrac{dy}{dt}=\sin\dfrac{t}{2}$

よって，求める道のりは

$$\int_0^{2\pi}\sqrt{\left(1-\cos\frac{t}{2}\right)^2+\sin^2\frac{t}{2}}\,dt$$
$$=\int_0^{2\pi}\sqrt{1-2\cos\frac{t}{2}+\cos^2\frac{t}{2}+\sin^2\frac{t}{2}}\,dt$$
$$=\int_0^{2\pi}\sqrt{2\left(1-\cos\frac{t}{2}\right)}\,dt=\int_0^{2\pi}\sqrt{4\sin^2\frac{t}{4}}\,dt$$
$$=2\int_0^{2\pi}\sin\frac{t}{4}dt=2\left[-4\cos\frac{t}{4}\right]_0^{2\pi}=\boldsymbol{8}$$

CHART
点 $\mathrm{P}(f(t),\ g(t))$ が $t=a$ から $t=b$ までに動く道のりは
$\displaystyle\int_a^b\sqrt{\{f'(t)\}^2+\{g'(t)\}^2}\,dt$

⇐ 2倍角の公式

TR ②149 次の曲線の長さ L を求めよ。
(1) $x=\dfrac{2}{3}t^3,\ y=t^2\ (0\leqq t\leqq 1)$ (2) $x=3t^2,\ y=3t-t^3\ (0\leqq t\leqq\sqrt{3})$

(1) $\dfrac{dx}{dt}=2t^2,\ \dfrac{dy}{dt}=2t$

よって $\quad\displaystyle L=\int_0^1\sqrt{(2t^2)^2+(2t)^2}\,dt=\int_0^1 2t\sqrt{t^2+1}\,dt$

$$=\int_0^1\sqrt{t^2+1}(t^2+1)'dt=\left[\frac{2}{3}\sqrt{(t^2+1)^3}\right]_0^1$$
$$=\boldsymbol{\frac{2}{3}(2\sqrt{2}-1)}$$

CHART
曲線 $x=f(t)$，$y=g(t)$ $(a\leqq t\leqq b)$ の長さ L
$$L=\int_a^b\sqrt{\left(\frac{dx}{dt}\right)^2+\left(\frac{dy}{dt}\right)^2}\,dt$$
$$=\int_a^b\sqrt{\{f'(t)\}^2+\{g'(t)\}^2}\,dt$$

(2) $\dfrac{dx}{dt}=6t$, $\dfrac{dy}{dt}=3-3t^2$

よって $L=\displaystyle\int_0^{\sqrt{3}}\sqrt{(6t)^2+(3-3t^2)^2}\,dt$

$=3\displaystyle\int_0^{\sqrt{3}}(1+t^2)\,dt$

$=3\left[t+\dfrac{t^3}{3}\right]_0^{\sqrt{3}}=\mathbf{6\sqrt{3}}$

TR ②150 次の曲線の長さLを求めよ。

(1) $y=x\sqrt{x}$ $(0\leqq x\leqq 4)$ (2) $y=\dfrac{x^3}{3}+\dfrac{1}{4x}$ $(1\leqq x\leqq 3)$

(1) $y=x^{\frac{3}{2}}$ から $y'=\dfrac{3}{2}\sqrt{x}$

よって $L=\displaystyle\int_0^4\sqrt{1+\left(\dfrac{3}{2}\sqrt{x}\right)^2}\,dx=\int_0^4\sqrt{1+\dfrac{9}{4}x}\,dx$

$=\left[\dfrac{4}{9}\cdot\dfrac{2}{3}\left(1+\dfrac{9}{4}x\right)^{\frac{3}{2}}\right]_0^4=\mathbf{\dfrac{8(10\sqrt{10}-1)}{27}}$

(2) $y=\dfrac{x^3}{3}+\dfrac{1}{4x}$ から $y'=x^2-\dfrac{1}{4x^2}$

ここで $1+y'^2=1+\left(x^2-\dfrac{1}{4x^2}\right)^2=\left(x^2+\dfrac{1}{4x^2}\right)^2$

よって $L=\displaystyle\int_1^3\sqrt{1+y'^2}\,dx=\int_1^3\left(x^2+\dfrac{1}{4x^2}\right)dx$

$=\left[\dfrac{x^3}{3}-\dfrac{1}{4x}\right]_1^3=\mathbf{\dfrac{53}{6}}$

CHART
曲線 $y=f(x)$ $(a\leqq x\leqq b)$ の長さL
$L=\displaystyle\int_a^b\sqrt{1+\{f'(x)\}^2}\,dx=\int_a^b\sqrt{1+y'^2}\,dx$

⇐ $1+x^4-2\cdot x^2\cdot\dfrac{1}{4x^2}+\left(\dfrac{1}{4x^2}\right)^2=x^4+\dfrac{1}{2}+\left(\dfrac{1}{4x^2}\right)^2$

TR ④151 曲線 $y=2\log(x-1)$ 上の点P$(e+1,\ 2)$における接線をℓとする。曲線 $y=2\log(x-1)$ と接線ℓおよびx軸で囲まれた部分の面積Sを求めよ。

$y=2\log(x-1)$ から $y'=\dfrac{2}{x-1}$

点P$(e+1,\ 2)$における接線の方程式は

$y-2=\dfrac{2}{e}\{x-(e+1)\}$ すなわち $y=\dfrac{2}{e}x-\dfrac{2}{e}$

$2\log(x-1)=0$ とすると $x=2$

$\dfrac{2}{e}x-\dfrac{2}{e}=0$ とすると $x=1$

$2\leqq x\leqq e+1$ では

$2\log(x-1)\leqq\dfrac{2}{e}x-\dfrac{2}{e}$

Q$(1,\ 0)$, R$(e+1,\ 0)$ とすると,
求める面積Sは

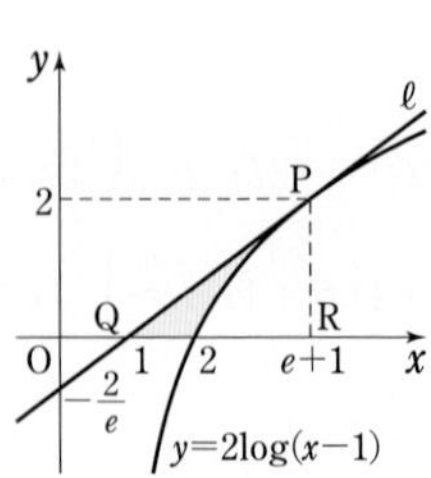

⇐ 曲線 $y=f(x)$ 上の点$(a,\ f(a))$における接線の方程式は
$y-f(a)=f'(a)(x-a)$

$$S=\triangle \mathrm{PQR}-\int_2^{e+1} 2\log(x-1)\,dx$$
$$=\frac{1}{2}\{(e+1)-1\}\times 2-\int_2^{e+1} 2\log(x-1)\,dx$$
$$=e-2\int_2^{e+1}\log(x-1)\,dx$$

ここで　$\int_2^{e+1}\log(x-1)\,dx=\Big[(x-1)\log(x-1)\Big]_2^{e+1}-\int_2^{e+1}dx$
$$=e-\Big[x\Big]_2^{e+1}$$
$$=e-\{(e+1)-2\}=1$$

よって　$S=e-2\cdot 1=\boldsymbol{e-2}$

⬅ $\log(x-1)$
$=\log(x-1)\cdot(x-1)'$
として部分積分法利用。

TR ⑤152

(1) すべての実数 x について $e^x-x\geqq 1$ であることを示せ。
(2) t は実数とする。このとき，曲線 $y=e^x-x$ と 2 直線 $x=t$，$x=t-1$ および x 軸で囲まれた図形の面積 $S(t)$ を求めよ。
(3) t が $0\leqq t\leqq 1$ の範囲を動くとき，$S(t)$ の最大値，最小値を求めよ。ただし，$2.7<e<3$ であることを用いてよい。　〔類 神戸大〕

7章
TR

(1) $f(x)=e^x-x-1$ とおく。
$f'(x)=e^x-1$
$f'(x)=0$ とすると　$e^x=1$
よって　$x=0$

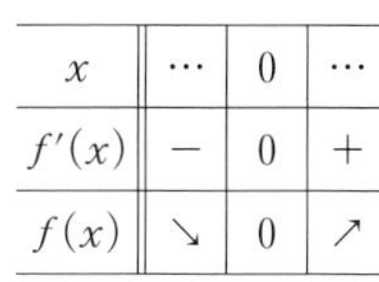

x	$\cdots$	0	$\cdots$
$f'(x)$	$-$	0	$+$
$f(x)$	↘	0	↗

$f(x)$ の増減表は右のようになる。
したがって，すべての実数 x について $f(x)\geqq 0$，すなわち $e^x-x\geqq 1$ である。

(1) $f(x)=e^x-x-1$ の最小値が 0 以上であることを示す。

(2) (1)から

$$\boldsymbol{S(t)}=\int_{t-1}^{t}(e^x-x)\,dx$$
$$=\left[e^x-\frac{x^2}{2}\right]_{t-1}^{t}$$
$$=e^t-e^{t-1}-\frac{1}{2}\{t^2-(t-1)^2\}$$
$$=\boldsymbol{\left(1-\frac{1}{e}\right)e^t-t+\frac{1}{2}}$$

(2) (1)から，曲線 $y=e^x-x$ は x 軸の上側にある。

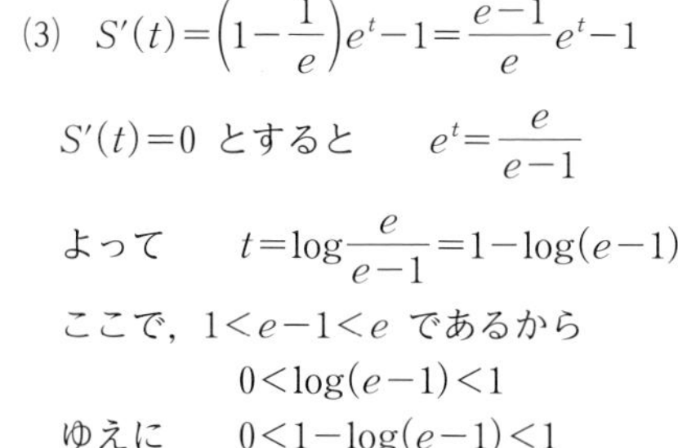

(3) $S'(t)=\left(1-\dfrac{1}{e}\right)e^t-1=\dfrac{e-1}{e}e^t-1$

$S'(t)=0$ とすると　$e^t=\dfrac{e}{e-1}$

よって　$t=\log\dfrac{e}{e-1}=1-\log(e-1)$

ここで，$1<e-1<e$ であるから
$$0<\log(e-1)<1$$
ゆえに　$0<1-\log(e-1)<1$

$0 \leqq t \leqq 1$ における $S(t)$ の増減表は次のようになる。

t	0	$\cdots$	$1-\log(e-1)$	$\cdots$	1
$S'(t)$	／	$-$	0	$+$	／
$S(t)$		↘	極小	↗	

$$S(1-\log(e-1))=\left(1-\frac{1}{e}\right)\times\frac{e}{e-1}-1+\log(e-1)+\frac{1}{2}$$
$$=\log(e-1)+\frac{1}{2}$$

$$S(0)=\left(1-\frac{1}{e}\right)+\frac{1}{2}=\frac{3}{2}-\frac{1}{e},$$

← 最大値の候補は $S(0)$ と $S(1)$ である。

$$S(1)=e\left(1-\frac{1}{e}\right)-1+\frac{1}{2}=e-\frac{3}{2},$$

$$S(1)-S(0)=\left(e-\frac{3}{2}\right)-\left(\frac{3}{2}-\frac{1}{e}\right)$$
$$=e+\frac{1}{e}-3>2.7+\frac{1}{3}-3=\frac{1}{30}>0$$

← $2.7<e<3$ から $\dfrac{1}{e}>\dfrac{1}{3}$

よって　**$t=1$ で最大値 $e-\dfrac{3}{2}$,**

$t=1-\log(e-1)$ で最小値 $\log(e-1)+\dfrac{1}{2}$

TR ⑤153

xy 平面上に 2 曲線 C_1：$y=e^x-2$ と C_2：$y=3e^{-x}$ がある。
(1) C_1 と C_2 の共有点Pの座標を求めよ。
(2) 点Pを通る直線 ℓ が，C_1，C_2 および y 軸によって囲まれた部分の面積を 2 等分するとき，ℓ の方程式を求めよ。〔関西学院大〕

(1) $e^x-2=3e^{-x}$ とすると　$(e^x)^2-2e^x-3=0$
ゆえに　$(e^x+1)(e^x-3)=0$
$e^x>0$ であるから　$e^x=3$　　よって　$x=\log 3$
このとき　$y=3-2=1$　　したがって　**P$(\log 3,\ 1)$**

(2) C_1，C_2 および y 軸によって囲まれた部分の面積 S は

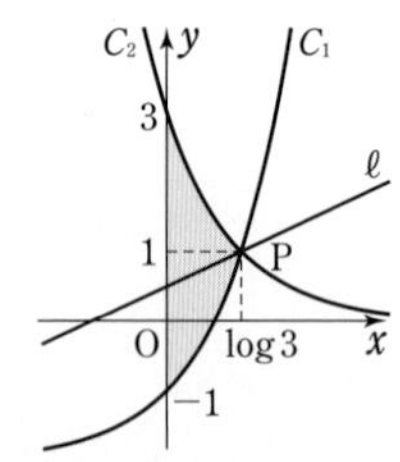

$$S=\int_0^{\log 3}(3e^{-x}-e^x+2)\,dx$$
$$=\Big[-3e^{-x}-e^x+2x\Big]_0^{\log 3}$$
$$=2\log 3 \quad \cdots\cdots ①$$

$\log 3=\alpha$ とおくと，ℓ の方程式は $y=m(x-\alpha)+1$ とおける。

← $\log 3=\alpha$ とおくのは，計算が煩雑になるのを避けるためである。

C_1，ℓ および y 軸によって囲まれた部分の面積 T は

$$T=\int_0^{\alpha}(mx-m\alpha+1-e^x+2)\,dx=\left[\frac{m}{2}x^2+(3-m\alpha)x-e^x\right]_0^{\alpha}$$
$$=-\frac{m}{2}(\log 3)^2+3\log 3-2 \quad \cdots\cdots ②$$

← α を $\log 3$ に戻す。なお $e^{\log 3}=3$

$S=2T$ とすると，①，② から

$$2\log 3=-m(\log 3)^2+6\log 3-4$$

ゆえに　$m=\dfrac{4(\log 3-1)}{(\log 3)^2}$

よって，ℓ の方程式は

$$y=\frac{4(\log 3-1)}{(\log 3)^2}(x-\log 3)+1$$

すなわち　$\boldsymbol{y=\dfrac{4(\log 3-1)}{(\log 3)^2}x-3+\dfrac{4}{\log 3}}$

TR ④**154** 曲線 $y=\log x$ を C とし，原点を通り C と接する直線を ℓ とする。ℓ と C と x 軸によって囲まれた部分を x 軸の周りに1回転して得られる立体の体積を求めよ。〔早稲田大〕

$y=\log x$ から　$y'=\dfrac{1}{x}$

接点の座標を $(t,\ \log t)(t>0)$ とすると，接線の方程式は

$$y-\log t=\frac{1}{t}(x-t)$$

すなわち　$y=\dfrac{x}{t}+\log t-1$

ℓ は原点を通るから　$0=\log t-1$

よって　$\log t=1$　ゆえに　$t=e$

よって，接点の座標は

$(e,\ 1)$

ℓ と C と x 軸で囲まれた部分は右の図の赤い部分となる。

y
ℓ
1
C
O
1
e
x

ゆえに，求める立体の体積を V とすると

$$V=\frac{1}{3}\cdot\pi\cdot 1^2\cdot e-\pi\int_1^e(\log x)^2dx \cdots\cdots ①$$

ここで　$\displaystyle\int_1^e(\log x)^2dx$

$$=\int_1^e(\log x)^2\cdot(x)'dx$$

$$=\Big[x(\log x)^2\Big]_1^e-\int_1^e\{(\log x)^2\}'\cdot x\,dx$$

$$=e-\int_1^e 2\log x\cdot\frac{1}{x}\cdot x\,dx=e-2\int_1^e\log x\,dx$$

$$=e-2\left(\Big[x\log x\Big]_1^e-\int_1^e x\cdot\frac{1}{x}dx\right)$$

$$=e-2\left(e-\Big[x\Big]_1^e\right)=e-2$$

したがって，① から　$V=\dfrac{e}{3}\pi-\pi\cdot(e-2)=\boldsymbol{2\left(1-\dfrac{e}{3}\right)\pi}$

⇐ $\dfrac{1}{3}\cdot\pi\cdot 1^2\cdot e$ は，底面の円の半径が1，高さが e の円錐の体積を表している。

⇐ 部分積分法
$\displaystyle\int_a^b f(x)g'(x)dx=\Big[f(x)g(x)\Big]_a^b-\int_a^b f'(x)g(x)dx$
を利用。
$f(x)=(\log x)^2$，
$g'(x)=1$ $[g(x)=x]$
とする。

TR ⑤155 曲線 $y=-x^2+2$ と直線 $y=-x$ で囲まれた部分を，x 軸の周りに 1 回転してできる立体の体積を求めよ。

$-x^2+2=-x$ を解くと

$x=-1,\ 2$

$0\leqq x\leqq 2$ の範囲で，$-x^2+2=x$ を解くと　$x=1$

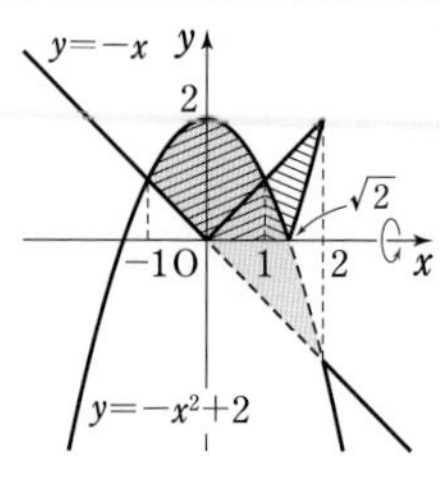

題意の回転体は，図の斜線部分を x 軸の周りに 1 回転すると得られる。

よって，求める体積を V とすると

$$V=\pi\int_{-1}^{1}(-x^2+2)^2dx-\pi\int_{-1}^{0}(-x)^2dx+\pi\int_{1}^{2}x^2dx-\pi\int_{\sqrt{2}}^{2}\{-(-x^2+2)\}^2dx$$

$$=\pi\int_{-1}^{1}(x^4-4x^2+4)dx-\pi\int_{-1}^{0}x^2dx+\pi\int_{1}^{2}x^2dx-\pi\int_{\sqrt{2}}^{2}(x^4-4x^2+4)dx$$

$$=2\pi\left[\frac{x^5}{5}-\frac{4}{3}x^3+4x\right]_0^1-\pi\left[\frac{x^3}{3}\right]_{-1}^0+\pi\left[\frac{x^3}{3}\right]_1^2-\pi\left[\frac{x^5}{5}-\frac{4}{3}x^3+4x\right]_{\sqrt{2}}^2$$

$$=\frac{86}{15}\pi-\frac{\pi}{3}+\frac{7}{3}\pi-\left(\frac{56}{15}-\frac{32\sqrt{2}}{15}\right)\pi$$

$$=\boldsymbol{\frac{60+32\sqrt{2}}{15}\pi}$$

2 曲線で囲まれた部分が，x 軸の両側にまたがる場合は，**一方の側に集めて考える。つまり，x 軸より下側にある部分を x 軸に関して対称に折り返す。**

⇐ $-1\leqq x\leqq 1$ の範囲の体積。

⇐ $1\leqq x\leqq 2$ の範囲の体積。

⇐ $\pi\int_{-1}^{1}(x^4-4x^2+4)dx=2\pi\int_{0}^{1}(x^4-4x^2+4)dx$

TR ⑤156 関数 $f(x)=\dfrac{x^2}{\sqrt{(x^4+2)^3}}$ について，$S=\int_0^1 xf(x)dx$ を求めよ。

また，曲線 $y=f(x)$ $(0\leqq x\leqq 1)$ と y 軸および直線 $y=\dfrac{\sqrt{3}}{9}$ で囲まれた部分を，y 軸の周りに 1 回転してできる立体の体積 V を求めよ。〔類　東京農工大〕

$$S=\int_0^1 xf(x)dx=\int_0^1\frac{x^3}{\sqrt{(x^4+2)^3}}dx$$

$x^4+2=t$ とおくと　$4x^3dx=dt$

x と t の対応は右のようになるから

x	$0\longrightarrow 1$
t	$2\longrightarrow 3$

$$S=\frac{1}{4}\int_2^3\frac{dt}{\sqrt{t^3}}=\frac{1}{4}\int_2^3 t^{-\frac{3}{2}}dt$$

$$=\frac{1}{4}\left[-2t^{-\frac{1}{2}}\right]_2^3$$

$$=\frac{1}{4}\left(-\frac{2}{\sqrt{3}}+\frac{2}{\sqrt{2}}\right)$$

$$=\boldsymbol{\frac{\sqrt{2}}{4}-\frac{\sqrt{3}}{6}}$$

区間 $[a,\ b]$ において，$y=f(x)$ が増加または減少関数で

y	$c\longrightarrow d$
x	$a\longrightarrow b$

のとき

$\int_c^d x^2dy=\int_a^b x^2f'(x)dx$

次に，$f(x)=\dfrac{x^2}{(x^4+2)^{\frac{3}{2}}}$ から

$$f'(x)=\frac{2x(x^4+2)^{\frac{3}{2}}-x^2\cdot\frac{3}{2}(x^4+2)^{\frac{1}{2}}\cdot 4x^3}{(x^4+2)^3}=-\frac{4x(x^4-1)}{(x^4+2)^{\frac{5}{2}}}$$

⇐ $\left(\dfrac{u}{v}\right)'=\dfrac{u'v-uv'}{v^2}$

ゆえに，$0<x<1$ のとき　　$f'(x)>0$

また　　$f(0)=0$，$f(1)=\dfrac{\sqrt{3}}{9}$

よって，$0\leqq x\leqq 1$ における曲線および y 軸，直線の位置関係は右の図のようになるから

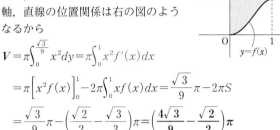

$$V=\pi\int_0^{\frac{\sqrt{3}}{9}}x^2dy=\pi\int_0^1 x^2f'(x)dx$$

$$=\pi\Big[x^2f(x)\Big]_0^1-2\pi\int_0^1 xf(x)dx=\frac{\sqrt{3}}{9}\pi-2\pi S$$

$$=\frac{\sqrt{3}}{9}\pi-\left(\frac{\sqrt{2}}{2}-\frac{\sqrt{3}}{3}\right)\pi=\boldsymbol{\left(\frac{4\sqrt{3}}{9}-\frac{\sqrt{2}}{2}\right)\pi}$$

TR 157 ⑤　次の微分方程式を解け。

(1)　$yy'=1-x$　　(2)　$y'=xy$　　(3)　$xy'+1=y$

(1)　方程式から　　$\displaystyle\int y\cdot\frac{dy}{dx}dx=\int(1-x)dx$

⇐ $y'=\dfrac{dy}{dx}$ と書き表す。

ゆえに　　$\displaystyle\int ydy=\int(1-x)dx$

よって　　$\dfrac{y^2}{2}=-\dfrac{x^2}{2}+x+C$，$C$ は任意定数

すなわち　　$x^2+y^2-2x-2C=0$

C は任意の定数であるから，$-2C=A$ とおくと，A は任意の値をとる。したがって，求める解は

$\boldsymbol{x^2+y^2-2x+A=0}$，**$A$ は任意定数**

(2)　[1]　定数関数 $y=0$ は明らかに解である。

⇐ $y=0$ ならば　$y'=0$

[2]　$y\neq 0$ のとき，方程式から　　$\dfrac{1}{y}\cdot\dfrac{dy}{dx}=x$

⇐ 方程式の両辺を y で割る。

また，$y'=\dfrac{dy}{dx}$ と書き表す。

ゆえに　$\displaystyle\int\frac{1}{y}\cdot\frac{dy}{dx}dx=\int xdx$　　よって　$\displaystyle\int\frac{1}{y}dy=\int xdx$

したがって　　$\log|y|=\dfrac{x^2}{2}+C$，C は任意定数

ゆえに　　$y=\pm e^{\frac{x^2}{2}+C}$　すなわち　$y=\pm e^Ce^{\frac{x^2}{2}}$

⇐ 複号 ± を忘れないように注意。

ここで，$\pm e^C=A$ とおくと，$A\neq 0$ であるから

$y=Ae^{\frac{x^2}{2}}$，A は0以外の任意定数

[1] における $y=0$ は，[2] で $A=0$ とおくと得られる。

以上から，求める解は　　$\boldsymbol{y=Ae^{\frac{x^2}{2}}}$，**$A$ は任意定数**

(3) [1] 定数関数 $y=1$ は明らかに解である。

[2] $y \neq 1$ のとき，方程式から $\frac{1}{y-1} \cdot \frac{dy}{dx} = \frac{1}{x}$

ゆえに $\int \frac{1}{y-1} \cdot \frac{dy}{dx} dx = \int \frac{1}{x} dx$

よって $\int \frac{1}{y-1} dy = \int \frac{1}{x} dx$

ゆえに $\log|y-1| = \log|x| + C$，Cは任意定数

よって $|y-1| = e^C|x|$ すなわち $y = \pm e^C x + 1$

ここで，$\pm e^C = A$ とおくと，$A \neq 0$ であるから

$y = Ax+1$，Aは0以外の任意定数

[1] における $y=1$ は，[2] で $A=0$ とおくと得られる。

以上から，求める解は **$y=Ax+1$，Aは任意定数**

⬅ $y=1$ ならば $y'=0$

⬅ $xy'=y-1$ として，両辺を $x(y-1)$ で割る。また，$y'=\frac{dy}{dx}$ と書き表す。

⬅ $\log|x| + \log e^C = \log(e^C|x|)$
また $y-1 = \pm e^C x$

TR
⑤**158** Aを任意の定数とするとき，方程式 $y=x^2+A$ によって表される放物線の全体と直交するような曲線の方程式を求めよ。

求める曲線上の点を $\mathrm{P}(x,\ y)$ とする。

Pを通る放物線 $y=x^2+A$ の点Pにおける接線について

[1] $x=0$ のとき $y=A$

2直線 $x=0$ と $y=A$ は垂直であるから，$x=0$ は求める方程式である。

[2] $x \neq 0$ のとき，接線の傾きは $y'=2x$

求める曲線の満たすべき条件は

$$2x \cdot \frac{dy}{dx} = -1 \quad すなわち \quad \frac{dy}{dx} = -\frac{1}{2x}$$

両辺をxで積分すると

$$\int dy = \int \left(-\frac{1}{2x}\right) dx$$

よって $y = -\frac{1}{2}\log|x| + C$，

Cは任意定数

以上から，求める曲線の方程式は

$x=0$ または $y=-\frac{1}{2}\log|x|+C$

(Cは任意定数)

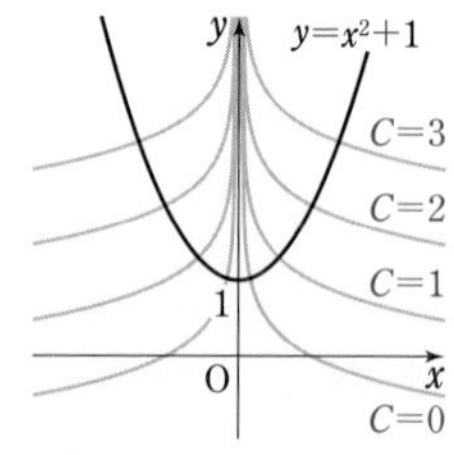

⬅ このような直線の存在を忘れないように注意。

⬅ **接線の傾き ⟺ 微分係数**

⬅ **直交(垂直) ⟺ 傾きの積が −1**

⬅ 参考図
放物線 $y=x^2+1$ に直交する曲線群
$y=-\frac{1}{2}\log|x|+C$
において
$C=0,\ 1,\ 2,\ 3$
の場合の図である。

EX ③81　関数 $f(x)=(x-1)\sqrt{|x-2|}$ により曲線 $C: y=f(x)$ を定める。
(1) 関数 $f(x)$ の増減を調べて極値を求めよ。
(2) 曲線 C と x 軸で囲まれる図形の面積 S を求めよ。　〔類 名古屋工大〕

(1) [1] $x<2$ のとき　$f(x)=(x-1)\sqrt{2-x}$

よって　$f'(x)=\sqrt{2-x}+(x-1)\cdot\dfrac{-1}{2\sqrt{2-x}}$

$$=\frac{2(2-x)-(x-1)}{2\sqrt{2-x}}=\frac{5-3x}{2\sqrt{2-x}}$$

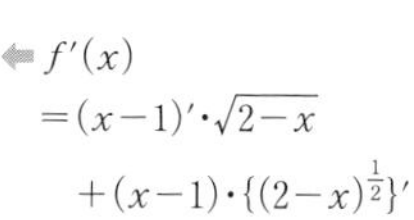

← $f'(x)=(x-1)'\cdot\sqrt{2-x}+(x-1)\cdot\{(2-x)^{\frac{1}{2}}\}'$

$f'(x)=0$ とすると　$x=\dfrac{5}{3}$

また　$f\left(\dfrac{5}{3}\right)=\dfrac{2\sqrt{3}}{9}$

[2] $x\geqq 2$ のとき　$f(x)=(x-1)\sqrt{x-2}$

よって，$x>2$ のとき

$$f'(x)=\sqrt{x-2}+(x-1)\cdot\frac{1}{2\sqrt{x-2}}$$

$$=\frac{2(x-2)+(x-1)}{2\sqrt{x-2}}=\frac{3x-5}{2\sqrt{x-2}}$$

$x>2$ のとき，$3x-5>0$ であるから　$f'(x)>0$

すなわち，$f(x)$ は単調に増加する。

[1]，[2] から，$f(x)$ の増減表は右のようになる。

x	…	$\frac{5}{3}$	…	2	…
$f'(x)$	+	0	−	／	+
$f(x)$	↗	$\frac{2\sqrt{3}}{9}$	↘	0	↗

ゆえに，$f(x)$ は

$x=\dfrac{5}{3}$ で極大値 $\dfrac{2\sqrt{3}}{9}$，

$x=2$ で極小値 0

をとる。

(2) $f(x)=0$ とすると，$x=1,\ 2$ であり，曲線 C のグラフの概形は右のようになる。

よって，求める面積 S は

$$S=\int_1^2 (x-1)\sqrt{2-x}\,dx$$

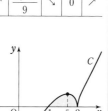

$\sqrt{2-x}=t$ とすると　$2-x=t^2$

ゆえに　$x=2-t^2,\ dx=-2tdt$

また，x と t の対応は右のようになる。

x	$1\longrightarrow 2$
t	$1\longrightarrow 0$

したがって

$$S=\int_1^0 (2-t^2-1)\cdot t\cdot(-2t)\,dt=\int_0^1 (2t^2-2t^4)\,dt$$

$$=\left[\frac{2}{3}t^3-\frac{2}{5}t^5\right]_0^1=\frac{2}{3}-\frac{2}{5}=\mathbf{\frac{4}{15}}$$

← $\displaystyle\int_1^0(-2t^2+2t^4)dt=\int_0^1(2t^2-2t^4)dt$

7章 EX

EX ③82 曲線 $y=\dfrac{1}{2x-1}$，x 軸，直線 $x=\dfrac{1}{2}(1+a)$ $(a>0)$ および直線 $x=\dfrac{1}{2}(1+e)$ で囲まれた部分の面積 S が $\dfrac{1}{4}$ になるような実数 a の値を求めよ。〔愛知工大〕

$S=\dfrac{1}{4}$ のときを考えるから $a\neq e$ としてよい。

⇐ $a=e$ なら $S=0$

$0<a<e$ のとき　$S=\displaystyle\int_{\frac{1}{2}(1+a)}^{\frac{1}{2}(1+e)}\frac{1}{2x-1}dx$

$a>e$ のとき　$S=\displaystyle\int_{\frac{1}{2}(1+e)}^{\frac{1}{2}(1+a)}\frac{1}{2x-1}dx$

⇐ $a>e$ のとき $S=-\displaystyle\int_{\frac{1}{2}(1+a)}^{\frac{1}{2}(1+e)}\frac{1}{2x-1}dx$

であるから

$$S=\left|\int_{\frac{1}{2}(1+a)}^{\frac{1}{2}(1+e)}\frac{1}{2x-1}dx\right|$$

$$=\left|\left[\frac{1}{2}\log|2x-1|\right]_{\frac{1}{2}(1+a)}^{\frac{1}{2}(1+e)}\right|=\left|\frac{1}{2}(1-\log a)\right|$$

ゆえに，$S=\dfrac{1}{4}$ とすると　$|1-\log a|=\dfrac{1}{2}$

よって　$\log a=\dfrac{1}{2},\ \dfrac{3}{2}$

したがって　$\boldsymbol{a=\sqrt{e},\ e\sqrt{e}}$

EX ③83 e は自然対数の底とする。

(1) 関数 $y=\dfrac{e^x-e^{-x}}{e^x+e^{-x}}$ の増減およびグラフの漸近線を調べて，グラフの概形をかけ。

(2) $y=\dfrac{e^x-e^{-x}}{e^x+e^{-x}}$ を x について解け。

(3) 曲線 $y=\dfrac{e^x-e^{-x}}{e^x+e^{-x}}$ と直線 $y=\dfrac{1}{2}$ および y 軸で囲まれた部分の面積を求めよ。〔弘前大〕

(1) $y=\dfrac{e^x-e^{-x}}{e^x+e^{-x}}$ から

$$y'=\frac{(e^x+e^{-x})^2-(e^x-e^{-x})^2}{(e^x+e^{-x})^2}=\frac{4}{(e^x+e^{-x})^2}$$

⇐ $\left(\dfrac{u}{v}\right)'=\dfrac{u'v-uv'}{v^2}$

よって，$y'>0$ であるから，y は単調に増加する。

また，

$$\lim_{x\to\infty}\frac{e^x-e^{-x}}{e^x+e^{-x}}=\lim_{x\to\infty}\frac{1-e^{-2x}}{1+e^{-2x}}=1,$$

⇐ $\displaystyle\lim_{x\to\infty}e^{-2x}=0$

$$\lim_{x\to-\infty}\frac{e^x-e^{-x}}{e^x+e^{-x}}=\lim_{x\to-\infty}\frac{e^{2x}-1}{e^{2x}+1}=-1$$

⇐ $\displaystyle\lim_{x\to-\infty}e^{2x}=0$

であるから，漸近線は

直線 $y=\pm1$

したがって，グラフの概形は〔図〕

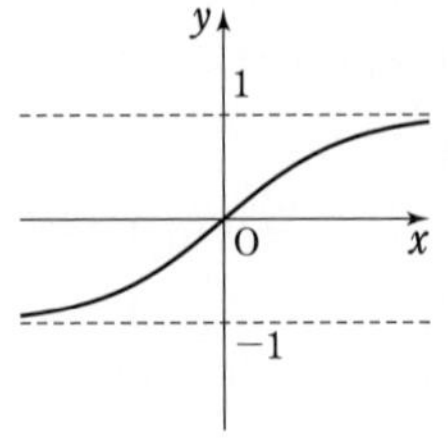

(2)　$y=\dfrac{e^x-e^{-x}}{e^x+e^{-x}}=\dfrac{e^{2x}-1}{e^{2x}+1}$

(1)より　$y\neq1$ であるから，e^{2x} について解くと

$$e^{2x}=\frac{1+y}{1-y}$$

⇐ $(e^{2x}+1)y=e^{2x}-1$ から $e^{2x}(1-y)=1+y$

$-1<y<1$ であるから　$\dfrac{1+y}{1-y}>0$

よって　$2x=\log\dfrac{1+y}{1-y}$

したがって　$\boldsymbol{x=\dfrac{1}{2}\log\dfrac{1+y}{1-y}}$

(3)　曲線 $y=\dfrac{e^x-e^{-x}}{e^x+e^{-x}}$ と直線 $y=\dfrac{1}{2}$

および y 軸で囲まれた部分は，右の図の赤い部分である。

よって，求める面積 S は

$$S=\int_0^{\frac{1}{2}}xdy$$

$$=\frac{1}{2}\int_0^{\frac{1}{2}}\log\frac{1+y}{1-y}dy$$

$$=\frac{1}{2}\int_0^{\frac{1}{2}}\{(1+y)'\log(1+y)+(1-y)'\log(1-y)\}dy$$

$$=\frac{1}{2}\Big[(1+y)\log(1+y)\Big]_0^{\frac{1}{2}}-\frac{1}{2}\int_0^{\frac{1}{2}}dy$$

$$+\frac{1}{2}\Big[(1-y)\log(1-y)\Big]_0^{\frac{1}{2}}+\frac{1}{2}\int_0^{\frac{1}{2}}dy$$

$$=\frac{1}{2}\cdot\frac{3}{2}\log\frac{3}{2}+\frac{1}{2}\cdot\frac{1}{2}\log\frac{1}{2}=\boldsymbol{\frac{1}{4}\log\frac{27}{16}}$$

⇐ $\displaystyle\int_0^{\frac{1}{2}}(1+y)'\log(1+y)dy=\Big[(1+y)\log(1+y)\Big]_0^{\frac{1}{2}}-\int_0^{\frac{1}{2}}(1+y)\cdot\frac{1}{1+y}dy$

別解　$y=\dfrac{1}{2}$ のとき，(2)から $x=\dfrac{1}{2}\log3$ であるから

$$S=\frac{1}{2}\log3\cdot\frac{1}{2}-\int_0^{\frac{1}{2}\log3}\frac{e^x-e^{-x}}{e^x+e^{-x}}dx$$

$$=\frac{1}{4}\log3-\Big[\log|e^x+e^{-x}|\Big]_0^{\frac{1}{2}\log3}$$

$$=\frac{1}{4}\log3-\log(e^{\frac{1}{2}\log3}+e^{-\frac{1}{2}\log3})+\log2$$

$$=\frac{1}{4}\log3-\log\left(\sqrt{3}+\frac{1}{\sqrt{3}}\right)+\log2$$

$$=\frac{1}{4}\log3-\log\frac{4}{\sqrt{3}}+\log2$$

$$=\frac{1}{4}\log\left\{3\div\left(\frac{4}{\sqrt{3}}\right)^4\times2^4\right\}=\boldsymbol{\frac{1}{4}\log\frac{27}{16}}$$

⇐ x 軸方向の積分で求めている。

EX ③84

$f(x)=\dfrac{\log x}{\sqrt{x}}$ $(x>0)$ とし，曲線 $y=f(x)$ を C とする。定数 a, b $(1<a<b)$ が次の条件(i)と(ii)を満たすとき，a および $\log b$ の値を求めよ。

(i) 点 $(a,\ f(a))$ における C の接線は原点 $(0,\ 0)$ を通る。

(ii) C と x 軸および 2 直線 $x=a$, $x=b$ で囲まれた図形を x 軸の周りに 1 回転してできる立体の体積が $\dfrac{\pi}{9}$ である。〔日本女子大〕

$$f'(x)=\frac{\frac{1}{x}\sqrt{x}-(\log x)\cdot\frac{1}{2\sqrt{x}}}{x}=\frac{2-\log x}{2x\sqrt{x}}$$

← $\left(\dfrac{u}{v}\right)'=\dfrac{u'v-uv'}{v^2}$

よって，点 $\left(a,\ \dfrac{\log a}{\sqrt{a}}\right)$ における C の接線の方程式は

$$y-\frac{\log a}{\sqrt{a}}=\frac{2-\log a}{2a\sqrt{a}}(x-a)$$

← 曲線 $y=f(x)$ 上の点 $(a,\ f(a))$ における接線の方程式は $y-f(a)=f'(a)(x-a)$

すなわち　$y=\dfrac{2-\log a}{2a\sqrt{a}}x+\dfrac{3\log a-2}{2\sqrt{a}}$

この接線が原点を通るとき　$\dfrac{3\log a-2}{2\sqrt{a}}=0$

ゆえに　$\log a=\dfrac{2}{3}$

したがって　$\boldsymbol{a=e^{\frac{2}{3}}}$

また，C と x 軸および 2 直線 $x=a$, $x=b$ で囲まれた図形は，右の図の赤い部分のようになる。

よって，この図形を x 軸の周りに 1 回転させてできる立体の体積を V とすると

$$V=\pi\int_a^b\left(\frac{\log x}{\sqrt{x}}\right)^2dx$$
$$=\pi\int_a^b(\log x)'(\log x)^2dx$$
$$=\pi\left[\frac{1}{3}(\log x)^3\right]_a^b=\frac{1}{3}\pi\{(\log b)^3-(\log a)^3\}$$

$V=\dfrac{\pi}{9}$, $\log a=\dfrac{2}{3}$ であるから　$\dfrac{1}{3}\pi\left\{(\log b)^3-\dfrac{8}{27}\right\}=\dfrac{\pi}{9}$

よって　$(\log b)^3-\dfrac{8}{27}=\dfrac{1}{3}$　ゆえに　$(\log b)^3=\dfrac{17}{27}$

したがって　$\boldsymbol{\log b=\dfrac{\sqrt[3]{17}}{3}}$

EX ③85

2つの楕円 $x^2+3y^2=4$，$3x^2+y^2=4$ で囲まれた図形のうち，右の図の網かけ部分として示された，原点を含む部分を D とする。D を x 軸の周りに回転してできる図形の体積を求めよ。　〔類　福島大〕

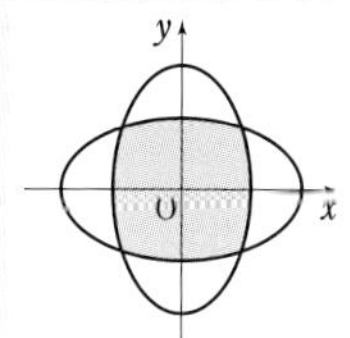

D は x 軸，y 軸，および直線 $y=x$ に関して対称である。

2つの楕円の第1象限における交点の x 座標は

$x^2+3y^2=4$，$y=x$ から　　$x^2+3x^2=4$

よって　　$x=1$

楕円 $3x^2+y^2=4$ と x 軸の $x>0$ での交点の x 座標は，

$3x^2=4$ から　　$x=\dfrac{2}{\sqrt{3}}$

$x^2+3y^2=4$ から　　$y^2=\dfrac{4-x^2}{3}$

$3x^2+y^2=4$ から　　$y^2=4-3x^2$

したがって，求める体積は

$$2\left\{\pi\int_0^1 \frac{4-x^2}{3}dx+\pi\int_1^{\frac{2}{\sqrt{3}}}(4-3x^2)dx\right\}$$
$$=2\pi\left[\frac{4}{3}x-\frac{1}{9}x^3\right]_0^1+2\pi\left[4x-x^3\right]_1^{\frac{2}{\sqrt{3}}}$$
$$=2\pi\cdot\frac{11}{9}+2\pi\left(\frac{16}{3\sqrt{3}}-3\right)$$
$$=\boldsymbol{\frac{32\sqrt{3}-32}{9}\pi}$$

⬅直線 $y=x$ に関して対称であることは，図から直観的に認めてよい。

EX ②86

t 秒後の速度 $v(t)$ m/s が，$v(t)=30-10t$ であるように，物体を地上 45 m から真上に投げ上げる。このとき，t 秒後の高さは ア□ m $(0\leqq t\leqq$ イ□$)$ であり，投げ上げてから4秒後までに物体が動いた距離の総和は ウ□ m である。　〔類　武蔵大〕

t 秒後の高さを $h(t)$ m とすると

$$h(t)=45+\int_0^t v(t)dt$$
$$=45+\int_0^t(30-10t)dt$$
$$=45+\left[30t-5t^2\right]_0^t$$
$$=^{ア}\boldsymbol{45+30t-5t^2}\ (\mathrm{m})$$

$h(t)\geqq 0$ であるから　　$-5(t^2-6t-9)\geqq 0$

$t^2-6t-9\leqq 0$ を解くと　　$3-3\sqrt{2}\leqq t\leqq 3+3\sqrt{2}$

$t\geqq 0$ との共通範囲をとって　　$0\leqq t\leqq{}^{イ}\boldsymbol{3+3\sqrt{2}}$

次に，$v(t)=10(3-t)$ であるから

$0\leqq t\leqq 3$ のとき　$v(t)\geqq 0$，$3\leqq t$ のとき　$v(t)\leqq 0$

CHART
位置の変化量
$=\int$(速度)dt
距離$=\int$|速度|dt

⬅$t^2-6t-9=0$ の解は $t=3\pm 3\sqrt{2}$

⬅$v(t)$ の符号を調べる。

7章
EX

よって，投げ上げてから 4 秒後までに動いた距離の総和は

$$\int_0^4|v(t)|dt=\int_0^3 v(t)dt+\int_3^4\{-v(t)\}dt$$
$$=\int_0^3(30-10t)dt-\int_3^4(30-10t)dt$$
$$=\Big[30t-5t^2\Big]_0^3-\Big[30t-5t^2\Big]_3^4$$
$$=2(30\cdot3-5\cdot3^2)-(30\cdot4-5\cdot4^2)$$
$$={}^{ウ}\mathbf{50}\,(\mathrm{m})$$

⇐ $F(t)=30t-5t^2$ とすると，定積分の計算は $\{F(3)-F(0)\}-\{F(4)-F(3)\}=2F(3)-F(4)$ $[F(0)=0]$

EX ③87 数直線上を動く点Pの座標 x が，時刻 t の関数として，$x=t^3-9t^2+15t$ と表されるとき，次の問いに答えよ。
(1) 点Pの速さが 0 になる時刻をすべて求めよ。
(2) $t=0$ から $t=10$ までに点Pが動く道のりを求めよ。 〔類 成蹊大〕

(1) $\dfrac{dx}{dt}=3t^2-18t+15$

$=3(t-1)(t-5)$ …… ①

よって，速さが 0 になる時刻は **1，5**

⇐ 速さが 0 ⟶ $\dfrac{dx}{dt}=0$

(2) ① から，点Pの速度 v は

$0\leqq t\leqq1,\ 5\leqq t\leqq10$ のとき $v\geqq0$

$1\leqq t\leqq5$ のとき $v\leqq0$

したがって，求める道のりは

$$\int_0^{10}|v|dt=\int_0^1 vdt+\int_1^5(-v)dt+\int_5^{10}vdt$$
$$=\int_0^1(3t^2-18t+15)dt-\int_1^5(3t^2-18t+15)dt+\int_5^{10}(3t^2-18t+15)dt$$
$$=\Big[t^3-9t^2+15t\Big]_0^1-\Big[t^3-9t^2+15t\Big]_1^5+\Big[t^3-9t^2+15t\Big]_5^{10}$$
$$=2(1^3-9\cdot1^2+15\cdot1)-2(5^3-9\cdot5^2+15\cdot5)+(10^3-9\cdot10^2+15\cdot10)$$
$$=14-(-50)+250$$
$$=\mathbf{314}$$

⇐ $F(t)=t^3-9t^2+15t$ とすると，定積分の計算は $\{F(1)-F(0)\}-\{F(5)-F(1)\}+\{F(10)-F(5)\}=2F(1)-2F(5)+F(10)$ $[F(0)=0]$

EX ⑤88 関数 $f(x)=x^2-1$ $(0\leqq x\leqq 2)$ とその逆関数 $f^{-1}(x)$ について，次の問いに答えよ。
(1) $f^{-1}(x)$ とその定義域を求めよ。
(2) 関数 $y=f(x)$ のグラフと関数 $y=f^{-1}(x)$ のグラフを同じ図中にかけ。
(3) 曲線 $y=f^{-1}(x)$ と x 軸および直線 $y=x$ で囲まれた部分の面積を求めよ。 〔名城大〕

(1) $0\leqq x\leqq 2$, $y=x^2-1$ から　$-1\leqq y\leqq 3$
$y=x^2-1$ を x について解くと　$x^2=y+1$
$-1\leqq y\leqq 3$, $0\leqq x\leqq 2$ であるから　$x=\sqrt{y+1}$
よって，逆関数は　$\boldsymbol{f^{-1}(x)=\sqrt{x+1}}$
また，定義域は　$\boldsymbol{-1\leqq x\leqq 3}$

← $x=\sqrt{y+1}$ で，x と y を入れ替えて $y=\sqrt{x+1}$

(2) 関数 $y=f(x)$ のグラフとその逆関数 $y=f^{-1}(x)$ のグラフは直線 $y=x$ について対称である。
ゆえに，グラフは　〔図〕

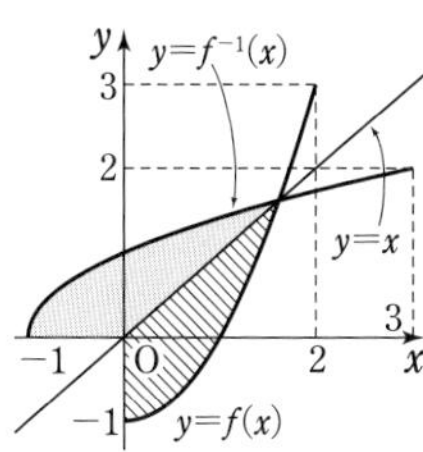

(3) 曲線 $y=f^{-1}(x)$ と x 軸および直線 $y=x$ で囲まれた部分の面積 S は，曲線 $y=f(x)$ と y 軸および直線 $y=x$ で囲まれた部分の面積に等しい。
ここで，2曲線 $y=f(x)$, $y=f^{-1}(x)$ の共有点の x 座標を α とする。
2曲線 $y=f(x)$, $y=f^{-1}(x)$ の共有点の x 座標は，曲線 $y=f(x)$ と直線 $y=x$ の共有点の x 座標に等しいから

$$\alpha=\alpha^2-1$$

すなわち　$\alpha^2-\alpha-1=0$

よって　$\alpha=\dfrac{1\pm\sqrt{5}}{2}$

$0\leqq\alpha\leqq 2$ であるから　$\alpha=\dfrac{1+\sqrt{5}}{2}$

$0\leqq x\leqq\alpha$ では $x\geqq x^2-1$ であるから，求める面積 S は

$$S=\int_0^\alpha\{x-(x^2-1)\}dx=\int_0^\alpha(-x^2+x+1)dx$$
$$=\left[-\frac{x^3}{3}+\frac{x^2}{2}+x\right]_0^\alpha=-\frac{\alpha^3}{3}+\frac{\alpha^2}{2}+\alpha$$

← 区間 $0\leqq x\leqq\alpha$ では，直線 $y=x$ が上，曲線 $y=x^2-1$ が下。

$\alpha^2=\alpha+1$ であるから

$$S=-\frac{1}{3}(\alpha+1)\alpha+\frac{1}{2}(\alpha+1)+\alpha$$
$$=-\frac{1}{3}\alpha^2+\frac{7}{6}\alpha+\frac{1}{2}$$
$$=-\frac{1}{3}(\alpha+1)+\frac{7}{6}\alpha+\frac{1}{2}=\frac{5}{6}\alpha+\frac{1}{6}$$
$$=\frac{5}{6}\cdot\frac{1+\sqrt{5}}{2}+\frac{1}{6}=\boldsymbol{\frac{7+5\sqrt{5}}{12}}$$

← $S=-\dfrac{1}{3}\alpha^2\cdot\alpha+\dfrac{1}{2}\alpha^2+\alpha$

7章 EX

EX ④89 方程式 $y^2=x^6(1-x^2)$ が表す図形で囲まれた部分の面積を求めよ。〔大分大〕

点 $(x,\ y)$ がこの曲線上にあるとすると，点 $(x,\ -y)$，$(-x,\ y)$ も曲線上にあるから，この曲線は x 軸，y 軸に関してそれぞれ対称である。
ゆえに，この曲線の $x\geqq 0$，$y\geqq 0$ の部分を考える。
曲線上の点 $(x,\ y)$ について，$y^2\geqq 0$ であるから

$$x^6(1-x^2)\geqq 0$$

よって　$1-x^2\geqq 0$　ゆえに　$0\leqq x\leqq 1$

このとき　$y=x^3\sqrt{1-x^2}$

$f(x)=x^3\sqrt{1-x^2}$ $(0\leqq x\leqq 1)$ とおくと，$0<x<1$ のとき

$$f'(x)=3x^2\cdot\sqrt{1-x^2}+x^3\cdot\frac{-2x}{2\sqrt{1-x^2}}=\frac{x^2(3-4x^2)}{\sqrt{1-x^2}}$$

$f'(x)=0$ とすると　$x^2(3-4x^2)=0$

$0<x<1$ であるから　$x=\dfrac{\sqrt{3}}{2}$

$0\leqq x\leqq 1$ における関数 $f(x)$ の増減表は次のようになる。

x	0	…	$\frac{\sqrt{3}}{2}$	…	1
$f'(x)$	／	＋	0	－	／
$f(x)$	0	↗	極大	↘	0

よって，対称性を考えると，曲線 $y^2=x^6(1-x^2)$ の概形は右の図のようになる。

求める面積を S とすると

$$S=4\int_0^1 x^3\sqrt{1-x^2}\,dx$$

$\sqrt{1-x^2}=t$ とおくと　$x^2=1-t^2$

よって　$2xdx=-2tdt$

すなわち　$xdx=-tdt$

x と t の対応は右のようになる。

x	$0\longrightarrow 1$
t	$1\longrightarrow 0$

したがって

$$S=4\int_0^1 x^2\sqrt{1-x^2}\cdot xdx=4\int_1^0 (1-t^2)t\cdot(-t)dt$$

$$=4\int_0^1 (t^2-t^4)dt=4\left[\frac{t^3}{3}-\frac{t^5}{5}\right]_0^1=4\left(\frac{1}{3}-\frac{1}{5}\right)=\mathbf{\frac{8}{15}}$$

← $y^2=x^6(1-x^2)$ の $(x,\ y)$ を $(x,\ -y)$，$(-x,\ y)$ にそれぞれおき換えても方程式は同じになる。

← $1-x^2\geqq 0$ から $-1\leqq x\leqq 1$
$x\geqq 0$ の部分を考えるから $0\leqq x\leqq 1$

← 図の斜線部分の面積を 4 倍したものが求める面積 S である。

EX ⑤**90**

a は $a>1$ を満たす定数とする。$x \geqq 0$ の範囲で，2つの直線 $y=ax$，$y=\dfrac{x}{a}$ と曲線 $y=\dfrac{1}{ax}$ で囲まれた図形を，x 軸の周りに1回転してできる回転体の体積 $V(a)$ の最大値を求めよ。
〔山口大〕

曲線 $y=\dfrac{1}{ax}$ と直線 $y=ax$，$y=\dfrac{x}{a}$ との共有点の座標は，それぞれ

$$\left(\frac{1}{a},\ 1\right),\ \left(1,\ \frac{1}{a}\right)$$

ゆえに，回転体の体積 $V(a)$ は図から

$$V(a)=\frac{1}{3}\pi\cdot 1^2\cdot\frac{1}{a}+\pi\int_{\frac{1}{a}}^{1}\left(\frac{1}{ax}\right)^2dx-\frac{1}{3}\pi\cdot\left(\frac{1}{a}\right)^2\cdot 1$$

$$=\frac{\pi}{3a}+\frac{\pi}{a^2}\left[-\frac{1}{x}\right]_{\frac{1}{a}}^{1}-\frac{\pi}{3a^2}$$

$$=\frac{4\pi}{3}\left(-\frac{1}{a^2}+\frac{1}{a}\right)$$

$$V'(a)=\frac{4\pi}{3}\left(\frac{2}{a^3}-\frac{1}{a^2}\right)=\frac{4\pi}{3}\cdot\frac{2-a}{a^3}$$

$a>1$ における $V(a)$ の増減表は，次のようになる。

a	1	$\cdots$	2	$\cdots$
$V'(a)$		$+$	0	$-$
$V(a)$		$\nearrow$	極大 $\dfrac{\pi}{3}$	$\searrow$

よって，$V(a)$ は $\boldsymbol{a=2}$ **で最大**となり，最大値は

$$V(2)=\frac{4\pi}{3}\left(-\frac{1}{4}+\frac{1}{2}\right)=\boldsymbol{\frac{\pi}{3}}$$

⇐ $\dfrac{1}{ax}=ax$ から $(ax)^2=1$

$\dfrac{1}{ax}=\dfrac{x}{a}$ から $x^2=1$

$x>0$ に注意。

⇐ 線分 $y=ax$ $\left(0 \leqq x \leqq \dfrac{1}{a}\right)$ あるいは $y=\dfrac{x}{a}$ $(0 \leqq x \leqq 1)$ を x 軸の周りに1回転してできる立体は円錐となる。

⇐ $V(a)$ を $\dfrac{1}{a}$ の2次式とみて $V(a)=-\dfrac{4}{3}\pi\left(\dfrac{1}{a}-\dfrac{1}{2}\right)^2+\dfrac{\pi}{3}$ から，最大値を求めてもよい。

7章

EX

EX ④91

a を正の定数とし，2 曲線 C_1：$y=\log x$，C_2：$y=ax^2$ が点Pで接しているとする。
(1) Pの座標と a の値を求めよ。
(2) 2 曲線 C_1，C_2 と x 軸で囲まれた部分を x 軸の周りに 1 回転させてできる立体の体積を求めよ。 〔神戸大〕

(1) $(\log x)'=\dfrac{1}{x}$，$(ax^2)'=2ax$ であり，2 曲線 C_1，C_2 が点Pで接しているから，点Pの x 座標を t とおくと

$$\log t=at^2 \cdots\cdots ① \quad かつ \quad \frac{1}{t}=2at \cdots\cdots ②$$

② から　$a=\dfrac{1}{2t^2}$

これを ① に代入して　$\log t=\dfrac{1}{2t^2}\cdot t^2=\dfrac{1}{2}=\log\sqrt{e}$

よって　$t=\sqrt{e}$　　ゆえに　$\boldsymbol{a}=\dfrac{1}{2(\sqrt{e})^2}=\boldsymbol{\dfrac{1}{2e}}$

したがって，点Pの座標は　$\left(\boldsymbol{\sqrt{e},\ \dfrac{1}{2}}\right)$

← 2 曲線 $y=f(x)$，$y=g(x)$ が $x=t$ の点で接する $\iff$ $f(t)=g(t)$ かつ $f'(t)=g'(t)$

← $\mathrm{P}(t,\ at^2)$

(2) 求める体積を V とすると

$$V=\pi\int_0^{\sqrt{e}}\left(\frac{1}{2e}x^2\right)^2dx-\pi\int_1^{\sqrt{e}}(\log x)^2dx$$

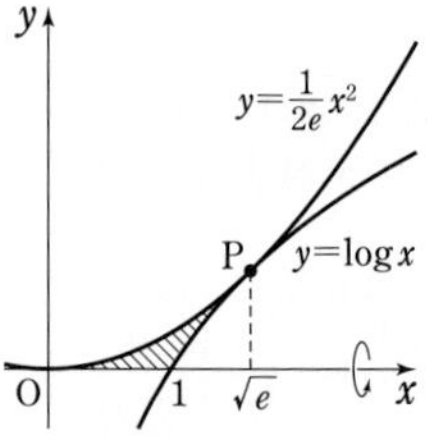

ここで

$$\int_0^{\sqrt{e}}\left(\frac{1}{2e}x^2\right)^2dx=\frac{1}{4e^2}\int_0^{\sqrt{e}}x^4dx=\frac{1}{4e^2}\left[\frac{x^5}{5}\right]_0^{\sqrt{e}}=\frac{\sqrt{e}}{20}$$

$$\int_1^{\sqrt{e}}(\log x)^2dx=\Big[x(\log x)^2\Big]_1^{\sqrt{e}}-2\int_1^{\sqrt{e}}\log x\,dx$$
$$=\frac{\sqrt{e}}{4}-2\Big[x\log x-x\Big]_1^{\sqrt{e}}$$
$$=\frac{\sqrt{e}}{4}-2\left(-\frac{\sqrt{e}}{2}+1\right)=\frac{5\sqrt{e}}{4}-2$$

← $\displaystyle\int_1^{\sqrt{e}}(\log x)^2\cdot(x)'dx=\Big[x(\log x)^2\Big]_1^{\sqrt{e}}-\int_1^{\sqrt{e}}2\log x\cdot\frac{1}{x}\cdot x\,dx$

したがって　$V=\pi\left\{\dfrac{\sqrt{e}}{20}-\left(\dfrac{5\sqrt{e}}{4}-2\right)\right\}=\boldsymbol{\left(2-\dfrac{6\sqrt{e}}{5}\right)\pi}$

EX ④92

$y=\dfrac{e^x+e^{-x}}{2}$ で表される曲線を C とするとき
(1) 曲線 C の概形をかけ。
(2) 曲線 C の $a\leqq x\leqq a+1$ の部分の長さ $S(a)$ を求めよ。
(3) (2)の $S(a)$ の最小値を求めよ。　〔類　島根大〕

(1) $y=\dfrac{1}{2}(e^x+e^{-x})$ から

$$y'=\frac{1}{2}(e^x-e^{-x})$$
$$=\frac{1}{2}e^{-x}(e^{2x}-1)$$

$y'=0$ とすると
$e^{2x}=1$
すなわち　$x=0$
y の増減表は右のようになる。

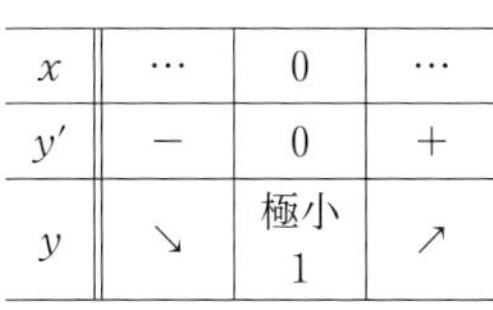

x	$\cdots$	0	$\cdots$
y'	$-$	0	$+$
y	↘	極小 1	↗

⇐ $e^{-x}>0$ であり，$x>0$ のとき $e^{2x}>1$，$x<0$ のとき $e^{2x}<1$ である。

$f(x)=\dfrac{e^x+e^{-x}}{2}$ とおくと
$$f(-x)=f(x)$$
よって，グラフは y 軸に関して対称で，右の〔図〕

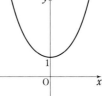

(2) (1)から

$$\boldsymbol{S(a)}=\int_a^{a+1}\sqrt{1+y'^2}\,dx$$
$$=\frac{1}{2}\int_a^{a+1}(e^x+e^{-x})\,dx$$
$$=\frac{1}{2}\Big[e^x-e^{-x}\Big]_a^{a+1}$$
$$=\frac{1}{2}\{e^a(e-1)-e^{-a-1}(1-e)\}$$
$$=\boldsymbol{\frac{e-1}{2}(e^a+e^{-a-1})}$$

(3) $e^a>0$，$e^{-a-1}>0$ から，(相加平均)≧(相乗平均)により

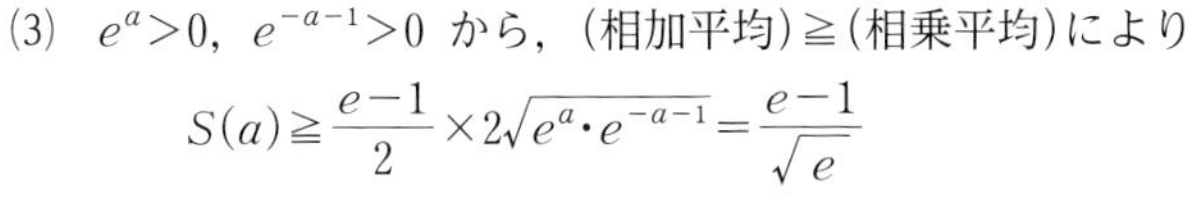

$$S(a)\geqq\frac{e-1}{2}\times2\sqrt{e^a\cdot e^{-a-1}}=\frac{e-1}{\sqrt{e}}$$

等号は，$e^a=e^{-a-1}$ すなわち $a=-\dfrac{1}{2}$ のとき成り立つ。

⇐ $a=-a-1$

よって　$\boldsymbol{a=-\dfrac{1}{2}}$ **で最小値** $\boldsymbol{\dfrac{e-1}{\sqrt{e}}}$

EX ⑤**93** 座標平面内の2つの曲線 $C_1: y=\log 2x$, $C_2: y=2\log x$ の共通接線を ℓ とする。
(1) 直線 ℓ の方程式を求めよ。
(2) C_1, C_2 および ℓ で囲まれる領域の面積 S を求めよ。 〔類 岡山大〕

(1) $(\log 2x)'=\dfrac{1}{2x}\cdot 2=\dfrac{1}{x}$ であるから，曲線 C_1 上の点 $(s,\ \log 2s)$ における接線の方程式は $y-\log 2s=\dfrac{1}{s}(x-s)$

すなわち $y=\dfrac{1}{s}x+\log 2s-1$ …… ①

同様にして，曲線 C_2 上の点 $(t,\ 2\log t)$ における接線の方程式は $y=\dfrac{2}{t}x+2\log t-2$ …… ②

接線 ①，② が一致するとき

$\dfrac{1}{s}=\dfrac{2}{t}$ …… ③，　$\log 2s-1=2\log t-2$ …… ④

③ から $2s=t$ …… ⑤

これを ④ に代入して整理すると $\log t=1$

よって $t=e$ 　このとき，⑤ から $s=\dfrac{e}{2}$

したがって，共通接線 ℓ の方程式は $\boldsymbol{y=\dfrac{2}{e}x}$

← 曲線 $y=f(x)$ 上の点 $(a,\ f(a))$ における接線の方程式は $y-f(a)=f'(a)(x-a)$

← 2直線 $y=ax+b$, $y=cx+d$ が一致するとき $a=c$, $b=d$

← ② において $\dfrac{2}{t}=\dfrac{2}{e}$, $2\log t-2=0$

(2) 2曲線 C_1, C_2 の共有点の x 座標は $\log 2x=2\log x$ から $\log x=\log 2$

よって $x=2$

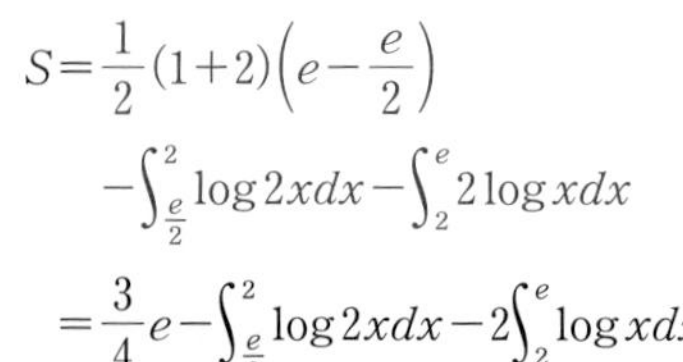

ゆえに

$$S=\frac{1}{2}(1+2)\left(e-\frac{e}{2}\right)-\int_{\frac{e}{2}}^{2}\log 2x\,dx-\int_{2}^{e}2\log x\,dx$$

$$=\frac{3}{4}e-\int_{\frac{e}{2}}^{2}\log 2x\,dx-2\int_{2}^{e}\log x\,dx$$

ここで

$$\int_{\frac{e}{2}}^{2}\log 2x\,dx=\int_{\frac{e}{2}}^{2}(\log 2x)\cdot(x)'dx$$

$$=\Big[x\log 2x\Big]_{\frac{e}{2}}^{2}-\int_{\frac{e}{2}}^{2}\frac{1}{2x}\cdot(2x)'\cdot x\,dx$$

$$=2\log 4-\frac{e}{2}-\Big[x\Big]_{\frac{e}{2}}^{2}=4\log 2-2$$

← 部分積分法

$$\int_{2}^{e}\log x\,dx=\int_{2}^{e}(\log x)\cdot(x)'dx=\Big[x\log x\Big]_{2}^{e}-\int_{2}^{e}\frac{1}{x}\cdot x\,dx$$

$$=e-2\log 2-\Big[x\Big]_{2}^{e}=-2\log 2+2$$

← 部分積分法

したがって　$S=\frac{3}{4}e-(4\log 2-2)-2(-2\log 2+2)$

$=\boldsymbol{\frac{3}{4}e-2}$

EX ④94 座標平面上の曲線 $C: y=\sqrt{x}$ $(x\geqq 0)$ 上の点 $(1,\ 1)$ における接線を ℓ とすると，直線 ℓ の方程式は $y=$ ア□ であり，曲線 C，直線 ℓ および y 軸で囲まれた図形を y 軸の周りに1回転してできる立体の体積は イ□ である。〔成蹊大〕

$y=\sqrt{x}$ から　$y'=\frac{1}{2\sqrt{x}}$

点 $(1,\ 1)$ における接線 ℓ の方程式は

$$y-1=\frac{1}{2}(x-1)$$

すなわち　$y=$ ア $\boldsymbol{\frac{1}{2}x+\frac{1}{2}}$

曲線 C，直線 ℓ および y 軸で囲まれた図形は，右の図の赤い部分のようになる。

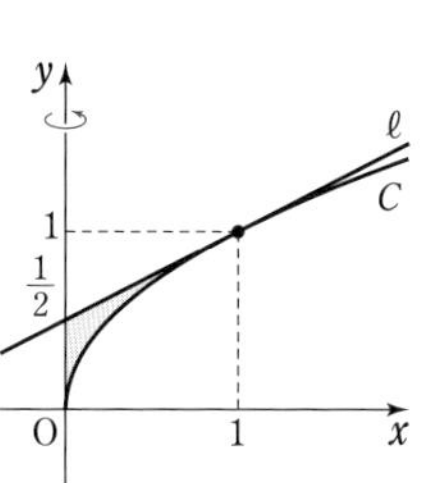

$y=\sqrt{x}$ から　$x=y^2$

よって，求める体積 V は

$$V=\pi\int_0^1 x^2 dy-\frac{1}{3}\cdot\pi\cdot 1^2\cdot\frac{1}{2}$$

$$=\pi\int_0^1 y^4 dy-\frac{\pi}{6}$$

$$=\pi\left[\frac{y^5}{5}\right]_0^1-\frac{\pi}{6}=\frac{\pi}{5}-\frac{\pi}{6}$$

$$= {}^{イ}\boldsymbol{\frac{\pi}{30}}$$

⬅ $\frac{1}{3}\cdot\pi\cdot 1^2\cdot\frac{1}{2}$ は，底面の円の半径が1，高さが $1-\frac{1}{2}=\frac{1}{2}$ の円錐の体積を表している。

EX
⑤**95**

xy 平面上の 2 つの曲線 $y=\cos\dfrac{x}{2}$ $(0\leqq x\leqq\pi)$ と $y=\cos x$ $(0\leqq x\leqq\pi)$ を考える。

(1) 上の 2 つの曲線，および直線 $x=\pi$ をかき，これらで囲まれる領域を斜線で示せ。

(2) (1)で示した斜線部分の領域を x 軸の周りに 1 回転して得られる回転体の体積を求めよ。

〔岐阜大〕

(1) 曲線 $y=\cos\dfrac{x}{2}$ $(0\leqq x\leqq\pi)$ と曲線 $y=\cos x$ $(0\leqq x\leqq\pi)$ および，直線 $x=\pi$ は右の図の実線部分のようになる。

よって，これらの曲線と直線で囲まれる領域は，［図］の斜線部分である。

(2) 求める体積は，(1)の図の赤い部分を x 軸の周りに 1 回転すると得られる。

← $\dfrac{\pi}{2}\leqq x\leqq\pi$ において，x 軸より下側にある曲線 $y=\cos x$ を x 軸に関して対称に折り返す。このとき，曲線の方程式は　$y=-\cos x$

$\cos\dfrac{x}{2}=-\cos x$ とすると

$$\cos\frac{x}{2}=-2\cos^2\frac{x}{2}+1$$

ゆえに　$\left(\cos\dfrac{x}{2}+1\right)\left(2\cos\dfrac{x}{2}-1\right)=0$

よって　$\cos\dfrac{x}{2}=-1,\ \dfrac{1}{2}$

$0\leqq x\leqq\pi$ より，$0\leqq\dfrac{x}{2}\leqq\dfrac{\pi}{2}$，$0\leqq\cos\dfrac{x}{2}\leqq1$ であるから

$\cos\dfrac{x}{2}=\dfrac{1}{2}$ より　$\dfrac{x}{2}=\dfrac{\pi}{3}$　すなわち　$x=\dfrac{2}{3}\pi$

← 曲線 $y=\cos\dfrac{x}{2}$ と曲線 $y=-\cos x$ の共有点の x 座標である。

したがって，求める体積を V とすると

$$V=\pi\int_0^{\frac{2}{3}\pi}\cos^2\frac{x}{2}dx-\pi\int_0^{\frac{\pi}{2}}\cos^2 x\,dx+\pi\int_{\frac{2}{3}\pi}^{\pi}(-\cos x)^2dx$$

$$=\pi\int_0^{\frac{2}{3}\pi}\frac{\cos x+1}{2}dx-\pi\int_0^{\frac{\pi}{2}}\frac{\cos 2x+1}{2}dx+\pi\int_{\frac{2}{3}\pi}^{\pi}\frac{\cos 2x+1}{2}dx$$

$$=\frac{\pi}{2}\left(\Big[\sin x+x\Big]_0^{\frac{2}{3}\pi}-\left[\frac{\sin 2x}{2}+x\right]_0^{\frac{\pi}{2}}+\left[\frac{\sin 2x}{2}+x\right]_{\frac{2}{3}\pi}^{\pi}\right)$$

$$=\frac{\pi}{2}\left(\frac{\sqrt{3}}{2}+\frac{2}{3}\pi-\frac{\pi}{2}+\pi+\frac{\sqrt{3}}{4}-\frac{2}{3}\pi\right)$$

$$=\boldsymbol{\frac{\pi(2\pi+3\sqrt{3})}{8}}$$

平方・立方・平方根の表

n	n^2	n^3	$\sqrt{n}$	$\sqrt{10n}$
1	1	1	1.0000	3.1623
2	4	8	1.4142	4.4721
3	9	27	1.7321	5.4772
4	16	64	2.0000	6.3246
5	25	125	2.2361	7.0711
6	36	216	2.4495	7.7460
7	49	343	2.6458	8.3666
8	64	512	2.8284	8.9443
9	81	729	3.0000	9.4868
10	100	1000	3.1623	10.0000
11	121	1331	3.3166	10.4881
12	144	1728	3.4641	10.9545
13	169	2197	3.6056	11.4018
14	196	2744	3.7417	11.8322
15	225	3375	3.8730	12.2474
16	256	4096	4.0000	12.6491
17	289	4913	4.1231	13.0384
18	324	5832	4.2426	13.4164
19	361	6859	4.3589	13.7840
20	400	8000	4.4721	14.1421
21	441	9261	4.5826	14.4914
22	484	10648	4.6904	14.8324
23	529	12167	4.7958	15.1658
24	576	13824	4.8990	15.4919
25	625	15625	5.0000	15.8114
26	676	17576	5.0990	16.1245
27	729	19683	5.1962	16.4317
28	784	21952	5.2915	16.7332
29	841	24389	5.3852	17.0294
30	900	27000	5.4772	17.3205
31	961	29791	5.5678	17.6068
32	1024	32768	5.6569	17.8885
33	1089	35937	5.7446	18.1659
34	1156	39304	5.8310	18.4391
35	1225	42875	5.9161	18.7083
36	1296	46656	6.0000	18.9737
37	1369	50653	6.0828	19.2354
38	1444	54872	6.1644	19.4936
39	1521	59319	6.2450	19.7484
40	1600	64000	6.3246	20.0000
41	1681	68921	6.4031	20.2485
42	1764	74088	6.4807	20.4939
43	1849	79507	6.5574	20.7364
44	1936	85184	6.6332	20.9762
45	2025	91125	6.7082	21.2132
46	2116	97336	6.7823	21.4476
47	2209	103823	6.8557	21.6795
48	2304	110592	6.9282	21.9089
49	2401	117649	7.0000	22.1359
50	2500	125000	7.0711	22.3607

n	n^2	n^3	$\sqrt{n}$	$\sqrt{10n}$
51	2601	132651	7.1414	22.5832
52	2704	140608	7.2111	22.8035
53	2809	148877	7.2801	23.0217
54	2916	157464	7.3485	23.2379
55	3025	166375	7.4162	23.4521
56	3136	175616	7.4833	23.6643
57	3249	185193	7.5498	23.8747
58	3364	195112	7.6158	24.0832
59	3481	205379	7.6811	24.2899
60	3600	216000	7.7460	24.4949
61	3721	226981	7.8102	24.6982
62	3844	238328	7.8740	24.8998
63	3969	250047	7.9373	25.0998
64	4096	262144	8.0000	25.2982
65	4225	274625	8.0623	25.4951
66	4356	287496	8.1240	25.6905
67	4489	300763	8.1854	25.8844
68	4624	314432	8.2462	26.0768
69	4761	328509	8.3066	26.2679
70	4900	343000	8.3666	26.4575
71	5041	357911	8.4261	26.6458
72	5184	373248	8.4853	26.8328
73	5329	389017	8.5440	27.0185
74	5476	405224	8.6023	27.2029
75	5625	421875	8.6603	27.3861
76	5776	438976	8.7178	27.5681
77	5929	456533	8.7750	27.7489
78	6084	474552	8.8318	27.9285
79	6241	493039	8.8882	28.1069
80	6400	512000	8.9443	28.2843
81	6561	531441	9.0000	28.4605
82	6724	551368	9.0554	28.6356
83	6889	571787	9.1104	28.8097
84	7056	592704	9.1652	28.9828
85	7225	614125	9.2195	29.1548
86	7396	636056	9.2736	29.3258
87	7569	658503	9.3274	29.4958
88	7744	681472	9.3808	29.6648
89	7921	704969	9.4340	29.8329
90	8100	729000	9.4868	30.0000
91	8281	753571	9.5394	30.1662
92	8464	778688	9.5917	30.3315
93	8649	804357	9.6437	30.4959
94	8836	830584	9.6954	30.6594
95	9025	857375	9.7468	30.8221
96	9216	884736	9.7980	30.9839
97	9409	912673	9.8489	31.1448
98	9604	941192	9.8995	31.3050
99	9801	970299	9.9499	31.4643
100	10000	1000000	10.0000	31.6228

発行所
数研出版株式会社

〒101-0052　東京都千代田区神田小川町 2 丁目 3 番地 3
〔振替〕 00140-4-118431
〒604-0861　京都市中京区烏丸通竹屋町上る大倉町 205 番地
〔電話〕代表（075)231-0161
ホームページ　https://www.chart.co.jp
印刷　岩岡印刷株式会社
乱丁本・落丁本はお取り替えします。　231204